机工IT

Intelligent Computing principle and Practice

智能计算

原理与实践

郭业才 / 著

机械工业出版社
CHINA MACHINE PRESS

本书面向人工智能学科的前沿领域，系统地讨论了智能计算的原理与实现，比较全面地反映了智能计算研究和应用的最新进展。书中涵盖了支持向量机、混沌计算、蚁群算法、DNA 计算、DNA 遗传算法、人工免疫系统、萤火虫算法、蝙蝠算法、蛙跳算法、鱼群算法和其他一些算法及应用。全书提供了大量的实用案例，重点强调实际的应用和计算工具，这些对于智能计算领域的进一步发展是非常有意义的。

本书取材新颖、内容系统、深入浅出、材料丰富，理论密切结合实际，具有较高的学术水平和参考价值。

本书可作为人工智能、信息与通信工程、仪器科学与技术、计算机科学与技术等相关领域的科研人员及工程技术人员的参考书，也可作为研究生和高年级本科生开阔视野、增长知识的阅读材料。

图书在版编目（CIP）数据

智能计算：原理与实践/郭业才著．—北京：机械工业出版社，2022.1（2024.1 重印）

ISBN 978-7-111-69790-9

Ⅰ.①智…　Ⅱ.①郭…　Ⅲ.①人工智能-计算　Ⅳ.①TP183

中国版本图书馆 CIP 数据核字（2021）第 248448 号

机械工业出版社（北京市百万庄大街 22 号　邮政编码 100037）

策划编辑：李馨馨　责任编辑：李馨馨　侯　颖

责任校对：李　伟　责任印制：张　博

北京建宏印刷有限公司印刷

2024 年 1 月第 1 版第 3 次印刷

184mm×260mm · 21.5 印张 · 529 千字

标准书号：ISBN 978-7-111-69790-9

定价：129.00 元

电话服务	网络服务
客服电话：010-88361066	机　工　官　网：www.cmpbook.com
010-88379833	机　工　官　博：weibo.com/cmp1952
010-68326294	金　　书　　网：www.golden-book.com
封底无防伪标均为盗版	机工教育服务网：www.cmpedu.com

前　言

智能计算正成为人工智能、智能科学、信息科学、智能机器人、智能制造、智能控制等领域最为活跃的研究方向之一，在科研、工程、管理、经济和国防乃至民生诸多领域发挥着越来越重要的作用，解决了众多学科研究与工程应用中的重大问题，已成为诸多学科交叉融合的前沿课程。

本书是作者团队在智能计算领域多年研究成果的汇集，较为全面地论述了现代智能计算方法原理、实现流程及应用实例。内容涵盖支持向量机、混沌计算、蚁群算法、DNA 计算、DNA 遗传算法、人工免疫系统、萤火虫算法、蝙蝠算法、蛙跳算法和鱼群算法。

本书紧跟国内外智能计算领域最新的研究动态，一些成果已经陆续在国内外重要的学术会议和期刊上发表，同时也吸收了其他一些作者在国内外重要期刊发表的或博士、硕士学位论文中的最新成果，而且被实践证明是有用的新理论、新技术和新方法。在给出理论和方法的同时，将不同算法应用于解决通信、生产线优化、参数辨识等实际问题。对每一种算法，按照理论基础、算法原理、实现流程（有的甚至给出了程序伪代码）及性能验证的顺序进行了阐述；对实例分析，起始于问题导入、侧重于算法切入、立足于具体对象，架起了智能计算与具体需解决问题之间的桥梁，避免了算法的空洞抽象，增强了算法的功能延伸，展现了算法的实用效能。希望本书的内容能为相关领域的研究和应用提供新的思路和方法。

本书成果得到了全国优秀博士学位论文作者专项资金（200753）、国家自然科学基金项目（61673222）、江苏自然科学基金项目（BK2009410）、江苏高等学校自然科学基金项目（08KJB510010、13KJA510001）、安徽省自然科学基金项目（0504 20304）、安徽省高等学校自然科学基金项目（2003KJ092、KJ2010A096）、南京信息工程大学滨江学院硕士学位学科建设点培育项目等资助。本书在编写过程中，田佳佳、许雪、尤俣良、姚永强、王庆伟、刘程等研究生参与了编校工作，在此表示诚挚的谢意！

由于作者水平有限，书中难免存在不当之处，敬请读者批评指正！

作者

目　录

第 1 章　支持向量机

• 内容导读 •

本章在分析支持向量机的理论基础，包括机器学习问题的基本框架、经验风险最小化原则及 VC 维理论等的基础上，重点讲述了基于结构风险最小化原则的支持向量机原理及支持向量机分类和回归问题，讨论了核函数对分类回归问题的影响。最后，通过基于改进支持向量机的正交小波盲均衡算法和基于 U - 支持向量机的正交小波盲均衡算法两个实例，给出了利用支持向量机理论解决通信信道均衡问题的思路、架构、方法与效果。

从 20 世纪 60 年代起，Vapnik 领导的实验小组开始研究机器学习问题，20 世纪 70 年代建立了统计学习理论（Statistical Learning Theory，SLT），20 世纪 90 年代初提出了支持向量机（Support Vector Machine，SVM）这一新的机器学习方法。自此以后，支持向量机理论与应用得到了快速发展，出现了诸如支持向量机的泛化性能及多值回归、分类问题的扩展问题，支持向量机和正则化网络的关系问题，通用支持向量机（Generalised SVM）的概念，硬/软邻域支持向量机的学习误差界限理论等。

支持向量机是小样本学习机器，适用于小样本情况。当样本数量变大时，计算量会增加，从而造成效率下降。为此，很多针对大规模样本集的算法被提出，如块算法、子集选择算法及序列最小优化算法等。其中，块算法是利用删除矩阵中对应的拉格朗日乘数为零的列和行不会对结果产生影响的特点，减小算法占用内存资源。子集选择算法是将训练集分块，在其中提取、保留支持向量，然后补充新样本，重复上述运算，直至都满足 KKT（Karush-Kuhn-Tucker）收敛条件。序列最小优化算法是将样本集缩减到两个，并且其中的一个变量用另一个表示，这样，每一步子集中的最优解可以直接用解析的方法求出，提高了运算速度。

1.1 支持向量机的理论基础

传统机器学习理论的基本原则是经验风险最小化原则（Empirical Risk Minmization，ERM）。经验风险一般用均方误差表示，是指在训练集合上的风险。当训练数据无穷多、训练样本无穷大时，经验风险可认为等于实际风险。然而，在实际问题中，训练样本的数目始终是有限的，这时采用经验风险最小化原则会产生最典型的“过学习”问题。

为了解决上述问题，20 世纪 60 年代起，Vapnik 领导的贝尔实验室研究小组就开始研究小样本情况下的机器学习问题，直到 20 世纪 90 年代，统计学习理论成熟才有效解决了这个问题。统计学习理论是在基于经验风险的有关研究基础上发展起来的、专门针对小样本的统计理论。与传统的学习理论相比，统计学习理论从控制机器学习复杂度的思想出发，基于

VC 维（Vapnik-Chervonenkis Dimension）理论提出的有限样本的结构风险最小化原则。

支持向量机是一种建立在统计学习理论和结构风险最小化原则基础上的，利用间隔区边缘的训练样本点的学习方法。其实现的基本思想是：将训练样本通过某种非线性映射到一个更高维的空间里，在这个高维空间中构建最优超平面。支持向量机所具有的许多特殊优势使其得到迅速的发展，在许多领域都取得了成功的应用。

1.1.1 机器学习问题的基本框架

机器学习（Machine Learning）是现代智能技术中重要的一个方面，是一个系统自我改进的过程，可以从观测样本去研究、分析对象，去预测输出。机器学习问题的基本模型框架如图 1.1.1 所示。输入信号 x 经过系统得到输出信号 y，学习机根据训练样本对系统的输入/输出做出估计，得到最准确的预测输出 $\hat{y}$。其数学表述为：输入变量 x 与输出变量 y 之间存在一定的未知依赖关系，即服从某一未知的联合概率密度 $p_{XY}(x,y)$。机器学习的目的就是根据 N 个独立同分布的观测样本 $(x(1),y(1))$，$(x(2),y(2)),\cdots,(x(N),y(N))$，在一组函数 $\{f(x,w)\}$ 中求出最优的函数 $f(x,w_0)$ 对依赖关系进行估计，使期望风险 $R(w)$ 最小。

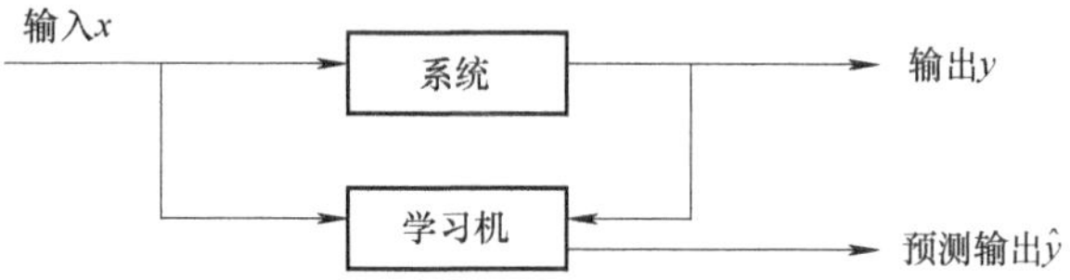

图 1.1.1 机器学习问题的基本模型框架

$$R(w) = \int L(y,f(x,w))\mathrm{d}F(x,y) \tag{1.1.1}$$

式中，$\{f(x,w)\}$ 为预测函数集，w 为函数的广义参数，所以 $\{f(x,w)\}$ 可表示为任何函数集。$L(y,f(x,w))$ 为损失函数，表示由于对 y 进行预测而造成的损失。

机器学习问题根据不同的学习目的可分为三类基本的学习问题，即模式识别、函数拟合及概率密度估计。

在模式识别问题中，输出变量 y 即为类别，可用二值函数 $\{0,1\}$ 或 $\{-1,1\}$ 来表示。此时，预测函数 $f(x,w)$ 称为指示函数，损失函数定义为

$$L(y,f(x,w)) = \begin{cases} 0, & y = f(x,w) \\ 1, & y \neq f(x,w) \end{cases} \tag{1.1.2}$$

在函数拟合问题中，变量 y 是 x 的函数，y 是连续变量，所以损失函数可以用平方误差表示，即

$$L(y,f(x,w)) = (y - f(x,w))^2 \tag{1.1.3}$$

在概率密度估计问题中，学习的目的就是根据训练样本确定输入变量 x 的概率密度，所以设估计的概率密度函数为 $p(x,w)$，则损失函数可定义为

$$L(y,f(x,w)) = -\log p(x,w) \tag{1.1.4}$$

1.1.2 经验风险最小化原则

期望风险获得最小值，即式（1.1.1）达到最小值是机器学习的目标。根据式（1.1.1），想要获得期望风险最小化必须依赖概率密度函数 $p_{XY}(x,y)$，但在机器学习中，只有样本信息，所以无法直接计算期望风险及其最小值。这时，传统的学习方法通常是用经验风险

$R_{emp}(w)$ 最小化代替期望风险最小化，这就是经验风险最小化原则。其中，经验风险 $R_{emp}(w)$ 的定义为

$$R_{emp}(w) = \frac{1}{N}\sum_{i=1}^{N} L(y_i, f(x_i, w)) \qquad (1.1.5)$$

然而，用经验风险最小化代替期望风险最小化并没有可靠的理论依据。虽然 $R(w)$ 和 $R_{emp}(w)$ 都是 w 的函数，但依据概率论中的大数定理判定 $R_{emp}(w)$ 趋近于 $R(w)$ 的条件是训练样本无穷多，并没有说二者的 w 最小点为同一个点。并且在实际情况中，样本总是有限的。期望风险和经验风险之间的关系如图 1.1.2 所示。

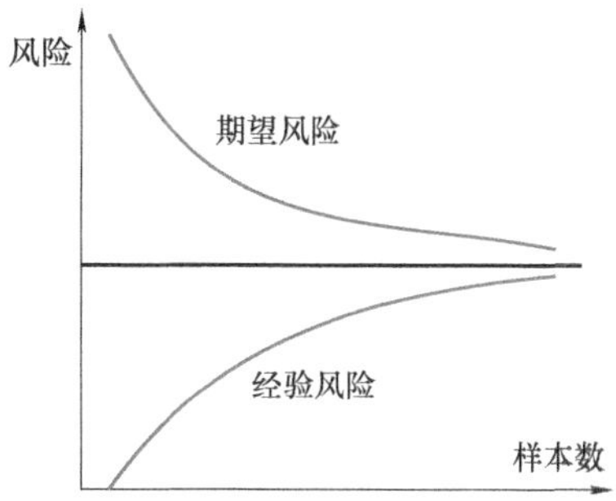

图 1.1.2　期望风险与经验风险的关系图

1.1.3　VC 维理论

统计学习理论的一个重要内容是 VC 维理论，它是建立在点集被“打散”的基础上，是关于函数集学习性能的指标。假设集合 T 是一个由 X 上取值为 1 或者 −1 的函数值组成的集合，则集合 T 的 VC 维定义为

$$\text{VCdim}(T) = \max\{m: N(T,m) = 2^m\} \qquad (1.1.6)$$

式中，当 $\{m: N(T,m) = 2^m\}$ 是一个无限集合时，其 VC 维等于无穷大。

由 VC 维的定义知，对于一个假设函数集，如果存在 h 个样本可以被函数集中的函数按所有可能的 2^h 种形式分开，那么就认为函数集可以把 h 个样本打散，函数的 VC 维就是它能够打散的最大样本数目 h 。若存在 h 个样本能被打散，但任意 $h+1$ 个样本不能够被打散，则函数集的 VC 维就是 h 。若对于任意数目的样本都存在函数能将其打散，则称 VC 维是无穷大。

由 Vapnik 和 Chervonenkis 提出的 VC 维理论反映了函数集的学习能力，一个函数集的 VC 维越大，则学习机器就会越复杂，学习能力就会越强。但到目前为止，还没有确定的计算函数集 VC 维的理论。只一些特殊函数集的 VC 维可以准确知道；对于复杂的学习机器，其 VC 维的确定还是一个待研究的问题。

1.1.4　机器学习的复杂度及其推广能力

在机器学习问题中，有时会刻意地追求小的训练误差而把学习机器设计得很复杂，但这往往并不能达到好的预测效果，并且会导致学习机器推广能力（学习机器的推广能力是指正确预测未来输出的能力）的下降。其中最典型的是“过学习”问题。

产生“过学习”问题的原因：一方面是学习机器设计得不合理，另一方面是学习样本的数目太少。所以，在有限样本情况下采用复杂的学习机器虽然容易使学习误差变小，但丧失了学习机器的推广能力。

在实际问题中，如何在学习机器的复杂性与推广能力之间取得折中，是学习机器能否达到期望的一个重要原因。在有限样本的情况下，要尽量使 VC 维小，不要采用过于复杂的分类器或者神经网络；在模型选择的过程中，虽然很多问题不是线性的，但由于样本数目有限，采用线性分类器往往可以取得很好的结果。

1.1.5 结构风险最小化原则

推广性是机器学习的一个关键性能指标，在训练样本数目有限的情况下，经验风险最小化并不能代表实际风险最小化。统计学习理论指出，经验风险最小化原则下的学习机器的实际风险，由以下两部分组成：

$$R(w) \leqslant R_{\mathrm{emp}}(w) + \sqrt{\left(\frac{h(\ln(2N/h)+1)-\ln(\eta/4)}{N}\right)} \tag{1.1.7}$$

式中，$R_{\mathrm{emp}}(w)$ 是训练样本的经验风险；$\sqrt{\left(\frac{h(\ln(2N/h)+1)-\ln(\eta/4)}{N}\right)}$ 为置信风险 Φ；N 为训练样本数量；h 为函数集的 VC 维。当 $0<\eta<1$ 时，实际风险 $R(w)$ 与经验风险 $R_{\mathrm{emp}}(w)$ 以概率 $1-\eta$ 满足式（1.1.7）中的关系，概率 $1-\eta$ 称为置信水平。

由式（1.1.7）可知，置信风险 Φ 不但受置信水平 $1-\eta$ 的影响，同时也受函数集的 VC 维 h 和样本数 N 的影响。且随着 N/h 的增加，置信风险 Φ 单调减小。

经验风险与期望风险之间的差距，即置信风险 $\Phi(N/h)$ 反映了根据经验风险最小化原则得到的学习机器的推广能力，称为推广性的界。式（1.1.7）表明，当 N/h 较小时，置信风险 $\Phi(N/h)$ 较大，此时，利用经验风险代替实际风险造成的误差很大，用经验风险最小化取得的最优解的推广性也很差。所以，在机器学习过程中，不但要使经验风险最小，还要利用 VC 维来尽可能地缩小置信风险，这样才能取得较小的实际风险，对未知样本的推广性也更好。

为了兼顾 VC 维和置信风险，引进了结构风险最小化原则。

结构风险最小化原则是寻找一个假设 f，使式（1.1.7）右端所示的结构风险达到最小值。

设 N 个训练样本为 $(x(1),y(1)),(x(2),y(2)),\cdots,(x(N),y(N))$，选择一系列嵌套的假设集 $F_1 \subset F_2 \subset \cdots \subset F_N$，在对应的每个 F_N 中找出一个假设 $f(N)$ 使经验风险最小，这样可以得到一系列的假设 $f(1),f(2),\cdots,f(N)$。由于 F_N 的 VC 维是递增的，即 $h(1)<h(2)<\cdots<h(N)$，所以置信风险 Φ 也是递增的，即随着 N 的增大而增大。而经验风险则随着 N 的增大而减小，即 $R_{\mathrm{emp}}[f(1)] > R_{\mathrm{emp}}[f(2)] > \cdots > R_{\mathrm{emp}}[f(N)]$。因为假设集 F_N 是嵌套的，所以结构风险最小化原则就是寻找合适的 N_0，使置信风险和经验风险之和最小，并且得到相应的 f_{N_0}。

结构风险最小化原则的示意图如图 1.1.3 所示。图中，假设集 $S_1 \subset S_2 \subset S_3$，其对应的 VC 维 $h_1 < h_2 < h_3$。该图很直观地表明，经验风险和置信风险是一对矛盾，S_2 对应于最佳的假设集子集，经验风险和置信风险在此时之和最小，对应的真实风险在此时也达到最小。

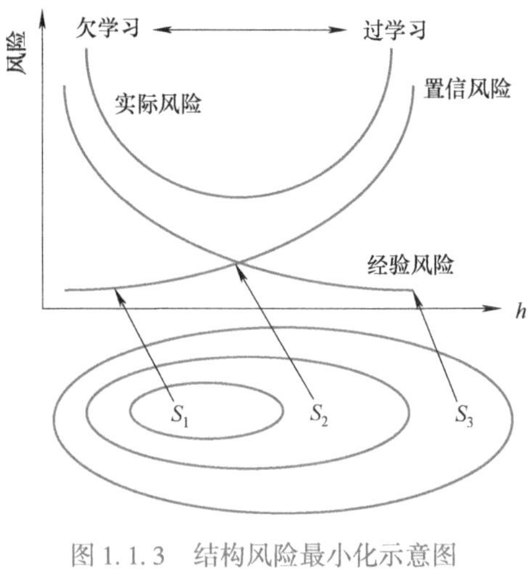

图 1.1.3 结构风险最小化示意图

与经验风险最小化相比，结构风险最小化很明显更加合理，通过对经验风险和置信风险的折中，得到的结构风险更接近实际风险。而支持向量机就是基于结构风险最小化原则。

1.2 支持向量机原理

建立在统计学习理论基础上的支持向量机采用结构风险最小化原则，利用核函数（参见第1.3小节），通过将非线性问题映射到某个高维空间中构造成新的线性问题来求解。支持向量机主要用来解决分类问题和回归问题。

1.2.1 支持向量机分类问题

对于二元分类问题在线性可分的条件下，分类方法有很多种。例如，图1.2.1与图1.2.2均可将数据成功进行分类。但图1.2.1所示的分类方法和图1.2.2所示的分类方法哪个更好呢？

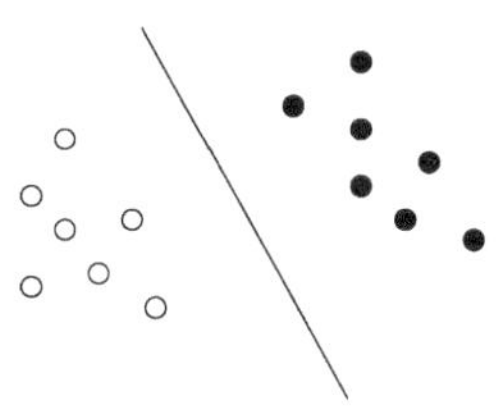

图1.2.1　分类方法1

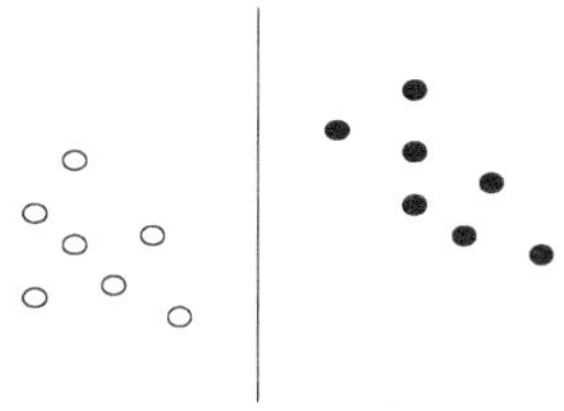

图1.2.2　分类方法2

对于分类问题，最好的分类方法不但能正确将两类区分开，而且能使区分间隔或分类距离最大，即达到最优的分类方法。如图1.2.3所示，空心球与实心球分别代表两类训练样本，H为分类线，负责把两类样本分开。H_1、H_2分别为两类样本中过离分类线最近的点且平行于分类线H的直线。H_1与H_2之间的距离称为分类间隔（margin）。最优分类线即为H，其到H_1、H_2的距离为$1/\|\boldsymbol{w}\|$，这样不仅可以将样本分开，并且可以使分类间隔最大。其中，落在H_1与H_2上的训练样本点称之为支持向量。

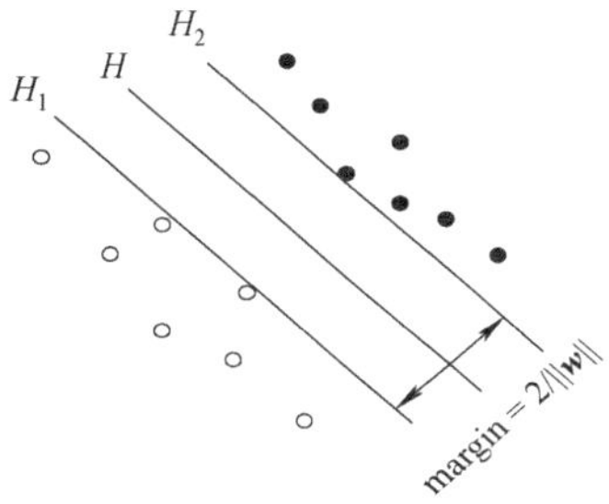

图1.2.3　最优分类原理

设训练样本数据为$(\boldsymbol{x}(1),y(1)),(\boldsymbol{x}(2),y(2)),\cdots,(\boldsymbol{x}(N),y(N))$，$\boldsymbol{x}\in\mathbf{R}^d$，类别$y\in\{-1,1\}$。若线性可分，则表明存在超平面$(\boldsymbol{w}\cdot\boldsymbol{x})+b=0$使两类不同的输入分别在该分类面的两侧，即存在参数对$(\boldsymbol{w},b)$使

$$y(n)=\mathrm{sgn}((\boldsymbol{w}\cdot\boldsymbol{x}(n))+b),n=1,2,\cdots,N \tag{1.2.1}$$

式中，sgn(·)为符号函数。

构造决策函数$f(\boldsymbol{x})=\mathrm{sgn}((\boldsymbol{w}\cdot\boldsymbol{x}(n))+b)$。使训练样本成功分类的参数对$(\boldsymbol{w},b)$有很多对，图1.2.3表明，最优的分类超平面是训练样本对超平面的几何间隔为$1/\|\boldsymbol{w}\|$的超平面。此时要满足的条件为

$$y(n)[(\boldsymbol{w}\cdot\boldsymbol{x}(n))+b]-1\geqslant 0 \tag{1.2.2}$$

最优分类问题转换为求解二次规划问题：

$$\begin{cases}\min R(\boldsymbol{w}) = \dfrac{1}{2}\|\boldsymbol{w}\|^2 \\ \text{s.t. } y(n)[(\boldsymbol{w}\cdot\boldsymbol{x}(n))+b] \geqslant 1, n=1,2,\cdots,N\end{cases} \tag{1.2.3}$$

式（1.2.3）是不等式条件约束下的二次函数极值问题，根据原始最优化问题的 KKT（Karush-Kuhn-Tucker）条件，它的解存在且唯一。求解式（1.2.3）最优解的方法是将其转换为对应的对偶问题。

首先，引入拉格朗日函数

$$L(\boldsymbol{w},b,\boldsymbol{\alpha}) = \frac{1}{2}\|\boldsymbol{w}\|^2 - \sum_{n=1}^{N}\alpha(n)\{y(n)[(\boldsymbol{w}\cdot\boldsymbol{x}(n))+b]-1\} \tag{1.2.4}$$

式中，$\boldsymbol{\alpha} = (\alpha(1),\alpha(2),\cdots,\alpha(N))^{\mathrm{T}} \in R_+^N$ 为 Lagrange 乘子。

由最优化原理可知，需求拉格朗日函数对 $\boldsymbol{w}$ 和 b 的微分且令其等于零，即

$$\begin{cases}\dfrac{\partial}{\partial w}L(\boldsymbol{w},b,\boldsymbol{\alpha}) = 0 \\ \dfrac{\partial}{\partial b}L(\boldsymbol{w},b,\boldsymbol{\alpha}) = 0\end{cases} \tag{1.2.5}$$

得到

$$\begin{cases}\boldsymbol{w} = \displaystyle\sum_{n=1}^{N}\alpha(n)y(n)\boldsymbol{x}(n) \\ \text{s.t. } \displaystyle\sum_{n=1}^{N}y(n)\alpha(n) = 0\end{cases} \tag{1.2.6}$$

将式（1.2.6）代入式（1.2.4），得原始优化问题对应的对偶函数为

$$\begin{cases}\min R(\boldsymbol{w}) = \dfrac{1}{2}\displaystyle\sum_{n=1}^{N}\sum_{j=1}^{N}y(n)y(j)\alpha(n)\alpha(j)(\boldsymbol{x}(n)\cdot\boldsymbol{x}(j)) - \sum_{j=1}^{N}\alpha(j) \\ \text{s.t. } \displaystyle\sum_{n=1}^{N}y(n)\alpha(n) = 0,\ \alpha(n) \geqslant 0\end{cases} \tag{1.2.7}$$

求解上述问题得到的最优分类函数为

$$f(\boldsymbol{x}) = \operatorname{sgn}[(\boldsymbol{w}^*\cdot\boldsymbol{x})+b^*] = \operatorname{sgn}\Big[\sum_{n=1}^{N}\alpha(n)y(n)(\boldsymbol{x}\cdot\boldsymbol{x}(n))+b^*\Big] \tag{1.2.8}$$

当训练样本线性不可分时，任何分划超平面都会有些错划，这时不能要求所有的训练样本点都满足约束条件 $y(n)[(\boldsymbol{w}\cdot\boldsymbol{x}(n))+b]-1 \geqslant 0$。为此，可引入松弛变量 ξ，将约束条件变为

$$y(n)[(\boldsymbol{w}\cdot\boldsymbol{x}(n))+b]+\xi(n)-1 \geqslant 0 \tag{1.2.9}$$

向量 $\boldsymbol{\xi} = (\boldsymbol{\xi}(1),\boldsymbol{\xi}(2),\cdots,\xi(n))^{\mathrm{T}}$ 体现了训练样本允许被错划的情况。

选取最优分类函数时，一方面希望分类间隔 $2/\|\boldsymbol{w}\|$ 尽可能大，另一方面又希望错划程度尽可能小。为此，引进惩罚参数 C 作为对错分样本的惩罚，以表示分类间隔与错划程度的折中。

此时，最优分类问题为

$$\begin{cases}\min R(\boldsymbol{w}) = \dfrac{1}{2}\|\boldsymbol{w}\|^2 + C\displaystyle\sum_{n=1}^{N}\xi(n) \\ \text{s.t. } y(n)[(\boldsymbol{w}\cdot\boldsymbol{x}(n))+b]+\xi(n) \geqslant 1, \xi(n) \geqslant 0, n=1,2,\cdots,N\end{cases} \tag{1.2.10}$$

通过化简，其最优化问题对应的对偶问题转化为

$$\begin{cases}\min R(\boldsymbol{w}) = \dfrac{1}{2}\sum_{n=1}^{N}\sum_{j=1}^{N} y(n)y(j)\alpha(n)\alpha(j)(\boldsymbol{x}(n)\cdot\boldsymbol{x}(j)) - \sum_{j=1}^{N}\alpha(j) \\ \text{s.t.}\ \sum_{n=1}^{N} y(n)\alpha(n) = 0,\ 0 \leqslant \alpha(n) \leqslant C, n,j = 1,2,\cdots,N\end{cases} \tag{1.2.11}$$

通过观察可知，式（1.2.11）与式（1.2.7）几乎完全相同，唯一的区别只是系数 $\alpha(n)$ 的约束不同。

统计学习理论指出，在 N 维空间中，如果样本分布在一个半径为 R 的超球范围内，若满足条件 $\|\boldsymbol{w}\| \leqslant d$，则其 VC 维满足的条件为

$$h \leqslant \min([R^2 d^2], N) + 1 \tag{1.2.12}$$

式（1.2.12）表明，支持向量机的分类方法是在获得较小经验风险的基础上，通过利用分类间隔来控制 VC 维，使机器学习的复杂度与推广能力得到了很好的折中，体现了结构经验风险最小化原则。

1.2.2　支持向量机回归问题

虽然支持向量机是由分类问题提出来的，但也可以应用到连续函数的拟合等许多回归问题中。

回归问题：已知训练样本集

$$T = \{(\boldsymbol{x}(1), y(1)), (\boldsymbol{x}(2), y(2)), \cdots, (\boldsymbol{x}(N), y(N))\} \in (\mathbf{R}^N \times \mathbf{R})^N \tag{1.2.13}$$

式中，$\boldsymbol{x}(n) \in \mathbf{R}^N$，$y(n) \in \mathbf{R}$ 为输出，$n = 1,2,\cdots,N$，这里 $y(n)$ 为任意实数。

问题：根据训练样本集 T 来寻找 $\mathbf{R}^N$ 上的一个实值函数 $f(\boldsymbol{x})$，并用 $f(\boldsymbol{x})$ 来推断对于任意的输入 $\boldsymbol{x}$，其所对应的输出 y。$\boldsymbol{x}$ 与 y 的关系如图 1.2.4 所示。

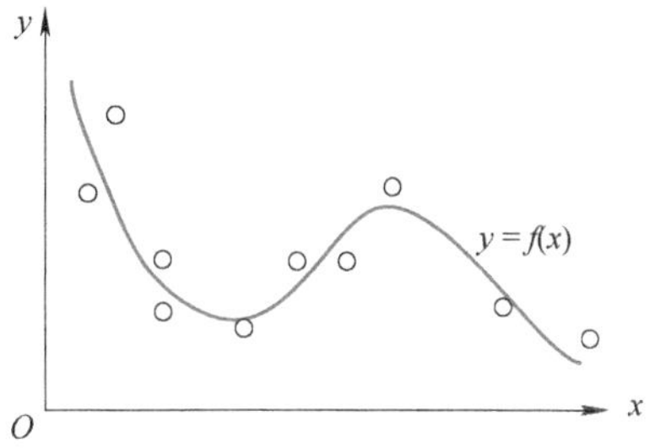

图 1.2.4　函数拟合曲线

上述为 N 维空间 $\mathbf{R}^N$ 上的回归问题。当 $N = 1$ 时简化为一维空间上的回归问题，有着明显的几何意义。在图 1.2.4 中，直角坐标系中的“○”为各个训练样本点，曲线为一条接近各个训练点“○”且光滑的曲线。

作为特殊的一类回归问题，线性回归问题有着重要的作用。本节中要寻找的线性函数为

$$y = f(\boldsymbol{x}) = \boldsymbol{w}\cdot\boldsymbol{x} + b \tag{1.2.14}$$

构造式（1.2.14）的凸二次规划问题，将最优问题转换为

$$\begin{cases}\min\limits_{\boldsymbol{w},b}\ \dfrac{1}{2}\|\boldsymbol{w}\|^2 \\ \text{s.t.}\ (\boldsymbol{w}\cdot\boldsymbol{x}(n)) + b - y(n) \leqslant \varepsilon, \\ \qquad -(\boldsymbol{w}\cdot\boldsymbol{x}(n)) - b + y(n) \leqslant \varepsilon, n = 1,2,\cdots,N\end{cases} \tag{1.2.15}$$

求解式（1.2.15）最优解的方法是将其转换为对应的对偶问题。为此，引入拉格朗日函数

$$\begin{aligned}L(\boldsymbol{w}, b, \boldsymbol{\alpha}^*) = &\frac{1}{2}\|\boldsymbol{w}\|^2 - \sum_{n=1}^{N}\alpha(n)(\varepsilon + y(n) - (\boldsymbol{w}\cdot\boldsymbol{x}(n)) - b) \\ &- \sum_{n=1}^{N}\alpha^*(n)(\varepsilon - y(n) + (\boldsymbol{w}\cdot\boldsymbol{x}(n)) + b)\end{aligned} \tag{1.2.16}$$

式中，$\boldsymbol{\alpha}^{*}=(\alpha(1),\alpha^{*}(1),\alpha(2),\alpha^{*}(2),\cdots,\alpha(n),\alpha^{*}(n))^{\mathrm{T}}\geqslant 0$ 为拉格朗日乘子。

由最优化原理可知，需求拉格朗日函数对 $\boldsymbol{w}$ 和 b 的极小值，即分别对 $\boldsymbol{w}$ 和 b 求微分且令其等于零，即

$$\begin{cases}\dfrac{\partial}{\partial w}L(\boldsymbol{w},b,\boldsymbol{\alpha}^{*})=\boldsymbol{w}-\displaystyle\sum_{n=1}^{N}(\alpha^{*}(n)-\alpha(n))\boldsymbol{x}(n)=0\\ \dfrac{\partial}{\partial b}L(\boldsymbol{w},b,\boldsymbol{\alpha}^{*})=\displaystyle\sum_{n=1}^{N}(\alpha(n)-\alpha^{*}(n))=0\end{cases}\tag{1.2.17}$$

得到

$$\boldsymbol{w}=\sum_{n=1}^{N}(\alpha^{*}(n)-\alpha(n))\boldsymbol{x}(n)\tag{1.2.18}$$

将式（1.2.18）代入式（1.2.15），得对应的对偶问题为

$$\begin{cases}\min\ \dfrac{1}{2}\displaystyle\sum_{n,j=1}^{N}(\alpha^{*}(n)-\alpha(n))(\alpha^{*}(j)-\alpha(j))(\boldsymbol{x}(n)\cdot\boldsymbol{x}(j))\\ \qquad+\varepsilon\displaystyle\sum_{n=1}^{N}(\alpha^{*}(n)+\alpha(n))-\sum_{n=1}^{N}y(n)(\alpha^{*}(n)-\alpha(n))\\ \text{s. t.}\ \displaystyle\sum_{n=1}^{N}(\alpha(n)-\alpha^{*}(n))=0,\alpha^{*}(n),\alpha(n)\geqslant 0,n=1,2,\cdots,N\end{cases}\tag{1.2.19}$$

上述问题求解得到的最优回归函数为

$$f(\boldsymbol{x})=(\boldsymbol{w}\cdot\boldsymbol{x})+b=\sum_{n=1}^{N}(\alpha^{*}(n)-\alpha(n))(\boldsymbol{x}(n)\cdot\boldsymbol{x})+b\tag{1.2.20}$$

为了获得更好的回归效果，引进松弛变量 ξ 以及惩罚因子 C，则支持向量机的二次规划问题变为

$$\begin{cases}\min\limits_{w,b}\ \dfrac{1}{2}\|\boldsymbol{w}\|^{2}+C\displaystyle\sum_{n=1}^{N}(\xi(n)+\xi^{*}(n))\\ \text{s. t.}\ (\boldsymbol{w}\cdot\boldsymbol{x}(n))+b-y(n)\leqslant\varepsilon+\xi(n),\\ \qquad-(\boldsymbol{w}\cdot\boldsymbol{x}(n))-b+y(n)\leqslant\varepsilon+\xi^{*}(n),\\ \qquad\xi(n),\xi^{*}(n)\geqslant 0,n=1,2,\cdots,N\end{cases}\tag{1.2.21}$$

引入拉格朗日函数，得

$$\begin{aligned}L(\boldsymbol{w},b,\boldsymbol{\alpha}^{*})=&\frac{1}{2}\|\boldsymbol{w}\|^{2}+C\sum_{n=1}^{N}(\xi^{*}(n)+\xi(n))-\\&\sum_{n=1}^{N}(\mu(n)\xi(n)+\mu^{*}(n)\xi^{*}(n))-\\&\sum_{n=1}^{N}\alpha(n)(\varepsilon+\xi(n)+y(n)-(\boldsymbol{w}\cdot\boldsymbol{x}(n))-b)-\\&\sum_{n=1}^{N}\alpha^{*}(n)(\varepsilon+\xi^{*}(n)-y(n)+(\boldsymbol{w}\cdot\boldsymbol{x}(n))+b)\end{aligned}\tag{1.2.22}$$

式中，拉格朗日乘子满足条件 $\alpha^{(*)}(n),\mu^{(*)}(n)\geqslant 0$。经过计算化简

$$\begin{cases}\dfrac{\partial}{\partial w}L(\boldsymbol{w},b,\boldsymbol{\alpha}^*) = w - \sum_{i=1}^{N}(\alpha^*(n) - \alpha(n))\boldsymbol{x}(n) = 0 \\ \dfrac{\partial}{\partial b}L(\boldsymbol{w},b,\boldsymbol{\alpha}^*) = \sum_{n=1}^{N}(\alpha(n) - \alpha^*(n)) = 0\end{cases} \tag{1.2.23}$$

则其最优化回归问题对应的对偶问题为

$$\begin{cases}\min \ \dfrac{1}{2}\sum_{n,j=1}^{N}(\alpha^*(n) - \alpha(n))(\alpha^*(j) - \alpha(j))(\boldsymbol{x}(n)\cdot\boldsymbol{x}(j)) + \\ \qquad \varepsilon\sum_{n=1}^{N}(\alpha^*(n) + \alpha(n)) - \sum_{n=1}^{N}y(n)(\alpha^*(n) - \alpha(n)) \\ \text{s. t.} \sum_{n=1}^{N}(\alpha(n) - \alpha^*(n)) = 0, 0 \leqslant \alpha^*(n), \alpha(n) \leqslant C, n = 1,2,\cdots,N\end{cases} \tag{1.2.24}$$

式（1.2.24）与式（1.2.21）的区别是拉格朗日乘子 $\alpha^*(n)$ 的约束范围不同。

1.3 核函数

并不是所有的分类回归问题都可以采用线性分划来解决，如图 1.3.1 所示，就无法直接用线性分划。

虽然图 1.3.1 所示的训练样本没法直接用线性分划来区分，但通过观察可发现，可以用一非线性分划椭圆将两类训练样本成功分类，如图 1.3.2 所示。前面已经有了线性分划的方法，非线性分划的计算量要复杂得多，所以，应该尽量将非线性分划转化为线性分划问题。

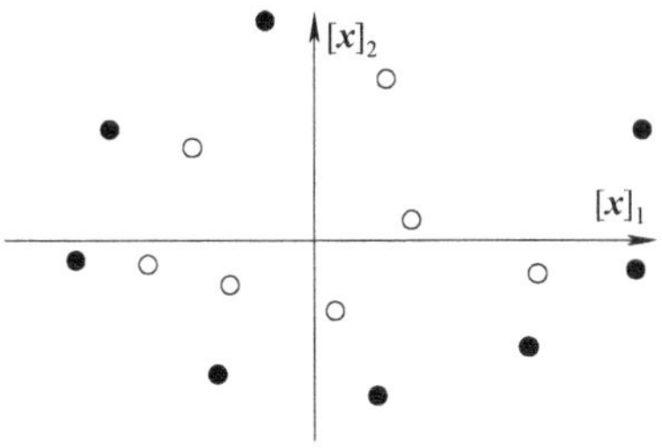

图 1.3.1 训练样本分布图

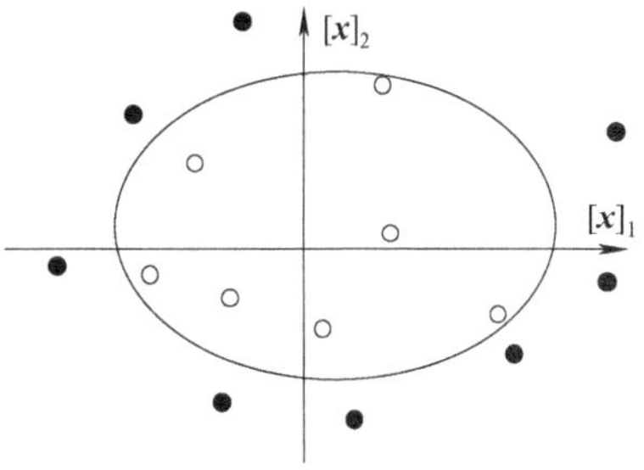

图 1.3.2 非线性分划

图 1.3.2 所示的非线性分划曲线可以表示为

$$[\boldsymbol{w}]_1[\boldsymbol{x}]_1^2 + [\boldsymbol{w}]_2[\boldsymbol{x}]_2^2 + b = 0 \tag{1.3.1}$$

令

$$\begin{cases}[\boldsymbol{X}]_1 = [\boldsymbol{x}]_1^2 \\ [\boldsymbol{X}]_2 = [\boldsymbol{x}]_2^2\end{cases} \tag{1.3.2}$$

则式（1.3.1）可写为

$$[\boldsymbol{w}]_1[\boldsymbol{X}]_1 + [\boldsymbol{w}]_2[\boldsymbol{X}]_2 + b = 0 \tag{1.3.3}$$

由此可见，对于非线性问题，关键在于找出合适的变换，将原问题转换为线性问题。图 1.3.2 所描述的情况转换为线性情况如图 1.3.3 所示。

在支持向量机非线性问题中，需要选择一个映射 $\boldsymbol{\Phi}(\cdot)$，将训练样本所在的空间 $\mathbf{R}^N$ 映射到另一高维空间 H 中，使其转换为线性问题。映射确定后，可由其内积构造出核函数 $K(\cdot,\cdot)$ 来进行支持向量机运算。

$$K(\boldsymbol{x}(1),\boldsymbol{x}(2)) = (\boldsymbol{\Phi}(\boldsymbol{x}(1))\cdot\boldsymbol{\Phi}(\boldsymbol{x}(2))) \tag{1.3.4}$$

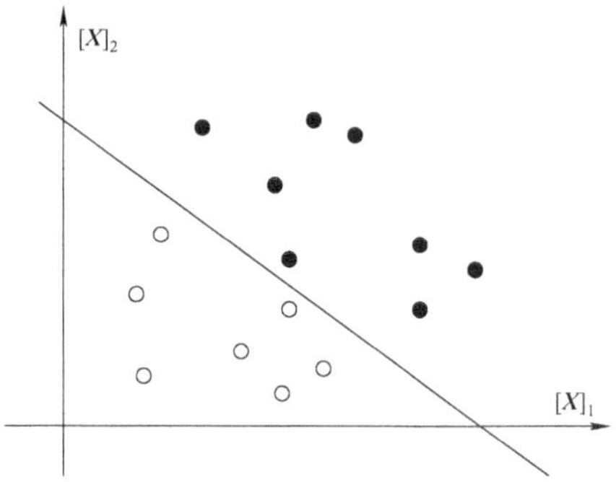

图 1.3.3 转换后的分布图

例如，对于回归问题，则式（1.2.14）变为

$$y = f(\boldsymbol{\Phi}(\boldsymbol{x})) = \boldsymbol{w}\cdot\boldsymbol{\Phi}(\boldsymbol{x}) + b \tag{1.3.5}$$

其二次规划问题，变为

$$\begin{cases} \min\limits_{\boldsymbol{w},b} \ \dfrac{1}{2}\|\boldsymbol{w}\|^2 + C\sum\limits_{n=1}^{N}(\xi(n)+\xi^*(n)) \\ \text{s.t.} \ \ (\boldsymbol{w}\cdot\boldsymbol{\Phi}(\boldsymbol{x}(n))) + b - y(n) \leqslant \varepsilon + \xi(n) \\ \qquad -(\boldsymbol{w}\cdot\boldsymbol{\Phi}(\boldsymbol{x}(n))) - b + y(n) \leqslant \varepsilon + \xi^*(n) \\ \qquad \xi(n),\xi^*(n) \geqslant 0, n = 1,2,\cdots,N \end{cases} \tag{1.3.6}$$

引入拉格朗日函数，求得其对偶函数，则式（1.2.24）变成

$$\begin{cases} \min \ \dfrac{1}{2}\sum\limits_{n,j=1}^{N}(\alpha^*(n)-\alpha(n))(\alpha^*(j)-\alpha(j))K(\boldsymbol{x}(n)\cdot\boldsymbol{x}(j)) + \\ \qquad \varepsilon\sum\limits_{n=1}^{N}(\alpha^*(n)+\alpha(n)) - \sum\limits_{n=1}^{N}y(n)(\alpha^*(n)-\alpha(n)) \\ \text{s.t.} \ \sum\limits_{n=1}^{N}(\alpha(n)-\alpha^*(n)) = 0, 0 \leqslant \alpha^*(n),\alpha(n) \leqslant C, n = 1,2,\cdots,N \end{cases} \tag{1.3.7}$$

同时，相应的决策函数为

$$f(\boldsymbol{x}) = (\boldsymbol{w}\cdot\boldsymbol{\Phi}(\boldsymbol{x})) + b = \sum_{n=1}^{N}(\alpha^*(n)-\alpha(n))K(\boldsymbol{x}(n)\cdot\boldsymbol{x}) + b \tag{1.3.8}$$

使用支持向量机时，核函数 $K(\cdot,\cdot)$ 起着非常重要的作用。实际上，不需要知道具体的映射是什么，只要选定合适的核函数 $K(\cdot,\cdot)$ 就可以了。选择不同的核函数，即意味着选择不同的映射空间，采用不同的估价标准。

支持向量机中常用的核函数有以下几种：

1）高斯径向基核函数

$$K(\boldsymbol{x}(1),\boldsymbol{x}(2)) = \exp\left(\frac{-\|\boldsymbol{x}(1)-\boldsymbol{x}(2)\|^2}{\sigma^2}\right) \tag{1.3.9}$$

2）多项式核函数

$$K(\boldsymbol{x}(1),\boldsymbol{x}(2)) = [(\boldsymbol{x}(1)\cdot\boldsymbol{x}(2)) + p]^q \tag{1.3.10}$$

3）Sigmoid 核函数

$$K(\boldsymbol{x}(1),\boldsymbol{x}(2)) = \tanh(k(\boldsymbol{x}(1)\cdot\boldsymbol{x}(2)) + v) \tag{1.3.11}$$

4）线性核函数

$$K(\boldsymbol{x}(1),\boldsymbol{x}(2)) = (\boldsymbol{x}(1)\cdot\boldsymbol{x}(2)) \tag{1.3.12}$$

核函数是支持向量机的重要组成部分，如何选取适当的核函数，不仅影响计算的复杂度，还关系着问题能否正确解决。要根据具体的问题构造合适的核函数，这样才能有效地解决问题。

1.4 实例1-1：基于改进支持向量机的正交小波盲均衡算法

在现代通信系统中，带宽受限和多径传播导致的码间干扰（Inter-symbol Interference，ISI）使传输信号发生畸变，从而在接收端产生误码，影响到通信质量。为了抑制码间干扰，通常采用不需要训练序列的盲均衡算法。在各种盲均衡算法中，常数模算法（Constant Modulus Algorithm，CMA）由于其结构简单、计算量小、稳定性好，能够适应一般的数字通信系统，被广泛地应用于多种数字传输系统。但CMA收敛速度慢、均方误差较大，且均衡器的权向量容易随着初始化的不同收敛到不同的极小值点。由正交小波理论可知，对输入信号进行正交小波变换可以去其自相关性，加快收敛速度。在训练样本数目有限的情况下，支持向量机具有很强的小样本学习能力，采用结构风险最小化原则，克服了易收敛到局部极小点的问题，能收敛到全局最优点。

本节将支持向量机与正交小波引入盲均衡算法中，利用支持向量机的全局收敛以及正交小波的去自相关性，研究基于改进支持向量机的正交小波盲均衡算法，并进行仿真验证。

1.4.1 小波变换

文献［3］和［4］表明，通过对均衡器的输入信号进行归一化的正交小波变换，能使其自相关矩阵接近对角矩阵，降低输入信号的自相关性，加快收敛速度。文献［3］和［4］还表明，将正交小波变换引入到盲均衡算法中，能够进一步提高算法的收敛速度。

1. 权向量的正交小波表示

由小波理论可知，当均衡器权向量 $\boldsymbol{w}(n)$ 为有限的冲击响应滤波器时，可由一族正交小波函数 $\boldsymbol{\varphi}_{j,k}(n)$ 和尺度函数 $\boldsymbol{\phi}_{J,k}(n)$ 表示为

$$\boldsymbol{w}(n) = \sum_{j=1}^{J}\sum_{k=0}^{k_j} d_{j,k}\cdot\boldsymbol{\varphi}_{j,k}(n) + \sum_{k=0}^{k_J} v_{J,k}\cdot\boldsymbol{\phi}_{J,k}(n) \tag{1.4.1}$$

式中，$n=0,1,\cdots,N-1$，N为均衡器长度；J为最大尺度；$k_j = N/2^j - 1$（$j=1,2,\cdots,J$）为尺度j下小波函数的最大平移。其中，$d_{j,k}$ 和 $v_{J,k}$ 分别为

$$\begin{cases} d_{j,k} = \langle \boldsymbol{w}(n), \boldsymbol{\varphi}_{j,k}(n)\rangle \\ v_{J,k} = \langle \boldsymbol{w}(n), \boldsymbol{\phi}_{J,k}(n)\rangle \end{cases} \tag{1.4.2}$$

$d_{j,k}$ 和 $v_{J,k}$ 为均衡器的权系数，$\boldsymbol{w}(n)$ 的特性由 $d_{j,k}$ 和 $v_{J,k}$ 反映出来。当均衡器的输入为 $y(n)$ 时，均衡器的输出为

$$\begin{aligned} z(n) &= \sum_{i=0}^{N-1} w_i(n)\cdot y(n-i) \\ &= \sum_{i=0}^{N-1} y(n-i)\left[\sum_{j=1}^{J}\sum_{k=0}^{k_j} d_{j,k}(n)\boldsymbol{\varphi}_{j,k}(i) + \sum_{k=0}^{k_J} v_{J,k}(n)\boldsymbol{\phi}_{J,k}(i)\right] \\ &= \sum_{j=0}^{J}\sum_{k=0}^{k_j} d_{j,k}(n)\left[\sum_{i=0}^{N-1} y(n-i)\boldsymbol{\varphi}_{j,k}(i)\right] + \sum_{k=0}^{k_J} v_{J,k}(n)\left[\sum_{i=0}^{N-1} y(n-i)\boldsymbol{\phi}_{J,k}(i)\right] \\ &= \sum_{j=0}^{J}\sum_{k=0}^{k_j} d_{j,k}(n) r_{j,k}(n) + \sum_{k=0}^{k_J} v_{J,k}(n) s_{J,k}(n) \end{aligned} \tag{1.4.3}$$

式中，

$$r_{j,k}(n) = \sum_i y(n-i) \cdot \boldsymbol{\varphi}_{j,k}(i) \tag{1.4.4}$$

$$s_{J,k}(n) = \sum_i y(n-i) \cdot \boldsymbol{\phi}_{J,k}(i) \tag{1.4.5}$$

式（1.4.4）与式（1.4.5）表明，输入 $y(n)$ 需与每个尺度上的小波函数 $\boldsymbol{\varphi}_{j,k}(n)$ 和尺度函数 $\boldsymbol{\phi}_{J,k}(i)$ 及其平移系列做卷积，因而计算量较大。但小波函数 $\boldsymbol{\varphi}_{j,k}(n)$ 是由小波基 $\boldsymbol{\varphi}_{j,0}(n)$ 经过二进制的平移得到，即

$$\boldsymbol{\varphi}_{j,k}(n) = \boldsymbol{\varphi}_{j,0}(n-2^j k) \tag{1.4.6}$$

代入式（1.4.4），得

$$r_{j,k}(n) = \sum_i y(n-i) \cdot \boldsymbol{\varphi}_{j,k}(i) = \sum_i y(n-i) \cdot \boldsymbol{\varphi}_{j,0}(i-2^j k) = r_{j,0}(n-2^j k) \tag{1.4.7}$$

即 $r_{j,k}(n)$ 可由 $r_{j,0}(n)$ 经过 $2^j k$ 延时而得到。同理，由 $\boldsymbol{\phi}_{J,k}(n) = \boldsymbol{\phi}_{J,0}(n-2^j k)$，得

$$s_{J,k}(n) = s_{J,0}(n-2^j k) \tag{1.4.8}$$

故 $r_{j,k}(n)$、$s_{J,k}(n)$ 可以通过对 $r_{j,0}(n)$、$s_{J,0}(n)$ 进行二进制延迟得到。式（1.4.3）实质上相当于对输入 $y(n)$ 做离散正交小波变换，$r_{j,k}(n)$、$s_{J,k}(n)$ 分别为相应的小波和尺度变换系数。而式（1.4.3）则表明，均衡器 n 时刻输出 $z(n)$ 等于输入 $y(n)$ 经小波变换后的相应变换系数 $r_{j,k}(n)$ 和 $s_{J,k}(n)$ 与均衡器系数 $d_{j,k}$ 和 $v_{J,k}$ 的加权和。

2. 正交小波变换的矩阵表示

由上面的分析可知，小波系数 $r_{j.k}(n)$ 与尺度系数 $s_{j.k}(n)$ 的值跟小波函数 $\boldsymbol{\varphi}(n)$ 与尺度函数 $\boldsymbol{\phi}(n)$ 密切相关。在实际中，常常利用 Mallat 算法求解小波函数与尺度函数的表达式。对于长度为 N 的离散信号 $\boldsymbol{S}_0 = [s_{0,1}, s_{0,2}, \cdots, s_{0,N-1}]^{\mathrm{T}}$，利用 Mallat 塔形分解算法，可得图 1.4.1 所示的分解结构。

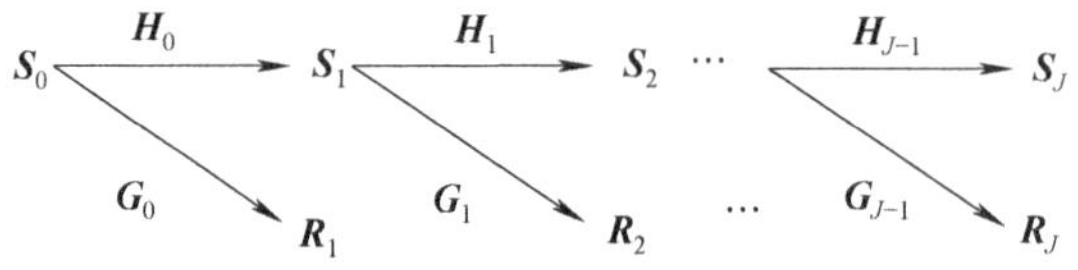

图 1.4.1 Mallat 塔形分解算法

图中，$\boldsymbol{S}_j = [s_{j,0} \quad s_{j,2} \quad \cdots \quad s_{j,k_j}]^{\mathrm{T}}$，$\boldsymbol{R}_j = [r_{j,0} \quad r_{j,2} \quad \cdots \quad r_{j,k_j}]^{\mathrm{T}}$，$k_j$ 定义同上，$\boldsymbol{H}_j$ 和 $\boldsymbol{G}_j$ 分别为由小波滤波器系数 $h(n)$ 和尺度滤波器系数 $g(n)$ 所构成的矩阵，且 $\boldsymbol{H}_j$ 和 $\boldsymbol{G}_j$ 中每个元素分别为 $\boldsymbol{H}_j(l,n) = h(n-2l)$，$\boldsymbol{G}_j(l,n) = g(n-2l)$，$(l = 1 \sim N/2^{j+1}, n = 1 \sim N/2^j)$。

正交小波变换矩阵可表示为

$$\boldsymbol{V} = [\boldsymbol{G}_0; \boldsymbol{G}_1\boldsymbol{H}_0; \boldsymbol{G}_2\boldsymbol{H}_1\boldsymbol{H}_0; \boldsymbol{G}_{J-1}\boldsymbol{G}_{J-2}\cdots\boldsymbol{H}_1\boldsymbol{H}_0; \boldsymbol{H}_{J-1}\boldsymbol{H}_{J-2}\cdots\boldsymbol{H}_1\boldsymbol{H}_0]$$

1.4.2 正交小波常数模盲均衡算法

1. 常数模盲均衡算法

盲均衡算法不需要采用外部提供的期望响应，自适应过程中通过一个非线性的变换产生期望响应的估计，就能够得到与希望恢复的输入信号比较接近的滤波器输出，节省了信道的带宽。通常，非线性变换存在于自适应均衡器的输入端、输出端或内部，根据在不同位置对

数据加非线性变换，可以得到不同种类的盲均衡算法。Bussgang 类盲均衡算法的非线性变换函数在自适应均衡器的输出端，通过对均衡器输出信号进行非线性变换，以获得输入信号的估计值。

常数模盲均衡算法作为 Bussgang 类盲均衡算法的特例，利用高阶统计特性构造代价函数，通过调节均衡器权向量寻找代价函数的极值点。其原理如图 1.4.2 所示。

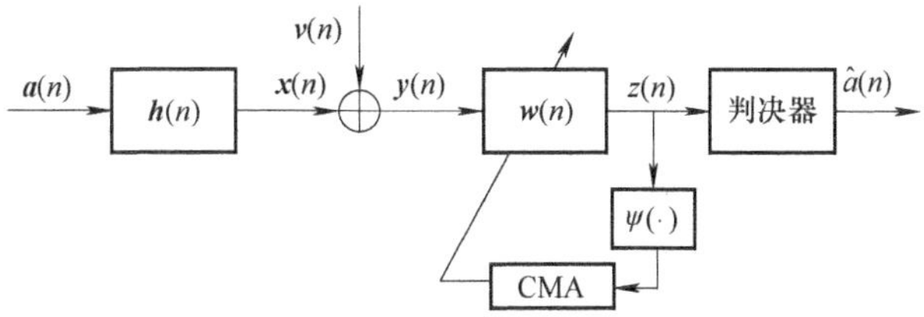

图 1.4.2　CMA 原理

图中，$\boldsymbol{a}(n)$ 是零均值独立同分布发射信号；$\boldsymbol{h}(n)$ 是信道脉冲响应，$\boldsymbol{h}(n)=[h_0(n),\cdots,h_{N-1}(n)]^{\mathrm{T}}$（上标 T 表示转置）；$\boldsymbol{x}(n)$ 是信道的输出向量；$\boldsymbol{v}(n)$ 是加性高斯白噪声；$\boldsymbol{y}(n)$ 是均衡器接收信号；$\boldsymbol{w}(n)$ 是均衡器权向量，且 $\boldsymbol{w}(n)=[w_0(n),w_1(n),\cdots,w_{N-1}(n)]^{\mathrm{T}}$；$z(n)$ 是均衡器输出信号；$\psi(\cdot)$ 是误差信号的生成函数；$\hat{a}(n)$ 是判决装置对 $z(n)$ 的判决输出信号。

设 $\boldsymbol{a}(n)=[a(n),\cdots,a(n-N+1)]^{\mathrm{T}}$，$\boldsymbol{y}(n)=[y(n),y(n-1),\cdots,y(n-N+1)]^{\mathrm{T}}$，由图 1.4.2 可得均衡器的输入信号为

$$\boldsymbol{y}(n)=\sum_{i=0}^{N_c-1}h_i(n)a(n-i)+\boldsymbol{v}(n)=\boldsymbol{h}^{\mathrm{T}}\boldsymbol{a}(n)+\boldsymbol{v}(n) \tag{1.4.9}$$

输出信号为

$$z(n)=\sum_{i=0}^{N-1}w_i(n)y(n-i)=\boldsymbol{w}^{\mathrm{T}}(n)\boldsymbol{y}(n)=\boldsymbol{y}^{\mathrm{T}}(n)\boldsymbol{w}(n) \tag{1.4.10}$$

常数模算法的误差函数为

$$e(n)=|z(n)|^2-R^2 \tag{1.4.11}$$

式中，R^2 为 CMA 的模值，定义为

$$R^2=\frac{E\{|a(n)|^4\}}{E\{|a(n)|^2\}} \tag{1.4.12}$$

式中，$E\{\cdot\}$ 表示数学期望。

CMA 的代价函数为

$$J=E\{e^2(n)\}=E\{[R^2-|z(n)|^2]^2\} \tag{1.4.13}$$

代价函数的值取决于均衡器输出端加性噪声的大小。为获得极小值点，常采用梯度法对 $\boldsymbol{w}(n)$ 对进行调整，即

$$\boldsymbol{w}(n+1)=\boldsymbol{w}(n)-\mu\hat{\nabla}_wJ \tag{1.4.14}$$

式中，μ 表示迭代步长，且为较小的正数；$\hat{\nabla}_wJ$ 为 J 对 $\boldsymbol{w}(n)$ 求偏导后取的瞬时值。

由 J 对 $\boldsymbol{w}(n)$ 求偏导得

$$\begin{aligned}\nabla_wJ&=\frac{\partial J}{\partial\boldsymbol{w}(n)}=\frac{\partial E[(|z(n)|^2-R^2)^2]}{\partial\boldsymbol{w}(n)}\\&=E\left\{2(|z(n)|^2-R^2)\frac{\partial[z(n)z^*(n)]}{\partial\boldsymbol{w}(n)}\right\}\end{aligned}$$

$$
\begin{aligned}
&= E\left\{2(|z(n)|^2 - R^2)\frac{\partial[\boldsymbol{w}^{\mathrm{T}}(n)\boldsymbol{y}(n)(\boldsymbol{y}^{\mathrm{T}}(n)\boldsymbol{w}(n))^*]}{\partial\boldsymbol{w}(n)}\right\} \\
&= E\{4(|z(n)|^2 - R^2)\boldsymbol{y}^*(n)\boldsymbol{y}^{\mathrm{T}}(n)\boldsymbol{w}(n)\} \\
&= E\{4(|z(n)|^2 - R^2)\boldsymbol{y}^*(n)z(n)\}
\end{aligned} \tag{1.4.15}
$$

故

$$\hat{\nabla}_w J = 4[|z(n)|^2 - R^2]\boldsymbol{y}^*(n)z(n) \tag{1.4.16}$$

将式（1.4.10）和式（1.4.16）代入式（1.4.14），得 CMA 权向量迭代公式为

$$
\begin{aligned}
\boldsymbol{w}(n+1) &= \boldsymbol{w}(n) - 4\mu(|z(n)|^2 - R^2)\boldsymbol{y}^*(n)z(n) \\
&= \boldsymbol{w}(n) - 4\mu e(n)z(n)\boldsymbol{y}^*(n)
\end{aligned} \tag{1.4.17}
$$

式（1.4.9）~式（1.4.17）构成了 CMA。CMA 具有结构简单、计算量小、性能稳定等优点，但 CMA 存在收敛速度慢、均方误差较大、易陷入局部极小值点等不足之处。

2. 正交小波盲均衡算法

为了提高 CMA 的收敛速度，通过对均衡器的输入信号进行正交小波变换，以降低输入信号的相关性、加快收敛速度。这样，将正交小波变换引入到常数模算法中，得到基于正交小波变换的常数模盲均衡算法（Orthogonal Wavelet Transform based Constant Modulus blind equalization Algorithm，WT-CMA），简称正交小波盲均衡算法。其原理如图 1.4.3 所示。

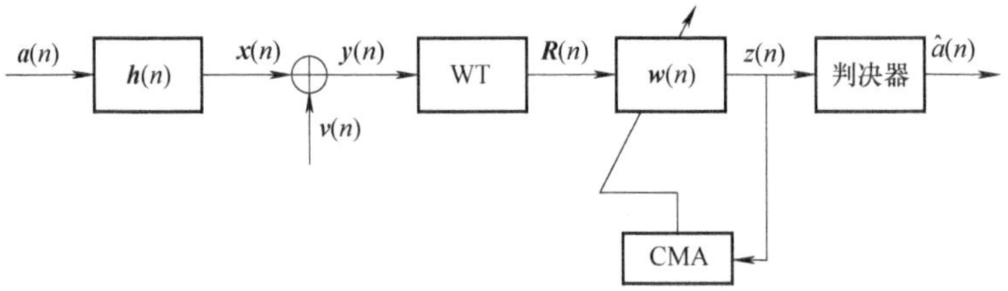

图 1.4.3 正交小波盲均衡算法原理

图中，$\boldsymbol{a}(n)$ 是零均值独立同分布发射信号；$\boldsymbol{h}(n)$ 是信道响应向量；$\boldsymbol{x}(n)$ 是信道的输出向量；$\boldsymbol{v}(n)$ 是加性高斯白噪声；$\boldsymbol{y}(n)$ 为信道输出向量；$\boldsymbol{R}(n)$ 为均衡器输入信号向量；$\boldsymbol{w}(n)$ 为均衡器的权向量；$z(n)$ 为均衡器的输出；$\hat{a}(n)$ 为判决器的输出；WT 为正交小波变换模块。

图 1.4.3 中，正交小波变换后的输出为

$$\boldsymbol{R}(n) = \boldsymbol{V}\boldsymbol{y}(n) \tag{1.4.18}$$

$$z(n) = \boldsymbol{w}^{\mathrm{H}}(n)\boldsymbol{R}(n) \tag{1.4.19}$$

式中，$\boldsymbol{V}$ 表示正交小波变换（WT）矩阵。上标 H 表示共轭转置。

误差函数为

$$e(n) = |z(n)|^2 - \boldsymbol{R}^2 \tag{1.4.20}$$

均衡器权向量的迭代公式为

$$
\begin{aligned}
\boldsymbol{w}(n+1) &= \boldsymbol{w}(n) - \mu\hat{\nabla}_f J \\
&= \boldsymbol{w}(n) - \mu\hat{\boldsymbol{R}}^{-1}(n)z(n)[|z(n)|^2 - R_{\mathrm{CMA}}]\boldsymbol{R}^*(n)
\end{aligned} \tag{1.4.21}
$$

式中，μ 为步长因子；$\hat{\boldsymbol{R}}^{-1}(n) = \mathrm{diag}[\sigma_{j,0}^2(n), \sigma_{j,1}^2(n), \cdots, \sigma_{j,k_J}^2(n), \sigma_{J+1,0}^2(n), \cdots, \sigma_{J+1,k_J}^2(n)]$，为正交小波功率归一化矩阵，其中，diag [ ] 表示对角矩阵，$\sigma_{j,k_j}^2(n)$ 和 $\sigma_{J+1,k_j}^2(n)$ 分别表示对小波系数 $r_{j,k}(n)$ 和尺度系数 $s_{J,k}(n)$ 的平均功率估计，$r_{j,k}(n)$ 表示小波空间 j 层分解的第 k 个信号，$s_{J,k}(n)$

表示尺度空间中最大分解层数 J 的第 k 个信号。$\sigma_{j,k}^2(n+1)$ 和 $\sigma_{J+1,k}^2(n+1)$ 可由下式递推得到

$$\begin{cases}\sigma_{j,k}^2(n+1)=\beta\sigma_{j,k}^2(n)+(1-\beta)\left|r_{j,k}(n)\right|^2\\ \sigma_{J+1,k}^2(n+1)=\beta\sigma_{J,k}^2(n)+(1-\beta)\left|x_{J,k}(n)\right|^2\end{cases}\tag{1.4.22}$$

式中，β 为平滑因子，且 $0<\beta<1$，一般取略小于1的数。称式（1.4.18）~式（1.4.22）为基于正交小波的常数模盲均衡算法（WT-CMA）。

1.4.3 改进支持向量机正交小波盲均衡算法

由于支持向量机具有优越的小样本学习能力和存在全局唯一最优解等优点，将改进的支持向量机引入到正交小波盲均衡算法中，得到改进支持向量机正交小波盲均衡算法（Wavelet Transform Blind Equalization Algorithm Based on Improvedsupport Vector Machine，ISVMWTC-MA）。其原理如图1.4.4所示。

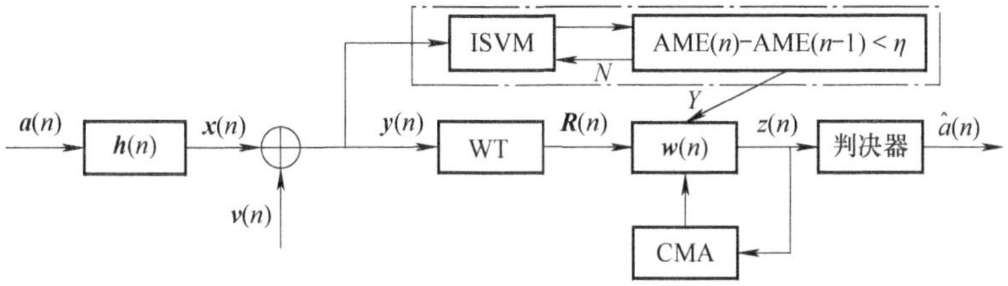

图1.4.4 改进支持向量机正交小波盲均衡算法原理

正交小波盲均衡算法缺乏全局搜索能力，不适当的初始化容易使算法收敛到局部极小点，而采用结构风险最小化的支持向量机可以很好地解决这一问题。设 $\boldsymbol{y}(n)$ 为均衡器接收信号的前 n 组输入数据，则利用支持向量机对均衡器权向量 $\boldsymbol{w}(n)$ 进行初始化，即可转化为求解代价函数最小值的问题：

$$J(\boldsymbol{w})=\frac{1}{2}\|\boldsymbol{w}\|^2+C\sum_{n=1}^{N}\left|1-(\boldsymbol{w}^{\mathrm{T}}\boldsymbol{R}(n))^2\right|_{\varepsilon}\tag{1.4.23}$$

约束条件为

$$\begin{cases}(\boldsymbol{w}^{\mathrm{T}}\boldsymbol{R}(n))^2-1\leqslant\varepsilon\\ 1-(\boldsymbol{w}^{\mathrm{T}}\boldsymbol{R}(n))^2\leqslant\varepsilon\end{cases}\tag{1.4.24}$$

式中，$\varepsilon>0$ 为估计精度。

为了获得更好的回归效果，通过引入惩罚系数 C 和松弛变量 $\xi,\tilde{\xi}$，式（1.4.23）的最优化问题可写成使 $\frac{1}{2}\|\boldsymbol{w}\|^2+C\sum_{n=1}^{N}(\xi(n)+\tilde{\xi}(n))$ 取最小值的情况下代价函数的优化问题。

$$\begin{cases}J(\boldsymbol{w})=\frac{1}{2}\boldsymbol{w}^{\mathrm{T}}\boldsymbol{w}+C\left(N\varepsilon+\sum_{n=1}^{N}(\xi(n)+\tilde{\xi}(n))\right)\\ \text{s.t.}\quad(\boldsymbol{w}^{\mathrm{T}}\boldsymbol{R}(n))^2-1\leqslant\varepsilon+\xi(n)\\ \qquad 1-(\boldsymbol{w}^{\mathrm{T}}\boldsymbol{R}(n))^2\leqslant\varepsilon+\tilde{\xi}(n)\\ \qquad \xi(n),\tilde{\xi}(n)\geqslant 0;\varepsilon\geqslant 0\end{cases}\tag{1.4.25}$$

式（1.4.25）的最小化问题可以转化为求解拉格朗日函数的鞍点问题，即

$$
\begin{aligned}
L_p = & \frac{1}{2}\|\boldsymbol{w}\|^2 + C\left(N\nu\varepsilon + \sum_{n=1}^{N}\left(\xi(n) + \tilde{\xi}(n)\right)\right) - \\
& \sum_{n=1}^{N}\alpha(n)\left[1 - z(n)\left(\boldsymbol{w}^{\mathrm{T}}\boldsymbol{R}(n)\right) + \varepsilon + \xi(n)\right] - \\
& \sum_{n=1}^{N}\left(\mu(n)\xi(n) + \tilde{\mu}(n)\tilde{\xi}(n)\right) - \\
& \sum_{n=1}^{N}\tilde{\alpha}(n)\left[z(n)\left(\boldsymbol{w}^{\mathrm{T}}\boldsymbol{R}(n)\right) - 1 + \varepsilon + \tilde{\xi}(n)\right] - \lambda\varepsilon
\end{aligned}
\tag{1.4.26}
$$

式中，$\alpha(n) \geqslant 0, \tilde{\alpha}(n) \geqslant 0, \mu(n) \geqslant 0, \tilde{\mu}(n) \geqslant 0$。式（1.4.26）的解是唯一的。因为这是个线性约束的凸优化问题，KKT 定理决定了其解的具体形式。式（1.4.26）的解满足 KKT 定理的条件为

$$
\begin{cases}
\dfrac{\partial L_P}{\partial \boldsymbol{w}} = 0 \Rightarrow \boldsymbol{w} = \sum\limits_{n=1}^{N}\left(\alpha(n) - \tilde{\alpha}(n)\right)z(n)\boldsymbol{R}(n) \\
\dfrac{\partial L_P}{\partial \xi(n)} = 0 \Rightarrow C - \alpha(n) - \mu(n) = 0 \\
\dfrac{\partial L_P}{\partial \tilde{\xi}(n)} = 0 \Rightarrow C - \tilde{\alpha}(n) - \tilde{\mu}(n) = 0 \\
\dfrac{\partial L_P}{\partial \varepsilon} = 0 \Rightarrow CN - \lambda = 0
\end{cases}
\tag{1.4.27}
$$

将满足 KKT 条件的式（1.4.27）代入式（1.4.26）中，并使该函数最大化，即

$$
\begin{cases}
\max\Big[-\dfrac{1}{2}\sum\limits_{m=1}^{N}\sum\limits_{n=1}^{N}\left(\alpha(m) - \tilde{\alpha}(m)\right)\left(\alpha^{*}(n) - \tilde{\alpha}(n)\right)z(m)z^{*}(n)\boldsymbol{R}(m)\boldsymbol{R}^{*}(n) \\
+ \sum\limits_{n=1}^{N}z^2(n)\left(\alpha(n) - \tilde{\alpha}(n)\right) - \sum\limits_{n=1}^{N}\varepsilon\left(\alpha(n) + \tilde{\alpha}(n)\right) \\
\text{s. t.} \quad \sum\limits_{n=1}^{N}\left(\alpha(n) - \tilde{\alpha}(n)\right) = 0 \\
\qquad\;\; 0 \leqslant \alpha(n), \tilde{\alpha}(n) \leqslant C \\
\qquad\;\; \sum\limits_{n=1}^{N}\left(\alpha(n) + \tilde{\alpha}(n)\right) \leqslant C
\end{cases}
\tag{1.4.28}
$$

然后，利用二次规划方法可求解 SVM。计算出均衡器权系数 $\boldsymbol{w}(n)$，再进行循环迭代直至满足切换条件

$$
\begin{cases}
\mathrm{AME}(n) = \dfrac{1}{N}\sum\limits_{n=1}^{N}\left(|z(n)|^2 - |\min(R_1)|\right) \\
\mathrm{AME}(n) - \mathrm{AME}(n-1) \leqslant \eta
\end{cases}
\tag{1.4.29}
$$

式中，$\mathrm{AME}(n)$ 为平均调制误差；R_1 为输入点到各个收敛点的距离；η 为切换阈值。

然而，选择不同的核函数对于支持向量机的性能是有区别的，为了达到最优效果，这里采用图 1.4.5 所示的模式进行参数优化。

图中，SVM1 与 SVM2 采用径向基核函数；SVM3 采用多项式核函数。

由于径向基核函数是一个典型的局部性核函数，其学习能力强，对测试点附近领域内的

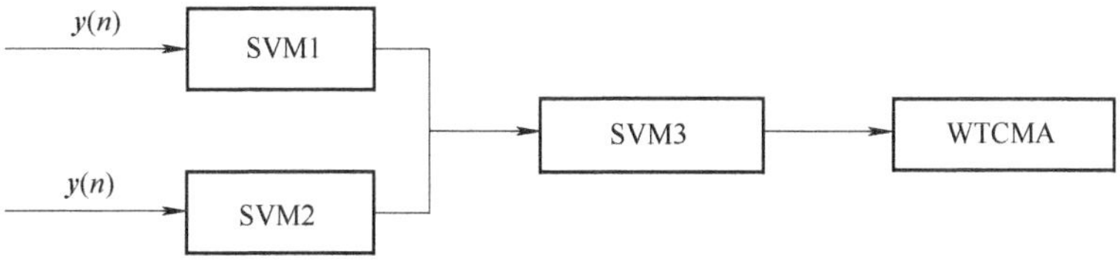

图 1.4.5 改进的核函数

数据有影响；而多项式核函数是一个典型的全局性核函数，其泛化能力强，并且对远离测试点的数据也有影响。本节先将均衡器的接收信号 $\boldsymbol{y}(n)$ 分成两部分，分别利用 SVM1、SVM2 进行权系数初始化，然后再通过 SVM3 对权系数进一步优化，当 SVM3 满足切换条件时，切换到 WTCMA。

1.4.4 仿真实验与结果分析

为了检验改进支持向量机正交小波盲均衡算法（ISVMWTCMA）的性能，分别以 CMA 和 WTCMA 作为比较对象，进行仿真实验。

【实验 1.4.1】 信道 $\boldsymbol{h}=[0.3132,-0.1040,0.8908,0.3134]$，其特性如图 1.4.6 所示。发射信号为 16QAM（16 Quadrature Amplitude Modulation，正交幅度调制），输入信噪比为 20dB，均衡器权向量长度为 16。用支持向量机对输入数据的前 50 个点进行初始化，支持向量机的切换条件 η 为 10^{-5}，$\lambda=0.9$。对于 ISVMCMA，权向量的第 4 个抽头为 1，其他为 0；而对于 CMA，权向量的第 3 个抽头为 1，其他为 0；步长 $\mu_{\mathrm{CMA}}=0.00000768$，$\mu_{\mathrm{ISVMCMA}}=0.000016$。

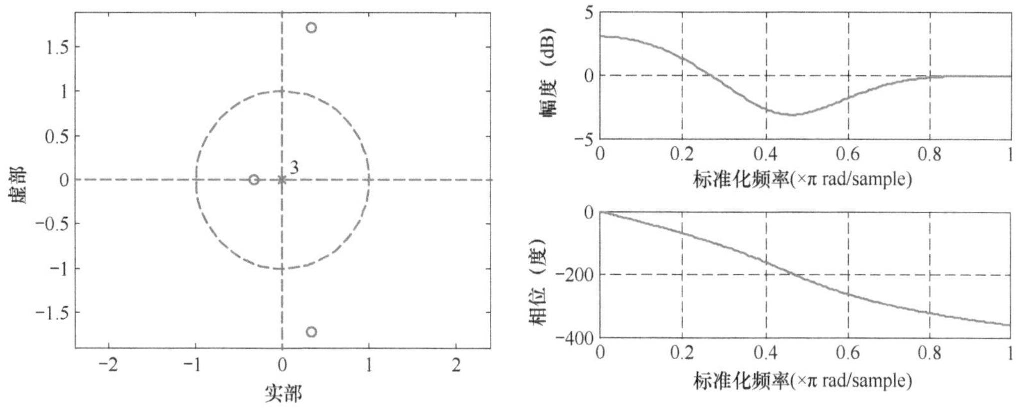

a）信道零极点图　　b）幅频、相频特性曲线

图 1.4.6 信道特性

图 1.4.6 表明，该信道有一个零点在单位圆内，两个在单位圆外，是混合相位水声信道，此信道存在严重的幅频失真。

图 1.4.7a 为 3000 次蒙特卡罗实验后，ISVMCMA 与 CMA 的均方误差曲线。该图表明，在收敛速度上，ISVMCMA 与 CMA 相差无几；而 ISVMCMA 收敛后的均方误差比 CMA 的要小 3.5dB。图 1.4.7b ~ e 表明，ISVMCMA 的输出效果明显比 CMA 的更加清晰、紧凑。

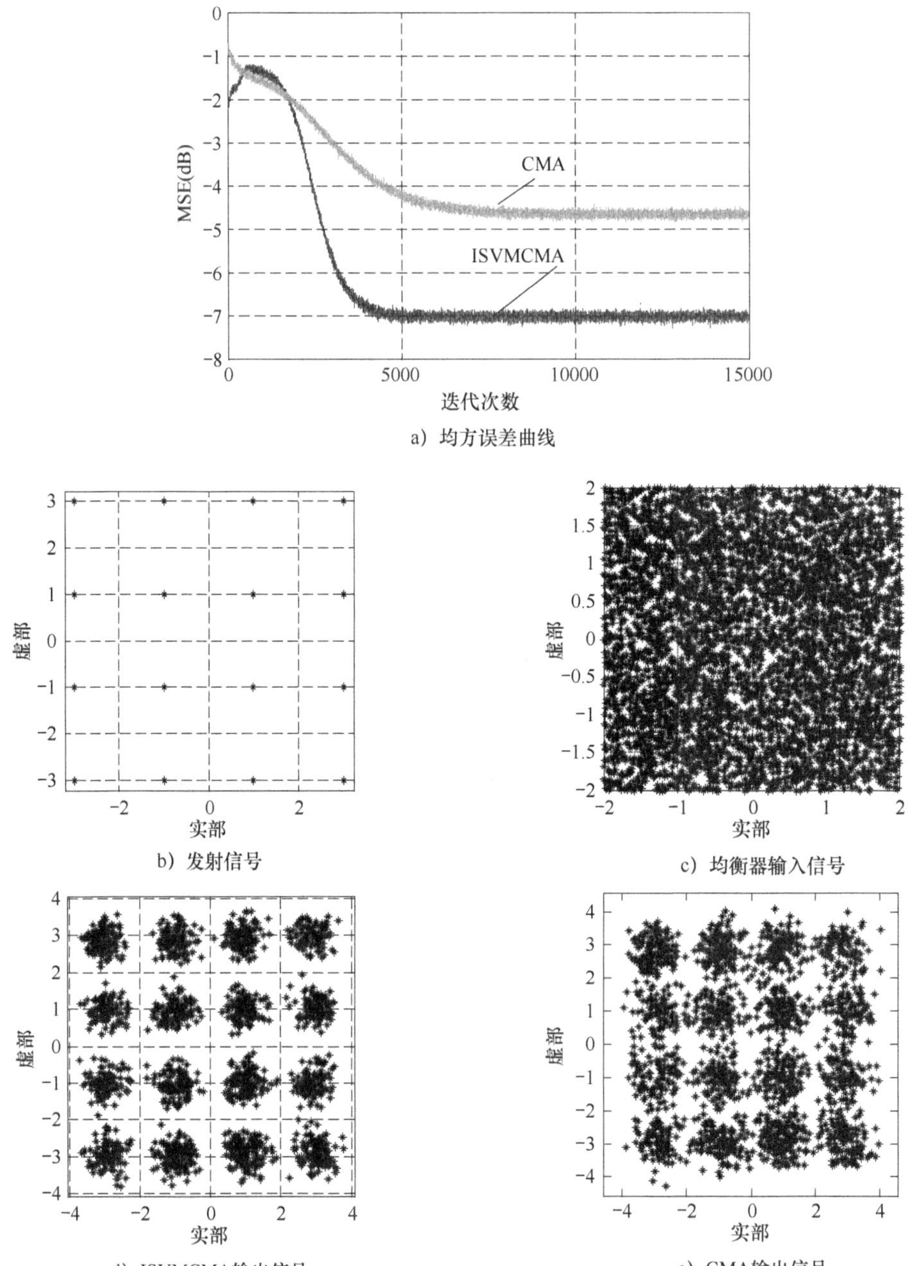

a）均方误差曲线

b）发射信号

c）均衡器输入信号

d）ISVMCMA输出信号

e）CMA输出信号

图 1.4.7　仿真结果

【实验 1.4.2】 信道 $\boldsymbol{h}=[1,-0.5]$，其特性如图 1.4.8 所示。发射信号为 16PSK（16 Phase Shift Keying 16 移相键控），输入信噪比为 25dB，均衡器权向量长度为 16。用支持向量机对输入数据的前 50 个点进行初始化，支持向量机的切换条件 η 为 10^{-5}，$\lambda=0.9$。

对于 ISVMCMA，权向量的第 6 个抽头为 1，其他为 0；而对于 CMA，权向量的第 4 个抽头为 1，其他为 0；步长 $\mu_{\mathrm{CMA}}=0.0024$，$\mu_{\mathrm{ISVMCMA}}=0.008$。

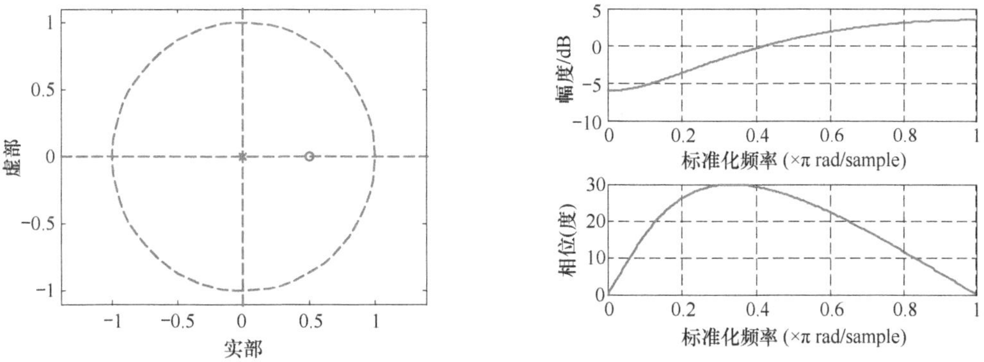

a）信道零极点图　　b）幅频、相频特性曲线

图 1.4.8　信道特性

图 1.4.8 表明，该信道零点在单位圆内，是最小相位水声信道，此信道存在严重的幅频失真。仿真结果如图 1.4.9 所示。图 1.4.9a 为 6000 次蒙特卡罗实验后，ISVMCMA 与 CMA 的均方误差曲线。该图表明，在收敛速度上，ISVMCMA 比 CMA 快约 5000 步；而 ISVMCMA 收敛后的均方误差比 CMA 要小 4dB。图 1.4.9b ~ e 表明，ISVMCMA 的输出效果明显比 CMA 的更加紧凑，也更加清晰。

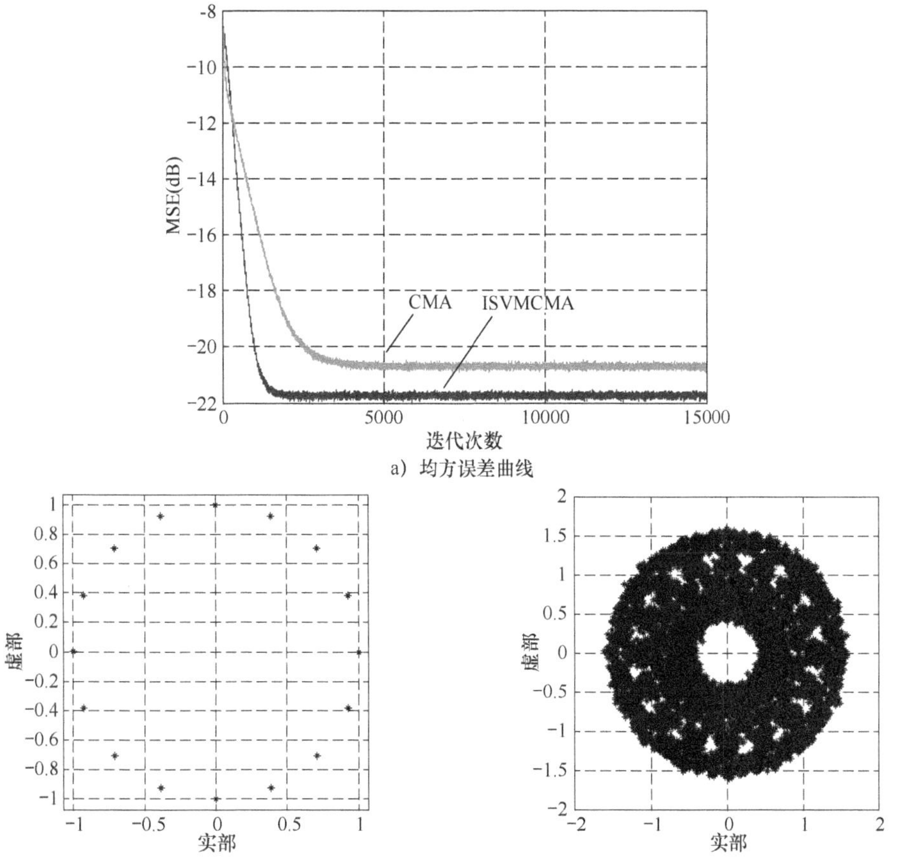

a）均方误差曲线

b）发射信号　　c）均衡器输入信号

图 1.4.9　仿真结果

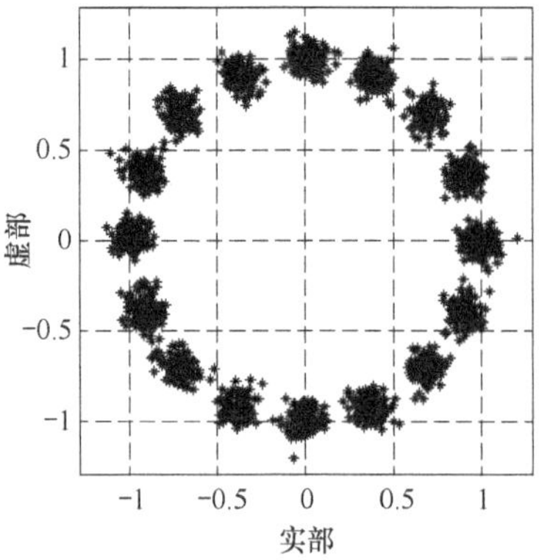

d）ISVMCMA输出信号

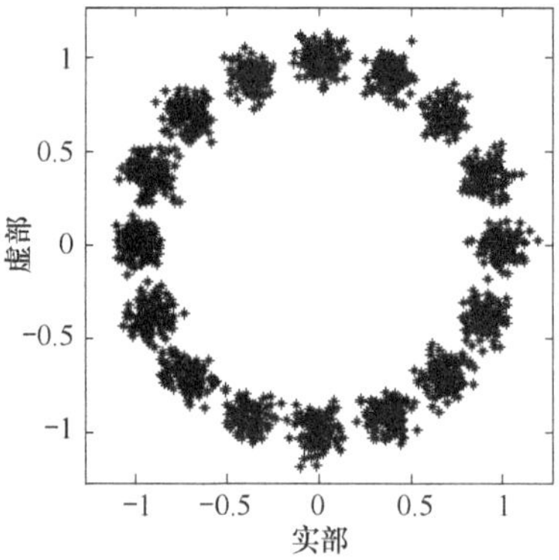

e）CMA输出信号

图 1.4.9 仿真结果（续）

【实验 1.4.3】 信道 $\boldsymbol{h}=[0.3132, -0.1040, 0.8908, 0.3134]$，发射信号为 16QAM，输入信噪比为 20dB，均衡器权向量长度为 16 。支持向量机对输入数据的前 100 个点进行初始化，支持向量机的切换条件 η 为 10^{-5}，$\lambda=0.9$ 。

对于 ISVMWTCMA，权向量的第 4 个抽头为 1 ，其他为 0 ；对于 WTCMA 和 CMA，权向量的第 3 个抽头为 1 ，其他为 0 ；步长 $\mu_{\mathrm{CMA}}=0.000006$，$\mu_{\mathrm{WTCMA}}=0.00006$，$\mu_{\mathrm{ISVMWTCMA}}=0.00012$ 。仿真结果如图 1.4.10 所示。图 1.4.10a 为 4000 次蒙特卡罗实验后，CMA、WTCMA 与 ISVMWTCMA 的均方误差曲线。可见，在收敛速度上，IVSVMWTCMA 和 WTCMA 基本差不多，但均比 CMA 快约 4000 步；而 ISVMWTCMA 收敛后的均方误差比 WTCMA 要小 2dB，WTCMA 与 CMA 基本差不多。图 1.4.10b ~ e 表明，ISVMWTCMA 的输出效果最好，收敛后的星座图最清晰。WTCMA 的输出效果次之，收敛后的星座图比较模糊。而 CMA 的输出效果最差。

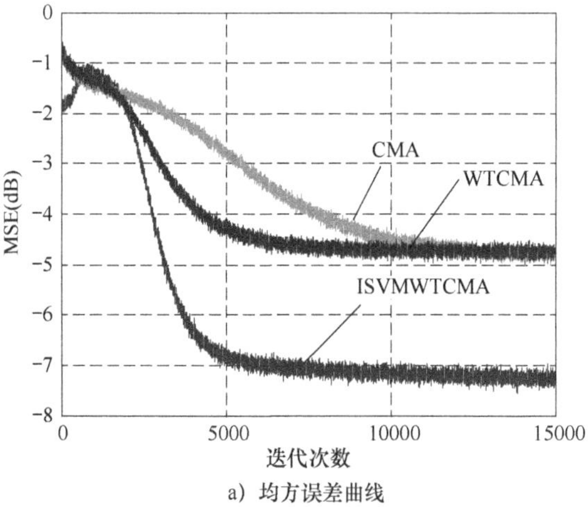

a）均方误差曲线

图 1.4.10 仿真结果

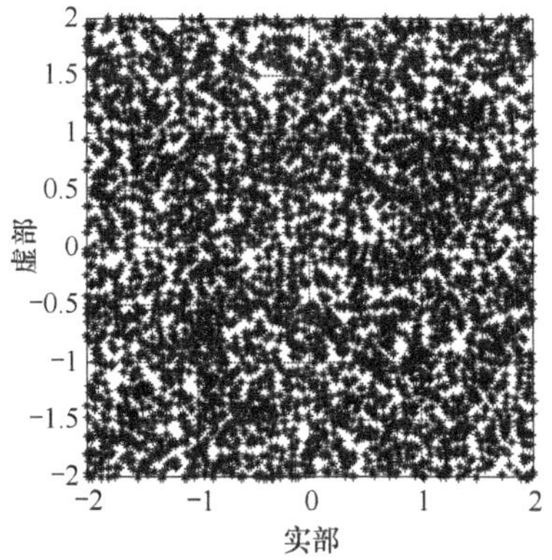

b）均衡器输入信号

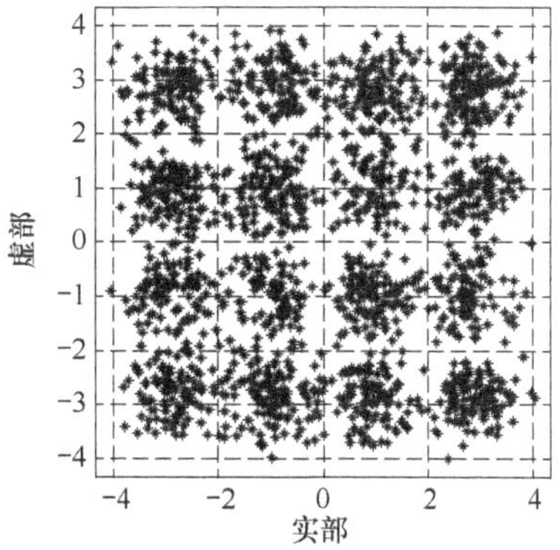

c）CMA输出信号

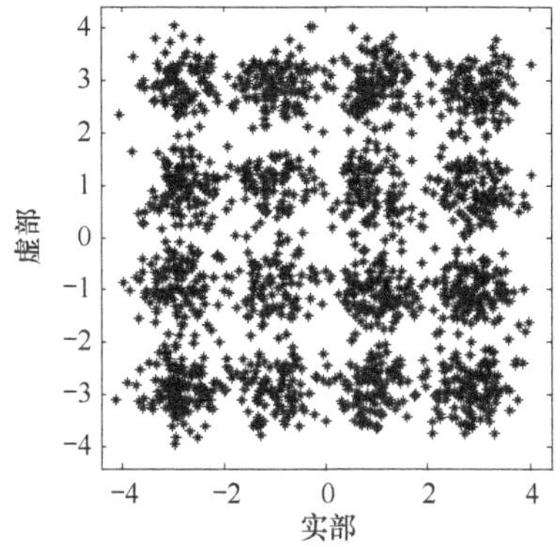

d）WTCMA输出信号

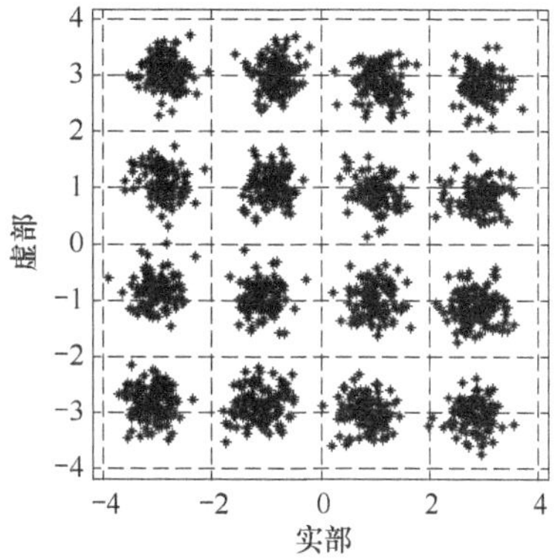

e）ISVMWTCMA输出信号

图 1.4.10　仿真结果（续）

【实验 1.4.4】 信道 $\boldsymbol{h}=[0.3132,-0.1040,0.8908,0.3134]$，发射信号为 16PSK，输入信噪比为 20dB，均衡器权向量长度为 16。支持向量机对输入数据的前 100 个点进行初始化，支持向量机的切换条件 η 为 10^{-5}，$\lambda=0.9$。对于 ISVMWTCMA，权向量的第 4 个抽头为 1，其他为 0；对于 WTCMA 和 CMA，权向量的第 3 个抽头为 1，其他为 0；步长 $\mu_{\mathrm{CMA}}=0.000006$，$\mu_{\mathrm{WTCMA}}=0.00006$，$\mu_{\mathrm{ISVMWTCMA}}=0.00012$。仿真结果如图 1.4.11 所示。

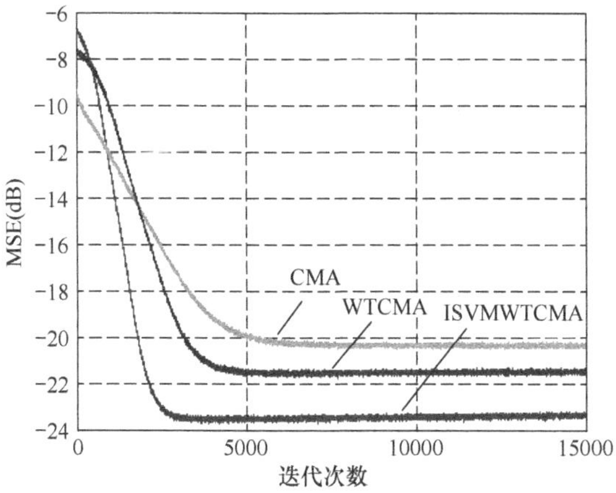

a）均方误差曲线

图 1.4.11　仿真结果

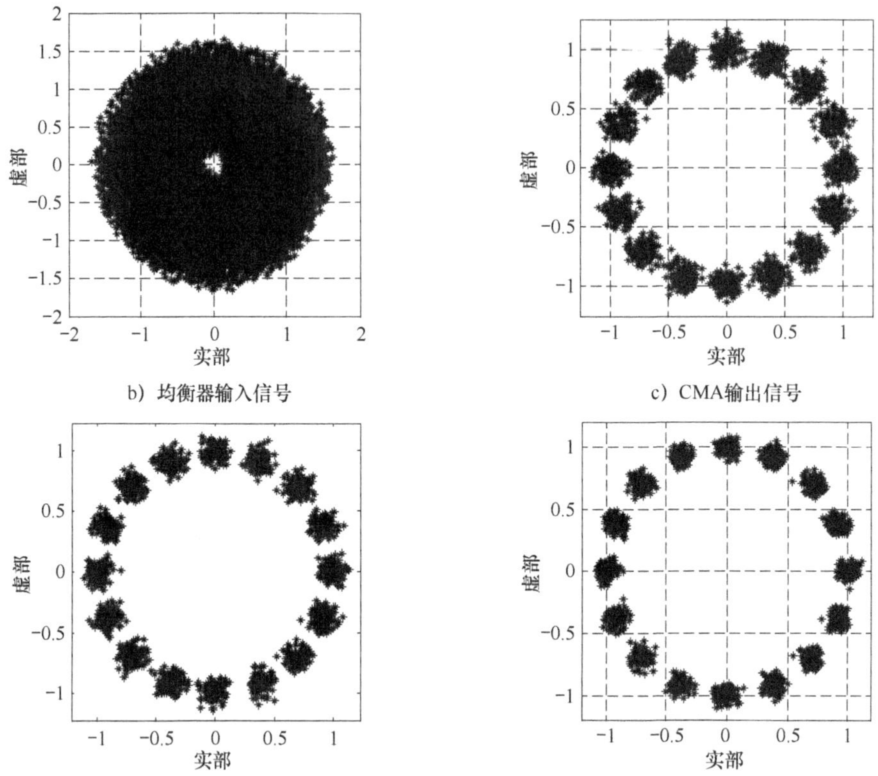

b）均衡器输入信号　　c）CMA输出信号

d）WTCMA输出信号　　e）ISVMWTCMA输出信号

图 1.4.11　仿真结果（续）

图 1.4.11a 为 6000 次蒙特卡罗实验后，CMA、WTCMA 与 ISVMWTCMA 的均方误差曲线。该图表明，在收敛速度上，ISVMWTCMA 比 WTCMA 快约 3000 步，比 CMA 快约 5000 步，WTCMA 比 CMA 快约 2000 步；而在稳态误差上，ISVMWTCMA 的稳态误差比 WTCMA 要小 2dB，比 CMA 要小 4dB，WTCMA 的稳态误差比 CMA 要小 2dB。图 1.4.11b ~ e 表明，ISVMWTCMA 的输出效果最好，收敛后的星座图最清晰；WTCMA 的输出效果次之，收敛后的星座图比较模糊；而 CMA 的输出效果最差。

综上，ISVMWTCMA 的性能优于 WTCMA 和 CMA，能获得更快的收敛速度、更好的稳态误差。

1.5　实例 1-2：基于 *U*-支持向量机的正交小波盲均衡算法

支持向量机能收敛到全局最优点，在求解两类分类、回归问题时，用到的训练集都是形如式（1.2.13）所示的标准形式的训练集。然而，这种情况下得到的预测精度并不高，达不到期望的要求。

本节将 *U*-支持向量机引入正交小波盲均衡算法中，研究基于 *U*-支持向量机的正交小波盲均衡算法。利用集合 *U* 来提高预测精度，然后变换到小波盲均衡算法中，最后通过水声信道仿真实验验证了该算法的有效性。

1.5.1 基于 U-支持向量机的正交小波盲均衡算法

基于 U-支持向量机的正交小波盲均衡算法（Wavelet Blind Equalization Algorithm Based on U-Support Vector Machine，USVMWTCMA）的原理如图 1.5.1 所示。

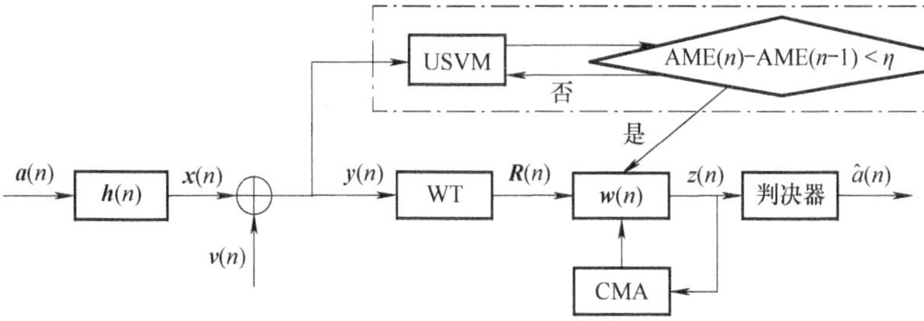

图 1.5.1 基于 U-支持向量机正交小波盲均衡算法原理

图中，$\boldsymbol{a}(n)$ 为发射信号，$\boldsymbol{h}(n)$ 为信道的冲激响应，$\boldsymbol{v}(n)$ 是信道输出端的加性高斯白噪声。$\boldsymbol{y}(n)$ 为均衡器的接收信号，$z(n)$ 为均衡器的输出信号，$\hat{a}(n)$ 为判决器输出信号。由图 1.5.1 可得

$$\boldsymbol{y}(n)=\boldsymbol{h}^{\mathrm{T}}\boldsymbol{a}(n)+\boldsymbol{v}(n) \tag{1.5.1}$$

$$\boldsymbol{R}(n)=\boldsymbol{V}\boldsymbol{y}(n) \tag{1.5.2}$$

$$z(n)=\boldsymbol{w}^{\mathrm{H}}(n)\boldsymbol{R}(n) \tag{1.5.3}$$

式中，$\boldsymbol{V}$ 是正交小波变换（**WT**）矩阵。

在 U-支持向量机中，集合 U 起着至关重要的作用。参考文献［9］和［10］对集合 U 进行了研究。选取合适的集合 U，得到的结果与标准支持向量机相比，预测精度会有不同程度的提高；如果随机产生集合 U，结果对预测精度几乎没有改变。

本节采用 Vapnik 提出的通用构造集合 U 的方法，即集合 U 中的输入用正类点的输入和负类点的输入均值生成 $x^*(k)=(x^+(i)+x^-(j))/2$，$x^+(i)$ 为正类点的输入，$x^-(j)$ 为负类点的输入，$x^*(k)$ 为集合 U 中的一个元素。此时，支持向量机的训练集为 $T\cup U$。$T=\{(x(1),y(1)),(x(2),y(2)),\cdots,(x(N),y(N))\}\in(\mathbf{R}^N\times\mathbf{R})^N$，$U=\{x^*(1),\cdots,x^*(N_u)\}$。

U-支持向量机的目标是求出超平面 $(\boldsymbol{w}\cdot\boldsymbol{x})+b=0$，使对训练集 T 满足间隔最大，且使 U 中的输入尽可能地接近该超平面。

设 $\boldsymbol{y}(n)$ 为均衡器接收信号的前 N 组输入数据，利用支持向量机对均衡器权向量 $\boldsymbol{w}(n)$ 进行初始化，即可转化为求解代价函数的最小值。

$$J(\boldsymbol{w})=\frac{1}{2}\|\boldsymbol{w}\|^2+C_1\sum_{n=1}^{N}\xi(n)+C_2\sum_{s=1}^{u}(\varphi(s)+\varphi^*(s)) \tag{1.5.4}$$

约束条件为

$$\begin{cases}(\boldsymbol{w}^{\mathrm{T}}\boldsymbol{R}(n))^2\geqslant 1-\xi(n),\xi(n)\geqslant 0\\ -\varepsilon-\varphi^*(s)\leqslant\boldsymbol{w}^{\mathrm{T}}[\boldsymbol{R}(s)]^*\leqslant\varepsilon+\varphi(s),s=1,\cdots,N_u\\ \varphi(s),\varphi^*(s)\geqslant 0\end{cases} \tag{1.5.5}$$

式中，$\boldsymbol{\varphi}^*=(\varphi(1),\varphi^*(1),\cdots,\varphi(N_u),\varphi^*(N_u))^{\mathrm{T}}$；$C_1,C_2$ 为惩罚因子；ξ 为松弛变量。

式（1.5.1）的最优化问题可以转换为求解拉格朗日函数的鞍点问题，引入拉格朗日函数

$$L_p=\frac{1}{2}\|\boldsymbol{w}\|^2+C_1\sum_{n=1}^{N}\xi(n)+C_2\sum_{s=1}^{u}(\varphi(s)+\varphi^*(s))-$$

$$
\begin{aligned}
&\sum_{n=1}^{N}\alpha(n)[z(n)(\boldsymbol{w}\cdot\boldsymbol{R}(n)+b)-1+\xi(n)]-\sum_{n=1}^{N}\eta(n)\xi(n)-\\
&\sum_{s=1}^{u}\nu(s)[\varepsilon+\varphi(s)-(\boldsymbol{w}\cdot\boldsymbol{y}^*(s))-b]-\sum_{s=1}^{u}\gamma(s)\varphi(s)-\\
&\sum_{s=1}^{u}\mu(s)[(\boldsymbol{w}\cdot\boldsymbol{R}^*(s))+b+\varepsilon+\varphi^*(s)]-\sum_{s=1}^{u}\gamma^*(s)\varphi^*(s)
\end{aligned}
\tag{1.5.6}
$$

式中，$\alpha(n)\geqslant 0$，$\eta(n)\geqslant 0$，$\nu(s)\geqslant 0$，$\mu(s)\geqslant 0$，$\gamma(s)\geqslant 0$，$\gamma^*(s)\geqslant 0$；$\boldsymbol{\eta}=(\eta(1),\cdots,\eta(N))^{\mathrm{T}}$，$\boldsymbol{\alpha}=(\alpha(1),\cdots,\alpha(N))^{\mathrm{T}}$；$\boldsymbol{\nu}=(\nu(1),\cdots,\nu(N_u))^{\mathrm{T}}$；$\boldsymbol{\gamma}=(\gamma(1),\cdots,\gamma(N_u))^{\mathrm{T}}$；$\boldsymbol{\mu}=(\mu(1),\cdots,\mu(N_u))^{\mathrm{T}}$ 为乘子向量。

将式（1.5.6）分别对 $\boldsymbol{w}$ 、b 求导

$$
\begin{cases}
\dfrac{\partial L_p}{\partial \boldsymbol{w}}=\boldsymbol{w}-\displaystyle\sum_{n=1}^{N}\alpha(n)z(n)\boldsymbol{R}(n)+\sum_{s=1}^{u}(\nu(s)-\mu(s))\boldsymbol{R}^*(s)=0\\
\dfrac{\partial L_p}{\partial b}=\displaystyle\sum_{s=1}^{u}(\nu(s)-\mu(s))-\sum_{n=1}^{N}\alpha(n)=0
\end{cases}
\tag{1.5.7}
$$

然后，将其结果代入式（1.5.7），则其最优化问题为

$$
\begin{aligned}
&\max_{\alpha,\mu,\nu}\frac{1}{2}\sum_{i,j=1}^{N}\alpha(i)\alpha(j)y(i)y(j)K(x(i),x(j))-\\
&\qquad\frac{1}{2}\sum_{s,t=1}^{u}(\mu(s)-\nu(s))(\mu(t)-\nu(t))K(x^*(s),x^*(t))\\
&\sum_{n=1}^{N}\alpha(n)-\sum_{n=1}^{N}\sum_{s=1}^{u}\alpha(n)y(n)(\mu(s)-\nu(s))K(x(n),x^*(s))-\\
&\varepsilon\sum_{s=1}^{u}(\mu(s)+\nu(s))
\end{aligned}
\tag{1.5.8}
$$

约束条件为

$$
\begin{aligned}
&\sum_{n=1}^{N}y(n)\alpha(n)+\sum_{s=1}^{u}(\mu(s)-\nu(s))=0\\
&C_1-\alpha(n)-\eta(n)=0,n=1,\cdots,N\\
&C_2-\nu(s)-\gamma(s)=0,s=1,\cdots,u
\end{aligned}
\tag{1.5.9}
$$

在约束条件下求解式（1.5.7），计算出均衡器权系数 $\boldsymbol{w}(n)$，进行循环迭代，直到结果满足切换条件时，切换至小波盲均衡算法中。切换条件为

$$
\mathrm{AME}(n)-\mathrm{AME}(n-1)\leqslant\eta \tag{1.5.10}
$$

式中，$\mathrm{AME}(n)$ 为平均调制误差，η 为切换阈值。

$$
\mathrm{AME}(n)=\frac{1}{N}\sum_{n=1}^{N}(|z(n)|^2-|\min(R_1)|) \tag{1.5.11}
$$

式中，R_1 为输入点到各个收敛点的距离。

1.5.2 仿真实验与结果分析

为了检验基于 U-支持向量机正交小波盲均衡算法的性能，以 CMA 和 WTCMA 为比较对象，进行仿真实验。

【**实验1.5.1**】信道 $\boldsymbol{h}=[-0.35\ 0\ 0\ 1]$，其特性如图1.5.2所示。发射信号为16QAM，输入信噪比为25dB，均衡器权向量长度为16。输入数据的前100个点用支持向量机进行初始化，支持向量机的切换条件 η 为 10^{-5}，$\lambda=0.9$。C_1、C_2 分别取1.0、0.2。对于USVM-WTCMA，权向量的第7个抽头为1，其他为0；而对于CMA，权向量的第4个抽头为1，其他为0；对于WTCMA，权向量的第3个抽头为1，其他为0。步长 $\mu_{\mathrm{CMA}}=0.0000126$，$\mu_{\mathrm{WTCMA}}=0.000336$，$\mu_{\mathrm{USVMWTCMA}}=0.000252$。

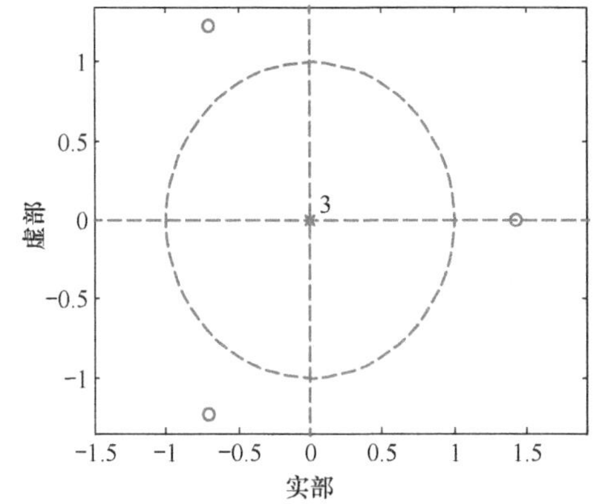

a）信道零极点图

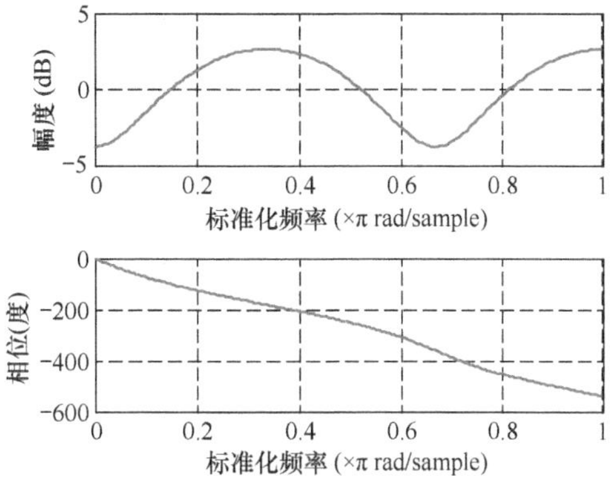

b）幅频、相频特性曲线

图1.5.2 信道特性

图1.5.2表明，该信道零点全在单位圆外，是最大相位信道。此信道存在严重的幅频失真。仿真结果如图1.5.3所示。

图1.5.3a为6000次蒙特卡罗实验后CMA、WTCMA、USVMWTCMA的均方误差曲线。该图表明，在收敛速度及稳态误差上，USVMWTCMA要比WTCMA、CMA都好。在收敛速度上，USVMWTCMA比WTCMA和CMA快约1000步，WTCMA和CMA收敛速度差不多。USVMWTCMA与WTCMA在稳态误差方面相差无几，但都比CMA要好，大约低1.5dB。图1.5.3b~e为均衡器的输入/输出星座图。USVMWTCMA的输出星座图效果最好，清晰且收敛紧凑；WTCMA的输出效果居中；CMA的输出效果最差，有些模糊且收敛不紧凑。

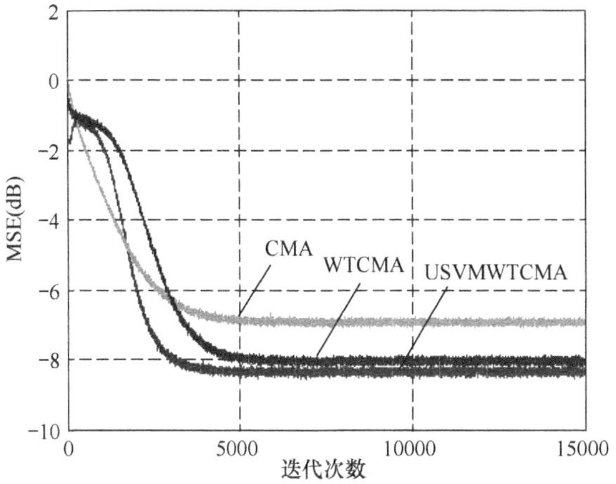

a）均方误差曲线

图1.5.3 仿真结果

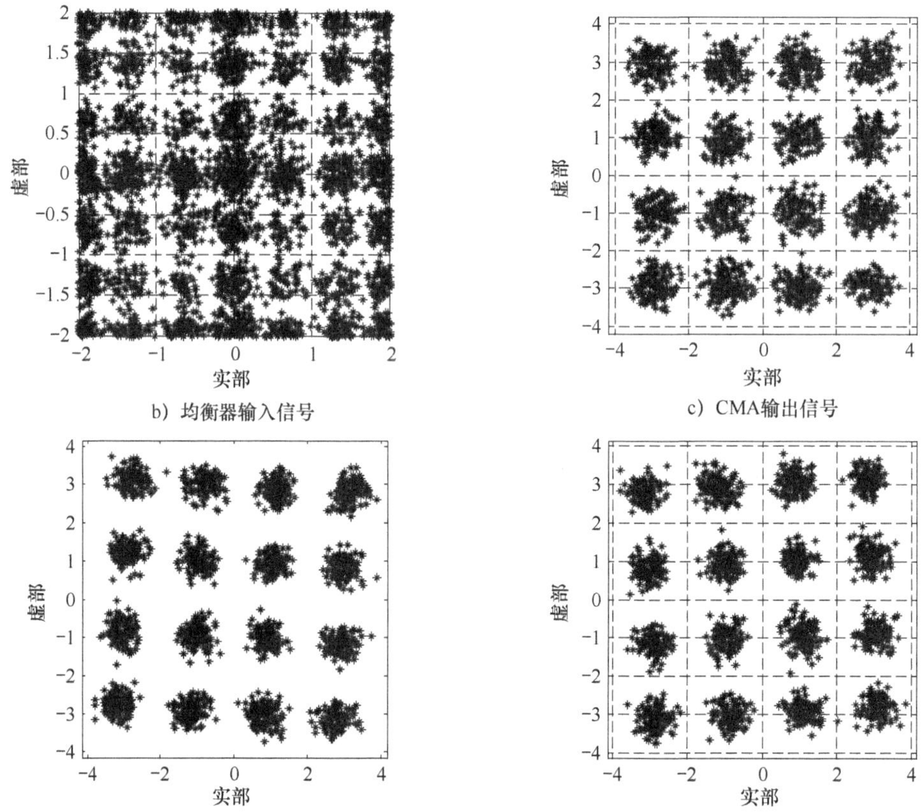

b）均衡器输入信号　　c）CMA输出信号

d）WTCMA输出信号　　e）USVMWTCMA输出信号

图 1.5.3　仿真结果（续）

【**实验 1.5.2**】信道 $\boldsymbol{h}=[0.9656\ -0.0906\ 0.0578\ 0.2368]$，其特性如图 1.5.4 所示。发射信号为 16PSK，输入信噪比为 25dB，均衡器权向量长度为 32。输入数据的前 100 个点用支持向量机进行初始化，支持向量机的切换条件 η 为 10^{-5}，$\lambda=0.9$。C_1、C_2 分别取 0.8、0.4。对于 USVMWTCMA，权向量的第 14 个抽头为 1，其他为 0；而对于 CMA，权向量的第 28 个抽头为 1，其他为 0；对于 WTCMA，权向量的第 28 个抽头为 1，其他为 0。步长 $\mu_{\mathrm{CMA}}=0.0006$，$\mu_{\mathrm{WTCMA}}=0.0024$，$\mu_{\mathrm{USVMWTCMA}}=0.0024$。

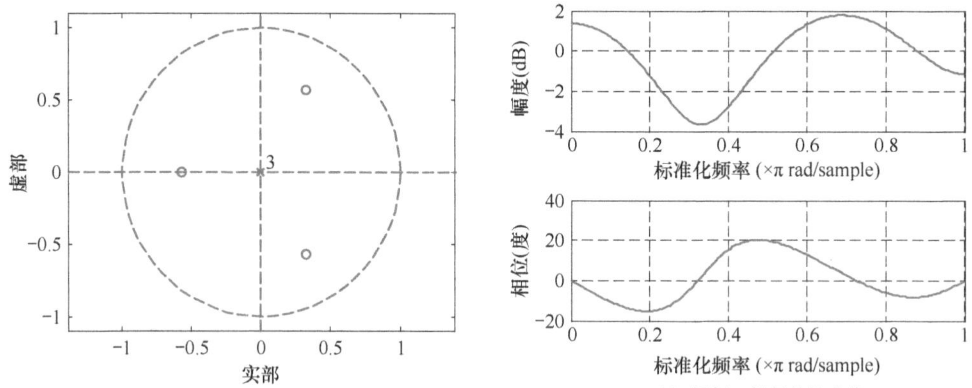

a）信道零极点图　　b）幅频、相频特性曲线

图 1.5.4　信道特性

图1.5.4表明，该信道零点全在单位圆内，是最小相位信道，此信道存在严重的幅频失真。仿真结果如图1.5.5所示。

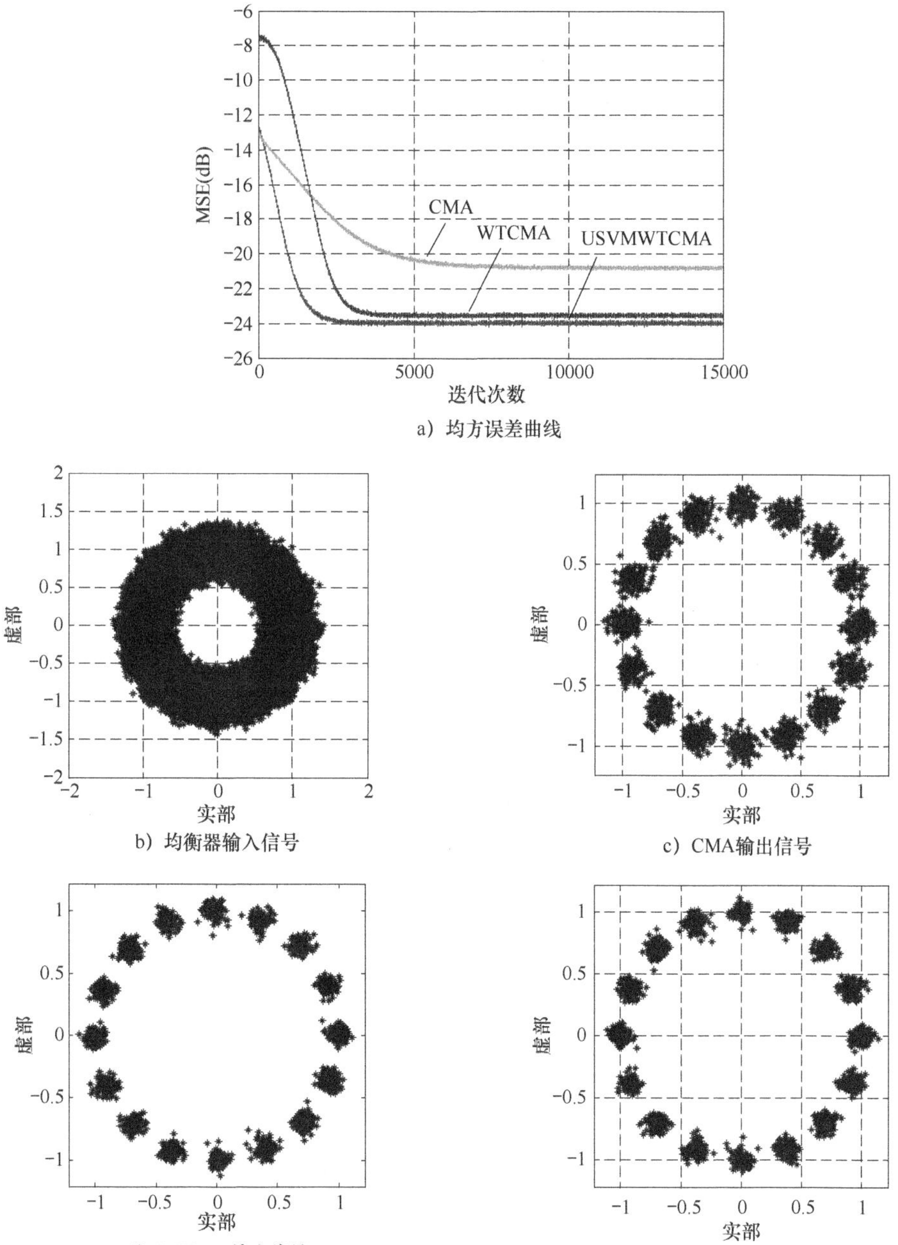

a）均方误差曲线

b）均衡器输入信号

c）CMA输出信号

d）WTCMA输出信号

e）USVMWTCMA输出信号

图1.5.5 仿真结果

图1.5.5a为6000次蒙特卡洛实验后USVMWTCMA、WTCMA、CMA的均方误差曲线。该图表明，USVMWTCMA不论收敛速度还是稳态误差都要比WTCMA、CMA好；在收敛速度上，USVMWTCMA比WTCMA快约1500步，比CMA快约5000步，WTCMA比CMA快约3500步；在稳态误差方面，USVMWTCMA与WTCMA相差无几，但都

比 CMA 要好，大约低 3dB。图 1.5.5b ~ e 为均衡器的输入/输出星座图。USVMWTCMA 的输出星座图效果最好，清晰且收敛紧凑；WTCMA 次之；CMA 效果最差，有些模糊且收敛不紧凑。

综上，USVMWTCMA 的性能要优于 WTCMA 和 CMA，能获得更快的收敛速度、更好的稳态误差。

第2章　混沌计算

· 内容导读 ·

本章从混沌（Chaos）的概念出发，介绍了混沌理论基础，包括非线性动力学系统中的混沌和混沌运动的随机性特征，分析了混沌序列的基本特点，给出了混沌计算原理、算法框架和步骤，研究了基于混沌优化的正交小波常数模盲均衡算法、基于混沌支持向量机优化的正交小波加权多模盲均衡算法和基于混沌通信系统的正交小波变换盲均衡算法，并结合实例给出了利用混沌特性与特点来解决通信信道均衡问题的完整思路、完整架构、导入方法与实际效果。

混沌理论的提出始于19世纪末20世纪初，由法国科学家庞加莱（Poincaré）在研究非线性微分方程时指出了混沌存在的可能性。概率论大师柯尔莫哥洛夫（A. N. Kolmogorov）将香农（Shannon）提出的信息论引入混沌理论的研究中，为混沌的基础理论研究做出了很大的贡献。混沌理论真正受到人们重视始于20世纪60年代。1963年，美国气象科学家洛伦兹（E. Lorenz）在《大气科学》上发表了《决定性的非周期流》一文，其指出了非周期性与不可预见性的联系，清楚地描述了混沌对初始条件敏感性这一基本形式，即著名的蝴蝶效应。20世纪70年代，由于众多的科学家都在各自的领域发现和研究混沌现象，混沌发展成为一门新的学科。1975年，中国学者李天岩（Tian-Yan Li）和美国科学家约克（J. A. Yorke）在《美国数学月刊》上发表了著名文章《周期三意味着混沌》，深刻地揭示了从有序到混沌的演变过程。20世纪80年代，基于混沌的无规则复杂性，混沌作为研究确定性非线性动力系统的学科，成为自然界确定论和随机论的桥梁，引起了众多学者的兴趣。混沌科学不断地与其他科学间相互渗透，其深入到生物、生态、心理、医学、电子、信息、控制、气象、物理、化学、力学、生理及工程技术等领域。20世纪90年代，混沌理论在自然科学和社会科学的各个领域继续受到重视，研究从个例走向系统，尤其是在混沌应用研究方面。研究结果表明，混沌在现代科学中起着十分重要的作用，正如混沌科学的倡导者之一的施莱辛格（M. Shlesinger）所说，20世纪科学将永远铭记的只有三件事，那就是相对论、量子力学与混沌。

电子工程中的混沌理论研究始于20世纪80年代，此后混沌技术在该领域中的应用得到了迅速的发展。20世纪90年代初，皮科拉（L. M. Pecora）和卡洛（T. L. Carroll）通过实验证明了互相耦合的混沌系统，在一定的条件下会出现同步现象，即混沌同步。混沌同步的发现使研究人员开始将混沌信号作为一种用来传送信息的载波。混沌信号的随机性和不可预测性的特点，使其在保密通信领域中得到了进一步的应用；而混沌信号在频谱上的宽带特性，使其具有抗频率选择性衰落和窄带干扰的能力。近年来，混沌信号在信息通信领域中的应用研究主要涉及混沌模拟通信、混沌保密通信、混沌载波数字通信、混沌码分多址通信、混沌序列调频扩频通信和直接序列扩频通信、信道纠错编码等领域。而混沌信号在信号处理领域的主要应用有以下几方面。

1. 优化算法

传统的优化算法易陷入局部极小值点，为克服传统优化算法的不足，许多学者引入混沌动力学系统以求解复杂的优化问题，这类优化算法称为混沌优化算法。该类算法基于混沌运动的遍历性、类随机性以及对初值敏感性等特点。将混沌优化算法与其他算法结合的混合算法，能极大地改善各个独立算法的优化性能。

2. 信号检测

在传统的信号检测理论中，最佳接收机是基于随机背景噪声的，而这种随机噪声有可能是混沌力学系统产生的。通过对混沌力学模型的重构和非线性预测，可以更有效地接收信号和去除噪声。已有的颠簸传播、防空雷达低角度目标跟踪实验等都证实了混沌理论在信号检测中的有效性。

3. 图像、语音信号处理

许多图像信号存在混沌分形特征，通过混沌系统的求逆可以将复杂的模式作为简单的混沌吸引子再现出来。把图像数据用一组能产生混沌吸引子的简单动量学方程来代替，只需存取该方程的参数，从而实现图像的压缩。基于混沌理论的信源编码可以获得很低的比特率；基于分维运动可进行图形目标检测；对混沌单元局部耦合所组成的动态阵列，具有复杂的非线性现象，这类传输波具有不反射、不干涉的特性，可作为媒介实现图像的分析问题；利用混沌信号的优良相关性，可对图像进行分类。

4. 扩频码

将混沌序列作为扩频码，对发射的信号进行扩频，并在信号接收端对信号进行解扩，可提高通信系统的抗干扰能力。

5. 非线性预测

混沌的特殊性需要有特殊的方法去控制，目前已经有控制混沌、同步混沌等方法，并在实验中取得成功。而且混沌理论能为许多非线性系统提供模型，如被噪声掩盖的信号或者噪声本身具有混沌现象，则在低信噪比环境中，也能通过非线性技术进行有效滤波和提取。

本章主要讨论非线性动力学系统中出现混沌的机理，并对混沌运动的随机性特征和混沌序列的特点进行分析。本章重点是混沌优化算法及其应用。

2.1 混沌理论基础

混沌序列的遍历性、随机性、规律性，以及对初始值的微小变化具有高度敏感性特点，可用于对变量进行寻优。基于其遍历性的特点，将优化变量映射到混沌变量遍历的区间进行迭代，可寻到全局最优的变量值，为混沌优化算法提供理论基础和分析方法。

2.1.1 非线性动力学系统中的混沌

动力学系统是用来描述运动的某种特性随时间变化的数学模型和准则，常用系统状态变量进行分析。系统状态变量按照某一确定性规则随时间变化，变量的个数通常表示相空间的维数。根据系统状态变量变化规则在时间上是否连续，分为连续动力学系统和离散动力学系统。

连续动力学系统用 D 维的常微分方程表示为

$$\frac{\mathrm{d}\boldsymbol{X}(t)}{\mathrm{d}t} = P(\boldsymbol{X}(t)) \tag{2.1.1}$$

式中，$\boldsymbol{X}(t) \in \mathbf{R}^D$ 是 D 维欧氏空间中的向量，表示在 t 时刻的状态。

离散动力学系统用差分方程表示为

$$\boldsymbol{X}(n+1) = P(\boldsymbol{X}(n)), n = 1,2,3,\cdots \tag{2.1.2}$$

式中，$\boldsymbol{X}(n) = [x_1(n), x_2(n), \cdots, x_D(n)] \in \mathbf{R}^D$ 为时间变量取整数 n 的 D 维状态向量；$P:\mathbf{R}^D \to \mathbf{R}^D$ 为 D 空间中的一个映射。

当动力学系统中的状态向量经过一段时间的演化后，最终收缩到 D 维相空间中若干个维数低于 D 的有限范围上，该有限空间称为吸引子。概括地说，吸引子就是一个不变集。若 X 的开邻域 P 满足当 $t \to \infty$ 时，$R_t(N) \to R_t(\Psi)$，同时，Ψ 不可再分割成更小的集合 Ψ_1，$\Psi_2, \cdots$，使 $R_t(\Psi_1) \cap R_t(\Psi_2) \neq \varnothing$，则 Ψ 为吸引子。在一维相空间中，它的吸引子是稳定的不动点；对于二维的相空间，吸引子是不动点或简单的闭合曲线；三维相空间中的吸引子可以产生不动点、闭合曲线或准吸引子（即奇怪吸引子）。

对于奇怪吸引子所对应的动力学系统，其运动是非周期的、无序的、对初始值敏感依赖的，也是不可预测的、随机的，具有混沌的动力学性质。奇怪吸引子是非线性动力学系统中出现混沌运动的关键，因此奇怪吸引子又称为混沌吸引子。

到目前为止，由于混沌现象的复杂性，混沌还缺乏一个通用的标准定义。混沌定义最早是由李天岩（Tian-Yan Li）和约克（J. A. Yorke）从遍历论中测度理论上给出的，后来德瓦泥（R. L. Devaney）从拓扑意义上给出了混沌定义。常见的两种定义如下。

【定义 2.1.1】它是基于 Li-Yorke 定理的严格定义。Li-Yorke 定理：设 $f(x)$ 是 $[a,b]$ 上的连续自映射，若 $f(x)$ 有 3 个周期点，则对任何正整数 n，$f(x)$ 有 n 个周期点，也就是著名的“周期三意味着混沌”。混沌定义：闭区间 I 上的连续自映射 $f(x)$（简记为 f），若满足下列条件，则一定出现混沌现象。

1）f 周期点的周期无上界。

2）闭区间 I 上存在不可数子集 S，满足：

① 对任意 $x,y \in S$，当 $x \neq y$ 时，有

$$\lim_{n\to\infty} \sup |f^n(x) - f^n(y)| > 0$$

② 对任意 $x,y \in S$，有

$$\lim_{n\to\infty} \inf |f^n(x) - f^n(y)| = 0$$

③ 对任意 $x \in S$，f 的任一周期点，有

$$\lim_{n\to\infty} \sup |f^n(x) - f^n(y)| > 0$$

【定义 2.1.2】设 V 为一集合，$f: V \to V$ 称为在 V 上是混沌的，若：①f 对初始条件的敏感依赖性；②f 是拓扑传递的，即对任何一对开集 $U_1, U_2 \subset V$，存在 $k > 0$，使 $f^k(U_1) \cap U_2 \neq \varnothing$；③周期点在 V 中稠密。

2.1.2 混沌运动的随机性特征

混沌的定义 2.1.2 表明，混沌运动具有对初值的敏感性和确定性，因此混沌信号是有界

的确定性的类随机信号，具有以下几个随机性现象所具有的特征。

1. 时域上的随机混乱现象

与常见的周期信号不同，混沌信号总是呈现出随机混乱的现象，具有类随机信号的特性，但它并不是随机信号，当混沌系统的初始值给定时，其所产生的混沌信号是唯一确定的。混沌信号的随机性现象如图 2.1.1 所示。该图采用逻辑斯谛混沌映射函数，即

$$x(n+1) = \mu x(n)[1-x(n)] \quad (2.1.3)$$

式中，$x(n)$ 为混沌变量。

该映射在 $\mu > 3.05\cdots$时处于混沌状态。图 2.1.1 表明，混沌信号呈现一种非周期的现象。

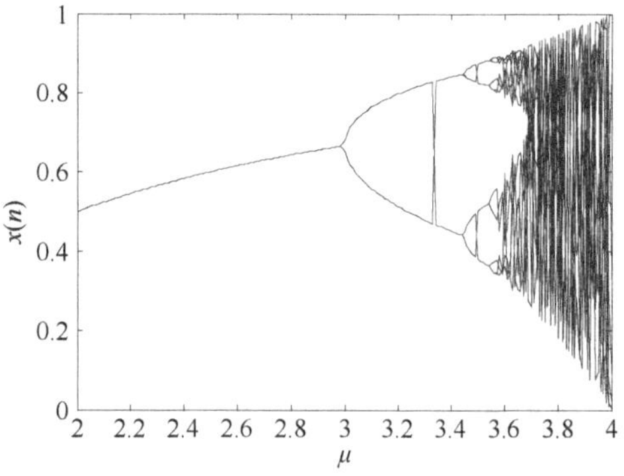

图 2.1.1　Logistic 映射的时域特性

2. 不可预测性

由混沌的定义知，混沌运动对初始值具有很强的敏感性，当混沌系统的李雅普诺夫指数为正数时，对于初始值不同的混沌系统，其所产生混沌信号的模值成指数分离，且这种指数分离的现象会导致初始条件中很小的测量误差迅速扩大，使原本确定的混沌系统失去预测的能力。图 2.1.2 中，相差很小的两个混沌初始值，在迭代 20 多次后，其模值逐渐分离，成为两条毫无关系的轨道。

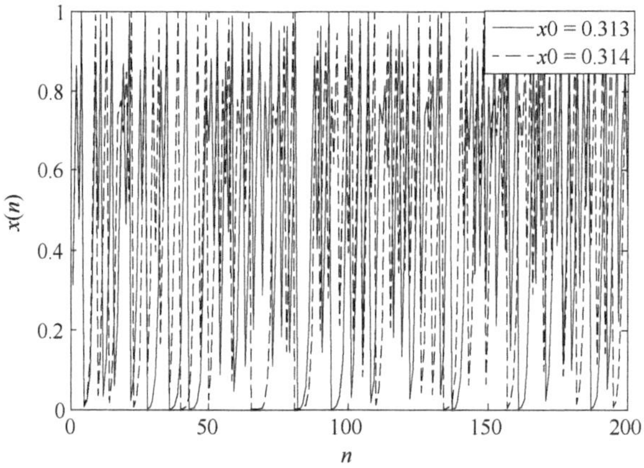

图 2.1.2　Logistic 映射轨道间指数分离现象

3. 白噪声频域特性

由于混沌信号的非周期性，混沌信号的频谱表现与随机信号的频谱类似，为连续频谱。Logistic 映射的频谱如图 2.1.3 所示。

图 2.1.3 表明，除了零频分量外，逻辑斯谛混沌映射具有类似白噪声特性的功率谱。

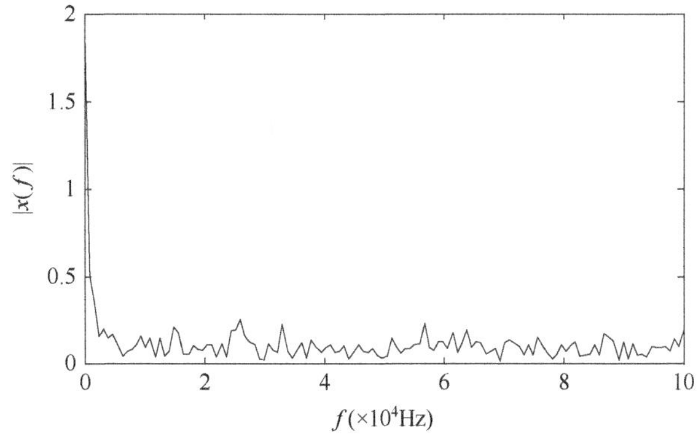

图 2.1.3　混沌信号的频谱特性

4. 自相关特性

混沌信号的相关特性会随着相关距离的迅速衰减，而呈现出与随机信号类似的特性，即具有类似冲击函数的特性，而周期信号的相关函数也是周期的。图 2.1.4 所示为逻辑斯谛混沌序列的自相关特性，该图表明，混沌信号的随机特性与随机信号特性类似，故线性统计分析工具很难对混沌信号进行有效分析。

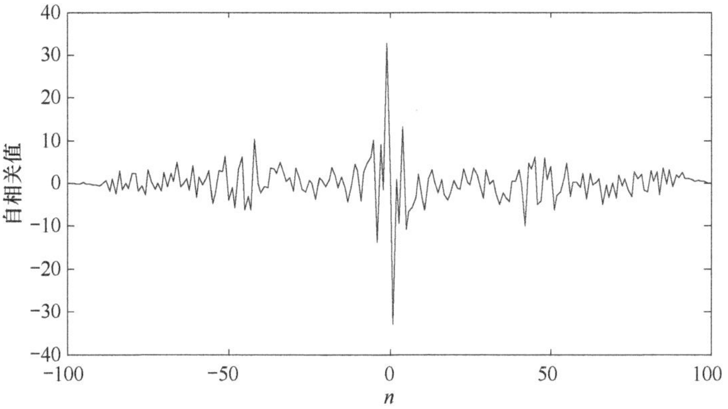

图 2.1.4　自相关特性

2.2 混沌序列的基本特点

2.2.1 混沌映射的特点

离散时间的混沌系统用确定性的差分方程表示为

$$\boldsymbol{s}(n+1) = f(\boldsymbol{s}(n), \lambda), n = 0,1,2,\cdots \tag{2.2.1}$$

式中，$\boldsymbol{s}(n) \in J$ 是 D 维向量，J 为状态空间；f 为映射函数，将当前状态 $\boldsymbol{s}(n)$ 映射成下一个状态，以初值 s_0 开始迭代得到混沌 $\{\boldsymbol{s}(n): n = 0,1,2,\cdots\}$；$\lambda$ 为外部控制参数。常用的定量分析混沌序列特点的测度有不动点、李雅普诺夫指数、相关函数和功率谱密度等。

1. 不动点

在混沌序列映射函数中，如果存在点 a^* ，满足

$$a^* = f(a^*) \tag{2.2.2}$$

则称 a^* 为不动点。如果不动点领域范围点 $a_0, a_1, a_2, \cdots$ 在 a^* 处收敛，则称点 a^* 是局部稳定的，不动点的间距为

$$D(n+1) = |a(n+1) - a^*| = |f(a(n+1)) - a^*| = |\mathrm{d}f(a^*)/\mathrm{d}a|D(n+1) \tag{2.2.3}$$

不动点局部稳定的条件为

$$\left|\frac{\mathrm{d}f(a^*)}{\mathrm{d}a}\right| < 1 \tag{2.2.4}$$

当该条件满足时，该映射产生的混沌序列是收敛的。

2. 李雅普诺夫指数

由于混沌序列对初始值具有很强的敏感性，常用李雅普诺夫指数 λ 来描述混沌序列随着初始值的微小变化而呈现出的以指数迅速分析的程度。它的定义为：对于相空间中的一点 $a(0)$ 有半径为 $\varepsilon(0)$ 的邻域，该邻域随着动力学系统的演化向相空间的各个方向做伸展或收缩，成为一个超椭球，超椭球在各个方向上的轴长为 $\varepsilon_i(t)$ ，则轨道 $a(t)$ 在第 i 个方向上的李雅普诺夫指数定义为

$$\lambda_i = \lim_{t\to\infty}\left(\lim_{\varepsilon(0)\to 0}\frac{1}{t}\ln\frac{\varepsilon_i(t)}{\varepsilon_i(0)}\right) \tag{2.2.5}$$

李雅普诺夫指数描述了局部范围内轨道间的分离程度。当李雅普诺夫指数大于 0 时，轨道间的距离随着时间成指数分离，混沌呈现对初始状态的极度敏感性。

3. 相关函数

对于一个确定的混沌映射，任意给定的一个初始点 $a(0)$ ，迭代过后会得到一条混沌序列 $\{a(n): n = 0,1,2,\cdots\}$ 。该混沌序列的均值为

$$\bar{a} = \lim_{N\to\infty}\frac{1}{N}\sum_{n=0}^{N-1} a(n) \tag{2.2.6}$$

其自相关函数为

$$R_a(n) = \lim_{N\to\infty}\frac{1}{N}\sum_{k=0}^{N-1}[a(k) - \bar{a}][a(k+n) - \bar{a}] \tag{2.2.7}$$

对自相关函数进行归一化，故式（2.2.7）可表示为

$$r_a(n) = R_a(n)/R_a(0) \tag{2.2.8}$$

对于两个混沌序列 $\{a(n): n = 0,1,2\cdots\}$ 和 $\{b(n): n = 0,1,2\cdots\}$ ，其互相关函数为

$$R_{ab}(n) = \lim_{N\to\infty}\frac{1}{N}\sum_{k=0}^{N-1}[a(k) - \bar{a}][b(k+n) - \bar{b}] \tag{2.2.9}$$

式（2.2.9）归一化后为

$$r_{ab}(n) = R_{ab}(n)/\sqrt{R_a(0)R_b(0)} \tag{2.2.10}$$

4. 功率谱密度

混沌信号具有非周期和能量无限的特点，常用功率谱密度来描述它的统计平均特性。功率谱密度 $G(\omega)$ 与自相关函数 $R_a(n)$ 是一对傅里叶变换，即

$$\begin{cases} G(\omega) = \sum_{-\infty}^{+\infty} R_a(n) \mathrm{e}^{-\mathrm{j}\omega n} \\ R_a(n) = \dfrac{1}{2\pi} \int_{-\pi}^{\pi} G(\omega) \mathrm{e}^{\mathrm{j}\omega n} \end{cases} \tag{2.2.11}$$

两个混沌时间序列的互功率谱密度和互相关函数为

$$\begin{cases} G_{ab}(\omega) = \sum_{-\infty}^{+\infty} R_{ab}(n) \mathrm{e}^{-\mathrm{j}\omega n} \\ R_{ab}(n) = \dfrac{1}{2\pi} \int_{-\pi}^{\pi} G_{ab}(\omega) \mathrm{e}^{\mathrm{j}\omega n} \end{cases} \tag{2.2.12}$$

以上是混沌序列的几个基本特性，体现了混沌序列的随机性、确定性和非线性的特点。由于混沌序列对初始条件的敏感性，在实际应用中，只能得到有限精度的初始条件，使得混沌运动呈现出随机性的现象，因而不能对实际的混沌序列进行长期的预测。但由于混沌序列的这种随机性本质上是确定性的，其内部是有规律变换的，因此混沌序列是可以进行短期的估计和预测的。

2.2.2　常见的混沌映射序列

除了结构简单的逻辑斯谛映射外，现介绍其他常见的混沌映射。

1. Henon 映射

Henon 映射为二维映射，其映射函数为

$$\begin{cases} x(n+1) = 1 - ax^2(n) + y(n) \\ y(n+1) = bx(n) \end{cases} \tag{2.2.13}$$

式中，x,y 为变量；a,b 通常为常数，常取 $a = 1.4$，$b = 0.3$，此时变量 x 处于混沌状态。

2. Rossler 映射

Rossler 映射被认为是最简单的连续时间混沌系统，它的动力学方程为

$$\begin{cases} \dot{x} = -(z + y) \\ \dot{y} = x + ay \\ \dot{z} = b + (x - c)z \end{cases} \tag{2.2.14}$$

式中，x，y，z 为变量；a,b,c 为常数。其中，x,z 决定了该系统的非线性混沌特征。

3. Lorenz 映射

Lorenz 描述的是大气中二维流体对流模型的简化，其三元的常微分方程组为

$$\begin{cases} \dot{x} = \sigma(y - x) \\ \dot{y} = rx - xz - y \\ \dot{z} = xy - bz \end{cases} \tag{2.2.15}$$

式中，x,y,z 为变量；b,σ,r 为常数，通常取 $b = 8/3$，$\sigma = 10$，$r = 28$。

4. 切比雪夫映射

切比雪夫映射方程为

$$x(n+1) = \cos(k\arccos x(n)) \tag{2.2.16}$$

当变量 x 的取值在［-1，1］，该动力学系统处于混沌状态。

2.3 混沌优化算法

由于混沌具有遍历性、对初始条件的敏感性以及内在的规律性，混沌运动能在一定的范围内按其自身的规律不重复地遍历所有状态，故利用混沌变量进行优化搜索可避免陷入局部极小值点，混沌优化算法也称为一种新颖的优化算法。利用混沌优化算法对混沌变量进行优化通常分两个阶段进行：第一阶段，在优化变量的变化范围内，利用混沌映射依次考察各个经历的点，接收较好的点作为当前的最优点；第二阶段，以当前的最优点为中心，进行很小的扰动，利用其初值敏感性的特点进行细搜索，寻找出全局最优点。

利用混沌优化算法求解最优值 $\min[J(x)]$（$J(x)$ 为关于变量 x 的代价函数），在寻优变量 x 的取值范围内，构造混沌变量 t 和寻优变量 x 取值区间的映射关系。通常采用 $x = c + dt$ 的映射形式，其中，c、d 是当混沌变量在区间 $(0,1)$ 遍历时，寻优变量 x 均能在指定范围内变化的常量。

混沌优化算法的迭代步骤如下：

步骤 1：设置控制误差 e，给定混沌变量初始值 t_0，计数器 $n = 0$。

步骤 2：将 t_0 映射到优化变量 x_0 的优化区间：$x_0 = c + dt_0$，并令最优变量 $x_{\text{best}} = x_0$，及优化函数值 $J_{\text{best}} = J_0$。

步骤 3：在优化变量的区间范围内，利用混沌映射函数对优化变量进行搜索得到 $x(n)$ 和 $J(n)$，如果 $|J(n) - J(n-1)| < e$，则 $x_{\text{best}} = x(n)$，$J_{\text{best}} = J(n)$，否则转第 4 步。

步骤 4：令 $n \leftarrow n + 1$，转步骤 3。

步骤 5：若经过上述若干步后 J_{best} 保持不变，则进行二次载波 $x_{\text{best}}(1) = x_{\text{best}} + \alpha \cdot u$。其中，$u$ 为初值设定的一个很小的数，α 是一个可调节的参数。用二次载波后的混沌变量继续迭代，并计算相应的优化函数值 $J_{\text{best}}(n)$。

如果 $J_{\text{best}}(n) \leqslant J_{\text{best}}$，则 $J_{\text{best}} = J_{\text{best}}(n)$，$x_{\text{best}} = x_{\text{best}}(n)$；否则，放弃 $x_{\text{best}}(n)$，且 $n \leftarrow n + 1$。

步骤 6：若满足终止条件，则终止混沌迭代，输出最优的混沌变量和最优值，反之则返回步骤 5。

2.4 实例 2-1：基于混沌优化的正交小波常数模盲均衡算法

为了克服 CMA 的缺陷，本节提出了基于混沌优化的正交小波常数模盲均衡算法。该算法通过对均衡器的接收信号进行归一化的正交小波变换，以降低输入信号的相关性，加快收敛速度；针对 CMA 的局部收敛问题，利用混沌优化算法的搜索过程按混沌运动自身的规律和特性、内在的随机性和遍历性进行高效的全局寻优的特点，将其与最速下降法结合对均衡器的权向量进行优化，使优化后权向量值位于最优点的邻域范围内，利用该算法对权向量进行更新，再切换至正交小波盲均衡算法，最终使权向量收敛至全局最优解。

2.4.1 混沌优化正交小波常数模盲均衡算法

针对正交小波盲均衡算法（Orthogonal Wavelet Transform based Constant Modulus blind equalization Algorithm，WT-CMA）易陷入局部极小值点的缺陷，将混沌优化算法引入 WT-CMA 中，得

到基于混沌优化的正交小波常数模盲均衡算法（Chaos Optimization Based Orthogonal Wavelet Transform Constant Modulus Blind Equalization Algorithm，CWTCMA）。其原理如图 2.4.1 所示。

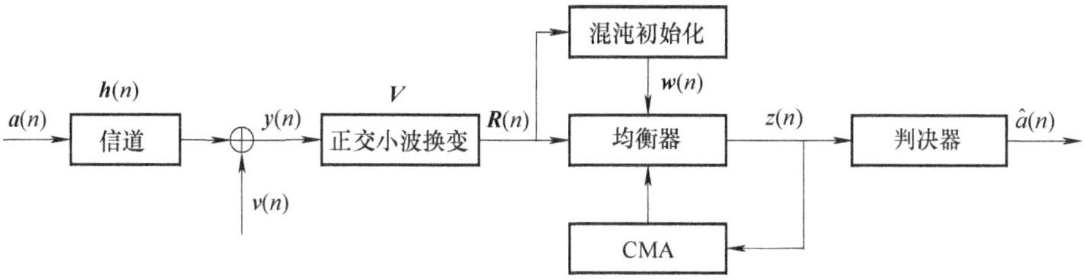

图 2.4.1　CWTCMA 的原理

图中，$\boldsymbol{a}(n)$ 是零均值独立同分布发射信号；$\boldsymbol{h}(n)$ 是信道脉冲响应；$\boldsymbol{v}(n)$ 是加性高斯白噪声；$\boldsymbol{y}(n)$ 是均衡器接收信号；$\boldsymbol{V}$ 是正交小波变换矩阵；$\boldsymbol{R}(n)$ 是信道输出信号；$\boldsymbol{w}(n)$ 是均衡器权向量；$z(n)$ 是均衡器输出信号；$\hat{a}(n)$ 是判决装置对 $z(n)$ 的判决输出信号。

1. 权向量的混沌优化

由于混沌运动具有随机性、遍历性、规律性的特点，混沌搜索能在一定的范围内按其自身的规律不重复地遍历每一个状态。混沌优化算法就是根据其遍历性和规律性的特点，采用混沌变量在一定的范围内遍历每一个状态，能够使混沌变量的搜索跳出局部极值点。为避免 WT-CMA 的权向量收敛到局部极小值点，本节将权向量作为优化变量。

在常见的混沌映射函数中，改进的逻辑斯谛映射与其他映射相比，具有结构简单、计算量小、使用方便的特点，所以采用改进的逻辑斯谛映射作为权向量混沌优化的迭代公式，即

$$\boldsymbol{x}(n+1) = 1 - 2\boldsymbol{x}^2(n) \tag{2.4.1}$$

式中，$\boldsymbol{x}$ 表示混沌变量，映射的相空间范围为（-1，1）。

由于 WT-CMA 中权向量的取值范围与改进的逻辑斯谛映射的遍历空间不同，式（2.4.2）将第 i 个混沌变量 $\boldsymbol{x}_i(n)$ 映射到相应的第 i 个优化变量中，也就是优化变量 $\boldsymbol{w}_i(n)$，这样使混沌变量的取值范围“放大”到权向量的取值范围。

$$\boldsymbol{w}_i(n) = c_i + d_i\boldsymbol{x}_i(n) \tag{2.4.2}$$

式中，c_i, d_i 为常数。

为提高权向量的收敛精度，将权向量的实部和虚部分别作为优化变量进行优化，复数权向量 $\boldsymbol{w}_i(n) = \boldsymbol{w}_{i1}(n) + j \cdot \boldsymbol{w}_{i2}(n)$，于是将式（2.4.2）改写为

$$\boldsymbol{w}_{i1}(n) = c_i + d_i\boldsymbol{x}_{i1}(n) \tag{2.4.3}$$

$$\boldsymbol{w}_{i2}(n) = c_i + d_i\boldsymbol{x}_{i2}(n) \tag{2.4.4}$$

式中，j 为虚数单位；$\boldsymbol{x}_{i1}(n)$ 和 $\boldsymbol{x}_{i2}(n)$ 分别为第 i 个权向量的实部和虚部所对应的混沌变量。

对 WT-CMA 权向量进行混沌优化的步骤如下：

步骤 1：设置最大迭代次数 $T_{\max}$，并对权向量实部和虚部所对应的混沌变量 $\boldsymbol{x}_{i1}(n)$、$\boldsymbol{x}_{i2}(n)$ 赋初值，令其为 $\boldsymbol{x}_{i1}(0)$ 和 $\boldsymbol{x}_{i2}(0)$，其中 $i = 1,2,\cdots,N$，N 为权向量的长度。

步骤 2：通过式（2.4.3）与式（2.4.4），将 $\boldsymbol{x}_{i1}(0)$ 和 $\boldsymbol{x}_{i2}(0)$ 映射到权向量的优化区间，得到权向量的实部 $\boldsymbol{w}_{i1}(0)$ 和虚部 $\boldsymbol{w}_{i2}(0)$，令 $\boldsymbol{w}_{i\text{best}} = \boldsymbol{w}_{i1}(0) + j \cdot \boldsymbol{w}_{i2}(0)$，所对应的 WT-CMA 代价函数 $J_{\text{best}} = J(0)$。

步骤 3：进行混沌搜索，得到 $\boldsymbol{w}_i(n)$ 和 $J(n)$，如果 $J(n) < J(0)$，则 $\boldsymbol{w}_{i\text{best}} =$

$w_i(n)$，$J_{best}=J(n)$。

步骤4：当 $n>T_{max}$ 时，w_{ibest} 保持不变，结束；否则，令 $n=n+1$，转到步骤3。

2. 权向量的混合优化

利用混沌优化算法优化权向量理论上可以遍历所有的状态，但优化时间较长。由于WT-CMA中权向量的迭代使用了最速下降法，而将混沌优化算法与最速下降法有机结合的混合算法具有全局收敛和快速收敛的特点。因此，可以将混沌优化算法与最速下降法结合，来优化均衡器权向量。首先，通过混沌优化全局寻优，使均衡器权向量的值接近全局最优点；然后，采用最速下降法在最优点的邻域范围内局部寻优。利用混合算法搜索，有利于权向量跳出局部最优点，接近全局最优点，并提高收敛的精度。

利用混合算法对盲均衡器的权向量 w 进行优化的步骤如下：

步骤1：设最速下降法和混沌优化的最大迭代次数分别为 T_{1max}、T_{2max}，混合搜索次数 T_{3max}，令计数器 $n=0$，初始权向量 $w(0)$。

步骤2：以 $w(0)$ 为初始点，进行 T_{1max} 次最速下降法搜索，得到优化后的均衡器权向量 $w^1_{best}(n)$ 和代价函数值 J^1_{best}。

步骤3：以 $w^1_{best}(n)$ 为初始点，进行 T_{2max} 次混沌优化搜索得到 $w^2_{best}(n)$ 及 J^2_{best}。

步骤4：令 $n\leftarrow n+1$，如果 $n>T_{3max}$，优化结束；否则，转步骤5。

步骤5：如果 $J^2_{best}<J^1_{best}$，令 $w(n)=w^2_{best}(n)$，如果 $J^2_{best}\geqslant J^1_{best}$，令 $w(n)=w^1_{best}(n)$，转步骤1。

基于混沌优化算法和最速下降法的混合算法流程如图2.4.2所示。

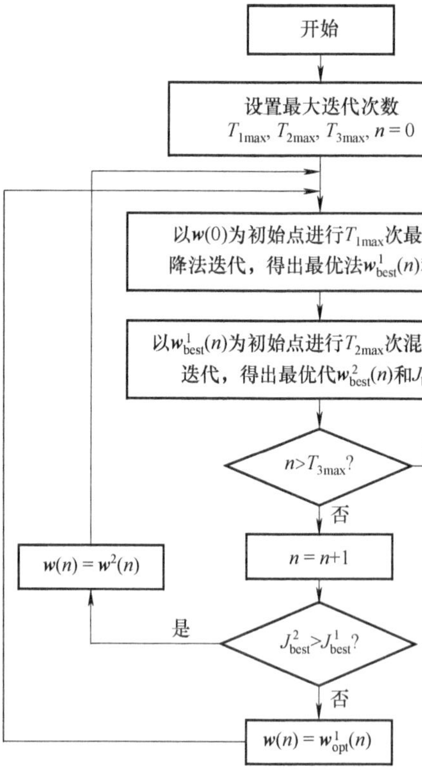

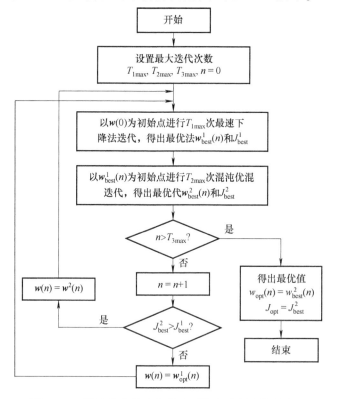

图2.4.2　混沌优化算法与最速下降法的混合算法流程

3. 算法描述

图 2.4.2 中，正交小波变换后输出为

$$\boldsymbol{R}(n) = \boldsymbol{V}\boldsymbol{y}(n) \tag{2.4.5}$$

$$z(n) = \boldsymbol{w}^{\mathrm{H}}(n)\boldsymbol{R}(n) \tag{2.4.6}$$

误差函数为

$$e(n) = |z(n)|^2 - R^2 \tag{2.4.7}$$

式中，R^2 为小波 CMA 的模，且

$$R^2 = E\{|a(n)|^4\}/E\{|a(n)|^2\} \tag{2.4.8}$$

代价函数为

$$J_w(n) = E[e^2(n)] \tag{2.4.9}$$

由最速下降法得到均衡器权向量的迭代公式为

$$\boldsymbol{w}(n+1) = \boldsymbol{w}(n) - \mu\hat{\nabla}_w J = \boldsymbol{w}(n) - \mu\hat{\boldsymbol{R}}^{-1}(n)z(n)[|z(n)|^2 - R^2]\boldsymbol{R}^*(n) \tag{2.4.10}$$

将混沌优化算法与最速下降法相结合，利用均衡器接收的一小段数据进行权向量初始化。

令 $\boldsymbol{\alpha} = [0,1,\cdots,m]$，采用 16QAM 时，$m = 16$，则 $\boldsymbol{\eta} = 16\mathrm{QAM}(\boldsymbol{\alpha})$，即 $\boldsymbol{\eta}$ 表示对 $\boldsymbol{\alpha}$ 正交幅度调制后的输出信号。根据式（2.4.10），令经过 $T_{1\max}$ 次最速下降法迭代优化后的权向量为 $\boldsymbol{w}_{\mathrm{best}}^1$，均衡器的权长为 L，n 的取值范围为 $1,2,\cdots,N$，则

$$\boldsymbol{R}(n) = \boldsymbol{V}\boldsymbol{y}(n+L-1:-1:n) \tag{2.4.11}$$

$$z(n) = \boldsymbol{w}^{\mathrm{H}}(n)\boldsymbol{R}(n) \tag{2.4.12}$$

调制误差为

$$e(n) = \min(|z(n) - \boldsymbol{\eta}|^2) \tag{2.4.13}$$

平均调制误差为

$$\mathrm{AME}(k) = \frac{1}{N}\sum_{n=1}^{N}(\min(|z_k(n) - \boldsymbol{\eta}|^2)) \tag{2.4.14}$$

式中，$z_k(n)$ 表示第 k 次混沌优化时均衡器的输出信号。利用式（2.4.3）与式（2.4.4）对式（2.4.12）中的权向量 $\boldsymbol{w}$ 的实部和虚部分别进行 $T_{2\max}$ 次迭代。每次迭代过程中调制误差都随着权向量的不同而发生改变。除去 $e(n)$ 中的最大值和最小值，式（2.4.14）修正为

$$\mathrm{AME}(k) = \frac{1}{N-2}\sum_{n=1}^{N}[\min(|z_k(n) - \boldsymbol{\eta}|^2)] \tag{2.4.15}$$

将混沌优化过程中 $\mathrm{AME}(k)$ 的最小值赋给 J_{best}^2，所对应的权向量为 $\boldsymbol{w}_{\mathrm{best}}^2$。算法切换至正交小波盲均衡算法的切换条件是

$$J_{\mathrm{best}}^2(n-1) - J_{\mathrm{best}}^2(n) < \zeta \tag{2.4.16}$$

式中，ζ 为一正数；$J_{\mathrm{best}}^2(n)$ 表示在第 n 次的混合优化过程中，经过 $T_{2\max}$ 次混沌优化后得到的 J_{best}^2；n 的取值范围为 $1,2,\cdots,T_{3\max}$。在优化过程中若满足式（2.4.16），切换到正交小波盲均衡算法；若不满足此条件，则在进行 $T_{3\max}$ 次混合优化后，切换到正交小波盲均衡算法。

2.4.2 仿真实验与结果分析

为了验证 CWTCMA 的有效性，用水声信道进行仿真研究，并与 CMA、WT-CMA 进行比

较。仿真实验中，水声信道为［0.3132，-0.104，0.8908，0.3134］，信噪比为25dB，均衡器的权长为16。

【实验2.4.1】 发射信号为16QAM，CMA、WT-CMA、CWTCMA中步长因子 μ 分别为0.00001、0.0002、0.0001，$T_{1\max}$、$T_{2\max}$、$T_{3\max}$ 分别为500、800、20，N 为20；都采用第4个抽头系数为1，其余的全为0；c_i 的值都为0，d_i 的值都为1；混沌初始化时采用均衡器输入数据的前500点对权向量进行初始化，初始化切换条件 ζ 为10^{-5}。5000次蒙特卡罗仿真结果如图2.4.3所示。

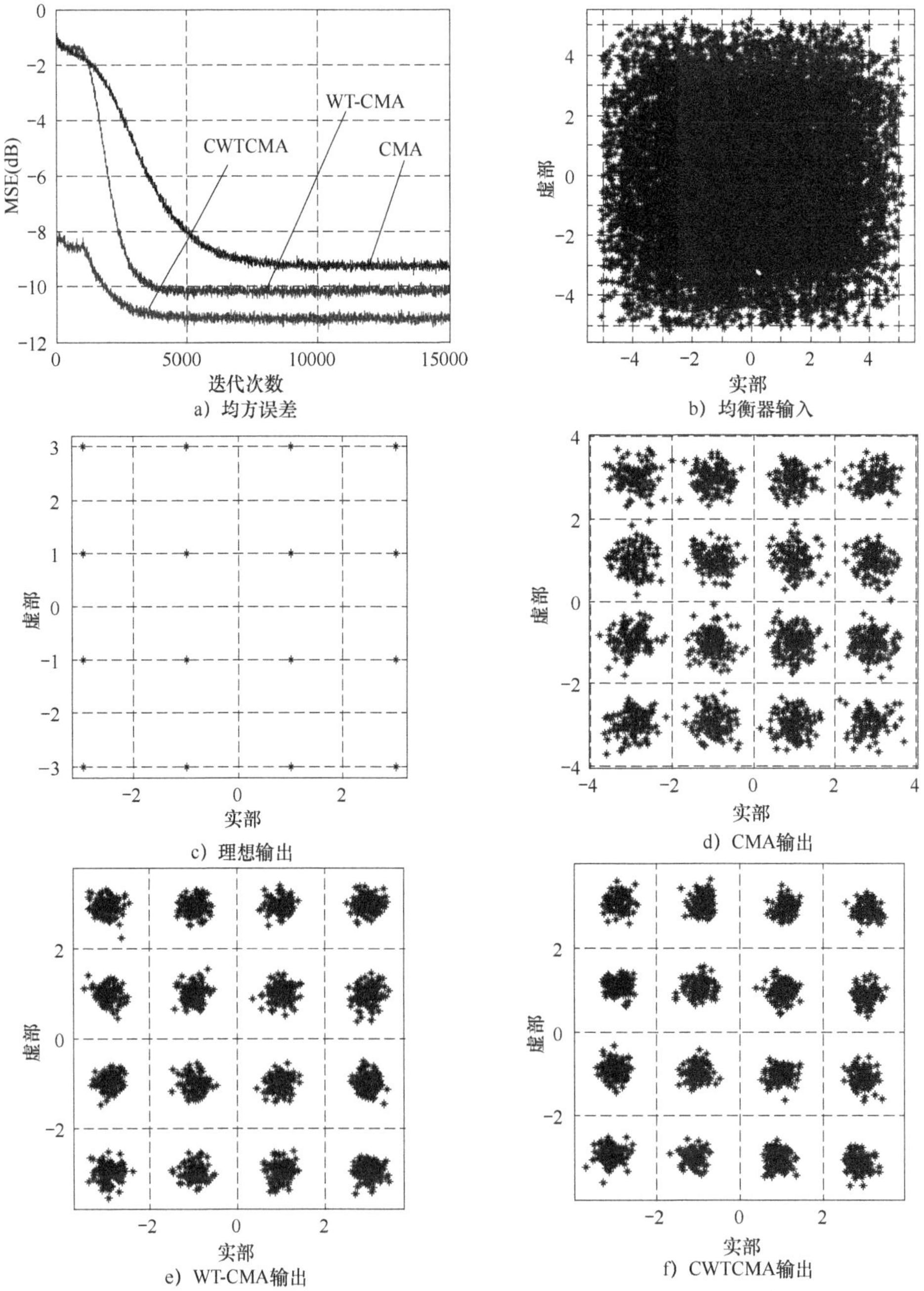

a）均方误差　b）均衡器输入　c）理想输出　d）CMA输出　e）WT-CMA输出　f）CWTCMA输出

图2.4.3　16QAM仿真结果

图2.4.3a 表明，CWTCMA 收敛后的均方误差比 CMA 小约 2dB，比 WT-CMA 小约 0.5dB；CWTCMA 的收敛速度比 CMA 快约5000 步，比 WT-CMA 快约1000 步。图2.4.3b ~ f 表明，CWTCMA 均衡后的星座图明显比 CMA 和 WT-CMA 的清晰。

【实验 2.4.2】 发射信号为 16PSK，CMA、WT-CMA、CWTCMA 中步长因子 μ 分别为 0.001、0.002、0.001，$T_{1\max}$、$T_{2\max}$、$T_{3\max}$ 分别为 300、800、20，N 为 20；都采用第4 个抽头系数为 1，其余的全为 0；c_i 的值都为 0，d_i 的值都为 1；混沌初始化时采用均衡器输入数据的前 300 点对权向量进行初始化，初始化切换条件 ζ 为 10^{-5}。5000 次蒙特卡罗仿真结果如图 2.4.4 所示。

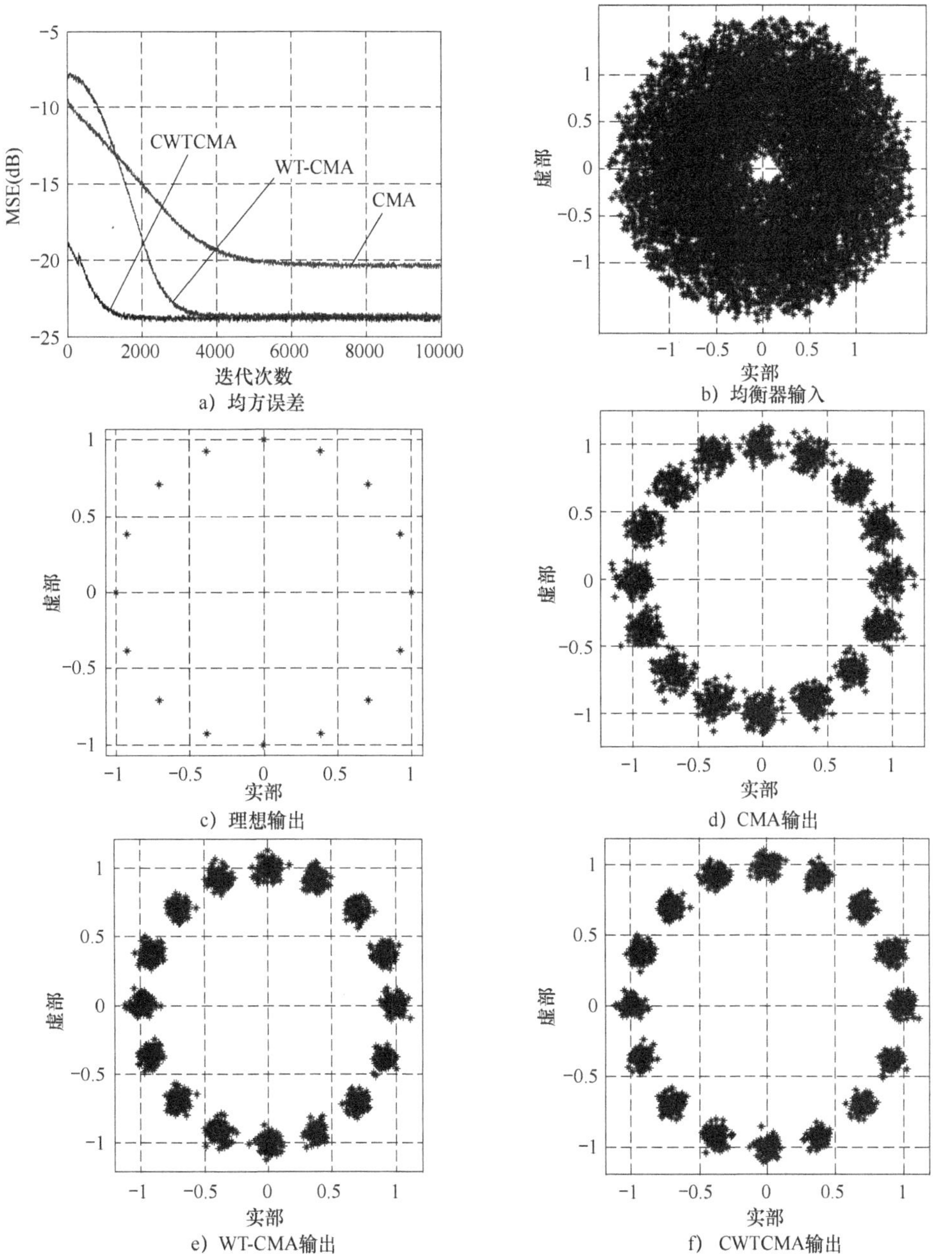

图 2.4.4　16PSK 仿真结果

图 2.4.4a 表明，在稳态误差上，CWTCMA 比 CMA 减小约 5dB，与 WT-CMA 的稳态误差基本相同；在收敛速度上，CWTCMA 比 CMA 快了近 4200 步，比 WT-CMA 快了约 1500 步。图 2.4.4b ~ f 表明，CWTCMA 均衡后的星座图明显比 CMA 的清晰，与 WT-CMA 的清晰度基本相同。

2.5 实例 2-2：基于混沌支持向量机优化的小波加权多模盲均衡算法

本节在分析加权多模算法（Weighted Multi-Modulus Blind Equalization Algorithm，WMMA）和支持向量机技术的基础上，将小波变换引入加权多模算法中，提出了小波加权多模盲均衡算法（Wavelet Transform Weighted Multi-Modulus Blind Equalization Algorithm，WT-WMMA），并利用支持向量机对 WT-WMMA 的权向量进行初始化。为提高支持向量机的学习能力，将支持向量机的参数选取看作参数的组合优化，建立组合优化目标函数，利用混沌优化算法来搜索最优的参数值，最终提出了基于混沌支持向量机优化的小波加权多模盲均衡算法（Wavelet Transform Weighted Multiple Modulus blind equalization Algorithm based on Chaos and Support Vector Machines optimization，CSVM-WTWMMA），并进行了理论分析和仿真实验。

2.5.1 加权多模盲均衡算法

为提高信道的频带利用率，通常传输信号需采用高阶 QAM 调制方式。但对高阶 QAM 信号进行均衡时，传统的 CMA 不能匹配高阶 QAM 星座图，导致剩余误差较大且收敛速度也很慢，最终均衡性能变差。近年来，针对不同调制阶数 QAM 星座图结构的较大差异，研究人员根据星座图的不同形状设置了不同的盲均衡算法，但普适性较差，而加权多模盲均衡算法（WMMA）通过引入判决符号的指数幂来调整代价函数中的模值，进一步利用了星座图的先验信息，提高了算法的通用性。

当发射高阶 QAM 信号时，在信道的接收端添加盲均衡器，构成简化多模盲均衡系统框架，如图 2.5.1 所示。

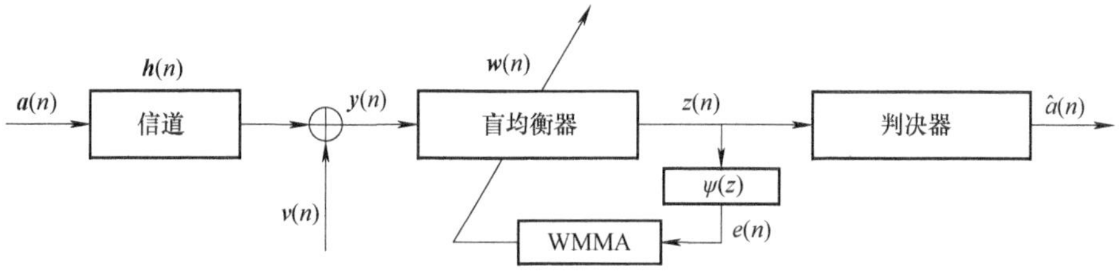

图 2.5.1 多模盲均衡系统框架

图中，$\boldsymbol{a}(n)$ 为复信源信号，且 $\boldsymbol{a}(n) = \boldsymbol{a}_{\mathrm{Re}}(n) + \mathrm{j}\boldsymbol{a}_{\mathrm{Im}}(n)$，其中 $\boldsymbol{a}_{\mathrm{Re}}(n)$ 和 $\boldsymbol{a}_{\mathrm{Im}}(n)$ 分别表示 $\boldsymbol{a}(n)$ 的实部和虚部，j 为虚部单位；$\boldsymbol{h}(n)$ 为信道向量；$\boldsymbol{v}(n)$ 为高斯白噪声向量；$\boldsymbol{w}(n)$ 为均衡器权向量；$\boldsymbol{y}(n)$ 为信道输出信号向量；$z(n)$ 为均衡器输出信号；$\hat{a}(n)$ 为判决器输出信号；$\psi(\cdot)$ 为误差生成函数。令均衡器的接收信号向量 $\boldsymbol{y}^{\mathrm{T}}(n) = [y(n), y(n-1), y(n-2), \cdots, y(n-N+1)]$，均衡器权向量 $\boldsymbol{w}^{\mathrm{T}}(n) = [\boldsymbol{w}_1(n), \boldsymbol{w}_2(n), \cdots, \boldsymbol{w}_N(n)]$。

均衡器的输出信号为

$$z(n) = \boldsymbol{w}^{\mathrm{T}}(n)\boldsymbol{y}(n) \tag{2.5.1}$$

多模盲均衡算法（MMA）不仅利用了均衡器输出信号的幅度信息，也利用了相位信息，消去了相位的模糊性。它将均衡器的输出信号 $z(n)$ 分为实部和虚部，即 $z(n) = z_{\mathrm{Re}}(n) + jz_{\mathrm{Im}}(n)$，并在同向和正交方向上获取各自的模值。

MMA 的代价函数为

$$J_{\mathrm{MMA}}(\boldsymbol{w}) = E[(z_{\mathrm{Re}}^2(n) - R_{\mathrm{Re}}^2)^2 + (z_{\mathrm{Im}}^2(n) - R_{\mathrm{Im}}^2)^2] \tag{2.5.2}$$

式中，$R_{\mathrm{Re}}^2 = E[a_{\mathrm{Re}}^4(n)/a_{\mathrm{Re}}^2(n)]$ 与 $R_{\mathrm{Im}}^2 = E[a_{\mathrm{Im}}^4(n)/a_{\mathrm{Im}}^2(n)]$ 分别表示同相方向和正交方向的模值。

均衡器权向量的迭代公式为

$$\boldsymbol{w}(n+1) = \boldsymbol{w}(n) - \mu[e_{\mathrm{Re,MMA}}(n) + \mathrm{j}e_{\mathrm{Im,MMA}}(n)]\boldsymbol{y}^*(n) \tag{2.5.3}$$

式中，$e_{\mathrm{Re,MMA}}(n) = z_{\mathrm{Re}}(n)[z_{\mathrm{Re}}(n) - R_{\mathrm{Re}}^2]$；$e_{\mathrm{Im,MMA}}^2(n) = z_{\mathrm{Im}}(n)[z_{\mathrm{Im}}^2(n) - R_{\mathrm{Im}}^2]$；$\mu$ 为迭代步长。式（2.5.1）~式（2.5.3）构成 MMA。研究表明，MMA 稳态收敛后，式（2.5.3）中的误差校正项 $\mu[e_{\mathrm{Re,MMA}}(n) + \mathrm{j}\cdot e_{\mathrm{Im,MMA}}(n)]\cdot\boldsymbol{y}^*(n)$ 均值为零、方差不为零，导致超量均方误差（Mean Error Square，MSE）比较大，降低了均衡器输出信噪比。一般通过减小 μ 值和误差项 $e_{\mathrm{Re,MMA}}(n) + j\cdot e_{\mathrm{Im,MMA}}(n)$ 来减小稳态误差，而 μ 值受到收敛速度和精度的制约，不能任意减小，因此常采用降低 MMA 误差项的方法。随着 QAM 阶数的提高，采用 MMA 均衡时，由于 MMA 的误差模型与高阶 QAM 星座图的模型有时不匹配，导致 MSE 随着阶数的提高而越来越大。

加权多模盲均衡算法（WMMA）充分利用了星座图的先验信息，能够选择合适的误差模型匹配 QAM 星座图模型，以达到进一步降低稳态误差的目的。

WMMA 的代价函数为

$$J_w(n) = E\{[z_{\mathrm{Re}}^2(n) - |\hat{a}_{\mathrm{Re}}(n)|^{\lambda_{\mathrm{Re}}}R_{\lambda_{\mathrm{Re}}}^2]^2 + [z_{\mathrm{Im}}^2(n) - |\hat{a}_{\mathrm{Im}}(n)|^{\lambda_{\mathrm{Im}}}R_{\lambda_{\mathrm{Im}}}^2]^2\} \tag{2.5.4}$$

式中，λ_{Re}、λ_{Im} 为加权因子，且取值范围为 $[0,2]$；$R_{\lambda_{\mathrm{Re}}}^2 = E[a_{\mathrm{Re}}^4(n)/a_{\mathrm{Re}}^2(n)]$、$R_{\lambda_{\mathrm{Im}}}^2 = E[a_{\mathrm{Im}}^4(n)/a_{\mathrm{Im}}^2(n)]$；$\hat{a}_{\mathrm{Re}}(n)$、$\hat{a}_{\mathrm{Im}}(n)$ 为判决符号 $\hat{a}(n)$ 的实部和虚部。WMMA 均衡器权向量的迭代公式为

$$\boldsymbol{w}(n+1) = \boldsymbol{w}(n) - \mu[e_{\mathrm{Re,WMMA}}(n) + \mathrm{j}\cdot e_{\mathrm{Im,WMMA}}(n)]\boldsymbol{y}^*(n) \tag{2.5.5}$$

其中，$e_{\mathrm{Re,WMMA}}(n) = z_{\mathrm{Im}}(n)[z_{\mathrm{Re}}^2(n) - |\hat{a}_{\mathrm{Re}}(n)|^{\lambda_{\mathrm{Im}}}R_{\lambda_{\mathrm{Im}}}^2]$；$e_{\mathrm{Im,WMMA}}(n) = z_{\mathrm{Im}}(n)[z_{\mathrm{Im}}^2(n) - |\hat{a}_{\mathrm{Im}}(n)|^{\lambda_{\mathrm{Im}}}R_{\lambda_{\mathrm{Im}}}^2]$。

WMMA 与 MMA 的区别在于，WMMA 用模 $R_{\mathrm{Re,WMMA}}$、$R_{\mathrm{Im,WMMA}}$ 替代 R_{MMA}。R_{MMA} 是只与信源统计特性相关的常量，而 $R_{\mathrm{Re,WMMA}}$ 和 $R_{\mathrm{Im,WMMA}}$ 不仅与信源的统计特性有关，还与加权因子 λ 和判决器输出的判决符号有关，在权向量迭代过程中自适应地改变取值。

2.5.2　支持向量机技术

对于高阶的 QAM 调制信号，WMMA 表现出良好的均衡性能，但由于 WMMA 对均衡器的权向量初始化很敏感，为避免权向量收敛至局部极小值点，提出了利用支持向量机（Support Vector Machine，SVM）优秀的小样本学习能力，求解盲均衡问题。在通过二次规划迭代求解 SVM 盲均衡问题时，算法的计算量随着样本数量增多而增大，因此 SVM 不适合长数据段的均衡。在均衡器的接收端，利用接收的一小段数据来估计均衡器权向量的初始值，而后切换至盲均衡算法，可避免均衡器收敛至局部极小值点，且减小了算法的计算复杂度。针对

常模信号和多模信号模值的不同特点，本节将利用SVM分别对接收为16PSK和16QAM信号的均衡器权向量进行初始化。

1. PSK 常模信号的 SVM 初始化

对于一个常模信号，根据SVM拟合的结构风险最小化原则，以精度 ε 估计常模信号的均衡器权向量 $\boldsymbol{w}$ ，需要最小化的代价函数为

$$J_{\mathrm{CMA}}(\boldsymbol{w}) = \frac{1}{2}\|\boldsymbol{w}(n)\|^2 + C\sum_{k=1}^{N}\left|R^2 - [\boldsymbol{w}^{\mathrm{T}}(n)\boldsymbol{y}(n)]^2\right|_{\varepsilon} \tag{2.5.6}$$

式中，$R^2 = E\{|a^4(n)|\}/E\{|a^2(n)|\}$ ；C 为惩罚系数。

根据 Vapnik 的 ε 不敏感损失函数，有

$$\left|R^2 - [\boldsymbol{w}^{\mathrm{T}}(n)\boldsymbol{y}(n)]^2\right|_{\varepsilon} = \max\{0, |[R^2 - \boldsymbol{w}^{\mathrm{T}}(n)\boldsymbol{y}(n)]^2| - \varepsilon\} \tag{2.5.7}$$

引入松弛变量 $\xi(n)$ 和 $\tilde{\xi}(n)$ ，式（2.5.6）的最小值可以转化为求解约束最优化问题：最小化

$$L[\boldsymbol{w},\xi(n),\tilde{\xi}(n)] = \frac{1}{2}\|\boldsymbol{w}(n)\|^2 + C\sum_{k=1}^{N}[\xi(n) + \tilde{\xi}(n)] \tag{2.5.8}$$

约束条件为

$$\begin{aligned}&[\boldsymbol{w}^{\mathrm{T}}(n)\boldsymbol{y}(n)]^2 - R^2 \leqslant \varepsilon + \xi(n)\\&R^2 - [\boldsymbol{w}^{\mathrm{T}}(n)\boldsymbol{y}(n)]^2 \leqslant \varepsilon + \tilde{\xi}(n)\\&\xi(n),\tilde{\xi}(n) \geqslant 0\end{aligned} \tag{2.5.9}$$

式中，$z(n) = \boldsymbol{w}^{\mathrm{T}}(n)\boldsymbol{y}(n)$ 是均衡器的输出。假定 $z(n)$ 固定，可以将式（2.5.8）的二次约束改为线性约束。

$$\begin{aligned}&z(n)[\boldsymbol{w}^{\mathrm{T}}(n)\boldsymbol{y}(n)] - R^2 \leqslant \varepsilon + \xi(n)\\&R^2 - z(n)[\boldsymbol{w}^{\mathrm{T}}(n)\boldsymbol{y}(n)] \leqslant \varepsilon + \tilde{\xi}(n)\end{aligned} \tag{2.5.10}$$

式（2.5.8）的最优问题可以转化为：给定 C 和 ε ，求以下拉格朗日的鞍点。

$$\begin{aligned}L(\boldsymbol{w},\xi,\tilde{\xi},\alpha,\tilde{\alpha},\mu,\tilde{\mu}) = {}& \frac{1}{2}\|\boldsymbol{w}(n)\|^2 + C\sum_{k=1}^{N}[\xi(n) + \tilde{\xi}(n)] - \\&\sum_{k=1}^{N}[\mu(n)\xi(n) + \tilde{\mu}(n)\tilde{\xi}(n)] - \\&\sum_{n=1}^{N}\alpha(n)\{R^2 - z(n)[\boldsymbol{w}^{\mathrm{T}}(n)\boldsymbol{y}(n)] + \varepsilon + \xi(n)\} - \\&\sum_{n=1}^{N}\tilde{\alpha}(n)\{z(n)[\boldsymbol{w}^{\mathrm{T}}(n)\boldsymbol{y}(n)] - R^2 + \varepsilon + \tilde{\xi}(n)\}\end{aligned} \tag{2.5.11}$$

式中，$\alpha(n) \geqslant 0$ ，$\tilde{\alpha}(n) \geqslant 0, \mu(n) \geqslant 0$ ，$\tilde{\mu}(n) \geqslant 0$ 。

$$\frac{\partial L}{\partial \boldsymbol{w}} = 0 \Rightarrow \boldsymbol{w}_{\mathrm{QP}} = \sum_{n=1}^{N}[\tilde{\alpha}(n) - \alpha(n)]z(n)\boldsymbol{y}(n) \tag{2.5.12}$$

$$\frac{\partial L}{\partial \xi(n)} = 0 \Rightarrow C - \mu(n) - \alpha(n) = 0, \forall n = 1,\cdots,N \tag{2.5.13}$$

$$\frac{\partial L}{\partial \tilde{\xi}(n)} = 0 \Rightarrow C - \tilde{\mu}(n) - \tilde{\alpha}(n) = 0, \forall n = 1,\cdots,N \tag{2.5.14}$$

$$\frac{\partial L}{\partial \varepsilon}=0 \Rightarrow \alpha(n)+\tilde{\alpha}(n)=0, \forall n=1, \cdots, N \tag{2.5.15}$$

将式（2.5.12）代入 $\frac{1}{2}\|\boldsymbol{w}(n)\|^2$，得

$$\begin{aligned}
\frac{1}{2}\|\boldsymbol{w}(n)\|^2 &= \frac{1}{2}\boldsymbol{w}(n)\cdot\boldsymbol{w}^*(n)\\
&= \frac{1}{2}\sum_{i=1}^{N}[\tilde{\alpha}(i)-\alpha(i)]z(i)y(i)\cdot\sum_{j=1}^{N}\{[\tilde{\alpha}(j)-\alpha(j)][z(j)y(j)]\}^*\\
&= \frac{1}{2}\sum_{i,j=1}^{N}[\tilde{\alpha}(i)-\alpha(i)][\tilde{\alpha}(j)-\alpha(j)][z(i)y(i)][z(j)y(j)]^*
\end{aligned} \tag{2.5.16}$$

由式（2.5.13）和式（2.5.14），得

$$\mu(n)=C-\alpha(n) \tag{2.5.17}$$

$$\tilde{\mu}(n)=C-\tilde{\alpha}(n) \tag{2.5.18}$$

将式（2.5.16）~式（2.5.18）代入式（2.5.11），得

$$\begin{aligned}
W(\alpha,\tilde{\alpha}) &= \varepsilon\sum_{i=1}^{N}[\alpha(i)+\tilde{\alpha}(i)]-R\sum_{i=1}^{N}[\tilde{\alpha}(i)-\alpha(i)]\\
&\quad+\frac{1}{2}\sum_{i,j=1}^{N}[\tilde{\alpha}(i)-\alpha(i)][\tilde{\alpha}(j)-\alpha(j)][z(i)y(i)][z(j)y(j)]^*
\end{aligned} \tag{2.5.19}$$

权向量的更新公式为

$$\boldsymbol{w}(n+1)=\lambda\boldsymbol{w}(n)+(1-\lambda)\boldsymbol{w}_{QP} \tag{2.5.20}$$

式中，λ 为接近于1的常数。在SVM学习的过程中，利用式（2.5.20）调节权向量 $\boldsymbol{w}(n)$ 的值，使输出的信号 $z(n)$ 的模值接近 R。

在常模信号中，利用SVM初始化后切换到其他算法的条件为

$$\frac{1}{N}\sum_{i=1}^{N}[R^2-|z(n)|^2]<T \tag{2.5.21}$$

式中，T 为一个取值很小的正数。

2. QAM多模信号的SVM初始化。

对于QAM信号，假定均衡器输入的为16QAM。

令 $\boldsymbol{\alpha}=[1,2,\cdots,m]$，采用16QAM时，$m=16$，则 $\boldsymbol{\eta}=16\text{QAM}(\alpha)$，即 $\boldsymbol{\eta}$ 表示对 $\boldsymbol{\alpha}$ 正交幅度调制后的输出信号，令 $\boldsymbol{\eta}=[\eta_1,\eta_2,\cdots,\eta_m]$，$\eta_m$ 为对应第 m 个输入信号的调制输出信号。令均衡的输入序列为 $\boldsymbol{y}(n)$，$n=1,2,\cdots,N$，也就是利用 N 个均衡器输入的信号，通过SVM对均衡器的权向量进行初始化。

假定 $\boldsymbol{R}'=[R'(1),R'(2),\cdots,R'(n),\cdots,R'(N)]$，$n=1,2,\cdots,N$。均衡器的第 n 个输出信号为 $z(n)$，有

$$e_i(n)=|z(n)-\boldsymbol{\eta}_i|^2 \tag{2.5.22}$$

式中，$\boldsymbol{\eta}_i$ 为 $\boldsymbol{\eta}$ 中的第 i 个元素，$i=1,2,\cdots,16$。取最小的 $e_i(n)$ 所对应的 $\boldsymbol{\eta}_i^2$ 为 $R'(n)$ 的值。也就是说，均衡器输出的信号 $z(n)$ 在QAM的星座图中，离 $\boldsymbol{\eta}_i$ 点的距离最近。

对于高阶QAM信号，根据SVM拟合的结构风险最小化原则，以 ε 估计权向量 $\boldsymbol{w}$，最小化代价函数

$$J_{\mathrm{QAM}}(\boldsymbol{w}) = \frac{1}{2}\|\boldsymbol{w}(n)\|^2 + C\sum_{n=1}^{N}\left|R'(n) - [\boldsymbol{w}^{\mathrm{T}}(n)\boldsymbol{y}(n)]^2\right|_{\varepsilon} \tag{2.5.23}$$

根据 Vapnik 的 ε 不敏感损失函数，有

$$\left|R'(n) - [\boldsymbol{w}^{\mathrm{T}}(n)\boldsymbol{y}(n)]^2\right|_{\varepsilon} = \max\{0, \left|[R'(n) - \boldsymbol{w}^{\mathrm{T}}(n)\boldsymbol{y}(n)]^2\right| - \varepsilon\} \tag{2.5.24}$$

线性约束为

$$\begin{aligned} z(n)[\boldsymbol{w}^{\mathrm{T}}(n)\boldsymbol{y}(n)] - R'(n) &\leqslant \varepsilon + \xi(n) \\ R'(n) - z(n)[\boldsymbol{w}^{\mathrm{T}}(n)\boldsymbol{y}(n)] &\leqslant \varepsilon + \tilde{\xi}(n) \end{aligned} \tag{2.5.25}$$

最优问题可以转化为：给定 C 和 ε，求以下拉格朗日的鞍点。

$$\begin{aligned} L(\boldsymbol{w},\xi,\tilde{\xi},\alpha,\tilde{\alpha},\mu,\tilde{\mu}) = &\frac{1}{2}\|\boldsymbol{w}\|^2 + C\sum_{n=1}^{N}[\xi(n) + \tilde{\xi}(n)] - \\ &\sum_{n=1}^{N}[\mu(n)\xi(n) + \tilde{\mu}(n)\tilde{\xi}(n)] - \\ &\sum_{n=1}^{N}\alpha(n)\{R'(n) - z(n)[\boldsymbol{w}^{\mathrm{T}}(n)\boldsymbol{y}(n)] + \varepsilon + \xi(n)\} - \\ &\sum_{n=1}^{N}\tilde{\alpha}(n)\{z(n)[\boldsymbol{w}^{\mathrm{T}}(n)\boldsymbol{y}(n)] - R'(n) + \varepsilon + \tilde{\xi}(n)\} \end{aligned} \tag{2.5.26}$$

与常模的推导过程相似，上式最小化可表示为

$$\begin{aligned} W(\alpha,\tilde{\alpha}) = &\varepsilon\sum_{i=1}^{N}[\alpha(i) + \tilde{\alpha}(i)] - \sum_{i=1}^{N}R'(i)[\tilde{\alpha}(i) - \alpha(i)] \\ &+ \frac{1}{2}\sum_{i,j=1}^{N}[\tilde{\alpha}(i) - \alpha(i)][\tilde{\alpha}(j) - \alpha(j)][z(i)y(i)][z(j)y(j)]^{*} \end{aligned} \tag{2.5.27}$$

通过

$$\boldsymbol{w}(n+1) = \lambda\boldsymbol{w}(n) + (1-\lambda)\boldsymbol{w}_{\mathrm{QP}} \tag{2.5.28}$$

不断地调节权向量 $\boldsymbol{w}$ 的值，使 $z(n)$ 不断地接近于其在 QAM 星座图中点 $\boldsymbol{\eta}_i$。而利用支持向量机切换到其他算法的条件为

$$\frac{1}{N}\sum_{n=1}^{N}[R'(n) - |z(n)|^2] < T \tag{2.5.29}$$

2.5.3　基于混沌支持向量机优化的正交小波加权多模盲均衡算法

由于基于正交小波加权多模盲均衡算法（WT-WMMA）得到的权向量仍采用最速下降法进行迭代，与 CMA 类似，容易陷入局部极小值点。利用支持向量机对 WT-WMMA 的权向量进行初始化过程中，将支持向量机参数的选取看作参数的组合优化，建立组合优化目标函数，采用混沌优化算法来搜索最优的目标函数值，将能提高支持向量机的拟合能力。本节将混沌优化算法、支持向量机和正交小波变换引入 WMMA，从而获得了基于混沌支持向量机优化的正交小波加权多模盲均衡算法（CSVM-WTWMMA）。

1. 正交小波加权多模盲均衡算法

为降低输入信号的相关性，加快权向量收敛速度，将正交小波变换引入加权多模盲均衡算法中，得到正交小波加权多模盲均衡算法（WT-WMMA）。该算法的系统框架如图 2.5.2 所示。

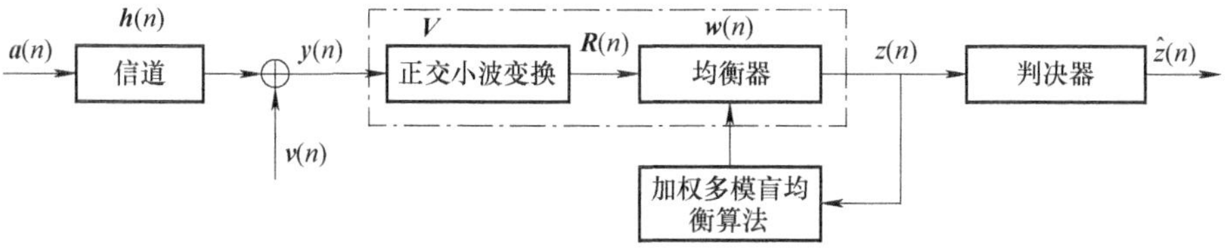

图 2.5.2 WT-WMMA 的系统框架

图中，$\boldsymbol{a}(n)$ 是复信源发射信号向量，可表示为 $\boldsymbol{a}(n)=\boldsymbol{a}_{\mathrm{Re}}(n)+\mathrm{j}\cdot\boldsymbol{a}_{\mathrm{Im}}(n)$，$\boldsymbol{a}_{\mathrm{Re}}(n)$ 和 $\boldsymbol{a}_{\mathrm{Im}}(n)$ 分别是信源信号的实部和虚部；$\boldsymbol{h}(n)$ 是信道响应向量；$\boldsymbol{v}(n)$ 为噪声向量；$\boldsymbol{V}$ 为正交小波变换矩阵；$\boldsymbol{y}(n)$ 为信道输出向量；$\boldsymbol{R}(n)$ 为均衡器的输入信号；$\boldsymbol{w}(n)$ 为均衡器权向量；$z(n)$ 为均衡器的输出；$\hat{z}(n)$ 为判决器的输出。

经过正交小波变换后，均衡器的接收信号为

$$\boldsymbol{R}(n)=\boldsymbol{V}\boldsymbol{y}(n) \tag{2.5.30}$$

均衡器的输出为

$$z(n)=\boldsymbol{w}^{\mathrm{T}}(n)\boldsymbol{R}(n) \tag{2.5.31}$$

设 $z_r(n)$ 和 $z_i(n)$ 分别表示均衡器输出信号 $z(n)$ 的实部和虚部，且

$$z(n)=z_{\mathrm{Re}}(n)+\mathrm{j}z_{\mathrm{Im}}(n) \tag{2.5.32}$$

代价函数为

$$J_{\text{WT-WMMA}}=E\{[z_{\mathrm{Re}}^2(n)-|\hat{z}_{\mathrm{Re}}(n)|^{\lambda_{\mathrm{Re}}}R_{\lambda_{\mathrm{Re}}}^2]^2+[z_{\mathrm{Im}}^2(n)-|\hat{z}_{\mathrm{Im}}(n)|^{\lambda_{\mathrm{Im}}}R_{\lambda_{\mathrm{Im}}}^2]^2\} \tag{2.5.33}$$

在 WT-WMMA 中，均衡器的输出误差为

$$\begin{cases}e_{\mathrm{Re},\text{WT-WMMA}}(n)=z_{\mathrm{Re}}(n)(z_{\mathrm{Re}}^2(n)-|\hat{z}_{\mathrm{Re}}(n)|^{\lambda_{\mathrm{Re}}}R_{\lambda_{\mathrm{Re}}}^2)\\ e_{\mathrm{Im},\text{WT-WMMA}}(n)=z_{\mathrm{Im}}(n)(z_{\mathrm{Im}}^2(n)-|\hat{z}_{\mathrm{Im}}(n)|^{\lambda_{\mathrm{Im}}}R_{\lambda_{\mathrm{Im}}}^2)\end{cases} \tag{2.5.34}$$

式中，$e_{\mathrm{Re},\text{WT-WMMA}}(n)$、$e_{\mathrm{Im},\text{WT-WMMA}}(n)$ 分别表示均衡器输出误差 $e_{\text{WT-WMMA}}(n)$ 的实部和虚部。

WT-WMMA 均衡器权向量的迭代公式为

$$\boldsymbol{w}(n+1)=\boldsymbol{w}(n)-\mu\hat{\boldsymbol{R}}^{-1}(n)[e_{\mathrm{Re},\mathrm{WMMA}}+\mathrm{j}\cdot e_{\mathrm{Im},\mathrm{WMMA}}(n)]\boldsymbol{R}^*(n) \tag{2.5.35}$$

式（2.5.30）~式（2.5.35）称为基于正交小波变换的加权多模盲均衡算法。

2. 支持向量机初始化权向量

由于 WT-WMMA 中的权向量迭代使用最速下降法，易陷入局部极小值点。这个问题可以通过利用支持向量机将盲均衡的问题转化为全局最优的支持向量机回归问题来解决。根据多模信号模值特点，利用 SVM 对均衡器接收的一小段信号，对均衡器的权向量进行初始化。

令信源的发射信号为 $\boldsymbol{a}(n)$，则均衡器的接收信号为

$$\boldsymbol{y}(n)=\sum_i\boldsymbol{h}(i)\boldsymbol{a}(n-i)+\boldsymbol{U}(n) \tag{2.5.36}$$

式中，$\boldsymbol{U}(n)$ 为零均值的高斯白噪声。

在初始化过程中，均衡器第 n 个输出信号为 $z(n)$，有

$$e_i(n)=|z(n)-\eta_i|^2 \tag{2.5.37}$$

假定 $\boldsymbol{R}'=[R'(1),R'(2),\cdots,R'(n),\cdots,R'(N)]$，则取式（2.5.37）中最小的 $e_i(n)$ 所对应的 η_i^2 为 $R'(n)$ 的值，也就是当均衡器输出的信号 $z(n)$ 在 QAM 的星座图中时，离 η_i 点的距离最近。

对于高阶 QAM 信号，利用支持向量机初始化权向量的过程中，以精度 ε 估计均衡器的权向量 $\boldsymbol{w}$，最小化代价函数

$$J_{\text{WT-WMMA}}(\boldsymbol{w}) = \frac{1}{2}\|\boldsymbol{w}\|^2 + C\sum_{k=1}^{N}\left|\boldsymbol{R}'(n) - [\boldsymbol{w}^{\mathrm{T}}\boldsymbol{R}(n)]^2\right|_{\varepsilon} \tag{2.5.38}$$

式中，$C > 0$ 是惩罚变量，且惩罚变量为

$$C = \bar{g}(n) + 3\sigma_g \tag{2.5.39}$$

式中，$g(n) = |y(n)|^2$；$\bar{g}(n)$ 表示求均值。

参数 ε 的确定公式为

$$\varepsilon = 3\sqrt{\sigma_n^2\frac{\ln N}{N}} \tag{2.5.40}$$

式中，σ_n^2 为噪声方差。

根据式（2.5.39）与式（2.5.40），求拉格朗日鞍点，即

$$\begin{aligned} L(\boldsymbol{w},\xi,\tilde{\xi},\alpha,\tilde{\alpha},\mu,\tilde{\mu}) = {} & \frac{1}{2}\|\boldsymbol{w}\|^2 + C\sum_{k=1}^{N}[\xi(n)+\tilde{\xi}(n)] - \\ & \sum_{k=1}^{N}[\mu(n)\xi(n)+\tilde{\mu}(n)\tilde{\xi}(n)] - \\ & \sum_{k=1}^{N}\alpha(n)\{\boldsymbol{R}'(n) - z(n)[\boldsymbol{w}^{\mathrm{T}}\boldsymbol{R}(n)] + \varepsilon + \xi(n)\} - \\ & \sum_{k=1}^{N}\tilde{\alpha}(n)\{z(n)[\boldsymbol{w}^{\mathrm{T}}\boldsymbol{R}(n)] - \boldsymbol{R}'(n) + \varepsilon + \tilde{\xi}(n)\} \end{aligned} \tag{2.5.41}$$

对上式进行鞍点求解，即最小化求解 $\boldsymbol{w}$、$\xi(n)$ 和 $\tilde{\xi}(n)$，最大化求解 $\alpha(n)$ 与 $\tilde{\alpha}(n)$ 及 $\mu(n)$ 与 $\tilde{\mu}(n)$，得

$$\boldsymbol{w}_{\mathrm{QP}} = \sum_{n=1}^{N}[\tilde{\alpha}(n) - \alpha(n)]z(n)\boldsymbol{R}(n) \tag{2.5.42}$$

均衡器的权向量按式（2.5.42）确定，在支持向量机学习的过程中，权向量的更新公式为

$$\boldsymbol{w}(n+1) = \boldsymbol{w}(n) + (1-\lambda)\boldsymbol{w}_{\mathrm{QP}} \tag{2.5.43}$$

式中，λ 为接近于 1 的常数；k 表示支持向量机的学习次数。

初始化过程中，平均调制误差定义为

$$\mathrm{AME}(k) = \frac{1}{N}\sum_{n=1}^{N}[R_k'(n) - |z_k(n)|^2] \tag{2.5.44}$$

式中，$z_k(n)$ 表示支持向量机在第 k 次的学习过程中，均衡器的输出信号。初始化过程切换到小波加权多模盲均衡算法的条件可表示为

$$\mathrm{AME}(k-1) - \mathrm{AME}(k) < \zeta \tag{2.5.45}$$

式中，ζ 是一个取值很小的正数。

3. 混沌优化算法选取 SVM 参数

混沌运动具有遍历性、随机性和规律性的特点，混沌搜索能在一定范围内按其自身规律不重复地遍历每一个状态。混沌优化算法根据其遍历性和规律性特点，采用混沌变量在一定的范围内遍历，最终搜索到目标函数的最优值。在利用 SVM 初始化均衡器权向量的过程中，

SVM 参数的取值决定了其学习能力和泛化能力。可将 SVM 参数的选取看作参数的组合优化，建立组合优化目标函数，采用混沌优化算法来搜索最优的目标函数值。

本节将 SVM 的参数 C 和 ε 的选取看作参数的组合优化，将 AME(k) 作为组合优化的目标函数，利用混沌优化算法来搜索最优的目标函数值，从而找到合适的参数取值。将利用混沌优化算法优化参数后的 SVM 称为基于混沌支持向量机（Chaos&Support Vector Machines，CSVM）。

采用逻辑斯谛映射作为混沌变量的迭代公式为

$$x(n+1)=\mu x(n)[1-x(n)] \tag{2.5.46}$$

式中，$x(n)$ 为混沌变量；μ 为一常数，当 $\mu=4$ 时系统完全处于混沌状态。以 AME(k) 的最小值作为 SVM 回归与参考模型之间的偏差，即

$$\begin{aligned}&\min J(z_1,z_2)=\min(\mathrm{AME})\\&a_i\leqslant z_i\leqslant b_i,i=1,2\end{aligned} \tag{2.5.47}$$

式中，z_1,z_2 为优化变量，分别对应于支持向量机参数 C 和 ε；$[a_i,b_i]$ 为变量 z_i 的定义域。基于混沌优化算法选取 SVM 参数的步骤如下：

步骤 1：初始化变量。令混沌搜索次数为 $\mathrm{T}_{1\max}$，混沌再搜索次数为 $\mathrm{T}_{2\max}$；计数器 $j=0$，$n=0$；给优化的混沌变量 x_i 赋初值 $x_i=x_i(0)$，$x_{i\text{best}}=x_i(0)$；当前的最优目标函数值初始化为 J_{best}。

步骤 2：将 x_i 映射到优化变量的取值区间成为 z_i

$$z_i=a_i+(b_i-a_i)x_i \tag{2.5.48}$$

步骤 3：对优化变量进行优化搜索，若 $J(z_i)\leqslant J_{\text{best}}$，则 $J(z_i)=J_{\text{best}}$，$x_{i\text{best}}=x_i$；否则，继续。

步骤 4：$j=j+1$，$x_i(n+1)=\mu x_i(n)[1-x_i(n)]$。

步骤 5：若经过 $T_{1\max}$ 次搜索 J_{best} 保持不变，则令 $x_i=x_{i\text{best}}+\Delta x_i$，$\Delta x_i$ 为一个很小的数，$n=n+1$。

步骤 6：重复步骤 2 ~ 步骤 4，若 $n>T_{2\max}$，则将 $x_{i\text{best}}$ 作为最优的混沌变量，所对应的 z_i 为 SVM 优化参数。

混沌优化 SVM 参数的流程如图 2.5.3 所示。

为提高支持向量机的拟合能力，利用混沌优化算法优化支持向量机参数；为避免正交小波多模盲均衡算法的权向量陷入局部极小值点，利用支持向量机对正交小波多模盲均衡算法的权向量进行初始化，最终得到了 CSVM-WTWMMA。

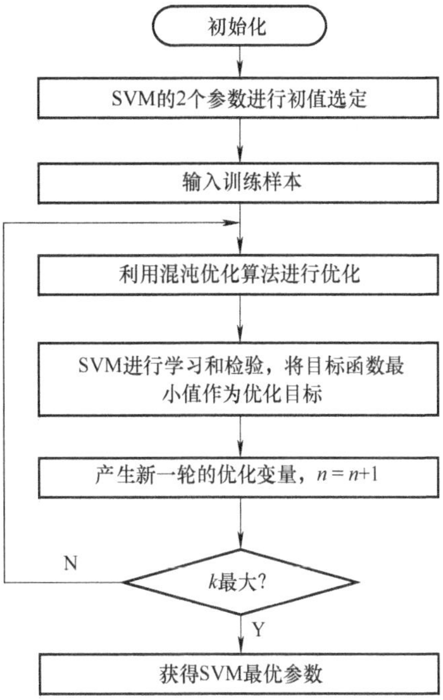

图 2.5.3　混沌优化 SVM 参数的流程

2.5.4　仿真实验与结果分析

【实验 2.5.1】 为了验证 CSVM-WTWMMA 的有效性，用水声信道进行仿真研究，并与 WT-WMMA 和 WMMA 进行比较。采用混合水声信道 [0.3132 -0.1040 0.8908 0.3134]，信噪比为 30dB，均衡器的权长为 16。发射信号为 128QAM，步长 $\mu_{\text{WMMA}}=3.8\times10^{-7}$，$\mu_{\text{WT-WMMA}}=$

3.5×10^{-5}，$\mu_{\text{CSVM-WTWMMA}}=3.2\times10^{-5}$；$T_{1\max}$、$T_{2\max}$ 的值分别是300、100，Δx_i 的值都为 10^{-3}；z_1 的遍历区间为 $(0,C]$，z_2 的遍历区间为 $(0,\varepsilon]$，C、ε 的值由式（2.5.39）与式（2.5.40）确定；对信道的输入信号采用DB2正交小波分解，分解层次是2层，功率的初始值为4，遗忘因子 $\beta=0.99$；加权因子 $\lambda=0.78$；采用均衡器输入数据的前300点对权向量进行初始化，初始化的切换条件 ζ 为 10^{-5}。800次蒙特卡罗仿真结果如图2.5.4所示。

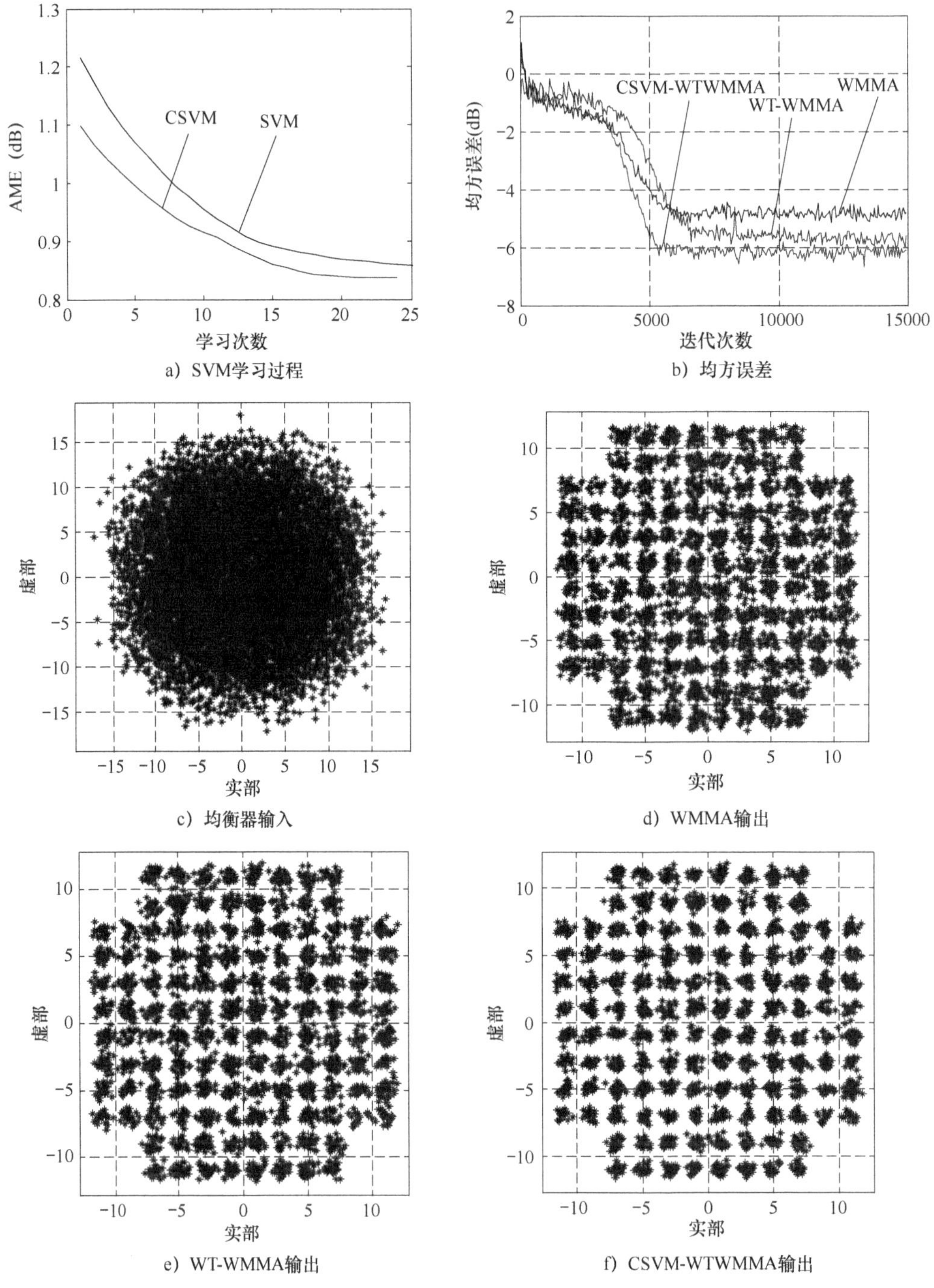

a）SVM学习过程　b）均方误差

c）均衡器输入　d）WMMA输出

e）WT-WMMA输出　f）CSVM-WTWMMA输出

图2.5.4　128QAM仿真结果

图2.5.4a表明，CSVM在每次的学习过程中，平均调制误差比参数优化前的SVM小约0.05dB；图2.5.4b表明，CSVM-WTWMMA收敛后，稳态误差比WT-WMMA小约0.2dB，比WMMA小约1dB；收敛速度比WT-WMMA快约1000步，比WMMA快约1200步；图2.5.4c~f表明，CSVM-WTWMMA的输出星座图比WT-WMMA和WMMA的更清晰、紧凑、集中。

2.6 实例2-3：基于混沌通信系统的正交小波变换盲均衡算法

2.6.1 混沌通信系统

混沌通信系统的原理如图2.6.1虚线框外部分所示。

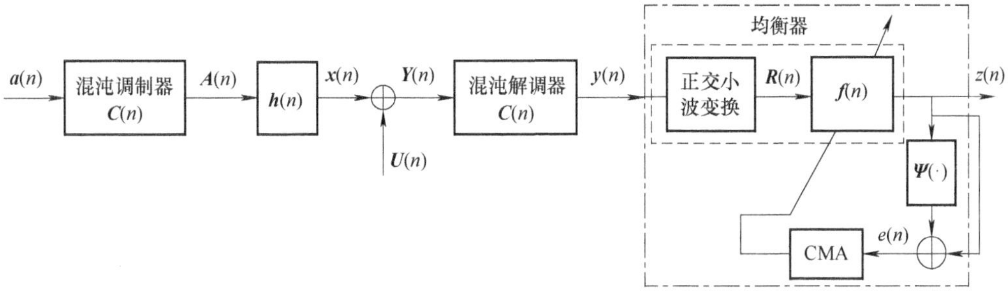

图2.6.1 基于混沌通信系统的正交小波盲均衡算法原理

图中，$\boldsymbol{C}(n)$为混沌调制器产生的时间序列；$\boldsymbol{A}(n)$为混沌调制后的输出扩频信号。

混沌信号发生器采用一维逻辑斯谛映射，即

$$C(n) = \lambda C(n-1)[1-C(n-1)] \tag{2.6.1}$$

式中，当$\lambda \in [3.57,4]$时，该映射是混沌映射；$C(n)$的值域为$(0,1)$，初值选择不能为0、0.25、0.5、0.75、1，否则混沌映射轨迹为周期映射。

这里对调制方式采用二相相移键控（BPSK），扩频码为$C(n)$，载波频率为ω_0，则调相波为

$$s(n) = A\cos[\omega_0 n + \varphi C(n)] \tag{2.6.2}$$

式中，φ是相位调制指数。

BPSK信号为

$$s(n) = \begin{cases} A\cos(\omega_0 n) \ , & C(n) < 0.5 \\ -A\cos(\omega_0 n), & C(n) > 0.5 \end{cases} \tag{2.6.3}$$

在实际应用中，调制的扩频码一般多采用双极性，即$C(n) = \{-1, +1\}$，因此BPSK信号又可以用另一种方式表示为

$$s(n) = AC(n)\cos(\omega_0 n) \tag{2.6.4}$$

在发送端，基带信号与调制信号进行时域相乘形成扩频信号，设$\boldsymbol{a}(n) = [a(n),\cdots,a(n-M+1)]^{\mathrm{T}}$，$\boldsymbol{Y}(n) = [Y(n+L),\cdots,Y(n),\cdots,Y(n-L)]^{\mathrm{T}}$，结合图2.6.1，得

$$\boldsymbol{A}(n) = \boldsymbol{a}(n) \cdot \boldsymbol{s}(n) \tag{2.6.5}$$

$$
\begin{aligned}
\boldsymbol{Y}(n) &= \sum_{i=0}^{M-1} h_i A(n-i) + \boldsymbol{U}(n) \\
&= \boldsymbol{h}^{\mathrm{T}} \boldsymbol{A}(n) + \boldsymbol{U}(n)
\end{aligned} \tag{2.6.6}
$$

式中，$\boldsymbol{U}(n)$ 为信道噪声向量。

在接收端，对扩频信号采用相干接收原理进行信息的解扩和解调，这里采用直接相关解扩形式，产生本地伪码，条件是要求其与扩频码精确同步，解扩的运算过程就是用该伪码与接收信号时域相乘。

设 $\boldsymbol{y}(n) = [y(n+L), \cdots, y(n), \cdots, y(n-L)]^{\mathrm{T}}$，得

$$
\boldsymbol{y}(n) = \boldsymbol{Y}(n) \cdot \boldsymbol{s}(n) \tag{2.6.7}
$$

2.6.2 基于混沌通信系统的正交小波变换盲均衡算法

混沌直接序列扩频通信系统，即混沌映射得到输出序列，将其作为扩频序列，对基带信号进行扩频，从而扩展基带信号的频谱，本节即采用此种系统。在 WT-CMA 中，将发射信号 $\boldsymbol{a}(n)$ 通过混沌调制器形成输入信号 $\boldsymbol{A}(n)$，经过信道后再通过一个相同的混沌序列 $\boldsymbol{c}(n)$ 产生的混沌解调器对其进行解调，即构成基于混沌通信系统的正交小波盲均衡算法。其原理如图 2.6.1 所示，流程如图 2.6.2 所示。

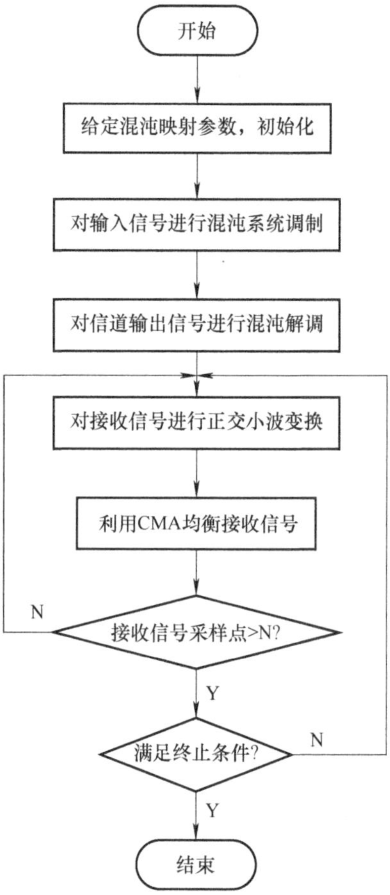

图 2.6.2 基于混沌通信系统的正交小波盲均衡算法流程

信号 $\boldsymbol{y}(n)$ 经正交小波变换后，得

$$
\boldsymbol{R}(n) = \boldsymbol{y}(n)\boldsymbol{V} \tag{2.6.8}
$$

式中，$\boldsymbol{V}$ 为正交小波变换矩阵。

信道均衡器的输出为

$$
z(n) = \boldsymbol{w}^{\mathrm{H}}(n)\boldsymbol{R}(n) \tag{2.6.9}
$$

均衡器抽头的更新公式为

$$
\begin{aligned}
\boldsymbol{w}(n+1) &= \boldsymbol{w}(n) - \mu \hat{\boldsymbol{R}}^{-1}(n) \\
& z(n)[\,|z(n)|^2 - R_2]\,\boldsymbol{R}^*(n)
\end{aligned} \tag{2.6.10}
$$

误差函数为

$$
e(n) = z(n)[\,|z(n)|^2 - R^2] \tag{2.6.11}
$$

$$
R^2 = \frac{E\{|A(n)|^4\}}{E\{|A(n)|^2\}} \tag{2.6.12}
$$

$$
\begin{aligned}
\hat{\boldsymbol{R}}^{-1}(n) = \operatorname{diag}[&\sigma_{j,0}^2(n), \sigma_{j,1}^2(n), \cdots, \\
&\sigma_{j,k_J}^2(n), \sigma_{J+1,0}^2(n), \cdots, \sigma_{J+1,k_J}^2(n)]
\end{aligned} \tag{2.6.13}
$$

式中，$r_{j,n}(n)$ 为小波变换系数；$s_{J,n}(n)$ 为尺度变换系数；$\sigma_{j,k_J}^2(n)$ 和 $\sigma_{J+1,k_J}^2(n)$ 分别表示对 $r_{j,n}(n)$ 和 $s_{J,n}(n)$ 的平均功率估计，即

$$
\sigma_{j,n}^2(n+1) = \beta\sigma_{j,n}^2(n) + (1-\beta)\,|r_{j,n}(n)|^2 \tag{2.6.14}
$$

$$\sigma_{J+1,n}^{2}(n+1) = \beta\sigma_{J+1,n}^{2}(n) + (1-\beta)\left|s_{J,n}(n)\right|^{2} \tag{2.6.15}$$

称式（2.6.1）~式（2.6.15）为基于混沌通信系统的正交小波盲均衡算法（CS-WT-CMA）。

2.6.3　仿真实验与结果分析

下面以多径衰落信道仿真环境验证 CS-WT-CMA 的有效性。

【实验 2.6.1】 水声信道参数 $\boldsymbol{h}=[0.005\ 0.009\ -0.024\ 0.854\ -0.218\ 0.049\ -0.016]$；基带信号使用16PSK，信噪比为20dB；在 WT-CMA 中，第15个抽头系数设置为1，其余为0，$\mu_{WT\text{-}CMA}=0.002$；在 CS-WT-CMA 中，第8个抽头系数设置为1，其余为0，$\mu_{CS\text{-}WT\text{-}CMA}=0.004$。对信道的输入信号采用 DB2 正交小波进行分解，分解层次是2层，功率初始值设置为4，遗忘因子 $\beta=0.99$。500次蒙特卡罗仿真结果如图2.6.3所示。

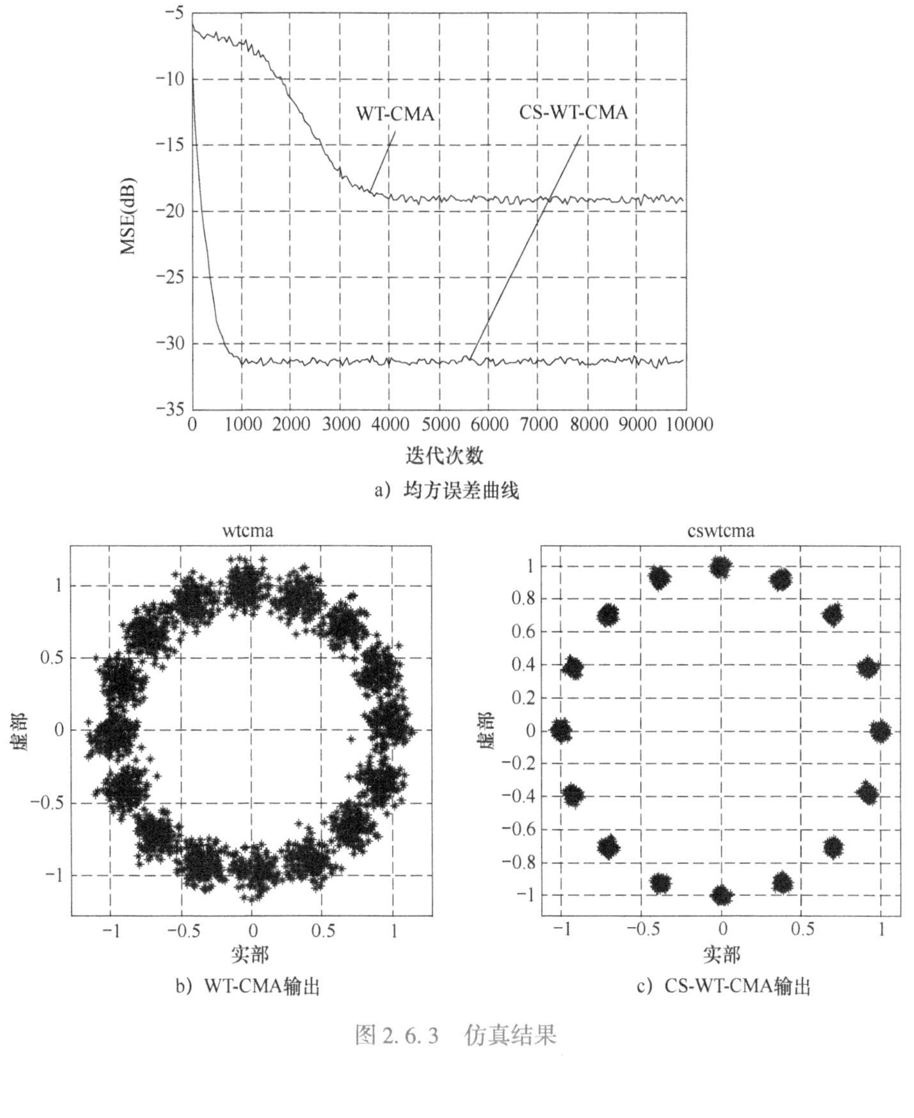

a）均方误差曲线

b）WT-CMA输出　　c）CS-WT-CMA输出

图2.6.3　仿真结果

图 2. 6. 3a 表明，在收敛速度上，CS-WT-CMA 比 WT-CMA 快了大约 3000 步。在稳态误差上，与 WT-CMA 相比，CS-WT-CMA 减小了 13dB。图 2. 6. 3b、c 表明，CS-WT-CMA 的输出星座图比 WT-CMA 的更清晰、更紧凑。

【实验 2. 6. 2】 水声信道参数 $\boldsymbol{h}$ = [0. 3132 −0. 1040 0. 8908 0. 3134]；基带信号使用 16QAM，信噪比为 15dB；在 WT-CMA 中，第 8 个抽头系数设置为 1，$\mu_{\text{WT-CMA}} = 0.00025$；在 CS-WT-CMA 中，第 8 个抽头系数设置为 1，$\mu_{\text{CS-WT-CMA}} = 0.0005$。对信道的输入信号采用 DB2 正交小波进行分解，分解层次是 2 层，功率初始值设置为 4，遗忘因子 $\beta = 0.99$。1000 次蒙特卡罗仿真结果如图 2. 6. 4 所示。

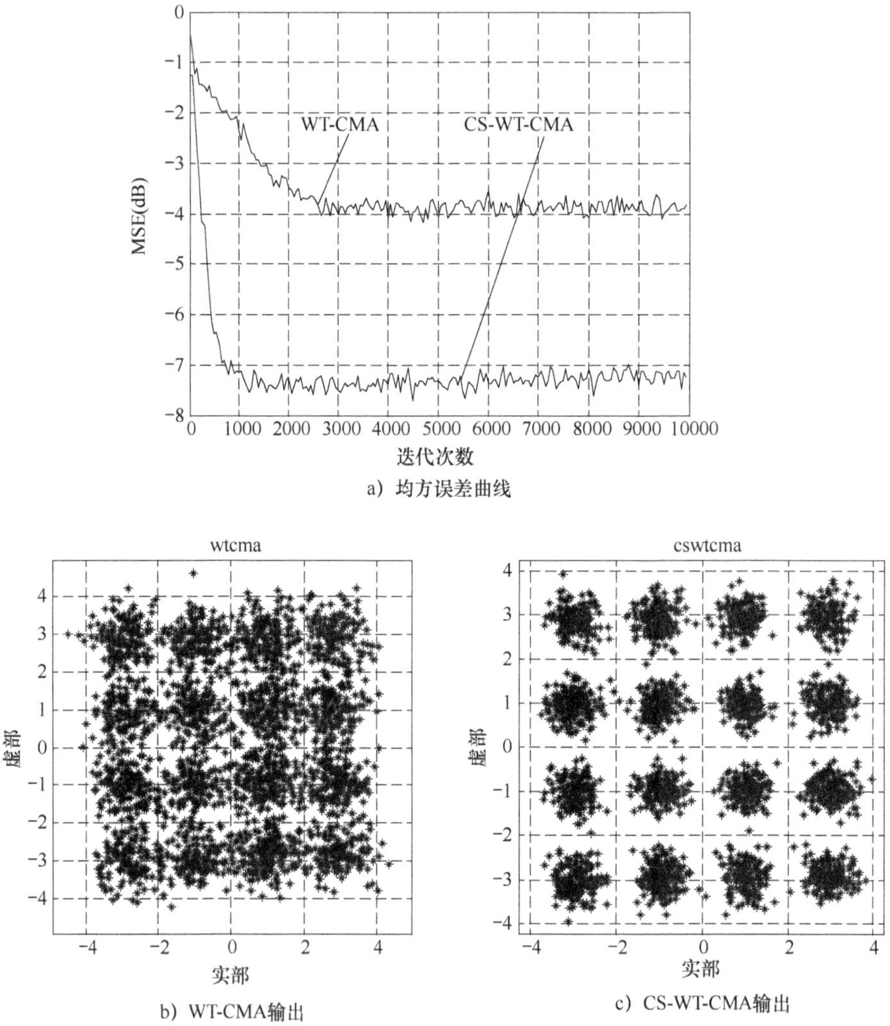

a) 均方误差曲线

b) WT-CMA输出

c) CS-WT-CMA输出

图 2. 6. 4 仿真结果

图 2. 6. 4a 表明，在收敛速度上，CS-WT-CMA 比 WT-CMA 快了大约 1500 步。在稳态误差上，与 WT-CMA 相比，CS-WT-CMA 减小了 3. 5dB。图 2. 6. 4b、c 表明，CS-WT-CMA 的输出星座图比 WT-CMA 的更清晰、更紧凑。

综上，本例将正交小波变换盲均衡算法与混沌算法相结合，其出发点是将发射信号通过混沌调制器形成信息输入信号，并将正交小波变换引入 CMA 中，进而提出了基于混沌通信系统的正交小波盲均衡算法（CS-WT-CMA）。仿真结果表明，与 WT-CMA 相比，该算法能够更有效地抑制信道畸变和噪声；在低信噪比的情况下，其收敛速度得到较大提高，稳态误差有一定程度的减小。

第3章　蚁群优化算法

· 内容导读 ·

本章从蚁群行为描述、基本蚁群算法的基本假设、数学模型和算法框架出发，分析并研究了最大-最小蚂蚁系统、精英策略蚂蚁系统、蚁群系统、并行蚁群系统（Parallel ant colony system）及自适应分组蚁群算法、混合行为蚁群算法等改进系统或算法，分析了简单蚁群算法的收敛性，开展了蚁群算法在通信领域的应用研究。通过基于蚁群优化的常模盲均衡算法、基于蚁群优化算法的正交小波包变换盲均衡算法及基于混合蚁群算法的半导体生产线炉管区调度方法三个实例，强化了蚁群算法的应用背景，体现了理论与实践的相辅相成，拓展了理论的延伸，突出了方法的导入，有利于加深对模型的理解，提升应用研究能力。

1991年，意大利学者M. Dorigo首次提出了蚂蚁系统（Ant System，AS）的概念，开创了蚁群优化算法研究的先河。此后，经多位学者的研究，出现了Ant-Q、蚁群系统（Ant Colony System，ACS）、最大-最小蚂蚁系统（Max-Min AS，MMAS）等。1999年，M. Dorigo在这些改进的基础上，提出了蚁群优化（Ant Colony Optimization）算法的通用框架，使得蚁群优化算法有着较强的性能和更坚实的理论基础，其应用范围也由TSP拓展到指派、Job-shop调度、交通路由、资源分配、图着色、大规模集成电路设计、通信网络路由及负载平衡等问题，并取得了一些较好的成果。蚁群算法是一种新型模拟生态系统的分布式并行智能算法，具有鲁棒性强并易于与其他启发式算法结合等特点。

3.1　基本蚁群算法

3.1.1　蚁群行为描述

根据仿生学家的长期研究发现，蚂蚁虽没有视觉，但运动时会通过在路径上释放出一种特殊的分泌物——信息素来寻找路径。当它们碰到一个还没有走过的路口时，就随机挑选一条路径前行，同时释放出与路径长度有关的信息素。蚂蚁走的路径越长，释放的信息量越小。当后来的蚂蚁再次碰到这个路口的时候，选择信息量较大路径的概率相对较大，这样便形成了一个正反馈机制（蚂蚁能够最终找到最短路径，直接依赖于最短路径上信息素的堆积，而信息素的堆积却是一个正反馈的过程）。对于基本蚁群算法而言，初始时在环境中存在完全相同的信息量，给系统一个微小的扰动，使得各个边上的信息量大小不同，蚂蚁构造的解就存在了优劣。算法采用的反馈方式是在较优解经过的路径留下更多的信息素，更多的信息素又吸引了更多的蚂蚁，这个正反馈的过程使初始值不断扩大，同时又引导整个系统向最优解方向进化。

最优路径上的信息量越来越大，而其他路径上的信息量会随时间的流逝逐渐消减，最终整个蚁群会找出最优路径。同时，蚁群还能够适应环境的变化，当蚁群的运动路径上突然出现障碍物时，蚂蚁也能很快地重新找到最优路径。可见，在整个寻优过程中，虽然单只蚂蚁的选择能力有限，但通过信息素的作用使整个蚁群行为具有非常高的自组织性（在蚁群中，生物个体相互作用，协同完成某项群体工作，自然体现出很强的自组织特性)，蚂蚁之间交换着路径信息，最终通过蚁群的集体自催化行为找出最优路径。这里用图 3.1.1 来说明蚁群的搜索原理。

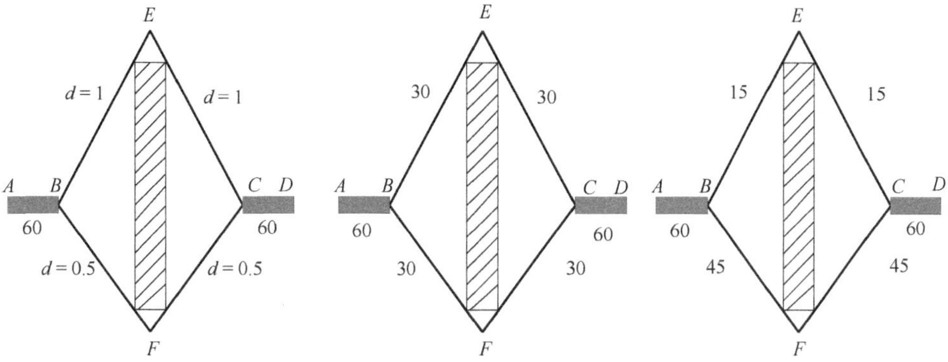

a）各点之间的距离　b）蚂蚁以相同的概率选择路径　c）蚂蚁以较大的概率选择路径

图 3.1.1　自然界中的蚂蚁觅食模拟

在图 3.1.1 中，设 A 点是蚁巢，D 点是食物源，EF 为一障碍物。障碍物使蚂蚁只能经由 A 经 E 或 F 到达 D（或由 D 经 E 或 F 到达 A），各点之间的距离如图 3.1.1a 所示。假设单位时间有 60 只蚂蚁由 A 到达 D 点，有 60 只蚂蚁由 D 到达 A 点，蚂蚁过后留下的信息量为 1。为了方便起见，设该物质停留时间为 1。在初始时刻，路径 BF 、FC 、BE 、EC 上均无信息存在，从统计学角度可以认为位于 A 和 D 的蚂蚁以相同的概率随机选择 BF 、FC 、BE 、EC ，如图 3.1.1b 所示。经过一个时间单位后，在路径 BFC 上的信息量是路径 BEC 上信息量的 3 倍；再经过一段时间，将有 45 只蚂蚁由 B 、F 和 C 点到达 D ，如图 3.1.1c 所示。随着时间的推移，蚂蚁将会以越来越大的概率选择路径 BFC ，最终会完全选择路径 BFC ，从而找到由蚁巢到食物源的最短路径。

3.1.2　基本蚁群算法的基本假设

在模拟蚂蚁群体觅食行为的基本蚁群算法中，所做的基本假设如下。

1. 蚂蚁之间通过信息素和环境进行通信

每只蚂蚁仅根据其周围的局部环境做出反应，也只对其周围的局部环境产生影响。

2. 蚂蚁对环境的反应由其内部模式决定

因为蚂蚁是基因生物，蚂蚁的行为实际上是其基因的适应性表现，即蚂蚁是反应型适应性主体。

3. 高度有序的自组织群体行为

在个体水平上，每只蚂蚁仅根据环境做出独立选择；在群体水平上，单只蚂蚁的行为是随机的，但蚁群可通过自组织过程形成高度有序的群体行为。

由上述假设和分析可知，基本蚁群算法的寻优机制包含两个基本阶段：适应阶段和协作阶段。在适应阶段，各候选解根据积累的信息不断地调整自身结构，路径上经过的蚂蚁越多，信息量越大，则该路径越容易被选择；时间越长，信息量越小。在协作阶段，候选解之间通过信息交流，以期望产生性能更好的解，类似于学习自动机的学习机制。

蚁群算法实际上是一类智能多主体系统，其自组织机制使蚁群算法不需要对所求问题的每一方面都有详尽的认识。自组织本质上是蚁群算法机制在没有外界作用下使系统熵增加的动态过程，体现了从无序到有序的动态演化，其逻辑结构如图 3.1.2 所示。

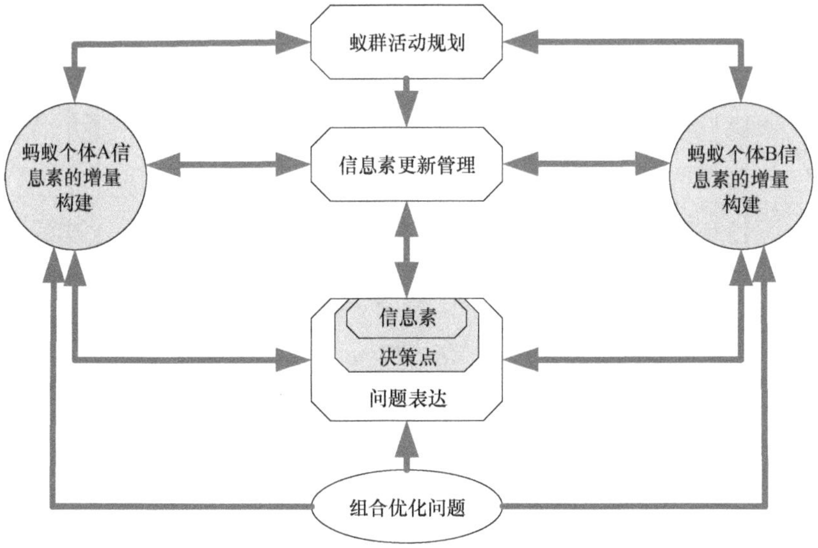

图 3.1.2　基本蚁群算法的逻辑结构

图 3.1.2 表明，先将具体的组合优化问题表述为规范的格式，然后利用蚁群算法在探索（Exploration）和利用（Exploitation）之间根据信息素这一反馈载体确定决策点，同时按照相应的信息素更新规则对每只蚂蚁个体的信息素进行增量构建，随后从整体角度规划出蚁群活动的行为方向，周而复始，即可求出组合优化问题的最优解。

3.1.3　基本蚁群算法的数学模型

蚁群优化（Ant Colony Optimization，ACO）算法的主要特征是建立在蚂蚁觅食的自组织集体行为上，而其关键特征就是蚂蚁通过集体行为能够搜索到食物源到蚁巢之间最短的路径。当蚂蚁在食物源与蚁巢之间移动时，会沿途释放一种挥发性信息素，其他的蚂蚁会跟随释放了信息素的路径前进，并且蚂蚁能够收敛到同一条路径上。为描述方便，以旅行商问题（Traveling Salesman Problem，TSP）作为应用背景进行描述：假设有 N 个城市，0，1，…，$N-1$ 表示城市序号，旅行商问题的目标是寻找一个路程最短的最终旅行，旅行经过所有城市并回到原出发城市。除起点城市外，每个城市只允许经过一次。TSP 问题的可行解即为除起点城市外所有城市的一个无重复序列。可以用权重有向图 $G=(V,E)$ 表示，其中 $V=\{0,1,\cdots,N-1\}$ 表示城市的集合，$E=\{(i,j),(i,j=0,1,\cdots,N-1)\}$ 表示城市间的边，$D=\{d_{ij}\}(i,j=0,1,\cdots,N-1)$ 表示两城市 i,j 间的欧氏距离，构造解的过程即搜索权重最小的哈密尔敦循环。M 是蚁群中蚂蚁的数量，$\tau_{ij}(t)$ 表示 t 时刻路径或弧 (i,j) 上的信息素浓度，$\eta_{ij}(t)$ 是与路径 (i,j) 相关联的基于问题的启发式信息值。各条路径上初始时刻的信息素浓度相等，且设 $\tau_{ij}(0)=C$（C 为常数），蚂蚁 $k(k=1,2,\cdots,M)$ 根据各条路径上的信息素量和启发值在移动过程中决定其转移方向，$p_{ij}^{k}(t)$ 表示 t 时刻蚂蚁 k 由城市 i 转移到城市 j 的转移概率，即

$$p_{ij}^{k}(t)=\begin{cases}\dfrac{\tau_{ij}^{\alpha}(t)\eta_{ij}^{\beta}(t)}{\sum\limits_{S\subset \mathrm{allowed}_k}\tau_{is}^{\alpha}(t)\eta_{is}^{\beta}(t)}, j\in \mathrm{allowed}_k\\ 0, \quad 其他\end{cases} \tag{3.1.1}$$

式中，$\mathrm{allowed}_k=\{V-T_k\}$ 表示蚂蚁 k 下一步可选择的城市，其中 $T_k(k=1,2,\cdots,M)$ 是蚁群算法中蚂蚁 k 的一个禁忌表，用于记录蚂蚁 k 已经走过的城市，以保证没有重复访问同一个城市，同时方便蚂蚁按原路进行信息素的更新；α 为信息启发式因子，表示轨迹的相对重要性，反映了蚂蚁在运动过程中所积累的信息在蚂蚁运动时所起的作用，其值越大，则该蚂蚁越倾向于选择其他蚂蚁经过的路径，蚂蚁之间的协作性越强；β 为期望启发式因子，表示能见度的相对重要性，反映了蚂蚁在运动过程中启发信息在蚂蚁选择路径中受重视程度，其值越大，则该状态转移概率越接近于贪心规则。$\eta_{ij}(t)$ 为启发函数，且

$$\eta_{ij}(t)=\frac{1}{d_{ij}} \tag{3.1.2}$$

该式表明，对蚂蚁 k 而言，d_{ij} 越小，$\eta_{ij}(t)$ 越大，$p_{ij}^{k}(t)$ 也越大。显然，该启发函数表示蚂蚁从城市 i 转移到城市 j 的期望程度。

如果 $\alpha=0$，那么最近的城市容易被选中。如果 $\beta=0$，只有信息素起作用，这样经常会导致算法快速收敛到次优解。综上所述，蚂蚁更容易选择那些距离短、信息素浓度大的邻近城市。随着时间的推移，以前留下的信息素需要进行挥发，用参数 ρ 表示信息素挥发系数，这样是为了防止信息素的无限制累加，以有利于发现更好的解。蚂蚁在完成一次所有城市的搜索后，其各边的信息素调整规则为

$$\tau_{ij}(t+n)=(1-\rho)\tau_{ij}(t)+\Delta\tau_{ij}(t) \tag{3.1.3}$$

$$\Delta\tau_{ij}(t)=\sum_{k=1}^{m}\Delta\tau_{ij}^{k}(t) \tag{3.1.4}$$

式中，$\tau_{ij}(t)$、$\Delta\tau_{ij}^{k}(t)$ 以及 p_{ij}^{k} 如何选择和确定，视具体问题而定。M. Dorgio 给出了三种不同模式，分别称为 ant-cycle system、ant-quantity system 和 ant-density system。它们的区别在于信息素调整规则不同。$\rho\in[0,1]$ 表示信息素挥发系数，$1-\rho$ 表示信息素残因子，$\Delta\tau_{ij}$ 表示本次循环中边 (i,j) 上信息素的增量之和，$\Delta\tau_{ij}^{k}(t)$ 表示蚂蚁 k 在本次循环中经过路径 (i,j) 上的信息量。

在 ant-cycle system 模型中，

$$\Delta\tau_{ij}^{k}(t)=\begin{cases}Q/L_k, 若蚂蚁 k 在本次循环中经过路径(i,j)\\ 0, 其他\end{cases} \tag{3.1.5}$$

式中，信息素强度 Q 为常数；L_k 为蚂蚁 k 在本次循环中所走过的路径总长度。该式表明，路径越短，访问的蚂蚁越多，所施加的信息素越多的路径，往往就更有可能吸引更多的蚂蚁。

在 ant-quantity system 模型中，

$$\Delta\tau_{ij}^{k}(t) = \begin{cases} Q/d_{ij}, \text{蚂蚁 } k \text{ 在 } t \text{ 和 } t+1 \text{ 之间经过}(i,j) \\ 0, \text{其他} \end{cases} \tag{3.1.6}$$

在 ant-density system 模型中

$$\Delta\tau_{ij}^{k}(t) = \begin{cases} Q, \text{蚂蚁 } k \text{ 在 } t \text{ 和 } t+1 \text{ 之间经过}(i,j) \\ 0, \text{其他} \end{cases} \tag{3.1.7}$$

M. Dorigo 所给出的 ant-cycle system、ant-quantity system 和 ant-density system 三种不同的实现方法，差别在于表达式 $\Delta\tau_{ij}^{k}(t)$ 的不同。在 ant-denstiy system 模型中，从城市 i 到 j 的蚂蚁在路径上释放的信息素为一个与路径质量无关的常量 Q 。在 ant-quantity 模型中，在路径上 (i,j) 释放的信息素量为 Q/d_{ij} ，因而所释放的信息素会随着城市间距离 d_{ij} 的不同而变化。上述这两种模型利用局部信息在蚂蚁从一个城市转移到另一个邻近城市后立刻进行局部信息素更新。在 ant-cycle system 模型中，从城市 i 到城市 j 的蚂蚁释放的信息素为 Q/L_k ，由于 L_k 为蚂蚁 k 在该次循环中所走过路径的总长度，所利用的是整体信息，因此信息素浓度与该次循环中所获得的解的优劣有关。另外，某一条路径没有被蚂蚁经过，那么该路径上的信息素会随着时间的延续而逐渐减弱，这样信息素的强度会慢慢变弱直至消失，使系统逐渐“忘记”不好的路径。即使经常被访问的路径也不至于出现信息素的值几何式地迅速增加，而产生 $\tau_{ij} >> \eta_{ij}$ 使期望值的启发作用无法体现。这种更新规则充分体现了蚁群算法全局范围内搜索较短路径的能力，加强了正反馈性能，提高了系统的收敛速度。实验和理论分析表明，ant-cycle system 比前两者要好，通常采用它作为基本模型。

蚁群算法中的参数设定目前都是用实验的方法获得的，尚无理论上的依据，参数 Q ，C ，α ，β ，ρ 可以由实验确定为：$1 \leqslant \alpha \leqslant 5$ ；$1 \leqslant \beta \leqslant 5$ ；$0.5 \leqslant \rho \leqslant 0.99$ ，ρ 取0.7 左右为佳；$1 \leqslant Q \leqslant 10000$ 。

3.1.4 基本蚁群算法实现流程

以 TSP 为例，基本蚁群算法的具体实现流程如下。

步骤1：参数初始化。令时间 $t=0$ 和循环次数 $N_c=0$ ，最大循环次数为 $T_{\max}$ ，将 M 只蚂蚁置于 N 个元素（城市）上，令有向图上每条边 (i,j) 的初始化信息 $\tau_{ij}(t)=\text{const}$ ，其中 const 表示常数，且初始时刻 $\Delta\tau_{ij}(0)=0$ 。

步骤2：循环次数 $N_c \leftarrow N_c+1$ 。

步骤3：蚂蚁的禁忌表索引号 $k=1$ 。

步骤4：蚂蚁数目 $k \leftarrow k+1$ 。

步骤5：蚂蚁个体根据状态转移概率（式（3.1.1）计算的概率）选择元素（城市）j 并前进，$j \in \{V-T_k\}$ 。

步骤6：修改禁忌表指针，即选择好之后将蚂蚁移动到新的元素（城市），并将该元素（城市）移动到该蚂蚁个体的禁忌表中。

步骤7：若集合 C 中元素（城市）未遍历完，即 $k<M$ ，则跳转到步骤4；否则，执行步骤8。

步骤8：根据式（3.1.3）和式（3.1.4）更新每条路径上的信息素量。

步骤9：若满足结束条件，即如果循环次数 $N_c > N_{c\max}$ ，则循环结束并输出程序计算结果；否则，清空禁忌表并跳转到步骤 2。

以 TSP 为例，基本蚁群算法流程如图 3.1.3 所示。

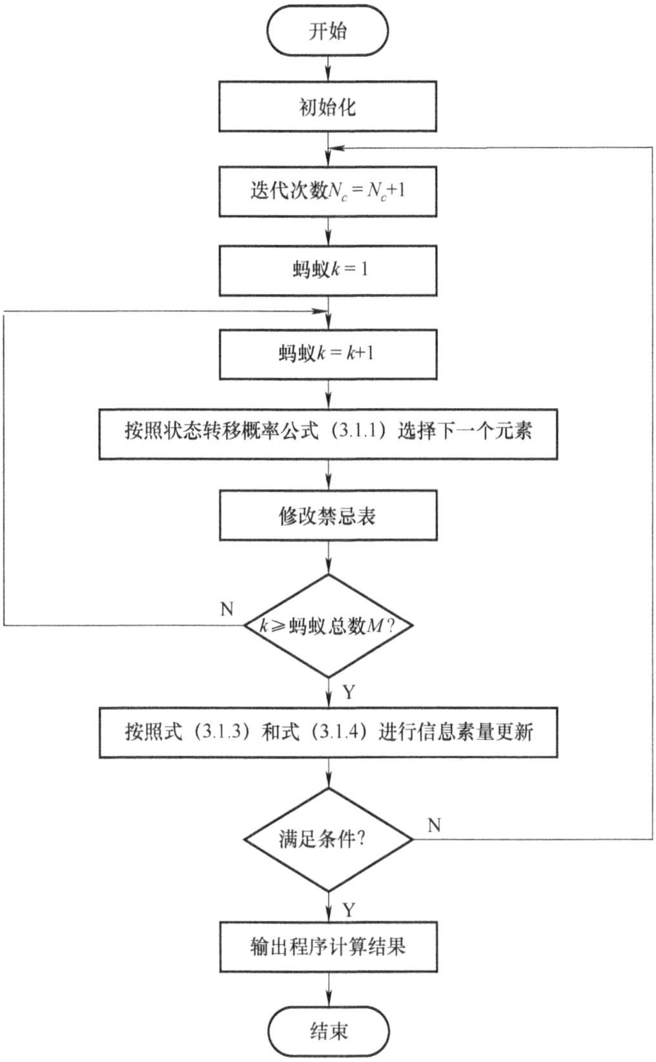

图 3.1.3　基本蚁群算法流程

3.1.5　蚁群优化算法的特点

蚁群的觅食行为实际上是一种分布式的协同优化机制，单只蚂蚁在运动中可以找到从蚁巢到食物源的路径，但找到路径最短的可能性极小，当多只蚂蚁组成蚁群进行寻找，就会突显蚂蚁的智能群体行为——发现最短路径的能力。在蚁群觅食行为中，另一个重要的方面是自催化机制和解的隐式评估。自催化机制和解的隐式评估相结合，极大地提高了对于问题的求解效率，即对越短的路径，蚂蚁将越早走完，所存留的信息素就越多，从而更多的蚂蚁在运动中选择该路径。

因此，蚁群优化算法的主要特点如下。

1）它是一种本质并行的算法。蚂蚁搜索的过程彼此独立、无监督地同时搜索解空间中的许多点，这种分布式多智能体的协作过程是异步并发进行的，能够快速达到全局收敛。

2）它是一种正反馈算法。某段路径上的信息素浓度较高，将会吸引更多的蚂蚁沿这条路径运动，使信息素浓度越来越高。正反馈机制的存在，可以有效加快算法的收敛速度。

3）易于与其他多种启发式算法结合，可以有效地改善算法的性能。

4）较强的鲁棒性。使用概率规则进行指导搜索，不必指导其他辅助消息，易应用于其他问题。

5）协调机制。蚂蚁之间通过信息素的更新机制互相通信、协同工作，使蚁群算法具有更强的发现较优解的能力。

3.2 改进蚂蚁系统

目前关于蚁群优化算法的研究主要集中在如何改进搜索效率、加快蚁群算法的寻优速度，都是基于对蚂蚁找出最优解的搜索过程。实验结果显示，蚂蚁系统具有极强的发现最优解的能力，但同时也存在收敛速度慢、易出现停滞现象等缺陷。针对蚂蚁系统的不足，主要有如下几种改进的蚂蚁系统。

3.2.1 最大－最小蚂蚁系统

通过对蚁群算法的大量研究表明，可以通过将蚂蚁的搜索行为集中在最优解附近以改进算法的性能，但这种搜索方式使早熟行为更容易发生。将一种能够避免早熟收敛的机制与这种搜索方式结合起来，以获得更优的性能。最大－最小蚂蚁系统（Max-Min Ant System，MMAS）满足了上述的要求，该算法是到目前为止解决旅行商、二次分配等问题最好的蚁群优化算法。

最大－最小蚂蚁系统直接来源于蚂蚁系统，但又有所改进，主要有以下几方面的不同。

1）M 只蚂蚁周游一次结束后，充分利用循环最优解和到目前为止找出的最优解，仅对最优路径上的信息素进行调整。可以设定初始时刻各条路径上外激素的起始浓度 τ_{max}，在算法的初始时刻 ρ 取较小值时，算法有更好的发现较优解能力。所有蚂蚁完成一次迭代后，对路径上的信息素做全局更新的公式为

$$\tau_{ij}(t+1) = (1-\rho)\tau_{ij}(t) + \Delta\tau_{ij}^{best} \tag{3.2.1}$$

$$\Delta\tau_{ij}^{best} = \begin{cases} 1/L_{best}, \text{在最优路径}(i.j)\text{ 上} \\ 0, \text{其他} \end{cases} \tag{3.2.2}$$

式中，L_{best} 是最优路径的长度；$\Delta\tau_{ij}^{best}$ 是最优路径上的信息素。允许进行信息素更新的路径可以是全局最优解，或者本次迭代的最优解。

2）在信息素的更新过程中，容易陷入局部最优，可能造成搜索的停滞。如果某个节点选择的信息素量明显高于其他的选择，就会发生停滞现象。可以用影响选择下一个解元素的概率来避免停滞状态的发生。由于概率的大小取决于信息素量和不可变的启发信息，只有通过信息素量的设置来避免不同路径上的信息素浓度出现过大的差异。将各条路径可能的信息素浓度限制为 $[\tau_{min}, \tau_{max}]$，超出这个范围的值被强制设为 τ_{min} 或者是 τ_{max}。即在每一次循环后，如果有 $\tau_{ij}(t) > \tau_{max}$，则 $\tau_{ij}(t) = \tau_{max}$；若 $\tau_{ij}(t) < \tau_{min}$，则 $\tau_{ij}(t) = \tau_{min}$。确保信息素

的值遵从这一限制，就可以有效避免某条路径上的信息素量远大于其余路径，使所有的蚂蚁都集中到同一条路径上，从而使算法不再扩散。

3）信息素初始化上限为 τ_{max} ，增加算法在第一次循环期间对新解的搜索可以通过选择设定的初始化信息素来进行。由于信息素的挥发，在第一次循环后，解元素的信息素量之间的差异为 ρ 的比率，第二次循环后解元素的信息素量之间的差异为 ρ^2 ，依此类推。如果信息素量之间初始化的信息素为它的下限 τ_{min} ，则其将会存在更强烈的相对差异。因此，当初始化信息素值为 τ_{max} 时，下一个节点选择概率增加得更加缓慢，从而使蚂蚁倾向于搜索新的解；在接近收敛时，通过信息素的平滑处理（Pheromone Trial Smoothing）进一步消除了信息素之间过大的差距，当信息素的平滑处理应用到TSP时，可以验证MMAS明显优于AS。

3.2.2　精英策略蚂蚁系统

1996年，M. Dorigo等提出了一种精英策略蚂蚁系统（Elitist Strategy Antsystem，$AS_{elitist}$），是最早的改进蚂蚁系统，通过使用最优蚂蚁来提高蚂蚁系统中解的质量。在该系统中，通过对全局最优解所在路径的边施加额外的信息素，使全局最优解每次迭代完成后得到更进一步的利用，许多的最优蚂蚁选择了对信息素进行更新时的路径。精英策略蚂蚁系统在信息素更新时加强了对全局最优解的利用，其信息素更新策略为

$$\tau_{ij}(t+n) = (1-\rho)\tau_{ij}(t) + \Delta\tau_{ij}(t) + \Delta\tau_{ij}^{AS_{elitist}} \tag{3.2.3}$$

$$\Delta\tau_{ij}(t) = \sum_{k=1}^{M}\Delta\tau_{ij}^{k}(t), \Delta\tau_{ij}^{k}(t) = \begin{cases} Q/L_k, \text{蚂蚁 } k \text{ 在路径}(i,j)\text{ 上} \\ 0, \text{其他} \end{cases} \tag{3.2.4}$$

$$\Delta\tau_{ij}^{AS_{elitist}} = \begin{cases} \sigma Q/L^{AS_{elitist}}, \text{蚂蚁 } k \text{ 在最优路径}(i,j)\text{ 上} \\ 0, \text{其他} \end{cases} \tag{3.2.5}$$

式中，$\Delta\tau_{ij}^{AS_{elitist}}$ 为精英蚂蚁在路径（i,j）上增加的信息素量；σ 为精英蚂蚁数；$L^{AS_{elitist}}$ 为全局最优解的路径长度。

通过大量的观察和实验表明，$AS_{elitist}$在运行过程的更早阶段就能找出算法的解，使蚂蚁系统找出更优的解。但由于过多精英蚂蚁的使用，会使搜索集中在局部最优解周围，导致算法不能达到理想的结果，这个问题可以通过适当地选择精英蚂蚁的数量来解决。

3.2.3　蚁群系统

在AS算法的基础上改进而来的蚁群系统（Ant Colony System，ACS）的主要特点如下。

1）在ACS中，蚂蚁使用伪随机比率选择规则选择下一座城市。伪随机比率选择规则的作用表现为决策既可以利用问题的先验知识，又可以进行倾向性的搜索新解。在城市 i 的蚂蚁 k ，以概率 q_0 移动到城市 l ，其中 l 为使 $\tau_{il}(t)[\eta_{il}]^{\beta}$ 达到最大值的城市。蚂蚁以 $(1-q_0)$ 的概率按式（3.2.6）选择下一座城市 j 。在蚁群系统中，蚂蚁的状态转移公式为

$$j = \begin{cases} \arg\max\limits_{u\in \text{allowed}_k} \tau_{iu}(t)[\eta_{iu}]^{\beta}, q \leqslant q_0 \\ S, \text{其他} \end{cases} \tag{3.2.6}$$

式中，q 是（0,1）中均匀分布的随机数变量，参数 $q_0\in(0,1)$ ；$\tau_{iu}(t)$ 表示 t 时刻城市 i 与城市 u 之间的信息素；η_{iu} 表示城市 i 与城市 u 之间的启发式因子；β 表示启发式因子的相对强弱。在选择下一座城市之前随机生成变量 q ，如果 $q\leqslant q_0$ ，则从城市 i 到所有可行的城市中

找出下一个要选择的城市，即 $[\tau_{iu}(t)][\eta_{iu}]^{\beta}$ 达最大值的城市；如果 $q > q_0$，则按转移概率

$$p_{ij}^{k} = \begin{cases} \dfrac{[\tau_{ij}(t)]^{\alpha}[\eta_{ij}]^{\beta}}{\sum\limits_{S \in J_k(i)} [\tau_{is}(t)][\eta_{is}]^{\beta}}, j \in J_k(i) \\ 0, 其他 \end{cases} \tag{3.2.7}$$

选择下一座城市。式中，$J_k(i)$ 为蚂蚁 k 当前的可行城市集合。通过调整变量 q_0 的值，可确定进一步的搜索是已得的最优解还是探索新的解空间。

2）在 ACS 中，在蚂蚁从城市 i 转移到城市 j 的同时，更新路径 (i,j) 上的信息素，即

$$\tau_{ij}(t+1) = (1-\rho)\tau_{ij}(t) + \xi\tau_0 \tag{3.2.8}$$

式中，τ_0 为信息素初始值；ρ 为一个常数，$0 < \xi \leqslant 1$ 为可调参数，与初始的信息素相同。这样的局部更新规则使后来的蚂蚁对于已经访问过的路径被访问的概率越来越小，导致信息素越来越少，使更多的解在整个空间进行搜索，避免了后来的蚂蚁过多地沿前面已走的路径进行搜索。

3）在蚁群系统中，只有全局最优的蚂蚁才被允许在寻优过程中释放信息素的规则和伪随机比率规则的使用，其目的是为了使蚂蚁在搜索过程中主要集中在当前循环为止所找出的最优路径的邻域内。全局更新是在所有蚂蚁都完成它们的路径之后，只有全局最优解所路径的边上的信息素得到了加强，信息素的更新公式为

$$\tau_{ij}(t) = (1-\rho)\tau_{ij}(t) + \xi\Delta\tau_{ij} \tag{3.2.9}$$

$$\Delta\tau_{ij} = \begin{cases} (L_{\text{gbest}})^{-1}, 若路径(i,j)包含于全局最优 \\ 0, 其他 \end{cases} \tag{3.2.10}$$

式中，ρ 为信息素挥发系数，$0 < \rho < 1$；L_{gbest} 为目前为止找出的全局最优路径。全局更新规则的另一类型为迭代最优（Iteration-best），它不同于全局最优（Global-best）之处是使用 L_{ibest} 代替 L_{gbest}，其中 L_{ibest} 为当前迭代的最优路径长度。实验结果表明，这两种更新规则对蚁群系统性能的影响差别很小，相比之下全局最优的性能要稍微好一些。

3.2.4 并行蚁群系统

并行蚁群系统（Parallel Ant Colony System，PACS）是一种新型蚁群算法。后来有很多对并行蚁群算法的改进和应用。并行蚁群系统中将蚂蚁分成若干组，每组蚂蚁相互独立，每组蚂蚁中的每只蚂蚁就对应问题的一个解。每组蚂蚁中的每只蚂蚁按照 ACS 去搜索可行解。每组蚂蚁在搜索过程中，每过一定的周期通过七种不同的沟通交流规则更新信息素浓度，最后直至算法满足结束条件使蚂蚁找到一个最优解。并行蚁群系统的基本步骤如下。

步骤 1：初始化分组和蚁群系统参数。

步骤 2：搜索。每组蚂蚁按式（3.2.6）与式（3.2.7）独立进行路径规划。

步骤 3：局部信息素浓度更新。每组蚂蚁按式（3.2.8）更新信息素浓度。

步骤 4：评价。计算每组蚂蚁中每只蚂蚁所走路径长度。

步骤 5：全局信息素浓度更新。每组蚂蚁信息素的更新公式为

$$\tau_{g_{ij}}(t+1) = (1-\sigma)\tau_{g_{ij}}(t) + \sigma\Delta\tau_{g_{ij}}(t) \tag{3.2.11}$$

$$\Delta\tau_{g_{ij}}(t) = \begin{cases} (L_g)^{-1}, 在第\ g\ 组的最优路径(i,j) \\ 0, 其他 \end{cases} \tag{3.2.12}$$

式中，L_g 是第 g 组中蚂蚁的最短路径；σ 是一个信息素衰减常数。

步骤6：通过沟通交流更新信息素，如图 3.2.1 所示。算法迭代过程中，每过 R 次迭代（R 是沟通频率，根据最大迭代次数 $T_{\max}$ 选取）时，每组蚂蚁沟通交流一次，计算所有组蚂蚁的最短路径后，信息素的更新公式为

$$\tau_{g_{ij}}(t) = (1-\varepsilon)\tau_{g_{ij}}(t) + \varepsilon\Delta\tau_{ij}^{\text{best}}(t) \tag{3.2.13}$$

$$\Delta\tau_{ij}^{\text{best}}(t) = \begin{cases}(L_{\text{gbest}})^{-1}, \text{在第 } g \text{ 组的最优路径}(i,j) \\ 0, \text{其他}\end{cases} \tag{3.2.14}$$

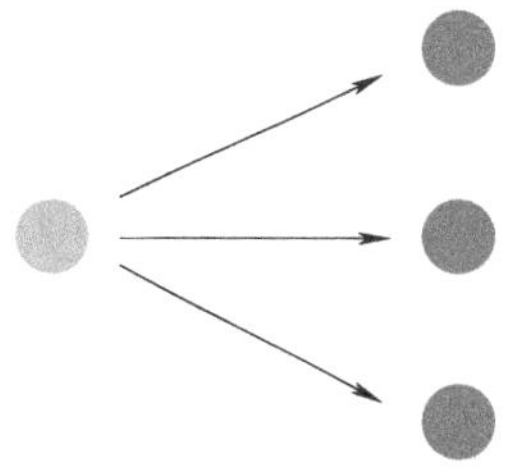

图 3.2.1　根据各组最佳路径更新信息素水平

式中，ε 是一个信息素衰减常数；L_{gbest} 是所有组中蚂蚁的最短路径，即 $L_{\text{gbest}} < L_g$；$g = 1,2,\cdots,G$，G 为蚁群的最大分组数。

步骤7：增加循环计数器。移动蚂蚁到最初选择城市，并继续步骤2～步骤6，直到停滞或达到当前最大迭代次数，结束。所有蚂蚁走相同的路线即表示停滞。

3.2.5　自适应分组蚁群算法

1. 自适应分析方法

动态分组机制将蚂蚁分为搜索蚂蚁和跟踪蚂蚁，使算法提高了多样性，既增强了全局搜索能力，也在一定程度上加快了收敛速度。文献［27］提出了一种分组并行混沌粒子群优化算法，通过将种群划分为若干个组，每组单独计算，大大提高了收敛速度，且避免了早熟和局部最优，缩短了迭代时间。因此，通过分组策略可以增强算法的全局搜索能力。文献［26］表明，PACS 对 TSP 问题的寻优能力随着分组的不同会发生一定的变化。分组少时，寻优能力较弱；分组很多时，寻优能力也较弱。分组少时，蚂蚁在组与组之间的沟通就会变少，算法趋于全局搜索的机会就会变少；每组蚂蚁过多，趋于局部搜索。蚂蚁分组增多时，蚂蚁之间的沟通机会就会变多，每组蚂蚁可以与更多其他组的蚂蚁沟通，进而搜索到更优质的路径，即算法趋于全局搜索。故 PACS 随着分组增多，全局搜索能力变强，局部搜索能力减弱，且算法的收敛速度明显加快。但蚂蚁并不是分组越多越好。为了平衡这一点，又由于 PACS 蚂蚁间协作不足，存在陷入局部最优的缺陷，故采用一种自适应分组策略来加强蚂蚁间的协作，称作自适应并行蚁群算法（Adaptive Parallel Ant Colony System，APACS）。在算法前半程分组数多，增强全局搜索能力；算法后半程分组数少，加快算法收敛速度且增强局部搜索能力，分组规则为

$$\begin{cases}\mu = \log_2 G \\ g(t) = \dfrac{G}{2^a}, (a = 0,1,\cdots,\mu), t \in \left(\dfrac{a}{\mu}T_{\max}, \dfrac{a+1}{\mu}T_{\max}\right)\end{cases} \tag{3.2.15}$$

式中，μ 表示自适应分组算子；G 表示算法最大分组数；t 表示算法当前迭代数；$g(t)$ 表示算法迭代次数为 t 时算法的分组数；$T_{\max}$ 表示算法最大迭代数。

2. 组间信息素融合规则

式（3.2.15）表明，自适应分组策略是在算法前期分组多，算法后期分组少。因此，算法迭代过程中，每组蚂蚁的城市之间的信息素浓度矩阵是相对独立的。蚁群算法是启发式算法，信息素是随着算法迭代一直在增加的。根据自适应分组策略组数减少时，算法迭代过程中，分组蚂蚁需要合并为一组，城市之间信息素浓度矩阵也要合并。因此，自适应分组方

法在两组合并时，需要提出一种两组信息素融合规则。

一种方式是信息素融合时，两组信息素相加；另一种方式是信息素融合时，取两组信息素之和的一半。通过分析可知，对于第一种融合方式，信息素在分组变化时，信息素浓度急剧增加，会使算法的局部搜索能力过强，进而导致算法陷入局部最优；对于第二种融合方式，取信息素融合的一半，防止了信息素浓度急剧增多的问题。故选择第二种融合方式，即蚂蚁分组减少时，当前的信息素浓度矩阵转换为两组蚂蚁信息素之和的二分之一。举例说明，算法前期蚂蚁分成 8 组，中期分成 4 组，后期分成 2 组，那么在分组减少阶段（例如，8 组减少为 4 组时），用算法前期的第一组信息素与第五组信息素之和的二分之一作为算法中期的第一组，算法前期的第二组信息素与第六组信息素之和的二分之一作为算法中期的第二组，依此类推，就能在蚂蚁分组减少时，把信息素融合起来继续进行算法迭代，公式为

$$\tau_{g_{ij}}(t+1) = \frac{\tau_{g_{ij}}(t) + \tau_{G-g+1,ij}(t)}{2} \tag{3.2.16}$$

式中，$\tau_{g_{ij}}(t)$ 表示第 g 组信息素浓度矩阵中第 i 个城市到第 j 个城市之间信息素。

3. 算法实现流程

步骤 1：初始化参数。

步骤 2：分组。将 M 只蚂蚁分成 G 组，每组蚂蚁中的每只蚂蚁随机放置在不同的初始城市。

步骤 3：搜索。每组蚂蚁按照式（3.2.6）和（3.2.7）独立地进行路径规划。

步骤 4：局部信息素浓度更新。每组蚂蚁按照式（3.2.8）更新信息素浓度。

步骤 5：评价。计算每组蚂蚁中每只蚂蚁所走路径长度。

步骤 6：全局信息素浓度更新。每组蚂蚁按照式（3.2.11）和（3.2.12）更新信息素浓度。

步骤 7：通过沟通交流更新信息素。如图 3.2.1 所示，算法迭代过程中，每迭代 R 次时，每组蚂蚁沟通交流一次，计算所有组蚂蚁的最短路径，把求得的最短路径代入式（3.2.13）和式（3.2.14）更新信息素。

步骤 8：增加循环计数器：移动蚂蚁到最初选择城市，并继续步骤 2 ~ 步骤 6，直到循环计数器增加到 T_{max}/μ 后，算法分组数目 g 改变为原来的 $\frac{1}{2}$，每组的信息素浓度矩阵按式（3.2.16）进行更新。

步骤 9：增加循环计数器。继续步骤 2 ~ 步骤 8，直到达到最大迭代数，结束。

算法的伪代码如下：

```
APACS 算法程序
1. 开始
2. 初始化信息素和参数
3. 计算城市之间的距离
4. For 分组 1 → G #蚂蚁分为 G 组
5. For 迭代次数 1 → t_max
6. For 每组蚂蚁 i:1 → M #M 是所有蚂蚁数量
7. For 城市 j:2 → N #N 是每组蚂蚁数量
```

```
            构建蚂蚁的解空间
            局部信息素更新
            评价
            全局信息素更新
            通过沟通交流更新信息素
End
End
End
End
```

3.2.6 混合行为蚁群算法

在利用基本蚁群算法求解优化问题时，要求使算法的搜索空间尽可能大，以寻找那些可能存在最优解的解空间，同时也要求充分利用有效的历史知识，从而使蚁群算法以更大的概率收敛到全局最优解。

蚁群算法在寻优过程中，很大程度上受早期发现的较好解的影响，这些较好解以极大的概率引导蚁群走向局部最优解。为在加快蚁群算法收敛速度的同时又能避免停滞现象，研究人员给出了一种基于混合行为的蚁群算法（Hybrid Behavior Based Ant Algorithm，HBACA）。

1. 算法原理

基于混合行为的蚁群算法（HBACA）采用具有不同行为特征的蚂蚁相互协作来发现所求问题的全局优化解，该算法模型由 4 部分组成，如图 3.2.2 所示。每只蚂蚁①拥有自己的行为特征，该行为由规则集④储存在环境③中的知识以及状态空间②一起决定。状态空间与待求解问题具有一一映射关系，蚂蚁在状态空间中移动，逐步构造出所求问题的可行解。在图 3.2.2 中，蚂蚁间的白箭头表示蚂蚁之间不能进行直接通信，而是在移动过程中通过环境间接通信。蚂蚁利用信道读取写入信息到环境，环境储存了蚁群过去行动中所获的历史知识。

【定义 3.2.1】蚂蚁行为 蚂蚁在前进过程中，用以决定其下一步移动到哪一个状态的规则集合。通常情况下，蚂蚁行为 Action $= \{\Omega_i \mid i = 1,2,\cdots,|\}$，其中，$\Omega_i$ 表示影响蚂蚁行为的第 i 个因素。

在 HBACA 中，影响蚂蚁行为的因素有规则集、环境、状态空间等，针对待求解的 TSP，可由定义 3.2.1 定义四种类型的蚂蚁行为。

行为 1（Action1）：蚂蚁以随机方式选择一个要到达的城市。

行为 2（Action2）：蚂蚁以贪婪方式选择下一个要到达的城市，即

$$p_{ij}^{k} = \begin{cases} \dfrac{\eta_{ij}}{\sum\limits_{s \in J_k(i)} \eta_{is}}, j \in J_k(i) \\ 0, 其他 \end{cases} \tag{3.2.17}$$

式中，$J_k(i)$ 为蚂蚁 k 当前的可行城市集合。

行为 3（Action 3）：蚂蚁选择下一个要到达的城市的概率为

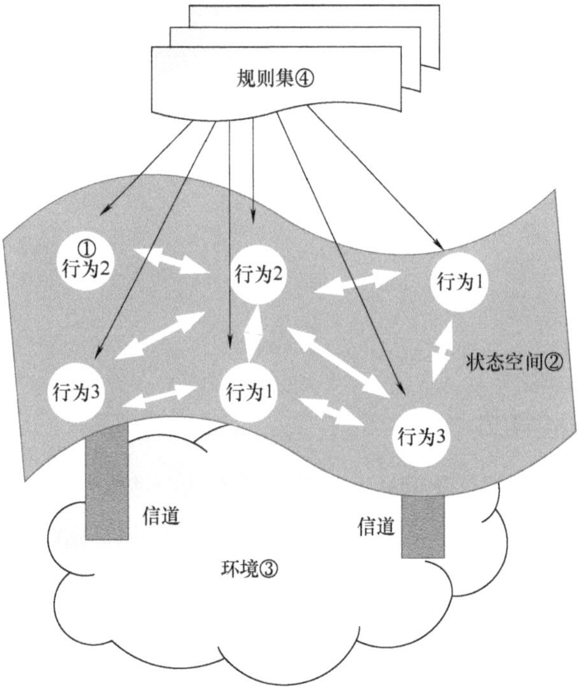

图 3.2.2 HBACA 模型

$$p_{ij}^{k}=\begin{cases}\dfrac{\tau_{ij}}{\sum\limits_{s\in J_k(i)}\tau_{is}}, j\in J_k(i)\\ 0,\text{其他}\end{cases} \tag{3.2.18}$$

行为 4（Action 4）：蚂蚁选择下一个要到达的状态为

$$j=\arg\max(\tau_{is}\eta_{is}), s\in J_k(i) \tag{3.2.19}$$

当所有蚂蚁完成解的构造之后，计算本次迭代的最优解；然后，将本次迭代的最优解与当前最优解进行比较，如果本次迭代的最优解小于当前最优解，则用本次迭代的最优解替换当前最优解；随后，将所有弧段上的信息素量进行更新，更新公式为

$$\tau_{ij}(t+1)=(1-\rho)\tau_{ij}(t)+\frac{Q}{L^{\text{gbest}}} \tag{3.2.20}$$

式中，L^{gbest} 表示当前最优解。由于 HBACA 中共定义了四种蚂蚁行为，因此可将蚁群按蚂蚁行为分成四个子蚁群，每个子蚁群中的蚂蚁具有相同的行为特征。

2. 算法实现流程

设各子蚁群中的蚂蚁数目比例为 $N_1:N_2:N_3:N_4$。

HBACA 的具体步骤如下。

步骤 1：初始化 HBACA 的参数 $N_1:N_2:N_3:N_4$，ρ，Q，N_{cmax}，$\tau_{ij}(0)$。

步骤 2：生成 M 只蚂蚁，其中 $\dfrac{MN_1}{N_1+N_2+N_3+N_4}$ 只蚂蚁按 Action 1 行动，另 $\dfrac{MN_2}{N_1+N_2+N_3+N_4}$ 只、$\dfrac{MN_3}{N_1+N_2+N_3+N_4}$ 只、$\dfrac{MN_4}{N_1+N_2+N_3+N_4}$ 只蚂蚁分别以 Action 2、

Action 3、Action 4 行动。

步骤3：将4个蚁群随机地放到N个城市，并将该城市的索引添加到该蚁群禁忌表中。

步骤4：for 每只蚂蚁 do

```
    repeat
        按自己的行为规则选择下一个城市;
        移动到下一城市;
        将该城市的索引加入自己的禁忌表;
      until 不能再向前移动
    end for
```

步骤5：计算每只蚂蚁的路径长度并找出本次迭代的最优解，如果本次迭代的最优解比当前最优解更好，则用本次迭代的最优解替代当前最优解。

步骤6：由式（3.2.4）更新弧段上的信息素量。

步骤7：$N_c = N_c + 1$；

```
  if N_c > N_cmax then
      输出最优解;
      退出算法;
  else
      清空所有蚂蚁的禁忌表;
      转步骤4;
  end if
```

3.2.7 其他改进系统

Ant-Q 是把 Q 学习方法与蚁群系统相结合，Ant-Q 的信息素局部更新公式为

$$\tau_{ij}(t+1) = (1-\xi)\tau_{ij}(t) + \xi\gamma \max_{l \in J_l^k} \tau_{jl} \tag{3.2.21}$$

Ant-Q 和 ACS 所获得的解的质量两者基本相同，且 Ant-Q 在计算上要比 ACS 复杂一些，故已被 ACS 所代替。

Blum 等提出了一种 HC-ACO 算法，该算法可以转换为 0-1 整数规划问题的组合优化问题。HC-ACO 算法信息素的更新增量是每个用于更新信息素的解的质量的加权平均，并定义了每个解的全局期望度和全局频度。全局期望度定义为所有已找到的解中最优解的质量，全局频度定义为所有找到的解中包含该解元素的个数。HC-ACO 算法除了利用解的信息素概率之外，还有两个附加的过程：一是根据解的全局期望度采用随机比率规则选择解，另一个则是根据全局频度的倒数来选择解。

其他算法还有：自适应调整信息素的蚁群算法，该算法根据人工蚂蚁所获得解的情况，动态调整路径上的信息素；具有变异特征的蚁群算法，该算法通过向基本蚁群算法中引入变异机制，充分利用了2－交换法简洁高效的特点；两只蚂蚁共同完成对一条路径的搜索的相遇算法；人工场蚁群算法。

3.3 蚁群算法收敛性分析

本节从简单蚁群算法（Simple Ant Algorithm，SAA）入手，对一种可用于函数优化的简单蚁群算法进行描述，并对其收敛性进行了一些初步分析。

3.3.1 简单蚁群算法

考虑目标函数

$$J_{\max} = \max\{\,|J(x)\,|x \in B^L\},B^L = \{0,1\}^L,0 < J(x) < +\infty \tag{3.3.1}$$

设 t 时刻，蚁群 $A(t) = \{a_0(t),a_1(t),\cdots,a_k(t),\cdots,a_N(t),\}$ ，其中 $a_k(t) \in B^L$ ，N 为蚁群规模，$X_k(A(t)) = a_k(t)$ 。对于 $x \in B^L$ ，$r_j(x)$ 表示 x 的第 j 位（$j = 0,1,\cdots,L-1$），取值范围为 $\{0,1\}$ 。设信息素量集合 $w(t) = \{w_{00}(t),w_{10}(t),\cdots,w_{ij}(t),\cdots,w_{0L-1}(t),w_{1L-1}(t)\}$ ，其中 $i = 0,1$ ；$j = 1,2,\cdots,L-1$ 。

简单蚁群算法的具体步骤如下。

步骤 1：设 $t = 0$ ，$w_{ij}(0) = w_0$ ，$w_0 > 0$ 为常数。

步骤 2：for $k = 1$ to $N,j = 1$ to $L-1$ do $r_j(a_k(t))$ ，按概率

$$\boldsymbol{p}_{r_{ij}}(t) = (1-p_{\text{mut}})\frac{(w_{ij}(t))^{\alpha}(E_{ij})^{\beta}}{(w_{0j}(t))^{\alpha}(E_{0j})^{\beta}+(w_{1j}(t))^{\alpha}(E_{ij})^{\beta}}+\frac{p_{\text{mut}}}{2} \tag{3.3.2}$$

取为 0，1。其中，$0 < p_{\text{mut}} < 1$ ，而 E_{0j} 和 E_{1j} 分别表示在第 j 位取为 0 和 1 的静态启发值。

步骤 3：设 $a_0(t) = a_b(t)$ ，$b \in \{0,1,\cdots,N\}$ ，$J(a_b(t)) = \min\{J(a_k(t))\,|\,k = 0,1,\cdots,N\}$ 。

for $i = 0$ to $1,j = 0$ to $L-1$ do

设 $w_{ij}(t+1) = w_{ij}(t)(1-\eta)$ ，$0 < \eta < 1$ ，η 为衰减度系数。

步骤 4：for $k = 1$ to $N,j = 1$ to $L-1$ do

设 $w_{r_j(a_k(t)),j}(t+1) = w_{r_j(a_k(t)),j}(t) + \delta/J(a_k(t))$ ，δ 为常数，称为单位信息素。

步骤 5：令 $t = t+1$ ，如果 t 满足事先给定的最大迭代次数或 $J(a_0(t))$ 优化趋势不明显时，输出当前最优解 $a_0(t)$ ；否则，转入步骤 2。

上述简单蚁群算法步骤基本上已具备了基本蚁群算法的特征，但对其做了如下改进。

1）类似遗传算法的最优保存策略，在步骤 3 中引入 $a_0(t)$ 用来记录当前的最优解。

2）在式（3.3.2）中，p_{mut} 能使蚂蚁以较小的概率选择非最优解。此时，可以将步骤 2 中的选择概率公式（3.3.2）改写为

$$p_{r_{ij}}(t) = (1-p_{\text{mut}})\frac{(w_{ij}(t))^{\alpha}(E_{ij})^{\beta}}{(w_{0j}(t))^{\alpha}(E_{0j})^{\beta}+(w_{ij}(t))^{\alpha}(E_{ij})^{\beta}},i = 0,1,2,\cdots,L-1 \tag{3.3.3}$$

而文献［27］的选择概率公式定义为

$$p_{r_{ij}}(t) = (1-p_{\text{mut}})\frac{(w_{ij}(t))^{\alpha}+(E_{ij})^{\beta}}{(w_{0j}(t))^{\alpha}(E_{0j})^{\beta}+(w_{1j}(t))^{\alpha}(E_{1j})^{\beta}},i = 0,1,2,\cdots,L-1 \tag{3.3.4}$$

下面给一个有用的引理。

【引理 3.3.1】

(1) $$w_0(1-\eta)^t \leqslant w_{ij}(t) \leqslant w_0(1-\eta)^t + \frac{(1-(1-\eta)^t)N\delta}{\eta J_{\min}} \tag{3.3.5}$$

(2) $$\begin{aligned} 2w_0(1-\eta)^t + \frac{(1-(1-\eta)^t)N\delta}{\eta J_{\max}} &\leqslant w_{0j}(t) + w_{1j}(t) \\ &\leqslant 2w_0(1-\eta)^t + \frac{(1-(1-\eta)^t)N\delta}{\eta J_{\min}} \end{aligned} \tag{3.3.6}$$

3.3.2 蚁群算法收敛性

易知 $\{A(t|t=0,1,2,\cdots\}$ 是一个随机过程，t 时刻 $A(t)$ 的出现概率取决于信息素量集合 $w(t)$，而 $w(t)$ 又取决于初始化信息素量以及 $A(t-1),A(t-2),\cdots,A(0)$，因此，$t$ 时刻状态 $A(t)$ 的出现概率与前面所有状态相关。在给定近似精度的前提下，当 M 足够大时，可认为 $A(t)$ 的出现概率只与 $A(t-1),A(t-2),\cdots,A(\max(0,t-M))$ 有关。

对任意时刻 t，设 $t_0=\max(0,t-M)$，同时可设 $w_{ij}(t)=w_{ij}(t_0)(1-\eta)^{t-t_0}+g_{ij}(t_0,t-t_0)$，其中函数 $g_{ij}(t_0,x)$（t_0，x 取为非负整数）递归定义为

(1) $$g_{ij}(t_0,0)=0 \tag{3.3.7}$$

(2) $$g_{ij}(t_0,x+1)=g_{ij}(t_0,x)(1-\eta)+\sum_{k=1}^{M}\frac{\delta(r_j(a_k(t_0+x))\oplus i)}{J(a_k(t_0+x))}\text{（}\oplus\text{ 为同或运算）} \tag{3.3.8}$$

由引理3.3.1和 $0<1-\eta<1$，$w_{ij}(t_0)\leqslant w_0(1-\eta)^{t_0}+\dfrac{(1-(1-\eta)^{t_0})N\delta}{\eta J_{\min}}$ 知，必存在整数 C，使 $w_{ij}(t_0)<C$ 成立（若有上界，则必有上确界）。

对于任意小的整数 ε，当 $M=\left[\dfrac{\ln\varepsilon-\ln C}{\ln(1-\eta)}\right]+1$ 时，有 $|w_{ij}(t)-g_{ij}(t_0,t-t_0)|\leqslant\varepsilon$。

由于 $g_{ij}(t_0,t-t_0)$ 与 $A(t_0-1),A(t_0-2),\cdots,A(0)$ 无关，只与 $A(t_0),A(t_0+1),A(t_0+2),\cdots,A(t-1)$ 有关，故原来关于“近似”的假设是合理的。

当 $t\geqslant M-1$ 时，定义状态向量 $\boldsymbol{S}(t)=[s_1(t)\ s_2(t)\ \cdots\ s_M(t)]^{\mathrm{T}}$，其中 $s_m(t)=A(t-m+1)$，并定义 $P_m(\boldsymbol{S}(t))=s_m(t)$。设由状态向量 $\boldsymbol{S}(t)$ 所有可能取值构成的空间为 I，易知空间 I 中所含状态向量的个数不超过 $2^{(N+1)LM}$。显然，状态 $\boldsymbol{S}(t)$ 的出现概率只取决于状态 $\boldsymbol{S}(t-1)$，故 $\{\boldsymbol{S}(t)|t=0,1,2,\cdots\}$ 是一个有限的马尔可夫过程，并由于在 $t\geqslant M-1$ 时，在路径上的初始信息素几乎耗尽，故此时蚂蚁的马尔可夫过程是齐次的。

定义等价关系 R 为 S_1RS_2，$S_1RS_2\cong J(X_0(\pi_1(S_1)))=J(X_0(\pi_1(S_2)))$，其中 $S_1,S_2\in I$。

先将 I 按关系 R 划分为若干等价类，设 $I=I_1\cup I_2\cup\cdots\cup I_{L_f}$，其中 L_f 为 $J(x)$ 所有不同取值的总个数，且 $L_f\leqslant L$。不妨规定当 $S_1\in I_u$，$S_2\in I_v$ 时，若 $u<v$，必有

$$J(X_0(\pi_1(S_1)))<J(X_0(\pi_1(S_2)))$$

因此，若 $S_1\in I_1$，则有

$$J(X_0(\pi_1(S_1)))=J_{\min}$$

假设 $J(X_0(\pi_1(S_1)))=J_{\min}$ 时，空间 J_1 共有 2^{NL} 个元素，由 $A(t)$ 的所有可能取值构成。令 $\boldsymbol{H}_{uv}$ 表示空间 I_u 中元素向 I_v 中的一步迁移矩阵。

【引理 3.3.2】（1）$\boldsymbol{H}_{11}$ 为每行之和都为 1 的概率矩阵；（2）当 $u > v$ 时，$\boldsymbol{H}_{uv}$ 为由简单蚁群优化算法保存当前最优解的全零矩阵。

此时，所有状态向量的一步状态迁移概率矩阵为

$$\boldsymbol{P} = (p_{uv}) = \begin{bmatrix} \boldsymbol{H}_{11} & \boldsymbol{0} & \cdots & \boldsymbol{0} \\ \boldsymbol{H}_{21} & \boldsymbol{H}_{22} & \cdots & \boldsymbol{0} \\ \vdots & \vdots & & \vdots \\ \boldsymbol{H}_{L_f1} & \boldsymbol{H}_{L_f2} & \cdots & \boldsymbol{H}_{L_fL_f} \end{bmatrix} = \begin{bmatrix} \boldsymbol{H}_{11} & \boldsymbol{0} \\ \boldsymbol{H} & \boldsymbol{Q} \end{bmatrix} \tag{3.3.9}$$

【引理 3.3.3】 在式（3.3.9）中，状态迁移概率矩阵 $\boldsymbol{H}$ 中的每行元素至少有一个值大于 0。

证明：易知矩阵 $\boldsymbol{H}$ 是空间 $\boldsymbol{I}-\boldsymbol{I}_1$ 中元素向空间 $\boldsymbol{I}_1$ 中元素的一步迁移概率矩阵。设 $\boldsymbol{S}(t) \in \boldsymbol{I}-\boldsymbol{I}_1(t \geqslant M-1)$，$J(b) = J_{\min}$。显然，$A(t+1)$ 中至少一个分量为 b 的概率大于 $\boldsymbol{S}(t+1) \in \boldsymbol{I}_1$ 的概率，而

$$A(t+1) = 1 - \prod_{k=1}^{N}\left(1 - \prod_{i=0}^{L-1}\left((1-p_{\text{mut}})\frac{(w_{r_j(b),j}(t))^{\alpha}\cdot(E_{r_j(b),j})^{\beta}}{(w_{0j}(t))^{\alpha}(E_{0j})^{\beta}+(w_{1j}(t))^{\alpha}(E_{1j})^{\beta}} + \frac{p_{\text{mut}}}{2}\right)\right) \tag{3.3.10}$$

由引理 3.3.2，推得

【推论 3.3.1】 式（3.3.9）$\boldsymbol{Q}$ 中每行之和小于 1。

【推论 3.3.2】 概率矩阵 $\boldsymbol{H}_{11}$ 不可约且是非周期的。

证明：只需要证明 $\boldsymbol{H}_{11}^{n} > 0(n \geqslant M)$ 严格成立即可。

设 $\boldsymbol{S}_u,\boldsymbol{S}_v \in \boldsymbol{I}_1,\boldsymbol{S}(t_0) = \boldsymbol{S}_u$；当 $t \geqslant t_0 + M$ 时，设 $t' = t - M(t \geqslant M-1)$，$\boldsymbol{S}(t')$ 为 $\boldsymbol{S}(t_0)$ 经 $t'-t_0$ 转移后的状态向量，显然 $p_{\boldsymbol{S}_u,\boldsymbol{S}(t')}^{(t'-t_0)} > 0$。式（3.3.15）表明，对于解的每位取值取 0 或 1 的概率均大于 0。所以，对于所有的 $m = 1,2,\cdots,M$，$p_r(A(t'+m) = \pi_{M-m+1}(\boldsymbol{S}_v)) > 0$ 均成立，而且 $\pi_{M-m+1}(\boldsymbol{S}(t)) = \pi_1(\boldsymbol{S}(t'+m)) = A(t'+m)$ 也成立。因此，$p_r(\boldsymbol{S}(t) = \boldsymbol{S}_v \mid \boldsymbol{S}(t') \in \boldsymbol{I}_1) > 0$，即 $p_{\boldsymbol{S}(t'),\boldsymbol{S}_v}^{(M)} > 0$，并由 $p_{\boldsymbol{S}_u,\boldsymbol{S}(t')_v}^{(t-t_0)} \geqslant p_{\boldsymbol{S}_u,\boldsymbol{S}(t')}^{(t'-t_0)} p_{\boldsymbol{S}(t'),\boldsymbol{S}_v}^{(M)} > 0$ 可知，原命题成立。

还有一个简单的定理：简单蚁群算法以概率 1 收敛于全局最优解。

证明：考虑极限

$$\lim_{t\to\infty}\boldsymbol{P}(t) = \begin{bmatrix} \lim\limits_{t\to\infty}\boldsymbol{H}_{11}(t) & \boldsymbol{0} \\ \lim\limits_{t\to\infty}\sum\limits_{m=1}^{t}\boldsymbol{Q}^{m-1}\cdot\boldsymbol{H}\cdot\boldsymbol{H}_{11}(t-m) & \lim\limits_{t\to\infty}\boldsymbol{Q}(t) \end{bmatrix} \tag{3.3.11}$$

根据推论 3.3.1，得

$$\lim_{t\to\infty}\boldsymbol{Q}(t) = \boldsymbol{0}$$

由推论 3.3.2 和马尔可夫过程的极限分布定理，得到如下结论。

1）存在唯一概率向量 $\mathfrak{R}^{\mathrm{T}}$，使 $\boldsymbol{H}_{11} = \mathfrak{R}^{\mathrm{T}}$ 成立。

2）对于任意初始概率向量 $\boldsymbol{\lambda}^{\mathrm{T}}$，有

$$\lim_{t\to\infty}\boldsymbol{\lambda}^{\mathrm{T}}\boldsymbol{H}_{11}^{t} = \mathfrak{R}^{\mathrm{T}}$$

3）$\overline{\boldsymbol{H}}_{11} = \lim\limits_{t\to\infty}\boldsymbol{H}_{11}(t)$ 存在，且每行为 $\mathfrak{R}^{\mathrm{T}}$。设 $\boldsymbol{\zeta}_t = \sum\limits_{m=1}^{t}\boldsymbol{Q}^{m-1}\cdot\boldsymbol{H}\cdot\boldsymbol{H}_{11}(t-m)$，得

$$\boldsymbol{\zeta}(t) = \boldsymbol{\zeta}(t-1) \cdot \boldsymbol{H}_{11} + \boldsymbol{Q}(t) \cdot \boldsymbol{H}$$

因为 $\lim\limits_{t\to\infty}\boldsymbol{\zeta}(t) = \lim\limits_{t\to\infty}\boldsymbol{\zeta}(t-1) \cdot \boldsymbol{H}_{11} + \lim\limits_{t\to\infty}\boldsymbol{Q}(t)\boldsymbol{H}$，由此可得

$$\lim_{t\to\infty}\boldsymbol{\zeta}(t) = \lim_{t\to\infty}\boldsymbol{\zeta}(t) \cdot \boldsymbol{H}_{11}$$

又因为 $\mathfrak{R}^{\mathrm{T}}$ 唯一，所以 $\lim\limits_{t\to\infty}\boldsymbol{\zeta}(t)$ 的每行向量为 $\mathfrak{R}^{\mathrm{T}}$。向量 $\mathfrak{R}^{\mathrm{T}}$ 为概率向量，且各分量之和为1，当 $t\to\infty$ 时，不论 $t=M-1$ 时蚁群处于何种状态，必以数值为1的概率收敛于全局最优解。

蚁群算法收敛到问题最优解的可能性依赖于参加搜索的蚂蚁个体数量和蚂蚁个体在搜索过程中留下的信息素的挥发系数。参加搜索的蚂蚁个体数量越多，信息素挥发得越慢，蚁群算法就越可能搜索到问题的最优解。

3.4 实例3-1：基于蚁群优化算法的常数模盲均衡算法

在通信过程中，因带宽受限和多径传播会产生严重的码间干扰（Inter-Symbol Interference，ISI），需要在接收端采用均衡技术来消除。盲均衡技术是抑制码间干扰的有效手段，它不需要发送周期性的训练序列，能自动跟踪信道的变化，节省了带宽。在盲均衡算法中，常数模算法（Constant Modulus Algorithm，CMA）因结构简单、性能稳健、运算量小而被广泛使用，但CMA是利用（隐含的）高阶统计特性构造代价函数的，并利用这个代价函数对均衡器权向量求梯度，从而确定均衡器权值的迭代方程。这种方法本质上是一种只考虑局部区域的梯度下降搜索法，缺乏全局搜索能力、易收敛到局部最小解，同时构造的代价函数还需满足可导，故CMA收敛速度慢、收敛后均方误差大。

蚁群优化（ACO）算法是通过由候选解组成的群体进化过程来寻求最优解。它不仅能够实现智能搜索、全局优化，而且具有鲁棒性、正反馈、分布式计算，以及易与其他算法相结合等特点，对函数不连续、不可微、局部极值点密集等苛刻的情况也具有很好的搜索能力。

因此，将蚁群优化算法引入盲均衡算法中，利用蚁群优化算法全局性搜索和正反馈机制的特点，寻找最优的均衡器权向量值，克服了CMA的缺陷。

3.4.1　算法原理

先用蚁群优化算法对盲均衡算法很小一段的数据进行均衡，利用蚁群算法的正反馈机制和信息素更新特点，寻找目标函数最优时的盲均衡权向量，并将这组权向量作为盲均衡算法的初始化权向量。

随机产生一组权向量，每只蚂蚁依次对应各组权向量，将此权向量作为蚁群优化算法的决策变量，将均衡器输入信号作为蚁群优化算法的输入，并结合CMA的代价函数，确定蚁群优化算法的进化目标函数，利用蚁群优化算法来求解均衡器的代价函数，搜索最佳的均衡器权值。这样，将蚁群优化算法引入到盲均衡算法，称为基于蚁群优化的盲均衡算法（Ant Colony Optimization Constant Modulus Blind Equalzation Algorithm，ACO-CMA）。该算法利用蚁群算法全局性搜索和正反馈机制的特点，寻找最佳的均衡器权向量，而不像CMA那样，依赖梯度信息的指导来调整均衡器权值。其原理如图3.4.1所示。

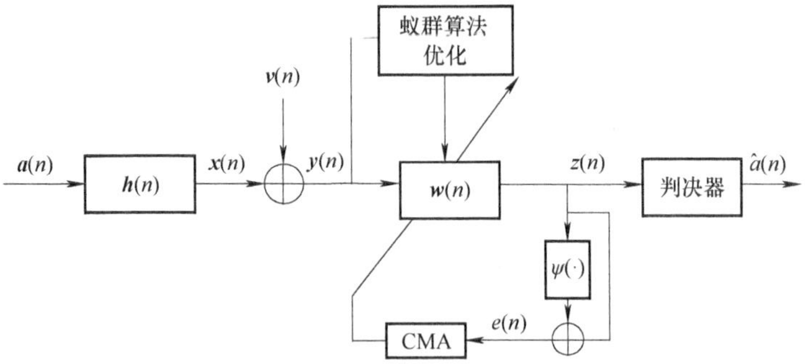

图 3.4.1 基于蚁群优化的盲均衡算法原理

图中，$\boldsymbol{a}(n)$ 为发射信号，$\boldsymbol{h}(n)$ 为信道的冲激响应，$\boldsymbol{v}(n)$ 是信道输出端的加性高斯白噪声（Additional White Gossion Noise，AWGN），$\boldsymbol{w}(n)$ 为均衡器权向量，$\boldsymbol{y}(n)$ 为均衡器的接收信号，$z(n)$ 为均衡器的输出信号，$\hat{a}(n)$ 为判决器输出信号。

均衡器的输出信号为

$$z(n) = \boldsymbol{y}(n)^{\mathrm{T}}\boldsymbol{w}(n) = \boldsymbol{w}^{\mathrm{T}}(n)\boldsymbol{y}(n) \tag{3.4.1}$$

误差函数 $e(n)$ 为

$$e(n) = z(n)[R^2 - |z(n)|^2] \tag{3.4.2}$$

式中，R 为 Godard 常数

$$R^2 = \frac{E\{|a(n)|^4\}}{E\{|a(n)|^2\}} \tag{3.4.3}$$

式中，$E\{\cdot\}$ 表示求数学期望。

常数模盲均衡算法的代价函数为

$$J_{\mathrm{CMA}}(\boldsymbol{w}) = (|z(n)|^2 - R^2)^2 \tag{3.4.4}$$

式中，$z(n)$ 是均衡器的输出；R^2 是均衡器的模值。

均衡器权系数更新公式为

$$\boldsymbol{w}(n) = \boldsymbol{w}(n-1) + \mu\boldsymbol{y}(n)e^*(n) \tag{3.4.5}$$

式中，μ 为迭代步长，$(\cdot)^*$ 表示为求共轭。

3.4.2 算法实现流程

下面结合式（3.4.4）和式（3.4.5）说明优化步骤。

步骤 1：初始化权向量的产生。蚁群优化算法是对群体的各个蚂蚁寻优进行操作，寻优操作前要初始化蚁群起始搜索点的初始数据，即初始化每只蚂蚁所对应的权向量，确定其初始值为 [−1，1]，并用随机方法产生一定数目的权向量。其中，每个蚂蚁个体对应均衡器的一个权向量，权向量的个数为蚂蚁的规模。设随机产生的初始种群 $\boldsymbol{w} = [\boldsymbol{w}_1, \boldsymbol{w}_2, \cdots, \boldsymbol{w}_N]$，其中的一只蚂蚁个体 $\boldsymbol{w}_i (0 < i \leqslant N)$ 对应均衡器一个权向量，用其作为蚂蚁的初始化位置。

步骤 2：计算适应度函数。盲均衡算法的目的是使代价函数迭代至最小值，得到均衡器最优权向量，而蚁群优化算法寻优的目的是得到函数最大值所对应的个体，为此，将均衡器的代价函数的倒数作为蚁群优化算法寻优的适应度函数，即

$$\mathrm{fit}(\boldsymbol{w}_i)=\frac{1}{J(\boldsymbol{w}_i)},i=1,2,\cdots,N \tag{3.4.6}$$

式中，$J(\boldsymbol{w}_i)=J_{\mathrm{CMA}}$ 是均衡器的代价函数；$\boldsymbol{w}_i$ 是蚁群优化算法产生的均衡器权向量个体，用其作为蚁群优化算法寻优的初始信息素。

步骤3：信息素的更新。蚁群优化算法的每一次寻优都要接收一定的输入信号，这些信号进入蚁群优化算法后首先根据转移概率来决定是进行局部寻优还是全局寻优，并将新位置限定在可行域内。蚂蚁每移动到一个新位置前，都会将新位置的信息素与原信息素进行比较。如果信息素增强就移动到新位置，并向环境释放新位置的信息素；否则，就继续试探别的位置。为避免残留信息素淹没启发信息，在每只蚂蚁寻优一步或者完成对所有 N 个权向量的寻优后，对残留信息素进行更新的公式为

$$\tau_{ij}(t+1)=(1-\rho)\tau_{ij}(t)+\Delta\tau_{ij} \tag{3.4.7}$$

式中，$\Delta\tau_{ij}=\sum_{k=1}^{N}\Delta\tau_{ij}^{k}$；$\rho$ 为信息素挥发系数，取值范围为 $[0,1)$；$\Delta\tau_{ij}$ 表示蚂蚁在本次循环中在 i 和 j 之间的路径上留下的信息素。

步骤4：最佳权向量的选择。通过蚁群优化算法的转移概率进行局部寻优和全局寻优，并将寻优结果限定在可行域内，保留最优解，再经过信息素的更新求解最优权向量，将每代中适应度函数最大值对应的权向量个体选择出来，考虑到算法在抽取最优个体时的实时性和盲均衡算法要满足的迫零条件，最后求取使适应度函数值最大时所对应的权向量，并且把这个权向量作为 ACO-CMA 的初始化权向量。

3.4.3　仿真实验与结果分析

为了检验 ACO-CMA 的有效性，下面以 CMA 为比较对象，进行仿真实验。蚂蚁规模为100，全局转移概率为0.998，信息素挥发系数 $\rho=0.75$，蚁群优化算法迭代次数为100。

【实验3.4.1】 信道 $\boldsymbol{h}=[0.9656\ -0.0906\ 0.0578\ 0.2358]$；发射信号为8PSK，均衡器权长均为16，信噪比为 $25\mathrm{dB}$。在 CMA 中，将第4个抽头系数设置为1，其余为0，步长 $\mu_{\mathrm{CMA}}=0.004$；ACO-CMA 的步长 $\mu_{\mathrm{ACO\text{-}CMA}}=0.00085$。1000次蒙特卡罗仿真结果如图3.4.2所示。

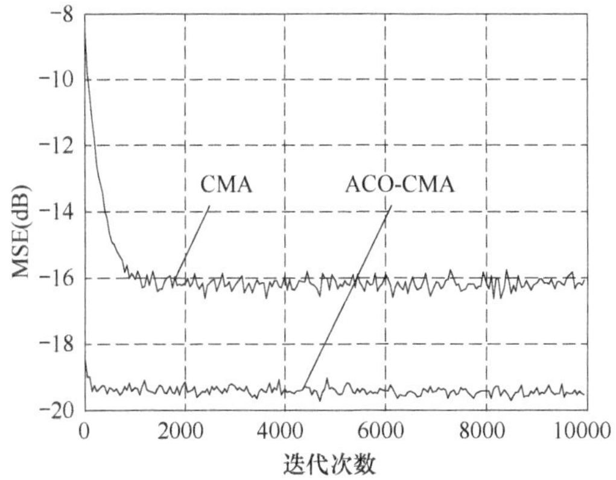

a）均方误差曲线

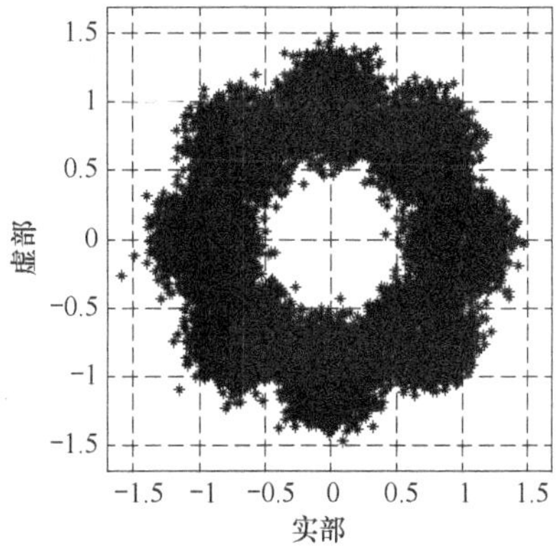

b）输入

图3.4.2　8PSK 的仿真结果

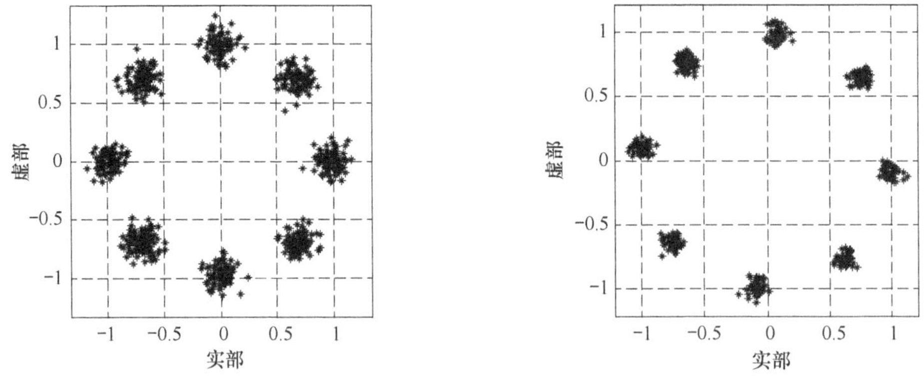

c）CMA的输出　　d）ACO-CMA的输出

图 3.4.2　8PSK 的仿真结果（续）

图 3.4.2a 表明，在收敛速度上，ACO-CMA 比 CMA 快了大约 1000 步。在稳态误差上，与 CMA 相比，ACO-CMA 减小了近 3dB。图 3.4.2c、d 表明，ACO-CMA 的输出星座图比 CMA 的更为清晰、紧凑。

【实验 3.4.2】 信道 $\boldsymbol{h}=[0.9656\ -0.0906\ 0.0578\ 0.2368]$；发射信号为4QAM，均衡器权长均为 16，信噪比 25dB 。在 CMA 中，第 4 个抽头系数设置为 1，其余为 0，步长 $\mu_{\mathrm{CMA}}=0.0004$；ACO-CMA 的步长 $\mu_{\mathrm{ACO\text{-}CMA}}=0.00075$ 。500 次蒙特卡罗仿真结果如图 3.4.3 所示。

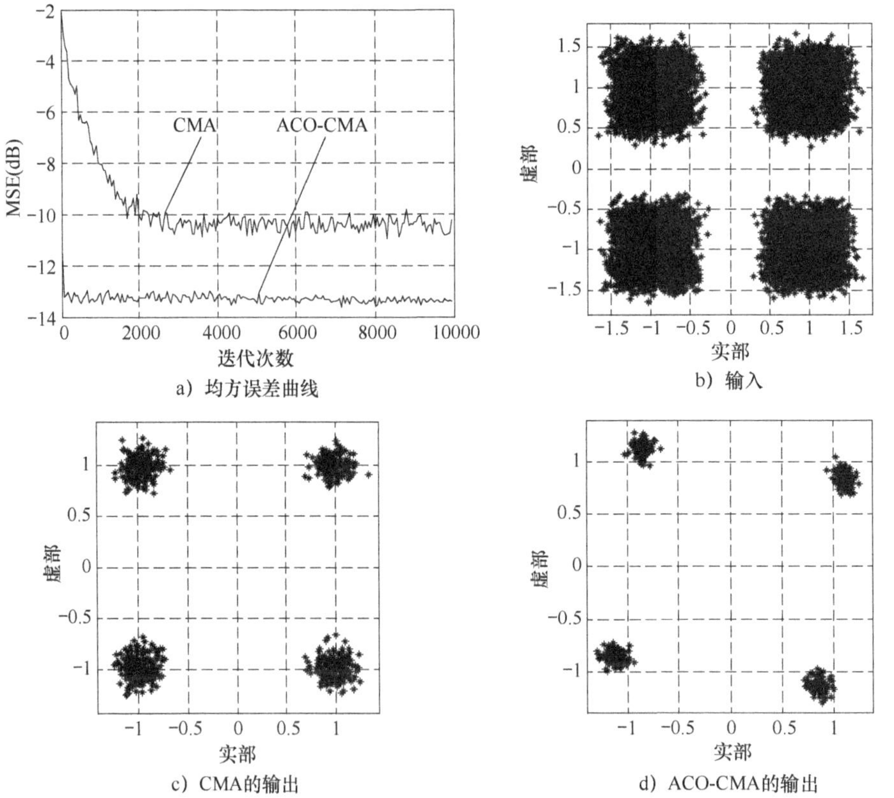

a）均方误差曲线　　b）输入

c）CMA的输出　　d）ACO-CMA的输出

图 3.4.3　4QAM 的仿真结果

图3.4.3a表明，在收敛速度上，ACO-CMA比CMA快了大约2200步。在稳态误差上，与CMA相比，ACO-CMA减小了近3dB。图3.4.3c、d表明，ACO-CMA的输出星座图比CMA的更为清晰、紧凑。

3.5 实例3-2：基于蚁群优化算法的正交小波包变换常数模盲均衡算法

研究表明，正交小波变换只对信号的尺度空间进行分解，即当信号的高频部分较平稳而低频部分较丰富时，这种频带划分是很有效的。然而，当信号的高频部分信息较丰富时，这种划分把高频部分都分到了一个频带，因此难以进行细节分辨。而正交小波包变换能对信号的尺度空间和小波空间均进行分解，即对信号的高频部分和低频部分都进行划分，有效地解决了细节难以分辨的难题。进一步而言，假设对频带的划分按照信号功率谱的密度来进行：对功率谱中变化较大的部分用较窄的间隔划分，对功率谱中变化较平稳的部分用较宽的间隔划分。频率轴就会被分割成一段段可变长度的线段。显然，这种划分在实际应用中更加合理。这一性质已被成功应用于自适应信道均衡中。

本节针对传统盲均衡算法仅利用接收信号本身的统计特性来均衡信号，其权向量的初始化比较敏感，而不当的初始化会使算法收敛至局部极小值，甚至发散，因此将蚁群优化算法引入基于正交小波包变换的常数模盲均衡算法中，提出了基于蚁群优化的正交小波包变换常数模盲均衡算法（Ant Colony Optimization-Wavelet Packet Transform Constant Modulus Blind Equalzation Algorithm，ACO-WPT-CMA）。

3.5.1 正交小波包变换基本理论

设$\{U_j\}$为$L^2(R)$中的空间序列，W_{j+1}为U_j中关于U_{j+1}的正交补空间，U_{j+1}和W_{j+1}分别是尺度空间和小波空间，$\varphi(x)$与$\phi(x)$为相应的正交小波函数和尺度函数，则相应的二尺度方程为

$$\begin{cases}\phi(x) = \sum_k h(k)\varphi(2x-k)\\ \varphi(x) = \sum_k g(k)\varphi(2x-k)\end{cases} \tag{3.5.1}$$

式中，$h(k)$和$g(k)$分别为相应的尺度滤波器和小波滤波器。如果记$\varphi_0(x) = \phi(x)$，$\varphi_1(x) = \varphi(x)$，则二尺度方程可以写为

$$\begin{cases}\varphi_0(x) = \sum_k h(k)\varphi(2x-k)\\ \varphi_1(x) = \sum_k g(k)\varphi(2x-k)\end{cases} \tag{3.5.2}$$

将式（3.5.2）扩展为

$$\begin{cases}\varphi_{2l}(x) = \sum_k h(k)\varphi_l(2x-k)\\ \varphi_{2l+1}(x) = \sum_k g(k)\varphi_l(2x-k)\end{cases} \tag{3.5.3}$$

将函数$\{\varphi_{2l}(x),\varphi_{2l+1}(x)\mid l\in Z^+\}$称为由$\varphi(x)$生成的小波包。在式（3.5.3）中，若

$g(k)=(-1)^k h(1-k)$，即当系数 $h(k)$ 与 $g(k)$ 正交时，称函数 $\{\varphi_{2l}(x),\varphi_{2l+1}(x)\mid\in Z^+\}$ 为正交小波包。

由 $\{\varphi_l(\mathrm{x})\}$ 生成的子空间簇为

$$U_j^n=\mathrm{clos}_{L^2(R)}<\boldsymbol{\varphi}_{j,k,l}(x)=2^{-j/2}\boldsymbol{\varphi}_l(2^{-j}x-k)>l\in\mathbf{Z}^+,j,k\in\mathbf{Z}\tag{3.5.4}$$

为由 $\boldsymbol{\varphi}_l(x)$ 在尺度 j 下的整数平移系列之线性组合所生成的子空间在 $L^2(R)$ 中闭包，则 $\boldsymbol{\varphi}_l(x)$ 在尺度 j 下的整数平移系列 $2^{-j/2}\boldsymbol{\varphi}_l(2^{-j}x-k)$ 为空间 U_j^n 的一组正交基。由于 $\varphi_0(x)=\phi(x)$，$\varphi_1(x)=\varphi(x)$，且根据正交小波理论，由 $\phi(x)$ 和 $\varphi(x)$ 的伸缩平移生成 $L^2(R)$ 的子空间为

$$V_j=\mathrm{clos}_{L^2(R)}\{2^{-j/2}\boldsymbol{\phi}_l(2^{-j}x-k)\mid j,k\in\mathbf{Z},l\in\mathbf{Z}^+\}\tag{3.5.5}$$

$$W_j=\mathrm{clos}_{L^2(R)}\{2^{-j/2}\boldsymbol{\varphi}_l(2^{-j}x-k)\mid j,k\in\mathbf{Z},l\in\mathbf{Z}^+\}\tag{3.5.6}$$

其性质如下：

$$U_j^0=U_j,U_j^1=W_j\tag{3.5.7}$$

$$U_j\perp W_j,U_j=U_{j+1}\oplus W_{j+1}\tag{3.5.8}$$

$$U_j^{2n}\perp U_j^{2n+1},U_j^n=U_{j+1}^{2n}\oplus U_{j+1}^{2n+1}\tag{3.5.9}$$

$$L^2(R)=\bigoplus_{j\in Z}W_j\tag{3.5.10}$$

对任意尺度 j 下的小波空间 W_j，小波包空间划分为

$$\begin{cases}W_j=U_{j+1}^2\oplus U_{j+1}^3\\ W_j=U_{j+2}^4\oplus U_{j+2}^5\oplus U_{j+2}^6\oplus U_{j+2}^7\\ \cdots\\ W_j=U_{j+m}^{2^m}\oplus U_{j+m}^{2^m+1}\oplus\cdots\oplus U_{j+m}^{2^{m+1}-1}\\ \cdots\end{cases}\tag{3.5.11}$$

对于取定的 $m'=0,1,2,\cdots,2^m;m\in N,j=1,2,\cdots$ 函数系 $\{2^{-\frac{j+m}{2}}\varphi_{2^m+m'}(2^{-(j+m)}x-k)\mid k\in Z\}$ 是子空间 $U_{j+m}^{2mm+m'}$ 的标准正交基。可见，当 $m'=0$ 和 $m=0$ 时，子空间 $U_{j+m}^{2m+m'}$ 简化为 $U_j^1=W_j$，相应的正交基简化为 $2^{-\frac{j}{2}}\varphi_0(2^{-j}x-k)$，恰好为标准正交基簇 $\{\varphi_{j,k}(x)\}$。若令 $l=2^m+m'$，并将小波包简记号为 $\boldsymbol{\varphi}_{j,k,l}(x)=2^{-j/2}\boldsymbol{\varphi}_l(2^{-j}x-k)$，其中，$\boldsymbol{\varphi}_l(x)=2^{-\frac{m}{2}}\boldsymbol{\varphi}_l(2^{-m}x)$。将 $\boldsymbol{\varphi}_{j,k,l}(x)$ 称为尺度指标为 j、位置指标为 k 和频率指标为 l 的小波包。与小波 $\varphi_{j,k}(x)$ 相比可知，小波只有离散尺度 j、离散平移 k 两个参数，而小波包多了一个新参数频率指标 $l=2^m+m'$，这个参数使小波包克服了小波时间分辨率高时频分辨率低的缺陷。于是，参数 l 表示函数 $\boldsymbol{\varphi}_l(x)=2^{-\frac{m}{2}}\boldsymbol{\varphi}_{2^m+m'}(2^{-m}x)$ 的零交叉数目，也就是其波形的振荡次数。

根据正交小波包变换的定义及其性质可知，对于 $\{U_j\}$ 空间中的函数 $\boldsymbol{w}(x)$，总可以找到小波包基函数对其进行逼近，即

$$\boldsymbol{w}(x)=\sum_{j=1}^{J}\sum_{k}\sum_{l=0}^{2^j-1}r_{j,k,l}(x)\boldsymbol{\varphi}_{j,k,l}(x)\tag{3.5.12}$$

式中，$r_{j,k,l}(x)$ 表示正交小波包系数，$r_{j,k,l}(x)=<\boldsymbol{f}(x),\boldsymbol{\varphi}_{i,k,l}(x)>$。

在实际计算中，小波包变换系数可通过产生快速离散小波变换的滤波器组获得。其分解和重构公式为

$$r_{j,k,2l}(x)=\sum_i h(i-2k)r_{j-1,i,2l}(x)\tag{3.5.13}$$

$$r_{j,k,2l+1}(x) = \sum_i h(i-2k) r_{j-1,i,2l+1}(x) \tag{3.5.14}$$

$$r_{j-1,k,l} = \sum_i r_{j,i,2l}(x) h(i-2k) + \sum_i r_{j,i,2l+1}(x) g(i-2k) \tag{3.5.15}$$

根据上述算法，对于任意一个离散信号 $\boldsymbol{a}(n)$，都可以用正交小波包滤波器组 $\boldsymbol{g}(n)$ 和 $\boldsymbol{h}(n)$ 对其进行分解。其分解过程如图 3.5.1 所示。

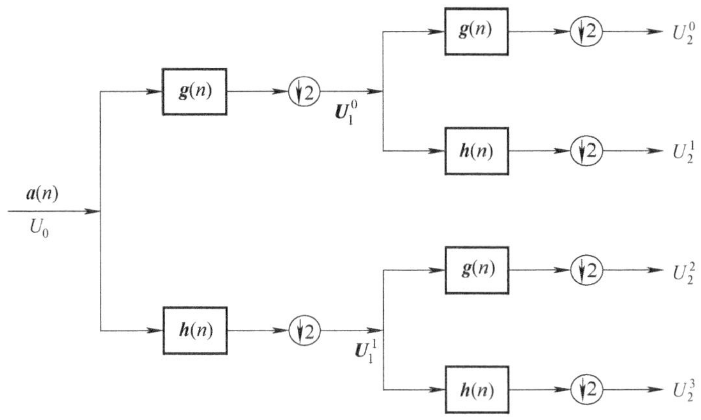

图 3.5.1 离散信号的正交小波包滤波器组分解

与正交小波变换相比，正交小波包变换是进一步对高频子空间 W_j，按照二进制分数进行频率的细分，并希望能根据被分析的信号特性，自适应选择相应的频带，使之与信号频谱相匹配，从而提高时频分辨率。但在实际的信道均衡中，特别是信道特性变化较大时，信号表现出了较大的非平稳性。针对不同的信号分量，选择不同的分解层次，这样实现起来并不容易。为此，采取一种折中办法，对于每一个小波子空间，采用同一尺度进行分解，即能够实现同时对信号的高、低频分量分解，又便于实现。由于实际中信号的最大尺度常取 1，因此有空间分解

$$U_0 = U_1 \otimes W_1 = U_1^0 \otimes U_1^1 = U_2^0 \otimes U_2^1 \otimes U_2^2 \otimes U_2^3 = \cdots = U_J^0 \otimes U_J^1 \otimes \cdots \otimes U_J^{2^J-2} \otimes U_J^{2^J-1} \tag{3.5.16}$$

式中，$\{2^{-j/2}\phi_l(2^{-j}x-k), k \in N\}$ 是 $U_j^m, j=1,2,\cdots,J, m=0,1,2,\cdots,2^j-1$ 的正交基。

与正交小波变换类似，信号 $\boldsymbol{a}(n)$ 经过小波滤波器 $\boldsymbol{g}(n)$ 和尺度滤波器 $\boldsymbol{h}(n)$ 时，由于这两组滤波器的高频和低频特性使处于不同空间的信号分量之间的相关性变小，且对小波空间也进行了分解，因此信号的自相关性进一步减小。利用这一特性，可以设计出一种收敛速度更快的盲均衡器。

3.5.2 基于正交小波包变换的常数模盲均衡算法

将正交小波包变换引入常数模盲均衡算法中，得到基于正交小波包变换的常数模盲均衡算法（Wavelet Packet Transform Constant Modulus Blind Equalization Algorithm, WPT-CMA），其算法原理如图 3.5.2 所示。

由小波包理论可知，当均衡器 $\boldsymbol{w}(n)$ 为有限冲击响应滤波器时，$\boldsymbol{w}(n)$ 可用一簇正交小波包基函数来表示。设均衡器 $\boldsymbol{w}(n)$ 的抽头数 $N=2^J$，按式（3.5.12）$\boldsymbol{w}(n)$ 用 J 级小波包完全分解形式表示为

$$\boldsymbol{w}(n)=\sum_{j=1}^{J}\sum_{k}\sum_{l=0}^{2^j-1} r_{j,k,l}(n)\boldsymbol{\varphi}_{j,k,l}(n) \tag{3.5.17}$$

式中，$r_{j,k,l}(n)=<\boldsymbol{f}(n),\boldsymbol{\varphi}_{j,k,l}(n)>$；$\boldsymbol{\varphi}_{j,k,l}(n)=2^{-j/2}\boldsymbol{\varphi}_l(2^{-j}n-k)$；$n=0,1,\cdots,N-1$；$J$为小波包分解的最大尺度；$r_{j,k,l}(n)$为均衡器的权系数。基于正交小波包变换的盲均衡算法原理如图 3.5.2 所示。

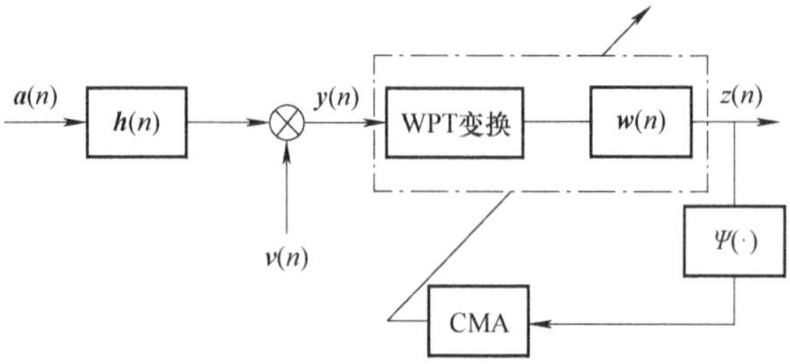

图 3.5.2　基于正交小波包变换的常数模盲均衡算法原理

均衡器的输出为

$$\begin{aligned} z(n) &= \sum_{i=0}^{N-1}\boldsymbol{w}_i(n)\cdot\boldsymbol{y}(n-i) \\ &= \sum_{i=0}^{N-1}\Big(\sum_{j=1}^{J}\sum_{k}\sum_{l=0}^{2^j-1} r_{j,k,l}(n)\boldsymbol{\varphi}_{j,k,l}(i)\Big)\cdot\boldsymbol{y}(n-i) \\ &= \sum_{j,k,l} r_{j,k,l}(n)\sum_{i=0}^{N-1}\boldsymbol{\varphi}_{j,k,l}(i)\cdot\boldsymbol{y}(n-i) \\ &= \sum_{j,k,l} r_{j,k,l}(n)f_{j,k,l}(n) \end{aligned} \tag{3.5.18}$$

式中

$$f_{j,k,l}(n)=\sum_{i=0}^{N-1}\boldsymbol{\varphi}_{j,k,l}(i)\cdot\boldsymbol{y}(n-i) \tag{3.5.19}$$

该式表明，输入$\boldsymbol{y}(n)$需与每一个尺度上的小波包基函数$\boldsymbol{\varphi}_{j,n,l}(n)$做卷积，即相当于对输入$y(n)$做离散正交小波包变换，$f_{j,k,l}(n)$为相应的变换系数。此时得到的正交小波包均衡器结构（图 3.5.2 中的虚线部分）如图 3.5.3 所示。

对于长度为N的离散信号$\boldsymbol{a}=[a_1,a_2,\cdots,a_{N-1}]$，根据图 3.5.3 所示的分解结构，则正交小波包变换矩阵为

$$\begin{aligned} \boldsymbol{V}_{\mathrm{WPT}}=[&\boldsymbol{G}_0,\boldsymbol{G}_1,\cdots,\boldsymbol{G}_{J-2},\boldsymbol{G}_{J-1};\boldsymbol{G}_0,\boldsymbol{G}_1,\cdots,\boldsymbol{G}_{J-2},\boldsymbol{H}_{J-1};\boldsymbol{G}_0,\boldsymbol{G}_1,\cdots,\boldsymbol{H}_{J-2},\boldsymbol{G}_{J-1};\\ &\boldsymbol{G}_0,\boldsymbol{G}_1,\cdots,\boldsymbol{H}_{J-2},\boldsymbol{H}_{J-1},\cdots;\boldsymbol{H}_0,\boldsymbol{G}_1,\cdots,\boldsymbol{G}_{J-2},\boldsymbol{G}_{J-1};\boldsymbol{H}_0,\boldsymbol{G}_1,\cdots,\boldsymbol{G}_{J-2},\boldsymbol{H}_{J-1};\\ &\boldsymbol{H}_0,\boldsymbol{G}_1,\cdots,\boldsymbol{H}_{J-2},\boldsymbol{G}_{J-1};\boldsymbol{H}_0,\boldsymbol{G}_1,\cdots,\boldsymbol{H}_{J-2},\boldsymbol{H}_{J-1},\cdots;\boldsymbol{H}_0H_1,\cdots,\boldsymbol{H}_{J-2},\boldsymbol{G}_{J-1};\\ &\boldsymbol{H}_0,\boldsymbol{H}_1,\cdots,\boldsymbol{H}_{J-2},\boldsymbol{H}_{J-1}] \end{aligned} \tag{3.5.20}$$

式中，$\boldsymbol{H}_j$和$\boldsymbol{G}_j$分别为由小波包滤波器系数$h(n)$和尺度滤波器系数$g(n)$所构成的矩阵，且$\boldsymbol{H}_j$和$\boldsymbol{G}_j$中的每个元素分别为$H_j(l,n)=h(n-2l)$，$G_j(l,n)=g(n-2l)$，$l=1\sim N/2^{j+1}$，$n=1\sim N/2^j$。为了处理小波包变换的边界失真，在此用周期化扩展的有限长离散信号，作为离散小波包变换的边界扩展模式，以避免产生额外的小波包变换系数。

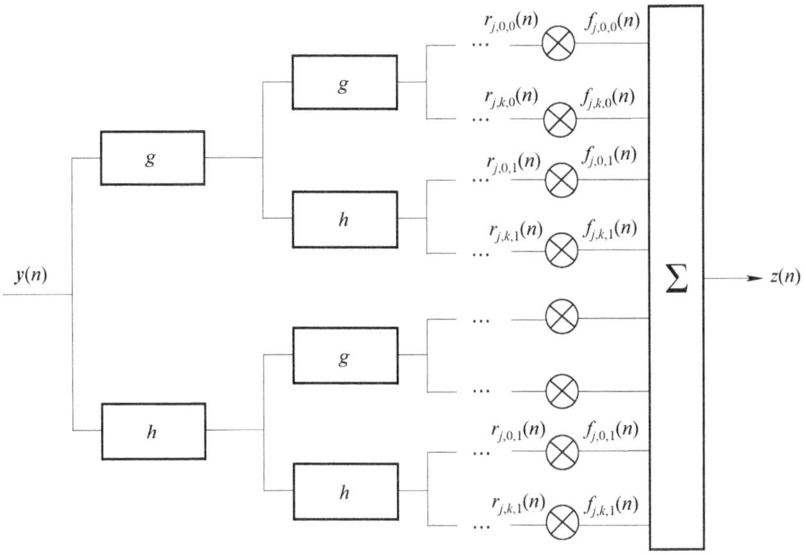

图 3.5.3　引入正交小波包变换的盲均衡器结构

设 $N = 2^J$，均衡器的长度为 $2N$，经过推导得 $i(1 \leqslant i \leqslant J - \log_2 2N + 1)$ 级小波包分解对应的 $2^{J-i+1} \times 2^{J-i+1}$ 矩阵为

$$\boldsymbol{W}_i = \begin{bmatrix} \boldsymbol{H}_{i-1} \\ \boldsymbol{G}_{i-1} \end{bmatrix} = \begin{bmatrix} h_0 & h_1 & h_2 & \cdots & h_{2^{J-i+1}-2} & h_{2^{J-i+1}-1} \\ h_{2^{J-i+1}-2} & h_{2^{J-i+1}-1} & h_0 & \cdots & h_{2^{J-i+1}-4} & h_{2^{J-i+1}-3} \\ \vdots & \vdots & \vdots & & \vdots & \vdots \\ h_2 & h_3 & h_4 & \cdots & h_0 & h_1 \\ g_0 & g_1 & g_2 & \cdots & g_{2^{J-i+1}-2} & g_{2^{J-i+1}-1} \\ \vdots & \vdots & \vdots & & \vdots & \vdots \\ g_2 & g_3 & g_4 & \cdots & g_0 & g_1 \end{bmatrix} \tag{3.5.21}$$

所以，J 级小波包分解的 $2^J \times 2^J$ 矩阵为

$$\boldsymbol{V}_{\mathrm{WPT}} = \begin{bmatrix} \boldsymbol{W}_J & & & \\ \boldsymbol{0} & \boldsymbol{W}_J & & \\ & & \ddots & \\ & & & \boldsymbol{W}_J \end{bmatrix} \times \cdots \times \begin{bmatrix} \boldsymbol{W}_2 & \\ & \boldsymbol{W}_2 \end{bmatrix} \times \boldsymbol{W}_1 \tag{3.5.22}$$

令 $\boldsymbol{y}(n) = [y(n), y(n-1), \cdots, y(n-N+1)]^{\mathrm{T}}$，$\boldsymbol{R}_l(n) = [r_{j,0,l}(n), r_{j,1,l}(n), \cdots, r_{j,k,l}(n)]$，$n = 2^J$；$\boldsymbol{w}(n) = [w_1(n), w_2(n), \cdots, w_m(n)]^{\mathrm{T}}$，$\boldsymbol{w}_l(n) = [f_{j,0,l}(n), f_{j,1,l}(n), \cdots, f_{j,k,l}(n)]$。

根据最小均方误差准则，可以得到基于正交小波包变换的常数模盲均衡算法（WPT-CMA），即

$$\boldsymbol{R}(n) = \boldsymbol{V}_{\mathrm{WPT}} \boldsymbol{y}(n) \tag{3.5.23}$$

$$z(n) = \boldsymbol{w}^{\mathrm{H}}(n) \boldsymbol{R}(n) \tag{3.5.24}$$

$$\boldsymbol{w}(n+1) = \boldsymbol{w}(n) + \mu \hat{\boldsymbol{R}}^{-1}(\boldsymbol{n}) \boldsymbol{e}(\boldsymbol{n}) \boldsymbol{R}(n) z^*(n) \tag{3.5.25}$$

式中

$$\hat{\boldsymbol{R}}^{-1}(n)=\mathrm{diag}[\sigma_{j,k,0}^{2}(n),\sigma_{j,k,1}^{2}(n),\cdots,\sigma_{j,k,l}^{2}(n)\sigma_{j+1,k,0}^{2}(n),\cdots,\sigma_{j,k,l}^{2}(n)] \tag{3.5.26}$$

且

$$\sigma_{j,k,l}^{2}(n+1)=\beta_{j,k,l}\sigma_{j,k,l}^{2}(n)+(1-\beta)_{j,k,l}\left|r_{j,k,l}(n)\right|^{2} \tag{3.5.27}$$

式中，$\beta_{j,k,l}$ 为遗忘因子；μ 是迭代步长；$\sigma_{j,k,l}^{2}(n)$ 为对尺度指标为 j、位置指标为 k 和频率指标为 l 的小波包系数 $r_{j,k,l}(n)$ 的平均功率估计，目的是使信号经过小波包变换后，对其进行能量归一化处理，使得收敛速度得到进一步的提高。

3.5.3 基于蚁群优化算法的正交小波包变换常数模盲均衡算法

为了进一步提高 WPT-CMA 的性能，增强算法的实用性，避免因不当的均衡器权向量初始化而导致算法收敛至局部极小值甚至发散，设计了一种基于蚁群优化算法的正交小波包变换常数模盲均衡算法。该算法通过蚁群优化算法来寻找均衡器权向量的全局最优解，以克服 ACO-WPT-CMA 的缺陷。其基本结构如图 3.5.4 所示。

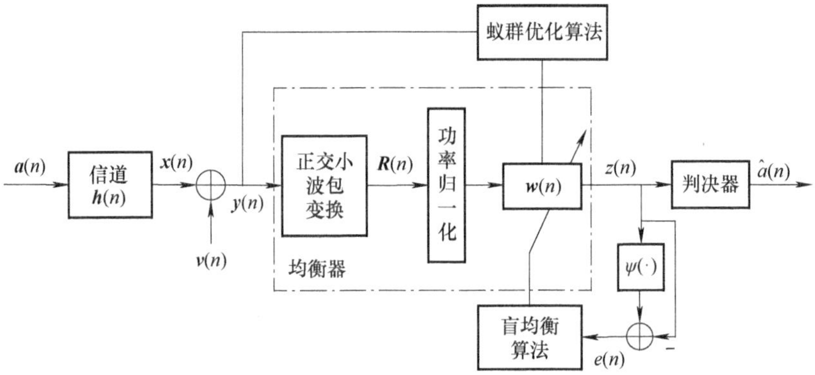

图 3.5.4 基于蚁群优化算法的正交小波包变换常数模盲均衡器结构

先用蚁群优化算法对盲均衡算法中很小的一段数据进行均衡，利用蚁群算法的正反馈机制和信息素更新的特点，寻找到目标函数最优时的均衡器权向量，并将这组权向量作为盲均衡算法的初始化权向量。随机产生一组权向量，每只蚂蚁依次对应各组权向量，把此权向量作为蚁群优化算法的决策变量，把均衡器输入信号作为蚁群优化算法的输入，并由 CMA 的代价函数确定蚁群优化算法适应度函数，利用蚁群优化算法来求解均衡器的代价函数，搜索最优的均衡器权值。

常数模盲均衡算法的代价函数为

$$J_{\mathrm{CMA}}=(\left|z(n)\right|^{2}-R^{2})^{2} \tag{3.5.28}$$

式中，$z(n)$ 是均衡器的输出；R^2 是均衡器的模值。

蚁群优化算法是对群体的各个蚂蚁寻优进行操作。寻优操作前要初始化蚁群起始搜索点的初始数据，即初始化每只蚂蚁所对应的权向量，确定其初始值为 [-1,1]，并用随机方法产生一定数目的权向量。其中，每只蚂蚁个体对应均衡器的一个权向量，权向量的个数为蚂蚁的规模。设随机产生的初始种群 $\boldsymbol{w}=[\boldsymbol{w}_1,\boldsymbol{w}_2,\cdots,\boldsymbol{w}_N]$，其中的一只蚂蚁个体 $\boldsymbol{w}_i(0<i\leqslant N)$ 对应均衡器一个权向量，用其作为蚂蚁的初始化位置。

盲均衡算法的目的是使代价函数迭代至最小值，得到最佳的均衡器权向量，而蚁群优化算法寻优的目的是得到适应度函数值最大时所对应的个体。为此，将均衡器的代价函数的倒数作为蚁群优化算法寻优的适应度函数，即

$$\mathrm{fit}(\boldsymbol{w}_i) = \frac{1}{J(\boldsymbol{w}_i)}, i = 1,2,\cdots,N \tag{3.5.29}$$

式中，$J(\boldsymbol{w}_i) = J_{\mathrm{CMA}}$ 是均衡器的代价函数；$\boldsymbol{w}_i$ 是蚁群优化算法产生的均衡器权向量个体，用其作为蚁群优化算法寻优的初始信息素。

蚁群优化算法的每一次寻优都要接收一定的输入信号，这些信号进入蚁群优化算法后首先根据转移概率来确定是进行局部寻优还是全局寻优，并将新位置限定在算法设定的可行域内。蚂蚁每移动到一个新位置前，它都会比较新位置的信息素是增强或减弱。如果增强就移动到新位置，同时向环境释放新位置的信息素；否则，就继续试探别的位置。为避免残留信息素淹没启发信息，在每只蚂蚁寻优一步或者完成对所有 N 个权向量的寻优后，残留信息素的更新公式为

$$\tau_{ij}(t+1) = (1-\rho)\tau_{ij}(t) + \Delta\tau_{ij} \tag{3.5.30}$$

式中，$\Delta\tau_{ij} = \sum_{k=1}^{M}\Delta\tau_{ij}^{k}$；$\rho$ 为信息素挥发系数，取值范围为 $[0,1)$；$\Delta\tau_{ij}$ 表示蚂蚁在本次循环中在 i 和 j 之间的路径上留下的信息素。

通过蚁群优化算法的转移概率进行局部寻优和全局寻优，并将寻优结果限定在可行域内，保留最优解，再经过信息素的更新求解最优的权向量，将每代中目标函数值最大的权向量个体选择出来，考虑到算法在抽取最佳个体时的实时性和盲均衡算法要满足迫零条件，最后求取使目标函数值最大时所对应的权向量值，并且把这个权向量作为 ACO-CMA 的初始化权向量。这样，将蚁群优化算法引入基于正交小波包变换的常数模盲均衡算法，称为基于蚁群优化算法的正交小波包变换常数模盲均衡算法（ACO-WPT-CMA）。

3.5.4　仿真实验与结果分析

为了检验 ACO-WPT-CMA 的有效性，下面以 CMA 和 WPT-CMA 为比较对象，进行仿真实验。在仿真试验中，蚂蚁规模为100，全局转移概率为0.998，信息素挥发系数 $\rho = 0.75$，蚁群优化算法迭代次数为100。

【实验 3.5.1】混合相位水声信道。信道参数 $\boldsymbol{h} = [0.3132\ \ -0.1040\ \ 0.8908\ \ 0.3134]$；发射信号为4PSK，均衡器权长均为16，信噪比为25dB。在 CMA 中，将第15个抽头系数设置为1，其余为0，步长 $\mu_{\mathrm{CMA}} = 0.001$；在 WPT-CMA 中，将第10个抽头系数设置为1，其余为0，步长 $\mu_{\mathrm{WPT\text{-}CMA}} = 0.0025$；ACA-WPT-CMA 的步长 $\mu_{\mathrm{ACA\text{-}WPT\text{-}CMA}} = 0.0025$。对每个信道的输入信号采用 DB4 正交小波进行分解，分解层次是2层，功率初始值设置为4，遗忘因子 $\beta = 0.9999$。500次蒙特卡罗仿真结果如图3.5.5所示。

图3.5.5a 表明，在收敛速度上，ACO-WPT-CMA 与 WPT-CMA 的收敛速度相当，比 CMA 快了大约4000步。在稳态误差上，与 CMA 相比，ACO-WPT-CMA 减小了近2.2 dB，与 WPT-CMA 相比，ACO-WT-CMA 减小了近2 dB。图3.5.5b～d 表明，ACA-WPT-CMA 的输出星座图比 CMA 的和 WPT-CMA 的更为清晰、紧凑。

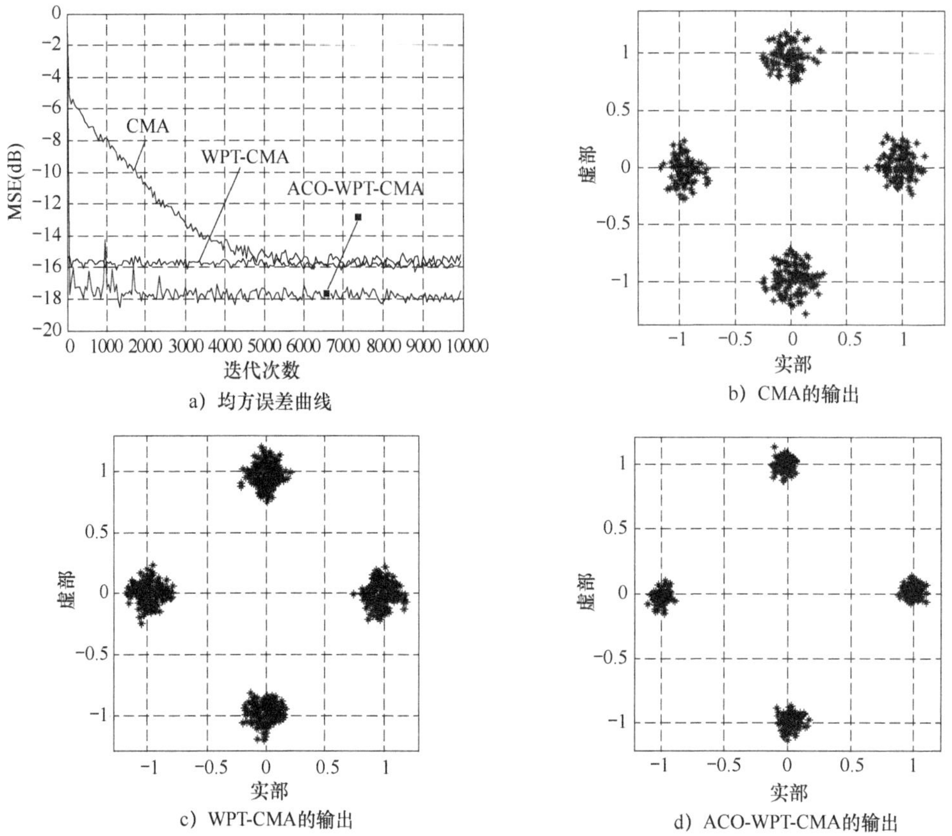

图 3.5.5　4PSK 的仿真结果

【实验 3.5.2】 信道 $\boldsymbol{h}$ = [0.9656 －0.0906 0.0578 0.2368]；发射信号为4QAM，均衡器权长均为16，信噪比为25 dB。在 CMA 中，将第 8 个抽头系数设置为1，其余为0，步长 $\mu_{CMA} = 0.0005$；在 WPT-CMA 中，将第 8 个抽头系数设置为1，其余为0，步长 $\mu_{WPT\text{-}CMA} = 0.0025$；ACO-WPT-CMA 的步长 $\mu_{ACO\text{-}WPT\text{-}CMA} = 0.0025$。对每个信道的输入信号采用 DB4 正交小波进行分解，分解层次是 2 层，功率初始值设置为 4，遗忘因子 $\beta = 0.9999$。500 次蒙特卡诺仿真结果如图 3.5.6 所示。

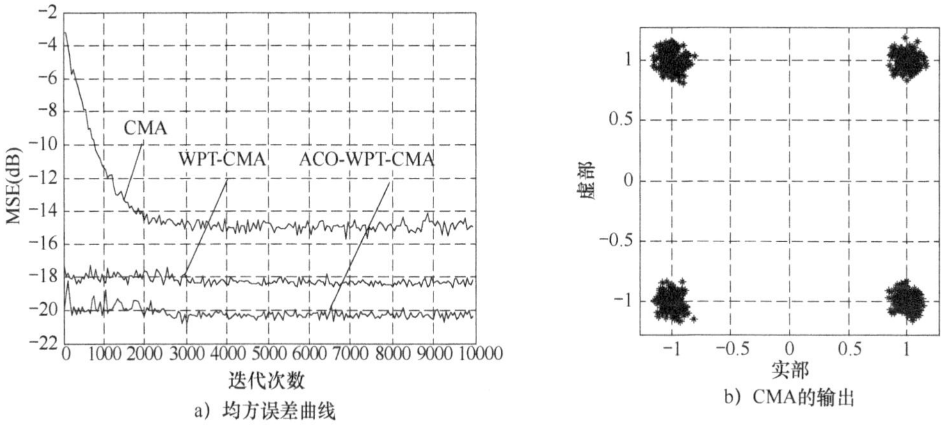

图 3.5.6　仿真结果

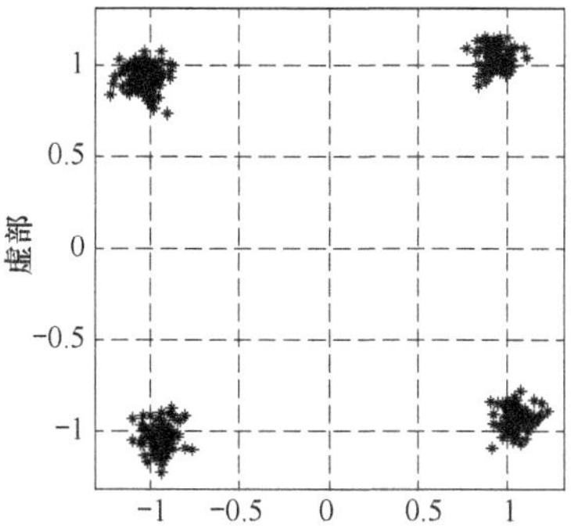

c）WPT-CMA的输出

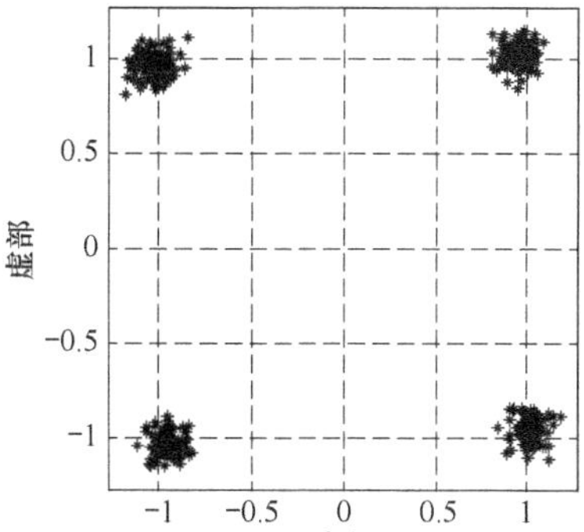

d）ACO-WPT-CMA的输出

图3.5.6　仿真结果（续）

图3.5.6a 表明，在收敛速度上，ACO-WPT-CMA 与 WPT-CMA 的收敛速度相当，比 CMA 快了大约2800 步。在稳态误差上，与 CMA 相比，ACO-WPT-CMA 减小了近 5dB，与 WPT-CMA 相比，ACO-WPT-CMA 减小了近2dB。图3.5.6b～d 表明，ACO-WPT-CMA 的输出星座图比 CMA 的和 WPT-CMA 的更清晰、紧凑。

3.6　实例3-3：基于混合蚁群算法的半导体生产线炉管区调度方法

作为先进制造业的典型代表，半导体制造具有可重入、混线生产、批处理加工、机器负载不均衡及良率随机等不同于传统生产线的混合特性，因而被认为是当今最复杂的制造过程之一。按实际工作区域，半导体制造厂可分为炉管区、刻蚀区、黄光区和薄膜区。其中，炉管区主要用于氧化、扩散与低压化学气相沉积等热处理过程，该区域以批处理模式组织生产，由于生产过程加工时间长，在制品多，因而被认为是半导体制造过程的主要瓶颈之一。目前，炉管区的生产组织主要依赖现场操作人员的经验，存在很大的局限性，因此急需制定快速有效的调度策略，缩短晶圆的生产周期，提高企业的生产效益。

炉管区包含数十台不同类型的设备，在实际生产过程中，晶圆动态地重复访问炉管区，以完成不同晶圆层的加工。在生产调度领域，炉管区的调度通常被归纳为一类带重入特性的并行批处理机调度问题。

Ikura 等于 1986 对批调度问题进行了最早的研究，认为批调度是不同于经典调度问题的一类具有强应用背景的新型调度问题，工件以一定条件组成一批进行加工。复杂重入多机台并行批调度问题是在半导体炉管区生产过程中提炼出的一类符合实际情况的调度问题。近年来，国内外已经有学者和工业人士在半导体炉管区调度的理论和实践方面做了大量的工作，但这些工作有一定的局限性，并未完全考虑到炉管区的实际加工约束与限制。关于单一机台组的研究较多，将炉管区从半导体制造生产线上剥离出来，未考虑到前后道工序对炉管生产的影响，更未考虑到设备之间的等待时间约束。Parsa 等针对最小化总加权滞后的单一机台组调度问题，找到预组批的最佳方案，提出了一个动态规划算法，并在此基础上提出了多个启发式算法，在求解小规模问题上具有明显优势。Cheng 等针对以最小化制造期的相同并行机调度问题，提出了一类改进的蚁群优化算法，该算法尤其适合大规模单一机台组调度问题。Parsa 等针对最小化平均流动时间（MFT）的单一机台组调度问题，提出了一个最大最小蚁群算法，证明了其算法优于数学优化技术 CPLEX 和几种启发式算法，但其求解时间较长。有部分研究考虑了半导体生产线上炉管区前后道工序，但忽略了重入性，仅对单一层上晶圆的生产进行调度，未考虑全局优化。Ham 等针对考虑等待时间限制的两机台组调度问题，提出了一种整数规划算法 i-RTD，解决了简单的两机台组的实时调度。根据 Ahmadi 等引入的多工艺多机台组调度问题的定义，用 δ、β 和 $\rightarrow$ 分别代表离散加工机台组、批加工机台组和流动方向。批处理机台组前存在两种可能的加工系统，分别为 $\delta \rightarrow \beta$ 和 $\beta_1 \rightarrow \beta_2$，代表批处理机台组前存在离散加工机台组和批处理机台组前一机台组依旧为批处理加工机台组。文献［37］针对半导体炉管区瓶颈设备的 $\beta_1 \rightarrow \beta_2$ 型批调度问题，以瓶颈机台的连续满批运行为目标，在考虑炉管区工艺和设备容量限制的前提下，提出了一种理想的基于规则的批调度算法（RSBP），解决了重入环境下炉管区瓶颈设备的实时派工问题。贾文友等对炉管区 $\beta_1 \rightarrow \beta_2$ 问题进行了更加详细的描述，考虑了不兼容工艺菜单、有限的等待时间以及重入流特性的炉管区调度问题，为提高瓶颈设备的利用率，提出了一个拉式调度算法，其中包括三个子算法，以更好地进行瓶颈设备的组批派工。实验在半导体晶圆加工仿真平台上进行，通过评价平均流动时间、产量以及瓶颈机台利用率三个指标，证明其结果均优于遗传算法。文献［37］和［38］在炉管区调度问题上未考虑到炉管区内机台组上不同工艺菜单之间的设备准备时间。元启发式算法是解决大规模组合优化算法问题常用的方法之一，蚁群优化（ACO）作为一种典型的智能构建型元启发式算法，通过模拟自然界中蚂蚁的觅食行为，借助信息素浓度，寻找最短路径。其并发多线程搜索机制可充分利用全局信息以获得优化搜索解，已在众多调度领域得到有效验证。

基于上述分析，当前研究未全面考虑实际加工特点及各类约束，在求解方法上多以精确算法和基于规则的调度算法为主，因此仅能在有限时间内求解小规模调度问题，而在大规模问题上求解质量较差。现有炉管区智能算法大都应用于约束较为简单的问题，缺乏各类约束且仅使用智能算法，求解时间较长，难以满足炉管区快速响应的要求。因此，文献［41］针对一类包含复杂重入流、不兼容工艺菜单、不同准备时间、等待时间约束及工件动态到达的炉管区 $\beta_1 \rightarrow \beta_2$ 调度问题，以最小化晶圆平均流动时间为目标，构建炉管区 $\beta_1 \rightarrow \beta_2$ 调度模型。将调度过程分成工件组批、设备选择和批次排序三个相互关联的阶段，设计规则与智能算法结合的混合算法，针对工件组批阶段设计了可变阈值的组批策略，针对复杂约束设计了基于混合蚁群算法（HACO）的 IVTRP-ACO 分层调度算法。

3.6.1 半导体生产线炉管区问题模型

1. 问题描述

以某多产品半导体生产线的炉管区两并行批处理机台组调度问题为研究对象，通过对炉管区工件 Lot（晶圆卡，通常由 25 片晶圆组成）的工艺路线进行分析，建立半导体生产线炉管区的问题模型，如图 3.6.1 所示。考虑的设备集包括两个并行批处理机台组 MG^1、MG^2 和一个后续加工设备集 MG^3。MG^1 机台组为晶圆生产中的常压栅氧化炉管，MG^2 机台组为低压化学气相沉积炉管，两机台组均包含若干功能相同的炉管设备，MG^3 为工件该层加工剩余工艺加工设备集简称。将晶圆处于 MG^1 机台组的加工过程称为阶段 1，即 β_1，其中包括前后两道工序 F1 与 F2，分别存在 s、h 类工艺；处于 MG^2 机台组的加工过程称为阶段 2，即

β_2，仅包含一道工序 F3，存在 g 类工艺。在图 3.6.1 中，工艺 1 为炉管加工各工序的第一类工艺，实际的炉管区生产过程具有五个约束。

1）重入流。重入流包括两部分：其一为 MG^1 机台组内的前后道工艺，在前道工艺 F1 完成后还需重新进入 MG^1 机台加工后道工艺 F2；其二为某层加工完后，下一层工艺要求晶圆需重新进入炉管区进行加工，以形成理想电路。工件在设备上的流动情况可表示为 $MG^1 \to MG^1 \to MG^2 \to MG^3 \to \cdots \to MG^1$。

2）不兼容工艺菜单。不同工艺类型的工件不能放在一批进行加工。

3）不同准备时间。当批处理机前后加工不同工艺的产品时，设备存在不同的准备时间。

4）等待时间约束。在 β_1 加工完成后必须在规定时间内进入 β_2 内加工，否则工件需要返工甚至报废。

5）动态到达。工件是动态到达的，工件到达时间、加工类型与加工时间均未知。

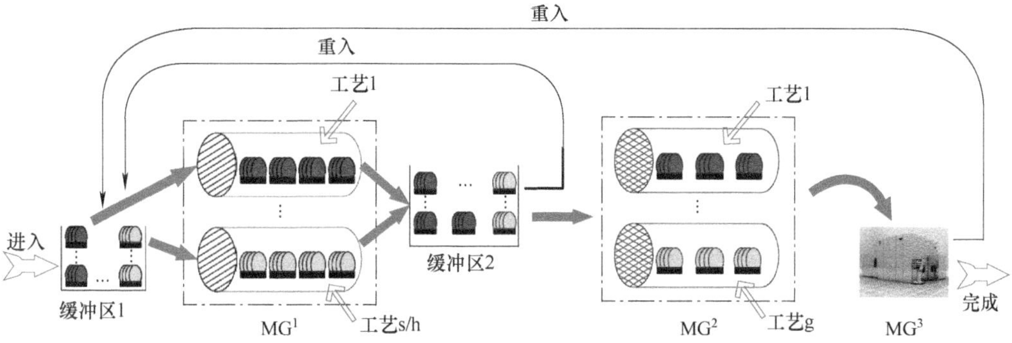

图 3.6.1　带重入加工流的炉管区模型

综上所述，文献［40］研究的问题为考虑多产品复杂重入流、不兼容工艺菜单、不同准备时间、等待时间约束和工件动态到达的炉管区 $\beta_1 \to \beta_2$ 调度问题，以最小化工件平均流动时间为目标设计优化算法。

文献［40］的调度模型假设：①各工艺类型的加工时间和设备的加工能力已知；②任一工件只有前一道工序完成后方可进入下一道工序；③每台设备都可加工多个工件，但有容量限制；④工件的每道工序只能在一台设备上加工；⑤工件以及工件所在批次的加工时间只与工艺有关，而与设备无关；⑥属于同一批次的工件一旦进行加工则不能中断，属于非抢占式加工；⑦设备加工不同批次的准备时间与批次的加工顺序与工艺类型有关。

2. 炉管区 $\beta_1 \to \beta_2$ 调度问题数学模型

炉管区 $\beta_1 \to \beta_2$ 调度问题模型为

$$\min \mathrm{MFT} = \frac{1}{n}\sum_{i=1}^{n} F_i \tag{3.6.1}$$

$$\mathrm{s.t.}\ M = \sum_{k=2}^{3} M_k, k \in \{2,3\} \tag{3.6.2}$$

$$\sum_{m \in m_k} Y_{wkim} = 1, i = 1,2,\cdots,n, k \in K \tag{3.6.3}$$

$$\forall m \in M \ \& \ m \notin m_3, \sum_{i=1}^{n} Y_{wkin} \leqslant B_1 \tag{3.6.4}$$

$$\forall m \in m_3, \sum_{i=1}^{n} Y_{wkin} \leqslant B_2 \tag{3.6.5}$$

$$\mathrm{WT}_{2,i} \leqslant \mathrm{QT}, \forall i \tag{3.6.6}$$

$$C_{wki} = r_{wki} + p_{kji}, \forall w,k,i \tag{3.6.7}$$

$$r_{wk'i} = C_{wki} + \mathrm{WT}_{k',i} + \mathrm{RT}_{kj',j}, \forall w,k,i,j,k' = k+1 \tag{3.6.8}$$

$$C_{wi} = r_{wi} + \sum_{k=1}^{3} p_{kji} + \sum_{k=1}^{2} \mathrm{WT}_{k,i} + \sum_{k=1}^{3} \mathrm{RT}_{kj,j'}, \forall w,k,i \tag{3.6.9}$$

$$r_{w'i} = C_{wi} + \mathrm{HT}_{wi}, \forall w,i,w' = w+1 \tag{3.6.10}$$

$$r_{wk'i} \geqslant r_{wki}, \forall w,i, \quad k' = k+1 \tag{3.6.11}$$

$$r_{w,1,i} \geqslant 0, \forall w,i \tag{3.6.12}$$

$$\mathrm{RT}_{kj,j'} = X_{j,j'} \mathrm{RT}_{kj,j'} \tag{3.6.13}$$

式中，n 为工件总数，工件索引 $i = 1,2,\cdots,n$；F_i 为工件 i 的流动时间；M 为机台总数；机台索引 $m \in [1, N_1 + N_2]$，N_1，N_2 分别为β_1、β_2 内炉管数量；M_k 为工序 k 的并行机数量；m_k 为工序 k 可加工机台的编号，且

$$m_k \in \begin{cases} [1, N_1 + N_2], k = 3 \\ [1, N_1], \text{其他} \end{cases} \tag{3.6.14}$$

B_1、B_2 分别为β_1、β_2 内炉管加工最大容量；w 为工件 i 当前加工层数；k 为工序索引，$k \in K = \{1,2,3\}$；$\mathrm{WT}_{i,k,k+1}$ 为工件 i 在第 k 道工序和下一工序间的等待时间；QT 为工序 2 与工序 3 之间的等待时间上限；r_i 及 C_i 分别为工件 i 的释放时间及完工时间，其中 $C_i = C_{L_i 3i}$（工件 i 最后一层的最后一道工序的完工时间），$F_i = C_i - r$；r_{wi} 与 C_{wi} 分别为工件 i 的第 w 层的到达时间与完工时间；p_{kji} 为工件 i 在工序 k 上加工工艺为 j 的加工时间；r_{wki} 与 C_{wki} 分别为工件 i 的第 w 层的第 k 道工序的开始加工时间与完工时间；HT_{wi} 为工件 i 的第 w 层的后续加工时间，即 MG^3 加工时间；$\mathrm{RT}_{kj,j'}$ 为工序 k 的当前工艺类型 j 与设备之前加工类型 j' 之间的准备时间（不同工艺类型有工艺准备时间，相同工艺类型无工艺准备时间）。

决策变量：r_{wkim} 为工件 i 的第 w 层的第 k 道工序的开始时间，该操作在机器 m 上加工。

$$Y_{wkim} = \begin{cases} 1, O_{wki} \text{ 在机器 } m \text{ 上加工} \\ 0, \text{其他} \end{cases} \tag{3.6.15}$$

式中，O_{wki} 为工件 i 的第 w 层的第 k 道工序。

$$X_{j,j'} = \begin{cases} 1, j \neq j' \\ 0, j = j' \end{cases} \tag{3.6.16}$$

式（3.6.1）表示目标为最小化平均流动时间；式（3.6.2）表示 F1 和 F2 共用一个并行机台组，机台总数是β_1，β_2 内并行机数量之和；式（3.6.3）表示 O_{wki} 加工机台的唯一性；式（3.6.4）和式（3.6.5）表示设备的最大加工容量限制；式（3.6.6）表示第二道工序与第三道工序之间有等待时间的限制；式（3.6.7）表示工件 i 的第 w 层的第 k 阶段的完工时间等于开始加工时间与加工时间之和；式（3.6.8）表示第 k' 阶段的

开始加工时间等于阶段 k 的完工时间与上一阶段的等待时间和准备时间之和，$k' = k + 1$；式（3.6.9）表示工件 i 第 w 层的完工时间为第 w 层三阶段的加工时间、到达时间、等待时间与准备时间之和；式（3.6.10）表示工件 i 的 w' 层到达时间为 w 层的完工时间与 w 层的后续加工时间之和，$w' = w + 1$；式（3.6.11）表示工件必须严格地按照工艺流程依次在各道工序上加工，同一工件只有在上一道工序加工完成之后，后一道工序才能开始加工；式（3.6.12）表示没有工件可以在开始时间前进行加工；式（3.6.13）表示相同设备的准备时间与前后工艺的类型相关，工艺菜单相同无工艺准备时间，工艺不同时则存在工艺准备时间。

3.6.2　基于混合蚁群算法的分层调度

1. 基于混合蚁群算法的分层调度方法的实现流程

在炉管区生产中，MG^1 和 MG^2 都属于并行批处理机台组，故可将其调度问题拆分为三个子问题，即各个缓冲区中不同工件的组批问题、并行机台组中的设备选择问题以及组批完成后批次排序问题。这里研究基于时间序列模型的分解策略，将整个调度时间轴分解为多个时间域 T，在各时间域内针对各子问题形成三个求解层次，即工件组批层、设备选择层和批次排序层。通过将分段时域内的调度问题进行分层处理，有效降低了问题的复杂度，通过设计各层的求解算法，分别实现子问题的求解。

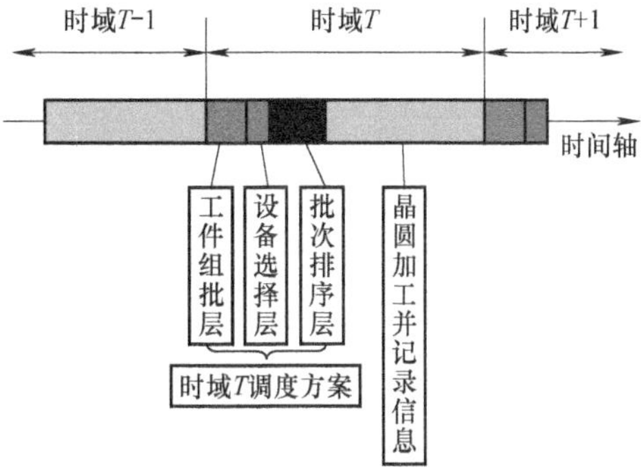

图 3.6.2　基于时间序列分解策略的调度思路

由于炉管区的调度对整个半导体生产线影响巨大，要求调度方案兼具较高求解质量和较低的计算时间，为了达到此目标，文献［40］综合利用调度规则求解速度快与元启发式算法求解质量高的优势，保证解的高质量的同时，提高求解速度。时域 T 内每层的具体处理方法：首先通过设计启发式规则对动态到达的工件构造组批问题求解，然后利用设备指派规则得到设备选择问题解，最后在人工蚁群在分布于问题空间的信息素的指引下，针对各批次任务逐步构造批次排序问题解。时域 T 内基于混合蚁群算法的炉管区分层调度方法框架如图 3.6.3 所示。

2. 可变阈值组批算法

针对工件组批问题，常用的组批方法包括启发式规则和元启发算法。由于启发式规则结构简单、便于操作，因而在实际生产中应用广泛。炉管区调度过程的组批阶段需满足两个约束：①不兼容工艺菜单约束，仅相同工艺菜单的 Lot 才可以被分为同一批；②设备容量约束，一批中的 Lot 数量不能超过炉管的容量。针对工件到达时间，优先级等未知的特点，设计了一种基于最小加工批量（MBS）规则的组批算法。

MBS 规则：设 B 为批加工设备的最大加工批量，X 为工艺菜单对应缓冲区工件的个数，a 为最小批量个数，只有当缓冲区中工件数至少达到 $a(a \leqslant B)$ 时才开始加工一批工件。也就是说，在调度时刻，即使机器空闲，但缓冲区中工件个数小于最小组批个数，设备仍然保持空闲状态，直至满足组批条件。具体操作为：$0 \leqslant X < a$ 时，等待；$a \leqslant X < B$ 时，以 X 为一批；$X \geqslant B$ 时，以 b 为一批。

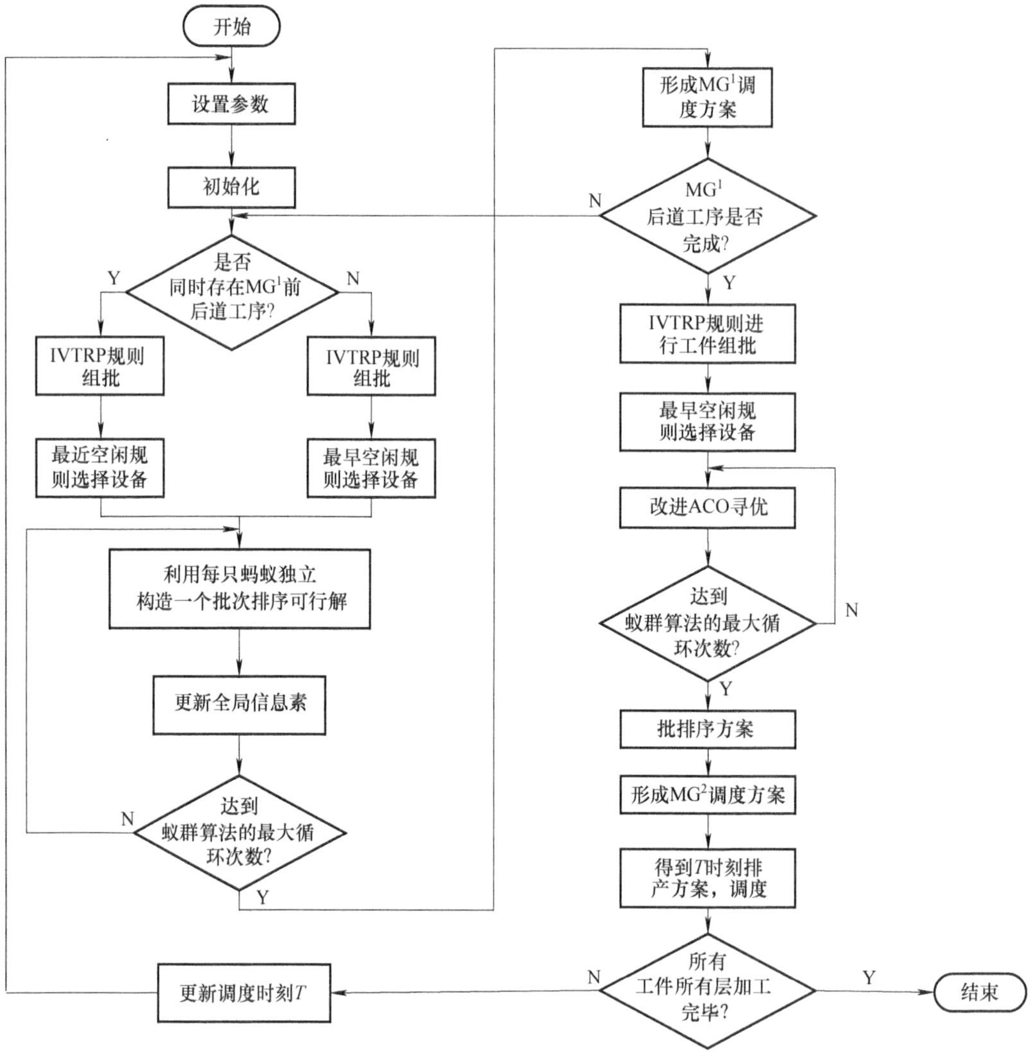

图 3.6.3　时域 *T* 内基于混合蚁群算法的炉管区分层调度方法框架

MBS 规则中的最小组批个数是算法的关键，在实际应用中主要由人工经验确定。其中 $a=1$ 和 $a=B$ 为两个特殊情况：$a=1$ 表示只要缓冲区有工件就以一个工件为一批进行加工；$a=B$ 是指只有缓冲区工件数满足最大加工批量才可以组批并加载到设备加工。

虽然 MBS 在半导体生产线上大量应用，但其缺陷在于 MBS 属于固定阈值策略，对变化的加工环境适应性较差。Akcali 等针对这一缺陷，在多产品混合的批调度问题中提出了基于产品数量的可变阈值控制策略（Variable-Threshold-by-Product Policy，VTPP）与产品类型的可变阈值控制策略（Variable-Threshold-by-Recipe Policy，VTRP）。VTPP 针对产品数量的多少，设置了两种不同的阈值，实现对轻重负载的不同响应；VTRP 针对不同工艺的加工时间与工件到达时间的关系，设计不同的阈值，但阈值相对固定，需要靠经验确定，还未实现动态适应。文献［40］针对这一问题，设计了改进的基于工艺菜单的阈值可变控制策略（IVTRP）。

IVTRP 规则继承 VTRP 规则的思路，考虑不同工艺的加工时间与工件到达间隔的关系，将工件到达分为稀疏、较少、较多及密集四种情况，以权衡设备利用率和等待时间。通过对炉管加工特性进行分析，文献［40］设计了阈值（最小组批个数）由设备容量、工艺的加工时间与工件到达间隔的关系决定的 IVTRP 规则，动态地调整组批时的阈值，为不同工艺菜单的工件提供不同的组批方案。具体操作为

$$t_r = \begin{cases} 1, \lambda_r > (B+1)P_r \\ \frac{1}{3}B, (B+1)P_r \geqslant \lambda_r \geqslant P_r \\ \frac{1}{2}B, \frac{1}{B+1}P_r < \lambda_r < P_r \\ B, (B+1)\lambda_r \leqslant P_r \end{cases} \tag{3.6.17}$$

式中，t_r 为对于工艺菜单 r 的可变阈值；λ_r 为工艺菜单 r 两工件的到达时间间隔；P_r 为工艺菜单 r 的加工时间。工件到达情况区间以 $B+1$ 作为系数划分，能更好地体现工件达到的密集程度。如工艺菜单 r 的间隔时间大于菜单 r 的加工时间的 $B+1$ 倍，表明工件达到密度极低，更多的等待只会造成设备利用率的低下。文献［40］针对工件到达稀疏的情况，设置最小阀值为 1，即一有工件到达就加工，以满足等待时间的约束。当加工时间大于 $B+1$ 倍到达间隔时，说明在任一组批时刻，工艺 r 的等待队列都大于最大容量。因此，针对工件到达密集的情况，最大容量组批能提高设备的利用率。当工件到达相对稀疏时，结合实际炉管加工情况，文献［40］确定了规则中相应参数和取值。两工件的到达时间间隔通过记录同一加工工艺的两工件到达缓冲区的时间，若存在多个工件则取间隔时间的均值。例如，工艺 1 在调度时刻的缓冲区存在 3 个工件，到达时间分别为 2、10、14，则工艺 1 的工件到达间隔为 4。

3. 设备选择规则

设备的选择是指为组批完成后的批从功能相同的机台组机台中选择合适的加工设备。目前的解决方法主要有基于两工序之间等待时间最短的最小期望延时规则、最早空闲设备优先安排的最早空闲设备规则、机器缓冲长度最短的最短缓冲长度规则和随机选择方法。本节的着重点在组批与批次排序，所以文献［40］采用高效的最早空闲设备规则，即当并行批处理设备中，设备出现空闲或者从故障转化为可用时，立即安排批次优先级最高的批在该设备上加工。

4. 改进蚁群算法

工件组批完成后，需进入组批加工优先级的判断阶段，以确定优先加工哪批工件。文献［61］采用具有较强全局搜索能力且搜索质量较高的 ACO 算法解决批次排序问题。下面讨论针对问题约束的改进蚁群算法。

1）编码、解码机制。文献［40］采用 IVTRP 规则组批得到的批次序号作为编码依据，蚁群算法中的节点代表批次。针对 MG^1 和 MG^2 两阶段的编码分别为 $\{1,1,\cdots,F_1+F_2\}$ 和 $\{F_1+F_2+1, F_1+F_2+2,\cdots,F_1+F_2+F_3\}$。每个阶段的蚁群算法搜索都得到一串序列，解码为批次的优先级，即序列最前端为每个阶段中最高的优先级批次。

2）信息素定义和更新。信息素的定义依赖于所研究的对象，本问题中每个阶段的批排序问题类似于旅行商问题，即寻找一条最优的路径（顺序），所以 τ_{ij} 定义为批 j 安排到批 i 之后加工的期望值，S 为待排批次集合。初始化蚁群的信息素矩阵元素

$$\tau_{ij}(0)=\begin{cases}\varepsilon,\ i,j\in S \text{ 且 } i\neq j\\ 0,\ i,j\in S \text{ 且 } i=j\end{cases} \tag{3.6.18}$$

式中，ε 为一固定值。

分布于问题空间的信息素作为蚂蚁间的间接通信媒介，能够指引蚂蚁找到更好的问题解。信息素更新是 ACO 算法重要的搜索特征，信息素的浓度会由于人工蚂蚁在节点上的释放而增加，也会由于信息素的挥发而不断减少。信息素的增加能提高人工蚂蚁访问节点的概率，信息素的挥发则能使算法避免陷入局部最优。信息素更新分局部更新和全局更新。局部更新是指为减小已选择过的路径再次被选择的概率而做的信息素局部调整。

$$\tau_{ij}(t)=(1-\rho_{\text{local}})\tau_{ij}(t)+\rho_{\text{local}}\Delta\tau_{ij}(t) \tag{3.6.19}$$

式中，ρ_{local} 为局部信息素挥发率，且 $0<\rho_{\text{local}}<1$；$\Delta\tau_{ij}=\tau_{ij}(0)$。

全局更新则指在一次迭代所有蚂蚁完成寻优后根据找到的当前最优解进行信息素的更新。文献［40］利用在蚂蚁已经建立了完整的轨迹后再释放信息素的蚁周系统来更新信息素的方案。

$$\Delta\tau_{ij}(t+1)=(1-\rho_{\text{global}})\tau_{ij}(t)+\rho_{\text{global}}\sum_{k=1}^{m}\Delta\tau_{ij}^{\text{ant}}(t) \tag{3.6.20}$$

$$\Delta\tau_{ij}^{\text{ant}}(t)=\begin{cases}\dfrac{Q}{Z_{\text{ant}}},\text{节点 } j \text{ 是蚂蚁经过的节点}\\ 0,\text{其他}\end{cases} \tag{3.6.21}$$

式中，ρ_{global} 为全局信息素挥发率；Q 为一常量；$Z_{\text{ant}}=\min\limits_{\text{ant}}\left(\dfrac{1}{N}\sum\limits_{i=1}^{|N|}F_i\right)$ 为一次迭代下被调度工件的最小平均流动时间；N 为当前调度方案中被选择工件的集合。

3）启发式信息、候选列表与禁忌表。启发式信息直接影响人工蚂蚁对下一节点的选取。文献［40］中阶段 1 和阶段 2 的启发式公式分别为

$$\eta_{i,j}=B_{f1}/B_1+1/t_{f1}+\omega Y_1 \tag{3.6.22}$$

$$\eta_{i,j}=B_{f2}/B_2+1/t_{f2} \tag{3.6.23}$$

式（3.6.22）与式（3.623）由三部分组成：第一部分为设备的容量程度，B_{f1} 和 B_{f2} 分别为阶段 1 和阶段 2 批中工件的个数，B_1 和 B_2 分别为阶段 1 和阶段 2 并行批处理设备的最大容量；第二部分考虑了剩余时间，t_{f1} 和 t_{f2} 分别为阶段 1 和阶段 2 的剩余加工时间；第三部分考虑了等待时间约束，ω 为一固定因子，代表等待时间约束的重要程度。

$$Y_1=\begin{cases}1,\ t_{\text{wait}}\geqslant 0.8QT\\ 0,\ \text{其他}\end{cases}$$

式中，t_{wait} 为工件在阶段 1 后道工序加工完至阶段 2 加工的等待时间，当 t_{wait} 接近等待时间限制时，使启发式信息急剧上升，表明优先选取该批进行加工，以保证机台组之间的时间约束。启发式信息中 B_{f1}/B_1 表明当批中工件数越接近满批，该批被选中的概率越高。批的剩余加工时间越小，表明工件越紧急，被选中的概率越高。

候选列表 $L_{\text{task}}^{\text{ant}}$ 是指当前蚂蚁可以访问的批的集合，而为了满足只能一次加工一个批且不能重复加工的限制，使用禁忌表 $L_{\text{tabu}}^{\text{ant}}$ 来储存 t 时刻已经访问过的批。当蚂蚁访问完 F_1+F_2 或 F_3 个批时，即完成一次搜索时，禁忌表中存储的批的顺序即为该蚂蚁提供的解的排序方案。之后禁忌表被清空，候选表添加所有批，蚂蚁又可以进行下一次搜索。

4）解的构建。蚂蚁构建可行解的步骤如下。

步骤1：将蚂蚁放置在0的位置上。

步骤2：根据状态转移公式依次选取批，将选择的批添加到 $L_{\text{tabu}}^{\text{ant}}$ 中，并从 $L_{\text{task}}^{\text{ant}}$ 中删除：

$$W = \begin{cases} \arg\max_{\forall i,j \in F}\{\eta_{ij}\}, q_m \leqslant q_{m0} \\ D, 其他 \end{cases} \tag{3.6.24}$$

D 转移概率计算公式为

$$p_{ij}^{ant}(t) = \begin{cases} \dfrac{\tau_{ij}^{\alpha}(t)\eta_{ij}^{\beta}(t)}{\sum\limits_{S \in L_{\text{task}}^{\text{ant}}} \tau_{is}^{\alpha}(t)\eta_{is}^{\beta}(t)}, j \in L_{\text{task}}^{\text{ant}} \\ 0, 其他 \end{cases} \tag{3.6.25}$$

式中，$q_m \sim U[0,1]$；q_{m0} 为初始设置的固定值，$q_{m0} \in [0,1]$；$\eta_{ij}^{\beta}(t)$ 为第 t 次迭代的启发式信息，表示蚂蚁从批次 i 转移到批次 j 的期望程度；α 和 β 分别为信息素和启发式信息的重视程度；$\tau_{is}(t)$ 和 $\eta_{is}(t)$ 分别为不同批次之间的信息素浓度和启发式信息。

步骤3：判断候选表是否为空。若是，则结束，得到批的序列；若不是，则转步骤2。

5）改进ACO算法描述。

步骤1：初始化禁忌表、候选表、α、β、q_{m0}、蚂蚁数量、ρ_{local}、ρ_{global} 等。

步骤2：初始化 $t = 0$（t 为迭代次数），$\tau_{ij}(0)$ 初始化为常数 ε，$\Delta\tau_{ij}(0)$ 初始化为0。将蚂蚁置于初始点上。

步骤3：将初始点置于当前解集中；对蚂蚁按照状态转移规则为作业 i 选择下一个未遍历的作业 j；移动蚂蚁至节点 V_{ij}，将节点 V_{ij} 放置当前解集中，按局部更新策略方程修改轨迹强度。

步骤4：判断路径下工件的等待时间约束是否满足。若是，则转步骤5；否则，删除不可行解，转步骤5。

步骤5：计算各蚂蚁的目标函数值 $Z_{\delta}(\delta = 1,2,\cdots,M')$，$M'$ 为蚂蚁数目比较所得最小值，记录当前的最优解。

步骤6：判断迭代次数是否到达其最大值 $T_{\max}$。若是，则转步骤8；否则，$t = t+1$，转步骤7。选择各禁忌表目标值最小的作为当前解决方案。

步骤7：按全局更新策略方程修改轨迹强度，重复步骤3～6。

步骤8：输出当前最优解（批的一个排序）。

3.6.3　仿真实验与结果分析

1. 问题描述

根据某晶圆制造厂炉管区实际生产数据，设计多组不同规模的测试算例验证算法的性能。具体问题描述信息见表3.6.1。表3.6.1表明，调度问题是 B 为8的两并行批处理机台组调度，调度周期为一个月。考虑晶圆制造的如下特性。

1）重入特性，主要体现在考虑Lot的加工层数、后续加工时间等信息。

2）工件的不兼容工艺菜单为不同加工工艺之间不能被同时加工，其中阶段1的 MG^1 机台组前后道工序分别存在4种和8种工艺类型，阶段2的 MG^2 机台组存在4种加工类型，各类型对应加工时间从某一实际加工范围内选取。

3）不同准备时间为炉管对不同工艺菜单产品加工需要的准备时间，这是由物理化学特性决定的，不同工艺可能使用的气体、温度等都大不相同，所以工艺准备时间也不同。文献［40］考虑工艺间准备时间在［5,20］间随机产生，且

$$\begin{cases} RT_{ij} = RT_{ji} = 0, i = j \\ RT_{ij} \neq RT_{ji}, i \neq j \end{cases}$$

式中，RT_{ij}为工艺菜单i与工艺菜单j之间的工艺准备时间，RT_{ji}为工艺菜单j与工艺菜单i之间的工艺准备时间。相同工艺菜单之间无工艺准备时间。工艺准备时间与加工顺序也有关，例如先加工菜单i再加工菜单j与先加工菜单j再加工菜单i的准备时间也不同。若炉管所加工前后两个批次的工艺菜单相同，则准备时间为0。

4）机台之间加工等待时间与晶圆运输时间。

表 3.6.1 调度问题描述数据

问题参数	取值范围	种类数
MG^1 设备数	4、6	2
MG^2 设备数	4	1
设备最大容量	8	1
MG^1 前道工序菜单类型	1、2、3、4	4
MG^1 后道工序菜单类型	1、2、3、4、5、6、7、8	8
MG^2 工艺菜单类型	1、2、3、4	4
MG^1 前道工序不同菜单加工时间	(180, 400) 均匀分布	1
MG^1 后道工序不同菜单加工时间	(180, 400) 均匀分布	1
MG^2 工艺不同菜单加工时间	(240, 900) 均匀分布	1
到达时间/min	$(0, \frac{\tau}{M}\sum_{i=1}^{1000} p_i), \tau = 0.5, 0.75, 1$ 均匀分布	3
工件加工层数	(25, 30) 均匀分布	1
后期 MG^3 加工时间/min	(800, 1200) 均匀分布	1
工艺间准备时间/min	(5, 20) 均匀分布	1
等待时间/min	90	1
运输时间/min	(2, 5) 均匀分布	1
每个组合的运行次数		10
总问题数		7680

2. 算法参数设计

对蚁群算法性能起关键作用的参数有信息素与启发式重视程度、信息素挥发系数、迭代次数、伪随机参数以及蚂蚁个数等。文献［40］采用田口实验法来确定各实验参数的取值。针对单层炉管区并行批调度问题，其关键影响因素包括工件数量、加工类型、加工时间、工件到达时间。除加工时间外，所采用的算例见表 3.6.1，其中加工时间分别服从［10, 30］、［10, 30］和［10, 60］之间的均匀分布。在该算例条件下，设计了 7 个因子 3 水平的 17 次实验的 $L_{17}(3^7)$ 直交表进行参数的选择。其中选取了 7 个对蚁群算法影响较大的因素作为实验中的 7 个因子，其各因子的 3 个水平取值分别为信息素浓度重视程度 $\alpha = \{0.95, 0.9, 0.85\}$ 、启

发式信息素浓度重视程度$\beta=\{0.95,0.9,0.85\}$、局部信息素挥发率$\rho_{local}=\{0.15,0.1,0.05\}$、全局信息素挥发率$\rho_{global}=\{0.15,0.1,0.05\}$、迭代次数$t=\{50,80,100\}$、伪随机参数$q_{m_0}=\{0.15,0.1,0.05\}$和初始化信息素浓度$Q=\{40,50,60\}$。实验结果见表3.6.2。

表 3.6.2　田口实验方案直交表设计及结果

试验编号	参数							结果/min
	α	β	ρ_{local}	ρ_{global}	t	q_{m_0}	Q	
1	0.95	0.95	0.15	0.15	50	0.15	40	320
2	0.95	0.9	0.1	0.1	80	0.1	50	339
3	0.95	0.85	0.05	0.05	100	0.05	60	340
4	0.9	0.95	0.15	0.1	80	0.05	60	341
5	0.9	0.9	0.1	0.05	100	0.15	40	334
6	0.9	0.85	0.05	0.15	50	0.1	50	336
7	0.85	0.95	0.1	0.15	100	0.1	60	335
8	0.85	0.9	0.05	0.1	50	0.05	40	333
9	0.85	0.85	0.15	0.05	80	0.15	50	329
10	0.95	0.95	0.05	0.05	80	0.1	40	337
11	0.95	0.9	0.15	0.15	100	0.05	50	363
12	0.95	0.85	0.1	0.1	50	0.15	60	330
13	0.9	0.95	0.1	0.05	50	0.05	50	335
14	0.9	0.9	0.05	0.15	80	0.15	60	331
15	0.9	0.85	0.15	0.1	100	0.1	40	347
16	0.85	0.95	0.05	0.1	100	0.15	60	336
17	0.85	0.9	0.15	0.05	50	0.1	40	330

通过统计平均值，得到田口实验的响应图，如图3.6.4所示。

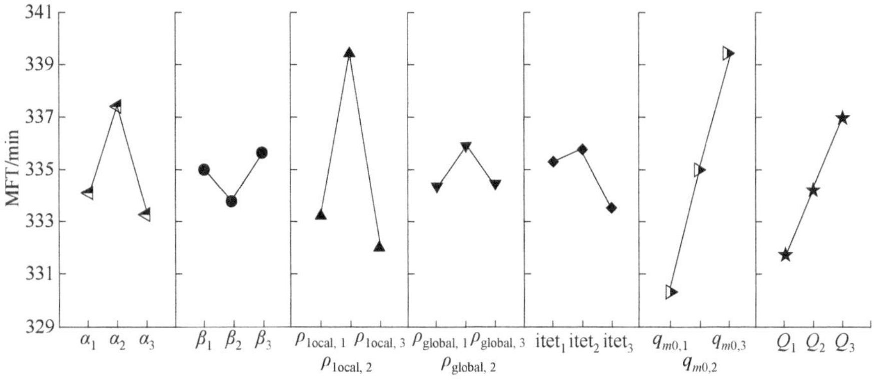

图 3.6.4　品质特性为平均流动时间的响应图

现用田口实验法对图3.6.3中的数据进行分析。图中，数字1~3代表对应因素的不同水平，如α_1代表信息素浓度重视程度α取0.95。晶圆平均流动时间属于望小特性，由此可得各因素的较优的实验数据。综上所述，IVTRP-ACO 算法基本参数为：α 取 0.85，β 取 0.9，ρ_{local} 取 0.05，ρ_{global} 取 0.15，t 取 100，q_{m_0} 为 0.15，Q 取 40。除此之外，蚁群算法的另一个重要参数蚂蚁个数，这里将蚂蚁个数设置为组批完成后批的个数，这样动态地改变蚂蚁个数使搜索时间减少的同时能保证求解质量。

3. 算法性能对比分析

文献［40］为了验证基于混合蚁群算法的分层调度算法的性能，采用批处理调度中常用的 7 种调度方法 FFLPT-LPT、FFERT-LPT、FFLPT-SPT、MBS-LPT、IVTRP-LPT、BRFFERT-AR、遗传算法（GA），以及 ILOG 公司的 CPLEX 工具与 IVTRP-ACO 调度算法进行对比。上述方法主要包括组批策略与排序策略两部分，设备选择都采用最早空闲设备规则选取，对比各算法的平均流动时间验证各阶段算法的有效性；将 IVTRP-ACO 与启发式算法、遗传算法进行对比，进一步验证 IVTRP-ACO 算法的优越性。表 3.6.3 为实验所设计的对比算例。

（1）与无 IVTRP 算法对比

文献［40］将含 IVTRP 组批规则的 IVTRP-LPT 算法、IVTRP-ACO 算法与目前解决并行批处理设备较优的四个算法进行对比，分析本节提出的算法在炉管区并行批处理机调度中减小晶圆平均流动时间的有效性与性能。四个对比算法分别采用表 3.6.3 中的 1、4、5、6。

表 3.6.3 对比算例示意表

排序方法	组批方法				
	FFLPT	FFERT	MBS	IVTRP	BRFFERT
LPT	1	2	4	5	
SPT	3			6	
AR					8
ACO				7	
GA	9				

文献［40］在组批方法上采用经典的 FFLPT 组批规则、MBS 规则和本节提出的 IVTRP 规则进行比较。批排序方法上应用 SPT 规则、LPT 规则与本节的改进蚁群算法进行比较。为了更加直观、准确地体现出算法的性能，算法将在每个测试算例上均运行 10 次，统计出这 10 次的平均值用于对比。衡量的指标有晶圆平均流动时间和 CPU 运行时间。其中，t 为运行时间。

通过对比算例 1、4、5，分别采用 FFLPT 规则、MBS 规则和 IVTRP 规则进行分批，批排序和设备选择均一致，且并行批处理设备数为 4。

分析实验结果可知，CPLEX 精确解方法虽能得到较优解，但计算耗时过长，且在规定时间内解的质量与工件负载有关。图 3.6.5 为 FFLPT-LPT、MBS-LPT、IVTRP-LPT 的平均流动时间，图 3.6.6 为相应的运算时间。由图可见，不同工件负载下前两种算法的效果相当，且计算时间也相当，但均逊色于 IVTRP-LPT 算法。例如，当 $\tau = 0.5$ 时，使用 IVTRP 组批规则的算法的晶圆平均流动时间仅为 MBS-LPT 与 FFLPT-LPT 规则的 73%。三种负载下 IVTRP 规则的效果均优于 MBS-LPT 与 FFLPT-LPT 35% 以上，说明 IVTRP-LPT 规则在工件动态到达时的组批效果明显优于 MBS-LPT 与 FFLPT-LPT。同时，当工件负载变大时，IVTRP-LPT 的求解质量有轻微减低，但减低幅度在 1% 以内，可知 IVTRP-LPT 规则在求解炉管区组批问题中稳定性较高。从实验结果可知，考虑了工件到达间隔与加工时间的可变阈值策略的确能很好地提高组批效果，对实际加工做出动态反映当τ从0.5增加到1时，MBS-LPT算法质量有小幅波动，这是由于τ过小使得工件间隔时间延长，同时炉管区加工时间长，容易造成炉管工作时经常不能满批，工件等待时间加长，造成改进平均流动时间的效果不好。但当τ过大时，容易造成缓冲区堆积，间接造成等待时间加长。因此，当$\tau = 0.75$时算法的性能更优。

综上所述，IVTRP-LPT规则在工件动态到达情况下效果较好，且质量稳定，尤其在工件负载$\tau = 0.75$时质量最为稳定。

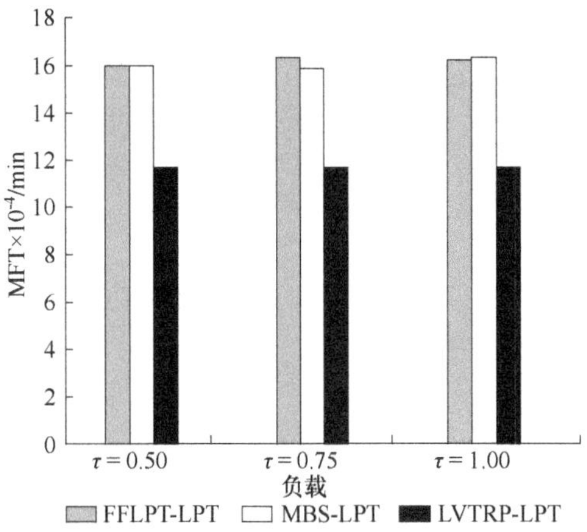

图3.6.5 不同负载下各调度算法平均流动时间对比

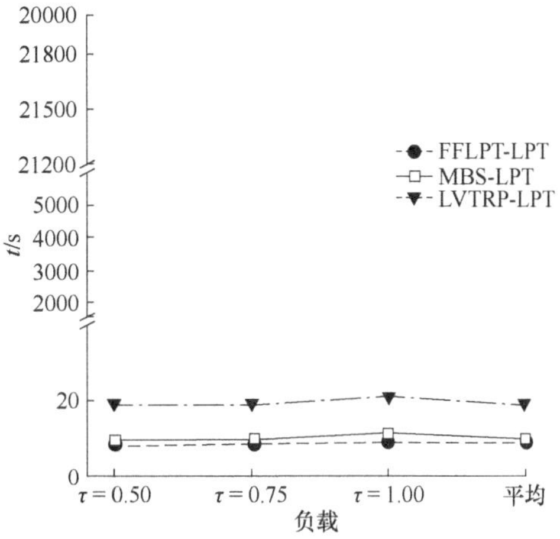

图3.6.6 不同负载下各调度算法计算时间对比

下面通过比较IVTRP-LPT、IVTRP-SPT和IVTRP-ACO算法，比较SPT、LPT与改进ACO算法在批次排序层对炉管区平均工件流动时间的影响。图3.6.7给出了三种在批次排序上算法的性能。图中，δ为三种算法的目标函数值与IVRP-LPT目标函数的比值。图3.6.6表明，在平均流动时间上面，IVTRP-ACO较IVTRP-SPT和IVTRP-LPT都有明显优势，尤其在$\tau = 0.75$时优势最为明显。当$\tau = 0.75$时，IVTRP-ACO的晶圆平均流动时间较IVTRP-SPT算法降低25.51%，较IVTRP-LPT算法降低7.41%。不同规则相比，蚁群优化算法具有更大的搜索空间，这一特点也使得在一定时间内，蚁群优化算法寻找到全局最优解或近忧解的概率更大。但较大的搜索空间也将带来求解时间的问题，相对基于规则的启发式算法，蚁群优化算法的求解时间将较长，但往往也是能接受的。综上所述，改进ACO算法在批次排序层的效果较优，利用改进ACO算法排序能很好地减低晶圆平均流动时间。

上述情况均考虑到工件的加工层数服从[25,30]之间均匀分布，层数的差异较小。为了验证算法对层数敏感程度，现采取随机产生少量晶圆的工件层数在[5,10]内，其余符合[5,30]之间，并通过对表现较好的IVTRP-LPT、FFLPT-LPT和IVTRP-ACO算法进行不同规模下的对比实验。图3.6.8为三种算法的目标函数值与IVTRP-ACO目标函数的平均比值δ'，该图表明，当工件的加工层数差异较大时，IVTRP-ACO算法也能很好地解决，并且解的质量也较稳定，且相对其他两种方法分别平均提高17.9%与35.8%。其相对提高的幅度与工件尺寸差异不大的情况下大致相同，有同样好的效果。

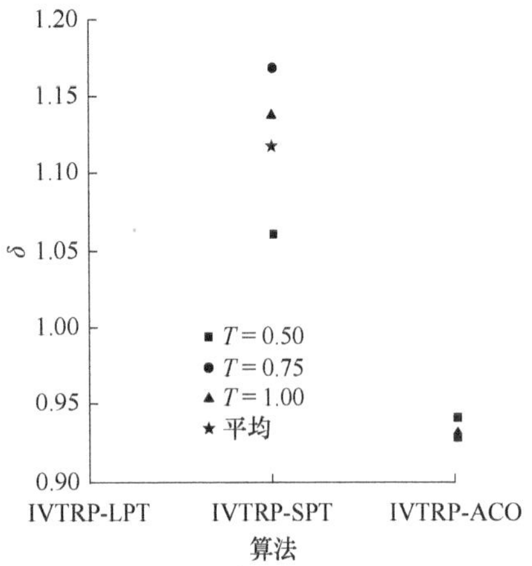

图 3.6.7 不同 τ 值时各调度方法 MFT 与 IVTRP-LPT 的比值

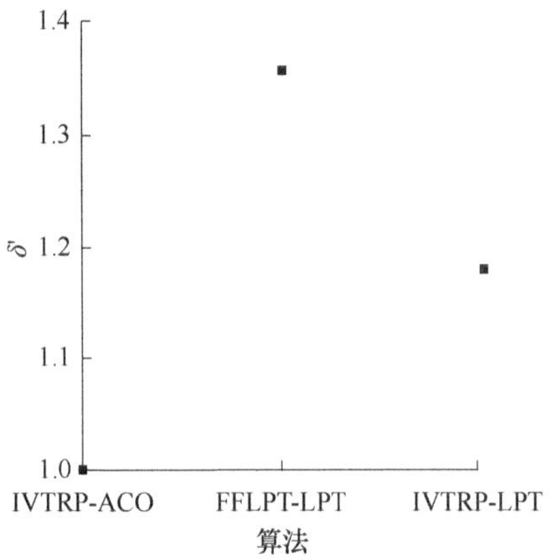

图 3.6.8 三种算法 MFT 与 IVTRP-ACO 的 MFT 平均比值

综上所述，不管调度问题如何变化，即使工件层数差异较大时，IVTRP-ACO 算法相对于其他对比算法都有很大的提高，说明算法的稳健性较好。

（2）与启发式算法、智能算法性能对比

为了进一步验证 IVTRP-ACO 算法的优越性，将基于 AR 规则的改进的启发式算法（BRFFERT-AR）、智能 GA 算法、精确方法 CPLEX 与本节提出的 IVTRP-ACO 算法进行比较，得到本节提出的解决炉管区调度算法的实际效果。为分析算法针对不用工件负载的求解性能，分别设置机台组数目 $M=4$ 和 $M=6$，τ 分别为 0.5、0.75，共 6 组算例。各算法计算结果见表 3.6.4。定义 $\bar{R}_C$ 为算法 C 所得目标值与算法 IVTRP-ACO 的距离，即

$$\bar{R}_{\mathrm{C}}=\frac{\mathrm{MFT(C)}}{\mathrm{MFT(IVTRP\text{-}ACO)}}-1 \tag{3.6.26}$$

表 3.6.4 不同测试问题下炉管区调度方法对比

测试规模	IVTRP-ACO		BRFFERT-AR			GA			CPLEX		
	MFT/s	t/s	MFT/s	t/s	$\bar{R}_{\mathrm{BRFFERT\text{-}AR}}$	MFT/s	t/s	$\bar{R}_{\mathrm{GA}}$	MFT/s	t/s	$\bar{R}_{\mathrm{CPLEX}}$
$M=4$, $\tau=0.5$	108519	1805.6	119856	30.26	10.44%	116398	460.86	7.26%	102410	21600	-5.63%
$M=4$, $\tau=0.75$	109068	2119.5	121253	29.85	11.17%	116190	594.93	6.52%	117772	21600	7.98%
$M=4$, $\tau=1$	109980	2705.1	122437	32.02	11.32%	116828	517.29	6.22%	—	21600	—
$M=6$, $\tau=0.5$	107892	1956.2	116812	30.31	8.26%	116549	450.98	8.02%	138900	21600	28.74%
$M=6$, $\tau=0.75$	108067	2006.0	119601	32.56	10.67%	116428	567.54	7.73%	143978	21600	33.23%
$M=6$, $\tau=1$	109445	2548.9	121698	32.69	11.19%	116966	544.32	6.87%	—	21600	—
平均	108828	2190.2	120276	31.34	10.51%	116559	522.65	7.10%	131421	21600	16.08%

当 $\bar{R}_{\mathrm{C}}>0$ 时，说明算法 C 劣于 IVTRP-ACO 算法，即 $\bar{R}_{\mathrm{C}}$ 越大 IVTRP-ACO 相对算法 C 越占优势；当 $\bar{R}_{\mathrm{C}}<0$ 时，说明算法 C 优于 IVTRP-ACO 算法。

实验过程中将 CPLEX 的运行时间上限设置为6h。实验结果表明，对于较小规模和负载的炉管区调度问题，CPLEX 可以求出相对质量较好的精确解，而对于较大规模的问题却难以在可接受的时间内得到满意的解。如 $M=4$，$\tau=0.5$ 时平均流动时间与 IVTRP-ACO 相近 $M=6$，$\tau=1$ 时，未能在6h 的合理时间范围内得到合理的解。相比之下，IVTRP-ACO 算法能对整个问题模型起到有效的优化作用，相对商用软件 CPLEX 平均可减低 16.08% 的平均流动时间。BRFFERT-AR 是在 FFERT 的基础上引进 BR 分批规则与 AR 批排序规则的改进启发式算法，与表 3.6.4 中 FFERT-LPT 相比，其在平均流动时间上的确有改进，但在六种规模下还是劣于 IVTRP-ACO 算法。IVTRP-ACO 算法较改进启发式算法的效果有一定提高，最大程度为 11.32%，平均减少流动时间 10.51%。由于遗传算法在组合优化问题上优于启发式规则，且批次排序效果也得到了广泛的验证，文献［40］采用了 FFLPT 组批，利用 GA 算法进行批排序的方案作为元启发式算法的对比对象。GA 中种群规模与利用 FFLPT 组批完成后批次的数目相同，交叉概率为 0.8，变异概率为 0.01 以及迭代次数为 100 次。表 3.6.4 表明，文献［40］所提出的算法在炉管区调度问题中稍优于 GA，平均求解效果提高 7.1%。且可以看出 IVTRP-ACO 算法的求解质量不会随测试问题规模的变化而有大的波动，说明 IVTRP-ACO 算法在求解炉管区调度问题上有很好的稳定性。在计算时间方面，文献［40］所提出的 IVTRP-ACO 算法的平均计算时间虽然比启发式智能算法长，但由于炉管区加工时间大约为 2～3h，所耗费的时间能够保持在合理的范围内。

由此可知，文献［40］所提出的 IVTRP-ACO 算法在降低晶圆平均流动时间方面均优于目前常用的几种启发式规则、改进启发式规则、GA 以及商用软件 CPLEX，且求解质量具有较好的稳定性和稳健性，求解时间恰当，特别适合中大规模的半导体生产线炉管区 $\beta_1 \to \beta_2$ 调度问题。

综上，针对半导体生产线炉管区多约束的 $\beta_1 \to \beta_2$ 调度问题，文献［40］以最小化晶圆平均流动时间为目标，建立了带重入特性的炉管区 $\beta_1 \to \beta_2$ 调度模型，给出的基于混合蚁群算法的分层调度算法（IVTRP-ACO），通过可变阈值控制的 IVTRP 规则对工件进行组批，通过改进蚁群优化算法对批次进行整体寻优，将 IVTRP-ACO 算法与基于规则的启发式算法、改进启发式算法、GA 以及 CPLEX 等进行对比，说明了 IVTRP-ACO 算法的有效性和可行性。

第 4 章　DNA 计算与遗传算法

• 内容导读 •

本章从 DNA 计算的生物学基础出发，讨论了 DNA 计算的基本架构，分析了 DNA 编码问题及其影响因素与编码方法，讨论了线性编码与蚁群算法编码，研究了遗传算法及 DNA 遗传算法。通过基于 DNA 遗传算法优化的常数模盲均衡算法及基于 DNA 遗传算法的表面贴装生产线负荷优化分配方法两个实例，从导入问题、融合方法、分析原理、建立框架、设计流程、性能验证等方面，环环紧扣地说明了如何将 DNA 遗传算法应用于通信和生产过程控制等领域。

DNA 是自然界唯一能够自我复制的分子，是重要的遗传物质。DNA 计算（DNA Computing）于 1994 年由美国南加州大学的 Adleman 博士提出。它是利用 DNA 特殊的螺旋结构和碱基互补配对规律进行信息编码，把要计算的对象映射成 DNA 分子键，在生物学的作用下，生成各种数据池；再按照一定的规则将原始问题的数据运算高度并行地映射成 DNA 分子链的可控的生化过程；最后，利用分子生物技术检测出所需要的运算结果。

4.1 DNA 计算

4.1.1 DNA 计算的生物学基础

构成生物体最小单位的细胞是由细胞膜、细胞质和细胞核组成的。细胞核由核质、染色质、核液三部分组成，是遗传物质存储和复制的场所。细胞核位于细胞的最内层，它内部的染色质在细胞分裂时，在光谱显微镜下可以看到产生的染色体。染色体主要由蛋白质和脱氧核糖核酸（DNA）组成，是一种高分子化合物，DNA 是其组成的基本单位。由于 DNA 大部分在染色体上，可以传递遗传物质，因此，染色体是遗传物质的主要载体。

DNA 的基本元素是核苷酸，核苷酸又分为腺嘌呤（A）、鸟嘌呤（G）、胞嘧啶（C）和胸腺嘧啶（T）。依据其拥有碱基的类型不同，可以将核苷酸分成 4 类：A 核苷酸、G 核苷酸、C 核苷酸和 T 核苷酸。一个核苷酸的羟基可与另一个核苷酸的羟基相互作用形成一种较弱的氢键，键的形成遵从互补性配对原则：A 和 T 配对（2 个氢键），C 和 G 配对（3 个氢键）。DNA 的 4 种核苷酸分子形成各种不同的特殊组合或序列便构成了成千上万种基因，携带着不同的遗传信息，指导和控制着生物体的进化生理形态和行为等多种性状的表达。

1953 年，Waston 和 Crick 经研究提出了著名的 DNA 双螺旋模型，认为 DNA 分子是由两条平行的脱氧核普酸长链盘绕而成，是一个右手双螺旋结构，如图 4.1.1 所示。

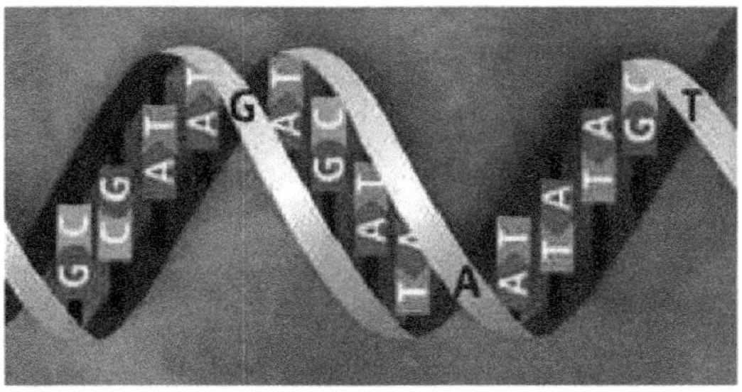

图 4.1.1 DNA 的双螺旋结构

4.1.2 DNA 计算的基本流程

DNA 计算是利用巨量的不同的核酸分子杂交，产生类似某些数学运算的一种组合结果并对其进行筛选来完成。核酸分子杂交应用核酸分子的变性和复性的性质，使来源不同的 DNA 片段按碱基互补关系形成双链分子。

DNA 计算的基本思想是，利用 DNA 特殊的双螺旋结构和碱基互补配对规律进行信息编码，将要运算的对象映射成 DNA 分子链，在生物酶的作用下生成各种数据池（Data Pool），再按照一定的规则将原始问题的数据运算高度并行地映射成 DNA 分子链的可控的生化过程，最后，利用分子生物技术（如聚合链反应（PCR）、超声波降解、亲和层析、克隆、诱变、分子纯化、电泳、磁珠分离等）检测所需要的运算结果。DNA 计算的核心问题是，将经过编码后的 DNA 链作为输入，在试管内或其他载体上经过一定时间完成可控的生物化学反应，以此来完成运算，使得从反应后的产物中能得到全部的解空间。

在 DNA 计算系统中，DNA 分子中的密码作为存储的数据，当 DNA 分子之间在某种酶的作用下瞬间完成某种生物化学反应时，可以从一种基因代码变为另一种基因代码。如果将反应前的基因代码作为输入数据，那么反应后的基因代码就可被视作运算结果。

DNA 计算最大的优点是充分利用海量的 DNA 分子中的遗传密码以及巨量的并行性。

DNA 计算的步骤如下。

步骤 1：编码。将所要解决的问题映射为一个分子的集合。

步骤 2：计算。进行各种生化反应，如杂交、连接及延伸等生成可能解空间。

步骤 3：解的分离和读取。例如，PCR 反应和凝胶电泳。

DNA 计算模型运行示意图如图 4.1.2 所示。输入的是 DNA 片段和一些生物酶，然后通过可控的生物化学反应，输出 DNA 片段，这些 DNA 片段，就是所需要求解问题的解。DNA 计算的基本原理可被视为将实际问题创造性地映射到 DNA 计算这种模式上去。

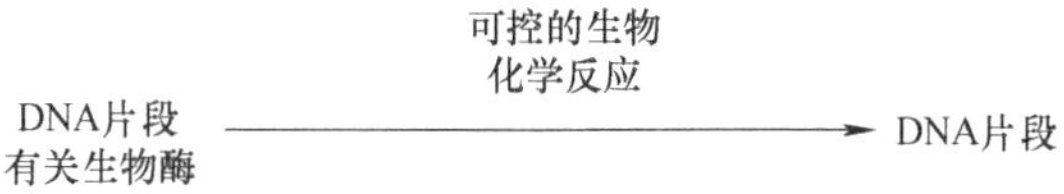

图 4.1.2 DNA 计算模型运行示意图

4.1.3 DNA 计算的基本操作

DNA 计算的基本操作是通过物理操作和化学操作两种生物操作来实现的。物理操作是指对外部条件（如温度）的调控。化学操作是通过起催化剂作用的各种酶来实现。现介绍一些 DNA 计算中基本的生物操作。

1）变性。DNA 双链加热（85℃～90℃）分解为两条 DNA 单链。

2）复性。变性后的两条 DNA 单链冷却后形成 DNA 双链。将两个互补的 DNA 单链结合在一起的过程也称为退火。

3）杂交。杂交就是利用 DNA 分子的变性与复性，使 DNA 片段按照碱基互补原则形成双链分子。杂交不仅能在 DNA 链与 DNA 链之间、RNA 链与 DNA 链之间，也可以在 PNA 链与 DNA 链之间。杂交本质就是在一定条件下使互补核酸链实现复性。

4）切割。限制性酶在特定位置上把一条 DNA 链切割成两条。DNA 的切割分为外切和内切。图 4.1.3 给出了核酸外切酶的作用示意图，图 4.1.4 给出了混合 DNA 分子的单链内切割作用示意图。

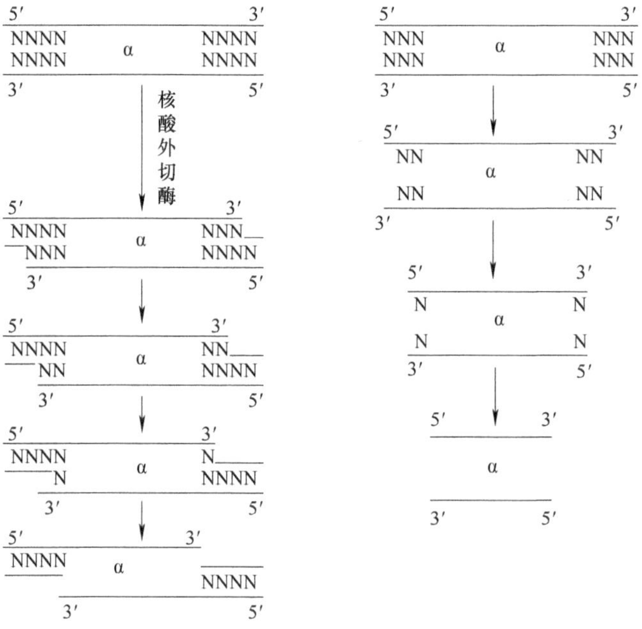

图 4.1.3　核酸外切酶的作用示意图

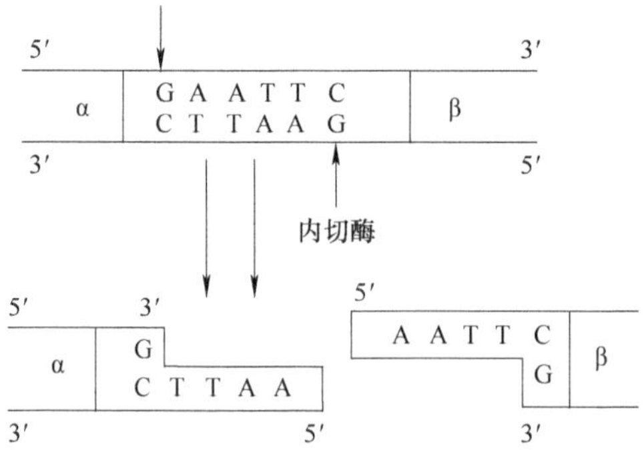

图 4.1.4　混合 DNA 分子的单链内切割作用示意图

5）连接。就是将两个有黏性末端的 DNA 键通过 DNA 连接酶连接在一起，如图 4.1.5 所示。

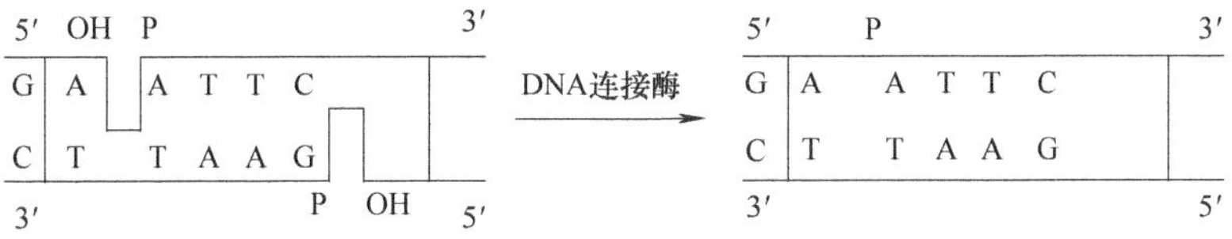

图 4.1.5 DNA 分子连接

6）延长。给 DNA 分子一端添加核苷酸让 DNA 链变长，一般用聚合酶，如图 4.1.6 所示。

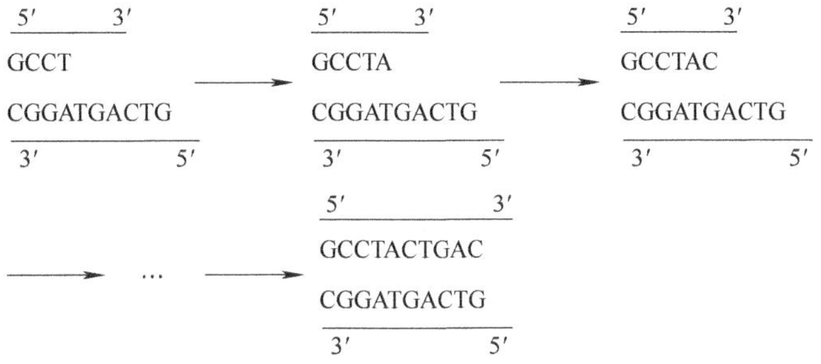

图 4.1.6 DNA 分子的延长

7）缩短。用核酸外切酶从 DNA 链的末端切除核苷酸，如图 4.1.7 所示。

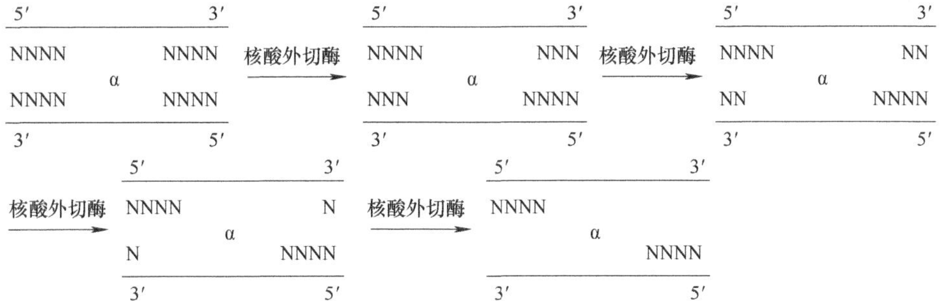

图 4.1.7 DNA 分子的缩短

8）分离。用凝胶电泳的方法使 DNA 链按长度不同分离，如图 4.1.8 所示。

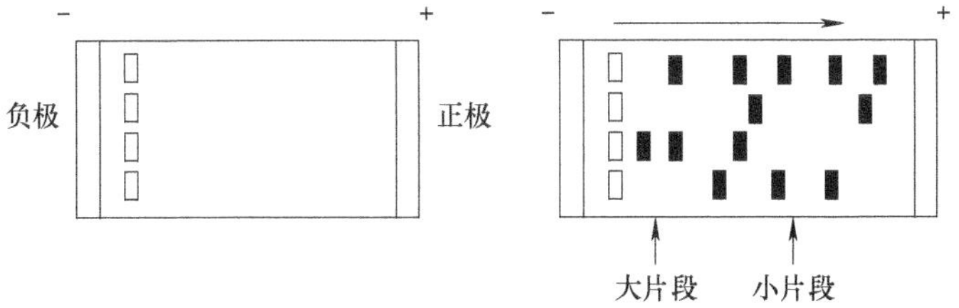

图 4.1.8 凝胶电泳示意图

9）提取。将含有特定子串的 DNA 链提取出来，如图 4.1.9 所示。

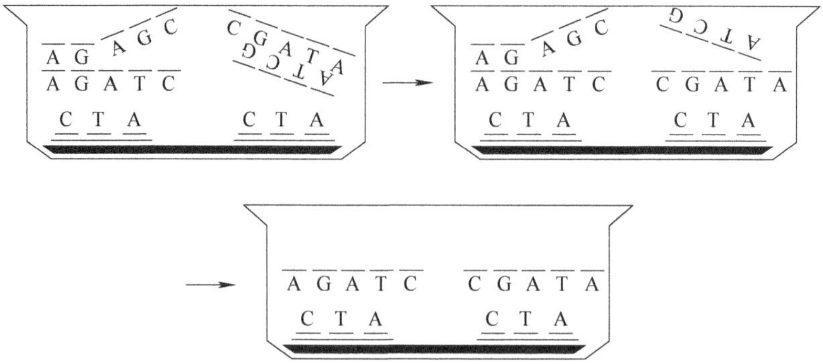

图 4.1.9　提取的示意图

10）破坏。利用限制性酶或外切酶，破坏被标记的链。

11）复制。利用聚合酶链式反应（即 PCR 扩增）可复制 DNA 链。这种方法可使链的数目以指数速度增长，复制的效率非常高。复制可以分为 3 个过程，如图 4.1.10 所示。

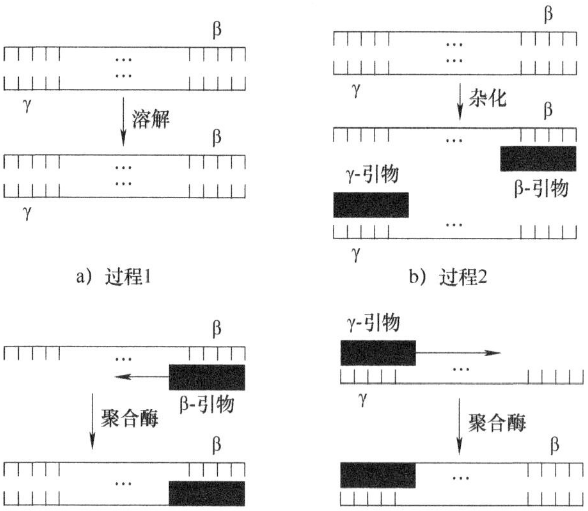

a）过程1　　b）过程2

c）过程3

图 4.1.10　DNA 分子的复制（PCR 扩增）

12）重组。DNA 重组或分子克隆就是将不同来源的 DNA 分子在体外进行特异切割，重新在一个载体上连接起来，组装成一个新的杂合 DNA 分子，再将其导入宿主细胞，随着细胞的繁殖而使重组的基因扩增，形成大量子代 DNA 分子。

4.2 DNA 编码问题

DNA 计算是通过 DNA 分子的杂交来完成的，编码希望最大限度地使被编码的 DNA 分子能够完成杂交，而不希望出现非完全互补的 DNA 分子的杂交及完全互补的 DNA 分子不杂交的现象。

杂交反应是 DNA 计算中最主要和最核心的反应，无论是提取、PCR 扩增、DNA 重组还是检测等操作，其可靠性都依赖于 DNA 分子间的特异性杂交。因此，杂交反应的效率和精度直接影响 DNA 计算的效率和最终输出结果的可靠性。DNA 分子间的杂交在不完全互补配对的情况下也能够发生，如图 4.2.1b ~ e 所示。

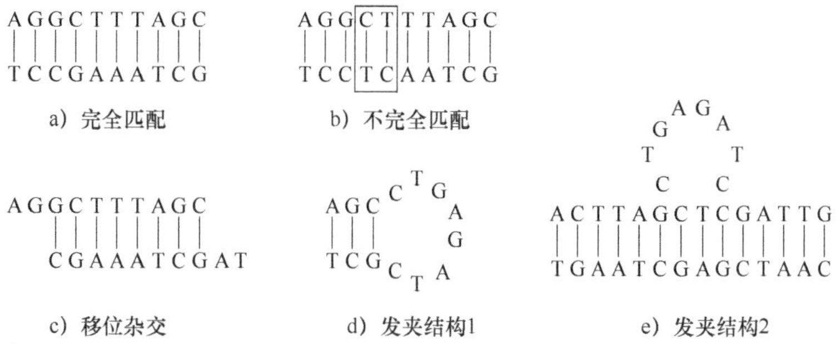

图 4.2.1　几种可能的杂交形式

通常，研究人员将 DNA 计算过程中的错误杂交分为两种：一种是假阳性，即不完全互补的 DNA 分子在适当的条件下也能够杂交形成双链分子；另一种是假阴性，即完全互补的 DNA 分子在反应过程中由于种种原因而没有杂交。假阳性主要是由于杂交的两个 DNA 分子间的序列有足够的“相似度”而造成的，而假阴性则主要是由反应条件及生化操作本身的失误引起的。编码研究的目的就是希望能够在实际的生化反应过程中，编码每一个信息元的 DNA 序列能够被最大限度地唯一识别，从而使计算过程能按计算模型所设计的方向进行。为了确保 DNA 计算结果的可靠性，就必须最大限度地降低错误杂交的可能。解决的方法主要有：① 优化 DNA 计算中表示每个信息元的编码；② 避免出现不希望的各种二级结构；③ 提高生化操作的可靠性和精度。

4.2.1　编码问题及其影响因素

编码问题的目的是最大限度地减小假阳性的出现，同时假阴性的出现也会随之减小。由于在实际的 DNA 计算中，编码问题和模型设计经常联系在一起，因此，这里的编码问题主要是研究如何降低编码之间的“相似度”。

1. 编码问题

Garzon 将 DNA 计算中的编码问题定义为：在字母表 $\sum_{\mathrm{DNA}} = \{A,G,C,T\}$ 上，存在一个长度为 N 的 DNA 分子的编码集合 S，显然集合 S 的大小 $|S| = 4^N$。求 S 的一个子集 $C \subseteq S$，使 C 中的任何二编码 s_i, s_j 满足条件

$$\tau(s_i, s_j) \geqslant k \tag{4.2.1}$$

式中，k 为正整数；τ 是评价编码性质的准则，如汉明距离、移位距离、最小相同子序列数目等。评价编码方法主要有两个指标：编码质量和编码数量。编码质量越高，DNA 计算的可靠性越高；编码数量越大，解决问题的应用规模也就越大。但在实际问题中，两者往往相互矛盾。通常总是在满足一定编码质量的条件下，求所能得到的最大编码集合。

2. 影响编码的因素

影响编码问题的因素主要有以下一些。

1）化学自由能变化 ΔG。任意两个 DNA 分子间杂交反应的化学方程式为

$$x + y \Leftrightarrow yx$$

式中，yx 代表杂交后的双链。由化学热力学可知，杂交反应的方向为自由能减小的方向。自由能是参加化学反应的单链 DNA 分子从高能量状态自发地向低能量状态的双链分子变迁所释放的能量。

自由能变化 ΔG 是评价 DNA 分子热力学稳定性的一个重要参数，除与反应物的浓度等有关外，还与 DNA 分子的组成有关。在组成条件相似（不是组成序列相同）的情况下，杂交配对程度越高，其自由能变化 ΔG 越大，双链的热力学稳定性越好。对于长度为 N 的 DNA 分子 $b_1b_2\cdots b_N$，自由能变化为

$$\Delta G = \theta + \sum_{n=1}^{N-1} w(b_n, b_{n+1}) \tag{4.2.2}$$

式中，θ 为修正值；w 是长度为 2 bp（bp 表示碱基对）的序列 b_nb_{n+1} 的一个负的权值。

2）解链温度 T_m。它指双链 DNA 分子在变性过程中，有 50% 的碱基对变为单链时的温度，这是衡量 DNA 分子的热力学稳定性的另一个重要参数。影响解链温度 T_m 的主要因素有 DNA 分子的组成、浓度、溶液的 pH 值等。其计算公式为

$$T_m = \Delta H^\circ / (\Delta S^\circ + R\ln C_t) \tag{4.2.3}$$

式中，ΔH° 和 ΔS° 分别为杂交反应的标准焓变和熵变，其计算方法和式（4.2.2）中自由能变化 ΔG 相同；R 为气体常数 1.987cal/kmol；C_t 为 DNA 分子的摩尔浓度（当 DNA 分子为对称序列时其摩尔浓度取 $C_t/4$）。

3）DNA 分子的组成。由于 DNA 计算中参加杂交反应的 DNA 分子数目巨大，因此希望所有参加反应的 DNA 分子在完全杂交时的解链温度 T_m 和自由能变化 ΔG 都能够保持在一个比较小的区间。这样就能通过控制生化反应的各种参数来提高反应的可靠性。因为在双链 DNA 分子中 A-T 间有 2 个氢键，而 G-C 间有 3 个氢键，因此 GC 含量对 DNA 分子的解链温度 T_m 和自由能变化 ΔG 有很大的影响。在 PCR 扩增中，引物设计一般要求 GC 含量大约为 50%，在编码的设计中也都取此值。

4）生物酶。酶是生化反应的重要工具，不同的酶相当于不同的算子。在各种 DNA 计算模型中，经常都要借助特定的生物酶来完成特定的目标。因此，编码时也需要考虑在 DNA 序列的某些位置设计特定的酶识别序列。同时，为了保证生物酶作用的可能性，就必须保证其识别序列只能出现在设计的位置。

5）编码距离。任何计算模式实质上都可以归结为对信息的传输和处理过程，编码距离就是描述任意两个编码间“相似度”常用的一个参数。编码距离越大，其“相似度”越小。信息论中纠错码方法有效地解决了以 0、1 编码的电子计算机中的编码问题，其数学基础是用汉明距离来度量二进制超立方体空间中二个顶点间的距离。由于 DNA 计算的特殊性，又引申出如下扩展形式。

① 汉明距离 $H(x_i, x_j)$：序列 x_i 和 x_j 上所有对应位置上字符不同的总和；

② 汉明反距离 $H^r(x_i, x_j)$：序列 x_i 和序列 x_j 的反序列 x_j^r 之间的汉明距离；

③ 汉明补距离 $H^c(x_i, x_j)$：序列 x_i 和序列 x_j 的补序列 x_j^c 之间的汉明距离。二进制序列的补序列就是将原序列中所有的 0 变为 1、1 变为 0。对于 DNA 序列，则是将所有字母变为与其配对的碱基字母；同时，其方向将发生变化，即原来序列方向为 $5' \rightarrow 3'$，则其补序列变为 $3' \rightarrow 5'$；

④ 汉明反补距离 $H^{rc}(x_i, x_j)$：序列 x_i 的补序列 x_i^c 和序列 x_j 的反序列 x_j^r 间的汉明距离；

⑤ H 测度 H_G：序列 x_j 相对序列 x_i 移动 $n(-N<n<N)$ 个位置后所得的汉明距离中的最小值

$$H_G(x_i, x_j) = \min_{-N<n<N} H(x_i, \rho^n(x_j)) = N - c_{ij} \tag{4.2.4}$$

式中，ρ^n 表示偏移 n 个位置，c_{ij} 为序列 x_i 和 x_j 偏移 n 个位置后的最大相同字符之和。显然，H 测度可以更为准确地描述两个序列间的相似度。当 $x_i = x_j$ 时，$n \neq 0$。这样，该定义就可以用来计算序列 x_i 中出现的最大重复子序列的长度。

H 测度 H_G 实质上表示了两个序列移动了 n 个位置后得到的最小汉明距离。由于 DNA 分子之间可能发生移位杂交，因此 H 测度 H_G 可以用于度量两个序列间的相似性。H 测度 H_G 越小，表示两个序列之间的相似度越大，容易发生移位杂交；H 测度 H_G 越大，表示两个序列之间的相似度越小，越不容易发生移位杂交。因此，H 测度 H_G 更为准确地描述了 DNA 序列间的距离性质。

4.2.2 编码方法

1. 模板编码方法

模板的主要思想是将 DNA 四个字母 A、G、C、T 的编码问题转化为 0、1 的二进制编码问题，从而有利于使用信息论的研究成果来进行编码方法的研究。随后，日本的 Arita 单模板编码的理论进行了深入的研究。

2. 最小长度子串方法

Feldkamp 等给出了另一种定义序列间相似度的方法，即要求所有长度为 N_s 的 DNA 序列间的最大相同子串的长度为 $N_b - 1$，且长度为 N_b 的子串在编码集合中最多只能出现一次。于是，由 $\varphi = 1 - (N_b - 1)/N_s$ 来衡量编码间的相似度。Feldkamp 等还给出了一个基于有向树的编码的随机搜索算法，搜索步骤如下。

步骤 1：产生所有长度为 N_b 的基础串集合。

步骤 2：过滤各种不满足要求的基础串，如回文结构、GC 含量、启动子、多聚 GGG 等。

步骤 3：随机选取一个合法的基础串作为有向树的树根；然后，去掉树根顶点的第一个字母，在其末尾分别加上 4 个碱基 A、C、G、T，生成 4 个树叶顶点，如图 4.2.2 所示，重复此过程直到生成长度为 $N_s - N_b$ 的有向路。

步骤 4：对新生成的 DNA 序列用各种不同的过滤器进行过滤，如 GC 含量、解链温度、酶识别序列、同源性等。

步骤 5：如果新生成的 DNA 序列满足要求，就将其加入新生成的序列集合并中止该有向树搜索过程；否则，就回到上一顶点直到遍历完整个有向树。

步骤 6：重复步骤 3～步骤 5 直到基础串集合变为空集。

在上述的有向树搜索方法中，任一个合法基础串在生成过程中只能使用一次，使得所生成的任意两个 DNA 序列中没有相同的顶点。因此，任一使用过的基础串及其补串将在生成过程中从基础串集合中被删除。图 4.2.2 所示为 $N_s = 9, N_b = 6$ 的有向树生成过程。

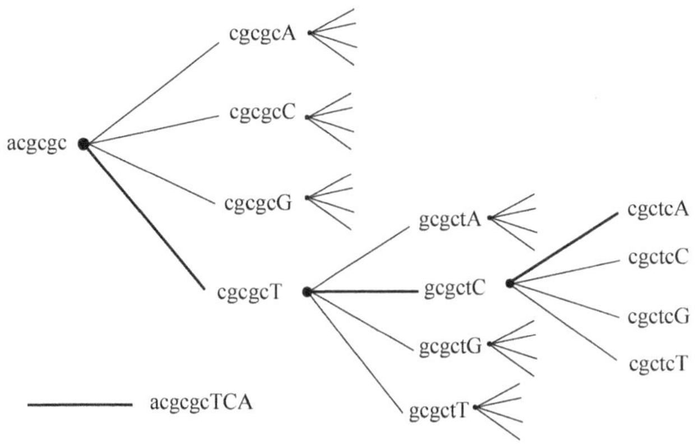

图 4.2.2　$N_s=9, N_b=6$ 的有向树

3. 编码的计数问题

为了降低 DNA 序列间的相似度，文献［50］指出所有编码序列及其补序列间的最大相同子序列的长度应该小于某一特定长度 k 。在这种假设下，所能得到的四字母表最大编码数的计算公式为

$$N = 3 \times 4^{k-2} + 5 \times 4^{k-4} - 2 \times 4^{m-1} \tag{4.2.5}$$

式中，$k=2m$ 或 $k=2m+1$，且 $k \geqslant 5$ 。

对编码的计数问题研究主要集中于单个约束条件下，满足最小汉明距离和最大相同子序列长度的编码计数问题。而 DNA 计算编码需要在同时满足多个约束条件下，开展多约束的 DNA 编码计数研究。为了在保证编码数量的情况下，寻找到性能最优编码参数，如码长 l 、最大相同子序列的长度 s 、最小汉明距离 $d_{\min}$ 和 GC 含量等，需要研究多约束条件与编码计数的关系，解决多约束条件下编码数量的估算问题。

4.2.3　线性编码

1. 线性编码方法

在 DNA 计算中，信息是以特定的 DNA 序列表示的，因此如何将 DNA 计算中信息的特异性识别同影响生化反应的各种因素及序列组成综合起来，建立一个规范化的编码方法是迫切需要解决的问题。

而根据 DNA 计算中编码的生物学特性，合理地给出编码的约束条件，建立数学模型是编码问题的关键。

在编码中，编码质量和编码数量是一对矛盾，可以通过增强约束条件来提高编码质量，但会导致编码数量急剧下降，达不到所需要的编码数量。因此，在保证编码数量的情况下，寻找到性能最优的编码参数很重要。

2. DNA 计算的编码的约束条件

（1）约束条件

影响 DNA 计算的因素主要有化学自由能变化、解链温度、生物酶和 DNA 分子的生物特异性等，这些因素将决定其序列编码的约束条件。线性编码方法是在综合考虑影响 DNA 计算的众多因素的基础上，给出 DNA 计算的编码约束条件。

为了描述方便，不妨将编码信息元的序列称为字序列（Word Sequence），用 x_i 表示，与之匹配/互补的序列称为探针序列（Probe Sequences），用 $\bar{x}_i$ 表示。DNA 分子的碱基匹配规则：A 与 T 匹配，G 与 C 匹配。由字序列与字序列连接而成的序列叫作库序列（Library Sequence），表示为 $L_N = < x_i, x_j, \cdots, x_k >$，库序列集合 $\{L_N\}$ 对应待计算问题的全体基本解空间。

DNA 计算的编码约束条件如下。

1）编码字母表 $\sum = \{A,T,C\}$，每个字序列 x_i 的长度 $|x_i| = l$，且其碱基 C 的含量约为 1/3。

2）所有的字序列 x_i 和库序列 L_N 中不含 5 个或 5 个以上连续相同的碱基。也就是说，所有的字序列 x_i 和库序列 L_N 中不含超过 4A、4C、4T 的排列。

3）长度为 $s+1$ 的子序列在所有的字序列 x_i 中至多出现一次，一般有 $s \leqslant l/2$。

4）长度为 $s+1$ 的子序列在所有的库序列 L_N 中至多出现一次。

5）任两个字序列 x_i 和 x_j 的汉明距离 $H(x_i, x_j) \geqslant H_{\min}$，$H_{\min}$ 为最小汉明距离，一般取 $H_{\min} \geqslant l/2$。

6）除了与自身所匹配的字序列 x_i 外，探针序列 $\bar{x}_i$ 与任意库序列 L_N 的任意长度为 L 的子序列的补序列 $\bar{L}_{Nj}$ 的汉明距离（即汉明补距离 $H(\bar{x}_i, \bar{L}_{Nj}) \geqslant H_{\min}, L_{Nj} \subset L_N$，$L_{Nj} \neq x_i, |L_{Nj}| = l$）大于或等于最小汉明距离 $H_{\min}$。

（2）约束条件分析

1）发夹结构。约束条件 1）采用了 $\{A,T,C\}$ 三字母表的编码策略，使编码序列不含碱基 G，探针序列不含碱基 C。其好处是：库序列与库序列之间、探针序列与探针序列之间不能完全匹配，探针序列只能与库序列正确匹配。更重要的是，各编码序列自身难以形成“发夹结构 1”（如图 4.2.1d 所示），同时也大大地减少了编码序列和其他编码序列之间形成“发夹结构 2”（如图 4.2.1e 所示）的可能性。

2）解链温度 T_m。解链温度随着 GC 含量的增加而升高，而且与 GC 在双链中位置分布的均匀程度有关，GC 在双链中的位置分布不均匀将导致解链温度的下降。

约束条件 1）和 2）保证了编码序列中碱基 C 含量稳定，以及 A、G、T 三种碱基在编码序列中分布相对均匀，从而使解链温度均匀，便于将解链温度控制在适当的范围，有利于实验的准确控制。另一方面，相同碱基过长的链容易形成非特异性的二级结构。

3）化学自由能变化 ΔG。任何一个化学反应都是一个热平衡的过程，由化学热力学可知，杂交反应的方向为自由能减小的方向。对于长度为 l 的 DNA 分子，自由能变化 ΔG 按式（4.2.2）近似计算。

在其他条件相同的情况下，杂交配对程度越高，其自由能的下降值越大，双链的热力学稳定性也越好。

约束条件 3）和 4）在很大程度上限制了“移位杂交”（如图 4.2.1c 所示）。保证“移位杂交”的自由能变化 $|\Delta G|$ 远小于“完全匹配”（如图 4.2.1a 所示）的 $|\Delta G|$，只要“移位杂交”的结合力足够弱，形成“移位杂交”的双链在分子热运动中就很容易被解链。约束条件 5）和 6）使每个字序列能够很好地被探针序列唯一识别，保证“不完全匹配（如图4.2.1b 所示）的自由能变化 $|\Delta G|$ 远小于“完全匹配”的 $|\Delta G|$，使“不完全匹配”的双链在分子热运动中难以形成。约束条件 1）的三字母表的编码策略，可以大幅度降低各种

“发夹结构”的自由能变化 $|\Delta G'|$，同时能使正确杂交（如图 4.2.1a 所示）的自由能变化在一个较小的范围内。

3. 编码的构造

(1) GC 含量

采用三字母表的编码策略，明显提高了编码序列的生物特异性，其缺点是可用编码的数量急剧减少。编码集合 Z 的大小 $|Z|$ 从 4^l 下降到 3^l，当字序列长度 $l = 15$ 时，整整下降了 2 个数量级。

在编码 W 中，碱基 C 的个数称为编码的码重，用 $w_c(W)$ 表示。在基础编码 Z 中，码重 $w_c(W) = i$ 的编码数量分布为

$$P_c(i) = \frac{C_l^i \times 2^{(l-i)}}{\sum_{i=0}^{l} C_l^i \times 2^{(l-i)}} = \frac{C_l^i \times 2^{(l-i)}}{3^l} \tag{4.2.6}$$

当 $l = 12$ 时，$P_c(i)$ 分布如图 4.2.3 所示。图 4.2.3 表明，一般地，在码重 $i = 1/3$ 处基础编码集合 Z 的分布密度最大。

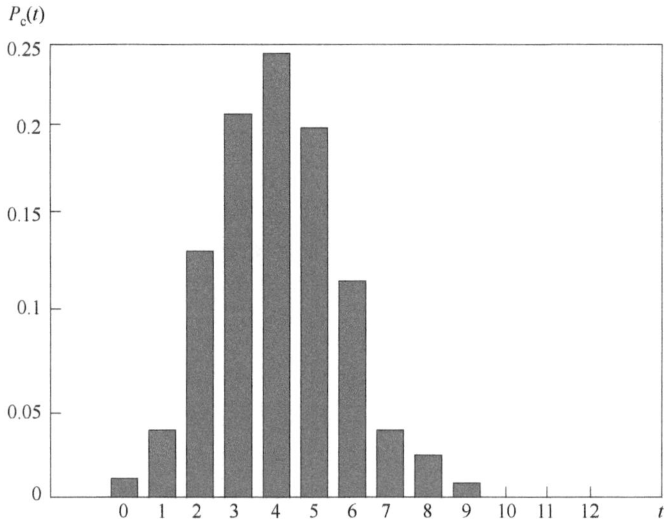

图 4.2.3 $l = 12$ 基础编码的码重分布

(2) 最大相同子序列长度

最大相同子序列的约束是非常强的，由于最小不相同子序列的长度为 $s+1$，其数量共有 3^{s+1} 个。每个序列含有 $l-s$ 个最小不相同子序列，因此字序列编码数量的上限为

$$|W| \leqslant 3^{s+1}/(l-s), s < l \tag{4.2.7}$$

为了得到满足编码的最大相同子序列长度为 s 的编码，采用的随机算法步骤如下。

步骤 1：在单个编码序列中检查长度为 s 的子序列，过滤含 2 个或 2 个以上长度为 s 的子序列的编码，得到待选编码集合 A，结果编码集合 B 为空。

步骤 2：从集合 A 中随机选择一个编码添加到结果编码集合 B。

步骤 3：根据集合 B 中的编码子序列（长度为 s），过滤集合 A 中的编码，使集合 A 中的编码不含集合 B 中的编码子序列（长度为 s）。

步骤4：重复步骤2和步骤3，直到集合 A 为空，此时，集合 B 即为所要的编码集合。

根据式（4.2.7）知，当编码长度 l 确定时，字序列数量随着 s 的增加而快速增加，但过长的 s 字序列和探针序列又容易形成"移位杂交"，一般 $s \leqslant l/2$；当 s 确定时，字序列数量随着字序列长度 l 的增加而减少，因此不能单独依靠增加编码长度来增加编码的数量。

（3）最小汉明距离

不妨用数字0、1、2来表示碱基A、T、C，这样，编码序列就变成三进制数序列，可由线性系统码来构造编码的最小汉明距离。三进制的线性码 $[l,k,H_{\min}]$（其中，l 为码长、信息位为 k、最小汉明距离为 $H_{\min}$）就表示最小汉明距离为 $H_{\min}$ 的字序列编码 W。

由汉明限定理可知，编码长度为 l，最小汉明距离为 $H_{\min}$ 的编码数量 $|W|$ 为

$$|W| \leqslant \frac{3^l}{\sum_{i=0}^{t} 2^i C_l^i} \quad t = \lfloor (H_{\min}-1)/2 \rfloor \tag{4.2.8}$$

显然，$[l,k,H_{\min}]$ 线性码的数量 $|W| = 3^k$ 应满足不等式（4.2.8）。另外，在DNA序列编码中一般取不到极大最小距离可分码（MDS码），因此 k 又满足

$$k \leqslant l - H_{\min} \tag{4.2.9}$$

当式（4.2.9）取等号时，字序列编码矩阵 $\boldsymbol{W}$ 由式（4.2.10）生成。矩阵 $\boldsymbol{W}$ 的一个行向量就是一个字序列编码。

$$\boldsymbol{W} = \boldsymbol{m} \cdot \boldsymbol{G} = [m_1 \quad m_2 \quad \cdots \quad m_k] \cdot \begin{bmatrix} 1 & 0 & \cdots & 0 & p_{11} & p_{12} & \cdots & p_{1H_{\min}} \\ 0 & 1 & \cdots & 0 & p_{21} & p_{22} & \cdots & p_{2H_{\min}} \\ \vdots & \vdots & & \vdots & \vdots & \vdots & & \vdots \\ 0 & 0 & \cdots & 1 & p_{k1} & p_{k2} & \cdots & p_{kH_{\min}} \end{bmatrix} (\text{mod}3) \tag{4.2.10}$$

式中，$m_i = 0,1,2, i = 1,2,\cdots,k$)，向量 $[m_1 \quad m_2 \quad \cdots \quad m_k]$ 共有 3^k 个；$\boldsymbol{G}$ 为标准生成矩阵，$\boldsymbol{G} = [\boldsymbol{I}\ \boldsymbol{P}]$，$\boldsymbol{G}$ 由两部分构成，前半部分为单位矩阵 $\boldsymbol{I}$，矩阵 $\boldsymbol{P}$ 的元素 $P_{ij} = 0,1,2, i = 1, 2,\cdots,k, j = 1,2,\cdots,H_{\min}$。

问题的关键是如何寻找生成矩阵 $\boldsymbol{G}$，使 $\boldsymbol{W}$ 的各行向量的最小汉明距离为 $H_{m;n}$。由线性码的编码原理可知，用矩阵 $\boldsymbol{P}$ 的负转置矩阵 $-\boldsymbol{P}^{\mathrm{T}}$ 可以构成标准监督矩阵 $\boldsymbol{H} = [-\boldsymbol{P}^{\mathrm{T}}\boldsymbol{I}]$。研究表明，$[l\ k\ H_{\min}]$ 线性码有最小汉明距离等于 $H_{\min}$ 的充要条件为，监督矩阵 $\boldsymbol{H}$ 中任意 $H_{\min}-1$ 列线性无关。基于此，可以寻找满足条件的监督矩阵 $\boldsymbol{H}$，从而构成生成矩阵 $\boldsymbol{G}$。

$$\boldsymbol{H} = \begin{bmatrix} -p_{11} & -p_{21} & \cdots & -p_{k1} & 1 & 0 & \cdots & 0 \\ -p_{12} & -p_{22} & \cdots & -p_{k2} & 0 & 1 & \cdots & 0 \\ \vdots & \vdots & & \vdots & \vdots & \vdots & & \vdots \\ -p_{1H_h} & -p_{2H_h} & \cdots & -p_{kH_h} & 0 & 0 & \cdots & 1 \end{bmatrix} \tag{4.2.11}$$

在模3运算下，$-0=0$，$-1=2$，$-2=1$。

由式（4.2.10）生成的 $\boldsymbol{W}$ 性质完全由监督矩阵 $\boldsymbol{H}$ 决定，$\boldsymbol{G}$ 和 $\boldsymbol{H}$ 是完全等价的，因此 $\boldsymbol{H}$ 决定了 $\boldsymbol{W}$ 中的字序列编码的最小汉明距离和码重分布。表4.2.1是满足 $[l\ k\ H_{\min}]$ 线性码非同构监督矩阵 $\boldsymbol{H}$ 的个数。

表 4.2.1 [$l\ k\ H_{min}$] 线性码非同构的监督矩阵 $\boldsymbol{H}$ 的个数

l	k	d_h	[$l\ k\ H_{min}$] 线性码 $\boldsymbol{H}$ 的个数
10	5	5	18432
11	5	6	36864
11	6	5	6144（$\boldsymbol{W}$ 为非平凡完备码）
12	6	6	12288

满足 [$l\ k\ H_{min}$] 线性码非同构的监督矩阵 $\boldsymbol{H}$ 不同，其生成编码的码重分布也不尽相同。例如，构成 $\boldsymbol{W}$ = [11 5 6] 线性码非同构的监督矩阵 $\boldsymbol{H}_1$ 和 $\boldsymbol{H}_2$ 如下所示，其生成线码的码重分布见表 4.2.2。

$$\boldsymbol{H}_1 = \begin{bmatrix} 2&1&2&0&1&1&0&0&0&0&0 \\ 2&1&0&1&2&0&1&0&0&0&0 \\ 2&2&1&1&0&0&0&1&0&0&0 \\ 1&1&1&1&1&0&0&0&1&0&0 \\ 1&0&2&1&2&0&0&0&0&1&0 \\ 0&1&1&2&2&0&0&0&0&0&1 \end{bmatrix}$$

$$\boldsymbol{H}_2 = \begin{bmatrix} 1&1&1&1&0&1&0&0&0&0&0 \\ 1&2&2&1&2&0&1&0&0&0&0 \\ 1&0&1&2&2&0&0&1&0&0&0 \\ 2&2&1&0&2&0&0&0&1&0&0 \\ 2&1&0&1&2&0&0&0&0&1&0 \\ 0&1&2&2&2&0&0&0&0&0&1 \end{bmatrix}$$

表 4.2.2 $\boldsymbol{H}_1$, $\boldsymbol{H}_2$ 生成线性码的码重分布

i		0	1	2	3	4	5	6	7	8~10	11	合计
$\boldsymbol{H}_1$	“1”	6	6	45	60	60	36	15	15	0	0	243
	“2”	6	6	45	60	60	36	15	15	0	0	243
	“0”	0	0	110	0	0	132	0	0	0	1	243
$\boldsymbol{H}_2$	“1”	12	0	0	165	0	0	66	0	0	0	243
	“2”	12	0	0	165	0	0	66	0	0	0	243
	“0”	0	0	110	0	0	132	0	0	0	1	243

表4.2.2 表明，用 $\boldsymbol{H}_1$ 生成线性码的字母“1”和“2”的码重分布 $P_1(i)\cdot|\boldsymbol{W}|$ 和 $P_2(i)\cdot|\boldsymbol{W}|$ 与基础编码 Z 的码重分布基本一致，如图 4.2.3 所示；用 $\boldsymbol{H}_2$ 生成线性码的字母“1”和“2”的码重分布更加集中。可见，$\boldsymbol{H}_1$ 和 $\boldsymbol{H}_2$ 分别用于构成不同码重的编码。由于字序列的编码碱基 C 可以与线性码的“0”“1”“2”任意对应，当 GC 含量等于 3/11 时，码重 $w_c(\boldsymbol{W}) = 3$，监督矩阵选择 $\boldsymbol{H}_2$ 比较合适，用“1”或“2”来对应碱基 C 将保留 165 个基础编码；当 GC 含量等于 4/11 时，码重 $w_c(\boldsymbol{W}) = 4$，监督矩阵只能选择 $\boldsymbol{H}_1$，用“1”或“2”来对应碱基 C 将保留 60 个基础编码；当 GC 含量等于 5/11 时，码重 $w_c(\boldsymbol{W}) = 5$，用“0”对应碱基 C，选择 $\boldsymbol{H}_1$ 或 $\boldsymbol{H}_2$ 都可以保留 132 个基础编码。

（4）约束的组合

在 DNA 计算编码中，还需考虑多约束组合时编码的计数问题。在三字母表中，对于最大相同子序列长度为 s、最小汉明距离为 $H_{\min}$ 和 GC 含量三组合约束的编码，通过大量的计算实验得，三组合约束编码的数量极限为

$$|W| \leqslant N_s N_d / (N_s + N_d) \tag{4.2.12}$$

式中，$N_s = 0.9 \times 3^{s+1}/(l-s)$；$N_d = 3^{k-l} \times \sum_i (C_l^i \times 2^{(l-i)})$；$i$ 为编码中碱基 C 的固定码重。式（4.2.12）的估算误差为 10%。

4. 编码算法

（1）算法设计

从数学角度，DNA 计算中的编码搜索问题实质上是一个困难的 NP-完全问题。为了得到满足一定要求的最大编码集合，DNA 序列编码的基本算法有两种：一种是搜索算法，即在全部的基础编码空间，分别用各种搜索策略（如优化的随机搜索和遗传算法）进行筛选，最终得到满足一定条件的序列编码；另一种是构造算法，先构造出满足某一部分约束条件的序列编码，再用其余的约束条件来搜索。

通过比较 DNA 序列编码的约束条件可知，约束条件 1）和 2）的约束力较弱，而且仅对单个字序列进行约束，容易搜索；约束条件 3）~6）与所有的字序列和库序列有关，约束力强，搜索计算量大，需要搜索策略和评价函数。线性码构造算法思想：先用 $[l,k,H_{\min}]$ 线性码构造最小汉明距离为 $H_{\min}$ 的字序列编码，再用约束条件 1）和 2）进行线性搜索，此时的编码空间仅为基础编码空间的 $3^{-H_{\min}} \sim 3^{-H_{\min}+1}$，然后，用约束条件 3）进行搜索，最后用约束条件 4）和 6）进行搜索。

（2）算法实现流程

步骤 1：寻找满足约束条件 5）的监督矩阵 $\boldsymbol{H}$。

步骤 2：用式（4.2.10）构造最小汉明距离等于 H_h 的全部字序列编码，加入到字序列库中。

步骤 3：用约束条件 1）和 2）过滤字序列库中的字序列编码。

步骤 4：再用随机算法过滤字序列库，得到初级字序列库，使之满足约束条件 3）。

步骤 5：根据库序列生成规则，用初级字序列库中的字序列生成库序列码。

步骤 6：用约束条件 4）和 6）搜索库序列编码，如果有不满足条件的，则删除对应的初级字序列库中的序列编码，返回步骤 5。

步骤 7：直到库序列编码满足约束条件 4）和 6），得到最终的字序列编码和库序列编码。库序列生成规则要根据具体待解决问题的计算模型而定，如果库序列可由字序列任意组合而成，那么满足约束条件 4）和 6）的库序列编码数量将非常少。例如，$(l,s,d_h) = (11,5,6)$，GC 含量约为 1/3 时，可任意组合的字序列只有十多个。

4.2.4　基于蚁群算法的 DNA 编码

1. 构造“城市”群

假定欲得到一组规模为 L 的 DNA 编码序列。首先，随机产生 $T \times L$ 条序列（T 是一个常数，根据计算的时间复杂度及对编码序列质量的要求来确定），然后，构造一个 $T \times L$ 矩阵状结

构以得到一个 T 行 L 列的城市阵列，每一个城市代表一条 DNA 编码序列，如图 4.2.4 所示。

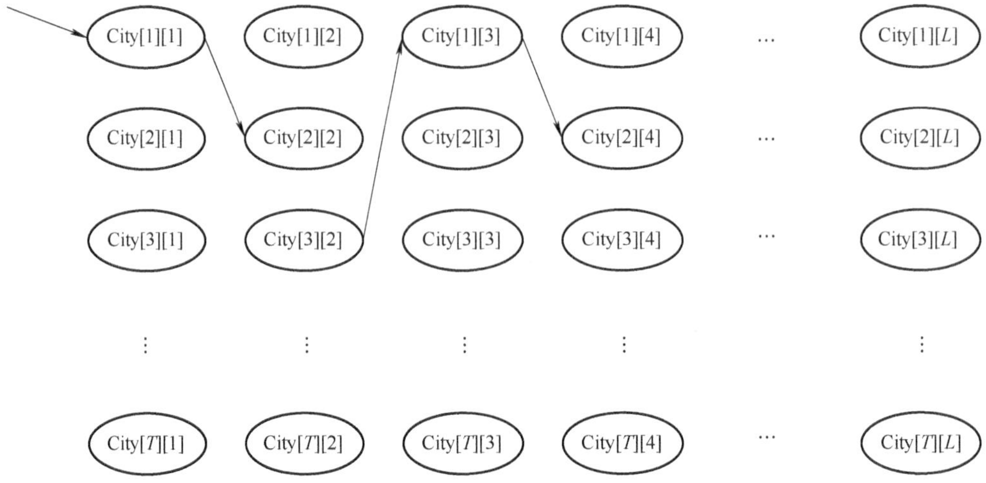

图 4.2.4　构造的 $T \times L$“城市”群

在这个 $T \times L$“城市”群中，只有第 $k-1$ 与第 $k(k \in [2,L])$ 列之间的城市有连接通道（可以通过设计禁忌表实现）。

2. 蚂蚁的转移规则

令第 $k-1$ 列中代表一条 DNA 序列的城市 a 与第 k 列中代表另一条 DNA 序列的城市 b 之间的信息量为 τ_{ab}^k，蚂蚁的总数为 N，蚂蚁 $n(n=1,2,3,\cdots,N)$ 在一次旅行中第 m 步所在的城市表示为 $T(n,m)$。

首先用一个较小的 τ_0 初始化所有的 τ_{ab}^k，并令每只蚂蚁都从第一列的城市出发，即 $T(n,1) = \text{City}[i][1](1,2,3,\cdots,L)$。

每只蚂蚁选择下一步要到达的城市，按

$$T(n,k) = \begin{cases} \text{Randomly},\text{对任意 } \tau_{ab}^k \text{ 相等} \\ \text{argmax}\{\tau_{ab}^k\},\text{其他} \end{cases} \tag{4.2.13}$$

进行。式中，Randomly 表示随机选择下一步要到达的城市，即如果所有的 τ_{ab}^k 都相等，则随机产生一个 $[1,T]$ 的整数 t，此时 $T(n,k) = \text{City}[n][k]$。

当每只蚂蚁都按照以上规则到达第 l 列的某一城市时，也就完成了一次旅行。此外，蚂蚁在城市之间构建路径的过程中，要不断地通过式（4.2.14）来减弱路径上残留的信息素，以模拟现实中信息素的挥发过程，这样可以减小下一只蚂蚁选择同样路径的概率，以扩展解的分布空间，避免陷入局部极值。这一过程叫作残留信息素的局部更新。信息素的更新公式为

$$\tau_{T(n,k-1),T(n,k)}^k(n+1) = (1-\rho) \times \tau_{T(n,k-1),T(n,k)}^k(n) + \rho\tau_0 \tag{4.2.14}$$

式中，$\rho \in [0,1)$ 表示信息素挥发系数，$1-\rho$ 为信息素残留因子。

至此，所有的蚂蚁都以完成了一次旅行，构建了一条从第 1 列到第 l 列的完整路径，评价这条路径优劣的方法是算法的关键。

3. 路径评价

将路径上的 L 个 DNA 编码序列座位作为一组规模为 L 的 DNA 编码序列，对 DNA 编码序列的热力学属性以及 DNA 编码序列结构进行分析。评价路径优劣的四个参数如下。

（1）解链温度（T_m）

根据DNA分子间的热力学属性，要求参加反应的序列的T_m值基本一致，以有效降低假阳性误杂交反应发生的概率。第i条DNA序列的T_m值计算公式为

$$T_m(x_i) = \frac{\Delta H}{\Delta S + R \times \ln(C/4)} - 273.15 \tag{4.2.15}$$

式中，ΔS表示在一定温度下各碱基之间的熵变；ΔH表示各碱基之间的焓变；R表示摩尔气体常数1.987cal/kmol；C表示核酸浓度；x_i表示第i条DNA序列，显然$i=(1,2,3,\cdots,L)$。第i条DNA编码序列的T_m值的一致程度计算公式为

$$F_{T_m}(R) = \sum_{i=1}^{s} f_{T_m}(x_i) \tag{4.2.16}$$

$$f_{T_m}(x_i) = (T_m(x_i) - \bar{T}_m)^2 \tag{4.2.17}$$

式中，$\bar{T}_m$为由用户指定的期望得到的T_m值。

（2）组分约束（GC含量）

GC含量指一条DNA序列中碱基鸟嘌呤和胞嘧啶的总个数占所有碱基总个数的比例。GC含量对保持序列化学性质的稳定具有重要意义。一般要求$\mathrm{GC}(x) \in [0.4,0.6]$。第$i$条序列中的GC含量为

$$\mathrm{GC}(x_i) = \frac{\#\mathrm{G} + \#\mathrm{C}}{|x|} \tag{4.2.18}$$

式中，#G和#C分别表示序列中碱基G和C的数量；$|x|$表示序列的长度。第i条路径中的DNA编码序列的GC含量的稳定性公式为

$$F_{\mathrm{GC}}(R) = \sum_{i=1}^{s} f_{\mathrm{GC}}(x_i) \tag{4.2.19}$$

$$F_{\mathrm{GC}}(x_i) = (\mathrm{GC}(x_i) - \overline{\mathrm{GC}})^2 \tag{4.2.20}$$

式中，$\overline{\mathrm{GC}}$为由用户指定的期望得到的GC含量。

（3）序列的连续性

控制序列中连续碱基出现的次数可以在很大程度上避免碱基配对错误。第i条路径中的DNA编码序列的连续性公式为

$$F_{Con}(R) = \sum_{i=1}^{s} [\max_{j=1,\cdots,|x|} \sum_{k=j+1}^{|x|} u(x_{ij}, x_{ik}) = \overline{\mathrm{Con}} + 1]^2 \tag{4.2.21}$$

式中，$\overline{\mathrm{Con}}$为用户所能容忍的连续碱基出现的最大次数。

$$u(x_{ij}, x_{ik}) = \begin{cases} 1, & x_{ij} = x_{ik} \\ \text{break}, & \text{其他} \end{cases} \tag{4.2.22}$$

式中，break表示跳出当前步骤的计算。

（4）汉明距离约束

在DNA编码序列设计中，采用基本汉明距离和反相汉明距离来衡量一组DNA编码序列中不同编码序列之间的相似度。其计算公式为

$$F_H(R) = U - \sum_{i=1}^{s} f_H(x_i) \tag{4.2.23}$$

$$f_H(x_i) = \sum_{i=1}^{s} (H(x_i, x_j) + H(x_i, x_{oj})) \tag{4.2.24}$$

式中，U 为一常数；x_{oj} 表示序列 x_j 的反相序列。其中

$$H(x_i, x_j) = \sum_{m=1}^{|x|} d(x_{im}, x_{jm}) \tag{4.2.25}$$

$$d(u,v) = \begin{cases} 1, u = v \\ 0, 其他 \end{cases} \tag{4.2.26}$$

通过对以上四个方面的分析，设计了一个基于权重的评价函数

$$F(R) = \sum_i w_i F_i \tag{4.2.27}$$

式中，$i \in \{T_m, \mathrm{GC}, \mathrm{Con}, H\}$；$w_i$ 为四个评价指标的权重，根据文献［53］，分别取 0.2311，0.1347，0.3100 和 0.3242。

至此，已经构建了一套完整的路径评价模型，根据式（4.2.27）计算出每只蚂蚁完成的路径所得到的评价值。然后，选择出评价值最小的蚂蚁

$$n_{\min} = \operatorname{argmin}\{F(R_j)\}, j = 0,1,2,\cdots,N \tag{4.2.28}$$

最后，信息素的全局更新规则为

$$\tau_{ij}(n+1) = (1-\alpha)\tau_{ij}(n) + \alpha F^{-1}(R_{n_{\min}}) \tag{4.2.29}$$

式中，$\alpha \in (0,1)$ 为全局更新系数；$i = T(n_{\min}, k-1), j = T(n_{\min}, k)$，$k \in [2, l]$。按式（4.2.29）得到的最优路径。

4. 交叉和变异操作

为增强算法的搜索能力，采取做交叉和变异操作，规则如下。

（1）交叉操作

受遗传算法启发，在蚁群算法中引入交叉操作，以增强算法的全局搜索能力，得到质量更好的序列。交叉操作分为路径（个体）之间的交叉与城市（序列）之间的交叉两个层次。路径之间的交叉指的是两条不同的路径之间进行交换某一城市（序列）的操作。序列之间的交叉指的是在同一路径中的不同城市（序列）之间交换一个或几个碱基的操作。图 4.2.5 和图 4.2.6 描述了这两种不同的交叉过程。

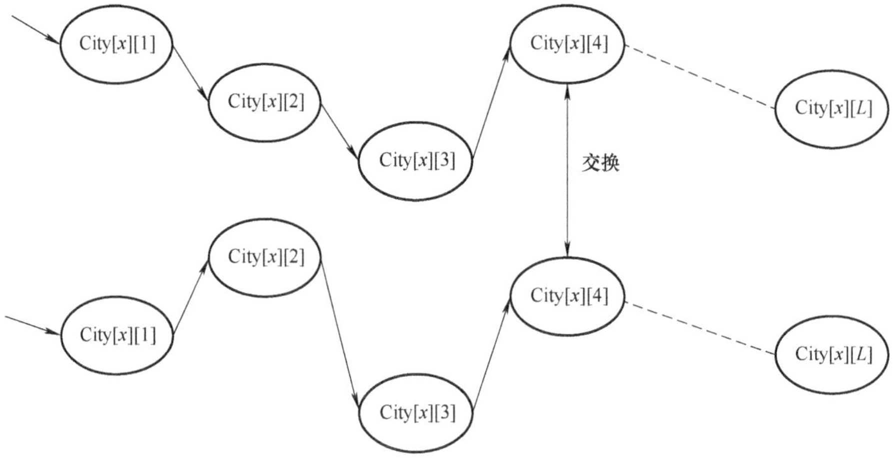

图 4.2.5　路径（个体）之间的交叉操作

ACGTCGATGGCCATATCGAT**ATTCG**ATGACTAGATGACGTAGTCGATGCATGCGT

↕ 交换

CGTGCAGTGGTGGACGTAGC**GTGTA**CGACAGTAGCGTACGCACGATCGCATGCCA

图 4.2.6　城市（序列）之间的交叉操作

这里，先执行路径（个体）之间的交叉操作，然后执行城市（序列）之间的交叉操作。需要特别指出的是，过大的交叉概率会严重影响算法的收敛速度，尤其是路径（个体）之间的交叉概率对收敛速度的影响特别明显。

（2）变异操作

在蚁群算法中引入变异操作可以改进算法的局部搜索能力。考虑到算法的收敛速度，仅采取序列的碱基上的变异操作，这和基本遗传算法中的二进制变异操作相同。

5. 算法实现流程

通过上述分析，可得出用于 DNA 编码序列设计的混合蚁群算法实现流程，如图 4.2.7 所示。

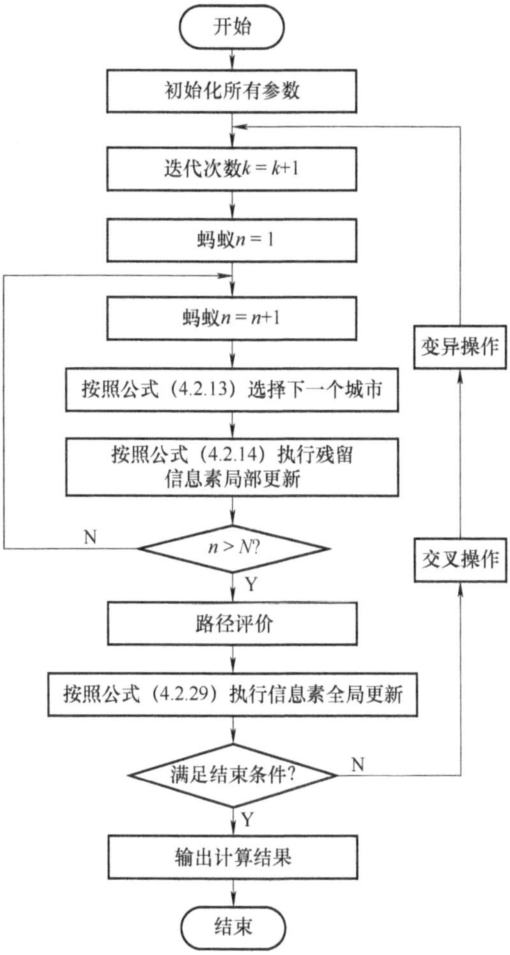

图4.2.7　用于 DNA 编码序列设计的混合蚁群算法流程

4.3 遗传算法

近年来，随着计算科学的发展以及人们对自然界认识的深入，提出了一些用于解决优化问题的生物启发式算法。例如，遗传算法、粒子群算法、人工鱼群算法、果蝇算法等。这些启发式算法不需要依赖梯度计算，能较好地找到全局最优解。与传统的数学规划法和准则法相比，启发式算法的主要优势有：①在一般情况下，算法能否收敛到全局最优解与初始群体无关；②全局搜索能力强；③使用范围广，能有效求解不同类型的问题。因此，启发式算法及其应用是值得研究的课题。

4.3.1 遗传算法原理

遗传算法是模拟自然进化过程而形成的一种搜索最优解的随机搜索法，是由美国密执安大学的 Holland 教授提出的，其主要特点是直接对求解对象进行操作，不需要所求的目标函数满足求导和函数连续性条件，它采用适者生存的进化规律求解问题的最优解。遗传算法的研究对象是一个由基因编码的一定数目的个体组成的种群，每个个体是染色体带有特征的实体，各个个体代表着需求解的问题的可能解。染色体作为生物体遗传物质的主要载体，是多个基因的组合。它有两种表现模式：基因型和表现型。在遗传算法中，一开始就需要实现从表现型到基因型的映射，即编码工作。为了降低编码工作的复杂程度，一般用简化的编码方法，最常用的就是二进制编码。而从基因型到表现型的转换即为译码工作。初始种群设置好之后，按照生物进化机制，通过逐代进化得到越来越好的所求问题的近似解。对于遗传算法进化的每一代，遗传算法会用选择算子选出种群中适应能力强的个体，然后对这些个体进行组合交叉和变异操作，产生下一代种群，它代表着一个新的解集。遗传算法的选择、交叉和变异操作过程会使后生代种群在环境中的适应生存能力强于前一代种群，这样，末代种群中的适应度函数值（简称适应度值）最大的个体经过解码就可以视为求解问题的最优解的近似值。

1. 遗传算法的基本用语

遗传算法会使用一些与自然遗传有关的基本用语，而这些基本用语对于遗传算法研究和应用是很重要的。

1）染色体（或称基因串、个体）。细胞是生物体的基本结构和功能单位，细胞内的细胞核主要由一种微小的丝状染色体构成，而染色体是携带着基因信息的数据结构，是生物遗传信息的主要载体，也可称为基因串或个体，一般用二进制位串表示。

2）基因、基因座与等位基因。基因是染色体的一个片段，它是控制生物性状的遗传物质的功能单位和结构单位，通常为单个参数的编码值。多个基因组成一个染色体。每个基因对应的染色体中的位置称作基因座，每个基因所取的值称作等位基因。染色体特征和生物个体性状是由基因和基因座决定的。

3）基因型和表现型。染色体可用基因型和表现型这两种相应的模式表示。所谓基因型是指个体的内部表现，它是由该个体特有的基因组成，该基因与个体的表现型有着密切的联系；而表现型是个体在生存环境中所具有的外部表现，它是个体基因型与生存环境条件相互作用的结果，在不同的生存环境下，同一种基因型的生物个体可以有不同的表现型。

4）编码操作与译码操作。在执行遗传算法时，操作过程中存在基因型和表现型两者之间相互转化的操作，将表现型转换为基因型称为编码操作，它实现所求解问题的搜索空间中的参数与遗传空间中个体的转换；另一个是译码操作，它将基因型转换为表现型，实现遗传空间中的个体与搜索空间中的参数或解的转换。

5）群体规模。在标准的遗传算法中，一定数量的个体组成种群，在种群中个体的数目的大小称为种群的大小，即群体规模。

2. 遗传算法的基础理论

（1）模式定理

遗传算法是模拟生物个体之间的选择、交叉和变异等遗传操作来逐步搜索问题的最优解。在这个搜索过程中，逐步产生的每一代个体在它的编码串组成结构上与其父代个体之间有一些相似的结构联系。若将个体之间具有相似结构特点的编码串与某些相似模板相联系，则遗传算法中对个体的搜索就是对这些相似模板的搜索，这样，就需要引入模式的概念。模式表示种群中的个体基因串中某些特征位相同的结构，它描述了个体编码串中具有相似结构特征的一个串子集。例如，在二进制编码串中，用0和1这两个元素所组成的一个编码串来表示个体。用0、1和“*”这三个元素所组成的一个编码串来表示模式，其中“*”表示任意字符，既可以为1，也可以为0。可见，一个模式可以隐含在多个编码串中，不同的编码串之间通过模式相互联系，使遗传算法中的编码串的运算转化为模式的运算。为了定量地估计模式运算，将模式中具有确定基因值的位置的个数称为该模式中的阶，如果阶数越高，与该模式匹配的样本数就越少，确定性就越高；将模式的定义长度表示为模式中有确定基因值的基因位从第一个到最后一个之间的距离。因此，在对遗传算法的模式概念进行相关分析后，可以将遗传算法视为一种模式的运算，即一个模式中的各个样本经过相关遗传操作进化成一些新的样本和新的模式，并且，那些低阶、短定义长度且平均适应度值高于群体平均适应度值的模式，经过选择、交叉和变异操作后，将呈指数增长，这些正是模式定理所揭示的内容。

模式定理在一定程度上证明了遗传算法的有效性，但是它仍存在一些缺陷。

1）模式定理只适合二进制编码，没有适合其他编码方案的相关结论。

2）模式定理只提供本代包含某个模式的个体数的下限，并不能根据此下限确定算法收敛与否。

3）模式定理没有解决遗传算法设计中控制参数的选取等问题。

（2）积木块假设

遗传算法是一个随机概率搜索的过程，而不是对搜索空间中每个基因都进行检测和遗传操作，只是将一些较好的模式像堆积木一样拼接在一起，从而使进化出的个体编码串在生存环境中的适应能力越来越强。而这些模式是低阶、短定义长度且平均适应度值高于群体平均适应度值的模式，它们经过选择、交叉和变异操作后，其样本将呈指数增长，将符合这些条件的模式称为积木块。

模式定理指明了积木块的样本呈指数增长和用遗传算法寻找最优解的可能性，但没有说明遗传算法一定能够搜索到最优解。而积木块假设能说明遗传算法一定能搜索到最优解。所谓积木块假设就是积木块经过选择、交叉和变异操作后，它们能够相互结合并形成适应度值更大的个体编码串，最后趋近全局最优解。它说明了用遗传算法求解各类问题的基本思想，在许多领域得到了应用，同时也证明了积木块假设的有效性。

（3）隐含并行性

由前面的讨论可知，遗传算法的一个编码串中实际上隐含有多种不同的模式，所以遗传算法的实质是模式运算。在二进制编码串中，如果编码串长度为 l，则该编码串中隐含有 2^l 种模式，在种群规模为 N 的群体中就有 $2^l \sim N2^l$ 种不同模式。随着这些模式的逐代进化，一些较长定义长度的模式将被破坏，而较短定义长度的模式将被保存下来。由此可见，遗传算法在运行过程中，每代除了处理 N 个个体之外，还并行处理了与 N 的三次方成正比的模式数。此处的并行处理过程与一般的并行算法的处理过程不一样，它是一种隐含并行性，它包含在处理过程内部。

3. 遗传算法的基本操作

（1）编码

遗传算法直接处理的对象不是所求问题中的实际决策变量，而是用某方法将所求问题的可行解转化为遗传算法的编码个体再进行有关的遗传操作，逐代搜索出适应度值较大的个体，并逐渐增加其在种群中的数量，最后寻找出问题最优解的最佳近似解。遗传算法中能将所求问题的可行解转化为遗传算法搜索个体的方法是编码，编码将求解问题的可行解从其解空间转换到遗传算法所能处理的搜索空间，它是遗传算法中的一个关键步骤。编码方法的选择与如何进行群体的遗传进化运算以及遗传进化运算的效率有着密切的关系，不同的编码方法会有不同的结果和计算效率。编码方法应满足三个规范条件：完备性、健全性和非冗余性。针对一个具体的应用问题，如何设计一种编码方法是遗传算法的一个重要研究方向。迄今为止，人们已经提出了许多种不同的编码方法，主要有二进制编码、符号编码和浮点数编码这三种编码方法，可以根据不同的要求来选择编码方法。

1）二进制编码。在遗传算法中，最常用的一种编码方法就是二进制编码。二进制编码的编码符号集是由一定数目的二进制符号 0 和 1 所组成的。由二进制编码方法编码的个体基因型是一个二进制编码串。二进制编码方法的编/解码操作简单，易于实现遗传。

2）符号编码。符号编码是指用一个无数值含义而只有代码含义的符号集来表示个体的每个基因值。符号编码不仅与积木块编码原则相符合，还便于遗传算法与其他相关的近似算法之间的结合使用。

3）浮点数编码。浮点数编码是将个体的每个基因值用某一范围的一个浮点数来表示，个体的编码长度与所求问题决策变量的个数相对应。当遗传算法中个体基因值的表示范围较大时，浮点数编码优于其他的编码方法，也就是说，当搜索空间较大时，使用浮点数编码能很好地提高遗传算法的运算效率。

（2）初始种群

遗传算法是对一定数目个体组成的群体进行遗传操作，因此要给种群赋初始值。初始种群是遗传算法的起始搜索点，一般用随机方法产生。而一定数目的个体就构成了种群的规模，种群规模对遗传算法的性能也有一定的影响。种群的规模越大，种群的多样性就越丰富，减小了陷入局部收敛的可能性，但它会增加计算量；种群规模越小，则减小可行解在搜索空间的分布范围，增大了“早熟”收敛的可能性。所以，针对不同的问题要求，种群规模也会不同。

研究表明，使用二进制编码时，若个体串的长度为 L，则种群规模的最优值为 $2^{L/2}$。

（3）适应度函数

适应度函数就是度量个体适应度大小的函数。由于遗传算法主要是以个体的适应度值为参量来进行遗传操作的，基本不需要其他信息和适应度函数的连续可导性，因此遗传算法使用适应度值来衡量群体中各个个体在优化算法中有助于找到最优解的优良程度。个体的适应度值越大，则该个体被选择遗传到下一代的概率越大；反之，被遗传到下一代的概率就越小。因此，适应度函数的选择对于遗传算法搜索效率很重要。一般情况，适应度函数是由目标函数转换而来的，遗传算法的每步搜索信息仅通过所求问题的目标函数值就能得到，这样，遗传算法在评价个体适应度值时能够体现所求问题的目标函数值的使用。计算个体适应度值的基本步骤如下。

步骤1：通过解码将个体基因型转化为对应的表现型。

步骤2：根据个体的表现型计算出该个体的目标函数值。

步骤3：根据优化问题的类型，将目标函数值转化为个体的适应度值。

最优化问题一般可有两类：一类是求目标函数的最大值，另一类是求目标函数的最小值。设目标函数用 $J(x)$ 来表示，如果要求 $J(x)$ 的最小值，则将求最小值问题转化为求最大值问题，从而将函数值非负的适应度函数定义为

$$\mathrm{fit}(x) = \frac{1}{J(x)} \tag{4.3.1}$$

反之，适应度函数为

$$\mathrm{fit}(x) = J(x) \tag{4.3.2}$$

遗传算法中，适应度函数对遗传算法的收敛速度和能否搜索到最优解都有很大的影响。如果对每代的适应度值较大的个体强调过多，则会降低种群的多样性，使算法易陷入早熟的收敛现象；反之，使算法丢失适应度值较大的个体信息，不能达到合理的收敛。因此，为了提高遗传算法的有效性，适应度函数的设计需要满足如下一些条件。

1）适应度函数值必须是连续的非负单值，且有最大值。

2）适应度函数的设计应使适应度值对应解的优劣程度。

3）适应度函数的设计尽可能降低复杂度、减少计算量。

4）针对某类具体问题，适应度函数的设计应尽可能通用。

（4）选择算子

遗传算法使用选择算子对群体中的个体进行优胜劣汰操作，即用选择算子确定如何从上一代个体中选取个体遗传到下一代，该操作是以群体中各个个体的适应度值评价为基础的，它能够避免某些基因的缺失，提高算法的全局收敛性。

常用的选择算子方法有如下一些。

1）比例选择算子。比例选择算子即轮盘选择，是指各个个体被遗传到下一代的概率与该个体适应度值的大小成正比，即个体的适应度值越大，则它被选择遗传到下一代的概率就越大。设种群规模大小为 N，个体 i 的适应度为 fit_i，则个体 i 被选择遗传的概率

$$p_i = \frac{\mathrm{fit}_i}{\sum_{i=1}^{N} \mathrm{fit}_i} \tag{4.3.3}$$

2）最优保存策略。在遗传算法进化过程中，优良个体会随着进化代数的增加而增多，但

进化过程中选择、交叉、变异等操作是一些随机的遗传操作，它们有可能破坏当前群体中适应度值最大的个体，从而降低群体的平均适应度值，影响遗传算法的运行效率和收敛速度。为了降低适应度值最大的个体被破坏的可能性，在优胜劣汰操作中引入最优保存策略，即当前群体中适应度值最大的个体不参与交叉、变异运算，并且替换本代群体中经过遗传操作后所产生的适应度值最小的个体。该方法能保证最优个体不被破坏，但也容易使得某个局部最优个体不易被淘汰而降低算法的全局搜索能力。因此，该方法一般会与其他一些选择方法联合使用的。

3）排序选择方法。它是由 Whitley 等提出的，其主要着眼点是个体适应度值之间的大小关系。首先对群体中所有个体按其适应度值大小进行降序排序，然后根据具体求解问题，设计一个概率分配表，将各个概率值按上述排列次序分配给各个个体，各个个体将以所分配到的概率值作为其能够被遗传到下一代的概率。该方法是基于概率的选择操作，且选择概率是要事先确定的，所以会产生较大的选择概率。

4）随机遍历抽样。随机遍历抽样法提供了零偏差和最小个体的扩展。首先设定需要选择的个体数目，然后用选择指针等距离地选择个体，其中选择指针的距离用需要选择的个体数目的倒数表示。

以上几种常用的选择方法对遗传算法性能的影响都不同。在实际应用时，需根据所求问题的特点，选择适合的选择方法。

（5）交叉算子

交叉运算是指两个相互配对的个体通过某种方式相互交换部分基因以形成两个新的个体。这是遗传算法区别于其他进化算法的重要特征。它在遗传算法中起着关键作用，它能使上一代群体中优良个体的特性有一定程度的保持，同时，又是产生新个体的主要方法，对于增强遗传算法的全局搜索能力很重要。常用的交叉方法有如下几个

1）单点交叉。单点交叉是最常用的、最基本的交叉操作算子。它是指对群体中的个体进行两两配对，对每一对相互配对的个体随机设置一个交叉点，然后在该交叉点相互交换部分染色体。

2）多点交叉。多点交叉也称为广义交叉，操作过程与单点交叉相似，不同的是，它在个体编码串中随机设置了多个交叉点。但该交叉方法有可能破坏一些好的模式，甚至随着交叉点数的增加，个体结构被破坏的可能性也逐渐增大，使特性好的模式更容易被破坏，影响遗传算法的性能，所以一般使用不多。

3）算术交叉。算术交叉是指两个个体进行线性组合并产生两个新的个体。它一般用于实数编码的求解问题中。

设算术交叉的两个个体为 A_t、B_t，则交叉产生的两个新个体 A_{t+1}、B_{t+1} 为

$$A_{t+1} = \alpha B_t + (1-\alpha)A_t \tag{4.3.4}$$

$$B_{t+1} = \alpha A_t + (1-\alpha)B_t \tag{4.3.5}$$

式中，α 是一个比例因子。

除了上述三种交叉方法外，还有均匀交叉、循环交叉和顺序交叉等。

（6）变异算子

变异运算是指将个体编码串中的某些基因变换为这些基因对应的等位基因，从而形成一个新的个体。变异运算改变的是个体编码串中的部分基因值，是产生新个体的辅助方法，它与遗传算法的局部搜索能力相关联，与交叉算子相结合，实现遗传算法的全局搜索和局部搜

索，提高了遗传算法的搜索性能。常用的变异方法有如下几个。

1）基本位变异。基本位变异是指以变异概率随机指定个体编码串中某几位基因座，并将这些基因座上的基因值转化为与其相应的等位基因值。该方法的操作对象只是个体编码串中的个别几个基因座上的基因值，且变异概率小，变异产生的作用不明显。

2）均匀变异。均匀变异是以变异概率将个体编码串中的每个基因座指定变异点，并将每一变异点原有的基因值转化为其对应的取值范围内的一随机数。该方法使算法能在整个搜索空间内自由搜索，能增加群体的多样性，比较适用于算法的初始运行阶段，不适合用于某一重点区域的局部搜索。

3）实值变异。一般情况下，较小的变异步长使变异操作较成功，但有时变异步长大又会加快优化速度。为了解决这个矛盾，引入实值变异，定义为

$$X' = X \pm 0.5\gamma\Delta \tag{4.3.6}$$

式中，γ 为变量的取值范围；X 为变异前的变量取值；X' 为变异后的变量取值；$\Delta = \sum_{i=0}^{m-1} \frac{a(i)}{2^i}$，其中，$a(i)$ 取值为1或0，且取1的概率为 $\frac{1}{M}$，取0的概率为 $1 - \frac{1}{M}$。

4. 遗传算法的特点与参数的选择

（1）算法的特点

遗传算法是模拟生物遗传和进化过程而形成的一种全局随机搜索算法。它与传统的优化算法存在几点不同之处。

1）传统优化算法的优化对象是决策变量的实际值；而遗传算法的优化对象是决策变量的某种形式的编码，有利于遗传操作算子的应用，且遗传算法在一些无数值或很难有数值概念的优化问题中更有其独特的优越性。

2）传统优化算法的目标函数应满足连续、可导等条件；而遗传算法只使用由目标函数变换而得的适应度值来评估基因个体，并在此基础上进行相应的遗传操作。遗传算法对搜索空间没有任何特殊要求，其适应度函数不受连续和可微条件的约束，对适应度函数的唯一要求是遗传算法的编码必须与所求问题的可行解空间相对应。

3）传统优化算法搜索最优解的迭代过程是从解空间中的一个初始点开始；而遗传算法具有隐含的并行性和并行计算能力，它对最优解的搜索是从一个初始群体开始，这个初始群体是由很多个体组成的，这样搜索点多，提供的搜索信息也多，从而提高了遗传算法的搜索效率。

4）传统优化算法的搜索方法是确定性的方法，对算法的应用范围有一定的限制；而遗传算法的搜索方法是一种概率搜索法，它用概率的变化来引导遗传算法的搜索过程在搜索空间中移向更优化的解区域，并且其选择、交叉、变异等算子都是以概率的方式进行操作的，提高了搜索的灵活性。

5）遗传算法的容错能力很强。遗传算法的初始群体中的大部分个体与所求问题的最优解相离很远，但它能通过相关的遗传操作迅速减少与最优解相差极大的个体数。

（2）遗传算法的参数选择

遗传算法中的参数对算法性能有着重要影响。

1）编码串长度。编码串长度与编码方法的选择有关。例如，二进制编码的编码串长度与所求问题要求的精度有关，而实数编码的编码串长度则等于决策变量的个数。

2）交叉概率。交叉操作对遗传算法中新个体的产生起着重要作用。交叉概率大，开辟新的搜索空间的能力强，但交叉概率过大，会破坏群体的优良模式，影响算法的优化性能；反之，交叉概率小，产生新个体的数量少，降低了群体的多样性，可能使遗传算法的搜索陷入迟钝状态。一般建议的取值范围为0.4～0.99。

3）变异概率。变异操作可以改善遗传算法的局部搜索能力，保持群体的多样性，防止早熟。变异概率大，产生的新个体多，但变异概率过大则可能破坏群体的优良模式；反之，则变异操作产生的新个体少且抑制早熟能力差。一般建议的取值范围为0.0001～0.1。

4）终止代数。终止代数是遗传算法运行结束的一个条件，当遗传算法运行到预先设置好的代数之后就会停止运行，并将最后一代群体中的最佳个体作为所求问题的最优解输出。一般建议的取值范围为100～1000。

4.3.2 自适应遗传算法

自适应遗传算法（Adaptive Genetic Algorithm，AGA）中交叉概率 p_c 和变异概率 p_m 是自适应改变的，其改变方法是借助个体适应度值来改变。当群体的优化解趋于所求问题的局部最优解时，就相应增大 p_c 和 p_m；当群体的优化解在解空间中趋于发散时，就降低 p_c 和 p_m。同时，当个体的适应度值高于群体的平均适应度值时，则 p_c 和 p_m 取值较低，使该个体对应的所求解能进入下一代；而个体的适应度值低于平均适应度值时，则 p_c 和 p_m 取值较高，使该解被淘汰掉。因此，自适应的 p_c 和 p_m 能够为所求问题的某个解提供最佳 p_c 和 p_m。自适应遗传算法进化初期在大范围内对种群进行全局搜索以避免早熟收敛；进化后期，搜索的解逼近最优解，种群的搜索应在局部范围内，以提高算法的精度。自适应遗传算法不仅能保持群体的多样性，而且能保证遗传算法的收敛性，从而使遗传算法的搜索优化能力得到有效提高。

在自适应遗传算法中，交叉概率和变异概率的自适应调整公式为

$$p_c = \begin{cases} \dfrac{k_1(\mathrm{fit}_{\max} - \mathrm{fit}')}{\mathrm{fit}_{\max} - \mathrm{fit}_{\mathrm{avg}}}, & \mathrm{fit} \geqslant \mathrm{fit}_{\mathrm{avg}} \\ k_2, & \text{其他} \end{cases} \tag{4.3.7}$$

$$p_m = \begin{cases} \dfrac{k_3(\mathrm{fit}_{\max} - \mathrm{fit})}{\mathrm{fit}_{\max} - \mathrm{fit}_{\mathrm{avg}}}, & \mathrm{fit} \geqslant \mathrm{fit}_{\mathrm{avg}} \\ k_4, & \text{其他} \end{cases} \tag{4.3.8}$$

式中，$\mathrm{fit}_{\max}$ 为当代种群中适应度最大值；$\mathrm{fit}_{\mathrm{avg}}$ 为每代群体的平均适应度值；fit' 为每一代要交叉的两个个体中的适应度较大值；fit 为每代要变异的个体适应度值；k_1、k_2、k_3、k_4 取 $(0,1)$ 区间的一个值，只要调整 k_1、k_2、k_3、k_4 就能实现交叉概率与变异概率的自适应调整，如图4.3.1与图4.3.2所示。

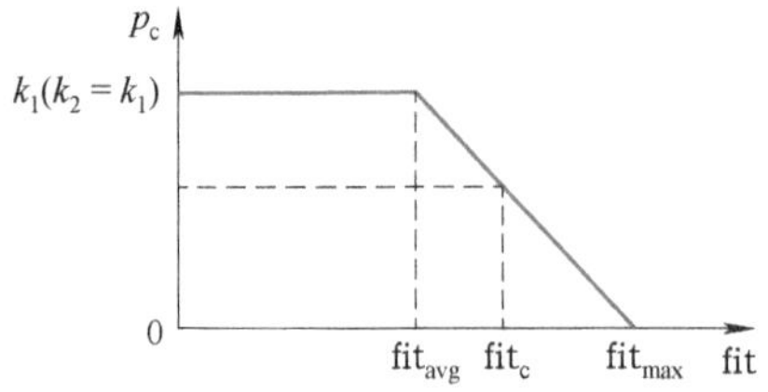

图4.3.1 自适应交叉概率（$k_1 = k_2$）

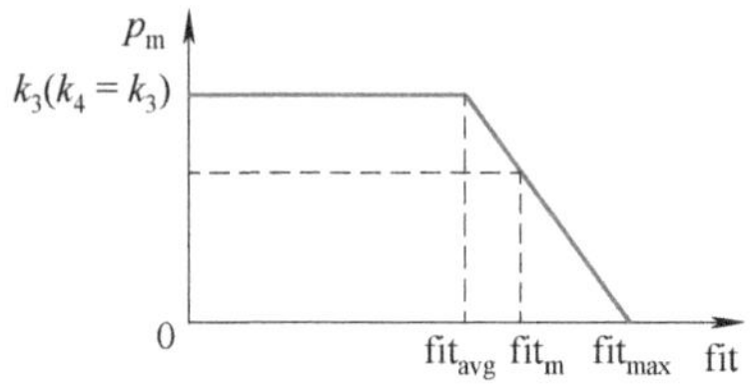

图4.3.2 自适应变异概率

式（4.3.7）与式（4.3.8）表明，当个体的适应度值低于当代群体的平均适应度值时，表明该个体的性能不好，于是对该个体采用较大的交叉概率和变异概率；如果个体的适应度值高于当代群体的平均适应度值，说明该个体性能优良，对它就根据其适应度值取相应的交叉概率和变异概率。可见，个体的适应度值越趋近于群体的适应度最大值，该个体的交叉概率、变异概率取值就越小；当个体的适应度值等于群体的适应度最大值时，交叉概率、变异概率的取值为零。这种借助于适应度值调整交叉概率和变异概率的方法比较适用于遗传算法的进化后期。这是因为进化后期群体中每个个体的性能基本上都比较好，这时不适合对个体进行较大的调整，以免使个体的优良性能结构遭到破坏；但在群体进化初期，这种自适应方法调整进化过程的效果不是很明显，群体中的较优良个体几乎不发生变化，且此时优良个体不一定就是所求问题的全局最优解，从而增加进化过程陷入局部最优解的可能性。

针对上面的问题，对式（4.3.7）和式（4.3.8）做进一步改进，使进化过程中群体适应度最大值对应的个体交叉概率 p_c 和变异概率 p_m 的值不为零，并分别提高为某一值 p_c 和 p_m，从而使群体中优良个体的交叉概率和变异概率得到相应提高，使这些优良个体不会停滞不前。这里根据适应度的相似度来自适应调整群体的交叉概率和变异概率，以群体的适应度最大值、最小值和平均值作为种群相近程度的衡量参量。交叉概率与变异概率分别为

$$p_c = \begin{cases} p_{c1} - \dfrac{p_{c1} - p_{c2}}{1 - \dfrac{\mathrm{fit}_{\min}}{\mathrm{fit}_{\max}}}, & \dfrac{\mathrm{fit}_{\mathrm{avg}}}{\mathrm{fit}_{\max}} > a,\ \dfrac{\mathrm{fit}_{\min}}{\mathrm{fit}_{\max}} > b \\ p_{c1}, & \text{其他} \end{cases} \tag{4.3.9}$$

$$p_m = \begin{cases} p_{m1} - \dfrac{p_{m1} - p_{m2}}{1 - \dfrac{\mathrm{fit}_{\min}}{\mathrm{fit}_{\max}}}, & \dfrac{\mathrm{fit}_{\mathrm{avg}}}{\mathrm{fit}_{\max}} > a,\ \dfrac{\mathrm{fit}_{\min}}{\mathrm{fit}_{\max}} > b \\ p_{m1}, & \text{其他} \end{cases} \tag{4.3.10}$$

式中，p_{c1}、p_{m1} 为种群初始交叉、变异概率；p_{c2}、p_{m2} 为提高后的种群交叉、变异概率；$0.5 < a < 1$，$0 < b < 0.5$。

4.4 DNA遗传算法

4.4.1 DNA遗传算法的基本概念

由于DNA计算的巨大并行性，因此利用DNA计算能够解决数学上复杂的优化组合问题。DNA计算的思想是将所有可能存在的问题解全部枚举出来，因而需要设计适当的操作步骤将最优解筛选出来。由于受现代分子生物学水平的限制，并不能完全实现将最优解从巨大的潜在解空间中筛选出来，因此可能会丢失最优解。为了减少DNA计算的复杂性，很多学者提出了许多改进的DNA计算方法，这些方法主要通过改进DNA编码方式来增加DNA计算的可靠性与准确性。由于目前DNA计算在数学问题上计算精度不高，无法解决工程应用中的复杂问题，因此这种计算方法主要运用于组合优化问题，具有一定的局限性。

遗传算法与DNA计算在算法思想上有相似之处，并且在多个领域得到了广泛的应用。但传统的遗传算法存在搜索效率低、局部搜索能力弱、容易陷入早熟收敛等问题。由于

DNA 是重要的遗传物质，携带重要的遗传信息，将 DNA 计算融入遗传算法，进一步模拟了生物遗传机制，提高了遗传算法的搜索性能。因此，DNA 遗传算法就是在遗传算法的基础上，采用 DNA 计算的思想，将种群中的个体编码成腺嘌呤（A）、鸟嘌呤（G）、胞嘧啶（C）和胸腺嘧啶（T）四种碱基组成的碱基序列，并且利用基因级的置换交叉操作、转位交叉操作、重构交叉操作等手段对全局最优解进行搜索的算法。

4.4.2 DNA 遗传算法的主要操作算子

1. 编码/解码方式

DNA 遗传算法有两种编码/解码方式。一种编码/解码方式是受生物体中氨基酸的合成机制的启发而设计出来的，这种编码/解码方式采用三个碱基分子表示变量，即把变量表示成氨基酸合成过程中需要的密码子，通过密码子与氨基酸对照表，就可以将碱基分子与变量一一对应。不同的氨基酸可以对应 [-9，9] 之间的整数，然后将这些整数映射到变量对应的变化区间，从而得到实际问题对应的数值。这种编码/解码方式的优点是编码/解码过程简单，缺点是表示的数据比较少，适用于变量取值为有限离散数据的情况。然而，对于大多数自变量连续取值的问题，这种编码/解码方式是不适用的。

另外一种编码/解码方式是使用一定长度的碱基串来表示问题的一个变量，从而把一个碱基串转换为对应的数字，每一个碱基对应一个数字，从而把一个碱基串转换为一个四进制数字串。与 0 - 1 二进制编码的解码过程类似，首先计算各个基因位上的加权和，然后将所得到的整数映射到该自变量的变化区间，从而得到该自变量的对应实数码。这种编码的编码精度由每个自变量对应的碱基串的长度决定，对于相同的编码长度，这种编码精度高于二进制编码的精度。通过这种编码方式可以引入复杂的基因遗传操作，因而更适合用于求解优化问题。

本节选用第二种编码/解码方式编码时，首先将 DNA 分子抽象为由腺嘌呤（A）、鸟嘌呤（G）、胞嘧啶（C）和胸腺嘧啶（T）四种碱基组成的碱基序列。为了便于计算机处理，采用 0、1、2、3 这四个数字分别对应四种 DNA 碱基，其编码空间为 $E = \{0,1,2,3\}^l$ 。在多种关系映射中，采用的映射方式为 0123/CGAT，通过这种映射关系，可以将一串 DNA 碱基序列转换为数字序列，同时碱基的数字编码也要体现互补碱基对之间的配对规律。

对于 N 维最小优化问题，可以表述为

$$\begin{cases}\min J(x_1,x_2,\cdots,x_N) \\ x_{i\min} \leqslant x_i \leqslant x_{i\max}, i = 1,2,\cdots,N\end{cases} \tag{4.4.1}$$

式中，$x_i(i = 1,2,\cdots,N)$ 代表控制变量，可以表示成长度为 l 的四进制数字串；$J(x_1,x_2,\cdots,x_N)$ 是目标函数；$x_{i\min}$ 和 $x_{i\max}$ 分别为每个变量对应的最小值与最大值，每个变量的编码精度为 $(x_{i\max} - x_{i\min})/4^l$ 。

DNA 遗传算法的解码方式与二进制解码方式相似。

首先，将四进制数解码成十进制数，即

$$\mathrm{dec}x_i = \sum_{j=1}^{l} \mathrm{bit}(j) \times 4^{l-j} \tag{4.4.2}$$

式中，$\mathrm{bit}(j)$ 是四进制数据的位数字。

然后，根据变量的不同取值范围转换为对应问题的解，即

$$x_i = \frac{\mathrm{dec}x_i}{4^{l-1}}(x_{i\max} - x_{i\min}) + x_{i\min} \tag{4.4.3}$$

这种 DNA 碱基编码/解码方式可以将更多的基因级操作引入 DNA 遗传算法中，进而提高算法的搜索性能。

2. 交叉操作

交叉操作是 DNA 遗传算法的一个重要组成部分，是种群维持多样性的重要保证。交叉操作是模拟自然界生物体有性繁殖而设计的操作算子，是 DNA 遗传算法的重要特征之一。这里采用 DNA 碱基编码方式更加有利于设计各种基因级的操作算子。下面根据现代分子生物学基因操作和 DNA 碱基编码方式设计了三种交叉操作算子：置换交叉算子、转位交叉算子和重构交叉算子。根据种群个体的适应度值将种群分为优质种群和劣质种群，在不同的种群中分别进行不同的交叉操作，增加种群的多样性，使种群朝着最优解方向进化。

交叉操作是根据 DNA 转座子的思想设计出来的。DNA 转座子是一段可以移动的 DNA 序列，DNA 转座是将一段 DNA 序列转移到另一个位置上，在这个过程中，可以使两个原本相距较远的 DNA 序列组合到一起，从而产生新的 DNA 序列。基因转座过程如图 4.4.1 所示。

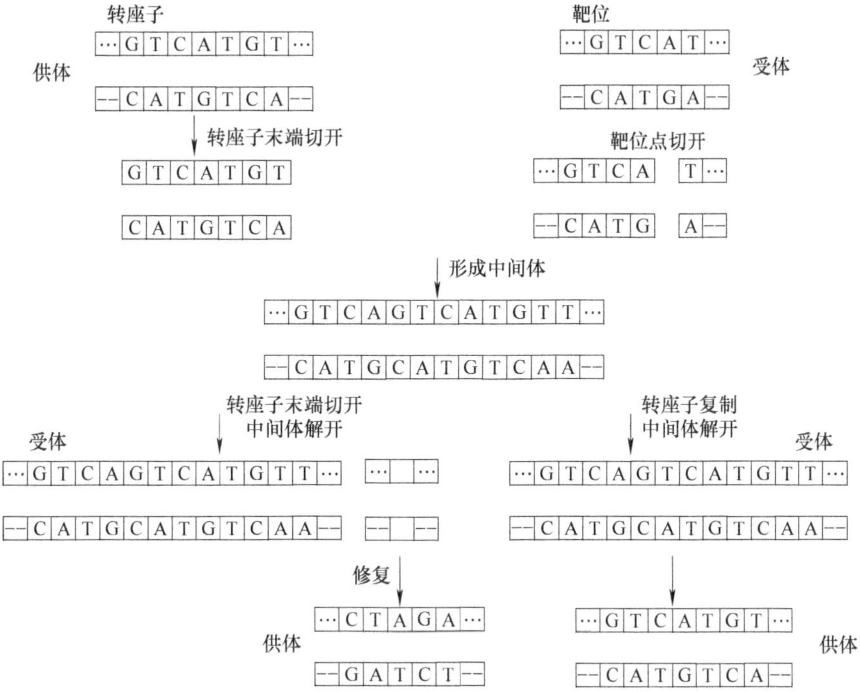

图 4.4.1　基因转座过程示意图

1）置换交叉操作。在种群中随机选取用于置换交叉操作的两个父体，在两个父体中随机选取一段碱基数目相等的基因片段，然后将这两段基因片段相互替换，从而产生两个新个体。置换交叉概率执行的概率为 p_1，置换交叉操作示意图如图 4.4.2 所示。

2）转位交叉操作。转位交叉操作与置换交叉操作不同，转位交叉操作是对一个个体执行的。首先在种群中随机选择一个个体作为父体，在该父体中随机选择一段序列作为转座子，其中转座子的位置与包含的碱基序列都是随机的，然后在该父体中随机选择一个位置，将已经选好的转座子插入到该位置中，从而形成新个体。转位交叉操作示意图如图 4.4.3 所示。

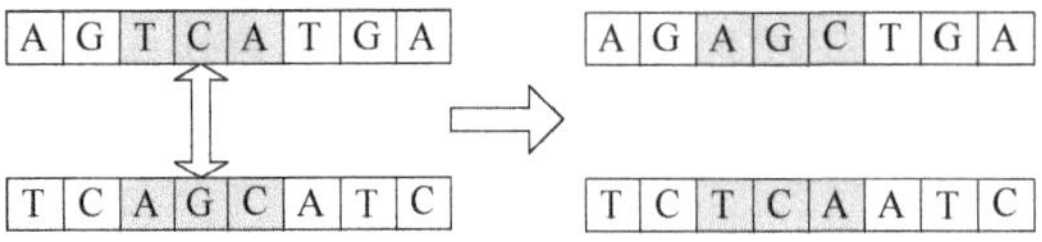

图 4.4.2　置换交叉操作示意图

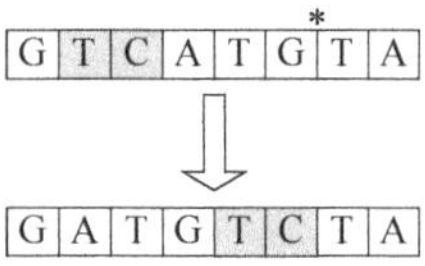

图4.4.3　转位操作示意图

3）重构交叉操作。对于 DNA 遗传算法来说，种群个体适应度值越大的个体进入下一代的概率越大。当种群中出现适应度值很大的个体时，有时候种群中会出现大部分个体的适应度值很接近，从而导致种群多样性下降，此时普通的交叉操作很难再提高种群的多样性，尽管变异操作能在一定程度上改善这种情况，但由于变异概率比较低，因此种群的多样性下降问题依然不能得到有效改善，最终导致局部最优的出现。因此，为了克服以上不足，采用了重构交叉算子，该算子通过重构种群中相似度高的个体并保留原个体的优秀基因，从而使种群具有多样性。

由于重构交叉操作是为提高种群个体的多样性而设计的，因此选取用于重构交叉操作的父体需要遵循一定的原则。首先在优质种群中选择一个用于重构交叉的父体，然后在该优质种群中随机选择两个个体作为备选个体，再用已知父体分别与两个备选父体分别比较相似度，选择与已知父体相似度大（适应度值差值较小）的个体作为另一个父体，用于重构交叉操作，分别标记两个父体为父体 A 和父体 B。

在父体 A 的末端剪切一段序列粘贴到父体 B 的首部，为了保持个体碱基序列长度保持不变，将父体 B 尾部多余的碱基序列切除，同时随机生成一段与被切除序列等长度的碱基片段粘贴到父体 A 的首部。完成操作后，生成两个序列长度相等的子代个体。重构交叉操作示意图如图 4.4.4 所示。

3. 变异操作

变异操作是 DNA 遗传算法中保持种群多样性的手段。变异操作是在 DNA 序列中随机选取一个碱基，并将其变异成另一个碱基。如图 4.4.5 所示，个体中的碱基 C 被碱基 A 所代替。

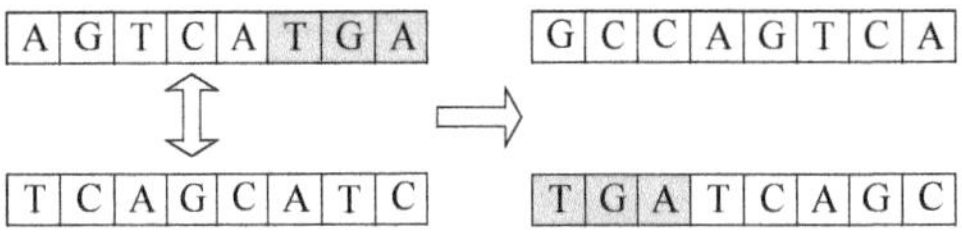

图 4.4.4　重构交叉操作示意图

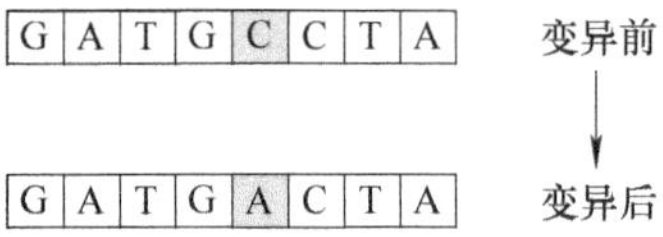

图 4.4.5　变异操作

变异操作是 DNA 遗传算法的重要组成部分，是模拟生物体基因突变现象而设计的，目的在于提高种群的多样性。传统的变异操作是单点变异，这种变异操作变异位点少，变异概率不能调节，因此难以保持种群的多样性，容易导致早熟收敛。

也可采用自适应变异操作，其每一代的变异概率随进化代数的变化而变化。根据生物学原理，在 DNA 序列中存在着“热点”和“冷点”区域，“热点”区域的变异概率高于“冷点”区域的变异概率。基于这一生物原理，将 DNA 序列分为高位和低位部分，在进化的初始阶段，为了加快收敛速度，高位部分具有较高的变异概率，在进化的后期阶段，为了实现

对最优解的精确搜索，要求DNA序列的高位部分具有较小的变异概率，低位部分具有较大的变异概率。高位和低位的变异概率公式为

$$p_{\mathrm{mh}} = a_1 + \frac{b_1}{1 + \exp[a(g - g_0)]} \tag{4.4.4}$$

$$p_{\mathrm{ml}} = a_1 + \frac{b_1}{1 + \exp[-a(g - g_0)]} \tag{4.4.5}$$

式中，p_{mh}和p_{ml}分别代表高位部分和低位部分的变异概率；a_1表示初始时刻的变异概率值，$a_1 = 0.02$；b_1表示变异概率的变化范围，$b_1 = 0.2$；g表示当前的进化代数，g_0表示变异概率变化最大时的进化代数值；a是变异概率最大时的斜率，$a = 0.2$。变异概率曲线如图4.4.6所示。

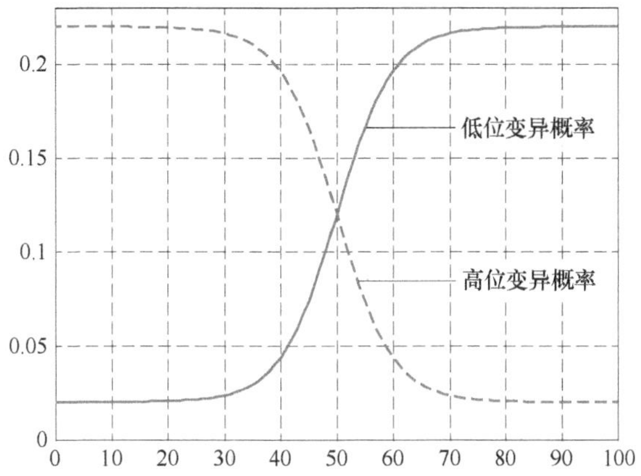

图4.4.6 DNA碱基变异概率

4. 选择操作

联赛选择操作是产生新种群的一种方法。联赛选择就是在种群中随机选择一定量的个体，挑选出适应度值最大的个体进入下一代，再将剩余的个体放回原种群，重复以上过程，直到子代个体数量达到要求。另外，为了防止将种群中适应度值最大的个体丢失掉，这里采用精英保留机制，即直接把父代种群中适应度最大的个体复制到下一代。

4.4.3 DNA遗传算法实现流程

根据DNA编码规则和上述交叉、变异和选择操作，将DNA遗传算法的操作步骤归纳如下。

步骤1：设置最大进化代数$T_{\max}$、种群规模N、DNA序列编码长度L、算法终止阈值Δ、置换交叉概率p_1、转位交叉概率p_2和重构交叉概率p_3。

步骤2：确定适应度函数并计算适应度值。初始化种群，随机生成N个长度为$M \times L$的DNA序列，构成初始种群。根据前面所述的编码规则将每个DNA序列解码，然后代入适应度函数中计算每个DNA个体的适应度值。

步骤3：种群分组。将整个种群作为搜索空间，根据个体适应度值的大小将所有个体进行排序，前一半个体为优质种群，后一半个体为劣质种群，并且将种群中个体适应度值最大的个体作为精英个体保留。

步骤4：执行交叉操作。交叉操作主要在优质种群中完成。首先在优质种群中随机选择两个个体作为父体，然后对被选中的父体分别以概率p_1和p_2执行置换交叉操作和转位交叉

操作。如果置换交叉操作和转位交叉操作均未被执行，则按概率 p_3 执行重构交叉操作。每次交叉操作产生的新个体不放回原种群。重复以上交叉操作直到产生 $N/2$ 个新个体，最后将产生的新个体和劣质种群一起放入到优质种群中，从而形成种群规模为 $3N/2$ 个个体的混合种群。

步骤 5：对种群执行变异操作。对混合种群中的个体执行自适应动态变异操作。对于种群中的每一个个体，都执行一次变异操作，然后用变异后产生的新个体取代原个体。变异操作完成后，重复执行 $N-1$ 次联赛选择操作，选择出 $N-1$ 个个体，与原来的精英个体一起组成新种群，最后计算种群个体适应度值，将适应度值最大的个体作为最优个体，种群进化代数加 1。

步骤 6：判断进化条件。如果达到设置的最大进化代数 $T_{\max}$ 或者当前最优解的个体适应度值变化小于阈值 Δ，则将种群中适应度值最大的个体作为最优个体输出，解码后的值作为问题的最优解；否则，返回步骤 2。

DNA 遗传算法的流程如图 4.4.7 所示。

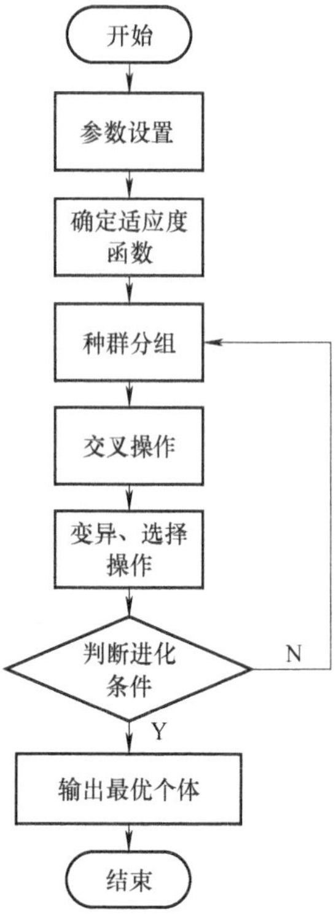

图 4.4.7 DNA 遗传算法的流程

综上，通过将 DNA 计算的思想引入遗传算法中，从而形成了 DNA 遗传算法。DNA 遗传算法采用 DNA 碱基编码方式，从而有效扩大了问题解的表示范围。通过将各种基于碱基编码设计的操作算子应用到 DNA 遗传算法中，增强了 DNA 遗传算法的全局搜索能力并且克服了早熟收敛的缺陷。

4.5 实例 4-1：基于 DNA 遗传算法优化的常数模盲均衡算法

在常数模盲均衡算法中，利用随机梯度下降法对代价函数求导从而得到均衡器权向量的更新公式。然而，随机梯度下降法缺乏全局搜索能力，容易陷入局部最优解，并且它要求代价函数连续、可导，因此，用随机梯度算法优化均衡器权向量容易使盲均衡算法陷入局部收敛，从而影响搜索质量。DNA 遗传算法是一种具有很强全局搜索能的智能搜索算法，它不依赖于问题的具体领域，具有很强的鲁棒性。利用 DNA 遗传算法求解代价函数的极小值，能够克服利用随机梯度下降法求解代价函数易陷入局部最优的缺点，提高常数模盲均衡算法的性能。

4.5.1 算法原理

将均衡器权向量作为 DNA 遗传算法的决策变量，盲均衡算法的代价函数作为 DNA 遗传算法的目标函数。为了获得目标函数全局极小值，将目标函数的倒数作为 DNA 遗传算法的适应度函数。将均衡器的输入信号作为 DNA 遗传算法的输入信号，通过 DNA 遗传算法对 CMA 代价函数最优化，从而搜索到代价函数的极小值，然后将代价函数的极小值所对应的变量值作为均衡器权向量的初始值，从而提高盲均衡算法的均衡性能，这就是基于 DNA 遗传优化的常数模盲均衡算法（Constant Modulus Blind Equalization Algorithm Based on DNA Genetic Optimization Algorithm，DNA-GA-CMA）。其原理如图 4.5.1 所示。

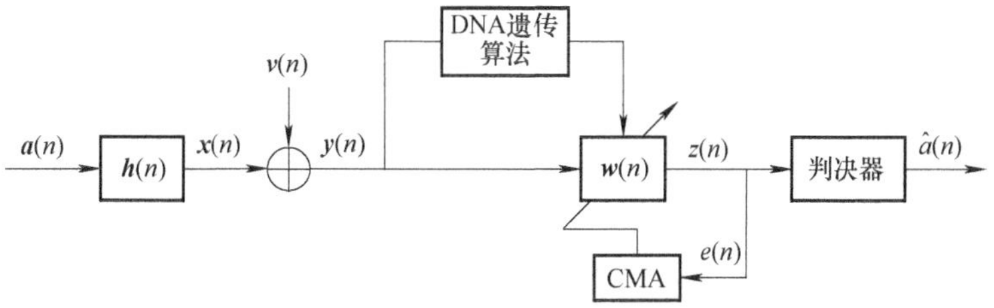

图 4.5.1 基于 DNA 遗传优化的常数模盲均衡算法原理

图中, $\boldsymbol{a}(n)$ 是零均值独立同分布发射信号, $\boldsymbol{h}(n)$ 是信道脉冲响应向量, $\boldsymbol{v}(n)$ 是加性高斯白噪声, $\boldsymbol{y}(n)$ 是均衡器接收信号, $\boldsymbol{w}(n)$ 是均衡器权向量, $z(n)$ 是均衡器输出信号, $\hat{a}(n)$ 是判决器对 $z(n)$ 的判决输出信号。

均衡器的输入信号

$$y(n) = \boldsymbol{h}^{\mathrm{T}}(n)\boldsymbol{a}(n) + v(n) \tag{4.5.1}$$

输出信号为

$$z(n) = \boldsymbol{f}^{\mathrm{T}}(n)\boldsymbol{y}(n) = \boldsymbol{y}^{\mathrm{T}}(n)\boldsymbol{f}(n) \tag{4.5.2}$$

$\boldsymbol{w}(n)$ 的更新公式为

$$\boldsymbol{w}(n+1) = \boldsymbol{w}(n) - 4\mu e(n)z(n)\boldsymbol{y}^*(n) \tag{4.5.3}$$

式中

$$e(n) = |z(n)|^2 - R^2 \tag{4.5.4}$$

式中, R^2 为 CMA 的模值, 定义为

$$R^2 = \frac{E\{|a(n)|^4\}}{E\{|a(n)|^2\}} \tag{4.5.5}$$

4.5.2 算法实现流程

算法的实现流程如图 4.5.2 所示。

步骤 1: 初始化种群。设置最大进化代数为 $T_{\max}$ 或者阈值为 Δ, DNA 遗传算法的初始种群 Chrom $= [\boldsymbol{w}_1, \boldsymbol{w}_2, \cdots, \boldsymbol{w}_N]$, 其中 $\boldsymbol{w}_N$ 对应于常数模盲均衡算法 (CMA) 的一个权向量; $1 \leqslant n \leqslant N$, N 为种群中的个体数量; 采用 A、G、C、T 四种碱基对盲均衡方法的权向量进行编码, 编码空间为 $E = \{A, G, C, T\}^L$, 其中 $L = N_L \times l$ 为每个个体 DNA 序列的长度, N_L 为盲均衡器权长, l 表示用 DNA 编码均衡器权向量中的每一个抽头系数所需要的碱基数。

步骤 2: 确定适应度函数。由于常数模盲均衡算法需要求出代价函数的极小值, 而利用 DNA 遗传算法求出来的是种群中适应度值最大的个体对应的决策变量, 因此, 将均衡器代价函数的倒数作为 DNA 遗传算法的适应度函数, 即

$$fit(\boldsymbol{w}_n) = \frac{b}{J(\boldsymbol{w}_n)} \tag{4.5.6}$$

式中, b 表示比例系数; 代价函数 $J(\boldsymbol{w}_n)$ 的全局最小值, 即适

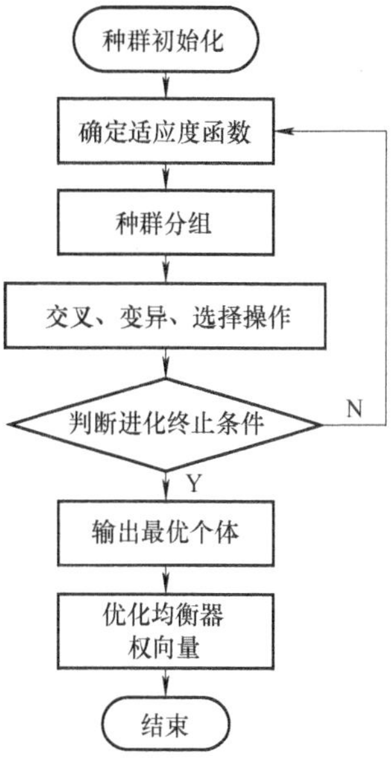

图 4.5.2 基于 DNA 遗传算法优化的常数模盲均衡算法流程图

应度函数最大值，其对应的个体为最优个体，然后将其解码后作为均衡器的初始权向量。

步骤 3：对种群分组。以整个种群作为搜索空间，将均衡器的接收信号作为 DNA 遗传算法的输入信号，计算种群中每个个体的适应度值，根据个体适应度值的大小将所有个体进行排序，前一半个体为优质种群，后一半个体为劣质种群，并且将种群中个体适应度值最大的个体作为精英个体保留。

步骤 4：执行交叉操作。首先在优质种群中随机选择两个个体作为父体，然后对被选中的父体分别以概率 p_1 和 p_2 执行置换交叉操作和转位交叉操作；如果置换交叉操作和转位交叉操作均未被执行，则按概率 p_3 执行重构交叉操作。每次交叉操作产生的新个体不放回原种群。重复以上交叉操作直到产生 $N/2$ 个新个体。最后，将产生的新个体和劣质种群一起放入到优质种群中，从而形成种群规模为 $3N/2$ 个个体的混合种群。

步骤 5：对混合种群执行变异、选择操作。变异操作采用自适应动态变异操作。对于种群中的每一个个体，都执行一次变异操作，然后用变异后产生的个体取代原个体。变异操作完成后，重复执行 $N-1$ 次联赛选择操作，选择出 $N-1$ 个个体，与原来的精英个体一起组成新种群。最后，计算每个个体的适应度值，将适应度值最大的个体作为最优个体，种群进化代数加 1。

步骤 6：判断是否达到进化终止条件。如果达到最大进化代数 $T_{\max}$ 或者当前最优解的个体适应度值变化小于阈值 Δ，则将种群中适应度值最大的个体作为最优个体输出，解码后作为均衡器权向量的最优值；否则，返回步骤 3。

4.5.3 仿真实验与结果分析

为了检验 DNA-GA-CMA 的有效性，以 CMA、基于遗传算法的常数模盲均衡算法（GA-CMA）为比较对象进行仿真实验。

【实验 4.5.1】 信道 $\boldsymbol{h}=[0.3132\ -0.1040\ 0.8908\ 0.3134]$，信道噪声为高斯白噪声，发射信号为 4QAM，均衡器权长为 16，CMA 的步长 $\mu_{\text{CMA}}=0.0028$，GA-CMA 的步长 $\mu_{\text{GA-CMA}}=0.001$，DNA-GA-CMA 的步长 $\mu_{\text{DNA-GA-CMA}}=0.004$，抽头系数采用中心抽头初始化，信噪比为 20dB，训练样本个数 $N=8000$。

DNA-GA-CMA 种群规模取 50，置换交叉概率 $p_1=0.8$，转位交叉概率 $p_2=0.5$，重构交叉概率 $p_3=0.2$。变异操作为自适应变异。终止进化代数为 100 代。GA-CMA 种群规模取 50，交叉概率为 0.7，变异概率为 $1/16$。500 次蒙特卡罗仿真结果如图 4.5.3 和图 4.5.4 所示。

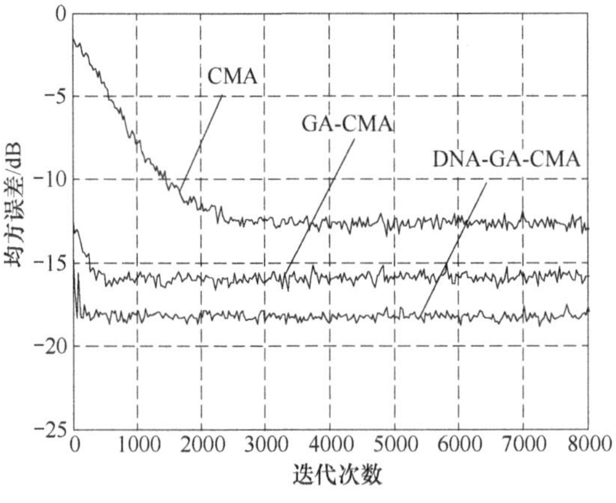

图 4.5.3 均方误差迭代曲线

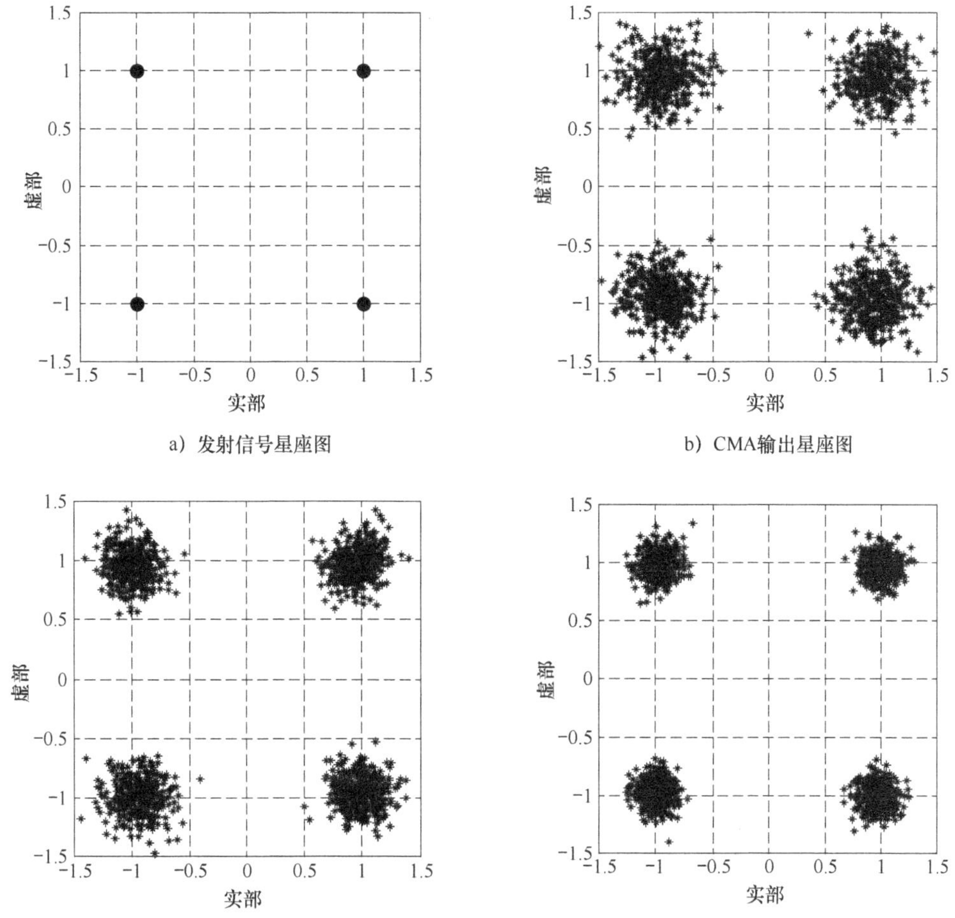

a）发射信号星座图　b）CMA输出星座图

c）GA-CMA输出星座图　d）DNA-GA-CMA输出星座图

图 4.5.4　4QAM 的输出星座图

图4.5.3表明，DNA-GA-CMA 收敛速度最快，比 GA-CMA 快约 500 步，比 CMA 快约 2400 步。在稳态误差方面，DNA-GA-CMA 的稳态误差比 GA-CMA 的稳态误差小约 3dB，比 CMA 的稳态误差小约 4dB。图4.5.4表明，DNA-GA-CMA 的输出星座图比 GA-CMA 和 CMA 的星座图更加紧凑、清晰。

【实验 4.5.2】 信道 $\boldsymbol{h}=[0.9656\ -0.0906\ 0.0578\ 0.2368]$，信道噪声为高斯白噪声，发射信号为 4PSK，均衡器权长为 16，CMA 的步长 $\mu_{\text{CMA}}=0.0002$，GA-CMA 的步长 $\mu_{\text{GA-CMA}}=0.00015$，DNA-GA-CMA 的步长 $\mu_{\text{DNA-GA-CMA}}=0.0003$，抽头系数采用中心抽头初始化，信噪比为 20dB，训练样本个数 $N=8000$。

DNA-GA-CMA 种群规模为 50，置换交叉概率 $p_1=0.75$，转位交叉概率 $p_2=0.4$，重构交叉概率 $p_3=0.3$。变异操作采用自适应变异。终止进化代数为 100 代。GA-CMA 种群规模为 50，交叉概率为 0.6，变异概率为 0.05，500 次蒙特卡罗仿真结果如图 4.5.5 和图 4.5.6 所示。

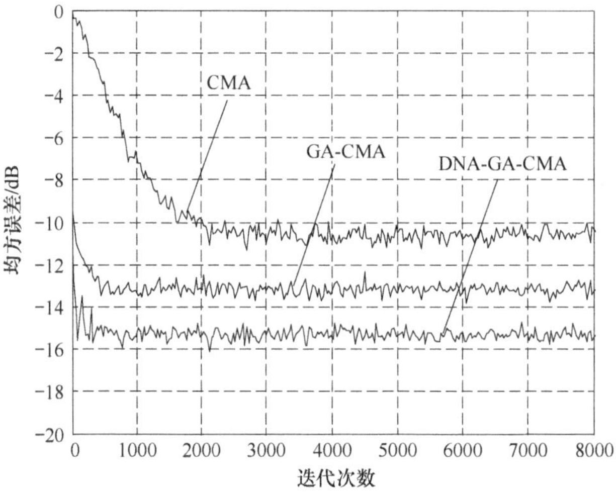

图 4.5.5　均方误差迭代曲线

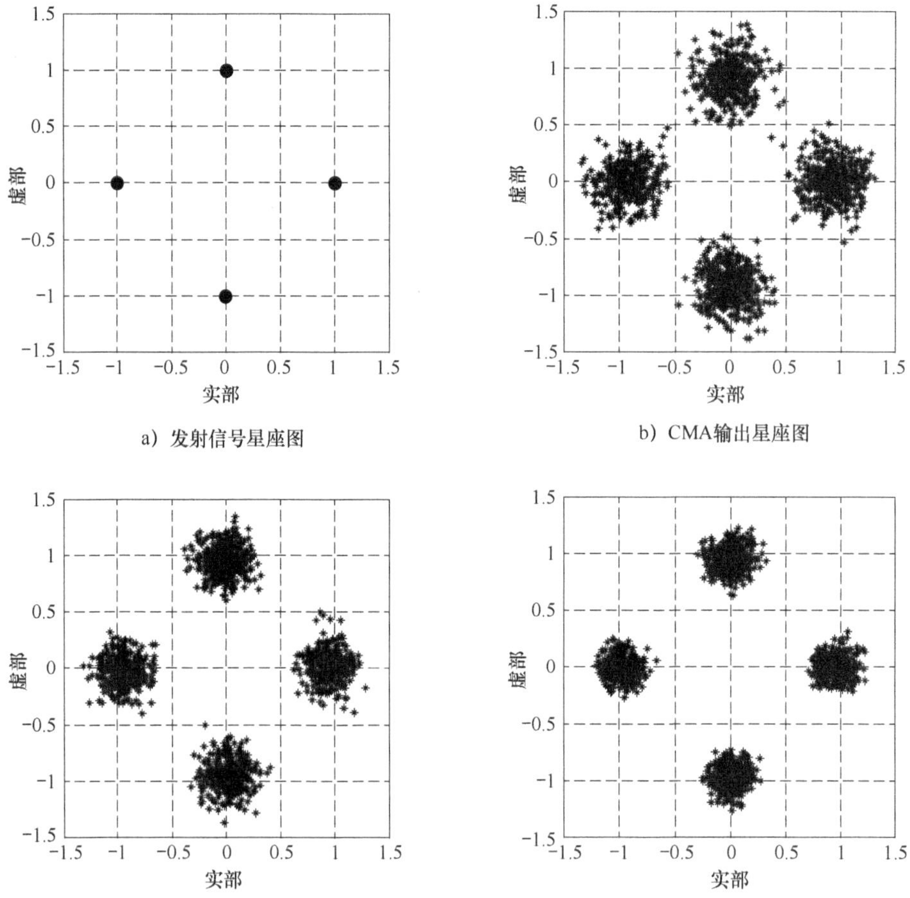

a）发射信号星座图

b）CMA输出星座图

c）GA-CMA输出星座图

d）DNA-GA-CMA输出星座图

图 4.5.6　4PSK 的输出星座图

图 4.5.5 表明，DNA-GA-CMA 的收敛速度比 GA-CMA 快约 300 步，比 CMA 快约 2000 步。在稳态误差方面，DNA-GA-CMA 的稳态误差比 GA-CMA 的稳态误差小约 2dB，比 CMA 的稳态误差小约 4dB。图 4.5.6 表明，DNA-GA-CMA 的输出星座图最清晰。

4.6 实例 4-2：基于 DNA 遗传算法的表面贴装生产线负荷优化分配方法

表面贴装技术（Surface Mount Technology，SMT）是将表面贴装元器件贴焊到印制电路板（Printed Circuit Board，PCB）规定位置上的电子装联技术。SMT 生产线一般由印刷机、点胶机、贴装机、回焊炉等设备组成。其中，贴装机是整个 SMT 生产线的核心设备，其生产效率的高低直接决定整条生产线的效率。因此，SMT 生产线的相关优化问题越来越受到国内外学者的关注和研究。Crama 等指出，SMT 生产线的优化问题可概括为单机单板、单机多板和多机多板等问题，并构建了相应的数学模型并进行了分析。Rogers 和 Warrington 等则对 SMT 生产线的贴装调度问题做了比较系统的研究，将其分为多条生产线、单条生产线和贴装机等优化方法，给出了相应的数学模型并进行了仿真研究。但这些研究对包含多种型号、多吸嘴贴装机组成的生产线在给定节拍的组合优化问题关注较少。为了促进 SMT 生产线优化运行，使得不同贴装机负荷均衡，提高生产效率，文献［67］建立了不同贴装机、不同吸嘴及多种类型元器件匹配的负荷优化分配模型。然后，用 DNA 遗传算法和改进编码方式优化组合数学模型，通过仿真计算寻找最优解，验证模型的合理性和有效性。

4.6.1　表面贴装生产线负荷优化模型

1. 表面贴装生产线的特性

文献［67］以某计算机代加工企业 SMT 生产线为背景，生产线贴装机主要有 16 吸嘴（16 Nozzle）超高速贴装机、8 吸嘴（8 Nozzle）高速贴装机、2 吸嘴（2 Nozzle）泛用贴装机三种类型。不同种类的元器件需要采用不同吸嘴的贴装机进行贴装，吸嘴的选择因元器件种类和贴装机类型而异。吸嘴、贴装机机型以及电子元器件都是一一对应的关系。被安排到高速贴装机上或泛用机上的同一种元器件可以选择不同的吸嘴进行操作。文献［67］中 PCB 基板所需元器件种类 j 共有 16 种，元器件种类 j 及其对应的种类数量 D_j 见表 4.6.1。

表 4.6.1　元器件种类及其对应的种类数量一览表

元器件种类	0802	0804	1204	1208	1608	1612	2412	2416	3212	3220	3224	4412	4424	4428	4436	5624
编号	1	2	3	4	5	6	7	8	9	10	11	12	13	14	15	16
种类数量	246	159	2	57	3	23	11	1	1	1	1	2	1	2	1	1

吸嘴型号 l 有 12 种，不同机型的贴装机对应元器件种类 j 以及吸嘴种类 l，见表 4.6.2。

表 4.6.2　机型 i、元器件种类 j 及吸嘴种类 l 一览表

机型号 i	吸嘴种类 l				元器件种类 j			
16Nozzle	230	235			0802	0804		
8Nozzle	140	235	240		0804	1208	1612	2412
2Nozzle	1002	1003	1004	2421	1612	2412	4412	1608
	5443	5446	1006	1192	2416	3212	3220	3224
					4424	4428	4436	5624

表 4.6.1 与表 4.6.2 表明，在选取元器件时要考虑元器件种类的特殊性和贴装的优先关系，有些元器件只能在特定的机型上贴装，如编号为 0802 的元器件只能在 16 Nozzle 的机型上贴装，编号为 1608 的元器件只能在 2 Nozzle 的机型上贴装。可见，这种 PCB 组装生产线上的负荷分配优化，主要是通过 PCB 上的元器件的分配来平衡设备的负荷。它包括以下两个子问题：一是不同类型的元器件在不同种类吸嘴的布置问题，简称为元器件组装顺序问题；二是不同类型吸嘴在多个组装设备上的布置问题，可简称为吸嘴布置问题。加之在实际生产中，还需要考虑其他问题，如供料器的布置问题等，这些子问题就构成了复杂的组合优化问题。同时，也说明 PCB 组装负荷分配优化问题具有多目标和约束复杂等特点。

2. 负荷优化分配模型

这里以单品种单批量 PCB 的 S 面（PCB 可分为 S 面和 C 面两个面）为研究对象，此 PCB 的 S 面总共需要贴装的元器件有 512 颗，生产线有贴装机 10 台。由于 PCB 组装负荷分配优化问题中需要考虑缩短组装时间、减少延迟、平衡设备工作负荷等多个优化目标，因此，在建立优化模型时，应在生产线节拍给定的前提下，使不同型号的贴装机作业时间尽量接近给定的节拍，才能使 SMT 生产线的平衡率达到最优，提高整条生产线的效率及设备利用率。其次，在建立模型的过程中，要考虑主要因素忽略次要因素，并满足以下 7 个假设条件：

条件 1：不考虑突发事件的发生，如停电导致的生产线无法生产。

条件 2：每台贴装机的性能都处于最理想状态，且性能值大概相同。

条件 3：不考虑换料时间，每台贴片机都较好地运行。

条件 4：员工对贴装机的操作熟练程度一致。

条件 5：所研究的物料元器件没有出现任何不良质量因素。

条件 6：研究对象是单条生产线优化问题。

条件 7：研究的是单品种单批量的问题。

设一条表面贴装生产线由 M 台贴装机组成，有 N 个独立的元器件被分配到 M 台机器中去，其中一台贴装机可以贴装 k_i 个元器件。

每台贴装机的实际工作时间 t_i 应尽可能地接近给定的生产线节拍时间 t_T，这样可使得 M 台贴装机作业时间近乎相同，使各贴装机负荷均衡，从而提升设备利用率。设每台机器的实际工作时间为 t_i，求解目标是寻求一种最优方案，在节拍 t_T 给定以及满足实际生产现场下的一些约束条件下，使整条生产线负荷分配达到最优。满足上述条件的数学模型如下：

i 表示贴装机编号，i 为整数，且 $1 \leqslant i \leqslant 10$，其中机器编号 1 ~7 为 16 吸嘴型号，机器编号 8 为 8 吸嘴型号，机器编号 9 ~ 10 为 2 吸嘴型号。

t_i 表示每台机器的实际工作时间，t_T 表示产线生产节拍（t_T 已知，由企业每日生产排程给定）。

j 表示元器件的种类，J 为所有 j 的集合，$j \in J$，J_i 表示机器 i 贴装元器件种类 j 的集合。

D_j 表示 j 种元器件在基板 PCB 上的数量，即基板 PCB 需要多少个 j 种元器件。

w_i 表示 i 机器贴片一个元器件的时间，由贴装机生产厂商提供，其中 $w_i = 0.051\text{s/chip}$，$w_8 = 0.090\text{s/chip}$，$w_9 = w_{10} = 0.360\text{s/chip}$。

k 表示基板上所有点的元器件，K 为所有 k 的集合。

l 表示吸嘴的种类，L 为所有 l 的集合。m_i 表示第 i 台机器的供料槽（$1 \leqslant m_i \leqslant 17$，企

业实际贴装机料槽最多可放取 17 个），s_j 表示 j 种元器件所占的供料槽。

b_{l1j} 表示若元器件种类 j 在编号为 1 ~7 的贴装机上使用吸嘴 l，则其值为 1，否则为 0。

b_{l2j} 表示若元器件种类 j 在编号为 8 的贴装机上使用吸嘴 l，则其值为 1，否则为 0。

b_{l3j} 表示若元器件种类 j 在编号为 9 ~10 的贴装机上使用吸嘴 l，则其值为 1，否则为 0。

z_{ij} 表示如果元器件 j 被安排在贴装机 i 上贴装，则其值为 1，否则为 0。

其目标函数为

$$J(i) = \min \sum_{i=1}^{10} [\max(t_i) - t_i] \tag{4.6.1}$$

$$\text{s. t. } t_i = \sum_{j \in J_i} w_i D_j z_{ij}, 1 \leqslant i \leqslant 10 \tag{4.6.2}$$

$$\sum_{j \in J_i} s_j z_{ij} \leqslant m_i, 1 \leqslant i \leqslant 10 \tag{4.6.3}$$

$$\sum_{i=1}^{10} z_{ij} = 1, j \in J \tag{4.6.4}$$

$$\sum_{l \in L} b_{l1j} = 1, j \in J \tag{4.6.5}$$

$$\sum_{l \in L} b_{l2j} = 1, j \in J \tag{4.6.6}$$

$$\sum_{l \in L} b_{l3j} = 1, j \in J \tag{4.6.7}$$

为了求出 i 台贴装机的平衡率的最大化，式（4.6.1）是简化的，求出每台贴装机的实际贴装时间与 i 台贴装机的贴装时间的最大差值和的最小值；式（4.6.2）求出的是每台贴装机的实际贴装时间；式（4.6.3）表示的是分配到第 i 台贴装机元器件种类 j 对应的供料槽要小于第 i 台机器的供料槽；式（4.6.4）表示的是一种电子元器件 j 只能被安排到特定的贴装机 i 上；式（4.6.5）~式（4.6.7）表示的是一种电子元器件 j 只能被安排到特定的吸嘴种类 l 上。

4.6.2　基于 DNA 遗传算法的负荷优化模型编码实现流程

DNA-GA（DNA 遗传算法）从初始化出发，通过一代一代进化与选择，从而得到优良的群体与个体，进而找到问题的最优化解决方法。具体步骤如下：

步骤 1：初始化和编码。DNA 遗传算法初始化是通过 DNA 的四个碱基符号 $\sum\{A,T,C,G\}$ 来进行参数设计的，从而编码形成 DNA 染色体，组成 DNA 链。DNA 遗传算法是以染色体的形式 $\{A,T,C,G\}$ 为基本单位进行二进制编码，即 A(00)、T(01)、C(10)、G(11)，这样能有效地克服一般常规遗传算法使用 0、1 的二进制编码形式的编码长度过短，以及计算过程过早收敛的缺点，收敛速度延长至过早收敛时的 $c_n^2/c_n^4 = 12$ 倍。每次随机地从 512 个元器件中取出 4 个元器件（需要说明的是，每个元器件的名称种类给定，另外需要在特定的贴装机上贴装的元器件优先被分配到指定的贴装机上），4 个元器件随机地对应 4 个二进制编码 A(00)、T(01)、C(10)、G(11)，并组成初始群体 DNA 编码。

步骤 2：计算适应度函数。以贴装机的贴装时间与最大时间差值和的绝对值的最小化为目标函数，则适应度函数为

$$\text{fit}(x) = \frac{1}{1 + c + J(x)} \tag{4.6.8}$$

式中，$J(x)$ 为目标函数 $\min J(x) = \sum_{i=1}^{10}[\max(t_i) - t_i]$，其中 $t_i = \sum_{j \in J_i} w_i D_j z_{ij}$；$c$ 为目标函数的保守估计值。适应度值在一定程度上反映了元器件分配的合理化程度。适应度值越大，说明分配组合方案越合理。适应度值越大，则目标函数值越小，当适应度不再提高时，则表示已经求得到了最优解。

步骤 3：进化终止条件。整个模型计算过程就是一个不断寻找最优解的过程。在每次得到一个 DNA 群之后再返回到计算适应度的步骤，然后再进行选择、交叉、变异以及倒位等相关操作，当计算出的适应度的值不再提高，即达到一个临界值的时候，则说明寻找到了最优解，计算结束。

4.6.3 仿真实验与结果分析

用贴装机自带软件编写相应程序，通过秒表测量，测得贴装机贴装时间，见表 4.6.3。

表 4.6.3 不同贴装机的贴装时间

机台编号	1	2	3	4	5	6	7	8	9	10
机型	16Nozzle	16Nozzle	16Nozzle	16Nozzle	16Nozzle	16Nozzle	16Nozzle	8Nozzle	2Nozzle	2Nozzle
时间/s	36.0985 37.4682 36.6798 36.0124 37.0184	35.5689 36.2345 36.9872 37.6581 36.2532	37.2546 37.0248 38.2432 38.3842 36.5789	38.0124 37.2482 37.0986 38.2312 36.0812	36.4663 35.8278 37.9872 37.0123 36.2482	37.9864 37.2872 36.1348 35.8764 36.2312	38.0128 37.6354 36.2982 35.6874 37.2382	36.1894 37.8976 38.1248 37.4842 36.3245	19.6542 18.0987 19.6784 20.0121 18.0198	18.9864 18.9872 18.1486 19.7643 18.8765
平均时间/s	9.1639	9.1351	9.3743	9.3336	9.1771	9.1758	9.2436	9.3010	9.5463	9.4763

由表 4.6.3 中数据计算得出目标函数的最小值为

$$J_2(i) = \min \sum_{i=1}^{10}[\max(t_i) - t_i] = 2.330$$

其平衡率为

$$\omega_2 = \frac{\sum_{i=1}^{10} t_i}{M \times \max(t_i)} \times 100\% = 87.538\%$$

依据上述设计的 DNA 遗传算法流程，经过选择、交叉、变异和倒位等操作，计算适应度值，然后再重复上述步骤，重新计算适应度值，直至找到最优解。

算法中，交叉概率 $p_c = 0.95$，变异概率 $p_m = 0.10$，种群规模 $N = 100$，最大遗传代数为 300，仿真计算平衡结果见表 4.6.4。

表 4.6.4 仿真计算平衡结果

机台编号	1	2	3	4	5	6	7	8	9	10
机型	16Nozzle	16Nozzle	16Nozzle	16Nozzle	16Nozzle	16Nozzle	16Nozzle	8Nozzle	2Nozzle	2Nozzle
时间/s	9.3456	9.2348	9.4321	9.4727	9.2435	9.4678	9.5529	9.5431	9.2436	9.3673

计算得出优化后目标函数的最小值为

$$J(i)_1 = \min \sum_{i=1}^{10} [\max(t_i) - t_i] = 1.625$$

优化后的平衡率为

$$\omega_1 = \frac{\sum_{i=1}^{10} t_i}{M\max(t_i)} \times 100\% = 98.298\%$$

表 4.6.4 表明，不同种类贴装机贴装时间在 9.2348 ~ 9.5529s 之间，与给定的 9.5s 节拍接近，说明数据是可行的。优化前后的数据如图 4.6.1 所示（图中“1”表示优化前，“2”表示优化后）。

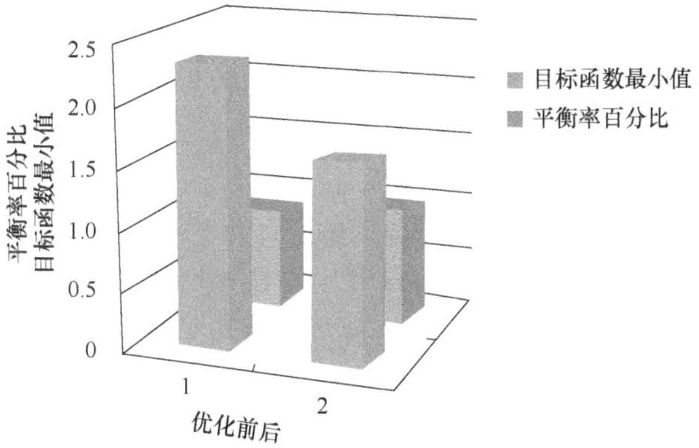

图 4.6.1　模型算法优化前后数据比较图

图 4.6.1 表明，通过 DNA 遗传算法对元器件组装任务重新调度优化分配，使每台贴装机之间的负荷得到较大改善，目标函数的最小值由之前的 2.330 变为 1.625，平衡率也从原先的 87.538% 提升 98.298%，提高了贴装生产线的平衡率。

综上，文献［67］给提出的方法可以有效地解决 PCB 贴装任务在多台贴装机之间的负荷均衡优化问题，使生产线负荷分配得到优化和改善，提高设备利用率和生产效率。

第5章 人工免疫系统

· 内容导读 ·

本章从人工免疫系统仿生机理、系统模型出发，比较了人工免疫系统模型与其他智能方法的异同，分析了小生境人工免疫网络系统、形态空间人工免疫调节网络等，开展了人工免疫系统在通信信号处理中的应用研究。以基于 Opt-aiNet 的正交小波盲均衡算法与基于形态空间人工免疫调节网络的正交小波常数模算法为例，说明了人工免疫系统用于解决实际问题的原理、流程与效果。

人工免疫系统是受生物免疫系统的启发，模仿自然免疫系统功能的一种智能方法，提供了一种新颖的解决问题的方法和途径。1974 年，美国免疫学家 Jerne 提出了免疫网络理论，Farmer 等人基于免疫网络学说给出了免疫系统的动态模型，探讨了免疫系统与其他人工智能方法的联系，开始了人工免疫系统的理论与应用研究；1996 年 12 月在日本举行了第一次关于免疫系统的国际会议，会议上提出了“人工免疫系统”这一概念，此后，人工免疫系统进入了快速发展时期，并在故障诊断、信息安全、优化学习、机器人控制等诸多领域得到了广泛而有效的应用。

5.1 人工免疫系统

受生物免疫系统启发而产生的人工免疫系统，结合了神经网络、分类器和机器推理等的优点，提供了自组织、无教师学习、噪声忍耐、记忆等进化学习机理，以及一种强大的问题求解和信息处理范式。

5.1.1 人工免疫系统仿生机理

人工免疫系统（Artificial Immune System，AIS）的生物原型就是人体等高等脊椎动物的免疫系统（简称为“免疫系统”），它主宰并执行机体的免疫功能，是机体免疫应答的物质基础。免疫就是机体识别和排除抗原性异物的过程，可以维护自身的生理平衡和稳定。

免疫系统拥有强大的识别、学习和记忆能力，具有自组织、分布式和多样性等特性。人工免疫系统借鉴免疫系统这些优秀的信息处理机制发展出多种新的算法，从而为解决复杂的问题提供了新的思路。图 5.1.1 所示为人工免疫系统仿生机理的主要内容。

免疫识别、记忆学习和克隆选择对应免疫系统的应答过程。当机体收到抗原性异物侵入后，机体能识别出“自己”或“非己”，并且通过特异性免疫应答排除抗原性的非己物质。免疫应答的过程包括初次应答和再次应答。其中，初次应答是指免疫系统第一次遇到一种抗原性异物所做出的反应，再次应答则是对已经被识别的抗原性异物产生的免疫应答。

图5.1.2所示为免疫应答过程中抗体细胞的数量随时间演化的曲线。

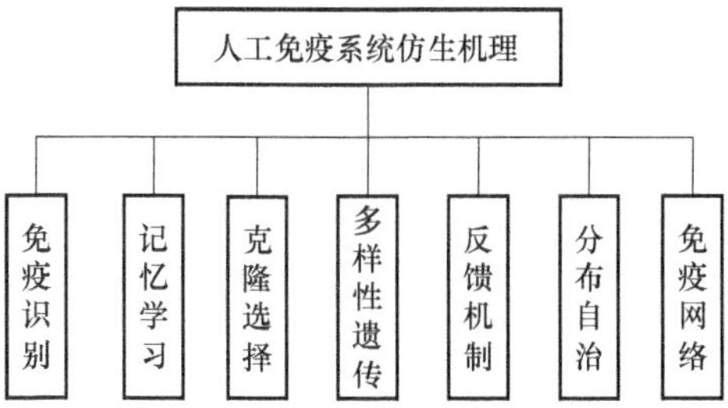

图5.1.1　人工免疫系统仿生机理的主要内容

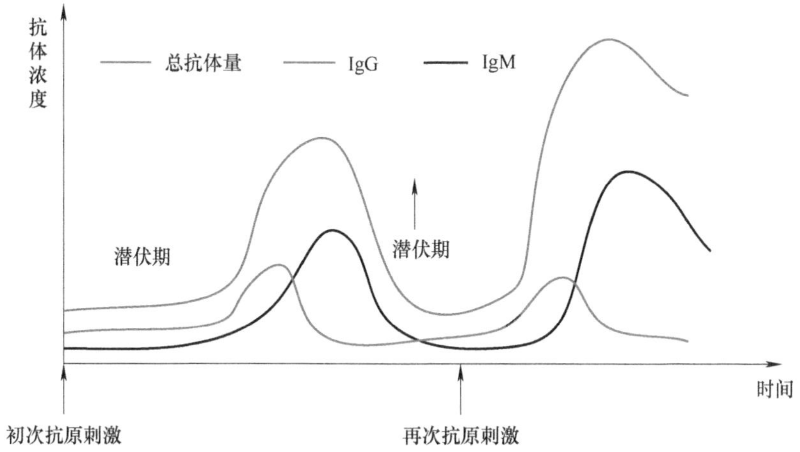

图5.1.2　初次与再次免疫应答中抗体细胞的数量随时间演化的曲线

图中，IgG和IgM都是人体产生的抗体。IgM表示曾经感染过的抗体，IgG表示正在感染的抗体。

免疫应答实质上就是免疫细胞对抗原分子进行识别、记忆、活化、分化和效应的过程。

1. 免疫识别

免疫识别是免疫系统发挥免疫功能的重要前提，它本质上是进行区分“自己”和“非己”的过程。免疫识别通过淋巴细胞的抗原识别受体和抗原的结合强度来实现，用亲和度（Affinity）来表示结合的强度。没有成熟的T淋巴细胞必须要经过审查环节，只有那些不能与机体本身组织发生应答的T细胞才能够离开胸腺，进而执行免疫应答，这样就可以防止免疫细胞错误地攻击机体，此过程被称为阴性选择（Negative Selection），是一种主要的免疫识别方式。而那些能够与外来细胞物质结合的胸腺细胞，其通过结合外来细胞物质而得到刺激、存活、增殖和继续分化的过程，称为阳性选择。

免疫系统中淋巴细胞对抗原的识别工作是通过免疫细胞与抗原细胞的结合来完成的，结合方式本质上是一种免疫细胞表面上的受体与抗原细胞或蛋白质片断表面上的表位，或称抗原决定基的结合。当然，这种互补结合是一种非完全互补结合，表现出来就是近似结合，结合的强度为亲和度。因为淋巴细胞的受体既可能与抗原表位相结合，也可能与机体自身的组成成分结合，而后者会引发严重的自免疫反应，表现为免疫系统攻击机体本身。虽然在免疫系统中这种自免疫反应是相当少的，但由于后果较为严重，因此必须避免这种自免疫反应，免疫系统通过一个称为免疫耐受机制来达到避免自免疫反应的目的。所谓免疫耐受，就是指机体免疫系统接触某种抗原后形成的特异性无应答状态，此时机体对其他抗原仍可作出正常的免疫应答。

人工免疫系统受此启发，通过特征匹配的方式来实现对抗原的识别，该过程的核心是定义一个匹配阈值。对匹配的度量有很多方法，如欧氏距离、汉明距离，还有 Forrest 提出的 r 连续位匹配方法等。现在，免疫识别机理已经被广泛应用于异常检测、网络入侵检测、图像识别等方面。

2. 记忆学习

记忆学习是免疫系统的另一重要特征。在初次应答阶段结束后，对入侵抗原的记忆信息被以最优的抗体形式保留下来。当接触过的相同抗原再次进入机体时（也就是再次应答阶段），抗体出现的时间与初次应答时相比明显缩短，而且抗体含量会大幅度上升，维持时间也更长，这种现象体现了免疫系统的记忆学习过程。记忆学习是通过免疫系统中的记忆 T 细胞和记忆 B 细胞作用实现的。

Farmer 指出记忆学习是一个联想式记忆（Associative Memory）模型，是人工免疫系统有别于其他进化算法的一个重要特性。免疫系统的记忆学习机制在增强学习和智能优化方面得到了应用，大大加快了优化搜索过程和学习进程，并且提高了学习质量。所以，它是一种非常有效的提高算法效率的手段。

3. 克隆选择

克隆选择（Clonal Selection，CS）是适应性免疫的核心理论，是由澳大利亚免疫学家 F. M. Burnet 于 20 世纪 50 年代提出的抗体形成理论。克隆选择理论认为，在个体发育中淋巴细胞分化为表面带有不同抗体的细胞；抗原入侵后，只与具有该抗原互补受体的少数淋巴细胞结合；受到抗原刺激后，淋巴细胞会发生克隆性增殖，分化为浆细胞（也就是抗体）和记忆细胞；而能够识别自身抗原的淋巴细胞在发育的早期即被清除。克隆选择过程如图 5.1.3 所示。

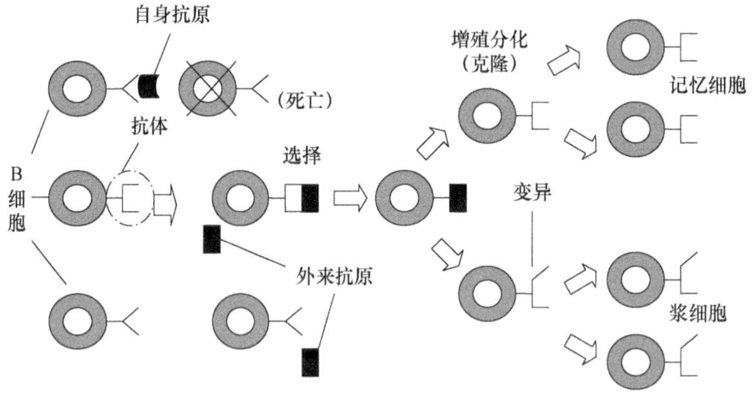

图 5.1.3　克隆选择原理

克隆选择对应着个体亲和度成熟的过程，也就是在克隆选择的过程中，经历增殖和变异后，原本对抗原亲和度较低的个体的亲和度会逐步提高进而成熟。

基于克隆选择原理，De Castro 博士提出了一种克隆选择算法模型，它的核心为比例复制算子和比例变异算子，已在多峰函数优化、组合优化、网络入侵检测和模式识别中得到了成功应用。

4. 多样性遗传

在免疫系统中，抗体的种类远大于抑制抗原的种类，它的多样性产生的主要原因有：体细胞高突变、免疫受体库的组合式重整以及基因转换等。其中，抗原受体库的基因片段重组方法是较受认可的多样性产生机制。

多样性仿生机理可以用于优化搜索过程，特别是组合优化与多峰函数优化。它不用于全局优化，而是通过改善算法的局部收敛性能，提高全局搜索能力，避免陷入局部最优。

5. 反馈机制

免疫反馈机制的原理如图 5.1.4 所示。

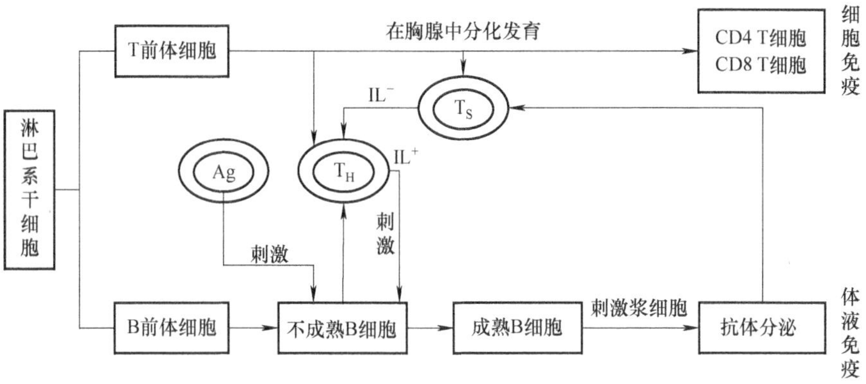

图 5.1.4　免疫反馈机制原理图

图中，Ag 为抗原，T_H 为辅助 T 细胞，T_S 为抑制 T 细胞，IL^+ 是 T_H 细胞分泌的白细胞介素，IL^- 是 T_S 细胞分泌的白细胞介素。

图 5.1.4 表明，在抗原进入机体后，它经过周围细胞的消化，信息被传递给 T 前体细胞，也就是传递给了 T_H 细胞和 T_S 细胞（这里的 T_S 细胞用来抑制 T_H 细胞的产生）。然后，这两种细胞共同刺激 B 细胞，使其产生抗体来清除抗原。在抗原较多的情况下，机体内的 T_H 细胞也会比较多，T_S 细胞则较少，这样产生的 B 细胞就会多一些。而随着体内抗原的减少，T_S 细胞就会增多，它对 T_H 细胞的产生有抑制作用，这样 B 细胞的数量也会随之减少。在经过这样的过程后，免疫反馈系统就会趋于平衡。利用该机理能够提高算法的局部搜索性能，形成具有特异性行为的网络，如此便提高了个体适应环境的能力。

6. 分布自治

免疫系统是天然的并行、分布式生物信息处理系统。抗原的分布式特征决定了免疫系统的分布式特性，在抗原入侵机体后，分布在机体各个部分的淋巴细胞实现对特定抗原的应答过程。由于免疫应答机制是通过局部细胞的交互来实现的，所以就不存在单点失效的问题，因此系统的自治特性得到了进一步的强化。免疫系统的分布式特性可以提高系统的鲁棒性，使免疫系统的整体功能不会因为局部组织的损伤而受到很大影响。

免疫系统具有自治的性质，它不需要外部的控制，本身具有自我调节和自组织学习抗原的能力。

免疫系统的分布自治特性可以提升系统的工作效率和故障容错能力，目前被应用于网络安全入侵检测、病毒检测和自动控制等方面。

7. 免疫网络

免疫网络学说认为，免疫系统中的各个细胞克隆不是相互独立的，而是通过自我识别、相互刺激和相互制约而构成了一个动态平衡的网络结构；其物质基础就是T细胞受体和抗体结合过程中体现出的独特型和抗独特型。

以抗体识别理论和克隆选择理论为基础，Jerne提出了独特型网络调节学说，并给出了免疫网络的数学框架。该理论认为，免疫细胞对识别信号应答的反应有两种：第一种是阳性反应，它可以产生细胞增殖、激活细胞以及生成抗体；第二种是阴性反应，它可以导致免疫耐受或抑制。免疫网络的仿生成果有很多，如抗体网络、多值免疫网络、互联耦合网络等，但主要集中在计算机网络安全应用领域。

5.1.2 人工免疫系统模型

因为免疫系统本身比较复杂，所以人工免疫系统模型的相关研究成果还不是很多。下面几种人工免疫系统模型进行说明。

1. 一般人工免疫算法

人工免疫算法（Artificial Immune Algorithm，AIA）将待求解问题的目标函数对应抗原，而问题的解对应抗体，用亲和力来表示抗体与抗原的识别程度。一般计算亲和力的公式为

$$(Ag)_k = \frac{1}{1 + t_k} \tag{5.1.1}$$

式中，$(Ag)_k$ 是抗原 Ag 与抗体 k 之间的亲和力，t_k 为抗原Ag和抗体 k 的结合强度。当 $(\mathrm{Ag})_k = 0$ 时，表示抗体与抗原是理想结合，得到最优解。

在人工免疫算法中，抗体和抗体之间的结合强度称为亲和度。计算亲和度的公式为

$$(Ag)_{j,Ab} = \frac{1}{1 + t_{j,Ab}} \tag{5.1.2}$$

式中，$(Ag)_{j,Ab}$ 是抗体 j 与抗体 Ab 之间的亲和度；$t_{j,Ab}$ 是抗体 j 与抗体 Ab 之间的结合强度。

免疫算法中的结合强度一般由汉明距离、欧氏距离和Manhattan距离来计算。

一般人工免疫算法的基本流程如图5.1.5所示。

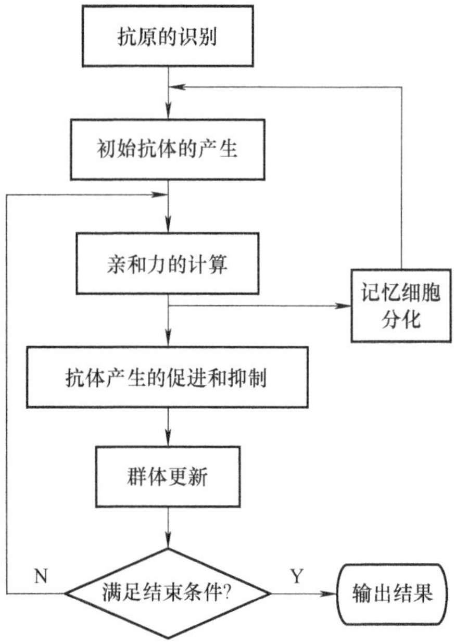

图5.1.5 人工免疫算法的基本流程

具体流程如下。

步骤1：抗原识别，免疫系统确认抗原入侵。

步骤2：产生初始抗体群。随机产生初始抗体群。

步骤3：计算抗体的亲和力。

步骤4：记忆细胞分化。选择抗体群中亲和力较大的几个抗体，然后用它们去替换记忆单元中亲和力较小的抗体。

步骤5：抗体促进和抑制。对那些亲和力大的抗体进行克隆扩增，而对相似域内浓度高

的那些抗体进行抑制操作。

步骤6：新抗体的产生。利用轮盘选择法，选择一些抗体进行高频变异来增加新的抗体种类。

步骤7：判断是否满足结束条件。如果记忆库中的抗体群满足结束条件或是达到了限定循环次数，就结束循环，这时记忆库中的解就是问题的最优解，接着输出结果；否则，转到步骤3，继续执行以上步骤。

当然，在具体的应用中，研究人员对上述各步骤进行了适当的改进或更换，不过基本框架还是没有变的。

2. 阴性选择算法

阴性选择算法（Negative Selection Algorithm，NSA）作为人工免疫系统的一种核心算法，其性能对整个系统具有重要意义。Forrest 等人基于免疫系统的“自己” – “非己”识别原理，提出了阴性选择算法。此算法与否定选择过程的原理相类似，都是随机产生检测器，然后删除检测到自己的检测器，而将检测到非己的保留下来。

阴性选择算法流程如下。

步骤1：定义自体长度为 L 的字符串集合 S。

步骤2：随机产生长度为 L 的字符串 a。

步骤3：将字符串 a 依次与集合 S 中的字符串匹配。

步骤4：根据匹配规则，如果 a 遇到与之匹配的字符串，则结束匹配，转到步骤2。

步骤5：如果 a 不与 S 中任何字符串匹配，则 a 成熟，将 a 加入到成熟检测器集中。

上述过程如图5.1.6所示。

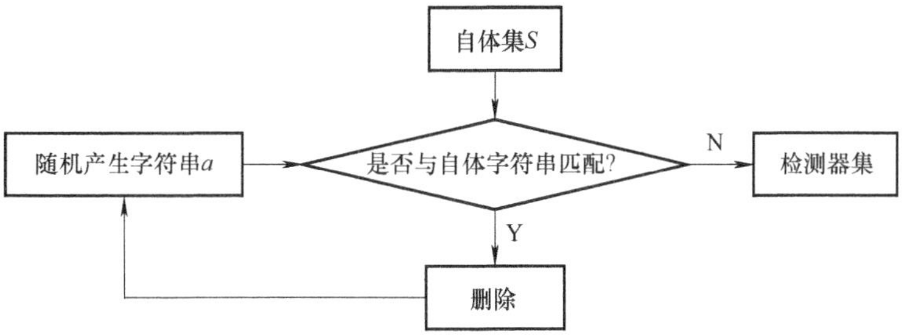

图5.1.6　阴性选择算法流程

基于阴性选择算法实现的检测器是成熟的，将它应用到异常检测、病毒检测、模式识别、网络入侵检测等领域都获得了很好的效果。阴性选择算法简便、易于实现，并且具备了并行性、健壮性和分布式检测等特点，但其计算复杂度呈指数级增长，难以处理复杂问题。

3. 克隆选择算法

克隆选择是生物免疫系统理论的重要学说，其原理如图5.1.3示。其基本思想是，只有那些能够识别抗原的细胞进行扩增，才能被选择并保留下来，而那些不能识别抗原的细胞则不选择，也不进行扩增。这些细胞载有对于抗原特异的受体，扩增分化成浆细胞和记忆细胞。

在人工免疫系统中，克隆操作是由抗体亲和力诱导的抗体随机映射，即依据抗体与抗原的亲和力函数 fit(·)，将解空间中的一个点 $a_i(n) \in Ab(n)$ 分裂成了 q_i 个相同的点

$a_i'(n) \in Ab'(n)$，经过免疫基因操作和克隆选择操作后获得新的抗体群。

在克隆算子的实施过程中，抗体群的状态转移情况可以表示为如下所示的随机过程。

$$C_s:Ab(n) \xrightarrow[\text{克隆扩增}]{\text{close}} Ab'(n) \xrightarrow[\text{克隆变异}]{\text{immune genetic operation}}$$

$$Ab_m(n) \xrightarrow[\text{克隆选择}]{\text{selection}} Ab(n+1)$$

式中，$Ab_m(n)$ 表示已变异的抗体。

需要指出的是，细胞克隆（无性繁殖）中父代与子代之间只有信息的简单复制，而没有不同信息的交流，无法促进细胞进化。因此，需要对克隆后的子代进行进一步处理。

克隆的实质是在抗体进化过程中，在每一代候选解的附近，根据亲和度的大小进行克隆，产生一个变异解的群体，从而扩大搜索范围（即增加抗体的多样性），有助于防止进化早熟和搜索陷于局部极小值，同时通过克隆选择来加快收敛速度；进一步也可以认为，克隆是将一个低维空间（n 维）的问题转化到更高维（N 维）的空间中解决，然后将结果投影到低维空间（n 维）中，从而获得对问题更全面的认识。

免疫克隆选择算法包括三个步骤，即克隆扩增操作、克隆变异操作和克隆选择操作。图 5.1.7为在免疫克隆选择算法的执行过程中，抗体种群状态随不同操作变化的具体情况。

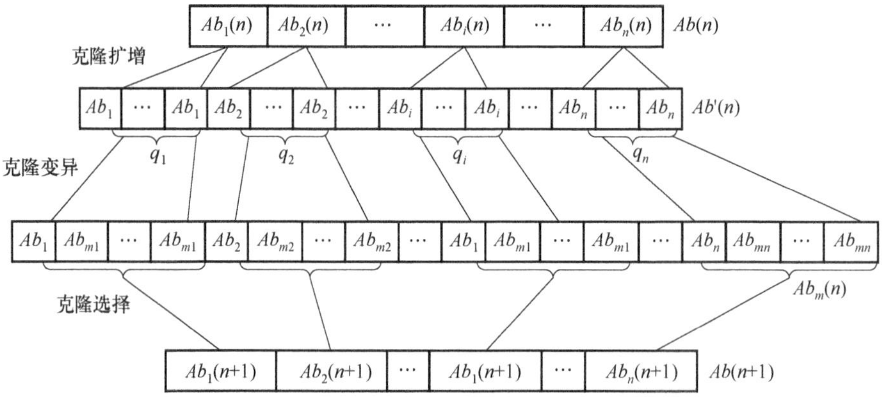

图 5.1.7　克隆选择算法

设抗体群 $Ab = \{Ab_1, Ab_2, \cdots, Ab_n\} = \{a_1, a_2, \cdots, a_n\}$ 为抗体 a 的 n 元组；对于二进制编码，抗体 $a \in B^l$，其中 $B^l = \{0, 1\}^l$ 代表所有长度为 l 的二进制串组成的集合。克隆选择算法的流程如下。

步骤 1：克隆扩增操作。

定义克隆 Θ 为

$$\Theta(Ab) = [\Theta(a_1), \Theta(a_2), \cdots, \Theta(a_n)]^{\mathrm{T}}$$

式中，$\Theta(a_i) = I_i \times a_i, i = 1, 2, \cdots, n$，$I_i$ 为 q_i 维行向量，$q_i = g(N, \mathrm{fit}(a_i))$。

一般取

$$q_i = g(N, \mathrm{fit}(a_i)) = N \frac{\mathrm{fit}(a_i)}{\sum_{j=1}^{n} \mathrm{fit}(a_j)}, i = 1, 2, \cdots, n$$

式中

$$Ab'_i = \{a_{i1}, a_{i2}, \cdots, a_{i(q_i-1)}\}, a_{ij} = a_i$$
$$i = 1,2,\cdots,n, \quad j = 1,2,\cdots,q_i - 1$$

步骤2：克隆变异操作。

克隆基因操作主要包括抗体的变异。根据生物学中单、多克隆抗体对信息交换多样性特点的描述，采用变异的克隆选择算法为单克隆选择算法。交叉和变异都采用多克隆选择算法。免疫学认为，亲和度成熟和抗体多样性的产生主要依靠抗体的高频变异，而非交叉或重组。因此，与一般遗传算法认为交叉是主要算子而变异是背景算子不同，在克隆选择算法中更加强调变异的作用。

与一般变异不同的是，克隆基因变异 T_m^C 为了保留抗体原始种群的信息，并不作用到 $Ab \in Ab'$，即变异概率为

$$p(T_m^C(a_{ij}) = a'_{ij}) = \begin{cases} p_{ij} > 0, & a_{ij} \in Ab'_i \\ 0, & a_{ij} \in Ab_i \end{cases}$$

步骤3：克隆选择操作。

对于 $\forall i = 1,2,\cdots,n$，若存在变异后的抗体 b 且 $\mathrm{fit}(b) = \max\{\mathrm{fit}(a_{ij}) \mid j = 1,2,\cdots,q_i - 1\}$，使

$$\mathrm{fit}(a_i) < \mathrm{fit}(b), \quad a_i \in Ab$$

则用 b 取代原抗体 a_i，从而更新抗体群，实现信息交换。

克隆选择算法构造了一个记忆单元，用来存储每代中的优秀抗体，加强了算法的局部搜索能力。但该算法存在训练时间长、搜索全局最优解能力弱等特点。克隆选择算法目前在模式识别、函数优化等方面得到了很好的应用。

2002年，在克隆选择原理的基础上，Kim 和 Bentley 提出了一种动态克隆选择算法，并且将其用于探测连续变化环境的异常。

4. 免疫进化算法

进化算法（Evolutionary Algorithm，EA）是基于达尔文的进化论思想提出的自组织、自适应的人工智能技术，主要通过选择、重组和变异操作来实现优化问题的求解。进化算法包括遗传算法、遗传规划、进化策略和进化规划四种典型方法，但这些进化算法存在不能收敛到全局最优解、过早收敛等缺陷。为了有效克服这些缺陷，将进化算法和免疫算法相结合就得到了免疫进化算法。再将疫苗接种理论、自我调节机制、免疫应答、免疫抗体记忆等思想融入免疫进化算法中，得到了许多改进的进化算法。这些算法能够较快地求出问题的最优解，在工程问题中具有很大的应用价值。

5. 人工免疫网络模型

1974年，Jerne 经过对生物免疫系统的研究提出了独特型网络调节学说。受该理论的启发，人们相继提出了一些人工免疫网络（Artificial Immune Network，AIN）模型，这些模型已经在模式识别、联想记忆、故障诊断和机器人控制等领域得到了广泛的应用。

1）De Castro 等提出的 aiNet 免疫网络，模拟了免疫系统对抗原的应答过程，该过程包括抗体－抗原识别、免疫克隆增殖、亲和度成熟以及网络抑制等。该免疫网络模型忽略了 B 细胞和抗体的区别，具有减少冗余、描述数据结构、包括聚类形状等特征，在数据聚类、多峰值函数优化和模式识别等方面得到了应用。

2）Timmis 在 Cook 和 Hunt 提出的骨髓模型的基础上，提出了资源受限人工免疫系统。

在该模型中，一个模式被识别出来，网络不衰退也不失去模型，不仅可以用于一次性簇学习，而且表现出连续学习能力。Timmis 还提出了人工识别球（Artificial Recognition Ball，ARB）这一概念，每一个网络内的 ARB 可以表示许多同样的 B 细胞。资源受限人工免疫系统就是由人工识别球和他们之间的联系组成的。该系统主要应用于数据分析、监督学习等方面。

3）Ishiguro 等最早将免疫网络用于自助式机器人控制，提出了互联耦合免疫网络模型，它是由许多具有一定功能的小规模网络通过通信互联而组成的大规模系统。该免疫网络模型在协调六组机器人的步态中得到了很好的应用。

4）Tang 等提出了一种多值免疫网络模型，其主要思想是用一种多值特征集合的学习机制来模拟 B 细胞和 T 细胞之间的相互反应和调节作用，并使用特征集合来分类输入的数据。多值免疫网络已被用于英文文字识别和多光谱遥感影像分类等方面。

5）Gilbert 和 Roten 设计了一种按内容寻址的自动联想记忆免疫网络模型，并用于图像识别。

6）Ishida 提出了一种用于传感器故障诊断的、以相关识别特性为理论基础的免疫网络模型。

因为具有不同的研究目的，这些模型都有不同的特点、功能和结构，具有开放性、分布性、宏观上的无统一性和微观上的有统一性。其中，De Castro 的 aiNet 和 Timmis 的资源受限人工免疫系统的影响相对较大。

现有的免疫网络模型也有许多缺点，例如，对免疫网络非线性信息处理能力缺乏认识、过分依赖网络节点的数量来保持网络动态、参数比较多、自适应能力差等。并且，算法都将研究焦点集中在数据压缩，这样就限制了其应用范围。

除了上面提到的几种免疫网络模型，还出现了与其他智能策略相结合的混合免疫算法。例如，Krishna Kumar 等提出的“免疫神经控制”的结构，Sasaki 等提出的一种能够自适应学习的神经网络控制器等。

由免疫系统机理启发产生的人工免疫网络模型在异常诊断、网络入侵检测、故障诊断、控制系统、优化计算、模式识别、数据挖掘、机器人学、图像处理、决策支持系统、噪声控制、协调控制、数据分析、预测控制、银行识别抵押诈骗等诸多领域得到了广泛应用。

5.1.3 人工免疫系统与其他智能方法的异同

1. 人工免疫系统与人工神经网络

作为人工智能研究的两大重要领域，人工免疫网络和人工神经网络（Artificial Neural Network，ANN）都是由大量高性能的单元组成的并行分布式处理系统，并且都具有泛化、容噪和记忆能力。

表 5.1.1 中将免疫系统与神经网络进行了比较，列出了两者许多异同点。

表 5.1.1 表明，虽然两个系统有诸多相似之处，但它们具有完全不同的工作内在机制。神经网络通过归纳来获得所识别对象的内部镜像图；而人工免疫网络则首先构造一个随机图来充分反映要识别对象的性态，然后通过扩展与压缩的方法来反映这个要识别的对象，也就是说，人工免疫网络在算法初始阶段的计算量很大。

表 5.1.1 免疫系统与神经网络的比较

特性	免疫系统	神经网络
系统结构	分布式、并行处理、没有控制中心	并行、大脑控制系统
对外部信息的反应方式	免疫应答对外部信息或外来物做出反应	神经元间的连接受到刺激或抑制产生不同活动
学习与记忆	免疫细胞产生抗体记忆、学习	调整神经元间的连接强度
优化能力	抗体可通过免疫进化和变异实现优化	无法依赖自身优化
鲁棒性	可实现对自己或特殊抗原的耐受	有忍耐噪声及容错能力
移动性	淋巴细胞在全身分布	神经元位置固定
阈值	亲和度或结合强度超过阈值时才引发应答反应	阈值控制神经元间的连接

2. 人工免疫系统与进化计算方法

由于人工免疫系统与进化计算方法都采用群体搜索策略，而且对个体间信息的交换非常重视，所以它们有很多相似之处：①算法结构相同，并且最后都是以大概率来获得问题的最优解；②多数免疫算法都采用了进化计算中的主要算子；③本质上具有并行性、不易陷入局部极小值的优点，而且都可以和其他智能策略相结合；④将两者融合后得到的免疫进化算法在很多方面表现出超越进化计算和免疫算法的优越性，免疫进化算法的研究和应用是一个重要的领域。

当然，这两种方法还有几个不同点：①免疫算法利用抗体的促进或抑制来保证个体的多样性，可是进化算法只简单地根据适应度来选择父代的个体，不能对个体的多样性进行调节；②免疫算法将亲和度和适应度同时作为个体的评价标准，可以反映真实免疫系统的多样性，但进化算法只计算个体的适应度；③免疫算法拥有记忆单元，保证了算法能够快速收敛到全局最优解，但进化算法则不存在记忆单元，也就不能保证概率收敛。

综上所述，人工免疫系统、神经网络和进化计算方法作为人工智能研究的三大领域，它们都有各自的特点。如果将这三种方法相融合，利用它们的优点，就可以为解决实际问题提供一条新的途径。

5.2 Opt-aiNet 算法

生物的免疫调节可以有效提高抗体的多样性，免疫系统可以产生与侵入抗原相应的抗体来抵御、破坏抗原，维持免疫平衡，同时抗体之间也存在抑制和促进作用。免疫调节具有两大特征：①能够产生多样性抗体，免疫系统针对不同的抗原可以产生相应的不同抗体来抵御，这个特征在进化过程中能保持个体的多样性，可以提高算法的全局搜索能力，避免其陷入局部最优解；②抗体浓度的抑制和促进，免疫系统的平衡机制对抗体有抑制和促进作用，可以提高进化算法的局部搜索能力，提高抗体的适应能力。

在对生物的免疫机制认识的基础上，Jerne 在 1973 年首次提出了免疫网络理论，并给出了抗原和抗体的网络识别机制。在 2001 年，De Castro 和 Von Zuben 等提出了 aiNet 人工免疫网络算法，并用于数据压缩和聚集；在 2002 年，又将其扩展成 Opt-aiNet，用于解决优化问题。Opt-aiNet 算法架构如下。

步骤 1：初始种群的产生及其编码。

这里采用小区间生成法产生初始种群，其原理为：首先根据所给出的问题构造均匀数组，然后产生初始种群。具体操作如下。

1）将解区间划分为 S 个子空间。

2）量化每个子空间，运用均匀数组选择 M 个抗体。

3）从 $M \times N$ 个抗体中，选出适应度值最大的 N 个个体作为初始种群。

这里采用混合式编码，种群中每个个体采用实数型编码方式，只有在个体被确定进行交叉运算和变异运算时才能进行编码，运算结束后产生的子代进行解码才能进入新的子代群体。采用混合式编码的优点是可以避免编码有限字长对精度的影响。

步骤 2：当不满足终止条件时，执行如下操作。

1）计算每个网络细胞的适应度值。

2）将每个网络细胞克隆 N_C 个，对克隆后的细胞进行变异，并计算出它们的适应度值。

3）在每一次克隆中，选择出适应度值最大的细胞，用它们组成新的细胞种群，同时计算该种群的平均适应度值。

4）计算平均适应度值的误差，如果此次误差同上次迭代的误差没有显著区别，那么继续执行步骤 5）；反之，则返回执行步骤 1）。

5）计算细胞间的亲和力，将网络中亲和力小于阈值 Δ 的细胞删除，计算网络中细胞的数量，将最优的个体加入到记忆库中。

6）为了保持群体的多样性，随机产生 $d\%$ 个细胞加入到网络中。

在上述过程中，步骤 1）～3）的每一次迭代，实际上是完成了一次局部优化的过程；步骤 4）～6）主要是在网络达到一个稳定状态时，去除网络中相似的细胞，避免冗余，并且产生一定的新细胞来增强种群的多样性。

步骤 5）不仅考虑了细胞间的亲和力，而且将细胞的适应度值作为细胞是否被保留的依据，将这两样结合起来就避免了最优解被排除的可能。

5.3 小生境人工免疫网络系统

小生境技术（Niche Technology，NT）就是将每一代个体划分为若干类，每个类中选出若干适应度较大的个体作为一个类的优秀代表组成一个群，再在种群中以及不同种群之间，进行杂交、变异操作产生新一代个体群，并同时采用预选择机制、排挤机制或共享机制完成任务。

近几十年来，小生境技术在很多领域得到了广泛的应用，主要是将其与人工免疫算法和遗传算法相结合，然后再将其应用到控制、函数优化、图像识别等领域。

5.3.1 小生境技术的实现方法

小生境的构造方法有很多，下面介绍三种主要的实现方法：预选择机制、排挤机制和共享机制。

1. 预选择机制

1970 年，Cavichio 提出了预选择机制（Pre-selection Mechanism，PM）的小生境技术，并将其应用于遗传算法中。该方法的基本思想是：比较新产生的子代个体与父代个体的适应度值，如果子代的适应度值较大，则用它来代替父代个体加入到种群中；反之，则仍用父代个体作为种群个体。因为子代个体和父代个体具有相似的编码结构，也就是说，相互替换的个体结构相似，所以此方法可以在维持种群的多样性的同时形成一个小生境。

2. 排挤机制

1975 年，De Jong 将预选择机制一般化，得到了一种新的小生境选择策略——排挤机制（Crowding Mechanism，CM）。它是受现实生活环境的启发得到的，即生存空间和生活资源非常有限，所以各种生物必须相互竞争才能够继续生存。在该算法中，首先设置一个排挤因子 T（T 一般等于 2 或者 3），然后在群体中随机选择 $1/T$ 个个体成为排挤成员，再计算新产生个体与排挤成员的汉明距离，排挤掉那些与预排挤成员距离小于阈值 v 的个体。通过排挤过程的进行，群体会逐渐被分为一个个小的群体，也就是一个个小生境，而且还可以维持种群的多样性。

3. 共享机制

1987 年，Goldberg 和 Richardson 提出了另一种小生境实现方法——共享机制（Sharing Mechanism，SM）。首先定义一个能够反映个体间相似度的共享函数，然后通过它来调节各个个体的适应度值。算法根据调整后的适应度值来进行选择运算，从而在维持种群多样性的同时构造出小生境的进化环境。

下面介绍共享函数和共享度的概念。

共享函数是用来表示群体中个体间密切关系程度的一个函数。当个体比较相似时，它们的共享函数值就比较大；相反，当个体之间不太相似时，共享函数值就小。一般用 $\mathrm{sh}(d_{ij})$ 来表示个体 i 和个体 j 之间的共享函数，其中 d_{ij} 为个体 i 和个体 j 之间的距离测度（欧氏距离或汉明距离）。

共享函数的常用形式为

$$\mathrm{sh}(d_{ij}) = \begin{cases} 1 - \left[\dfrac{d_{ij}}{r_{\text{share}}}\right]^{\alpha}, & d_{ij} < r_{\text{share}} \\ 0, & \text{其他} \end{cases} \tag{5.3.1}$$

式中，r_{share} 为共享半径；α 是用来调整共享函数形状的参数。

共享度表示某个个体在群体中的共享程度，定义为该个体与群体中其他各个个体间共享函数值之和。当群体规模为 N 时，个体 i 在群体中的共享度为

$$m_i = \sum_{j=1}^{N} \mathrm{sh}(d_{ij}) \tag{5.3.2}$$

式中，$i = 1,2,\cdots,N$。用共享度调整各个个体适应度值的公式为

$$\mathrm{fit}'(a_i) = \frac{\mathrm{fit}(a_i)}{m_i} \tag{5.3.3}$$

由于每个个体适应度值的大小可以控制它的遗传概率，因此这种方法能够控制群体中某个个体的大量繁殖，也就维护了种群的多样性，并且形成了一个小生境的进化环境。

5.3.2　小生境人工免疫网络

1. 共享机制算法

小生境技术是防止早熟的一种有效技术。下面采用小生境技术实现共享函数，构建获取

多种记忆细胞的共享机制算法。该共享机制算法的架构如下。

步骤1：随机产生初始抗体群 $A=\{a_1,a_2,\cdots,a_N\}$，计算抗体适应度 $\text{fit}_i, i=1,2,\cdots,N$。

步骤2：确定小生境及优良抗体，具体步骤如下。

1）设 $i=1$。

2）计算第 i 个抗体与其他抗体间的汉明距离 $d_{ik}=\|a_i-a_k\|, k=1,2,\cdots,N$。

3）根据 $d_{ik}<d_0$，确定小生境子群 M_i，其中 d_0 根据问题而定。

4）若 a_i 是小生境子群中适应度值最大的抗体，则保存该抗体；否则，按步骤5）更新其适应度。

5）计算抗体 Ab_i 的适应度 $\text{fit}_i'=\text{fit}_i\cdot\exp(k_0\pi/N)$，这里 $k_0=-0.6$。

6）当 $i<N$ 时，$i=i+1$，返回2）；否则，进入步骤3。

步骤3：选择具有较大适应度值的前 M 个抗体构成记忆抗体集。

2. 小生境人工免疫网络算法

小生境技术中的共享机制可以保持抗体群的多样性，避免算法的早熟，提高算法的搜索能力。如果将共享机制与人工免疫网络算法相结合，得到共享机制人工免疫网络算法，将保持共享机制和人工免疫网络的优点。

对 Opt-aiNet 算法的初始抗体使用小生境技术中的共享机制进行优化，然后再执行 Opt-aiNet 算法，可增强种群的多样性并保存优良个体，提高算法搜索性能。该算法就称为小生境人工免疫网络算法，其基本流程如图5.3.1所示。

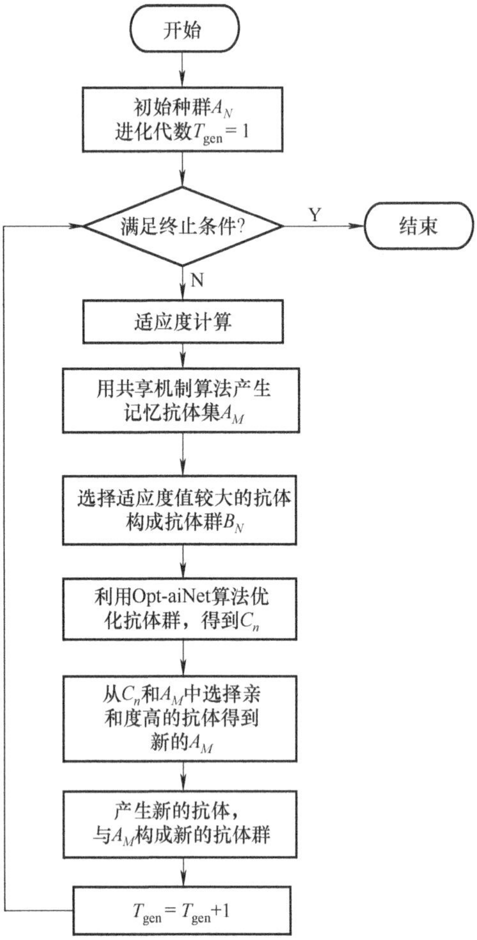

图5.3.1　小生境人工免疫网络算法流程

其具体流程如下。

步骤1：随机产生 N 个初始抗体构成初始种群 A_N，进化代数 $T_{gen}=1$。

步骤2：判断是否满足终止条件。不满足，继续执行下面的步骤；否则，则输出结果。

步骤3：计算抗体的适应度。

步骤4：将共享机制作用于 A_N，获得规模为 M 的记忆抗体集 A_M。

步骤5：选择 A_N 中前 N_0 个具有较大适应度值的抗体构成抗体群 B_N，其中 $N_0+M=N$。

步骤6：利用 Opt-aiNet 算法优化抗体群。具体操作如下。

1）以抗体群 B_N 为初始抗体群。

2）对每一个抗体进行克隆和高斯变异，并计算其适应度值，克隆规模为 N_c。

3）对每一次克隆，选择适应度值最大的抗体组成新的抗体群，计算种群的平均适应度值。如果平均适应度值与上次迭代的值不同，返回2）；否则，则继续。

4）计算抗体之间的亲和度，对亲和度小于 δ_0 的抗体，比较其适应度值，剔除适应度值小的抗体，保留的抗体组成记忆抗体群。

5）终止条件判断（最大迭代次数）。若满足，则获得抗体群 C_N；否则，随机产生一部分抗体加入到原来的抗体中，转到步骤2）。

步骤7：从 C_N 和 A_M 中选择亲和度高的 M 个抗体，并取代原来的 A_M。

步骤8：随机产生 N_0 个新抗体，与 A_M 一起构成了新的抗体群 A_{N+1}。进化代数 $T_{\text{gen}} = T_{\text{gen}} + 1$，转到步骤2。

5.4 形态空间人工免疫调节网络

独特型网络调节学说，在1974年由N. K. Jerne提出，对推进免疫学研究起了重要的作用，引发了众多学者的研究热情，但其研究成果主要集中在计算机网络安全领域，而且只对生物免疫网络的部分功能进行了模拟。

文献［77］构造了一种用于函数优化的算法——基于形态空间的人工免疫调节网络（Shaped-space Artificial Immune Regulation Network，SAIRN）算法。下面将对形态空间模型和字条模型的主要机理进行说明，并介绍基于形态空间的人工免疫调节网络算法。

5.4.1 独特型网络调节学说

独特型网络调节学说主要与抗体有关。抗体上能够被其他抗体识别的部分叫作独特型（Idiotype，Id）抗原决定簇，能对它识别并引起反应的抗体叫作抗独特型（Anti-idiotype，AId）抗体。独特型网络学说把免疫系统设想为网络，Id调节能使多种抗体的数量达到平衡。独特型网络调节过程如图5.4.1所示，其中，Ab1、Ab2、Ab3均为网络中的抗体，max为Ab1的免疫阈值。

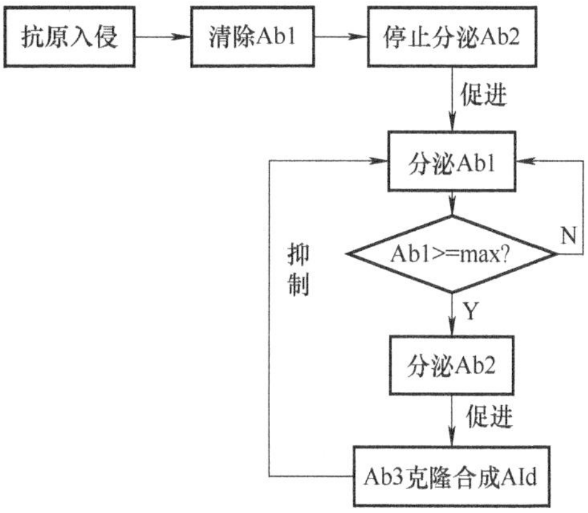

图5.4.1 独特型网络调节过程

图5.4.1表明，独特型网络调节学说将免疫系统设想为网络，该网络中的各个细胞克隆通过自我识别、相互刺激和相互制约构成了一个动态平衡的网络结构。

5.4.2 字条模型与形态空间模型

1. 形态空间模型

抗体具有两重性：B细胞表面的受体上的抗体的表位可被其他抗体的对位识别，从而被抑制；受体上的对位可识别其他抗体的表位，从而被激活。表位和对位间的配合与楔劈和裂隙间的关系相类似。用 h_q 和 h_t 分别代表楔劈的高度和裂隙的深度，当 $h_t = -h_q$ 即 $h_q + h_t = 0$ 时，二者能完全配合，则亲和力最高；当 $h_q + h_t \neq 0$ 时，二者配合较差，亲和力较低。

用高斯函数描述激活或抑制的亲和力比较合适，所以引入激活与抑制函数，它们分别为

$$a(x,y) = a_M (2\pi\sigma_a^2)^{-1/2} \mathrm{e}^{-(x+y)^2/2\sigma_a^2} \tag{5.4.1}$$

$$s(x,y) = s_M (2\pi\sigma_s^2)^{-1/2} \mathrm{e}^{-(x+y)^2/2\sigma_s^2} \tag{5.4.2}$$

式（5.4.1）与式（5.4.2）被称作缔合函数。x 和 y 分别代表对位与表位，a_M、s_M、σ_a 和 σ_s 为常数。由于亲和力影响抗体克隆，所以缔合函数决定了抗体的动态变化过程。

免疫系统应该是稳定的，以便在长时间内保证机体的健康，但又不应该太稳定，在外界扰动下机体应当存在一定的可控制性或弹性。文献［79］表明，形态空间模型便于讨论独特型网络调节使自然抗体数量稳定的同时又能在外部抗原侵入时突破原来的稳定提供有效的应答。

2. 字条模型

所谓字条模型就是用特定的数码系列表示某种克隆的抗体。每个抗体的特征都可以由“字条”表示。字条是由 0 和 1 按照不同的组合与排列的 N 个数字形成的，如图 5.4.2 所示。图 5.4.2a 中的一字条代表表位，另一条代表对位；图 5.4.2b 表示两字条相遇。

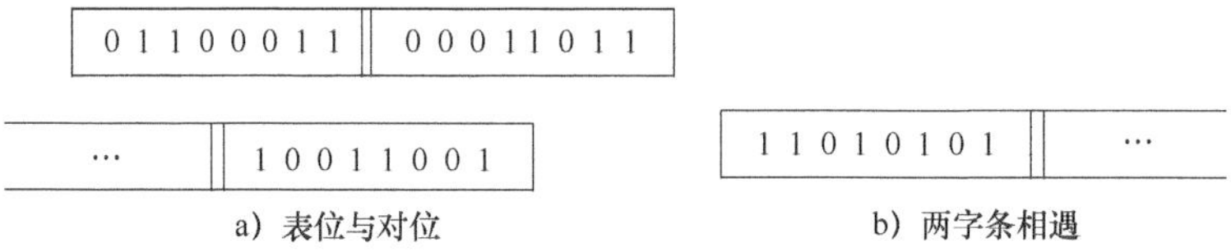

图 5.4.2　字条

若数码 0 和 1 相对则称为匹配，发生 0 和 1 相对的个数称作匹配数。设匹配阈值为 N_0，如果匹配数小于 N_0，那么两独特型之间无相互作用。

字条模型有抗体数量大和一个表位能被多个对位识别的特点，是一个状态离散的数学模型，比形态空间更实际，但计算量偏大。

5.4.3　基于形态空间的人工免疫调节网络算法

1. 算法流程

形态空间模型可以更好地关注抗体的动态变化过程，而字条模型具有与遗传算法相似的基因编码方式，是一个状态离散的数学模型，比形态空间更实际。将这两个模型的主要特点结合起来，建立可以描述抗体克隆规模动态变化的新的字条——形态空间模型。该模型采用编码的方式描述抗体，并且借助高斯函数来刻画抗体的克隆增殖动态特性。

结合形态空间模型和独特型网络调节学说，文献［77］构造了基于形态空间的人工免疫调节网络算法（SAIRN）。该算法流程如图 5.4.3所示。

基于形态空间的人工免疫调节网络算法的具体流程如下。

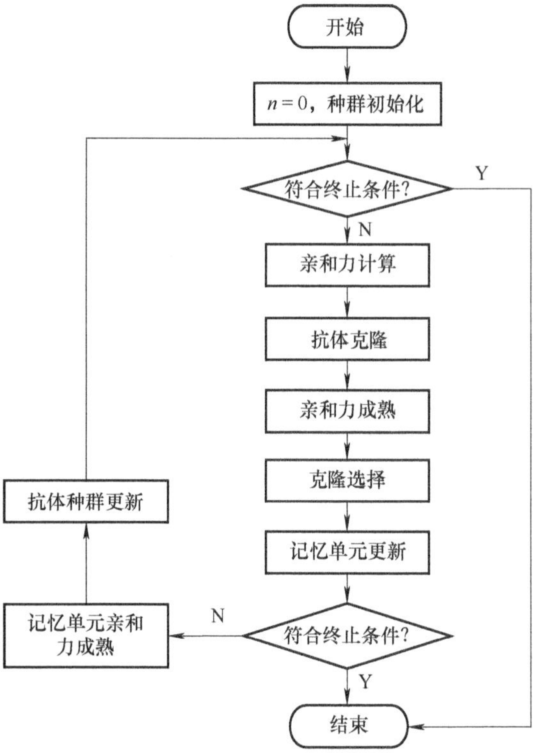

图 5.4.3　基于形态空间的人工免疫调节网络算法流程

步骤1：种群初始化。$n=0$；根据设定的种群规模，随机产生记忆单元 $M(n)$ 和抗体群 $Ab(n)=\{Ab_1(n),Ab_2(n),\cdots,Ab_N(n)\}$。

步骤2：判断是否符合终止条件。如果符合，则结束；否则，继续执行以下步骤。

步骤3：亲和力计算。计算抗原与抗体群中每个抗体的亲和力。

步骤4：抗体克隆。对抗体群中的每个抗体进行克隆，获得 $N_c(n)=\sum_{i=1}^{N}q_i(n)$ 个克隆个体，$q_i(n)$ 是抗体 i 的克隆个数。

步骤5：亲和力成熟。对每个克隆个体进行变异，增加其与抗原的亲和力，计算这 $N_c(n)$ 个单元与抗体 i 的亲和力。

步骤6：克隆选择。将每个抗体与其克隆所产生的抗体进行比较，选择亲和力好的，形成新的抗体群 $Ab'(n)$。

步骤7：记忆单元更新。从 $N_c(n)$ 个克隆抗体中选择出 $\eta\%$ 个进入记忆单元 $M(n)$ 中，并计算记忆单元 $\boldsymbol{M}(n)$ 的亲和力，去除亲和力低于 Δ 的记忆单元。

步骤8：判断是否符合终止条件。如果符合，则结束；否则，继续执行以下步骤。

步骤9：记忆单元亲和力成熟。对记忆单元进行克隆、变异、克隆选择操作，增加其与抗原的亲和度。

步骤10：抗体种群更新。$Ab'(n)$ 和 $\boldsymbol{M}(n)$ 构造新的抗体种群 $Ab(n+1)$。

步骤11：返回步骤2。

2. 讨论

同其他免疫算法一样，基于形态空间的人工免疫调节网络算法将变量为 $X=\{x_1,x_2,\cdots,x_N\}$ 的待求解问题看作是抗原，而问题的可能解则看作是抗体。能够使适应度函数 $\mathrm{fit}(\cdot)$ 值最大的抗体即为最优解，即最佳抗体。下面说明该算法中涉及的几个方面。

1）抗体的编码。这里采用二进制编码，一般将抗体位串分 M 段，每段长为 l_i，$l=\sum_{i=1}^{M}l_i$，每段分别表示变量 x_i。

2）抗体的克隆。抗体 $Ab_i(n)$ 的克隆规模 $q_i(n)$ 和抗体-抗原的亲和度、抗体间亲和力大小可以表示为

$$q_i(k)=\mathrm{Int}\left(N_c\frac{f(Ab_i(k))}{\sum_{j=1}^{n}f(Ab_j(k))}D_i\right)\tag{5.4.3}$$

式中，N_c 是大于 N 的常数；$\mathrm{Int}(\cdot)$ 是上取整函数，即 $\mathrm{Int}(x)$ 表示取大于 x 的最小整数；D_i 表示抗体 i 与其他抗体间的亲和力，一般通过汉明距离或者欧氏距离计算，并且进行归一化处理后得到。D_i 越小，表示抗体间的亲和力越大，即抗体的相似程度越高，抗体间的抑制作用就越强。

式（5.4.3）表明，对每个抗体，其克隆规模的大小是依据抗体-抗原亲和度、抗体-抗体亲和力自适应调整的。当受到抗体间的抑制小、抗原的刺激大时，克隆规模也大；反之，则小。

3）变异。抗体的变异方法与本节所介绍的方法相同。

4）记忆单元的更新。记忆细胞并不是一成不变的，它通过自身和抗体种群的克隆在动

态的自我更新来适应外界抗原的变化。记忆单元的更新包括两个方面：①从抗体种群中选取亲和度高的抗体成为记忆个体；②记忆单元的压缩，除去与抗原亲和度小或与其他记忆细胞亲和力小的记忆细胞。

5）抗体种群的更新。为了保持种群的多样性，可以随机产生新的个体替代抗体群中亲和度差的个体，替换的抗体数目受记忆单元数目的影响，如果记忆单元的数目少，则替换的抗体就多，否则就少。

6）终止条件。这里将算法的迭代次数作为算法的终止条件，迭代到一定次数后，算法终止。

基于形态空间的人工免疫调节网络算法模拟了抗原入侵免疫系统产生应答的主要过程，并且简化了免疫调节的过程。该算法本质上并行运行在抗体种群和记忆单元上，通过它们分别实现算法的全局搜索和局部搜索。

5.5 实例 5-1：基于 Opt-aiNet 的正交小波盲均衡算法

本节将 Opt-aiNet 算法引入正交小波盲均衡算法中，形成一种基于 Opt-aiNet 的正交小波盲均衡算法（Wavelet Transform Constant Modulus Blind Equalization Algorithm Based on Improved Opt-aiNet，Opt-aiNet-WTCMA）。

5.5.1 算法流程

基于 Opt-aiNet 的正交小波盲均衡算法流程如图 5.5.1 所示，其中，fit(i) 与 fit($i+1$) 为第 i 代与第 $i+1$ 代的平均适应度。

基于 Opt-aiNet 正交小波盲均衡算法架构如下：

步骤 1：初始化。设初始抗体种群为 $\boldsymbol{w}=[\boldsymbol{w}_1\ \boldsymbol{w}_2 \cdots\ \boldsymbol{w}_N]$，其中 N 是抗体的数量，每一个抗体$\boldsymbol{w}_n$（$1 \leqslant n \leqslant N$）与均衡器的一个权向量相对应。

步骤 2：计算适应度值。适应度函数的定义为

$$\mathrm{fit}(\boldsymbol{w}_n) = 1/(1 + J(\boldsymbol{w}_n)) \tag{5.5.1}$$

式中，$J(\boldsymbol{w}_n)$ 为正交小波常数模算法的代价函数。适应度最大值对应代价函数的最小值，与其对应的抗体就是盲均衡算法的最优权向量。

步骤 3：克隆与变异。对种群中的每个抗体执行克隆与变异操作。每个抗体的克隆数目固定为 N_c。克隆后的细胞变异公式为

$$C = c + gN(0,1) \tag{5.5.2}$$

$$g = \frac{1}{\beta}\exp(-\mathrm{fit}(n)) \tag{5.5.3}$$

式（5.5.2）中，c 为父代细胞，C 为父代克隆变异后得到的群体，$N(0, 1)$ 为正交随机过程。式（5.5.3）中，β 为衰减参数，fit(n) 则为父代的归一化适应度值。

步骤 4：计算克隆细胞的适应度值。对每一次克隆，选择出其中适应度值最大的细胞，用它们来组成新的抗体种群，并且计算该种群与原来种群的平均适应度值。

步骤 5：判断。如果此次的平均适应度值和上次迭代的平均适应度值不同，那么返回步骤 2；否则，继续执行下一步骤。

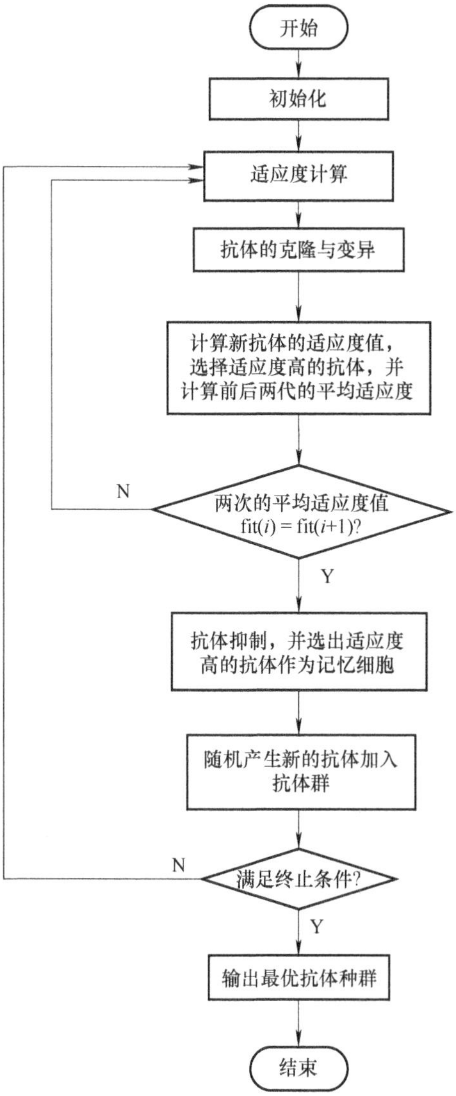

图 5.5.1　基于 Opt-aiNet 正交小波盲均衡算法的流程

步骤6：抗体的抑制。计算出抗体与抗体间的亲和力，将亲和力低于抑制阈值 Δ 并且适应度值较小的抗体剔除。将保留下来的抗体加入网络记忆细胞集中。

步骤7：抗体多样性的保持。如果不满足算法的终止条件（这里的终止条件为截止代数），那么就随机产生一些抗体加入到抗体群中，然后转到步骤2，直到算法终止。

5.5.2　仿真实验与结果分析

为了检验基于 Opt-aiNet 正交小波盲均衡算法的性能，以常数模算法（CMA）、正交小波盲均衡算法（WT-CMA）为比较对象。

【实验 5.5.1】 采用水声信道 $\boldsymbol{h}=[0.3132\ \ -0.104\ \ 0.8908\ \ 0.3134]$，信道特性如图 5.5.2所示。发射信号为 16QAM，信噪比为 20dB，均衡器长度为 16，最大迭代次数

$T_{max} = 15000$。

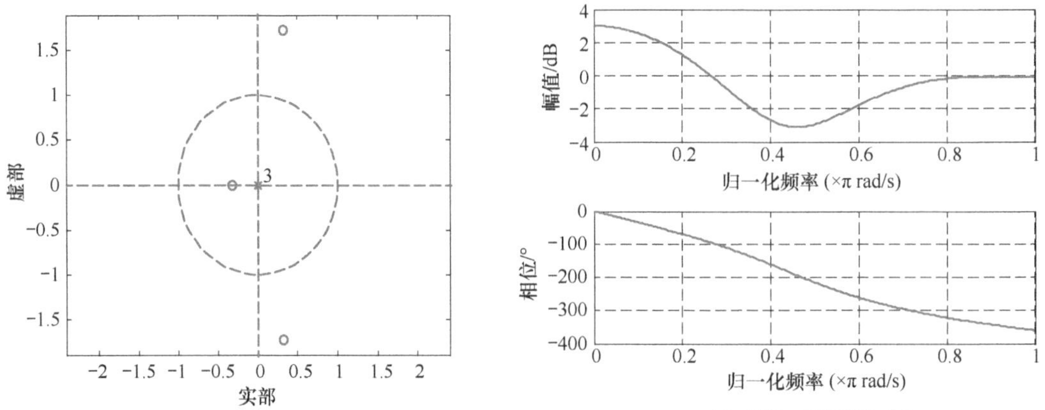

a）信道零极点图　　b）幅频、相频特性曲线

图 5.5.2　信道特性

CMA 初始权向量第 4 个抽头取 1，其他都取 0，步长为 0.000018；WT-CMA 采用 DB2 小波，第 4 个抽头取 1，其他都取 0，步长为 0.00018；基于 Opt-aiNet 的正交小波盲均衡算法，初始抗体数为 20，每个抗体克隆后代的数目 $N_c = 20$，抑制阈值 $\sigma = 0.15$，衰减参数 $\beta = 200$，步长为 0.00008，且算法的终止条件为进化至第 10 代。

1000 次蒙特卡罗仿真结果如图 5.5.3 所示。

图 5.5.2 表明，该信道有一个零点在单位圆内，两个零点在单位圆外，是混合水声信道，且存在严重的幅频失真。

图 5.5.3a 表明，基于 Opt-aiNet 的正交小波盲均衡算法收敛速度比其他两种算法快约 5000 步，且其稳态误差比 WT-CMA 的小约 1dB，比 CMA 的小约 3.5dB。图 5.5.3c ~ e 表明，

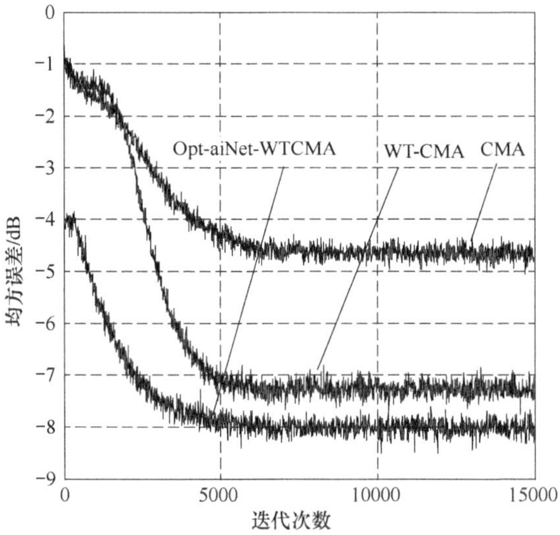

a）均方误差曲线

图 5.5.3　仿真结果

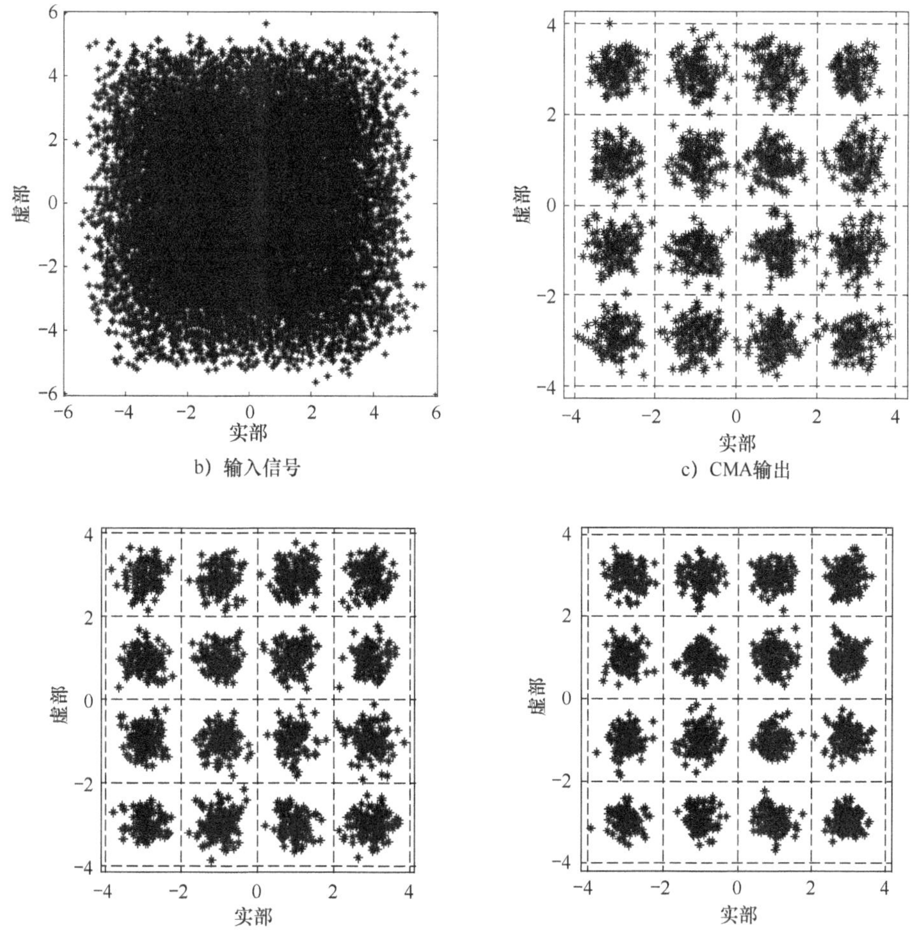

b）输入信号　　c）CMA输出

d）WT-CMA输出　　e）Opt-aiNet-WTCMA输出

图 5.5.3　仿真结果（续）

WT-CMA 的输出效果比 CMA 的好一些；基于 Opt-aiNet 的正交小波盲均衡算法输出效果最好，收敛后的星座图更清晰。

【实验 5.5.2】 采用水声信道 $\boldsymbol{h}=[0.35\ \ 0\ \ 0\ \ 1]$，其特性如图 5.5.4 所示。发射信号为 4PSK，信噪比为 25dB，均衡器长度为 16，迭代次数 $N=15000$；CMA 初始权向量第 4 个抽头取 1，其他都取 0，步长为 0.0001；WT-CMA 采用 DB2 小波，第 4 个抽头取 1，其他都取 0，步长取 0.001；基于 Opt-aiNet 正交小波盲均衡算法，初始抗体数为 20，每个抗体克隆后代的数目 $N_c=20$，抑制阈值 $\sigma=0.1$，衰减参数 $\beta=500$，步长为 0.004，且算法的截止代数为 10。1000 次蒙特卡罗仿真结果如图 5.5.5 所示。

图 5.5.4 表明，该信道的零点都分布在单位圆外，幅频特性严重失真。

图 5.5.5a 表明，基于 Opt-aiNet 的正交小波盲均衡算法的收敛速度比 WT-CMA 的快约 1300 步，比 CMA 的快约 3000 步，且稳态误差比 WT-CMA 的小约 2dB，比 CMA 的小约 6dB。图 5.5.5c ~ e 表明，WT-CMA 的输出效果比 CMA 的好一些；基于 Opt-aiNet 的正交小波盲均衡算法输出效果最好，收敛后的星座图更清晰。

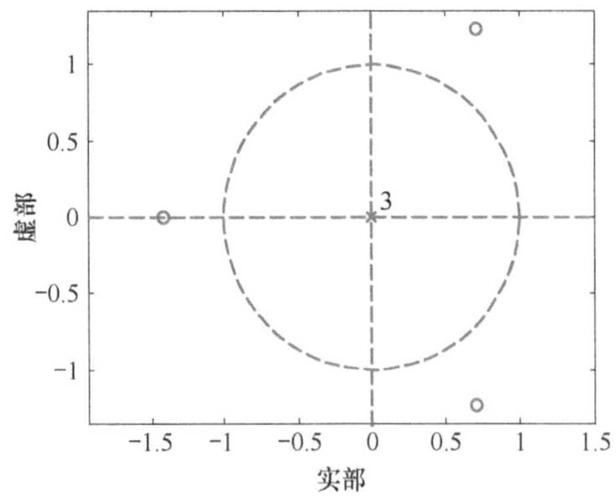

a）信道零极点图

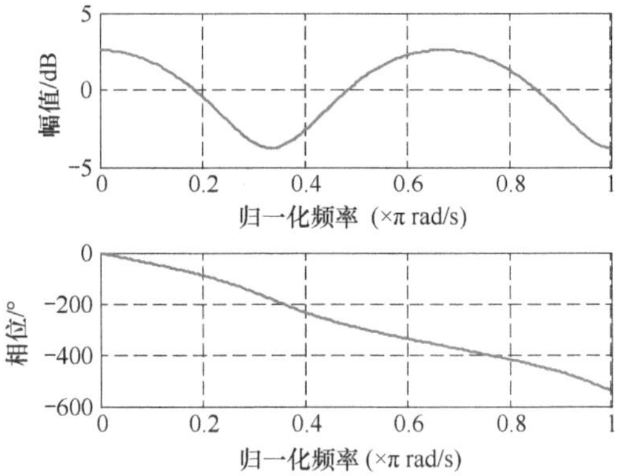

b）幅频、相频特性曲线

图 5.5.4　信道特性

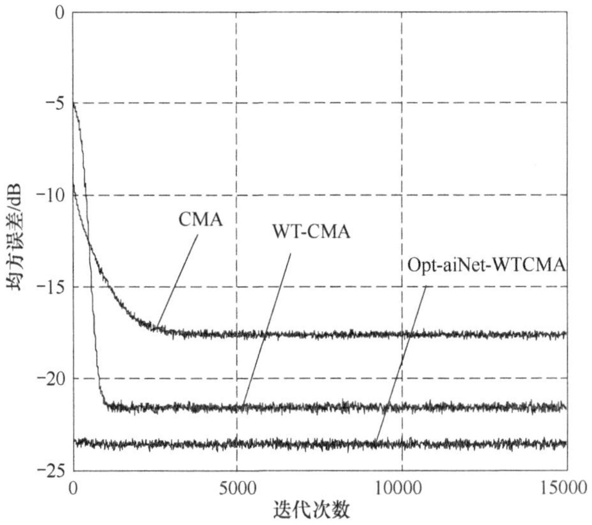

a）均方误差曲线

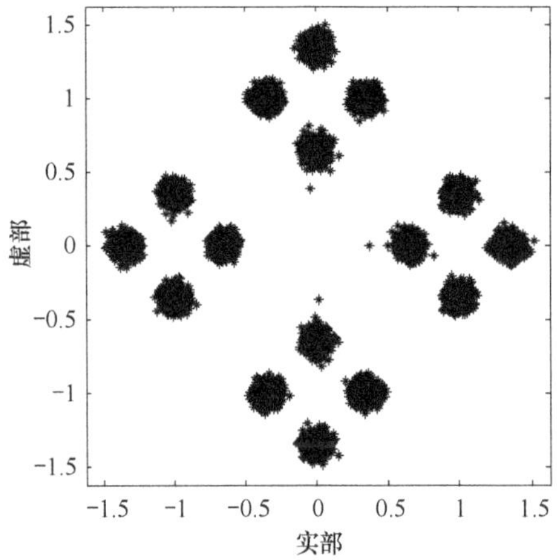

b）输入信号

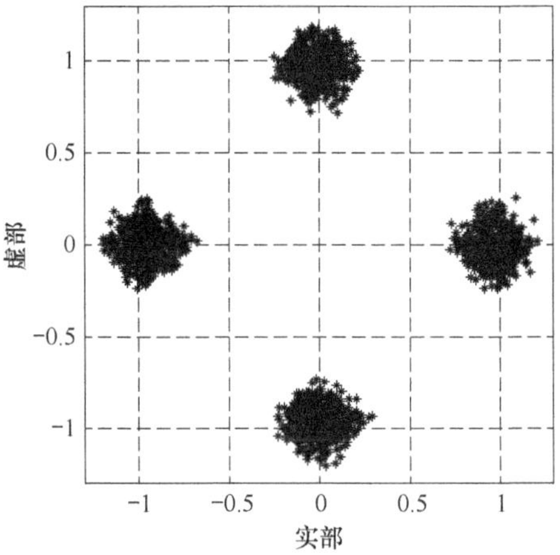

c）CMA输出

图 5.5.5　仿真结果

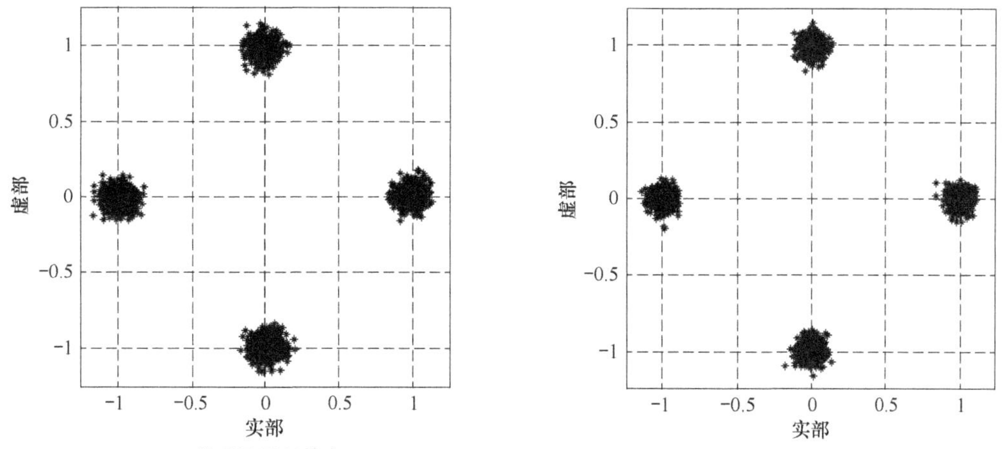

d）WT-CMA输出　　e）Opt-aiNet-WTCMA输出

图5.5.5 仿真结果（续）

综上所述，经过Opt-aiNet优化的正交小波盲均衡算法，可以有效加快收敛速度并减小均方误差，算法性能明显提高。

5.6 实例5-2：基于形态空间人工免疫调节网络的正交小波常数模算法

5.6.1 算法原理

将基于形态空间人工免疫调节网络算法引入到正交小波常数模算法中，形成基于形态空间人工免疫调节网络的正交常数模算法（Wavelet Transform Constant Modulus Blind Equalization Algorithm Based on SAIRN，SAIRN-WTCMA）。对于该算法，主要有以下几点需要说明。

1）初始化。将均衡器权向量系数作为该算法的决策变量，设计初始种群 $\boldsymbol{w}=[\boldsymbol{w}_1\ \boldsymbol{w}_2\cdots\boldsymbol{w}_N]$，种群中的每一个抗体 $\boldsymbol{A}_i(i=1,2,\cdots,N)$ 对应均衡器的一个权向量。

2）抗体适应度计算。抗体的适应度函数为

$$\mathrm{fit}(\boldsymbol{w}_n)=1/(1+J(\boldsymbol{w}_n)) \tag{5.6.1}$$

式中，$J(\boldsymbol{w}_n)$ 表示正交小波常数模盲均衡算法的代价函数，定义为

$$J(\boldsymbol{w}_n)=\frac{\sum_{k=1}^{K}(R-|z_n(k)|^2)^2}{K} \tag{5.6.2}$$

式中，n 表示均衡器权向量个体（即本文中的抗体）序号；K 表示每一代接收信号序列（即抗体）的长度；$z_n(k)$ 为每个均衡器权向量个体的输出信号。

3）最优抗体的选择。算法通过对均衡器初始权向量进行优化，而使正交小波常数模盲均衡算法代价函数最小，这样的权向量即为最佳权向量，也就是说，该算法中能够使适应度值最大的抗体即为最优抗体。

4）将最后得到的最优抗体作为正交小波常数模盲均衡算法的初始权向量。

5.6.2 仿真实验与结果分析

为了验证 SAIRN-WTCMA 的有效性，以 CMA 和 WT-CMA 为比较对象进行仿真实验。

【实验 5.6.1】 采用混合水声信道 $\boldsymbol{h}=[0.3132,\ -0.104,\ 0.8908,\ 0.3134]$，信噪比为 20dB，均衡器长度为 16，发射信号为 16QAM，最大迭代次数 $T_{1\max}=15000$。步长 $\mu_{\mathrm{CMA}}=7\times10^{-6}$，$\mu_{\mathrm{WT\text{-}CMA}}=1.4\times10^{-5}$，$\mu_{\mathrm{SAIRN\text{-}WTCMA}}=9.5\times10^{-5}$；SAIRN-WTCMA 的抗体与记忆单元的种群规模为 20，抗体克隆规模为 $N_c=10$，衰减阈值 $\Delta=0.8$，记忆单元选择成熟分子的比率 $\eta=20$，最大迭代次数 $T_{\max}=10$；CMA 初始权向量第 3 个抽头取 1，其他都取 0；WT-CMA 初始权向量第 3 个抽头取 1，其他都取 0；对信道的输入信号采用 DB2 正交小波分解，分解层次是 2 层，功率的初始值为 6，遗忘因子 $\beta_0=0.99$。1000 次蒙特卡罗仿真结果如图 5.6.1 所示。

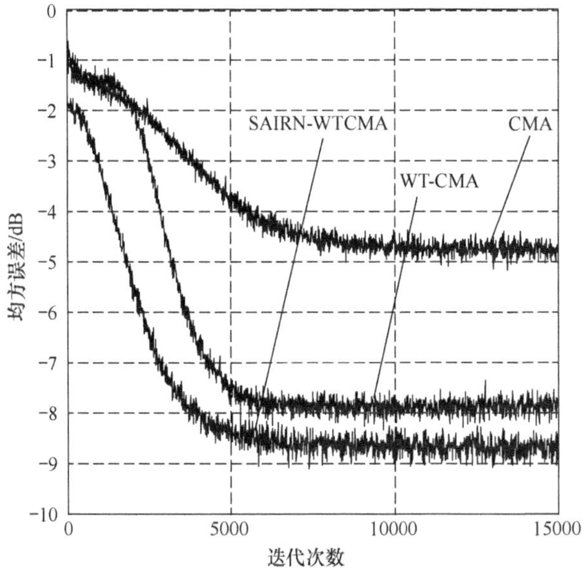

a）均方误差曲线

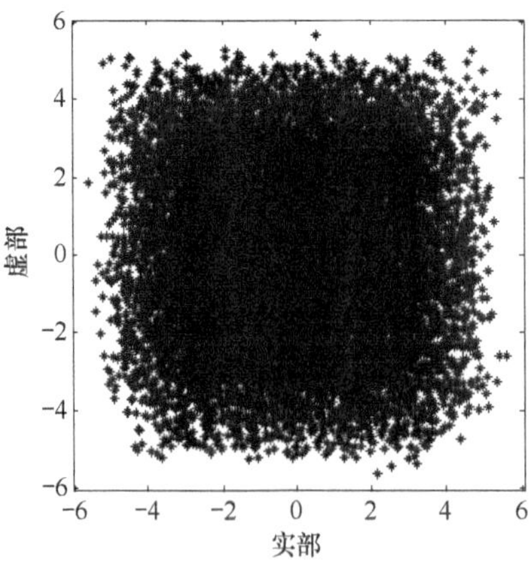

b）均衡器输入

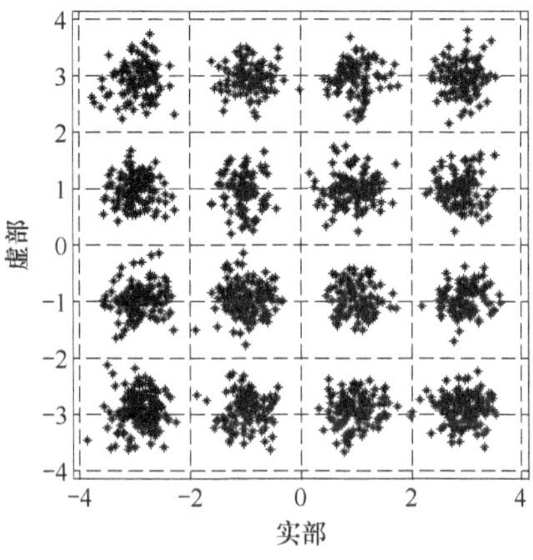

c）CMA输出

图 5.6.1 仿真结果

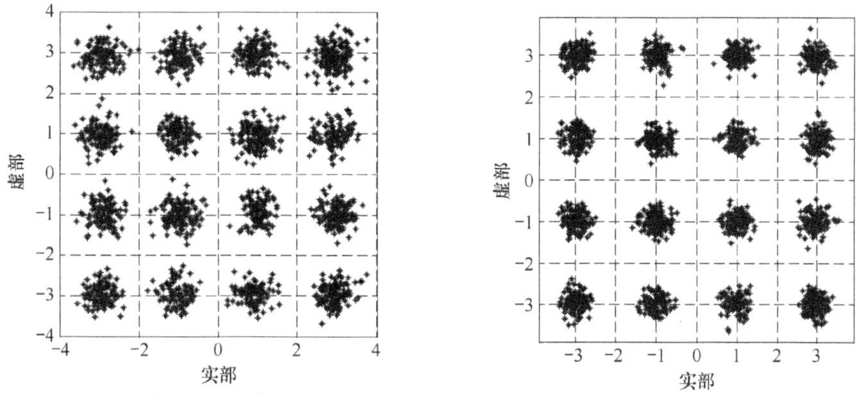

d) WT-CMA 输出　　e) SAIRN-WTCMA输出

图 5.6.1 仿真结果（续）

图 5.6.1a 表明，SAIRN-WTCMA 收敛后的均方误差比 CMA 的约小 4dB，比 WT-CMA 的约小 1dB；而且收敛速度比 CMA 的快约 3000 步，比 WT-CMA 的快约 500 步；图 5.6.1b ~ e 表明，SAIRN-WTCMA 的星座图比其他两种算法的星座图更清晰。

【实验 5.6.2】 采用混合水声信道 $\boldsymbol{h}=[0.3132\quad -0.104\quad 0.8908\quad 0.3134\quad 0.1]$，其信道性能如图 5.6.2 所示。信噪比为 25dB，均衡器长度为 16，发射信号为 8PSK，最大迭代次数 $T_{1\max}=15000$。步长 $\mu_{\text{CMA}}=6.3\times10^{-4}$，$\mu_{\text{WT-CMA}}=1.4\times10^{-3}$，$\mu_{\text{SAIRN-WTCMA}}=7\times10^{-4}$。SAIRN-WTCMA 的抗体与记忆单元的种群规模为 20，抗体克隆规模为 $N_c=10$，衰减阈值 $\Delta=0.8$，记忆单元选择成熟分子的比率 $\eta=20$，最大迭代次数 $T_{\max}=10$；CMA 初始权向量第 3 个抽头取 1，其他都取 0；WT-CMA 初始权向量第 3 个抽头取 1，其他都取 0。对信道的输入信号采用 DB2 正交小波分解，分解层次是 2 层，功率的初始值为 6，遗忘因子 $\beta_0=0.99$。1000 次蒙特卡罗仿真结果如图 5.6.2 所示。

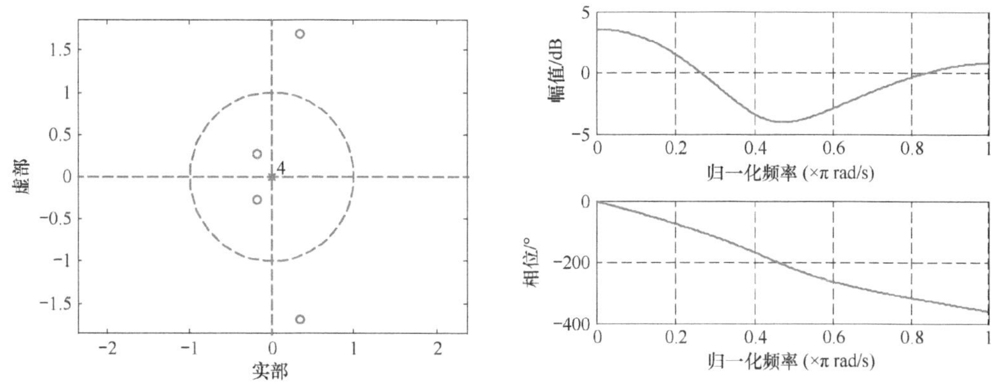

a) 信道零极点图　　b) 幅频、相频特性曲线

图 5.6.2 信道特性

图 5.6.2a 表明，该信道有四个零点，并且有两个在单位圆内，两个在单位圆外，所以该信道是混合信道。图 5.6.2b 表明，该信道的幅频特性严重失真。图 5.6.3a 表明，SAIRN-WTCMA 收敛后的均方误差比 CMA 的约小 8dB，比 WT-CMA 的约小 4dB；而且收敛速度比 CMA 的快约 2000 步，比 WT-CMA 的快约 500 步；图 5.6.3b ~ e 表明，SAIRN-WTCMA 的星座图比其他两种算法的星座图更清晰。

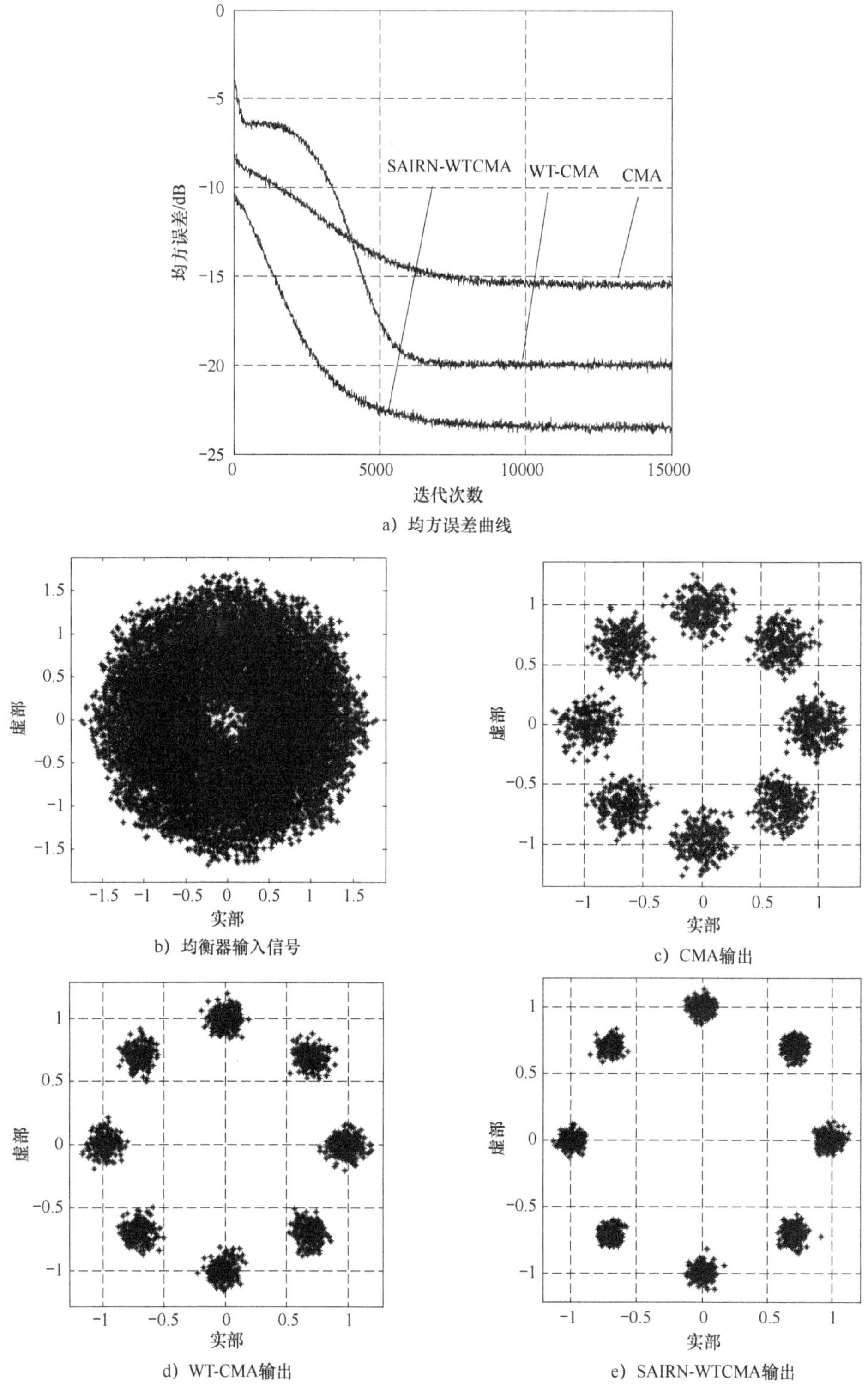

a）均方误差曲线

b）均衡器输入信号

c）CMA输出

d）WT-CMA输出

e）SAIRN-WTCMA输出

图 5.6.3　仿真结果

综上所述，SAIRN-WTCMA 可以有效加快收敛速度并减小均方误差，算法性能明显提升。

第 6 章　萤火虫算法

· 内容导读 ·

本章在分析标准萤火虫算法的基本思路、萤火虫的行为描述的基础上，详细讨论了萤火虫算法参数及其优化方法；将利维飞行机制和遗传变异算子引入标准萤火虫算法中，得到了利维飞行和变异算子的萤火虫算法；将云模型引入标准萤火虫算法，得到了云萤火虫算法；将传统 K 均值聚类与反向学习策略引入标准萤火虫算法，得到了基于精英反向学习的 K 均值萤火虫算法；将 DNA 遗传算法融入标准萤火虫算法中，得到了基于 DNA 遗传的萤火虫算法，并对其进行优化，得到新型 DNA 遗传萤火虫算法。最后，通过基于云萤火虫算法改进二维 Tsallis 熵的医学图像分割算法及基于新型 DNA 遗传萤火虫算法优化的二维图像小波盲复原算法两个实例，给出了用萤火虫算法解决图像分割与复原的完整思路、架构、方法与效果。

在自然界中存在着多个种类的萤火虫，它们大部分都会发光，但它们发光的原因不太一样，有些是通过发光来吸引异性的注意从而完成交配产生下一代，有些则是通过发光来吸引猎物的注意以达到捕杀的目的，甚至还有一些是通过发光向同伴发出警示。萤火虫算法是一种模拟萤火虫发光特性而研发出来的智能优化算法，其主要通过自身发光的亮度和吸引度达到集中同伴的目的。萤火虫发光的亮度与吸引度是该算法的重要指标。萤火虫发光的亮度越强，则表示该萤火虫处在比较优势的位置上，那它周围亮度较弱的同伴就会向它靠拢。萤火虫的吸引度则表示能够吸引周围的同伴向它移动的距离。通过萤火虫的亮度和吸引度控制其移动的位置，经过位置的变化，萤火虫的亮度与吸引度都会发生改变，以备下一次移动位置，进而不断更新萤火虫位置，找到最优位置。

6.1 标准萤火虫算法

标准萤火虫算法是以理想化的萤火虫发光的特性和行为而设计的，主要基于以下三个准则。

1）所选取的萤火虫均无性别之分，每只萤火虫都有机会被周围的萤火虫吸引而向其移动。

2）萤火虫的吸引度与亮度成正比关系，吸引度大则亮度大，而吸引度会随着两个萤火虫之间的距离增大而减小。

3）对于一个萤火虫来说，如果它的亮度最大，则在原地不动。

萤火虫算法的寻优主要由亮度和吸引度两个关键要素实现。萤火虫的相对亮度为

$$I = I_0 e^{-\gamma r_{ij}} \tag{6.1.1}$$

式中，I_0为初始光强度，即在光源（$r=0$）处的光强度，与目标函数值相关，目标函数值越优自身亮度越高；γ 为光强吸收系数，即吸收因子，以体现光强的减弱特性，一般情况下 $\gamma\in[0.01,100]$；r_{ij}为萤火虫 i 与 j 间的欧氏距离，定义为

$$r_{ij} = \| x_i - x_j \| = \sqrt{\sum_{k=1}^{d} (x_{i,k} - x_{j,k})^2} \tag{6.1.2}$$

式中，x_i 和 x_j 分别为萤火虫 i 和萤火虫 j 所处的位置。

萤火虫的吸引度为

$$\beta = \beta_0 e^{-\gamma r_{ij}^2} \tag{6.1.3}$$

式中，β_0 为最大吸引度，即光源（$r=0$）处的吸引度。萤火虫 i 被萤火虫 j 吸引而向其移动的位置更新公式为

$$x_j(n+1) = x_j(n) + \beta_{ij}(r_{ij})[x_i(n) - x_j(n)] + \alpha\varepsilon_j \tag{6.1.4}$$

式中，n 为算法当前迭代次数；α 为随机步长，一般取值范围为［0,1］；ε_j 通常是由高斯分布、均匀分布或其他分布生成的随机数向量。

6.1.1　萤火虫的行为描述

每只萤火虫通过自身的荧光素 l 发光吸引周围同伴的注意，而且都有自己的决策域 r_d（$0<r_d<r_s$，r_s 为感知半径）。萤火虫所持有的荧光素值越大表明其光亮度越强，所处位置越优，也就是说，得到的解就越好。当萤火虫移动一次后，其决策域也会依据所处位置周围的同伴数量的多少而变大或缩小。周围的同伴比前一次的数量少，则它的决策域就扩大，以能够容括更多的同伴；相反，周围的同伴比前一次的数量多，则它的决策域就缩小，以能够使决策域内的同伴数量达到一定的平衡，使得每只萤火虫都有机会发生移动，进而找到更优的位置。最终，萤火虫会集中在某几个位置上，达到寻优的目的。在萤火虫算法中，初始化各项参数时，每只萤火虫都设置了同样的荧光素值 l_0 和感知半径 r_0。

萤火虫搜索与移动原理如图 6.1.1 所示，三只萤火虫个体分别为 a,b,c，感知半径分别为 r_a,r_b,r_c。萤火虫 a 的感知半径 r_a 比萤火虫 b 的感知半径 r_b 大，而且萤火虫 b 位于萤火虫 a 的感知范围内。假设萤火虫 a 比萤火虫 b 的亮度强，则萤火虫 b 向萤火虫 a 的位置移动；反之，萤火虫 a 向萤火虫 b 的位置移动。萤火虫 c 则不同，因为萤火虫 c 不在萤火虫 a 的感知范围内，所以不论萤火虫 a 与萤火虫 c 谁的亮度强都不会相对移动。

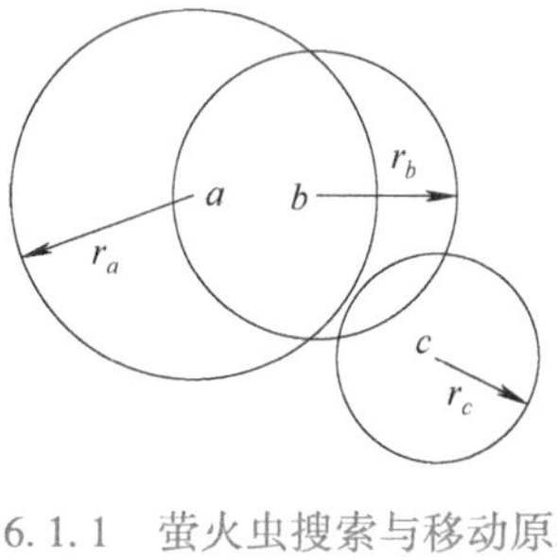

图 6.1.1　萤火虫搜索与移动原理

基本萤火虫算法的流程如下。

步骤 1：荧光素更新。

$$l_i(n) = (1-\rho)l_i(n-1) + \gamma J(x_i(n)) \tag{6.1.5}$$

式中，$J(x_i(n))$ 表示萤火虫 i 在第 n 次迭代时的位置 $x_i(n)$ 所对应的目标函数值；$l_i(n)$ 为萤火虫 i 所持有的荧光素值；γ 为荧光素更新率。萤火虫个体通过自身荧光素值的大小对周边同伴产生吸引与被吸引的联系。若该萤火虫个体是邻域内荧光素值最大的，则邻域内的同伴会选择向其位置发生移动；若不是，则它向周围荧光素值大的同伴移动。

步骤 2：概率选择。

选择移向邻域集 $N_i(n)$ 内个体 j 的概率

$$p_{ij}(n)=\frac{l_j(n)-l_i(n)}{\sum_{k\in N_i(n)}(l_j(n)-l_i(n))} \tag{6.1.6}$$

式中，邻域集 $N_i(n)=\{j:d_{ij}(n)<r_d^i;l_i(n)<l_j(n)\}$，$0<r_d^i<r_s$。发生移动的概率是根据这两只萤火虫的荧光素值之间的关系决定的，根据概率大小决定萤火虫移动位置的多少，概率大则移动位置的距离就大，距离邻域集内最亮个体的位置就越近。

步骤3：位置更新。

$$x_i(n+1)=x_i(n)+s\left(\frac{x_j-x_i}{\|x_j-x_i\|}\right) \tag{6.1.7}$$

式中，s 为移动步长。对萤火虫个体的位置进行更新，在不断迭代过程中寻找最优萤火虫个体及其位置，确定问题的最优解。

步骤4：动态决策域半径更新。

$$r_d^i(n+1)=\min\{r_s,\max\{0,r_d^i(n)+\beta(n_t-|N_i(n)|)\}\} \tag{6.1.8}$$

通过对萤火虫个体的动态决策域更新，决定是否对萤火虫的位置进行更新。若萤火虫在决策域内，则对位置进行更新替换，若在决策域之外，则位置不发生变化。

6.1.2 萤火虫算法的参数及其优化

决定萤火虫算法性能的参数选择、参数设定是本节要讨论的问题。

1. 算法参数

根据萤火虫算的数学模型可知萤火虫算法需要设定的参数有萤火虫数量 N、步长因子 α、光吸收因子 γ、最大吸引度 β_0、最大迭代次数 $T_{\max}$，共5个参数。对于大多数的应用问题，β_0 可取1。文献［89］通过单因素数值试验测试经典测试函数（见表6.1.1），以分析萤火虫算法其他四个参数对算法性能的影响。

表6.1.1 测试函数

函数名称	表达式	搜索空间	理论最优值	特点
Sphere	$f_1(x)=\sum_{i=1}^{D}x_i^2$	[-10, 10]	0	非线性单峰函数
Rosenbrock	$f_2(x)=\sum_{i=1}^{D}[100(x_{i+1}-x_i^2)^2+(1-x_i^2)^2]$	[-30, 30]	0	多维病态二次函数，极难进行极小化
Rastrigin	$f_3(x)=\sum_{i=1}^{D}[x_i^2-10\cos 2\pi x_i+10]$	[-5.12, 5.12]	0	易陷入局部最优的多峰函数

算法参数的经验设置见表6.1.2，在单因素试验中固定三个参数，改变一个参数。为降低随机误差，每个测试函数每组参数组合分别独立运行20次。

表6.1.2 算法参数经验设置

算法参数	变量名	取值
萤火虫数量	N	50
步长因子	α	0.2

（续）

算法参数	变量名	取值
吸收因子	γ	1
最大迭代次数	T_{max}	500

2. 算法参数对算法性能的影响

（1）萤火虫数量（N）对算法的影响

根据经验值，设置萤火虫数量 $N=10,20,30,\cdots,90,100$。对三个测试函数进行独立运行20次的数值试验。试验结果见表6.1.3，对应各测试函数的平均最优解曲线如图6.1.2所示。

表 6.1.3　萤火虫数量对算法性能的影响

萤火虫数	最优解	最差解	平均值	平均收敛代数
Sphere 函数				
10	3.1×10^{-7}	2.8×10^{-5}	8.7×10^{-6}	348.1
20	2.2×10^{-7}	8.7×10^{-6}	2.3×10^{-6}	318.3
30	5.9×10^{-8}	4.3×10^{-6}	1.2×10^{-6}	281.7
40	3.3×10^{-8}	3.0×10^{-6}	1.0×10^{-6}	312.0
50	3.6×10^{-8}	1.4×10^{-6}	5.6×10^{-7}	284.7
60	5.0×10^{-8}	2.8×10^{-6}	6.2×10^{-7}	259.1
70	1.5×10^{-8}	1.5×10^{-6}	3.9×10^{-7}	245.6
80	1.7×10^{-8}	1.5×10^{-6}	5.6×10^{-7}	223
90	3.5×10^{-8}	2.3×10^{-6}	4.1×10^{-7}	222.7
100	8.1×10^{-9}	7.4×10^{-7}	2.6×10^{-7}	256.0
Rosenbrock 函数				
10	3.5	4.9×10^{5}	3.4×10^{4}	242.5
20	4.0×10^{-4}	2.0×10^{2}	59	397.1
30	1.0×10^{-4}	1.0×10^{2}	14	435.4
40	1.0×10^{-4}	21.6	7	361.4
50	2.1×10^{-5}	8.9	3	426.1
60	1.2×10^{-5}	13.2	1.9	388.3
70	1.7×10^{-5}	13.1	0.81	413.9
80	2.6×10^{-6}	0.36	0.02	423.9
90	2.7×10^{-5}	4.4	0.37	409.4
100	8.6×10^{-6}	3.3	0.23	369.2
Rastrigin 函数				
10	0.9	16.1	4.6	302.4
20	0.9	8.0	2.6	320.1
30	0.0	9.9	2.6	281.5

（续）

萤火虫数	最优解	最差解	平均值	平均收敛代数
Rastrigin 函数				
40	0.0	5.0	1.9	300.2
50	0.0	5.0	1.3	246.3
60	0.0	2.0	0.89	230.9
70	0.0	3.9	0.97	249.5
80	0.0	1.9	1.19	318.8
90	0.0	1.9	1.0	240.9
100	0.0	1.9	0.89	275.4

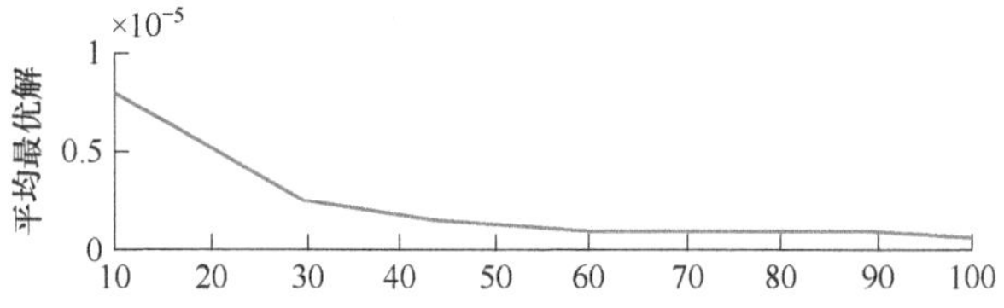

a）Sphere函数

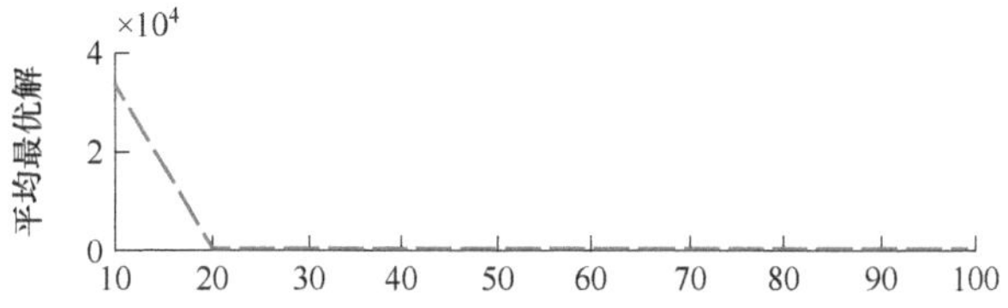

b）Rosenbrock函数

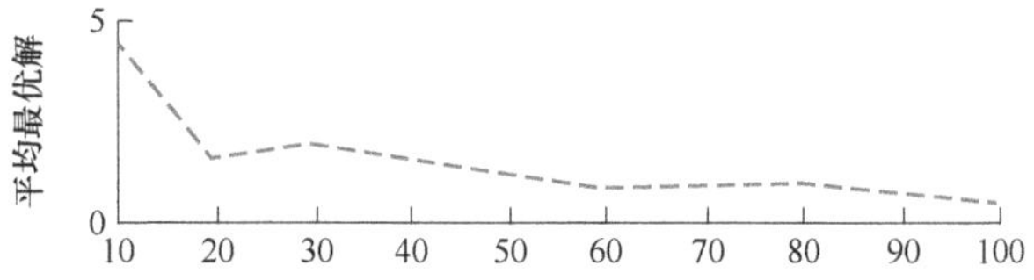

c）Rastrigin函数

图 6.1.2 萤火虫数量对三个测试函数的平均最优解曲线的影响

从理论上讲，萤火虫数越多找到最优解的可能性就越大，算法的求解精度也越高，但也会产生大量重复解。表 6.1.3 及图 6.1.2 表明，随着萤火虫数量的增多，对应的平均最优解也越精确，越趋于平缓，这与理论定性分析相吻合。各测试函数的特点如下。

1）Sphere 函数的求解精度很高，并且最优解与最差解差距也较小，具有较好的鲁棒性。当萤火虫数量超过 50 时，求解精度已经基本稳定，过多的萤火虫数量反而会增加计算开销，浪费资源。根据试验结果及计算开销，对于 Sphere 函数来说，萤火虫数量取 50 较为合理。

2）Rosenbrock 函数由于其复杂性，其求解精度不是非常高，并且最优解与最差解差距也较大。根据试验结果及计算开销，对于 Rosenbrock 函数来说，萤火虫数量取 70 较为合理。

3）Rastrigin 函数由于其易陷入局部最优，其求解精度也不是非常高，最优解与最差解差距一般。根据试验结果及计算开销，对于 Rastrigin 函数来说，萤火虫数量取 60 较为合理。

（2）步长因子（α）对算法的影响

根据常用步长因子取值区间 $\alpha\in[0,1]$，设置步长因子 $\alpha=0.1,0.2,0.3,\cdots,0.9,1$。对三个测试函数进行独立运行 20 次的数值试验。试验结果见表 6.1.4，对应各测试函数的平均最优解曲线如图 6.1.3 所示。

表 6.1.4　步长因子对算法性能的影响

步长因子	最优解	最差解	平均值	平均收敛代数
Spherek 函数				
0.1	1.7×10^{-8}	4.8×10^{-7}	2.0×10^{-7}	248.3
0.2	1.5×10^{-7}	2.9×10^{-6}	7.6×10^{-7}	239.6
0.3	2.0×10^{-8}	8.2×10^{-6}	2.0×10^{-6}	249.9
0.4	3.7×10^{-8}	4.2×10^{-6}	1.7×10^{-6}	280.2
0.5	2.9×10^{-8}	4.3×10^{-6}	1.6×10^{-6}	325.2
0.6	3.2×10^{-7}	1.3×10^{-5}	5.5×10^{-6}	291.7
0.7	2.7×10^{-7}	2.2×10^{-5}	5.7×10^{-6}	275.8
0.8	1.7×10^{-6}	1.3×10^{-5}	6.7×10^{-6}	273.0
0.9	1.8×10^{-6}	1.5×10^{-5}	7.3×10^{-6}	250.1
1	1.1×10^{-6}	2.7×10^{-5}	8.4×10^{-6}	286.0
Rosenbrock 函数				
0.1	4.7×10^{-6}	53.0	7.2	246.0
0.2	6.2×10^{-6}	10.8	2.2	446.8
0.3	5.8×10^{-5}	13.0	2.0	402.8
0.4	1.6×10^{-4}	14.5	0.74	409.2
0.5	2.8×10^{-5}	1.3	0.11	391.8
0.6	5.6×10^{-5}	9.5×10^{-3}	2.5×10^{-3}	368.9
0.7	7.2×10^{-5}	7.0×10^{-3}	1.7×10^{-3}	372.2
0.8	3.3×10^{-5}	6.0×10^{-3}	1.6×10^{-3}	370.3
0.9	5.3×10^{-5}	4.8×10^{-3}	1.7×10^{-3}	387.7
1	5.1×10^{-5}	3.1×10^{-3}	1.2×10^{-3}	376.2
Rastrigink 函数				
0.1	8.1×10^{-5}	4.9	2.3	178.9
0.2	9.7×10^{-6}	2.0	1.2	301.3
0.3	4.6×10^{-6}	2.0	0.92	241.0
0.4	2.4×10^{-4}	3.1	1.3	230.7
0.5	2.4×10^{-4}	2.0	1.1	275.7

（续）

步长因子	最优解	最差解	平均值	平均收敛代数
		Rastrigink 函数		
0.6	1.7×10^{-4}	2.0	1.1	239.2
0.7	1.6×10^{-4}	2.0	0.69	252.4
0.8	3.6×10^{-4}	4.0	1.0	300.4
0.9	9.4×10^{-5}	2.0	0.65	288.8
1	2.5×10^{-4}	1.0	0.40	265.8

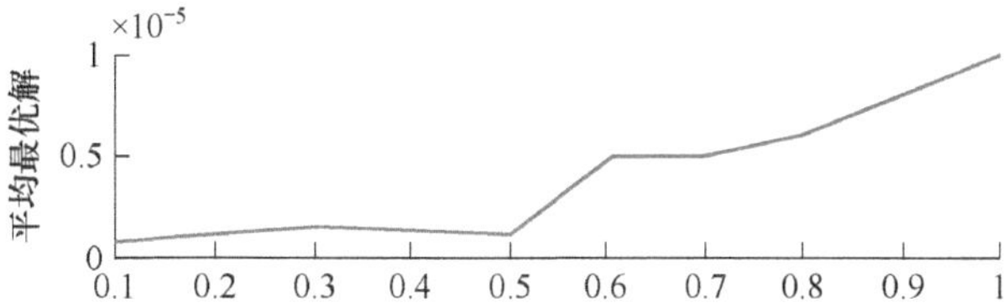

a）Sphere函数

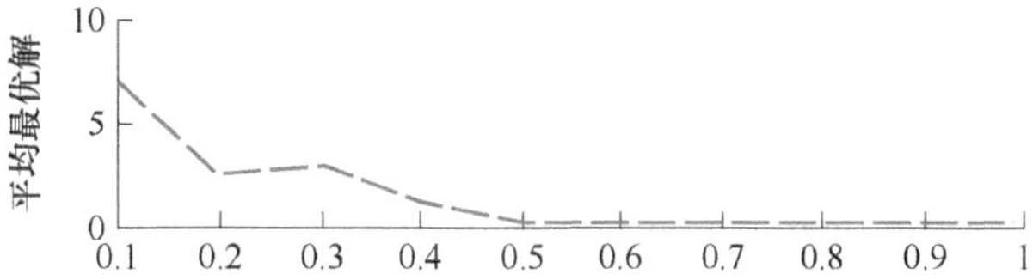

b）Rosenbrock函数

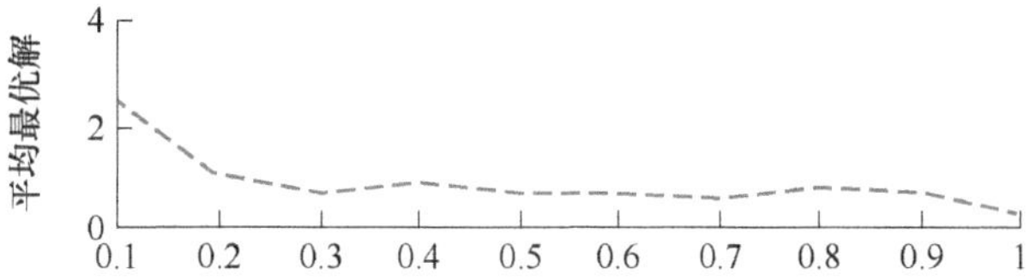

c）Rastrigin函数

图6.1.3 步长因子对三个测试函数的平均最优解曲线的影响

从理论上讲，步长因子直接影响萤火虫寻优移动的步长，步长越小求解越精确，但容易陷入局部最优，步长越大收敛越快，但求解精度越低。表6.1.4及图6.1.3表明，步长因子的大小直接影响算法的求解精度。各测试函数的特点如下。

1）Sphere函数随着 α 的增加，算法的求解精度越低。从整体来看，平均求解精度在 10^{-6} 和 10^{-7}，求解精度已经很高，并且最优解与最差解差距也较小，具有较好的鲁棒性。α 越小精度越高，也越趋于平缓。根据试验结果，对于Sphere函数来说，α 取0.1较为合理。

2）Rosenbrock函数随着 α 的增加，算法的求解精度越高，也越趋于平缓。根据试验结果，对于Rosenbrock函数来说，α 取1较为合理。

3）Rastrigin函数随着 α 的增加，算法的求解精度越高，但有微小振荡。根据试验结果，对于Rastrigin函数来说，α 取1较为合理。

（3）吸收因子（γ）对算法的影响

根据常用经验值 $\gamma=1$ 及取值区间 $\gamma\in[0.01,100]$，分别设置光强吸收因子 $\gamma=0.01$，0.05，0.1，0.5，1，5，10，50，100。对三个测试函数进行独立运行 20 次的数值试验。试验结果见表 6.1.5，对应各测试函数的平均最优解曲线如图 6.1.4 所示。

表 6.1.5 吸收因子对算法性能的影响

吸收因子	最优解	最差解	平均值	平均收敛代数
Sphere 函数				
0.01	2.3×10^{-8}	2.3×10^{-6}	4.6×10^{-7}	257.1
0.05	8.9×10^{-8}	2.7×10^{-6}	5.1×10^{-7}	295.9
0.1	1.9×10^{-8}	2.9×10^{-6}	7.8×10^{-7}	245.5
0.5	2.3×10^{-10}	1.1×10^{-6}	3.1×10^{-7}	233.5
1	6.0×10^{-8}	2.0×10^{-6}	6.8×10^{-7}	197.7
5	3.9×10^{-8}	5.7×10^{-6}	1.5×10^{-6}	290.1
10	6.9×10^{-8}	2.4×10^{-5}	4.6×10^{-6}	324.5
50	0.08	1.1	0.082	369.4
100	0.2	1.4	0.21	416.0
Rosenbrock 函数				
0.01	4.8×10^{-7}	3.4×10^{-5}	1.1×10^{-5}	304.7
0.05	1.7×10^{-6}	1.5×10^{-4}	4.1×10^{-5}	361.6
0.1	1.6×10^{-6}	1.0×10^{-3}	1×10^{-3}	337.2
0.5	2.1×10^{-5}	30.8	4.0	399.4
1	2.1×10^{-5}	8.0	1.6	426.1
5	0.012	86.7	12.4	388.3
10	0.199	85.5	23.7	413.9
50	1.4	55.4	17.3	423.9
100	5×10^{-3}	89.5	22.2	369.2
Rastrigin 函数				
0.01	0.99	4.97	2.49	206.2
0.05	0.99	7.96	2.79	245.6
0.1	1×10^{-3}	4.97	1.44	227.5
0.5	1×10^{-3}	3.95	1.44	276.5
1	1×10^{-3}	2.0	0.92	297.5
5	1×10^{-3}	0.99	0.74	298.1
10	1×10^{-3}	0.99	0.11	364.3
50	1×10^{-3}	0.013	2.9×10^{-3}	348.3
100	1×10^{-3}	0.038	9.4×10^{-3}	279.3

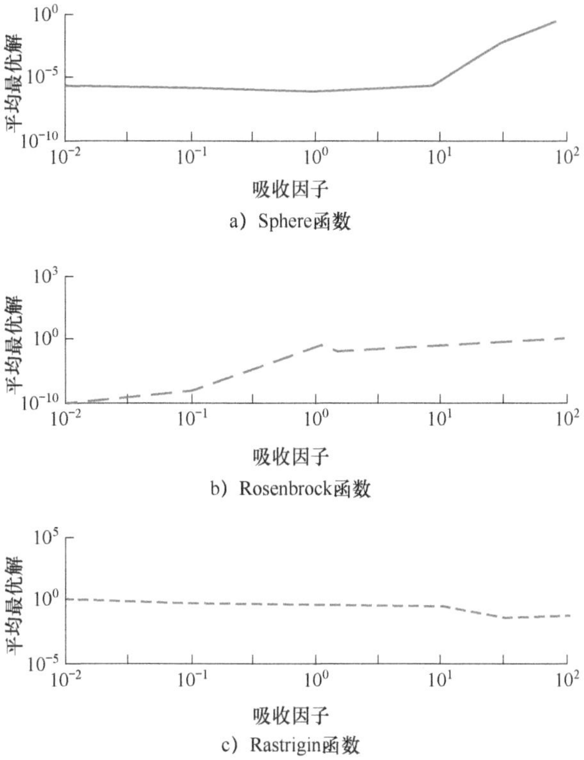

图 6.1.4　吸收因子对三个测试函数的平均最优解曲线的影响

从理论上讲，γ 越小体现光强的减弱越小，从而使萤火虫相对荧光亮度以及吸引度越大，越容易被位置优的萤火虫吸引，从而加速收敛。但也可能会降低随机扰动新解的开拓，反而降低求解精度。因此，需要合理设定 γ，以获得较高的求解精度及求解速度。表 6.1.5 及图 6.1.4 表明，γ 大小直接影响算法的求解精度。各测试函数的特点如下。

1）Sphere 函数随着 γ 的增加，算法的求解精度越低，但有微小振荡。从整体来看，吸收因子在 10 及以下时，平均求解精度在10^{-6}和10^{-7}，求解精度已经很高，并且最优解与最差解差距也较小，具有较好的鲁棒性。根据试验结果，对于 Sphere 函数来说，γ 取 0.5 较为合理。

2）Rosenbrock 函数随着 γ 的增加，算法的求解精度越低。根据试验结果，对于 Rosenbrock 函数来说，γ 取 0.01 较为合理。

3）Rastrigin 函数随着 γ 的增加，算法的求解精度越高，但有微小振荡。根据试验结果，对于 Rastrigin 函数来说，γ 取 50 较为合理。

（4）最大迭代次数（T_{max}）对算法的影响

根据经验值，最大迭代次数 $T_{max}=100,200,300,\cdots,900,1000$。对三个测试函数进行独立运行 20 次的数值试验。试验结果见表 6.1.6，对应各测试函数的平均最优解曲线如图 6.1.5 所示。

从理论上讲，T_{max}越大找到最优解的可能性越大，算法的求解精度也越高，会越趋于平缓，但会大大增加计算量。表 6.1.6 及图 6.1.5 表明，Sphere 函数和 Rosenbrock 函数，随着

T_{max}的增多，对应的平均最优解也越精确，越趋于平缓，这与理论定性分析结果相吻合；但Rastrigin 函数却处于小幅振荡中。各测试函数的特点如下。

表 6.1.6 最大迭代次数对算法性能的影响

最大迭代次数	最优解	最差解	平均值	平均收敛代数
Sphere 函数				
100	4.7×10^{-7}	1.3×10^{-5}	4.6×10^{-6}	67.0
200	1.2×10^{-7}	6.6×10^{-6}	2.1×10^{-6}	119.0
300	4.4×10^{-8}	3.8×10^{-6}	1.0×10^{-6}	189.2
400	4.7×10^{-9}	3.4×10^{-6}	1.0×10^{-6}	201.7
500	6.8×10^{-8}	2.6×10^{-6}	6.8×10^{-7}	284.7
600	6.7×10^{-9}	2.1×10^{-6}	5.4×10^{-7}	325.3
700	3.6×10^{-9}	9.0×10^{-7}	3.2×10^{-7}	403.9
800	1.0×10^{-8}	1.3×10^{-6}	3.7×10^{-7}	380.3
900	6.7×10^{-8}	8.6×10^{-7}	3.1×10^{-7}	473.2
1000	1.1×10^{-8}	9.6×10^{-7}	2.5×10^{-7}	506.4
Rosenbrock 函数				
100	1.4	109.5	22.1	82.8
200	0.034	19.1	7.42	176.9
300	5.3×10^{-4}	20.9	4.8	249.6
400	7.5×10^{-4}	37.1	5.5	346.5
500	5.0×10^{-5}	54.5	4.86	402.1
600	1.4×10^{-5}	13.5	1.67	509.1
700	1.6×10^{-6}	8.9	0.56	593.3
800	4.3×10^{-6}	3.7	0.37	652.4
900	6.5×10^{-6}	5.9	0.30	740.2
1000	7.6×10^{-6}	5.3	0.32	829.3
Rastrigin 函数				
100	1.3×10^{-4}	4.98	1.19	55.9
200	9.9×10^{-5}	3.98	1.34	108.2
300	1.1×10^{-4}	3.18	1.31	193.2
400	6.2×10^{-5}	4.98	1.59	282.5
500	2.9×10^{-5}	3.98	1.15	305.7
600	1.3×10^{-4}	1.99	1.19	309.9
700	5.3×10^{-6}	1.99	0.89	445.7
800	1.2×10^{-5}	3.90	1.19	387.9
900	2.1×10^{-5}	3.98	1.38	561.0
1000	7.7×10^{-7}	3.98	1.24	539.8

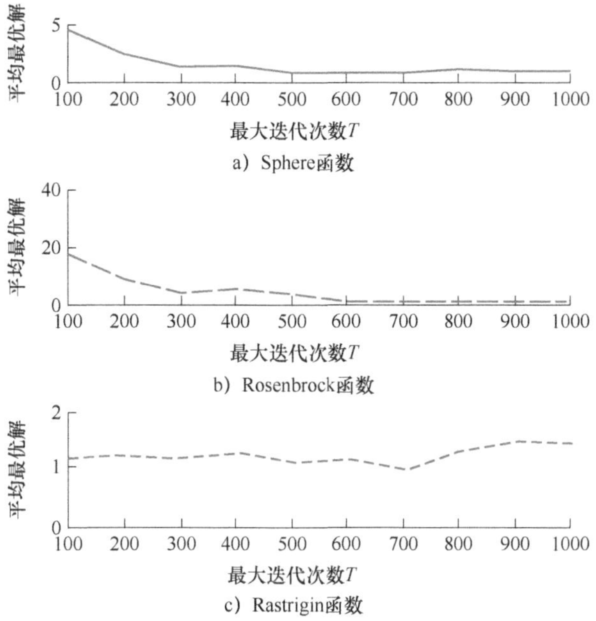

图 6.1.5　最大迭代次数对三个测试函数的平均最优曲线的影响

1）Sphere 函数的求解精度很高，并且最优解与最差解的差距也较小，具有较好的鲁棒性。当 T_{max}超过 700 时，求解精度已经基本稳定，过多的迭代反而会增加计算量，浪费资源。根据试验结果及计算量，对于 Sphere 函数来说，T_{max}取 700 较为合理。

2）Rosenbrock 函数由于其复杂性，其求解精度比 Sphere 函数低得多，并且最优解与最差解的差距也较大。根据试验结果及计算开销，对于 Rosenbrock 函数来说，T_{max}取 700 较为合理。

3）Rastrigin 函数由于其易陷入局部最优，其求解精度也不是非常高，最优解与最差解的差距也较大，并且处于小幅振荡。说明只增大最大迭代次数无法提高其求解精度，需要综合考虑其他各参数。根据试验结果及计算开销，对于 Rastrigin 函数来说，T_{max}取 700 较为合理。

3. 算法参数的优化

根据前面的算法参数分析及对各测试函数的仿真试验结果整理，各对应优化参数见表 6.1.7。

表 6.1.7　算法参数优化设置

算法参数	Sphere 函数	Rosenbrock 函数	Rastrigin 函数
萤火虫数量（N）	50	70	60
步长因子（α）	0.1	1	1
吸收因子（γ）	0.5	0.01	50
最大迭代次数（T_{max}）	700	700	700

再根据优化前的经验参数与优化后的算法参数，在相同测试环境下对各测试函数进行对

比实验，各测试函数分别独立运行 20 次。各测试函数的平均最优解收敛曲线如图 6.1.6 与图 6.1.7 所示，对比结果见表 6.1.8。

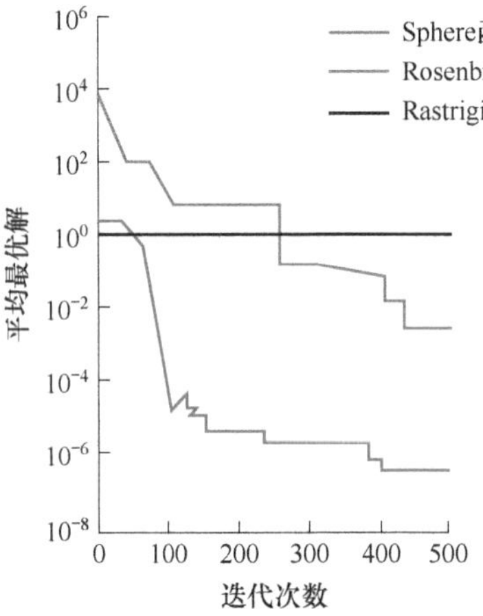

图 6.1.6　参数优化前测试函数的平均最优解收敛曲线

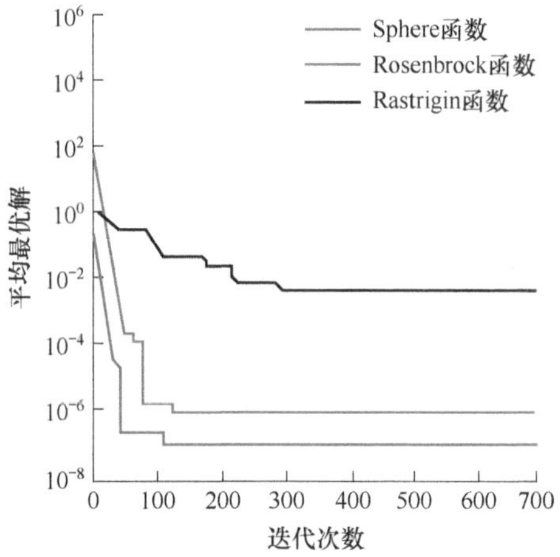

图 6.1.7　参数优化后测试函数的平均最优解收敛曲线

表 6.1.8　算法参数优化前后对比效果

	求解精度		收敛代数	
	优化前	优化后	优化前	优化后
Sphere 函数	10^{-7}	10^{-8}	400	100
Rosenbrock 函数	10^{-4}	10^{-6}	450	120
Rastrigin 函数	10^{0}	10^{-2}	未收敛	300

由此可见，参数优化后的三个测试函数随着迭代次数的增加都明显收敛，求解精度提高了 1～2 个数量级，并且收敛迭代次数也明显减少，提高了算法的求解精度和收敛速度。

1）萤火虫数量越大，萤火虫算法的求解精度越高，也越趋于平缓；但会产生大量重复解，增加计算量。步长因子越小求解越精确，但容易陷入局部最优，步长因子越大收敛越快，但会降低求解精度。吸收因子越小越可加速收敛，但也可能会降低随机扰动新解的开拓，降低求解精度。最大迭代次数越大找到最优解的可能性越大，算法的求解精度也越高，会越趋于平缓，但也会大量增加计算量。

2）合理设置参数可以充分发挥算法的寻优性能。利用参数优化前、后的萤火虫算法对各测试函数的求解精度和速度进行实验，结果表明参数优化后的萤火虫算法能提高 1～2 个数量级的求解精度，并且收敛所需迭代次数明显减少。

6.2　基于利维飞行和变异算子的萤火虫算法

受萤火虫社会行为的启发，标准萤火虫算法（SFA）操作简单，参数设置较少，在优化工程实践中得到了广泛的应用。为提升萤火虫算法性能，多种策略被用于调节算法的控制参数，多种优化方法与 SFA 结合。例如，光强差被用于自适应调节 FA 参数，邻域吸引力用来防止搜索过程中的振荡和较高的计算时间复杂度，潮汐力公式已被用于修改 FA，并在功能适应性的探索与开发之间保持平衡，FA 的理论分析已经开展。

为了进一步加强 FA 的全局搜索能力和避免陷入局部最优，文献［98］提出了一种基于利维飞行和变异算子的萤火虫算法（Levy Flight and Mutation Operator Based Firefly Algorithm, LMFA）。当萤火虫算法不能提高自身解的质量超过一定的次数后，萤火虫的位置将借助利维飞行进行重分布，若结果依然没有改善，变异算子将用于扩大萤火虫的多样性并改进解的质量。

6.2.1 利维飞行和变异算子

动物和昆虫的飞行行为已经应用于优化和搜索算法中，结果表明其在搜索算法领域的重要性。本节讨论将利维飞行行为应用于萤火虫算法中。

1. 利维飞行

利用利维飞行策略可改进许多算法的搜索过程。将式（6.1.4）进行改写，即萤火虫 i 被萤火虫 j 吸引而向其移动的第 d 维位置更新公式为

$$x_{j,d}(n+1) = x_{j,d}(n) + \beta(x_{i,d}(n) - x_{j,d}(n)) + \alpha s_d \varepsilon_{j,d}(n) \tag{6.2.1}$$

式中，α 表示一个随机参数，s_d 表示一个参数，$\varepsilon_{j,d}(n)$ 服从某种随机分布，默认情况下，服从均匀分布。

式（6.2.1）表明，基于利维飞行的 FA 以更高概率更有效地找到全局最优。利维飞行搜索策略和反向学习应用于差分进化算法（Differential Evolution Algorithm, DE）所得到的算法，在大多数情况下其可信度、有效性、准确性优于基本 DE。当粒子在有限时间内不能改进自身解时，粒子在搜索空间中采用利维飞行方法进行重新分配。

利维飞行是从利维稳定分布中抽取的一类随机漫步方法，利维飞行分布为

$$\text{Levy}(\lambda) \sim \frac{u}{|v|^{1/\lambda}} \tag{6.2.2}$$

式中，u 和 v 服从正态分布，$0<\lambda\leqslant 2$ 是一个索引，即 $u\sim N(0,\sigma^2), v\sim N(0,\sigma^2)$

$$\sigma_u = \left\{\frac{\Gamma(1+\lambda)\sin(n\lambda/2)}{\Gamma[(1+\lambda)/2]\lambda 2^{(\lambda-1)/2}}\right\}^{1/\beta}, \sigma_v = 1 \tag{6.2.3}$$

式中，Γ 服从标准伽马分布。

2. 变异算子

遗传算法是一种基于自然选择的求解有约束和无约束优化问题的方法。在从当前种群创建新种群的每个步骤中，有三种基本算子：选择算子时要选择对下一代群体有贡献的个体；交叉算子将两个父代结合起来，形成下一代个体；变异算子对父代个体应用随机变化来形成子代。生物实验结果表明，生物的行为和遗传信息是相互影响的。变异算子引入随机修改，其目的是保持种群的多样性和抑制过早收敛。变异算子在遗传算法、遗传设计算法和混合遗传算法等群体智能算法中都有应用。

6.2.2 基于利维飞行和变异算子的萤火虫算法

这里给出一种基于利维飞行和变异算子的萤火虫算法（Levy Flight and Mutation Based Firefly Algorithm, LMFA）。一般情况下，萤火虫位置用式（6.1.4）进行更新。如果萤火虫

的适应度在一定次数迭代后没有改善，可以认为萤火虫深深陷入了局部最优状态。此时，萤火虫的新状态为

$$O_i = x_i + \mathrm{Levy}(\lambda)\mathrm{randn}(0,1) \tag{6.2.4}$$

式中，Levy（λ）用式（6.2.2）表示，randn 为标准正态分布函数。

基于利维飞行和变异算子的萤火虫算法（LMFA）流程如图 6.2.1 所示。

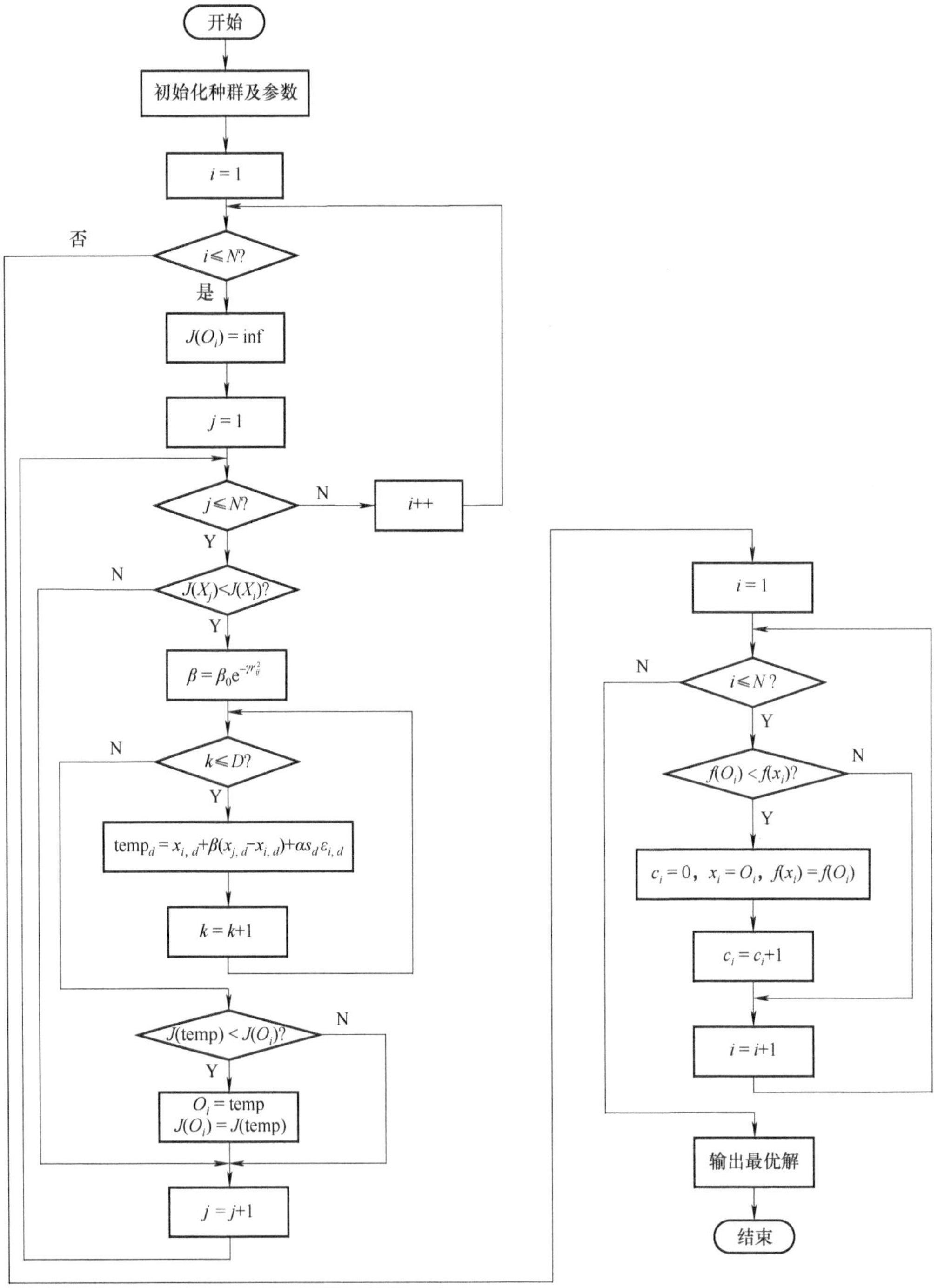

图 6.2.1　LMFA 流程

LMFA 伪代码如下：

(1) /* 初始化 */

(2) for i = 1 to N do

(3) 随机初始化 X_i，O_i；$C_i = 0$；评估；

(4) end for

(5)

(6) /* 主循环 */

(7) Repeat

(8) for i = 1 to N do

(9) $J(O_i) = \inf$；

(10)   for j = 1 to N do

(11)   if $J(X_i) > J(X_j)$ then

(12) $\beta = \beta_0 e^{-\gamma r_{ij}^2}$；

(13)   for k = 1 to D do

(14) $temp_d = x_{i,d} + \beta(x_{j,d} - x_{i,d}) + \alpha s_d \varepsilon_{i,d}$；

(15)   end for

(16)   评估 $J(temp)$；

(17)   if $J(temp) > J(O_i)$ then

(18) $O_i = temp$，$J(O_i) = J(temp)$；

(19)   end if

(20)   end if

(21)   end for

(22) end for

(23) for i = 1 to N do

(24)   if $J(O_i) < J(x_i)$ then

(25) $c_i = 0$，$x_i = 0$，$J(x_i) = J(O_i)$；

(26)   else

(27) $c_i = c_i + 1$；

(28)   end if

(29)   /* 经过 sg 次，$J(x_i)$ 停止改进 */

(30)   根据过程 1 进行计算

(31) end for

(32) until 终止条件

利维飞行和变异策略流程如图 6.2.2 所示。

伪代码如下：

(1) /* 经过 sg 次，$J(x_i)$ 停止改进 */

(2) if $c_i > sg$ then

(3)   /* 利维飞行 */

(4) $O_i = x_i + \text{Levy}(\lambda)\text{randn}(0, 1)$；评估 $J(O_i)$；

(5)   if $J(O_i) < J(x_i)$ then

(6) $x_i = O_i$，$J(x_i) = J(O_i)$，$c_i = 0$；

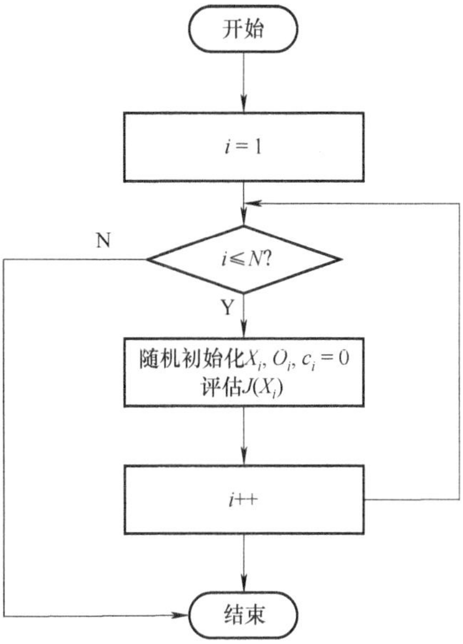

图 6.2.2　利维飞行和变异策略流程

(7)　　　else
(8)　　　　/*变异*/
(9)　　　　　$O_i = x_i$;
(10)　　　for j = 1 to D do
(11)　　　　if randn(0, 1) < pm then
(12)　　　　　　$o_{i,d} = rand(lb_d, ub_d)$　　　　/* lb_d, ub_d 为第 d 维位置的下限与上限*/
(13)　　　　end if
(14)　　　end for
(15)　　　评估 J(O_i)
(16)　　　if J(O_i) < J(x_i) then
(17)　　　　　$c_i = 0$, $x_i = O_i$, J(x_i) = J(O_i);
(18)　　　else
(19)　　　　　$c_i = c_i + 1$;
(20)　　　end if
(21)　　end if
(22) end if

接着更新萤火虫的位置

$$x_i = \begin{cases} O_i, J(O_i) < J(x_i) \\ x_i, 其他 \end{cases} \tag{6.2.5}$$

如果利维飞行不能帮助萤火虫逃离局部最优状态, 变异算子将被用于更新萤火虫的状态信息

$$o_{i,d} = \begin{cases} o_{i,d} = rand(lb_d, ub_d), randn(0,1) < p_m \\ x_{i,d}, 其他 \end{cases} \tag{6.2.6}$$

式中, lb_d 和 ub_d 分别是萤火虫第 d 维位置的下限和上限; p_m 是变异的概率。这种变异使萤火虫探索的范围更广。式 (6.2.6) 决定萤火虫的位置是否更新。

通过利维飞行和变异算子, 萤火虫能够迅速改变搜索方向, 以便跳出局部最优解。

简言之, 对于每只萤火虫, 它像 SFA 一样在搜索空间中更新位置, 当它遇到早熟时, 采用利维飞行和变异算子寻找更优解。

LMFA 保留了 FA 的基本框架, 萤火虫通过向周围更加明亮的萤火虫学习来更新自己的位置。LMFA 的新颖之处在于, 利用利维飞行和变异算子使萤火虫保持种群的多样性, 潜在地提高了萤火虫的勘探和开发能力。

对 LMFA, 文献 [98] 采用 CEC2015 评测函数进行了测试。评测集包含 15 个函数, 其中 10 个见表 6.2.1。所有函数都被表达为最小优化问题。评测集包含 4 类函数, 其中 f_1 和 f_2 是单模函数, $f_3 \sim f_5$ 是简单多模函数, $f_6 \sim f_8$ 是混合函数, $f_9 \sim f_{15}$ 是复合函数。函数 $f_1 \sim f_{15}$ 是由表 6.2.2 中所列的 14 个基本函数构成的。

表 6.2.1 中, D 表示空间维度, F_i 表示基本函数, M_i 表示旋转矩阵, o_i 是移位的全局最优, 随机分布在 $[-80, 80]^D$ 空间中。$f_{ibest} = f_i(x_{best})$ 是函数 f_i 的全局最优值。混合函数由多个基本函数构成, 即

$$f(x) = g_1(M_1z_1) + g_2(M_2z_2) + \cdots + g_N(M_Nz_N) + f_{best}(x) \tag{6.2.7}$$

式中, $g_i(x)$ 是用于构造混合函数 $f(x)$ 的第 i 个基本函数, N 是基本函数的数量。

表 6.2.1 来自 CEC2015 的评测函数

函数类型	序号	函数	表达式	全局最优值
单模函数	1	Rotated Hight Conditioned Elliptic Function	$f_1(x)=F_1(M_1(x-o_1))+f_{1\text{best}}$	100
	2	Rotated Cigar Function	$f_2(x)=F_2(M_2(x-o_2))+f_{2\text{best}}$	200
简单多模函数	3	Shifted and Rotated Ackley's Function	$f_3(x)=F_3(M_3(x-o_3))+f_{3\text{best}}$	300
	4	Shifted and Rotated Rastrigin's Function	$f_4(x)=F_8(M_4(\frac{5.12(x-o_4)}{100}))+f_{4\text{best}}$	400
	5	Shifted and Rotated Schwefel's Function	$f_5(x)=F_9(M_5(\frac{1000(x-o_5)}{100}))+f_{5\text{best}}$	500
混合函数	6	Hybrid Function 1($N=3$)	$N=3,p=[0.3,0.3,0.4]$ $g_1=F_9,g_2=F_8,g_3=F_1$	600
	7	Hybrid Function 2($N=4$)	$N=4,p=[0.2,0.2,0.3,0.3],g_1=F_7$ $g_2=F_6,g_3=F_4,g_4=F_{14}$	700
	8	Hybrid Function 3($N=5$)	$N=5,p=[0.1,0.2,0.2,0.2,0.3,],g_1=F_{14}$ $g_2=F_{12},g_3=F_4,g_4=F_9,g_5=F_1$	800
复合函数	9	Composition Function1 ($N=3$)	$N=3,\sigma=[20,20,20],\lambda=[1,1,1]$ bias $=[0,100,200]+f_{9\text{best}}$ g_1 is a Schwefel's Function g_2 is a Rotated Rastrigin's Function g_3 is a Rotated HGbat Function	900
	10	Composition Function 2 ($N=3$)	$N=3,\sigma=[10,30,50],\lambda=[1,1,1]$ bias $=[0,100,200]+f_{10\text{best}}$ g_1 is a Hybrid Function1 g_2 is a Hybrid Function2 g_3 is a Hybrid Function3	1000

表 6.2.2 来自 CEC 的基本函数

序号	函数	表达式
1	High Conditioned Elliptic Function	$F_1(x)=\sum_{i=1}^{D}(10^6)^{\frac{i-1}{D-1}}x_i^{\ 2}$
2	Cigar Function	$F_2(x)=x_1^2+10^6\sum_{i=2}^{D}x_i^2$
3	Discus Function	$F_3(x)=10^6x_1^2+\sum_{i=2}^{D}x_i^2$
4	Rosenbrock's Function	$F_4(x)=\sum_{i=1}^{D-1}(100(x_i^2-x_{i+1}^2)^2+(x_i-1)^2)$

（续）

序 号	函 数	表 达 式
5	Ackley's Function	$F_5(x)=-20\exp(-0.2\sqrt{\frac{1}{D}\sum_{i=1}^{D}x_i^2}-\exp(\frac{1}{D}\sum_{i=1}^{D}\cos(2\pi x_i))+20+e$
6	Weierstrass Function	$F_6(x)=\sum_{i=1}^{D}\sum_{k=0}^{k_{\max}}[a^k\cos(2\pi b^k(x_i+0.5))]-D\sum_{k=0}^{k_{\max}}[a^k\cos(2\pi b^k 0.5)]$ $a=0.5, b=3, k_{\max}=20$
7	Griewank's Function	$F_7(x)=\sum_{i=1}^{D}\frac{x_i^2}{4000}-\prod_{i=1}^{D}\cos\left(\frac{x_i}{\sqrt{i}}\right)+1$
8	Rastrigin's Function	$F_8(x)=\sum_{i=1}^{D}(x_i^2-10\cos(2\pi x_i)+10)$
9	Modified Schwefel's Function	$F_9(x)=418.9829\times D-\sum_{i=1}^{D}g(z_i)$ $z_i=x_i+4.209687462275036e+002$ $g(z_i)=\begin{cases}z_i\sin(\|z_i\|^{1/2}), \quad \|z_i\|\leqslant 500\\(500-\mathrm{mod}(z_i,500))\sin(\sqrt{\|500-\mathrm{mod}(z_i,500)\|}-\frac{(z_i-500)^2}{10000D}), \quad z_i>500\\\mathrm{mod}(\|z_i\|,500-500)\sin(\sqrt{\|\mathrm{mod}(\|z_i\|,500)-500\|}-\frac{(z_i+500)^2}{10000D}), \quad z_i<-500\end{cases}$
10	Katsuura Function	$F_{10}(x)=\frac{10}{D^2}\prod_{i=1}^{D}(1+i\sum_{j=1}^{32}\frac{\|2^jx_i-\mathrm{round}(2^jx_i)\|}{2^j})^{\frac{10}{D^{1.2}}}-\frac{10}{D^2}$
11	HappyCat Function	$F_{11}(x)=\|\sum_{i=1}^{D}x_i^2-D\|^{1/4}+(0.5\sum_{i=1}^{D}x_i^2+\sum_{i=1}^{D}x_i)/D+0.5$
12	HGBat Function	$F_{12}(x)=\|(\sum_{i=1}^{D}x_i^2)^2-(\sum_{i=1}^{D}x_i)^2\|^{1/2}+(0.5\sum_{i=1}^{D}x_i^2+\sum_{i=1}^{D}x_i)/D+0.5$
13	Expanded Griewank's plus Rosenbrock's Function	$F_{13}(x)=F_7(F_4(x_1,x_2))+F_7(F_4(x_2,x_3))+\cdots+F_7(F_4(x_{D-1},x_D))$ $+F_7(F_4(x_D,x_1))$
14	Expanded Scaffer's F6 Function	Scaffer's F_6 Function: $g(x,y)=0.5+\frac{(\sin^2\sqrt{x^2+y^2})-0.5}{1+0.001(x^2+y^2)^2}$ $F_{14}(x)=g(x_1,x_2)+g(x_2,x_3)+\cdots+g(x_{D-1},x_D)+g(x_D,x_1)$

复合函数的形式为

$$f(x)=\sum_{i=1}^{N}\{w_i[\lambda_i g_i(x)+\mathrm{bias}_i]\}+f_{\mathrm{best}} \tag{6.2.8}$$

式中，$g_i(x)$ 是用于构造复合函数 $f(x)$ 的第 i 个基本函数；N 是基本函数的数量；bias_i 定义了哪个是全局最优；λ_i 用于控制每个 $g_i(x)$ 的高度；w_i 是每个 $g_i(x)$ 的权重。

为了验证 LMFA 的性能，文献［98］与五种代表性的 FA 进行比较。参数设置见表 6.2.3，其中 u_{bd} 和 l_{bd} 表示萤火虫在第 d 维移动的上限和下限，函数维度为 30，最大评估次数 $T_{\max}=10000$。变异概率（p_m）分别取 0, 0.001, 0.005, 0.01, 0.05, 0.1 和 0.2，其他参数与表 6.2.3 保持一致。单模函数 f_1 和 f_2、简单多模函数 f_3、f_4 和 f_5 用来进行参数选取实验。不同的 p_m 对于 LMFA 的影响如图 6.2.1 所示，其中横轴表示变异概率（p_m）的值，纵轴表示每个函数的平均误差。在图 6.2.3 中，p_m 可以设置为 0.05 左右，此时 LMFA 在单模函数和简单多模函数上表现较好。

表 6.2.3 参数设置

算法	参数设置
SFA	$\alpha_0=0.2, \beta_0\in[0.2,1], \gamma=1, s_d=(ub_d-lb_d), \varepsilon_{i,d}\in(-0.5,0.5)$
MSDN-FA	$\alpha_0=0.2, \beta_0\in 1, \gamma=1, s_d=(ub_d-lb_d), \varepsilon_{i,d}\in(-0.5,0.5)$
YARPIZ-FA	$\alpha_0=0.2, \beta_0\in 1, \gamma=1, s_d=0.05*(ub_d-lb_d), \varepsilon_{i,d}\in(-1,1)$
LFA	$\alpha_0=0.2, \beta_0\in 1, \gamma=1, s_d=(ub_d-lb_d), \lambda=1.5$
DEFA	$\alpha_0=\text{rand}, \beta_0\in 0.5, \gamma=0.01, s_d=1, \varepsilon_{i,d}\in(-0.5,0.5), F=0.9, CR=0.9$
LMFA	$\alpha_0=0.2, \beta_0\in 1, \gamma=1/d_{\max}^2, s_d=0.05(ub_d-lb_d), \varepsilon_{i,d}\in(-1,1), \lambda=1.5, p_m=0.05, \text{sg}=7$

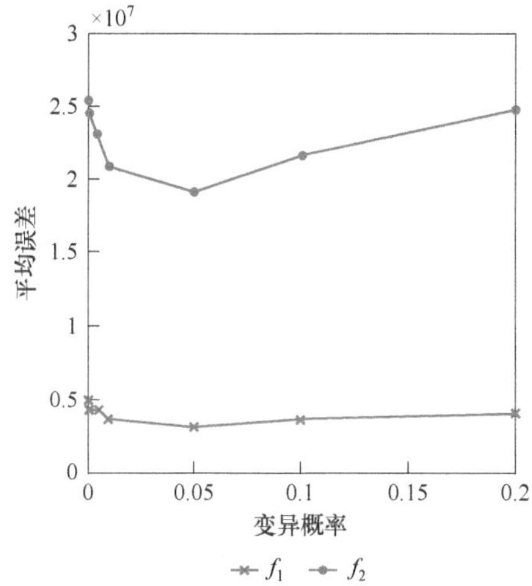

a）单模函数 f_1 和 f_2

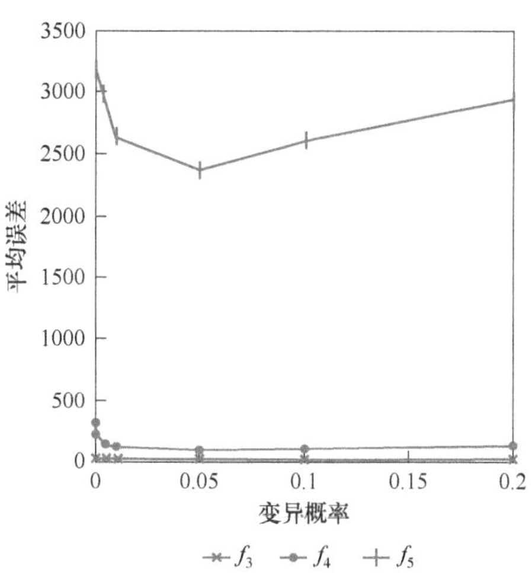

b）多模函数 f_3、f_4 和 f_5

图 6.2.3 变异概率（p_m）对 LMFA 性能的影响

进一步做停止间隔（sg）对 LMFA 影响的实验。sg 分别取 1, 2, …, 10，其他参数保持不变。图 6.2.4 表明，解的准确率对 sg 不是很敏感，sg 取不同值，算法都表现比较好的性能。这个参数决定萤火虫的跳跃行为。一个小的 sg 将使萤火虫频繁改变正常的搜索过程并导致种群震荡，而一个大的 sg 会使萤火虫长时间陷入局部最小值。综合考虑，对 LMFA，取 $p_m=0.05$ 和 $\text{sg}=7$。

a) 单模函数 f_1 和 f_2 b) 多模函数 f_3、f_4 和 f_5

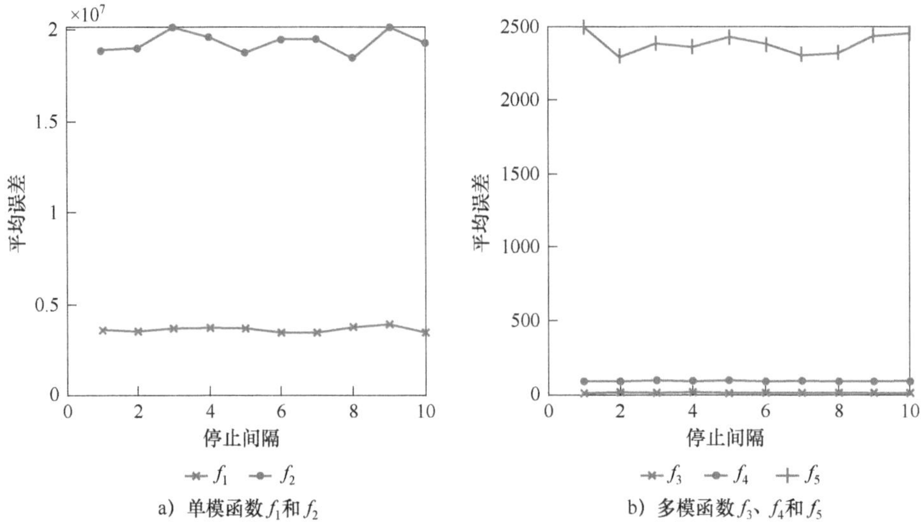

图 6.2.4　停止间隔（sg）对 LMFA 性能的影响

文献［98］将 LMFA 与 SFA、MSDN-FA、YARPIZ-FA、LFA、DEFA 比较，种群规模为 50，每个函数均测试 30 次，用平均最好适应度值表示。LMFA 与其他五种 FA 的比较结果用 $w/t/l$ 表示。LMFA 在 w 个函数上优势明显，在 t 个函数上没有明显优势，在 l 个函数上落后。具体结论如下。

1）SFA、MSDN-FA 和 LMFA 几乎没有为所有问题找到较优的解，并且在所有函数上都陷入局部最小值。

2）与 SFA、MSDN-FA 相比，LMFA 取得了更好的结果。

3）LMFA 在 12 个评测函数上结果优于 YARPIZ-FA 和 DEFA，而 YARPIZ-FA 和 DEFA 分别在 3 个和 2 个评测函数上优于 LMFA。Friendman 是非参数统计测试，用于单向重复测量的方差分析。

4）Friendman 测试用于比较所有六种 FA 在测试集上的性能。以平均秩为指标，LMFA 的最佳秩（具有最小秩）最小，也就是说，其总体性能优于其他五种 FA。

5）大多数函数上，LMFA 收敛速度快于其他算法。

因此，LMFA 在全局搜索能力、求解精度和收敛速度等方面具有优势。

6.3 云萤火虫算法

6.3.1 云模型

若一定性概念 W 上存在一定量论域 U，如果 $x \in U$，并且定性概念 W 在定量论域 U 上的随机实现为 x，则可以用 $\mu(x)$ 衡量 x 对定性概念 W 的确定度。$\mu(x)$ 为随机数，具有稳定倾向，且 $\mu(x) \in [0,1]$。如果 $\mu : U \to [0,1]$，针对任意 $x \in U$ 存在 $x \to \mu(x)$，那么将 x 称为云，其组成元素称为云滴。通常云模型由期望 E_x、熵 E_n 和超熵 H_e 三个特征参数表征，表示为 $C(E_x, E_n, H_e)$。如果 $x \sim N(E_x, E_n^2)$，$N()$ 表示正态分布，并且 x 对定性概念 W 的确定

度$\mu(x)$满足的条件为

$$\mu(x) = \exp\left(\frac{-(x-E_x)^2}{2(E_n')^2}\right) \tag{6.3.1}$$

式中，$E_n' \sim N(E_n, H_e^2)$。

6.3.2　云萤火虫算法原理

在FA中，假设种群规模为N，最优适应度、平均适应度和个体适应度分别为f_{best}、f_{mean}和f_i，适应度大于f_{mean}的萤火虫个体的平均适应度记为f'_{mean}，适应度小于f_{mean}的萤火虫个体的平均适应度记为f''_{mean}。为避免FA陷入局部最优并提高收敛速度，种群被划分为三个子群，分别为优良子群、普通子群和较差子群，则萤火虫个体位置调整因子（CR）的调整策略如下。

1. 优良子群：f_i优于f'_{mean}

优良子群的最优解几乎接近理论最优解，因此，针对该种群这里选择较小的调整因子CR，目的是进行精细化搜索，取CR=0.2。

2. 普通子群：f_i次于f'_{mean}但优于f''_{mean}

与较差子群和优良子群相比，该子群个体的适应度较为一般，而且数量最多，则调整因子（CR）使用正态云生成器产生，即

$$E_x = f'_{\text{mean}} \tag{6.3.2}$$

$$E_n = (f'_{\text{mean}} - f_{\text{best}})/k_1 \tag{6.3.3}$$

$$H_e = E_n/k_2 \tag{6.3.4}$$

式中，k_1、k_2为控制参数。

$$E_n' = \text{Normrnd}(E_n, H_e) \tag{6.3.5}$$

$$CR = 0.9 - 0.7\exp\left(\frac{-(f'-E_x)^2}{2(E_n')^2}\right) \tag{6.3.6}$$

由于$\exp\left(\frac{-(f'-E_x)^2}{2(E_n')^2}\right) \in [0,1]$，因此$\text{CR} \in [0.2, 0.9]$。式中，$f'$为个体适应度的平均值。

3. 较差子群：f_i次于f''_{mean}

较差子群的解偏离理论最优解最远，因此，针对该种群使用较大的调整因子（CR），主要目的是扩大搜索范围和提高收敛速度，取CR=0.9。

综上所述，云模型萤火虫算法（Cloud Model Firefly Algorithm，CMFA）的位置更新公式为

$$x_i(n+1) = \text{CR}x_i(n) + \beta(x_j(n) - x_i(n)) + \alpha(\text{rand} - 1/2) \tag{6.3.7}$$

式中，$\text{CR} \in [0,1]$。

6.4　基于精英反向学习的K均值萤火虫算法

聚类分析是数据挖掘中最重要的技术之一。聚类算法就是将一组不规则数据按照其相似性进行分组，使同一类簇内的数据相似性尽可能大，而不同数据类簇则按其差异性进行分

隔，使类簇间相似性尽可能小。也就是说，聚类就是事先不知道类簇数量及每类数据的多少，而是根据数据已有的相似性进行划分，得到想要的分类。K 均值聚类算法是一种基于划分的聚类算法，它具有简洁易懂、快速有效等优点，当然它也存在着许多缺陷，如对初始聚类中心值比较敏感以及容易过早陷入局部最优解等问题。针对初始中心的选择问题，文献［117］提出的基于花粉算法的 K 均值算法，利用改进后花粉算法的全局搜索能力优化 K 均值算法的初始聚类中心；文献［118］提出了用改进粒子群的 K 均值算法优化初始聚类中心，提高了算法的收敛速度和精度；文献［119］提出用改进人工蜂群算法优化 K 均值算法初始聚类中心，改善了聚类性能用以优化 K 均值算法初始聚类中心的算法还有：将差分进化算法改进后与 K 均值算法相结合的算法[120]，将自适应策略用于人工鱼群算法以优化 K 均值算法初始聚类中心的算法[121]。这些算法避免陷入局部最优解，提高收敛速度。

近年来，国内外学者将元启发式算法和 K 均值聚类相结合，得到了更好的聚类结果。受到这种思路的启发，文献［123］将萤火虫算法与 K 均值算法组合进行聚类，却发现存在收敛速度慢以及容易在最优解附近发生振荡的情况。因此，为了提高算法的收敛速度以及收敛精度，文献［123］又给出了一种基于精英反向学习的 K 均值萤火虫算法（Elite Opposition Learning Based K-means Firefly Algorithm，EOKFA），该算法可以增强萤火虫的全局搜索能力，并由自适应步长参数来增强萤火虫的局部搜索精度。

6.4.1 传统 K 均值聚类与反向学习策略

1. 传统 K 均值聚类

传统 K 均值算法的基本任务是将给定数据对象 $X=\{x_1,x_2,\cdots,x_N\}$ 中 N 个数据进行划分，分成若干个互不相交的 K 个簇 $C=\{C_1,C_2,\cdots,C_K\}$。使用最邻近法则将所有对象划分到距其最近的簇当中，以簇中所有点到聚类中心的距离为标准来衡量聚类结果的优劣，其目标函数为

$$J=\sum_{k=1}^{K}\sum_{x\in C}\mathrm{dist}(x-c_k) \tag{6.4.1}$$

式中，J 表示所有对象到它所在簇类中心点的平方误差之和；x 表示所有对象；c_k 表示所有类的聚类中心；$\mathrm{dist}(x-c_k)$ 表示样本数据到聚类中心之间的欧氏距离，定义为

$$\mathrm{dist}(x-c_k)=\|x-c_k\| \tag{6.4.2}$$

2. 反向学习策略

反向学习策略是近年来智能计算领域出现的新概念，其主要思想是对一个问题的可行解，求其反向解，并对原解和精英反向解进行评估，从而选出较优的解作为下一代个体。

1）反向点（Opposite Point，OP）。设 $\boldsymbol{x}_i=[x_{i1}\ x_{i2}\cdots\ x_{iD}]$ 为 D 维空间的一个点，且 $x_{i1},x_{i2},\cdots,x_{iD}\in\mathbf{R},\boldsymbol{x}_i\in[a_i,b_i]$，其中 a_i 和 b_i 表示萤火虫 i 的最大和最小值，则 $\boldsymbol{x}_i$ 对应的反向点 $\boldsymbol{x}_i'=[x_{i1}'\ x_{i2}'\cdots\ x_{iD}']$定义为

$$x_{id}'=a_{id}+b_{id}-x_{id} \tag{6.4.3}$$

2）精英反向解（Elite Opposite Solution，EOS）。将 $\boldsymbol{x}_i$ 定义为原始萤火虫，则 $\boldsymbol{x}_i'$ 为反向解萤火虫，$J(\boldsymbol{x})$ 为目标函数。当 $J(\boldsymbol{x}_i)\geqslant J(\boldsymbol{x}_i')$时，称 $\boldsymbol{x}_i$ 为精英萤火虫；反之，当 $J(\boldsymbol{x}_i)\leqslant J(\boldsymbol{x}_i')$时，则称 $\boldsymbol{x}_i'$ 为精英萤火虫。设 x_{id}为普通萤火虫 $\boldsymbol{x}_i$ 在第 d 维上的值，则其反向解为

$$x_{id}'=m(a_{id}+b_{id})-x_{id} \tag{6.4.4}$$

式中，精英反向系数 m 为（0,1）的随机数；a_{id}和 b_{id}为 $\boldsymbol{x}_i'$ 在第 d 维上的最大值和最小值。$[a_{id}, b_{id}]$ 为精英群体的区间，当反向解不在区间时，更新公式为

$$\begin{cases} x_{id}' = a_{id}, x_{id}' > a_{id} \\ x_{id}' = b_{id}, x_{id}' < a_{id} \end{cases} \tag{6.4.5}$$

使用精英反向解对初始萤火虫进行改进时，对于那些原始萤火虫亮度大于反向解火虫亮度的个体，若对其反向区域进行搜索，则是浪费时间。因此，将反向学习策略正确引入萤火虫算法对 K 均值聚类进行优化，是将原始萤火虫的亮度与反向解萤火虫的亮度进行对比，亮度强的萤火虫其搜索价值高于强度弱的萤火虫。因此，保留更亮的萤火虫作为研究对象，可以扩大萤火虫的搜索范围，也能有效避免盲目搜索带来的时间浪费。同时，为了提高算法的收敛速度，可先求所有萤火虫的反向解，然后得到原始萤火虫和反向解萤火虫的亮度并进行比较，将所有亮度强的萤火虫留下组成新的精英萤火虫群体。

6.4.2　改进萤火虫吸引度和扰动方式

1. 吸引度系数 β_0 及其动态策略

萤火虫算法的搜索取决于种群中萤火虫之间的吸引度。通过吸引将萤火虫 x_i 移动到更亮的一个 x_j，位置如式（6.1.4）所示。随着迭代次数的增加，由于吸引力，萤火虫在逐渐逼近，预计所有萤火虫在达到停止标准之前，就可以收敛到最佳。

根据式（6.1.3），吸引度β由两只萤火虫之间的距离决定。基于上述分析，随着迭代次数的增加，萤火虫逐渐趋于聚合状态。然后，萤火虫之间的距离逐渐减小到零。当 FA 收敛到最佳时，有

$$\lim_{t\to\infty} r_{ij} = 0 \tag{6.4.6}$$

易得

$$\lim_{t\to\infty}\beta = \beta_0 \lim_{t\to\infty} e^{-\gamma r_{ij}^2} = \beta_0 \lim_{t\to\infty} e^{-r_0^2} = \beta_0 \tag{6.4.7}$$

可见，随着迭代次数的增加，吸引度β逐渐趋于β_0。在标准萤火虫算法及其大多数改进中，参数β_0固定为1.0。当迭代次数增加时，吸引度β迅速增加到1，即使迭代次数增加$\beta=1.0$也保持不变。显然，固定的β对搜索没有帮助。

为了解决上述问题，文献［123］设计了一个简单的动态策略来调整吸引力系数β^*。在搜索过程中，β^*的更新公式为

$$\beta^* = \begin{cases} a, b < 0.5 \\ \beta_0, \text{其他} \end{cases} \tag{6.4.8}$$

式中，a 和 b 是均匀分布产生的两个随机数；初始β_0被设置为1.0。

2. 参数 α 自适应调整策略

在原始萤火虫算法中，步长因子（α）在每次迭代时都保持不变，所以α的选择尤为重要。当α取较大值时，可以增强算法的全局搜索能力，但降低收敛速度和搜索精度；当α取值较小时，有利于提高算法的局部搜索能力，增强搜索精度和收敛速度。因此，如何确定α的值非常关键。在算法迭代前期，较大的α值能提高萤火虫初始搜索的精度；在算法后期，α的取值小则更有利于增强萤火虫的收敛精度，逐渐逼近最优解，并防止萤火虫在最优

解附近振荡。因此，文献［127］采用自适应参数 α 的计算公式为

$$\alpha(n) = \alpha_0\left(1 - \frac{n}{T_{\max}}\right), n = 1,2,\cdots,T_{\max} \tag{6.4.9}$$

式中，α 是 $n=0$ 时的自适应参数。

引入自适应参数 α 之后，萤火虫的位置更新公式为

$$x_j(n+1) = x_j(n) + \beta^* e^{-\gamma r_{ij}^2}(x_i(n) - x_j(n)) + \alpha(n)\mathrm{rand}(x_j(n) - c(n)) \tag{6.4.10}$$

式中，β^* 为吸引度系数 β_0 的动态策略；$x_j(n)$ 为上一代最亮萤火虫位置；$c(n)$ 为目前最优聚类中心，以便萤火虫能更快、更准确地向有利的方向移动，加快萤火虫算法的收敛速度，增强算法的稳定性。

3. 最优扰动策略

扰动策略是为了减少算法早期出现收敛现象的概率，维持种群的多样性。文献［123］对萤火虫群体当前最优解 x_{best} 使用高斯扰动策略进行位置更新，即

$$G_{\mathrm{best}}(n) = x_{\mathrm{best}}(n)(1 + G(\sigma)) \tag{6.4.11}$$

式中，G_{best} 为萤火虫当前最优个体位置；$G(\sigma)$ 表示服从高斯变量的随机分布。因此，最亮萤火虫的位置更新公式为

$$x_{\mathrm{best}}(n+1) = \begin{cases} G_{\mathrm{best}}(n), \mathrm{fit}_i(G_{\mathrm{best}}(n)) < \mathrm{fit}(x_{\mathrm{best}}(n)) \\ x_{\mathrm{best}}(n), \text{其他} \end{cases} \tag{6.4.12}$$

式中，fit 为萤火虫的适应度函数值。对当前最优萤火虫进行高斯扰动，可以增加萤火虫跳出局部最优的概率，从而提高算法的效率。

6.4.3 算法原理

通过使用萤火虫位置代替聚类中心的方法，利用 K 均值聚类的目标函数代替萤火虫亮度进行计算，即

$$I = J \tag{6.4.13}$$

萤火虫亮度的强弱与目标函数值相关，目标函数的值越小，则萤火虫的亮度越大，聚类效果越好。这里直接使用目标函数值代替萤火虫的亮度，有利于降低算法的时间复杂度。

1. 算法流程

基于精英反向学习的 K 均值萤火虫算法的流程如下。

步骤 1：初始化类簇个数 K、萤火虫个数 N、最大吸引度 β_0、吸引系数 γ、步长因子 α、精英反向系数 m、最大迭代次数 $T_{\max}$。

步骤 2：随机选取 N 个点作为萤火虫的位置，计算所有萤火虫亮度并得到所有萤火虫各维度的范围，再根据式（6.4.4）计算萤火虫的反向解萤火虫，比较各原始萤火虫亮度和反向解萤火虫亮度，并舍弃亮度小的萤火虫，最后根据式（6.4.5）给在精英群体区间之外的萤火虫赋值，得到更好的精英萤火虫群体。

步骤 3：从得到的萤火虫群体中抽取 K 个萤火虫作为初始中心，并根据式（6.4.2）计算每只萤火虫到各聚类中心的距离，根据距离的大小依次将萤火虫划分到各类当中。

步骤 4：根据式（6.4.1）计算各萤火虫的亮度，找出并记录各类中最亮萤火虫的亮度和位置。

步骤 5：比较各萤火虫的亮度，如果萤火虫 i 的亮度大于 j 的亮度，则表明 i 的位置比 j

的位置好，i将吸引j向自己的反向移动。根据式（6.1.3）计算萤火虫i对j的吸引度，其中吸引力系数根据式（6.4.8）进行计算。最后，普通萤火虫j根据式（6.4.10）向萤火虫i的反向移动，最亮萤火虫则按式（6.4.12）进行扰动。

步骤6：萤火虫位置更新完成后，将各类最亮萤火虫作为聚类中心进行聚类，并记录聚类结果。

步骤7：当达到最大迭代次数，则停止迭代；否则，转到步骤4。

步骤8：输出结果。

基于精英反向学习的K均值萤火虫算法流程如图6.4.1所示。

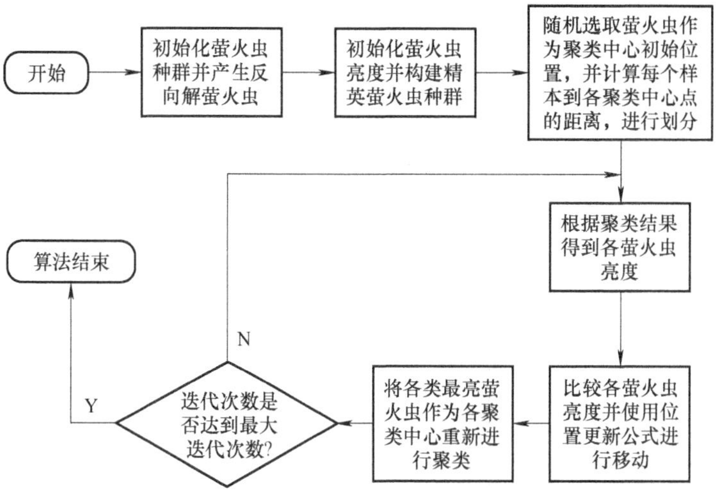

图6.4.1　基于精英反向学习的K均值萤火虫算法流程

2. 性能测试

为了验证算法的可行性，文献［123］从UCI标准数据集当中选出IRIS、Wine、WDBC以及Glass四个数据集进行实验分析。IRIS数据集是以鸢尾花的特征作为数据来源，它包含3个类型共150个样本，其中每个样本有4个属性；Wine是一个关于酒类的数据集，共包含178个样本，每个样本有13个属性；WDBC是威斯康星大学收集的一个关于乳腺癌的数据集，它包含2个类型共569个样本，其中每个样本有30个属性；Glass是关于玻璃种类的数据集，它包含6个类别共214个样本，每个样本有9个属性。计算每个算法的适应度值，并将聚类结果和样本真实类别进行对比得到错误概率，即

$$\text{ERROR} = \left(\frac{1}{N}\sum_{i=1}^{N}\text{if}(\text{class}_i = \text{cluster}_i\text{then 0 else 1})\right)\times 100 \qquad (6.4.14)$$

式中，N是数据集样本；class_i表示样本i所属的类别；cluster表示样本i聚类后所属的类别。使用式（6.4.14）可以计算出聚类的误差大小。

对于参数的选择，针对γ的取值，令$\beta_0=1, \alpha=0.4, m=1$，$T_{\max}=150$。经过多次试验测试，使用IRIS数据集进行测试比较，各运行20次取平均值得到数据。参数选取结果为：光强吸收系数（γ）的取值为0.6，精英反向系数（m）的取值为0.8。

文献［123］将EOKFA与K均值、PSOK（PSO-K均值）、K-FA（FA-K均值）进行对比，其中K均值以及PSOK的数据来自文献［125］，K-FA和EOKFA的数据来自20次独立

实验。根据得到的聚类结果，有如下结论。

1）直接使用原始萤火虫算法进行 K 均值优化得到的结果要比基于粒子群优化（PSO）算法的 K 均值聚类效果的稳定性差。

2）无论在样本数量不多或数据维度不大时，还是在样本维度增加时，EOKFA 的性能稍优于其他算法。其主要原因是 EOKFA 采用精英反向学习策略，构造精英萤火虫种群，扩大了萤火虫的搜索范围，增加了种群的多样性。同时，加入动态吸引度、自适应步长以及最优萤火虫的高斯扰动策略来增加算法跳出局部最优解的概率，加强了算法的后期稳定性。

3）EOKFA 的收敛速度比其他算法快、适应度值较低。这主要是因为采用精英反向学习策略构建精英种群，能更有效地利用萤火虫的信息，不仅扩大了种群的搜索范围，而且提高了聚类精度。采用自适应步长策略以及高斯扰动策略，提高了算法跳出局部最优解的概率、加快了算法的收敛速度、防止了算法在最优解附近出现振荡的现象。

6.5 基于 DNA 遗传的萤火虫优化算法

6.5.1 基本 DNA 遗传萤火虫算法

1. 算法流程

萤火虫算法具有收敛速度快、寻优精度高等优点，但其收敛后期易存在陷入局部最优值等缺陷，而 DNA 遗传算法采用 DNA 编码方式，虽增加了编码复杂度，但提高了遗传多样性，利用交叉、变异等操作得到最优 DNA 序列，将 DNA 遗传算法与萤火虫算法有机融合，提出了基于 DNA 遗传的萤火虫优化算法（DNA Genetic Glowworm Swarm Optimization Algorithm，DNA-GSO）。该算法利用 DNA 遗传算法优化萤火虫种群，使其具有强大的全局搜索性能，从而有效地弥补了萤火虫算法寻优速度慢、计算复杂度高、易于陷入局部搜索等不足。基本 DNA 遗传萤火虫算法流程如下。

步骤 1：萤火虫种群初始化。

在一个 D 维的搜索空间中，随机创建规模为 N 的萤火虫种群，其初始位置向量为 $\boldsymbol{X}=[\boldsymbol{x}_1\ \boldsymbol{x}_2 \cdots\ \boldsymbol{x}_N]$，$\boldsymbol{x}_i$ 为第 i 只萤火虫的初始位置向量，$0<i<N$。在初始化各项参数时，每只萤火虫都具有相同的荧光素值、动态决策域和一个随机分配的 D 维初始位置向量 $\boldsymbol{x}_i=[x_{i1}\ x_{i2} \cdots\ x_{iD}]$，每个初始位置向量对应均衡器的一个初始向量，以及最大进化代数。

步骤 2：确定并计算适应度函数。

计算每只萤火虫所表示的位置向量的适应度值，并将得到的适应度值从大到小进行排列。其中，前一半对应的是优质萤火虫种群，后一半则为劣质萤火虫种群，而适应度值最大的位置向量所对应的萤火虫为最优萤火虫，其位置为全局最优位置。

步骤 3：适应度函数值比较。

若当前萤火虫个体适应度最大值大于前一代萤火虫个体适应度最大值，转步骤 7；否则，继续执行步骤 4。

步骤 4：进行 DNA 遗传操作。

对萤火虫群分组，淘汰劣质萤火虫种群，仅在优质萤火虫种群中进行操作，包括对萤火虫个体的位置向量进行 DNA 编码，执行普通交叉和变异操作，产生较优 DNA 序列作为新一代个体的 DNA 序列，再进行 DNA 解码，从而获得新一代萤火虫群。

步骤 5：执行萤火虫算法。

更新新一代萤火虫的荧光素值、确定其新邻域及动态范围，同时更新萤火虫的位置以及动态决策范围。再次对萤火虫进行适应度值的计算，选取适应度值最大的位置向量作为当前最优位置向量。

步骤 6：判断是否达到终止条件。对进化代数进行判断，如果达到最大进化代数，则跳至步骤 7 的操作；如果未达到，则跳至步骤 2。

步骤 7：通过比较最终得到的全局最优萤火虫个体，从而确定问题最优解或近似解。

基本 DNA 遗传萤火虫算法流程如图 6.5.1 所示。

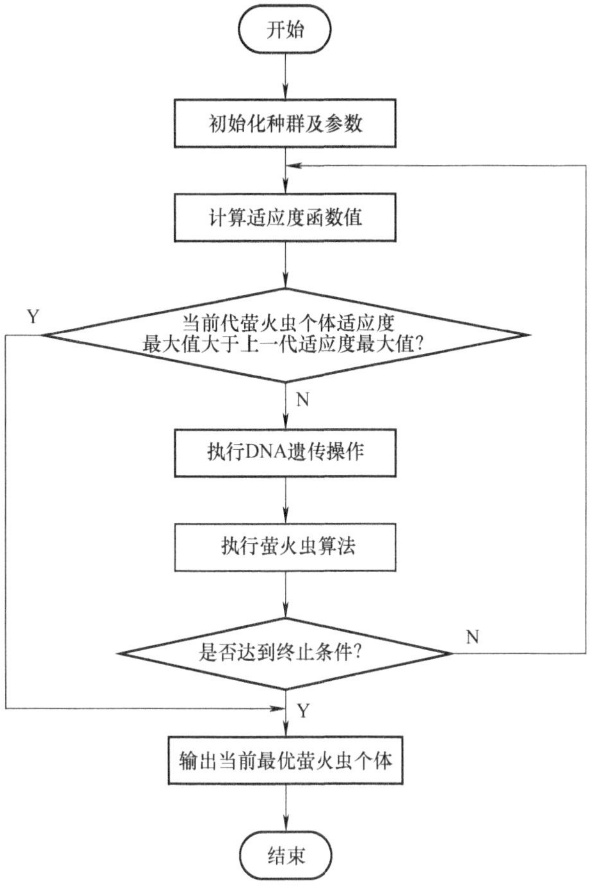

图 6.5.1　基本 DNA 遗传萤火虫算法流程

2. 性能测试

为了验证基本 DNA 遗传萤火虫算法对目标函数的精度求解能力，下面用两个目标函数进行实验。

【实验 6.5.1】 目标函数

$$F(x) = \exp(-(x_1-4)^2-(x_2-4)^2)+\exp(-(x_1+4)^2-(x_2-4)^2)$$

$$+2\times\exp(-x_1^2-(x_2+4)^2)+2\times\exp(-x_1^2-x_2^2),\ |x|\leqslant 5$$

设置 DNA 遗传萤火虫算法参数：萤火虫规模 $N=50$，吸引度 $\beta_0=1.0$，步长因子 $\alpha=0.3$，介质吸收因子 $\gamma=1.0$，最大迭代次数 $T_{\max}=200$，初始化荧光素值和决策域。用基本 DNA 遗传萤火虫算法求解函数 $F(x)$ 的最优解，其仿真结果如图 6.5.2 所示。

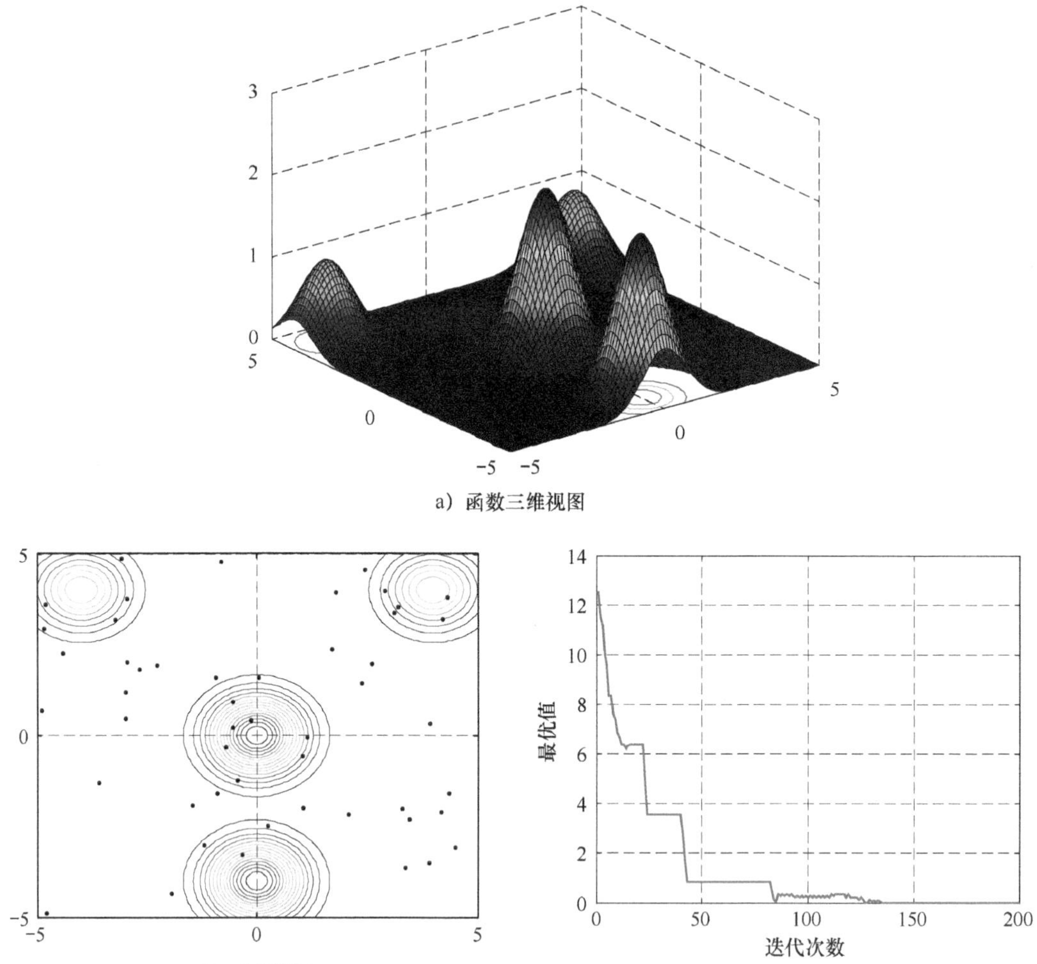

a）函数三维视图

b）寻优结果

c）迭代寻优曲线

图 6.5.2　仿真实验

【实验 6.5.2】 目标函数

$$F(x) = \exp(-(x_1-3)^2-(x_2-5)^2)+\exp(-x_1^2-x_2^2), |x| \leqslant 5$$

基本 DNA 遗传萤火虫算法的参数设置同实验 6.5.1。用基本 DNA 遗传萤火虫算法求解函数 $F(x)$ 的最优解，其仿真结果如图 6.5.3 所示。

图 6.5.2 和图 6.5.3 表明，非线性函数存在多个局部最优，实验 6.5.1 和实验 6.5.2 利用基本 DNA 遗传萤火虫算法寻找函数的全局最大值。图 6.5.2c 和图 6.5.3c 表明，基本 DNA 遗传萤火虫算法在迭代 130 次以后即可跳出局部极值，较快地搜索到全局最优值并存在一定的稳定性。

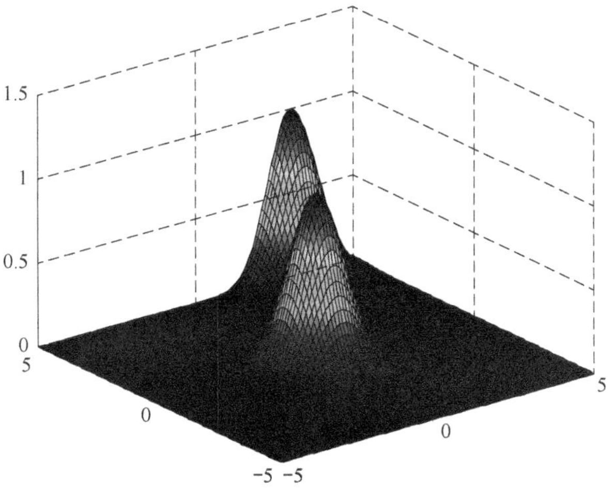

a）函数三维视图

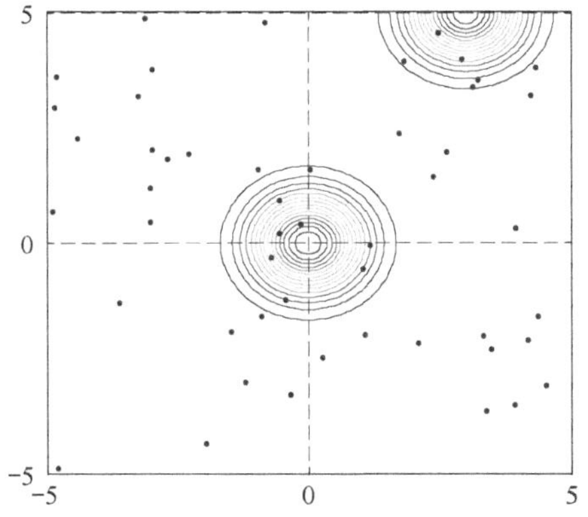

b）寻优结果

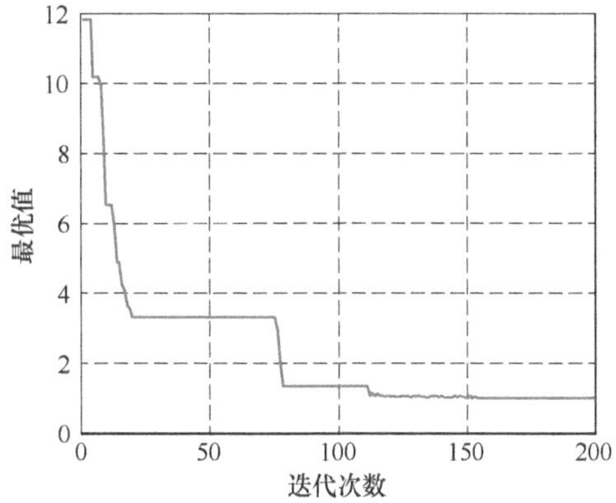

c）迭代寻优曲线

图 6.5.3 仿真实验

6.5.2 新型 DNA 遗传萤火虫算法

新型 DNA 遗传算法通过采用新型交叉操作和新型变异操作，来提高 DNA 遗传算法的精度，改善全局搜索能力，优化种群遗传性能。

1. 新型交叉操作

交叉操作将萤火虫种群中个体 DNA 基因进行重组，以提高下一代个萤火虫的质量，增强种群的多样性，得到最优种群。根据适应度值的大小进行排列，前一半为优质种群，后一半为劣质种群，淘汰后一半，在前一半种群中继续进行操作。

1）普通交叉操作。随机产生一个小数 rand1(0,1)，若该随机数小于普通交叉执行概率 p_{c1}，则执行普通交叉操作，即从萤火虫种群中随机选取两个萤火虫作为父体，随机选取两段位置、碱基个数都相同的碱基序列，作为一组配对，将交叉点间的碱基串位置互换，得到两个新的萤火虫个体。

2）新型交叉操作。随机产生一个小数 rand2(0,1)，若该随机数小于新型交叉执行概率 p_{c2}，则执行新型交叉操作，即从萤火虫种群中随机选取一个萤火虫作为父体，并从该父体中随机选取两个个数相等的碱基序列，将所选的两个碱基序列进行水平顺时针旋转，再进行位置交换后，得到了新的碱基序列，替换原有碱基，插入对应交叉点，得到新的个体。新型交叉操作过程如图 6.5.4 所示。

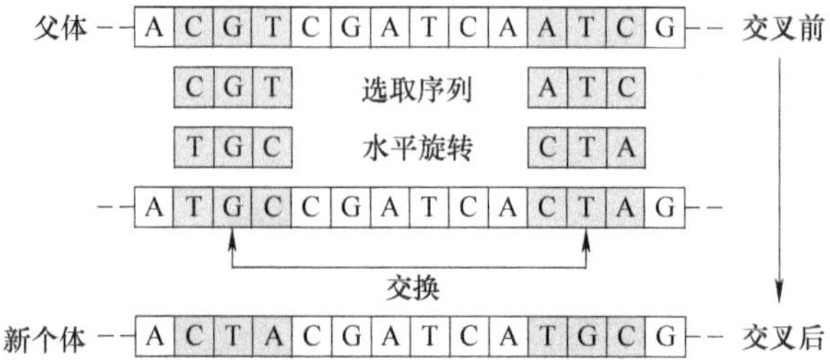

图 6.5.4　新型交叉操作

2. 新型变异操作

变异操作能够保持种群中个体基因的多样性，避免种群陷入局部最优。新型 DNA 遗传算法中的新变异操作采用 DNA 碱基序列进行编码，并且一种碱基可能会随机变异为其他三种。将优质种群中的萤火虫个体和经过普通交叉操作和新型交叉操作产生的新的萤火虫个体进行普通变异操作和新型变异操作。

1）普通变异操作。对种群中的每个个体产生一组独立的 0 至 1 之间的随机数，其中每一个随机数与个体中每一个编码位相对应。若某一个随机数小于普通变异操作概率 p_{m1}，则其对应的编码位上的碱基进行普通变异操作，即变异成其他三个碱基中的任意一个碱基，从而产生一个新的萤火虫个体。

2）新型变异操作。将该随机数与新型变异操作概率 p_{m2} 进行比较，若该随机数小于 p_{m2}，则执行新型变异操作（又称新密码子变异操作），即随机选取一个个体作为父体，从中随机选取两段序列作为密码子，通过碱基互补原则产生一段与密码子碱基互补的序列，称为反密码子，并将两个反密码子进行换位和倒转操作，然后将得到的密码子中碱基出现频率高的变异成出现频率低的碱基，如图 6.5.5 所示，新密码子变异操作中经过倒转操作后的密码子中 T 出现的频率最高，A 出现的频率最低，则 T 变异成 A，得到新密码子替换原有密码子，从而产生新的个体。

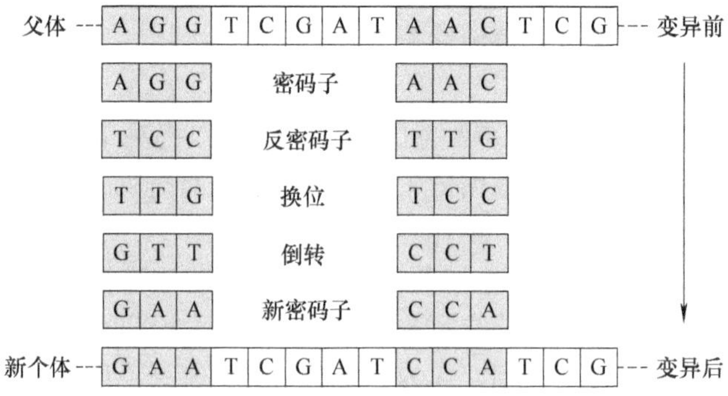

图 6.5.5　新密码子变异操作

3. 新型 DNA 遗传与萤火虫算法的融合

萤火虫算法具有收敛速度快、寻优精度高等优点，但其在收敛后期仍存在易于陷入局部极值等缺点；而新型 DNA 遗传算法采用 DNA 编码方式，利用新型交叉、新型变异等操作优化 DNA 序列，具有强大的快速寻优能力。因此，将新型 DNA 遗传算法与萤火虫优化算法（GSO）有机融合，提出了基于新型 DNA 遗传的萤火虫优化算法（New DNA Genetic Glowworm Swarm Optimization Algorithm，NDNA-GSO），弥补了萤火虫群寻优精度低、计算复杂度高、易于陷入局部搜索等不足。

6.6 实例 6-1：基于云萤火虫算法改进二维 Tsallis 熵的医学图像分割算法

图像分割是指从图像中提取感兴趣的区域。由于人体组织的特性，医学图像边界模糊且对比度低，使得医学图像分割成为一个难点。文献［130］提出了一种基于二进制交叉的实数编码遗传算法的脑部图像多级阈值分割方法。文献［131］提出了一种基于萤火虫算法的二维熵多阈值图像分割算法，可以有效提高图像的分割速度，但由于搜索空间的局限性，图像分割精度较低。文献［132］运用粒子群算法对二维 Tsallis 熵的参数 q 进行优化选择，可以较好地分割图像。文献［133］针对二维最大熵分割图像存在计算量大的问题，将人工蜂群算法应用于二维最大熵优化，抗噪性强且收敛速度快。

为提高医学图像分割的效果，文献［111］针对二维 Tsallis 熵阈值法图像分割效果受参数 q 选择的影响，提出了一种基于云模型萤火虫算法优化二维 Tsallis 熵的医学图像分割算法。

6.6.1 二维 Tsallis 熵阈值法

假设一幅数字图像的大小为 $M\times N$，坐标点 (x,y) 处的灰度值为 $f(x,y)$，$f(x,y)\in G=\{0,1,\cdots,L-1\}$，坐标点 (x,y) 处的像素点 $K\times K$ 邻域的平均灰度值定义为

$$g(x,y)=\left[\frac{1}{K\times K}\sum_{m=-(K-1)/2}^{(K-1)/2}f(x+m,y+n)\right] \tag{6.6.1}$$

式中，K 为邻域宽度。

图像二维直方图为

$$P(i,j)=\frac{n(i,j)}{M\times N} \tag{6.6.2}$$

式中，$n(i,j)$ 为灰度值等于 i、8 邻域灰度平均值等于 j 的像素点数量。二维直方图的示意图如图 6.6.1 所示。

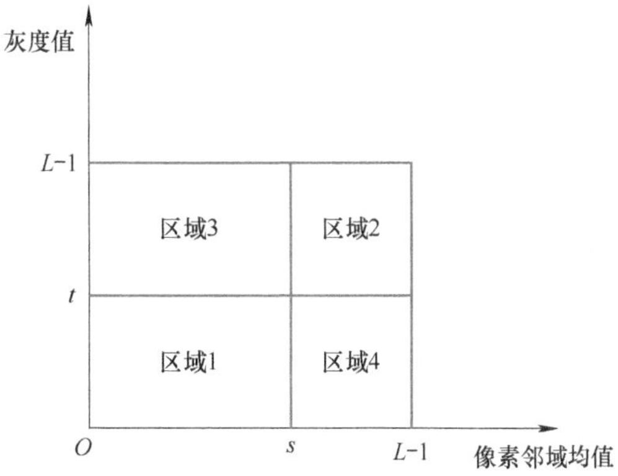

图 6.6.1 二维直方图的示意图

图中，t 为灰度值，s 为像素邻域均值。t 与 s 的取值范围均为 $[0,L-1]$。区域 1 和区域 2 分别为背景和目标像素，区域 3 和区域 4 分别为边界和噪声信息。对于 L 个灰度级的二维图像，假设在阈值 (t,s) 定义区域 1 和区域 2 的概率分

别为 p_1 与 p_2，且

$$p_1 = \sum_{i=0}^{s-1}\sum_{j=0}^{t-1} P(i,j) \tag{6.6.3}$$

$$p_2 = \sum_{i=s}^{L-1}\sum_{j=t}^{L-1} P(i,j) \tag{6.6.4}$$

P. K. Sahoo 等在一维 Tsallis 熵的基础上，提出了二维 Tsallis 熵的概念，目标和背景的二维 Tsallis 熵 $H_q^1(t,s)$ 和 $H_q^2(t,s)$ 定义为

$$H_q^1(t,s) = \frac{1}{q-1}\left(1 - \sum_{i=0}^{s-1}\sum_{j=0}^{t-1}\left(\left(\frac{P(i,j)}{p_1(t,s)}\right)^q\right)\right) \tag{6.6.5}$$

$$H_q^2(t,s) = \frac{1}{q-1}\left(1 - \sum_{i=s}^{L-1}\sum_{j=t}^{L-1}\left(\left(\frac{P(i,j)}{p_2(t,s)}\right)^q\right)\right) \tag{6.6.6}$$

$$H_q(t,s) = H_q^1(t,s) + H_q^2(t,s) + (1-q) \times H_q^1(t,s) \times H_q^2(t,s) \tag{6.6.7}$$

当式（6.6.7）最大时，其所对应的阈值 $(t_{\text{best}}, s_{\text{best}})$ 就是 Tsallis 熵值法的最佳阈值。

$$(t_{\text{best}}, s_{\text{best}}) = \text{argmax}[H_q(t,s)], 0 \leqslant s,t \leqslant L-1 \tag{6.6.8}$$

运用 Tsallis 熵值法分割后的二值图像为

$$f(x,y) = \begin{cases} 0, f(x,y) \leqslant s_{\text{best}} \\ 255, f(x,y) > s_{\text{best}} \end{cases} \tag{6.6.9}$$

式（6.6.7）和式（6.6.8）表明，Tsallis 熵 q 参数的选择直接影响图像的分割效果，因此下面运用 CMFA 对 Tsallis 熵 q 参数进行自适应优化选择。

6.6.2 基于 CMFA-Tsallis 熵的医学图像分割

针对 Tsallis 熵 q 参数选择直接影响图像分割效果的问题，运用 CMFA 对 Tsallis 熵 q 参数进行自适应优化选择，文献［111］选择均匀性测度（UniformMeasurement，UM）作为适应度函数，即

$$f_{\text{UM}} = 1 - \frac{1}{C}\sum_i\left\{\sum_{(x,y)\in R_i}[f(x,y) - \frac{1}{A_i}\sum_{(x,y)\in R_i} f(x,y)]^2\right\} \tag{6.6.10}$$

式中，R_i 为分割后的第 i 个图像区域，$i=1$，2；C 为归一化参数；A_i 为区域 R_i 中的像素总数量。

最优 q 参数为

$$q_{\text{best}} = \text{argmax}[f_{\text{UM}}(q)], q > 0 \tag{6.6.11}$$

基于 CMFA-Tsallis 熵的医学图像分割算法流程如下。

步骤 1：读取原始医学图像，初始化 CMFA 参数：萤火虫初始位置 $x(t, s)$、萤火虫数量 N、最大迭代次数 $T_{\max}$、初始吸引度 β_0 和步长因子 α。图 6.6.2 所示为萤火虫初始位置。

步骤 2：根据式（6.6.10）计算每个萤火虫个体的适应度 f_{UM} 并排序，计算亮度最大的萤火虫的空间位置。图 6.6.3 所示为萤火虫位置更新图。

步骤 3：判断算法终止条件：若当前迭代次数 $t > T_{\max}$，则继续步骤 4；反之，跳到步骤 5。

步骤 4：输出最优解：将亮度最大的萤火虫位置所对应的阈值 $(t_{\text{best}}, s_{\text{best}})$ 作为 Tsallis 熵图像分割的最优阈值，其对应的最优 q 值为 q_{best}。

步骤5：更新萤火虫群体的空间位置：按式（6.6.7）更新萤火虫群体的空间位置。

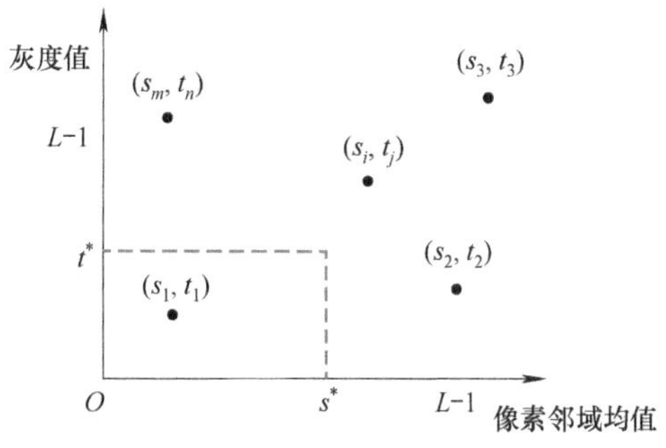

图6.6.2　萤火虫的初始位置

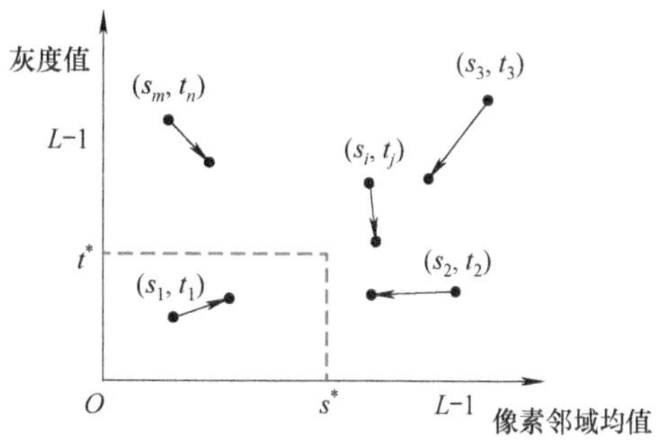

图6.6.3　萤火虫位置更新

基于 CMFA-Tsallis 熵的医学图像分割流程如图 6.6.4 所示。

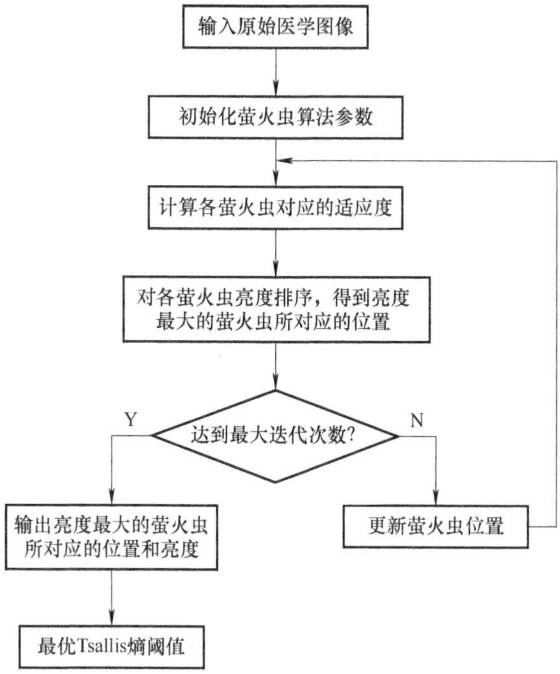

图6.6.4　基于 CMFA-Tsallis 熵的医学图像分割流程

6.6.3　仿真实验与结果分析

下面选择脑部图像、血管图像和胃部图像为研究对象，图像分割结果用均匀性测度（UM）进行评价，$(\mathrm{UM}) \in [0,1]$，UM 值越大，图像分割的效果越好。在 FA 中，萤火虫数量 $N=50$、初始吸引度 $\beta_0=1$、步长因子 $\alpha=0.5$ 和最大迭代次数 $T_{\max}=100$，邻域宽度 $K=8$，控制参数 $k_1=k_2=2$。脑部图像、血管图像和胃部图像的分割结果如图 6.6.5 ~ 图 6.6.6 和表 6.6.1所示。

图 6.6.5 ~ 图 6.6.7 和表 6.6.1 表明，三幅图像的 CMFA-Tsallis 分割的均匀性测度优于 FA-Tsallis 和 Tsallis 的分割结果，分割出来的结果边界清晰。

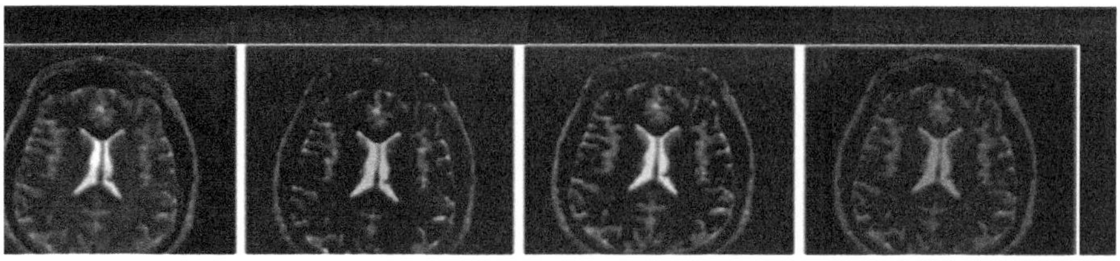

a）原始图像　b）Tsallis分割　c）FA-Tsallis分割　d）CMFA-Tsallis分割

图 6.6.5　脑部图像分割结果

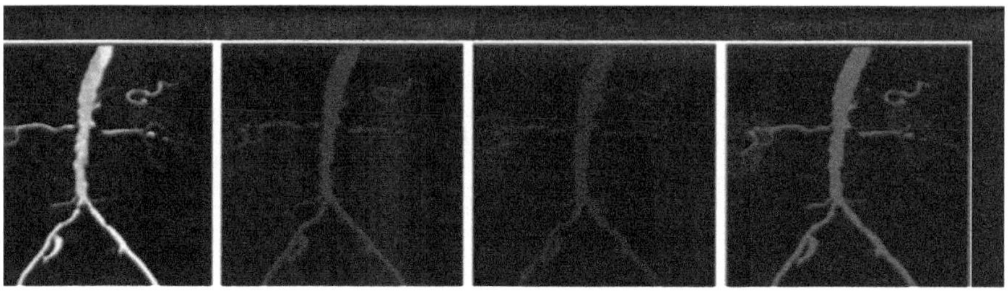

a）原始图像　b）Tsallis分割　c）FA-Tsallis分割　d）CMFA-Tsallis分割

图 6.6.6　血管图像分割

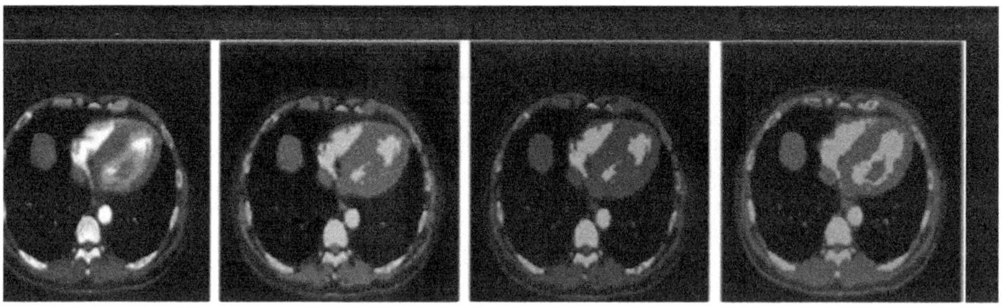

a）原始图像　b）Tsallis分割　c）FA-Tsallis分割　d）CMFA-Tsallis分割

图 6.6.7　胃部图像分割

表 6.6.1　不同图像分割算法对比

算　法	脑部图像/UM	血管图像/UM	胃部图像/UM
Tsallis	0.9672	0.9732	0.9441
FA-Tsallis	0.9708	0.9748	0.9603
CMFA-Tsallis	0.9744	0.9764	0.9718

表 6.6.2 为不同图像分割算法的分割阈值和参数 q。

表 6.6.2　不同图像分割算法的分割阈值和参数 q

算　法	脑部图像	血管图像	胃部图像
Tsallis	$q=0.8$, $(t,s)=(3,190)$	$q=0.8$, $(t,s)=(11,112)$	$q=0.8$, $(t,s)=(10,97)$

（续）

算　法	脑部图像	血管图像	胃部图像
FA - Tsallis	$q=0.8234$, $(t,s)=(6,191)$	$q=0.8236$, $(t,s)=(12,113)$	$q=0.8052$, $(t,s)=(8,96)$
CMFA - Tsallis	$q=0.8134$, $(t,s)=(7,192)$	$q=0.8672$, $(t,s)=(13,115)$	$q=0.8369$, $(t,s)=(7,98)$

上述结果表明，二维 Tsallis 熵阈值法图像分割效果受参数 q 选择的影响，将云模型引入萤火虫算法，提出的基于云模型萤火虫算法优化二维 Tsallis 熵的医学图像分割算法，以选择均匀性测度作为医学图像分割的评价指标，运用 CMFA 对二维 Tsallis 熵阈值法参数 q 进行自适应寻优，分割结果边界清晰、算法有效。

6.7 实例 6-2：基于新型 DNA 遗传萤火虫优化的二维图像小波盲恢复算法

由于图像在各种信道的传输过程中会受到外界因素的干扰而使图像退化。根据已知退化图像的部分信息，结合现有的方法，最终将原始图像恢复出来，这一过程叫作图像复原。如今，图像复原技术常被应用于遥感遥测、生物识别、医学影像等多个领域。

早期的图像复原技术是根据已知的点扩展函数（Point Spread Function，PSF）和噪声的统计特性求解出原始图像的估计值。由于导致图像的质量遭到破坏的原因很多，无法预知与预测，并且所设计的成像系统也不一致，使得到的退化图像也不尽相同。虽成像系统不一样，但原理相似，都可以简单地转化为 PSF 加上高斯白噪声。然而在实际中，原始图像是未知的，图像退化原因也不清楚，PSF 又无法精确，所以，传统的图像复原技术已经无法满足实际需求，不能有效地解决难题。于是图像盲恢复技术应运而生，它可以在 PSF 未知的情况下，只通过从退化图像中获取的数据进行分析就能有效地恢复出原始图像。

图像盲恢复技术是图像处理方面的研究热点之一，主要通过对已掌握的图像信息以及对 PSF、高斯噪声的先验知识的了解与分析，求出约束问题的解，从而得到原始图像的最佳估计值，输出最佳盲恢复图像。现有的图像盲恢复技术由于受到外界各种因素的干扰导致图像质量下降，恢复效果不佳，因此需要继续研究图像盲恢复新技术，以提高盲恢复效果。

研究表明，如果用一维盲均衡器进行图像恢复，需将图像先降为一维，恢复后再升为二维，这样在降维和升维的处理过程中会丢失部分信息。为了减少信息丢失，使得信息尽可能地全恢复出来，将新型 DNA 遗传萤火虫算法融入二维小波盲均衡器，直接利用二维均衡器免去了降维和升维处理，从而有效提高恢复效果。本节提出了一种基于新型 DNA 遗传萤火虫优化的二维图像小波盲恢复算法，有效地降低了外界因素的干扰，从而改善图像的恢复效果。

6.7.1 基于新型 DNA 遗传萤火虫优化的二维盲均衡算法

1. 算法原理

在一个 D 维搜索空间中，随机创建一个规模为 N 的萤火虫种群，其位置向量为 $\boldsymbol{X}=$

$[\boldsymbol{x}_1\ \boldsymbol{x}_2 \cdots \boldsymbol{x}_N]^{\mathrm{T}}$。将新型 DNA 遗传算法引入萤火虫种群中对其位置向量进行优化，这样得到新型 DNA 遗传优化萤火虫种群算法，称为新型 DNA 遗传萤火虫优化算法（NDNA-GSO）。每个萤火虫都具有相同的初始荧光素值、初始动态决策范围，以及一个随机分配的 $N \times N$ 维位置向量。

$$\boldsymbol{X} = \begin{bmatrix} X(1,1) & X(1,2) & \cdots & X(1,k_4) & \cdots & X(1,N) \\ X(2,1) & X(2,2) & \cdots & X(2,k_4) & \cdots & X(2,N) \\ \vdots & \vdots & & \vdots & & \vdots \\ X(k_3,1) & X(k_3,2) & \cdots & X(k_3,k_4) & \cdots & X(k_3,N) \\ \vdots & \vdots & & \vdots & & \vdots \\ X(N,1) & X(N,2) & \cdots & X(N,k_4) & \cdots & X(N,N) \end{bmatrix} \tag{6.7.1}$$

式中，$X(k_3,k_4)$ 表示第 k_3 只萤火虫的第 k_4 个位置。新型 DNA 遗传算法对每只萤火虫的位置向量进行编码、新交叉操作、新变异操作和选择操作，得到新的萤火虫种群。

将新型 DNA 遗传萤火虫优化算法应用于二维图像盲恢复的主要思想为：每个萤火虫个体的位置向量就是一组均衡器的初始权向量。通过均衡器代价函数与 NDNA-GSO 算法的适应度函数的联系，对均衡器权矩阵的初始矩阵进行优化，获得盲均衡器最优权向量，以降低常数模算法（CMA）陷入局部极值的可能性，改善均衡器的收敛性能。

2. 算法流程

新型 DNA 遗传萤火虫优化算法应用于二维图像盲恢复的流程如下。

步骤 1：初始化各项参数。随机产生一组信号作为新型 DNA 遗传萤火虫算法的输入信号，创建一个规模为 N 的萤火虫种群，每只萤火虫个体具有同样的初始荧光素值 $l(k_3,l)=l_0$ 和初始动态决策域范围 $R(k_3,1)=R_0$，其中 $0<k_3<N$，在不断的迭代寻优中，萤火虫个体的荧光素值和动态决策域都将发生变化。随机分配萤火虫种群的位置向量并初始化有关参数。

步骤 2：确定适应度函数。CMA 中的代价函数为

$$J(k_1,k_2) = E[e_j^2(k_1,k_2)] = E[(R_2 - |\boldsymbol{y}(k_1,k_2)|^2)^2] \tag{6.7.2}$$

NDNA-GSO 的适应度函数的定义为

$$\mathrm{fit}(\boldsymbol{X}) = \frac{1}{J(\boldsymbol{w}^{\mathrm{S}})} \tag{6.7.3}$$

式中，$\boldsymbol{X}=\boldsymbol{w}$，$\boldsymbol{w}$ 为均衡器的二维权向量。

步骤 3：初始化群体最优位置和最大适应度值。

根据每只萤火虫个体的位置向量计算该萤火虫个体的适应度值，对所有的适应度值进行从大到小的排列，选取适应度值最大的萤火虫个体，该个体的位置向量和适应度值即为萤火虫种群的初始最优位置向量 $\boldsymbol{w}$ 和最大适应度值 $\mathrm{fit}(\boldsymbol{w})$。

步骤 4：利用新型 DNA 遗传算法，优化萤火虫位置向量，获最优种群。利用新型 DNA 遗传算法中新交叉操作、新变异操作、选择操作得到适应度值最大的位置向量，最终得到遗传基因较优的萤火虫种群。

步骤 5：对所有个体进行适应度值的计算并比较。计算每只萤火虫个体的适应度值并按照从大到小排列，选取适应度值最大的个体作为最优萤火虫个体。

步骤6：萤火虫算法的迭代寻优。经过荧光素值更新、确定邻域、计算移动概率、位置更新、决策域更新和适应度值的更新，进行迭代。

（1）荧光素更新

$$l(k_3,n) = (1-\rho)l(k_3,n-1)+\gamma \mathrm{fit}(X(k_3,k_4)) \tag{6.7.4}$$

式中，$fit(X(k_3,k_4))$为与$X(k_3,k_4)$相对应的适应度值；$l(k_3,n)$代表当前萤火虫的荧光素值；γ为荧光素更新率。萤火虫的荧光素值越大，越能吸引该只萤火虫邻域集内的同伴向它移动。

（2）概率选择

选择向邻域集$N(k_3,n)$内个体j移动的概率$p(k_3,n)$为

$$p(k_3,n) = \frac{l(j,n)-l(k_3,n)}{\sum\limits_{q\in N(k_3,n)}(l(q,n)-l(k_3,n))} \tag{6.7.5}$$

式中，邻域集$N(k_3,n)=\{j:d_j(k_3,n)<r_d;l(k_3,n)<l(j,n)\}$，$0<r_d<r_s$，$r_s$为萤火虫个体的感知半径。当邻域集内的移动概率大于一定值时，则萤火虫个体j开始移动；小于这个值时，则个体j不发生移动。

（3）位置更新

$$\boldsymbol{w}(k_3,n+1) = \boldsymbol{w}(k_3,n)+s\left(\frac{\boldsymbol{w}(j,k_4)-\boldsymbol{w}(k_1,k_4)}{\|\boldsymbol{w}(j,k_4)-\boldsymbol{w}(k_1,k_4)\|}\right) \tag{6.7.6}$$

式中，s为移动步长。移动概率值的大小使得每个萤火虫的位置发生了变化，重新确定每个萤火虫的位置。

（4）动态决策域半径更新

$$r_d(k_3,n+1) = \min\{r_s,\max\{0,r_d(k_3,n)+\beta(n_t-|N(k_3,n)|)\}\} \tag{6.7.7}$$

决策域的大小会受到邻域内同伴数量多少的影响。如果邻域内同伴数量少，则决策域会变大，就能找到更多的同伴。反之，决策域会变小。

步骤7：确定全局最优解。若当前的最大适应度值大于$\mathrm{fit}(\boldsymbol{w})$，则用该最大适应度值的萤火虫个体位置向量以及适应度值替换$\boldsymbol{w}$和$\mathrm{fit}(\boldsymbol{w})$；若当前的最大适应度值小于$\mathrm{fit}(\boldsymbol{w})$，则不替换，保留原值。判断是否已达到最大迭代次数，若达到则退出循环，若未到达到则继续循环，直至达到最大迭代次数，输出全局最优位置向量$\boldsymbol{w}$。

步骤8：均衡器输出。$\boldsymbol{w}$作为萤火虫种群的最优位置向量，通过N次循环，得到N个最优个体位置向量，构成均衡器的权矩阵，作为权矩阵的初始值，利用常数模算法（Constant Modulus Algorithm，CMA）对信号进行均衡处理。若全部完成均衡处理，则退出循环，输出的信号即为图像复原的信号。

6.7.2 基于新型DNA遗传萤火虫优化的二维图像小波盲恢复算法

1. 算法原理

基于新型DNA遗传萤火虫优化的二维图像小波盲恢复算法是图像盲恢复的一种新算法，主要利用新型DNA遗传算法优化萤火虫种群，获得遗传性能较好的种群，使之成为二维均衡器的最优初始权矩阵。同时，引入正交小波变换（Orthogonal Wavelet Transform，WT）降低输入信号的相关性，以加快算法的收敛速度并减小误差。新型DNA遗传萤火虫算法优

化小波均衡器的权矩阵，使均衡器复原的图像无限接近原始图像。该算法的基本结构如图 6.7.1 所示。

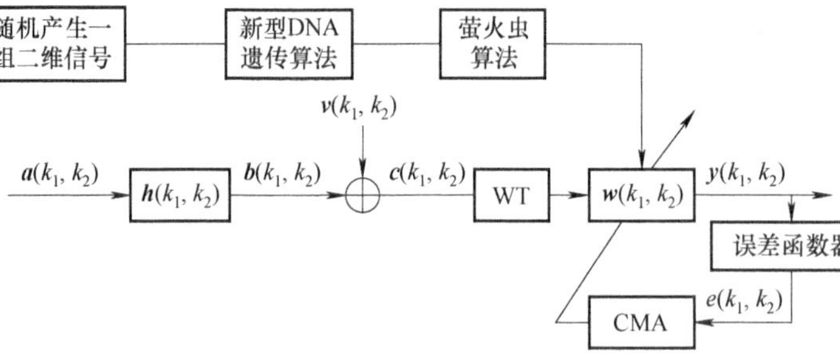

图 6.7.1　新型 DNA 遗传萤火虫优化的二维图像小波盲恢复算法结构

图 6.7.2 概述了图像复原过程。

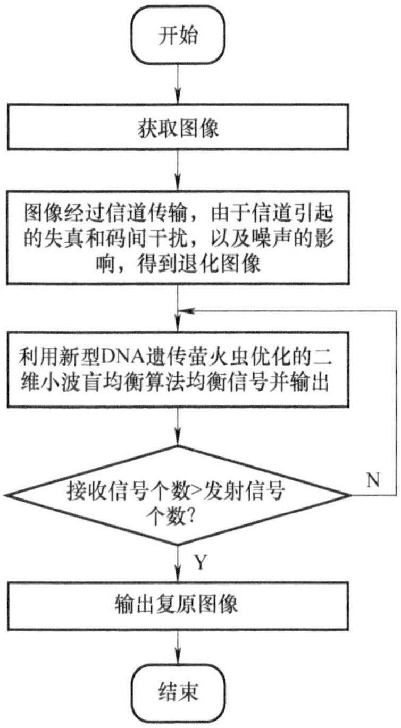

图 6.7.2　图像复原过程

将新型 DNA 遗传萤火虫优化算法引入到二维小波盲均衡图像盲恢复算法中，能够通过新型 DNA 遗传算法优化萤火虫种群，提高其全局搜索能力，优化二维小波均衡器，使恢复出来的图像更清晰。

2. 算法流程

步骤 1：随机产生一组二维信号，作为新型 DNA 遗传萤火虫优化算法的输入信号，并获取 $K_1 \times K_2$ 的原始图像，选取一个灰度图像。

步骤 2：获取退化图像。灰度图像信号 $\boldsymbol{a}(k_1,k_2)$ 通过传输信道 $\boldsymbol{h}(k_1,k_2)$，获得信号 $\boldsymbol{b}(k_1,k_2)$。

$$\boldsymbol{b}(k_1,k_2) = \boldsymbol{a}(k_1,k_2) \otimes \boldsymbol{h}(k_1,k_2) \tag{6.7.8}$$

式中，$0<k_1\leqslant K_1$ 和 $0<k_2\leqslant K_2$ 为正整数，是图像像素点的坐标；⊗表示卷积运算。

同时，信号 $\boldsymbol{b}(k_1,k_2)$ 受噪声 $\boldsymbol{v}(k_1,k_2)$ 影响后得到退化图像信号 $\boldsymbol{c}(k_1,k_2)$，作为小波均衡器的输入端信号。本节主要就是改善退化图像，将缺失的信息找回。

$$\boldsymbol{c}(k_1,k_2) = \boldsymbol{b}(k_1,k_2) + \boldsymbol{v}(k_1,k_2) = \boldsymbol{a}(k_1,k_2) \otimes \boldsymbol{h}(k_1,k_2) + \boldsymbol{v}(k_1,k_2) \tag{6.7.9}$$

步骤3：对均衡器的输入信号进行小波变换（WT）。利用 WT 后的信号对均衡器的权向量进行调整，经过 WT 的信号能够通过降低相关性来提高其收敛速度。

步骤4：均衡器输出图像。用新型 DNA 遗传萤火虫算法优化得到的 D 个最优个体的位置向量构成二维均衡器的初始最优权矩阵，再对接收端信号进行均衡处理。若全部完成均衡处理，退出循环，输出端的信号即为图像复原信号。

均衡后输出的二维图像为

$$\boldsymbol{y}(k_1,k_2) = \sum_{j=1}^{K_1\times K_2}\sum_{m=1}^{D}\sum_{n=1}^{D}\boldsymbol{w}_j(m,n)\boldsymbol{C}_j(m,n) \tag{6.7.10}$$

式中，j 为迭代次数；$\boldsymbol{y}(k_1,k_2)$ 为均衡器的输出信号，也就是不断叠加得到的复原图像信号；所选均衡器为 $N\times N$ 维权矩阵，$\boldsymbol{w}_j(m,n)$ 为第 j 次迭代的权矩阵第 m 行第 n 列上的元素；$\boldsymbol{C}_j(m,n)$ 为第 j 次迭代时二维小波均衡器的接收端接收到的信号，$\boldsymbol{C}_j(m,n)=c(k_1-m+1,k_2-n+1)$，$m,n=1,2,\cdots,N$；$\boldsymbol{w}_j$ 是二维均衡器的 N 阶权矩阵，定义为

$$\boldsymbol{w}_j = \begin{bmatrix} \boldsymbol{w}_j(1,1) & \boldsymbol{w}_j(1,2) & \cdots & \boldsymbol{w}_j(1,N) \\ \boldsymbol{w}_j(2,1) & \boldsymbol{w}_j(2,2) & \cdots & \boldsymbol{w}_j(2,N) \\ \vdots & \vdots & & \vdots \\ \boldsymbol{w}_j(N,1) & \boldsymbol{w}_j(N,2) & \cdots & \boldsymbol{w}_j(N,N) \end{bmatrix} \tag{6.7.11}$$

步骤5：误差函数输出。将发射信号的统计模值与输出的接收信号进行做差，不断调节并更新均衡器的权矩阵，优化均衡器，使误差达到最低，输出的图像恢复效果更好。

第 j 次迭代的误差函数 e_j 为

$$e_j = R_2 - |[\boldsymbol{y}(k_1,k_2)]^2| \tag{6.7.12}$$

式中，R_2 为常模模值，一般为常数。二维均衡器的作用就是调节均衡器的加权矩阵 $\boldsymbol{w}_j$，减小误差 e_j，以达到最小。所以，均衡器的目的就是求出一组权系数，使上式的均方误差最小。

步骤6：利用新型 DNA 遗传算法优化萤火虫种群，从而得到种群的最优位置向量，并作为均衡器的初始权矩阵。在不断的迭代过程中，二维均衡器的权矩阵更新公式为

$$\boldsymbol{w}_{j+1}(m,n) = \boldsymbol{w}_j(m,n) + 2\mu e_j\boldsymbol{C}_j(m,n)\boldsymbol{y}_j(m,n) \tag{6.7.13}$$

以上步骤及公式构成了基于新型 DNA 遗传萤火虫优化的二维小波图像盲恢复算法。

6.7.3　仿真实验与结果分析

【实验 6.7.1】 为验证二维 CMA 图像盲复原算法的有效性，以一维 CMA 降维图像和二维 CMA 图像盲复原算法为比较对象。

图 6.7.3a 所示为 204×204 的原始图像；图 6.7.3b 所示为含噪模糊图像，是由原始图像经过 20×20 的高斯模糊 PSF 和高斯白噪声后得到的；在一维 CMA 降维图像盲复原算法

中，噪声为 20dB，步长 $\mu = 5 \times 10^{-4}$。图 6.7.3c 所示为经迭代得到的复原图像；在二维 CMA 图像盲复原算法中，噪声方差 $\sigma^2 = 3 \times 10^{-2}$，迭代步长 $\mu = 5 \times 10^{-4}$，图 6.7.3d 所示为均衡后得到的复原图像。

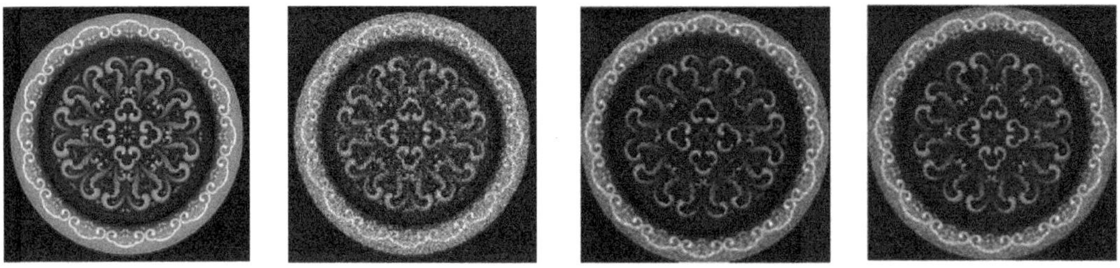

a）原始图像　b）含噪模糊图像　c）一维CMA复原图像　d）二维CMA复原图像

图 6.7.3　实验 6.7.1 的仿真结果图

由图 6.7.3 可见，经过二维 CMA 复原的图像效果明显要好于经过一维 CMA 复原的图像。虽然增加了算法的复杂度，但不需要将图像信号进行降维处理；虽然计算的复杂度有所提高、运行速度有所变慢，但复原的图像效果明显更好。峰值信噪比（PSNR）是用来评鉴图像画质的客观量测法，PSNR 的值越大，就代表失真越少。表 6.7.1 表明，二维 CMA 得到的 PSNR 值要比一维 CMA 的大，也说明二维 CMA 图像恢复质量好。

表 6.7.1　实验 6.7.1 的 PSNR 比较

算法	一维 CMA	二维 CMA
PSNR	17.6332	23.5463

【实验 6.7.2】 为了验证基于新型 DNA 遗传萤火虫算法优化的二维 CMA 图像盲复原算法的有效性，以二维 CMA 图像盲复原算法为比较对象。

图 6.7.4a 所示为 256×256 的原始图像；图 6.7.4b 所示为含噪模糊图像，是由原始图像经过 20×20 的高斯模糊 PSF 和高斯白噪声后得到的，称为退化图像；在二维 CMA 图像盲复原算法中，噪声为 30dB，步长 $\mu = 5 \times 10^{-4}$，图 6.7.4c 所示为经迭代得到的复原图像；在基于新型 DNA 遗传萤火虫优化的二维 CMA 图像盲复原算法（二维 DNA-GSO-CMA）中，噪声方差 $\sigma^2 = 0.13$，迭代步长 $\mu = 5 \times 10^{-4}$，图 6.7.4d 所示为均衡后得到的复原图像。

a）原始图像　b）含噪模糊图像　c）二维CMA复原图像　d）二维DNA-GSO-CMA复原图像

图 6.7.4　实验 6.7.2 的仿真结果图

图 6.7.4 表明，经过 DNA 遗传萤火虫优化的二维 CMA 后复原的图像明显优于二维 CMA 复原的图像。对均衡器的权向量进行优化后，输出的图像信息更加集中，恢复的图像更加清

楚。表6.7.2也表明，二维DNA-GSO-CMA算法得到的PSNR值要比二维CMA的大，进一步说明由二维DNA-GSO-CMA算法恢复出来的图像质量好。

表6.7.2 实验6.7.2的PSNR比较

算法	二维CMA	二维DNA-GSO-CMA
PSNR	21.5814	24.6243

【实验6.7.3】 为了验证基于新型DNA遗传萤火虫优化的二维图像盲复原算法的有效性，以传统DNA遗传萤火虫优化的二维图像盲复原算法为比较对象。

图6.7.5a所示为212×212的原始图像；图6.7.5b所示为含噪模糊图像，是由原始图像经过20×20的高斯模糊PSF和高斯白噪声后得到的，称为退化图像；在基于传统DNA遗传萤火虫优化的二维图像盲复原算法中，噪声为30dB，步长$\mu=4\times10^{-5}$，图6.7.5c所示为经迭代得到的复原图像；在基于新型DNA遗传萤火虫算法优化的二维图像盲复原算法（二维NDNA-GSO-CMA）中，噪声方差$\sigma^2=0.13$，迭代步长$\mu=4\times10^{-5}$，图6.7.5d所示为均衡后得到的复原图像。

a）原始图像　b）含噪模糊图像　c）二维DNA-GSO-CMA复原图像　d）二维NDNA-GSO-CMA复原图像

图6.7.5 实验6.7.3的仿真结果图

图6.7.5表明，基于新型DNA遗传萤火虫优化的二维CMA图像盲复原算法的图像恢复效果明显优于基于传统DNA遗传萤火虫优化的二维CMA图像盲复原算法的。这是因为，新型DNA遗传增加了种群多样性，进而提升了全局搜索能力。表6.7.3表明，基于新型DNA遗传萤火虫优化的二维CMA图像盲复原算法得到的PSNR值要比基于传统DNA遗传萤火虫优化的二维CMA图像盲复原算法的PSNR值大，这也说明，基于新型DNA遗传萤火虫优化的二维CMA图像盲复原算法性能优越。

表6.7.3 实验6.7.3的PSNR比较

算法	二维DNA-GSO-CMA	二维NDNA-GSO-CMA
PSNR	22.2526	24.3648

【实验6.7.4】 为了验证基于新型DNA遗传萤火虫优化的二维小波CMA图像盲复原算法的有效性，以基于新型DNA遗传萤火虫优化的二维CMA图像盲复原算法为比较对象。

图6.7.6a所示为204×204的原始图像；图6.7.6b所示为含噪模糊图像，由原始图像经过20×20的高斯模糊PSF和高斯白噪声后得到的，称为退化图像；在基于新型DNA遗传萤火虫优化的二维CMA图像盲复原算法中，噪声为25dB，步长$\mu=7\times10^{-5}$，图6.7.6c所

示为经迭代得到的复原图像；在基于新型 DNA 遗传萤火虫算法优化的二维小波 CMA 图像盲复原算法（二维 NDNA-GSO-WTCMA）中，噪声方差 $\sigma^2=0.13$，迭代步长 $\mu=5\times10^{-4}$，采用 DB2 小波对输入信号分解，分解层次为 2 层，功率初始值为 8，遗忘因子 $\beta=0.999$，进行均衡后得到的复原图像如图 6.7.6d 所示。

a）原始图像　b）含噪模糊图像　c）二维NDNA-GSO-CMA　d）二维NDNA-GSO-WTCMA

图 6.7.6　实验的 6.7.4 的仿真结果图

图 6.7.6 和表 6.7.4 表明，基于新型 DNA 遗传萤火虫优化的二维小波 CMA 图像盲复原算法的性能明显优于基于新型 DNA 遗传萤火虫优化的二维 CMA 图像盲复原算法的性能。

表 6.7.4　实验 6.7.4 的 PSNR 比较

算法	二维 NDNA-GSO-CMA	二维 NDNA-GSO-WTCMA
PSNR	20.6286	25.3682

第 7 章　蝙蝠算法

• 内容导读 •

本章从微型蝙蝠回声定位出发，分析了基本蝙蝠算法原理和实现流程，讨论了变异蝙蝠算法、蝙蝠算法的特点及其收敛性，对量子蝙蝠算法、混合蝙蝠算法以及 DNA 遗传蝙蝠算法等改进算法进行了探讨，以基于 DNA 遗传蝙蝠算法的分数间隔多模盲均衡算法、基于双蝙蝠群智能优化的多模盲均衡算法作为实例，进行了系统、完整的分析。

蝙蝠算法（Bat Algorithm，BA）是一种群体智能优化算法，它采用频率调谐技术来增强种群的多样性，利用迭代过程中脉冲响度和脉冲发射频率的适时改变来实现全局搜索和局部搜索的自动切换，从而平衡了全局搜索和局部搜索对算法寻优性能的影响。正是由于上述其独特优点，使该算法受到众多学者的广泛关注，有关蝙蝠算法的研究成果也逐年增加。

7.1　基本蝙蝠算法

首先简要地介绍一下有关微型蝙蝠回声定位的一些基本知识。

7.1.1　微型蝙蝠回声定位

现今，世界上大约有 1000 种不同种类的蝙蝠，它们的体型千差万别，有小到重约1.5～2 g，名为大黄蜂的微型蝙蝠，有大到翼幅约 2m、重约 1kg 的巨型蝙蝠。在各种蝙蝠中，使用回声定位最为普遍的是微型蝙蝠。

微型蝙蝠的典型特征就是使用一种声呐定位仪，即利用回声定位来发现猎物、避免障碍物和确定夜晚栖息的裂缝。它们能够发射出一种非常响的脉冲声波，倾听从周围物体反射回来的回音；它们会依据猎物种类的不同采取不同的捕食策略，因此它们发射出去的脉冲也呈现不同的属性。大多数蝙蝠使用短且高频的信号去扫描大约一个八度音阶，每个脉冲的频率范围为［25kHz，150kHz］，且持续时间只有千分之几秒（最长约为 8～10ms）。通常情况下，微型蝙蝠能够在 1s 内连续发送 10～20 个这样的声波，当锁定了其正在找寻的猎物时，它们发射脉冲的频率便能够快速增加到大约每秒 200 个脉冲。由于声音在空气中的传播速度 v 大约为 340m/s，而波长 $\lambda = v/f$，因此，在固定频率 f 下，与频率范围［25kHz，150kHz］对应的声波波长范围为［2mm，14mm］。有趣的是，这些波长的长度和蝙蝠要捕食猎物的大小相当。

7.1.2　基本蝙蝠算法原理

基于上述微型蝙蝠回声定位原理，基本蝙蝠算法建立在以下三个理想化的规则下。

1）所有蝙蝠都使用回声定位去感知距离，并且能够以一种不为人所知的方式分辨出食物或者猎物与背景障碍物。

2）蝙蝠在位置以速度 $\boldsymbol{v}_i$ 和频率 $f_{\min}$ 进行随意飞行，通过改变波长 λ 和响度 $\boldsymbol{A}_i$ 来实现其对猎物的搜索。同时，它们可以根据猎物与自己的距离来自动调节发射的脉冲波长（或频率），并调整脉冲发射的速率 $R \in [0,1]$ 。

3）假定响度的变化过程是从最大值（正值）$\boldsymbol{A}_{\max}$ 逐渐变化到最低的恒值 $\boldsymbol{A}_{\min}$ 。

7.1.3 蝙蝠运动

假设在一个 D 维搜索空间中，第 i 只蝙蝠在第 n 代的位置为 $\boldsymbol{x}_i(n)$ ，速度为 $\boldsymbol{v}_i(n)$ ，且当前蝙蝠种群最好的位置为 $\boldsymbol{x}_{\text{best}}$ ，则关于 $\boldsymbol{x}_i(n)$ 和 $\boldsymbol{v}_i(n)$ 的更新公式为

$$f_i = f_{\min} + (f_{\max} - f_{\min})\beta \tag{7.1.1}$$

$$\boldsymbol{v}_i(n) = \boldsymbol{v}_i(n-1) + (\boldsymbol{x}_i(n-1) - \boldsymbol{x}_{\text{best}})f \tag{7.1.2}$$

$$\boldsymbol{x}_i(n) = \boldsymbol{x}_i(n-1) + \boldsymbol{v}_i(n) \tag{7.1.3}$$

式中，$\beta \in [0,1]$ 是一随机变量，其各个元素均服从均匀分布。

初始化时，每个蝙蝠的频率可以在区间 $[f_{\min}, f_{\max}]$ 上随机均匀产生。

对于局部搜索，一旦从现有的最优解集中随机选择一个当前最优解 $\boldsymbol{x}_{\text{old}}$ ，则每只蝙蝠新待定的位置就在其附近就近产生，即

$$\boldsymbol{x}_{\text{new}}(n) = \boldsymbol{x}_{\text{old}}(n) + \varepsilon \boldsymbol{A}(n) \tag{7.1.4}$$

式中，$\varepsilon \in [-1,1]$ 是一个任意的数字；$\boldsymbol{A}(n) = \langle \boldsymbol{A}_i(n) \rangle$ 是所有蝙蝠在该时刻的平均响度。

另外，为保证算法在全局搜索和局部搜索之间达成一种良好的平衡关系，要求脉冲发射的响度 $\boldsymbol{A}_i$ 和速率 $\boldsymbol{r}_i$ 要随着迭代的进行而更新，更新公式为

$$\boldsymbol{A}_i(n+1) = \alpha \boldsymbol{A}_i(n) \tag{7.1.5}$$

$$r_i(n+1) = r_i(0)[1 - \exp(-\gamma n)] \tag{7.1.6}$$

式中，α 和 γ 是常量。对于任何 $0 < \alpha < 1$ 和 $\gamma > 0$ ，当 $n \to \infty$时，有 $\boldsymbol{A}_i(n) \to 0$ ，$r_i(n) \to r_i(0)$ 。

假设种群大小为 N ，第 i 只蝙蝠的位置为 $\boldsymbol{x}_i = [x_{i1}\ x_{i2}\ L\ x_{iD}]$ ，$i = 1,2,\cdots,N$ ；速度 $\boldsymbol{v}_i = [v_{i1}\ v_{i2}\ L\ v_{iD}]$ ；并且适应度函数 $fit(\boldsymbol{x}_i)$ 值最小时为最优。

基本蝙蝠算法的实现流程如下：

步骤1：随机初始化种群，包括每只蝙蝠 i 的位置 $\boldsymbol{x}_i$ 与速度 $\boldsymbol{v}_i$ ，脉冲发射的响度 A_i 和速率 r_i ，并找出当前最优位置 $\boldsymbol{x}_{\text{best}}$ 。

步骤2：根据式（7.1.1）、式（7.1.2）和式（7.1.3）更新第 n 代的位置和速度。

步骤3：在 $[0,1]$ 内产生随机数 rand，如果 rand $> r_i$ ，则由式（7.1.4）进行局部搜索，即在当前最优位置 $\boldsymbol{x}_{\text{best}}$ 附近产生一个新解 $\boldsymbol{x}_{\text{new}}$ ，再转至步骤5；否则，随机产生一个新解 $\boldsymbol{x}_{\text{new}}$ 。

步骤4：在 $[0,1]$ 内产生随机数 rand，如果 rand $< A_i$ ，且 $\text{fit}(\boldsymbol{x}_{\text{new}}) < \text{fit}(\boldsymbol{x}_i)$ ，则继续步骤5；否则，转步骤3。

步骤5：用产生的新解替换为当前个体的位置，并按式（7.1.5）与式（7.1.6）更新响度 A_i 和速率 r_i 。

步骤6：如果 $\text{fit}(\boldsymbol{x}_{\text{new}}) < \text{fit}(\boldsymbol{x}_{\text{best}})$ ，则更新当前最优位置；否则，转步骤2。

步骤7：判断是否达到终止条件。若达到，继续步骤8；否则，转步骤2。

步骤 8：输出全局最优解。

基本蝙蝠算法的实现流程如图 7.1.1 所示。

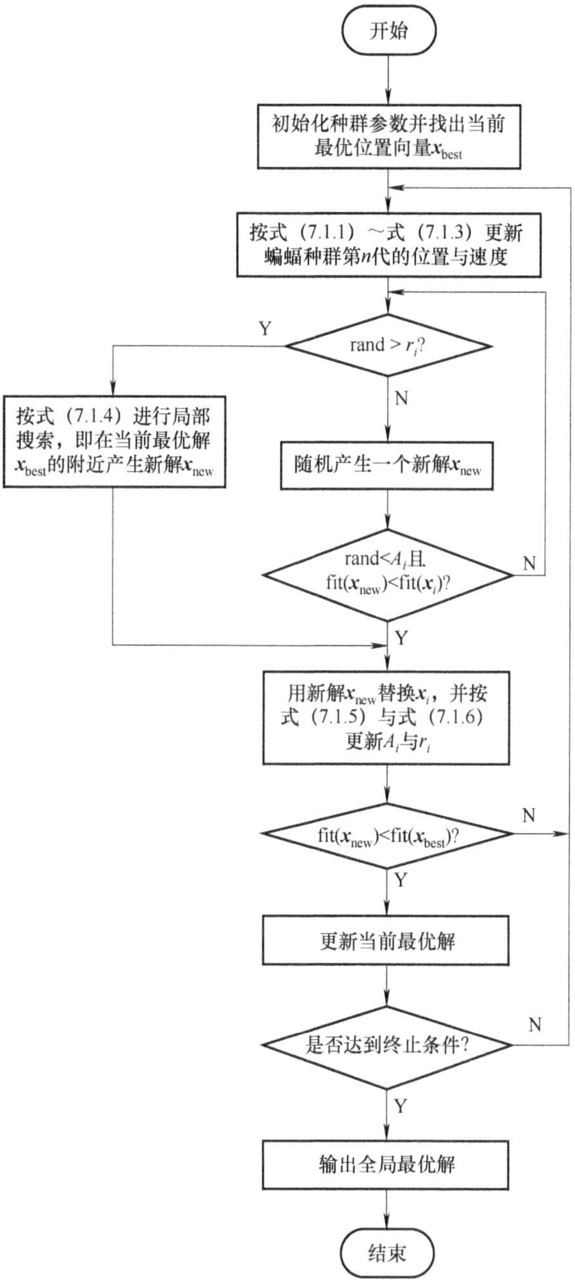

图 7.1.1　基本蝙蝠算法的实现流程

7.1.4　蝙蝠算法的特点

蝙蝠算法具有理解简单和操作实现灵活的优点，其应用领域也很广泛。那么，为什么蝙蝠算法会如此有效呢？主要原因包括以下几个。

1. 频率调谐

蝙蝠算法通过使用回声定位和频率调谐来解决问题。尽管在现实中，回声定位并不直接用来模拟实实在在的函数问题，但频率的变化会被应用于算法之中。这种特点使蝙蝠算法同粒子群算法与和声搜索算法一样，简单易实现，需要调整的参数少。

2. 自动缩放

与其他算法相比，蝙蝠算法一个很突出的优点就是能够自动将算法的寻优区域缩放到能够产生比当前解性能更好的解所在的区域，伴随着这种缩放进程的是从全局搜索到更集中的局部搜索的自动转换，这种功能使蝙蝠算法在算法寻优的初始阶段就拥有比其他算法更快的收敛速度。

3. 参数动态控制

这是蝙蝠算法的另一个突出优点。许多启发式算法的参数在算法运行前均已通过某种方式（如实验手段）确定好了，参数在算法运行的过程中一般保持不变，可以理解成这种设置参数的方法是静态的。然而，蝙蝠算法的参数设置方法却是动态的，响度 $\boldsymbol{A}$ 和脉冲发射速率 R 会随迭代的进行而做有针对性的改变。当算法寻优的结果接近全局最优解时，这种参数控制方式给算法提供了一种由全局搜索向局部搜索自动转换的途径。

7.1.5 变异的蝙蝠算法

基本蝙蝠算法具有许多优点，但任何事物都有两面性，若优点利用不当，也会成为缺点。例如，该算法的一个主要优点是在算法运行的前期就能通过将全局优化转换到局部优化实现快速收敛，但这种优点会导致算法过早处于停滞阶段。为充分利用该优点，从而提高算法的性能，很多学者对基本蝙蝠算法进行了改进，得到了各种变异的蝙蝠算法。

1）模糊逻辑蝙蝠算法。将模糊逻辑的概念引入蝙蝠算法，形成模糊蝙蝠算法。它可以通过设计模糊逻辑规则来优化蝙蝠算法的性能。

2）多目标蝙蝠算法。通过加权求和的方式，将多目标函数优化问题转化成单目标函数优化问题，然后使用基本蝙蝠算法来求解被转化后的单目标函数优化问题，最后将所得的解代入原多目标函数优化问题的各子目标函数，求出的结果作为多目标函数优化问题的解。将上述过程反复运行多次，即可得到待求多目标函数优化问题的 Pareto 最优解及 Pareto 前沿。

3）K 均值蝙蝠算法。将 K 均值技术与蝙蝠算法相结合，形成 K 均值蝙蝠算法，有效解决了传统 K 均值算法中因初始聚类中心选择不当而导致聚类结果陷入局部极值的问题。

4）混沌蝙蝠算法。结合利维飞行、混沌遍历以及蝙蝠算法自身的特点，形成一种能够研究和解决动态生物系统的参数估计问题和混沌蝙蝠算法。

5）二进制蝙蝠算法。用 S 形函数作用于每只蝙蝠当前速度的每个变量，将所得结果（0 或者 1）用作该蝙蝠当前位置相应分量的值，以来解决分类和特征提取问题。

6）微分算子和利维飞行的蝙蝠算法。结合微分算子、利维飞行和蝙蝠算法各自的优点，形成混合蝙蝠算法，用于解决函数优化问题。

7）改进蝙蝠算法。首先引入了利维飞行特征，然后给出响度和脉冲发射速率的微妙变化与利维飞行之间的优良组合方式，形成一种改进蝙蝠算法。

8）蝙蝠和声混合算法。充分利用和声搜索算法和蝙蝠算法各自的优势，形成混合算法，它在数值优化方面具有很高的效率。

当然，蝙蝠算法的改进版本还很多，这里不再一一赘述。

7.1.6 蝙蝠算法收敛性分析

下面利用特征方程的方法，对蝙蝠算法进行收敛性分析，并给出相应的参数选取方法。

式（7.1.2）和式（7.1.3）体现了算法的全局搜索能力，式（7.1.4）体现了算法的局部搜索能力。所以本节讨论以式（7.1.2）和式（7.1.3）为基础的全局搜索能力，讨论蝙蝠算法的收敛性，以两种形式的速度

$$\boldsymbol{v}_i(n+1)=w\boldsymbol{v}_i(n)+(\boldsymbol{x}_i(n)-\boldsymbol{x}_{\text{best}})f \tag{7.1.7}$$

$$\boldsymbol{v}_i(n+1)=w\boldsymbol{v}_i(n)+(\boldsymbol{x}_{\text{best}}-\boldsymbol{x}_i(n))f_i \tag{7.1.8}$$

进行构造。

不难发现，式（7.1.2）是式（7.1.7）的一种特殊情况，即当 $w=1$ 时。

首先由（7.1.7）和式（7.1.3）进行分析，这里定义为模式1。

式（7.1.7）和式（7.1.3）表明，尽管 $\boldsymbol{v}(n)$ 和 $\boldsymbol{x}(n)$ 是多维变量的，但每一维之间均相互独立，故可以简化为一维对算法进行分析。为简化计算，假设整个种群当前最优解的位置不变，记为常数 b，f_i 为常数，r_1 为速度系数，具有频率的量纲，$r_1 \geqslant 0$。于是，式（7.1.7)和式（7.1.3）可简化为

$$v(n+1)=wv(n)+r_1(x(n)-b) \tag{7.1.9}$$

$$x(n+1)=x(n)+v(n+1) \tag{7.1.10}$$

由式（7.1.9）和式（7.1.10)，得

$$x(n+2)-(1+r_1+w)x(n+1)+wx(n)=-r_1b \tag{7.1.11}$$

这是一个二阶常系数非齐次差分方程。现采用特征方程的方法解该方程。

首先解式（7.1.11）的特征方程 $\lambda^2-(1+r_1+w)\lambda+w=0$。记 $\Delta=(1+r_1+w)^2-4w$，因为 $r_1\geqslant 0$，所以 $\Delta \geqslant (1+w)^2-4w=(1-w)^2\geqslant 0$，当且仅当 $w=1$，$r_1=0$ 时 $\Delta=0$，其他情况，$\Delta>0$。所以只需考虑如下两种情况。

1）当 $\Delta=0$ 时，$\lambda=\lambda_1=\lambda_2=1$，此时 $x(n)=A_0+A_1n$，A_0、A_1 为待定系数，由 $x(0)$ 和 $v(0)$ 确定，经计算得到

$$\begin{cases}A_0=x(0)\\ A_1=\dfrac{(1+r_1-w)x(0)+2wv(0)-2r_1b}{1+r_1+w}\end{cases} \tag{7.1.12}$$

2）当 $\Delta>0$ 时，$\lambda_{1,2}=\dfrac{(1+r_1+w\pm\sqrt{\Delta})}{2}$，此时 $x(n)=A_0+A_1\lambda_1(n)+A_2\lambda_2(n)$，$A_0$、$A_1$ 和 A_2 为待定系数，由 $x(0)$ 和 $v(0)$ 确定，经计算得

$$\begin{cases}A_0=x(0)-A_1-A_2\\ A_1=\dfrac{\lambda_2x(0)-(1+\lambda_2)x(1)+x(2)}{(\lambda_2-\lambda_1)(1-\lambda_1)}\\ A_2=\dfrac{\lambda_1x(0)-(1+\lambda_1)x(1)+x(2)}{(\lambda_1-\lambda_2)(1-\lambda_2)}\end{cases} \tag{7.1.13}$$

式中

$$x(1) = (1 + r_1)x(0) + wv(0) - r_1 b$$

$$x(2) = [1 + (r_1 + w + 2)r_1]x(0) + (1 + r_1 + w)wv(0) - (r_1 + w + 2)r_1 b$$

若 $n \to \infty$时，$x(n)$ 有极限，趋向于有限值，表示迭代收敛。由此可知，若要求上面两种情况的 $x(n)$ 收敛，其条件是：$0 < \lambda_1 < 1$ 且 $0 < \lambda_2 < 1$ 。

显然，当 $\Delta = 0$ 时，收敛区域为空集。

当 $\Delta > 0$ 时，收敛区域必须满足

$$\begin{cases} (1 + r_1 + w)^2 - 4w > 0 \\ \left| \dfrac{1 + r_1 + w \pm \sqrt{\Delta}}{2} \right| < 1 \\ r_1 \geqslant 0 \end{cases} \tag{7.1.14}$$

将式（7.1.13）展开，得

$$\begin{cases} -3 - w - r_1 < \sqrt{\Delta} < 1 - w - r_1 \\ -1 + w + r_1 < \sqrt{\Delta} < 3 + w + r_1 \end{cases} \Leftrightarrow \begin{cases} -3 < w + r_1 < 1 \\ \sqrt{\Delta} < 1 - w - r_1 \\ \sqrt{\Delta} < 3 + w + r_1 \end{cases} \tag{7.1.15}$$

将式（7.1.15）展开得 $r_1 < 0$ ，与式（7.1.14）矛盾，所以，当 $\Delta > 0$ 时，收敛区域为空集。

综上所述，式（7.1.7）和式（7.1.3）结合时，即模式 1 收敛区域为空集，从而说明基本蝙蝠算法的速度和位置更新方式无法保证算法的收敛速度，具有很大的局限性。

接着分析式（7.1.8）和式（7.1.3）结合的情况，这里定义为模式 2。采用同样的方法可解得模式 2 的收敛区域为 $w < 1$ ，$r_1 \geqslant 0$ 和 $2w - r_1 + 2 > 0$ 所围成的区域。参数 w 和 r_1 的选取是影响算法性能和效率的关键，收敛性的讨论为参数的选取提供了依据。该区域与文献［142］用同样方法分析带有惯性因子的粒子群算法的粒子收敛区域一致。从这个方面来说，粒子群算法是蝙蝠算法的一种特殊形式。

7.1.7　模式与参数选取

参数的选取是影响算法性能和效率的关键，收敛性的讨论为算法提供了选取参数的依据。基本蝙蝠算法中 $w = 1$ ，r_1 取（0，1）之间的随机数。很显然，基本蝙蝠算法参数的选取并不可取，特别是当 $w = 1$ 时，使算法无法保证具有较好的收敛性，更何况基本蝙蝠算法的速度和位置的更新方程，即模式 1 存在很大的局限性，这里使用模式 2 作为蝙蝠算法的速度和位置更新方程。

参考收敛区域，这里给出参数选取方法：首先，w 取介于（-1，1）之间的随机数，接着，r_1 取 $(0, 2 + 2w)$ 之间的随机数。

7.2　量子蝙蝠算法

量子进化计算是近年来智能计算领域的一个重要研究热点，是量子理论与进化计算相结

合的产物。它充分利用量子计算中量子比特、叠加态等理论，用量子位编码表示个体，用量子门更新来实现进化操作，具有较好的性能。目前，将量子理论与智能算法相结合已成为一种比较热门的研究方向，涌现出了量子遗传算法、量子粒子群算法、量子蚁群算法和量子竞争决策算法等。

本节将量子的相关理论融入蝙蝠算法中，讨论量子蝙蝠算法（Quantum Bat Algorithm，QBA）。

7.2.1 初始种群的产生

在量子蝙蝠算法中，直接采用量子位的概率幅作为蝙蝠当前位置的编码。考虑到种群初始化时编码的随机性，采用编码方案为

$$X_i = \begin{bmatrix} \begin{vmatrix} \cos(\theta_{i1}) \\ \sin(\theta_{i1}) \end{vmatrix} \begin{matrix} \cos(\theta_{i2}) \\ \sin(\theta_{i2}) \end{matrix} \begin{vmatrix} \cdots \\ \cdots \end{vmatrix} \begin{matrix} \cos(\theta_{id}) \\ \sin(\theta_{id}) \end{matrix} \Big| \end{bmatrix} \tag{7.2.1}$$

式中，$\theta_{ij} = 2\pi\text{rand}$；rand 为 $(0,1)$ 之间的随机数；$i = 1,2,\cdots,N$，N 是种群规模；$j = 1,2,\cdots,D$，D 是空间维数。由此可见，种群中每只蝙蝠占据遍历空间中的两个位置，它们分别对应量子态 $|0>$ 和 $|1>$ 的概率幅为

$$X_{ic} = \{\cos(\theta_{i1}),\cos(\theta_{i2}),\cdots,\cos(\theta_{id})\} \tag{7.2.2}$$

$$X_{is} = \{\sin(\theta_{i1}),\sin(\theta_{i2}),\cdots,\sin(\theta_{id})\} \tag{7.2.3}$$

式中，P_{ic} 为余弦位置；P_{is} 为正弦位置。

7.2.2 解空间变换

量子位的每个概率幅对应解空间的一个优化变量。假设蝙蝠 X_i 上第 j 个量子位为 $[\beta_{ij}\ \eta_{ij}]^{\mathrm{T}}$，量子位上元素的取值区间为 $[-1, 1]$，与之对应的解空间变量为 $[X_{ijc}\ X_{ijs}]^{\mathrm{T}}$，令变量的元素取值区间为 $[a_j, b_j]$，则根据等比例关系，得

$$\frac{X_{ijc} - a_j}{b_j - a_j} = \frac{\beta_{ij} - (-1)}{1 - (-1)}$$

$$\frac{X_{ijs} - a_j}{b_j - a_j} = \frac{\eta_{ij} - (-1)}{1 - (-1)}$$

整理，得

$$X_{ijc} = 0.5[b_j(1 + \beta_{ij}) + a_j(1 - \beta_{ij})] \tag{7.2.4}$$

$$X_{ijs} = 0.5[b_j(1 + \eta_{ij}) + a_j(1 - \eta_{ij})] \tag{7.2.5}$$

显然，每只蝙蝠对应优化问题的两个解：量子态 $|0>$ 的概率幅 β_{ij} 对应于 X_{ijc}，量子态 $|1>$ 的概率幅 η_{ij} 对应于 X_{ijs}。

7.2.3 蝙蝠状态更新

在 QBA 中，蝙蝠位置的移动由量子旋转门实现。因此，在普通的 BA 中，蝙蝠移动速度的更新转化为量子旋转门转角的更新，蝙蝠位置的更新转换为蝙蝠上量子位概率幅的更新。不失一般性，设整个种群目前搜索到的最优位置为

$$P_g = \{\cos(\theta_{g1}),\cos(\theta_{g2}),\cdots,\cos(\theta_{gd})\} \tag{7.2.6}$$

基于以上假设，蝙蝠状态更新规则如下。

1）蝙蝠 X_i 在进行全局搜索时，其上量子位辐角增量的更新公式为

$$\Delta\theta_{ij}(n+1) = \Delta\theta_{ij}(n) + F(i)\Delta\theta_g \tag{7.2.7}$$

式中

$$\Delta\theta_g = \begin{cases} 2\pi + \theta_{gj} - \theta_{ij}, & \theta_{gj} - \theta_{ij} < -\pi \\ \theta_{gj} - \theta_{ij}, & -\pi \leqslant \theta_{gj} - \theta_{ij} \leqslant \pi \\ \theta_{gj} - \theta_{ij} - 2\pi, & \theta_{gj} - \theta_{ij} > \pi \end{cases}$$

2）蝙蝠 X_i 在进行局部搜索时，其上量子位辐角相对于当前最优相位的增量的更新公式为

$$\Delta\theta_{ij}(n+1) = \exp(-(\tau \times n/T_{\max})^2)\text{mean}(A)\text{rand} \tag{7.2.8}$$

式中，τ 为常数；$T_{\max}$ 为最大迭代数；mean(A) 为当前各只蝙蝠响度的平均值；rand 为 $[-1,1]$ 的随机数。

3）基于量子旋转门的量子位概率幅的更新公式为

$$\begin{aligned}\begin{bmatrix} \cos(\theta_{ij}(n+1)) \\ \sin(\theta_{ij}(n+1)) \end{bmatrix} &= \begin{bmatrix} \cos(\Delta\theta_{ij}(n+1)) & -\sin(\Delta\theta_{ij}(n+1)) \\ \sin(\Delta\theta_{ij}(n+1)) & \cos(\Delta\theta_{ij}(n+1)) \end{bmatrix} \begin{bmatrix} \cos(\theta_{ij}(n)) \\ \sin(\theta_{ij}(n)) \end{bmatrix} \\ &= \begin{bmatrix} \cos(\theta_{ij}(n)) + \Delta\theta_{ij}(n+1) \\ \sin(\theta_{ij}(n)) + \Delta\theta_{ij}(n+1) \end{bmatrix}\end{aligned} \tag{7.2.9}$$

蝙蝠 X_i 更新后的两个新位置分别为

$$\tilde{X}_{ic} = \{\cos(\theta_{i1}(n) + \Delta\theta_{i1}(n+1)), \cdots, \cos(\theta_{id}(n) + \Delta\theta_{id}(n+1))\} \tag{7.2.10}$$

$$\tilde{X}_{is} = \{\sin(\theta_{i1}(n) + \Delta\theta_{i1}(n+1)), \cdots, \sin(\theta_{id}(n) + \Delta\theta_{id}(n+1))\} \tag{7.2.11}$$

不难发现，量子旋转门是通过改变描述蝙蝠位置的量子位的相位来实现蝙蝠的两个位置的同时移动。因此，在群体规模不变的情况下，采用量子位编码能够扩展搜索的遍历性，有利于提高算法的优化效率。

7.2.4 变异处理

为了增加种群的多样性，避免算法的早熟收敛，这里引入量子非转门来实现变异操作。具体的操作方式是

$$\begin{bmatrix} 0 & 1 \\ 1 & 0 \end{bmatrix} \begin{bmatrix} \cos(\theta_{ij}) \\ \sin(\theta_{ij}) \end{bmatrix} = \begin{bmatrix} \sin(\theta_{ij}) \\ \cos(\theta_{ij}) \end{bmatrix} = \begin{bmatrix} \cos(\frac{\pi}{2} - \theta_{ij}) \\ \sin(\frac{\pi}{2} - \theta_{ij}) \end{bmatrix} \tag{7.2.12}$$

令变异概率为 p_m，每只蝙蝠在 (0,1) 之间设定一个随机数 rand，若 rand $< p_m$，则用量子非转门对换该蝙蝠的两个概率幅，而其转角向量仍保持不变。

综上所述，量子蝙蝠算法的流程如图 7.2.1 所示。

量子蝙蝠算法采用量子位对蝙蝠的位置进行编码，用量子旋转门实现对蝙蝠最优位置的搜索，用量子非转门实现蝙蝠的变异，以避免早熟收敛。通过对典型复杂函数的实验和与其他算法的比较，结果表明量子蝙蝠算法能够有效避免局部最优，全局寻优能力强。

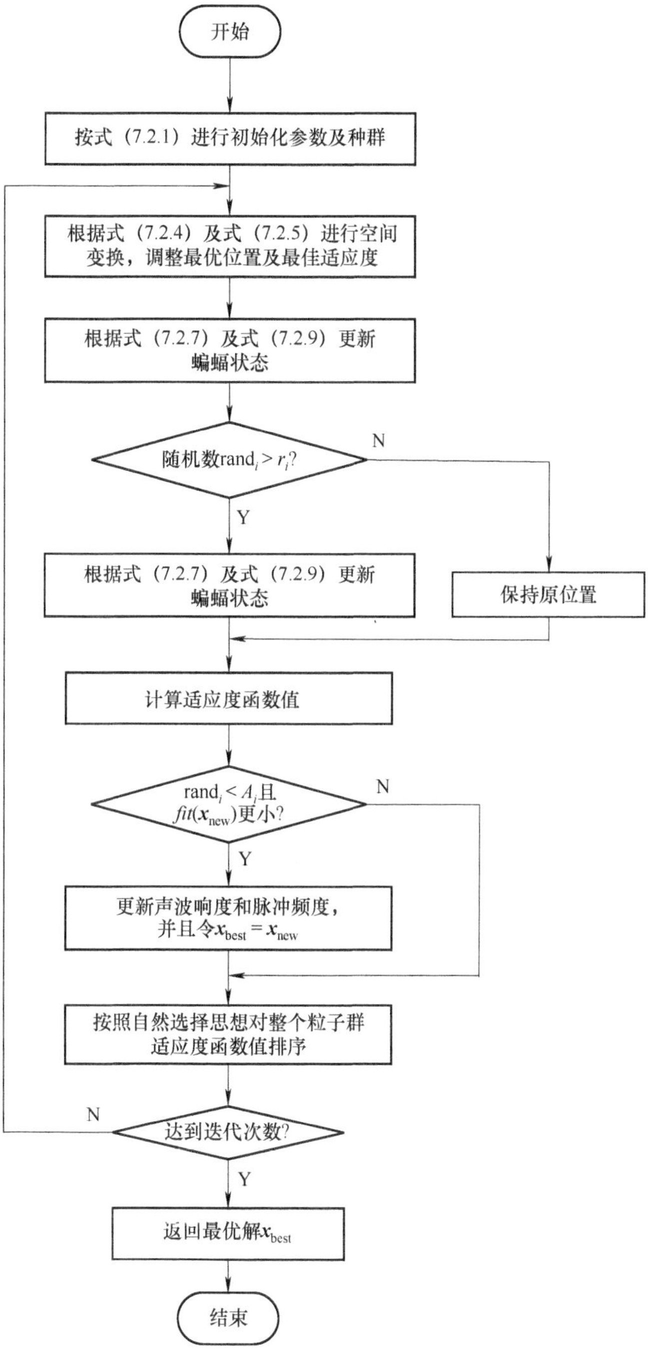

图 7.2.1　量子蝙蝠算法的流程

7.3　混合蝙蝠算法

在许多应用环境里，会经常遇到有多个目标优化的问题。多目标优化与单目标优化不同，多目标优化的最优解并不是单一的，而是有多个，它们被称为 Pareto 最优解集。在没有特别说明（如偏好）的情况下，不能说 Pareto 最优解集中的某一个解优于另外一个解。这就要求问题的解决者要尽可能多地求解出更多的 Pareto 最优解。多目标优化问题的数学模型为

$$\begin{cases}\min \quad y = J(x) = \{J_1(x), J_2(x), \cdots, J_m(x)\} \\ \text{s.t.} \quad g_i(x) \leqslant 0, \quad i = 1,2,\cdots,p \\ \qquad h_k(x) = 0, k = 1,2,\cdots,q \\ \qquad x \in [x_{\min}, x_{\max}]\end{cases} \tag{7.3.1}$$

式中，x 是决策变量；y 是目标函数集。

传统的方法是将多目标转化成单目标，再按求解单目标的方式进行求解，但这种方法需要运行多次，而且期望每次运行能得到不同的解，然后将这些不同的解组合到一块，在其中找出最优解。这种方法的局限性在于它受权重设置的影响。近年来，蝙蝠算法的出现为这类问题的研究提供了新的视野。因为蝙蝠算法有两个独特性：自动缩放和参数控制。可利用这两个独特性来自动控制算法的全局搜索和局部搜索进程。

在现实的音乐演奏过程中，每一名音乐师均想通过改变音乐的调子来寻找一种和谐美妙的曲调。和声搜索算法（Harmony Search，HS）正是受这个现象启发，于 2001 年被 Geem 等首次提出，所以它是一种新型的元启发式算法。HS 能够在合理的时间搜索到性能更好的解分布的区域，同时该算法需要的控制参数较少、实现简单、鲁棒性好，具有并行计算的能力。在本节中，将使用 HS 来指导算法的全局搜索进程。

差分进化（Differential Evolution，DE）算法是一种简单但功能非常强大的算法，它的提出者 Storn 和 Price 首先将其用来求解复杂的连续非线性函数的优化问题。由于其简单、易实现和收敛快的特点，DE 算法已经在机械工程、传感器网络、调度和模式识别等领域得到了广泛的关注和应用，并取得了较好的成果。在本节中，将使用 DE 算法来指导算法的局部搜索进程。

这里将 HS 和 DE 相结合，给出用于求解多目标函数优化的蝙蝠算法，称为和声搜索与差分进化混合蝙蝠算法（Harmony Search and Differential Evolution Based Hybrid Bat Algorithm，HDHBA）。

7.3.1 和声搜索算法与差分进化算法

和声搜索算法的基本步骤：首先，产生 HM 个初始解，并放入和声记忆库中；然后，对每个解的各个分量分别以概率 HMCR 在和声记忆库内进行搜索，以 1 - HMCR 的概率在记忆库外进行搜索。在记忆库内进行搜索时，当随机搜索到某一分量后，则便对该分量以概率 PAR 进行扰动；最后，将搜索到的各个分量对应组成一个新解的对应分量，并将新解与记忆库中的最差解做比较，如果优于记忆库中的最差解，则用其替换掉库中的最差解，否则保持记忆库不变。如此循环，直到满足终止条件为止。

HS 中需要定义 HMCR、PAR 和 bw 三个参数，其中，bw 用于节距调整步长，表示任意距离的带宽。在基本的和声搜索算法中，HMCR、PAR 和 bw 的取值都是固定的。然而，如何选择算法的参数一直是和声搜索算法研究的一个难点，因为参数选择对算法的收敛性、寻优能力、收敛速度等都有很大的影响。鉴于此，这里采用一种动态自适应改变 PAR 和 bw 取

值的方法，具体更新公式为

$$\mathrm{PAR}(n) = \mathrm{PAR}_{\min} + \frac{\mathrm{PAR}_{\max} - \mathrm{PAR}_{\min}}{\mathrm{T}_{\max}} n \tag{7.3.2}$$

$$\mathrm{bw}(n) = \mathrm{bw}_{\max} \mathrm{e}^{\frac{\ln\left(\frac{\mathrm{bw}_{\min}}{\mathrm{bw}_{\max}}\right)}{T_{\max}} n} \tag{7.3.3}$$

式中，$\mathrm{PAR}_{\min}$ 和 $\mathrm{PAR}_{\max}$ 分别代表 PAR 的最小值和最大值；$\mathrm{bw}_{\min}$ 和 $\mathrm{bw}_{\max}$ 分别代表 bw 的最小值和最大值。

DE 的原理与遗传算法十分相似，进化流程与遗传算法相同，均是通过变异、交叉和选择三个操作算子来实现种群的进化。选择策略通常为锦标赛选择；交叉方式与遗传算法也大体相同；但在变异操作上，DE 使用了差分策略，即利用种群中的个体间的差分向量对个体进行扰动，从而实现个体的变异。下面简述 DE 的变异操作、交叉操作和选择操作。

假设种群个数为 N，决策变量的维数为 D，当前的迭代次数为 n，第 i 个个体为 $\boldsymbol{x}_i(n)$。

(1) 变异操作

对于每个向量个体 $\boldsymbol{x}_i(n)$ 而言，其变异个体向量为

$$\boldsymbol{x}_i(n+1) = \boldsymbol{x}_{r_1}(n) + F(\boldsymbol{x}_{r_2}(n) - \boldsymbol{x}_{r_3}(n)) \tag{7.3.4}$$

式中，r_1、r_2、r_3 均是 $\{1,2,\cdots,N\}$ 中的随机整数，且 $r_1 \neq r_2 \neq r_3$；F 表示放缩因子，是一个服从高斯分布的随机数，用来控制 $\boldsymbol{x}_{r_2}(n) - \boldsymbol{x}_{r_3}(n)$ 对 $\boldsymbol{v}_i(n+1)$ 的影响程度。

这里采用的变异操作公式为

$$\boldsymbol{v}_i(n+1) = \boldsymbol{x}_i(n) + F(\boldsymbol{b}_{r_1}(n) - \boldsymbol{x}_{w_1}(n)) + F(\boldsymbol{b}_{r_2}(n) - \boldsymbol{x}_{w_2}(n)) \tag{7.3.5}$$

式中，$\boldsymbol{x}_i(n)$ 表示第 n 代第 i 个个体，$\boldsymbol{b}_{r_1}(n)$ 和 $\boldsymbol{b}_{r_2}(n)$ 表示第 n 代当前 Pareto 最优解集互不相同的两个解，$\boldsymbol{x}_{w_1}(n)$ 和 $\boldsymbol{x}_{w_2}(n)$ 表示第 n 代群体中互不相同的两个个体。

(2) 交叉操作

DE 采用均匀交叉策略来实现差分变异，具体实施方案为

$$u_{j_i}(n+1) = \begin{cases} v_{j_i}(n+1), \mathrm{rand}(0,1) \leqslant \mathrm{CR} \vee j = k \\ x_{j_i}(n), \mathrm{rand}(0,1) > \mathrm{CR} \end{cases} \tag{7.3.6}$$

式中，$\mathrm{CR} \in [0,1]$ 是一个参数；$\mathrm{rand}(0,1) \in [0,1]$ 是一个随机数；$k \in [1,N]$ 是一个随机整数。式 (7.3.6) 可以确保 $\boldsymbol{u}_i(n+1)$ 中至少有一个元素属于 $\boldsymbol{v}_i(n+1)$。

为了充分利用蝙蝠算法中有关的信息，这里将式 (7.3.6) 重新定义为

$$u_{j_i}(n+1) = \begin{cases} v_{j_i}(n+1), \quad \mathrm{rand}(0,1) < R(j) \vee j = k \\ x_{j_i}(n), \text{其他} \end{cases} \tag{7.3.7}$$

式中，$R(j)$ 为个体 j 当前的脉冲发射速率。

(3) 选择操作

选择操作很简单，如果 $\boldsymbol{u}_i(n+1)$ 好于 $\boldsymbol{x}_i(n)$，则令 $\boldsymbol{x}_i(n+1) = \boldsymbol{u}_i(n+1)$；否则，$\boldsymbol{x}_i(n+1) = \boldsymbol{x}_i(n)$。

7.3.2 混合蝙蝠算法原理

基于蝙蝠算法框架的由和声搜索和差分算法组成的混合算法求解多目标优化问题的流程

如图 7.3.1 所示。

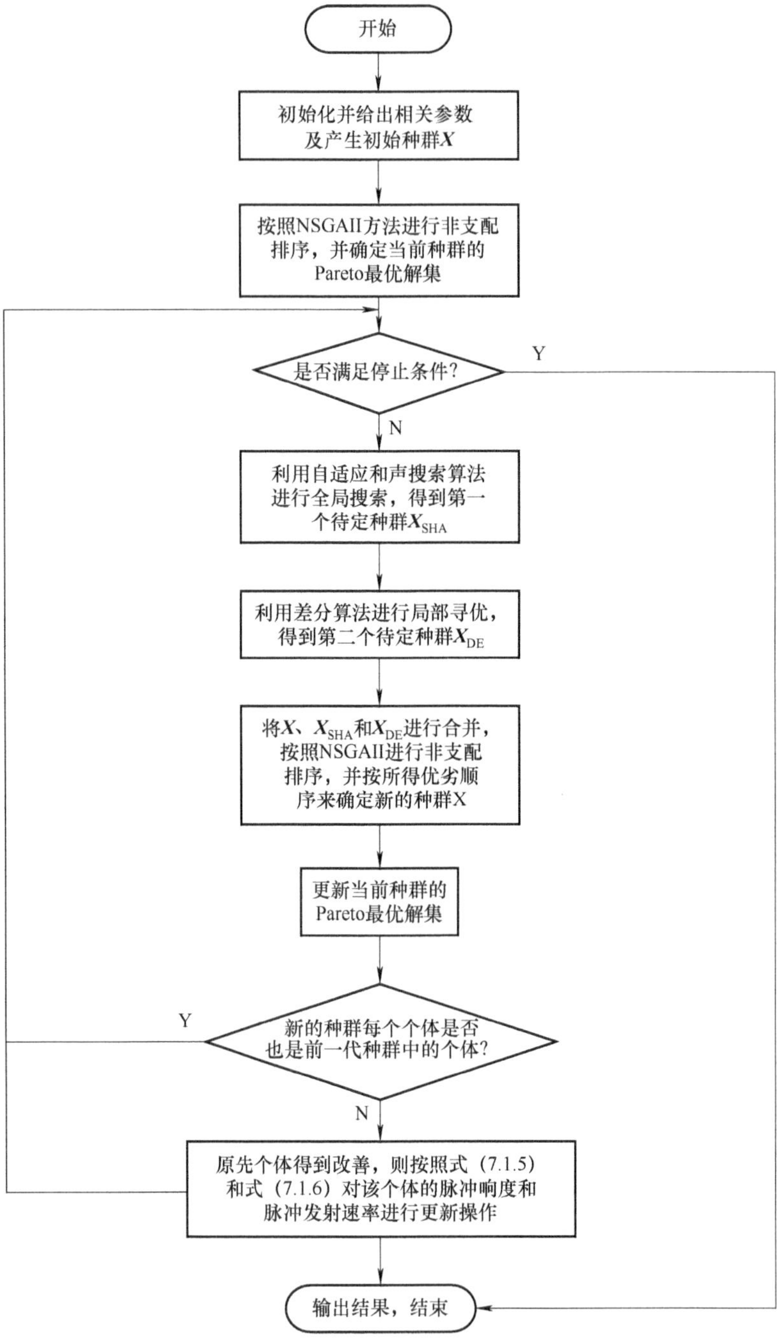

图 7.3.1　混合蝙蝠算法流程

该算法的具体流程如下。

步骤 1：初始化。给出相关参数的取值以及产生初始种群 $\boldsymbol{X}$ 。

步骤 2：按照非支配排序遗传算法（Non-dominated Sorting Genetic Algorithm，NSGAII）进行非支配排序，并确定当前种群的 Pareto 最优解集。

步骤3：判断是否满足停止条件。若满足，转至步骤9；否则，转步至骤4。

步骤4：利用自适应和声搜索算法进行全局搜索，得到第一个待定种群 $\boldsymbol{X}_{\mathrm{SHA}}$ 。

步骤5：利用差分算法进行局部寻优，得到第二个待定种群 $\boldsymbol{X}_{\mathrm{DE}}$ 。

步骤6：将 $\boldsymbol{X}$ 、$\boldsymbol{X}_{\mathrm{SHA}}$ 和 $\boldsymbol{X}_{\mathrm{DE}}$ 进行合并，按照 NSGAII 进行非支配排序，并按所得的优劣顺序来确定新的种群 $\boldsymbol{X}$ ，并更新当前种群的 Pareto 最优解集。

步骤7：判断新的种群中每个个体是否也是前一代种群中的个体。如果不是，即原先个体得到改善，按照式（7.1.5）和式（7.1.6）对该个体的脉冲响度和脉冲发射速率进行更新操作；否则，不更新该个体的脉冲响度和脉冲发射速率。

步骤8：转步骤3。

步骤9：输出结果。

7.3.3 评价指标

与单目标不同，评判多目标优化的指标有两个：①保证算法的收敛性，即在目标空间中求得的近似 Pareto 最优解集应与真实的 Pareto 最优解集尽可能接近；②维护进化群体的多样性，使求得的近似 Pareto 最优解集在目标空间中具有较好的分布特性（如均匀分布），且分布范围尽可能广。这两个目标用一个度量指标来反应是无法满足要求的，因此许多文献也相继提出了很多度量指标。这里，为了验证 HDHBA 的性能，引入了两个性能度量指标，并通过这两个度量指标的值来与其他算法进行比较。引入的两个度量指标定义如下。

（1）收敛指标 χ

$$\chi = \frac{\sum_{i=1}^{N} d_i}{N} \tag{7.3.8}$$

式中，N 为算法最终获得的非支配集的大小；d_i 是算法最终获得的非支配集中的个体 i 与真实的 Pareto 前端中距离最近个体在目标空间中的欧氏距离。χ 的值越小，收敛性越好。显然，当 $\chi = 0$ 时，说明算法最终获得的非支配集与真实 Pareto 前端完全重合，也就是说，算法最终获得的非支配集就是真实的 Pareto 前端。

（2）多样性指标 $\boldsymbol{\Delta}$

该度量指标是用来衡量算法最终获得的非支配解集中个体的分布均匀性及扩展程度。该指标的定义为

$$\Delta = \frac{\sum_{m=1}^{M} d_m^e + \sum_{i=1}^{N-1} |d_i - \bar{d}|}{\sum_{m=1}^{M} d_m^e + (N-1)\bar{d}} \tag{7.3.9}$$

式中，d_m^e 是真实 Pareto 前端的极端解与算法最终所得的非支配解集中第 m 个目标函数值为边界值的边界解之间的欧氏距离；d_i 是算法最终所得的非支配解集中相邻两个点之间的欧氏距离；$\bar{d}$ 为这些距离的平均值。Δ 越小，算法所得非支配集的多样性就越好。其中，$\Delta = 0$ 时，是一种理想的分布，这时 $d_m^e = 0$ ，且所有的 $d_i = \bar{d}$ 。

7.4 DNA 遗传蝙蝠算法

类似于 GA，DNA-GA 以解的串集搜索最优解的方式使其拥有其他算法无可比拟的全局搜索能力，而 BA 的回波定位特性又使搜索过程避免易陷入局部最优。因此，利用 DNA-GA 对蝙蝠的位置向量 $\boldsymbol{x}_i(n)$ 进行编码、交叉、变异、解码等一系列操作优化 BA 的搜索过程，提出了 DNA 遗传蝙蝠算法（DNA Genetic Bat Algorithm，DNA-GBA），可以达到以更快的速度搜索到全局最优位置向量的目的。

DNA-GBA 的适应度函数为蝙蝠个体位置向量的函数，定义为

$$J_{\text{DNA-GBA}}(n) = J_{\text{DNA-GBA}}(\boldsymbol{x}_i(n)) \tag{7.4.1}$$

DNA-GBA 的实现流程如下。

步骤 1：参数初始化。随机产生一个蝙蝠种群，蝙蝠个体数量为 N，频率范围为 $[f_{\min}, f_{\max}]$，最大响度为 $A(0)$，最大频度为 $r(0)$，响度衰减系数为 α，频度增加系数为 γ，置换交叉概率为 p_z，移位交叉概率为 p_y，变异概率为 p_b，维数为 D，搜索精度为 tol，最大迭代次数为 $T_{\max}$，各蝙蝠个体的位置向量为 $\boldsymbol{x}_i$。

步骤 2：计算适应度函数值。根据式（7.4.1）计算各位置向量的适应度函数值，并将适应度函数值从大到小排列，其中，前一半对应的蝙蝠个体组成优质种群；后一半对应的蝙蝠个体组成劣质种群。适应度值最大的位置向量为当前全局最佳位置向量 $\boldsymbol{x}_{\text{best}}$。

步骤 3：调整频率 f_i，利用式（7.1.2）和式（7.1.3）对所有蝙蝠的速度和位置向量进行更新，得到蝙蝠群更新后的位置向量 $\boldsymbol{x}_i(n)$。

步骤 4：产生一个服从均匀分布的随机频度 rand1，与第 i 只蝙蝠的频度 r_i 进行比较，若 rand1 $> r_i$，利用式（7.1.4）对处于当前最优位置的蝙蝠个体随机扰动产生一个新的位置向量，替代第 i 只蝙蝠的当前位置向量，并继续搜索猎物。

步骤 5：产生一个服从均匀分布的随机响度 rand2 与第 i 只蝙蝠的响度 A_i 进行比较，若 rand2 $< A_i$ 且 $J_{\text{DNA-GBA}}(\boldsymbol{x}_i(n)) > J_{\text{DNA-GBA}}(\boldsymbol{x}_{\text{best}})$，则用第 i 只蝙蝠的当前位置向量 $\boldsymbol{x}_i(n)$ 替代当前最优位置向量 $\boldsymbol{x}_{\text{best}}$，并利用式（7.1.5）与式（7.1.6）对 A_i 及 r_i 分别进行更新。

步骤 6：DNA 碱基编码。采用 DNA 碱基编码方式对各蝙蝠个体的位置向量进行编码，得到位置向量 DNA 序列。

步骤 7：置换交叉操作。产生一个随机数 rand3 $\in (0,1)$，与置换交叉概率 p_z 比较，若 rand3 $< p_z$，则执行置换交叉操作。

步骤 8：转位交叉操作。产生一个随机数 rand4 $\in (0,1)$，与转位交叉概率 p_y 比较，若 rand4 $< p_y$，则执行转位交叉操作。

步骤 9：变异操作。产生一组与蝙蝠个体位置向量 DNA 序列维数相同的 $(0,1)$ 上的随机数，这组随机数中的元素与位置向量 DNA 序列中的元素一一对应，将所有随机数分别与变异概率 p_b 比较，若随机数小于 p_b，则执行变异操作。

步骤 10：解码。将经交叉、变异后得到的所有蝙蝠个体的位置向量 DNA 序列解码，用解码得到的位置向量计算适应度函数值，从小到大排列并划分优质种群和劣质种群。

步骤 11：选取当前全局最佳位置向量 $\boldsymbol{X}_{\text{best}}$。适应度函数值最大的位置向量即为当前全局最佳位置向量。

步骤12：达到最大迭代次数或搜索精度，则输出全局最优位置向量 $\boldsymbol{X}_{\text{best}}$；否则，返回步骤3继续搜索。

7.5 实例7-1：基于DNA遗传蝙蝠算法的分数间隔多模盲均衡算法

多模盲均衡算法（Multi-Modulus Algorithm，MMA）可以在不使用独立载波恢复系统的情况下同时实现盲均衡和载波相位恢复。与常数模盲均衡算法（Constant Modulus Algorithm，CMA）相比，MMA收敛速度更快、稳态误差更小，可以有效地均衡多模信号。分数间隔均衡器（Fractionally Spaced Equalizer，FSE）的主要思想是对信号进行过采样，有效减小了盲均衡器的权长，获取了更多信道信息，有利于补偿信道失真，并恢复输入信号。将FSE与MMA相结合，形成的分数间隔多模盲均衡算法（Fractionally Spaced Multi-Modulus Algorithm，FS-MMA）可以减小稳态误差并减少计算量。蝙蝠算法是一种基于种群的随机全局寻优算法，通过改变蝙蝠发出的超声波的频率、频度、响度搜寻全局最优位置，并利用自身特有的回波定位特性使搜索过程避免陷入局部搜索，提高了搜索全局最优位置的成功率。将搜索所得全局最优位置向量同时作为MMA初始权向量的实部与虚部，与普通MMA的中心抽头初始权向量相比，该全局最优位置向量能使MMA尽快达到收敛状态，且稳态误差受调制阶数的影响大大减小。因此，用搜索所得最优位置向量优化初始权向量，可以极大地加快收敛速度、减小稳态误差。

为了进一步加快收敛速度并减小稳态误差，本节利用DNA遗传算法（DNA-GA）优化BA的蝙蝠位置寻优过程，得到DNA遗传蝙蝠算法（DNA Genetic Bat Algorithm，DNA-GBA）；利用DNA-GBA对分数间隔多模盲均衡算法的权向量进行初始优化，得到一种基于DNA遗传蝙蝠算法的分数间隔多模盲均衡算法（DNA Genetic Bat Algorithm Based Fractionally Spaced Multi-Modulus Algorithm，DNA-GBA-FS-MMA），仿真实验验证该算法的有效性。

7.5.1 分数间隔多模盲均衡算法

分数间隔的主要思想是对接收信号进行过采样，从而得到更多更为详细的信道信息以补偿信道失真，有效减小盲均衡器的权长、降低稳态误差和计算量。为了简化计算并减小稳态误差，将分数间隔均衡器（FSE）与MMA有机结合，得到分数间隔多模盲均衡算法（FS-MMA），其原理如图7.5.1所示，图7.5.1b为图7.5.1a中的多模模块。$\boldsymbol{a}(n)$ 为发射信号序列，$\boldsymbol{h}_m(n)$ 为第 m 个子信道，$\boldsymbol{v}_m(n)$ 为第 m 条支路的加性高斯白噪声，$\boldsymbol{y}_{m\text{Re}}(n)$ 和 $\boldsymbol{y}_{m\text{Im}}(n)$ 分别为多模模块 m 的输入信号 $\boldsymbol{y}_m(n)$ 的实部与虚部，$\boldsymbol{w}_{m\text{Re}}(n)$ 和 $\boldsymbol{w}_{m\text{Im}}(n)$ 分别为多模模块 m 的权向量 $\boldsymbol{w}_m(n)$ 的实部与虚部，$z_{m\text{Re}}(n)$ 和 $z_{m\text{Im}}(n)$ 分别为多模模块 m 的输出信号 $z_m(n)$ 的实部与虚部，$e_{m\text{Re}}(n)$ 和 $e_{m\text{Im}}(n)$ 分别为多模模块 m 的误差函数 $e_m(n)$ 的实部与虚部，$z(n)$ 为整个分数间隔多模盲均衡系统的输出信号。

信道冲激响应为

$$\boldsymbol{h}_m(n) = \boldsymbol{h}[(n+1)M - m - 1] \tag{7.5.1}$$

式中，$\boldsymbol{h}$ 为整个系统的信道。

盲均衡器的输入信号为

$$\boldsymbol{y}_m(n) = \boldsymbol{a}(n)\boldsymbol{h}_m(n) + \boldsymbol{v}_m(n) \tag{7.5.2}$$

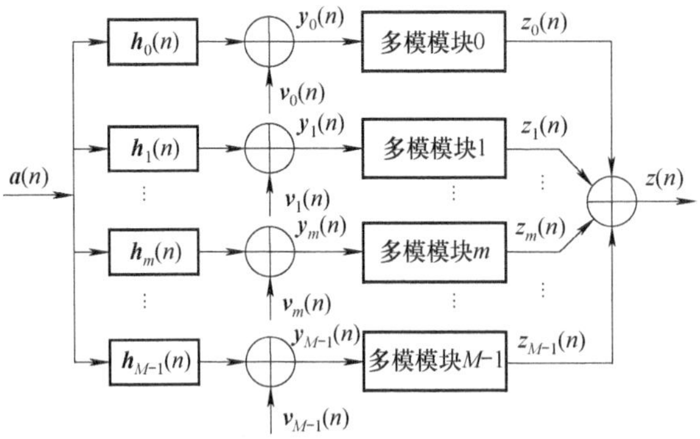

a）算法原理

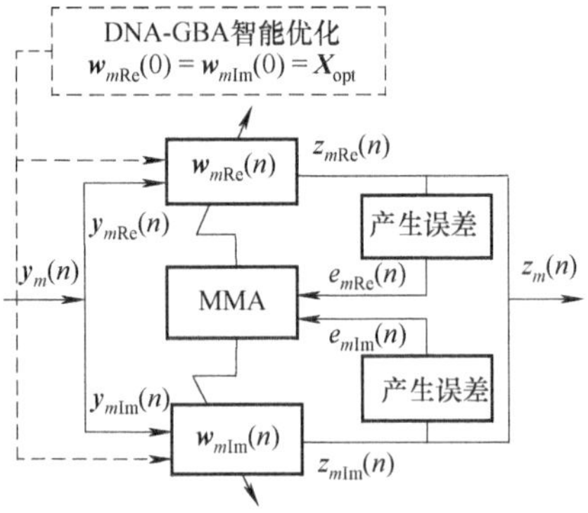

b）多模模块

图 7.5.1　分数间隔多模盲均衡算法原理

将输入信号 $\boldsymbol{y}_m(k)$ 分为实部与虚部分别进行处理，得到均衡器输出信号的实部与虚部分别为

$$z_{m\mathrm{Re}}(n)=w_{m\mathrm{Re}}(n)\,y_{m\mathrm{Re}}(n) \tag{7.5.3}$$

$$z_{m\mathrm{Im}}(n)=w_{m\mathrm{Im}}(n)\,y_{m\mathrm{Im}}(n) \tag{7.5.4}$$

输出信号为

$$z_m(n)=z_{m\mathrm{Re}}(n)+jz_{m\mathrm{Im}}(n) \tag{7.5.5}$$

误差信号的实部与虚部分别为

$$e_{m\mathrm{Re}}(n)=z_{m\mathrm{Re}}(n)\left(z_{m\mathrm{Re}}^2(n)-R_{\mathrm{Re}}^2\right) \tag{7.5.6}$$

$$e_{m\mathrm{Im}}(n)=z_{m\mathrm{Im}}(n)\left(z_{m\mathrm{Im}}^2(n)-R_{\mathrm{Im}}^2\right) \tag{7.5.7}$$

式中，R_{Re} 和 R_{Im} 分别为发射信号 $\boldsymbol{a}(k)$ 实部和虚部的统计模值，分别定义为

$$R_{\mathrm{Re}}=\frac{E[a_{\mathrm{Re}}^2(n)]}{E[a_{\mathrm{Re}}(n)]} \tag{7.5.8}$$

$$R_{\mathrm{Im}}=\frac{E[a_{\mathrm{Im}}^2(n)]}{E[a_{\mathrm{Im}}(n)]} \tag{7.5.9}$$

第 m 条路 MMA 的代价函数定义为

$$J_{m\mathrm{MMA}}(n)=J_{m\mathrm{Re}}(n)+J_{m\mathrm{Im}}(n)=E\{[z_{m\mathrm{Re}}^2(n)-R_{\mathrm{Re}}^2]^2\}+E\{[z_{m\mathrm{Im}}^2(n)-R_{\mathrm{Im}}^2]^2\} \tag{7.5.10}$$

按照最速下降法，有

$$\begin{cases}\dfrac{\partial J_{m\mathrm{Re}}(n)}{\partial\,\boldsymbol{w}_{m\mathrm{Re}}(n)}=4e_{m\mathrm{Re}}(n)\,y_{m\mathrm{Re}}(n)\\[2ex]\dfrac{\partial J_{m\mathrm{Im}}(n)}{\partial\,\boldsymbol{w}_{m\mathrm{Im}}(n)}=4e_{m\mathrm{Im}}(n)\,y_{m\mathrm{Im}}(n)\end{cases} \tag{7.5.11}$$

因此，多模模块 m 权向量实部 $\boldsymbol{w}_{m\mathrm{Re}}(n)$ 和虚部 $\boldsymbol{w}_{m\mathrm{Im}}(n)$ 的迭代公式分别为

$$\boldsymbol{w}_{m\mathrm{Re}}(n+1)=\boldsymbol{w}_{m\mathrm{Re}}(n)-4\mu e_{m\mathrm{Re}}(n)\,\boldsymbol{y}_{m\mathrm{Re}}(n) \tag{7.5.12}$$

$$\boldsymbol{w}_{m\mathrm{Im}}(n+1)=\boldsymbol{w}_{m\mathrm{Im}}(n)-4\mu e_{m\mathrm{Im}}(n)\,\boldsymbol{y}_{m\mathrm{Im}}(n) \tag{7.5.13}$$

式中，$\mu\in(0,1)$ 为步长。

分数间隔多模盲均衡算法（FS-MMA）的输出信号为

$$z(n) = z_0(n) + z_1(n) + \cdots + z_m(n) + \cdots + z_{M-1}(n) = \sum_{m=0}^{M-1} z_m(n) \qquad (7.5.14)$$

7.5.2 DNA遗传蝙蝠算法优化分数间隔多模盲均衡算法

为进一步加快收敛速度并减小稳态误差，将DNA-GBA与FS-MMA相结合，用DNA-GBA搜索得到的最优位置向量作为FS-MMA每条支路多模模块初始权向量的实部与虚部，对每条支路的输入信号分别进行均衡，再相加得到输出信号。这就是本节最终要提出的基于DNA遗传蝙蝠算法的分数间隔多模盲均衡算法（DNA-GBA-FS-MMA）。其实现流程如下。

步骤1：初始化参数。包括初始化运行次数runs、信道$\boldsymbol{h}$、信噪比SNR和均衡器抽头个数L。

步骤2：定义适应度函数。现采用MMA代价函数的倒数定义DNA-GBA的适应度函数，即

$$J_{\text{DNA-GBA}}(\boldsymbol{x}_i(n)) = \frac{1}{J_{\text{MMA}}(n)} = \frac{1}{E\{[z_{\text{Re}}^2(n) - R_{\text{Re}}^2]^2\} + E\{[z_{\text{Im}}^2(n) - R_{\text{Im}}^2]^2\}} \qquad (7.5.15)$$

步骤3：利用DNA-GBA搜索全局最优位置向量$\boldsymbol{X}_{\text{opt}}$。按式（7.5.15）计算适应度函数，搜索过程对应第7.4节介绍的步骤1～步骤12。

步骤4：把全局最佳位置向量$\boldsymbol{X}_{\text{opt}}$同时作为FS-MMA所有支路多模模块初始权向量的实部与虚部，即$\boldsymbol{w}_{m\text{Re}}(0) = \boldsymbol{w}_{m\text{Im}}(0) = \boldsymbol{X}_{\text{opt}}$，再利用式（7.5.12）与式（7.5.13）分别对$\boldsymbol{w}_{m\text{Re}}(n)$与$\boldsymbol{w}_{m\text{Im}}(n)$进行更新，以实现对各支路输入信号的有效均衡。各支路输出信号相加得到DNA-GBA-FSE-MMA的输出信号$z(n)$。

7.5.3 仿真实验与结果分析

为了验证DNA-GBA-FS-MMA的性能，将MMA、FS-MMA、BA-MMA、GBA-MMA、BA-FS- MMA与DNA-GBA-FS-MMA进行对比，以T/4分数间隔为例进行仿真实验。每个蝙蝠种群数中蝙蝠个体的数量$n=20$，频率范围[0，100]，最大响度$A(0)=1.5$，最大频度$r(0)=0.25$，搜索精度$\text{tol}=10^{-5}$，维数$D=11$，响度衰减系数$\alpha=0.9$，频度增加系数$\gamma=0.9$，置换交叉概率$p_z=0.8$，移位交叉概率$p_y=0.3$，变异概率$p_b=0.2$，最大迭代次数$T_{\max}=2000$，运行次数runs = 2000，信道$\boldsymbol{h}=[0.9556 \quad -0.0906 \quad 0.0578 \quad 0.2368]$，信噪比SNR=25，均衡器抽头个数$L=11$。

【实验7.5.1】 采用16QAM调制信号，步长$\mu_{\text{MMA}}=\mu_{\text{FS-MMA}}=0.02$，$\mu_{\text{BA-MMA}}=\mu_{\text{GBA-MMA}}=0.0005$，$\mu_{\text{BA-FS-MMA}}=\mu_{\text{DNA-GBA-FS-MMA}}=0.003$。仿真结果如图7.5.2所示。

图7.5.2表明，DNA-GBA-FS-MMA和BA-FS-MMA迭代200次左右收敛，收敛速度比BA-MMA和DNA-GBA-MMA快了约100多次、比FSE-MMA和MMA快了约300多次；DNA-GBA-FS-MMA的稳态误差达到约-24.5dB；比BA-FS-MMA降低了2.5dB、比FS-MMA降低了3.5dB、比DNA-GBA- MMA降低了4.5dB、比BA-MMA降低了6.5dB、比MMA降低了8dB；且DNA-GBA-FS-MMA星座图的星座点最清晰、最紧凑。

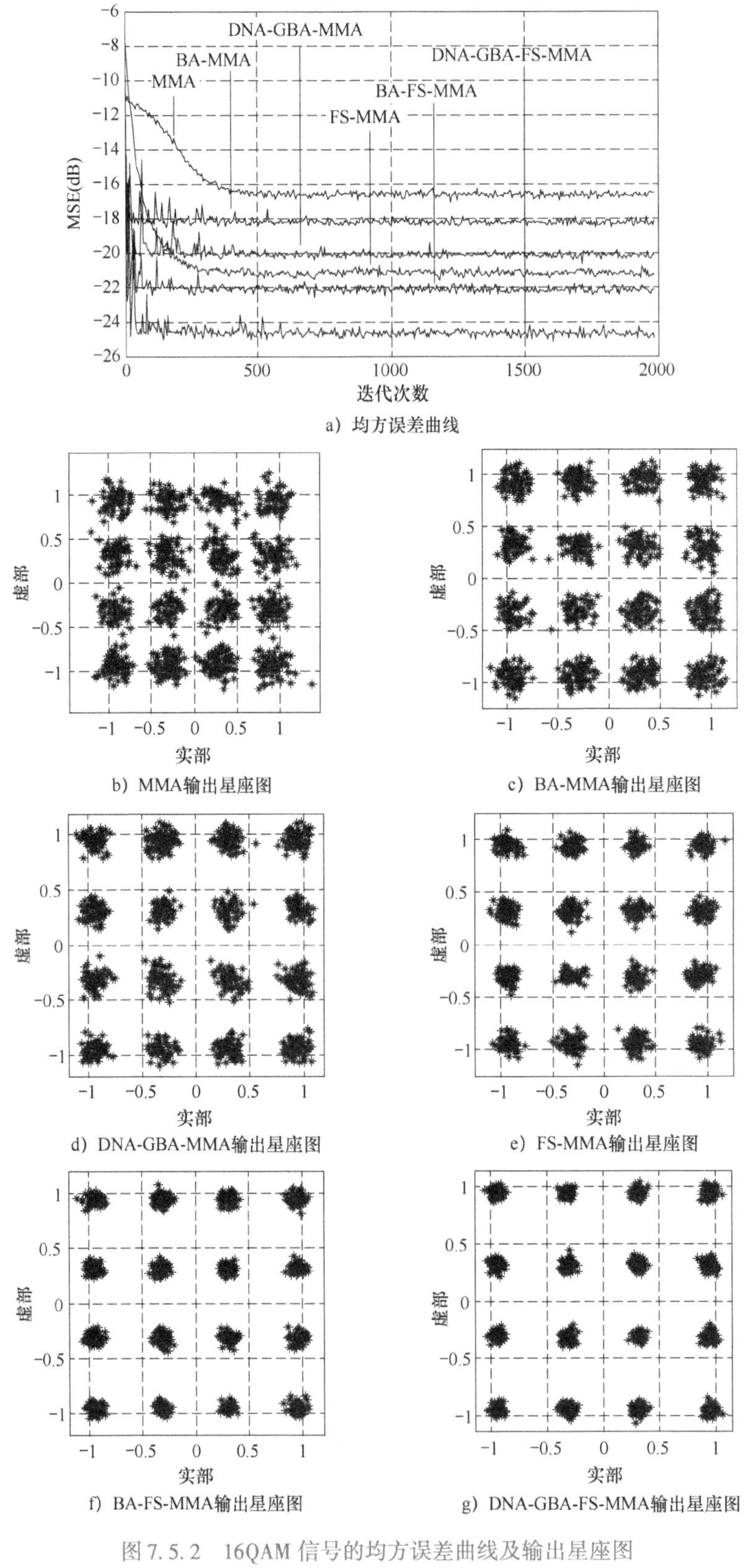

a）均方误差曲线
b）MMA输出星座图
c）BA-MMA输出星座图
d）DNA-GBA-MMA输出星座图
e）FS-MMA输出星座图
f）BA-FS-MMA输出星座图
g）DNA-GBA-FS-MMA输出星座图

图 7.5.2　16QAM 信号的均方误差曲线及输出星座图

【实验 7.5.2】采用 16PSK 调制信号，步长 $\mu_{\text{MMA}}=\mu_{\text{FS-MMA}}=0.02$，$\mu_{\text{BA-MMA}}=\mu_{\text{GBA-MMA}}=0.0018$，$\mu_{\text{BA-FS-MMA}}=\mu_{\text{DNA-GBA-FS-MMA}}=0.0035$。仿真结果如图 7.5.3 所示。

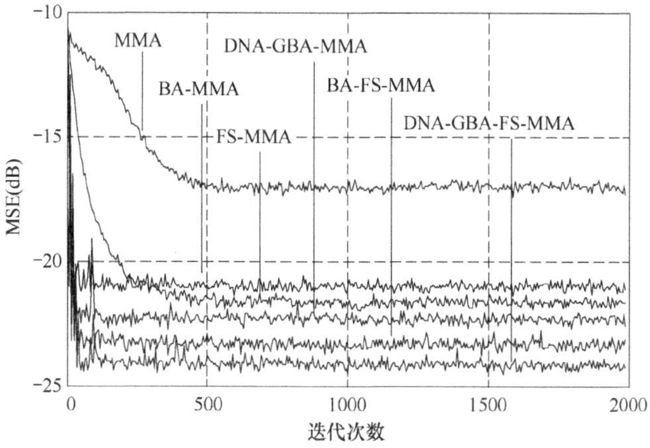

a）均方误差曲线

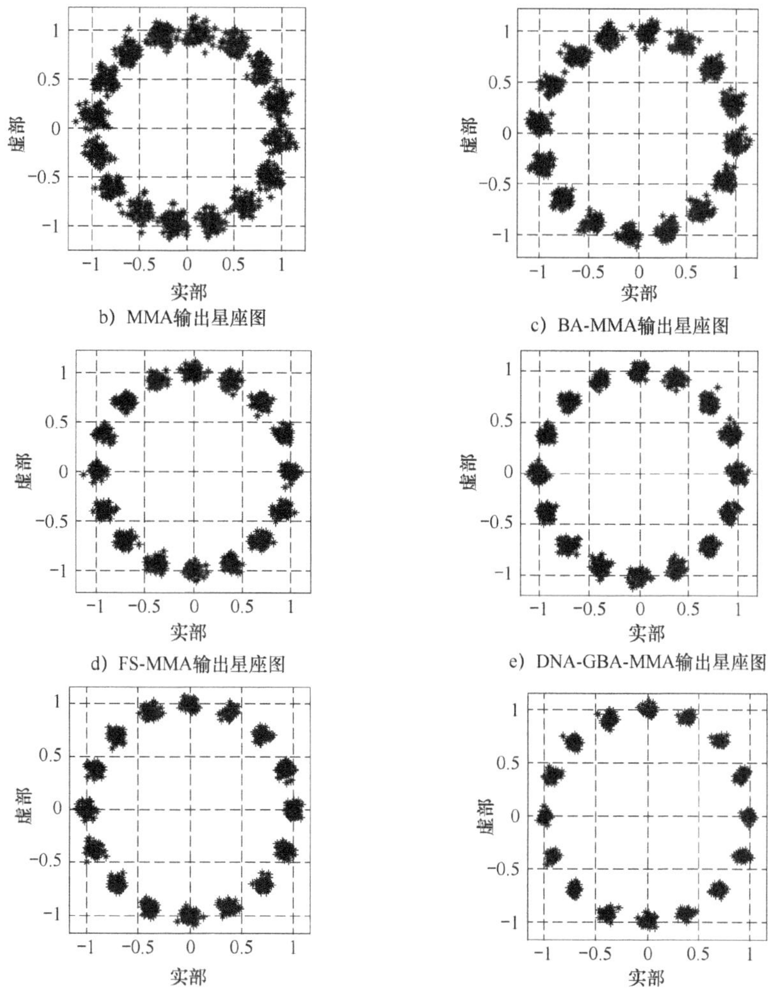

b）MMA输出星座图

c）BA-MMA输出星座图

d）FS-MMA输出星座图

e）DNA-GBA-MMA输出星座图

f）BA-FS-MMA输出星座图

g）DNA-GBA-FS-MMA输出星座图

图 7.5.3　16PSK 信号的均方误差曲线及输出星座图

图 7. 5. 3 表明，DNA-GBA-FS-MMA、BA-FS-MMA、DNA-GBA-MMA 和 BA-MMA 均迭代 100 次左右收敛，收敛速度比 FS-MMA 和 MMA 快了约 500 次；DNA-GBA-FS-MMA 的稳态误差达到约 −24dB，比 BA-FS-MMA 降低了 1dB，比 DNA-GBA- MMA 降低了 2dB，比 FS-MMA 降低了 3dB，比 BA-MMA 降低了 3. 5dB，比 MMA 降低了 7. 5dB；且 DNA-GBA-FS-MMA 星座图的星座点最清晰、最紧凑。

【实验 7. 5. 3】 采用 16APSK 调制信号，步长 $\mu_{\mathrm{MMA}}=\mu_{\mathrm{FS\text{-}MMA}}=0.01$，$\mu_{\mathrm{BA\text{-}MMA}}=\mu_{\mathrm{GBA\text{-}MMA}}=0.0008$，$\mu_{\mathrm{BA\text{-}FS\text{-}MMA}}=\mu_{\mathrm{DNA\text{-}GBA\text{-}FS\text{-}MMA}}=0.001$。仿真结果如图 7. 5. 4 所示。

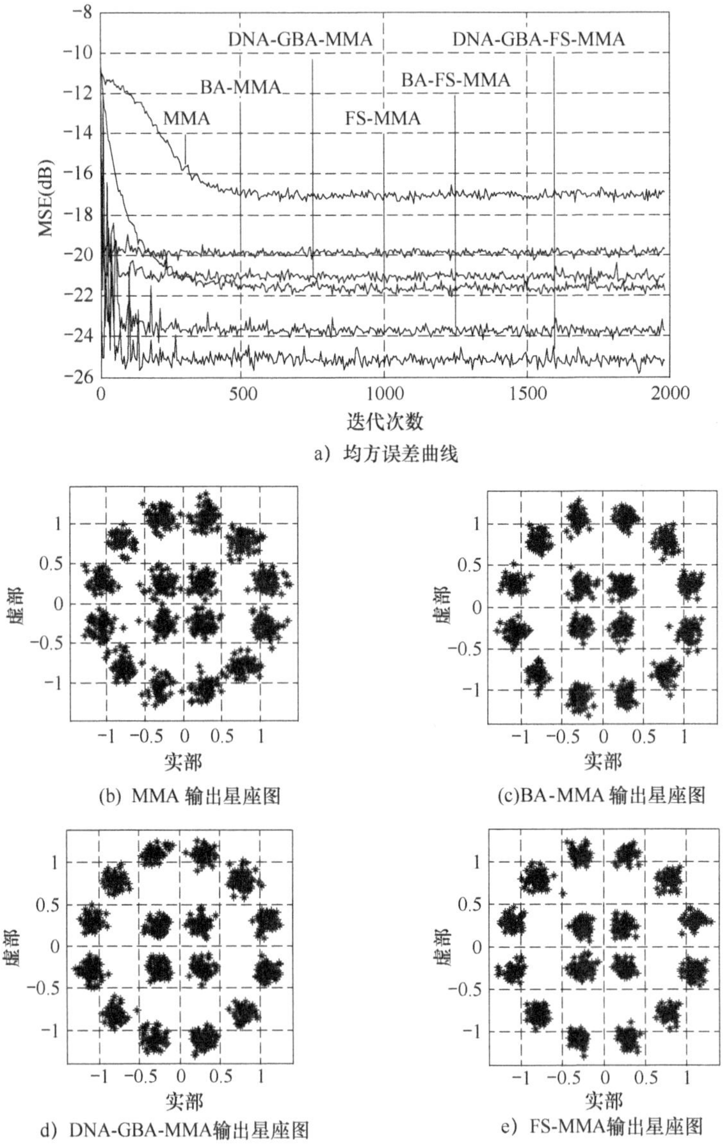

图 7. 5. 4　16APSK 信号的均方误差曲线及输出星座图

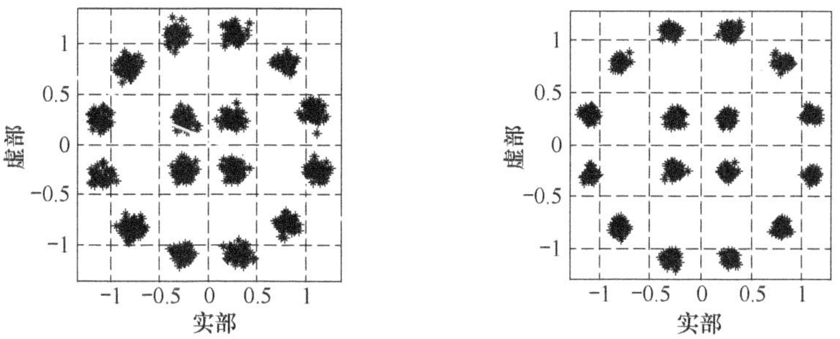

f) BA-FS-MMA输出星座图　　g) DNA-GBA-FS-MMA输出星座图

图7.5.4　16APSK信号的均方误差曲线及输出星座图（续）

图7.5.4表明，DNA-GBA-FS-MMA和BA-FS-MMA迭代200次左右收敛，收敛速度比BA-MMA和DNA-GBA-MMA慢了约150次，比FS-MMA和MMA快了约400次；DNA-GBA-FS-MMA的稳态误差达到约−25dB，比BA-FS-MMA降低了1dB，比FS-MMA降低了3dB，比DNA-GBA-MMA降低了4dB，比BA-MMA降低了5dB，比MMA降低了8dB；且DNA-GBA-FS-MMA星座图的星座点最清晰、最紧凑。

综上所述，与MMA、BA-MMA相比，DNA-GBA-MMA的性能最优，也就是说，基于DNA遗传蝙蝠算法的波特间隔多模盲均衡算法性能最优；与FS-MMA、BA-FS-MMA相比，DNA-GBA-FS-MMA的性能最优，也就是说，基于DNA遗传蝙蝠算法的分数间隔多模盲均衡算法性能最优。

7.6　实例7-2：基于双蝙蝠群智能优化的多模盲均衡算法

盲均衡算法是一种不需要发射训练序列，而仅依靠自身接收序列的统计特性调整均衡器权向量，使得输出序列接近发送序列的自适应算法。其中，常数模盲均衡算法（CMA）具有复杂度低、稳定性好、实时性强等优点。然而，其收敛速度慢、易局部收敛且难以均衡高阶多模（Quadrature Amplitude Modulation，QAM）信号。而多模盲均衡算法（MMA）不仅具备CMA的优点，还可以有效均衡高阶多模QAM信号，并能进一步减小稳态误差、降低复杂度、加快收敛速度、纠正相位旋转等，但仍存在局部收敛和误收敛的问题。

蝙蝠算法（BA）是一种基于种群的随机全局寻优算法，搜索空间中的每只蝙蝠都是寻优过程中的一个解，且对应着一个目标函数值，每只蝙蝠通过改变频率、发射脉冲频度、响度，跟随当前最优的蝙蝠继续搜索。BA除具有其他智能算法的主要优点，还具有回波定位特性，收敛速度快、寻优精度高。

本节将充分利用BA和MMA的优点，将两者有机结合起来，提出了一种基于双蝙蝠群智能优化的多模盲均衡算法（Double Bat Swarms Intelligent Optimization Algorithm Based Multi-Modulus Blind Equalization Algorithm，DBA-MMA），并通过仿真验证了该算法的有效性。

7.6.1　多模盲均衡算法

传统的多模盲均衡算法原理如图7.6.1所示（除去虚线框部分）。图中，$\boldsymbol{a}(n)$是零均值独立同分布的发射信号；$\boldsymbol{h}(n)$ 是信道脉冲响应，等价于横向滤波器；$\boldsymbol{v}(n)$ 是加性高斯白噪声；$\boldsymbol{y}(n)$ 是盲均衡器的输入信号，$\boldsymbol{y}_{\mathrm{Re}}(n)$ 是 $\boldsymbol{y}(n)$ 的实部，$\boldsymbol{y}_{\mathrm{Im}}(n)$ 是 $\boldsymbol{y}(n)$ 的虚部；$\boldsymbol{w}_{\mathrm{Re}}(n)$ 是盲均衡器权向量 $\boldsymbol{w}(n)$ 的实部，$\boldsymbol{w}_{\mathrm{Im}}(n)$ 是 $\boldsymbol{w}(n)$ 的虚部；$z(n)$ 是盲均衡器的输出信号，$z_{\mathrm{Re}}(n)$ 是 $z(n)$ 的实部，$z_{\mathrm{I_m}}(m)$ 是 $z(n)$ 的虚部，$e_{\mathrm{Re}}(n)$ 是误差函数 $e(n)$ 的实部，$e_{\mathrm{Im}}(n)$ 是 $e(n)$ 的虚部。

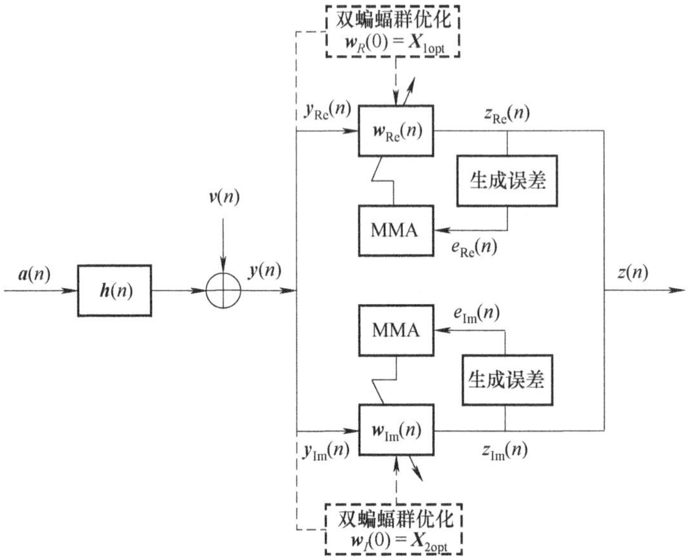

图 7.6.1　盲均衡算法原理图

图中

$$\boldsymbol{y}(n) = \boldsymbol{h}^{\mathrm{T}}(n)\boldsymbol{a}(n) + \boldsymbol{v}(n) \tag{7.6.1}$$

$$\boldsymbol{y}(n) = \boldsymbol{y}_{\mathrm{Re}}(n) + j\boldsymbol{y}_{\mathrm{Im}}(n) \tag{7.6.2}$$

$$z_{\mathrm{Re}}(n) = \boldsymbol{w}_{\mathrm{Re}}(n)\boldsymbol{y}_{\mathrm{Re}}(n) \tag{7.6.3}$$

$$z_{\mathrm{Im}}(n) = \boldsymbol{w}_{\mathrm{Im}}(n)\boldsymbol{y}_{\mathrm{Im}}(n) \tag{7.6.4}$$

$$z(n) = z_{\mathrm{Re}}(n) + jz_{\mathrm{Im}}(n) \tag{7.6.5}$$

$$e_{\mathrm{Re}}(n) = z_{\mathrm{Re}}(n)(z_{\mathrm{Re}}^2(n) - R_{\mathrm{Re}}^2) \tag{7.6.6}$$

$$e_{\mathrm{Im}}(n) = z_{\mathrm{Im}}(n)(z_{\mathrm{Im}}^2(n) - R_{\mathrm{Im}}^2) \tag{7.6.7}$$

式中，R_{Re}^2 和 R_{Im}^2 分别为发射信号实部和虚部的统计模值，分别定义为

$$R_{\mathrm{Re}}^2 = \frac{E[\boldsymbol{a}_{\mathrm{Re}}^4(n)]}{E[\boldsymbol{a}_{\mathrm{Re}}^2(n)]} \tag{7.6.8}$$

$$R_{\mathrm{Im}}^2 = \frac{E[\boldsymbol{a}_{\mathrm{Im}}^4(n)]}{E[\boldsymbol{a}_{\mathrm{Im}}^2(n)]} \tag{7.6.9}$$

CMA 对常数模信号具有很好的均衡效果，但由于常数模信号只有一个模值，收敛后所有信号星座点均收敛于一个半径为模值 R 的圆上。而多模 QAM 信号有多个模值，信号星座点是分布在半径为不同模值的圆上，采用 CMA 均衡高阶多模 QAM 信号时，收敛后会将分布在不同半径圆上的信号星座点收敛到同一个圆上，从而导致均衡失效。而多模盲均衡算法（MMA）在均衡高阶多模 QAM 信号时，收敛后会将信号星座点均衡到不同模值对应的不同

圆上，可以更有效地对多模信号进行均衡。以64QAM信号为例，其星座图如图7.6.2所示。

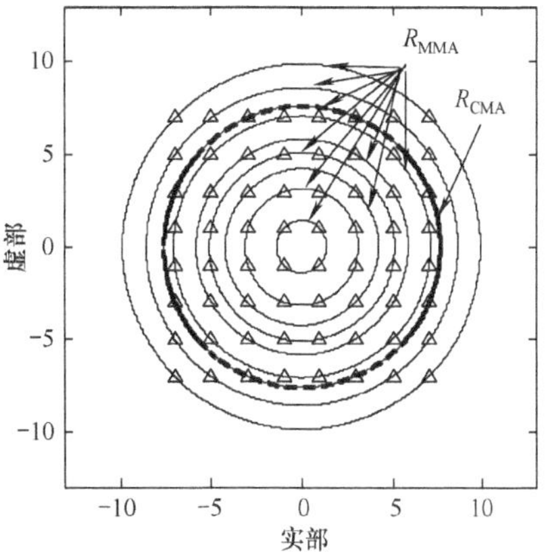

图7.6.2 64QAM信号的星座图

信号点分别位于模值 R_{MMA} 对应的6个圆上，R_{CMA} 为64QAM信号的一个等价固定模值（图中粗虚线圆，与MMA其中一个模值对应的圆重合）。图7.6.1中的MMA是将输入信号分的实部与虚部先分别均衡，均衡之后再合并的多模盲均衡算法。

MMA的代价函数为

$$\begin{aligned}J_{MMA}(n) &= J_{Re}(n) + J_{Im}(n)\\ &= E\{[z_{Re}^2(n) - R_{Re}^2]^2\} + E\{[z_{Im}^2(n) - R_{Im}^2]^2\}\end{aligned} \tag{7.6.10}$$

按照最速下降法，得

$$\frac{\partial J_{Re}(n)}{\partial \boldsymbol{w}_{Re}(n)} = 4E[(z_{Re}^2(n) - R_{Re}^2)z_{Re}(n)\frac{\partial z_{Re}(n)}{\partial \boldsymbol{w}_{Re}(n)}] = 4e_{Re}(n)\boldsymbol{y}_{Re}(n) \tag{7.6.11}$$

同理，得

$$\frac{\partial J_{Im}(n)}{\partial \boldsymbol{w}_{Im}(n)} = 4e_{Im}(n)\boldsymbol{y}_{Im}(n) \tag{7.6.12}$$

所以，MMA权向量 $\boldsymbol{w}(n)$ 的实部和虚部迭代公式分别为

$$\boldsymbol{w}_{Re}(n+1) = \boldsymbol{w}_{Re}(n) - 4\mu e_{Re}(n)\boldsymbol{y}_{Re}(n) \tag{7.6.13}$$

$$\boldsymbol{w}_{Im}(n+1) = \boldsymbol{w}_{Im}(n) - 4\mu e_{Im}(n)\boldsymbol{y}_{Im}(n) \tag{7.6.14}$$

MMA具有较强的初始收敛能力和载波恢复能力等优点。另外，MMA还具有纠正星座相位旋转的能力。但MMA也存在收敛速度慢、局部收敛、收敛后稳态误差大等缺陷。

7.6.2 双蝙蝠群智能优化多模盲均衡算法

BA除具有类似粒子群算法的记忆特性，以及遗传算法的交叉、突变特性外，自身还具有回波定位这一特性。回波定位主要应用于蝙蝠的局部搜索过程，通过对局部最优位置进行随机扰动，避免搜索过程陷入局部最优。蝙蝠算法的诸多特性极大地加快了收敛速度，提高了寻优精度。BA收敛速度快、寻优精度高的特点恰好可以弥补MMA收敛速度慢、收敛后稳态误差大的缺陷。

将BA引入MMA中，利用蝙蝠的超声波探测、定位、捕食等行为，并用蝙蝠离猎物距离的远近作为衡量蝙蝠个体所处位置好坏的标准。蝙蝠离猎物越近，捕获猎物的概率越大，所处位置越好，对应位置的目标函数值也越小。蝙蝠搜索猎物和移动过程类比为用好位置代替差位置的过程，从而获取全局最优位置，即全局最优解。

用MMA的代价函数定义双蝙蝠群算法（DBA）的目标函数，用于计算目标函数值。MMA将均衡器输入信号分为实部、虚部两部分处理，为获得最佳的均衡效果，这里利用两个不同的蝙蝠群体独立寻优，获得两个全局最优位置向量 $\boldsymbol{X}_{1best}$ 和 $\boldsymbol{X}_{2best}$，分别作为MMA的初始化权向量 $\boldsymbol{w}(0)$ 的实部 $\boldsymbol{w}_{Re}(0)$ 和虚部 $\boldsymbol{w}_{Im}(0)$，再对 $\boldsymbol{w}_{Re}(n)$ 和 $\boldsymbol{w}_{Im}(n)$ 进行更新，以实现对 $\boldsymbol{y}_{Re}(n)$ 和 $\boldsymbol{y}_{Im}(n)$ 的分别均衡。

蝙蝠种群1第 i 个个体的目标函数为

$$J_{\text{DBA\_}1i} = \min\{J_{\text{MMARe\_1}}(\boldsymbol{x}_{1i}(n)) + J_{\text{MMAIm\_1}}(\boldsymbol{x}_{2j}(n))\}$$
$$= \min\{E\left[z_{\text{Re\_}1i}^2(n) - R_{\text{Re}}^2\right]^2 + E\left[z_{\text{Im\_}2j}^2(n) - R_{\text{Im}}^2\right]^2\} \qquad (7.6.15)$$

式中

$$\begin{cases} z_{\text{Re\_}1i}(n) = \boldsymbol{x}_{1i}(n)\,\boldsymbol{y}_{\text{Re}}(n) \\ z_{\text{Im\_}2j}(n) = \boldsymbol{x}_{2j}(n)\,\boldsymbol{y}_{\text{Im}}(n) \end{cases}$$

对于种群 1 第 i 个个体，j 取遍种群 2 所有个体，$\boldsymbol{x}_{1i}(k)$ 为蝙蝠种群 1 第 i 个个体的位置向量，$\boldsymbol{x}_{2j}(k)$ 为蝙蝠种群 2 第 j 个个体的位置向量。

蝙蝠种群 2 第 j 个个体的目标函数为

$$J_{\text{DBA\_}2j} = \min\{J_{\text{MMARe\_2}}(\boldsymbol{x}_{1i}(n)) + J_{\text{MMAIm\_2}}(\boldsymbol{x}_{2j}(n))\}$$
$$= \min\{E\left[z_{\text{Re\_}1i}^2(n) - R_{\text{Re}}^2\right]^2 + E\left[z_{\text{Im\_}2j}^2(n) - R_{\text{Im}}^2\right]^2\} \qquad (7.6.16)$$

对于种群 2 第 j 个个体，i 取遍种群 1 中所有个体。

当代最优解

$$J_{\text{DBA}}(n) = \min(J_{\text{DBA\_}1i}, J_{\text{DBA\_}2j}) \qquad (7.6.17)$$

7.6.3　双蝙蝠群智能优化 MMA 初始权向量

定义式（7.6.15）~式（7.6.17）后，就可对 MMA 的初始权向量进行优化。优化流程如下。

步骤 1：初始化算法参数。随机产生蝙蝠种群 1 和种群 2，每个蝙蝠群中蝙蝠数量均为 N，频率范围均为 $[f_{\min}, f_{\max}]$，种群 1 最大响度为 $A_1(0)$，种群 2 最大响度为 $A_2(0)$，种群 1 最大频度为 $r_1(0)$，种群 2 最大频度为 $r_2(0)$，搜索精度均为 tol，维数均为 D，响度衰减系数均为 α，频度增加系数均为 γ，最大迭代次数均为 $T_{\max}$，运行次数均为 runs，信道为 $\boldsymbol{h}$，信噪比均为 SNR，实部与虚部权向量抽头个数均为 L，蝙蝠种群 1 中第 i 只蝙蝠个体的位置向量为 $\boldsymbol{x}_{1i}$，蝙蝠种群 2 中第 j 只蝙蝠个体的位置向量为 $\boldsymbol{x}_{2j}$。

步骤 2：计算目标函数值。按照式（7.6.15）~式（7.6.17）分别计算目标函数值并比较其大小。当目标函数值最小时，选取对应的两个蝙蝠个体的位置向量为当前全局最佳位置向量 $\boldsymbol{X}_{1\text{best}}$ 和 $\boldsymbol{X}_{2\text{best}}$。

步骤 3：调整种群 1 的脉冲频率 f_{1i} 和种群 2 的脉冲频率 f_{2i}，利用式（7.1.2）与式（7.1.3）分别对两个种群中每个蝙蝠个体的速度和位置进行更新，得到种群 1 的 $\boldsymbol{x}_{1i}(n)$ 和种群 2 的 $\boldsymbol{x}_{2j}(n)$。

步骤 4：产生一个随机频度 rand1，并与种群 1 中第 i 只蝙蝠的频度 r_{1i} 进行比较，若 rand1 $> r_{1i}$，对种群 1 中处于当前最优位置的蝙蝠个体随机扰动产生一个新的位置，替代种群 1 中第 i 只蝙蝠的当前位置并继续搜索猎物。同理，产生一个随机频度 rand2，并与种群 2 中第 j 只蝙蝠的频度 r_{2j} 进行比较，若 rand2 $> r_{2j}$，对种群 2 中处于全局最优位置的蝙蝠个体随机扰动产生一个新的位置，替代种群 2 中第 j 只蝙蝠的当前位置并继续搜索猎物。

步骤 5：产生一个随机响度 rand3，并与种群 1 中第 i 只蝙蝠的响度 A_{1i} 进行比较，若 rand3 $< A_{1i}$ 且 $J_{\text{DBA\_}1i}(\boldsymbol{x}_{1i}(n)) < J_{\text{DBA\_}1i}(\boldsymbol{x}_{1\text{bset}})$，则用种群 1 中蝙蝠个体 i 的当前位置向量 $\boldsymbol{x}_{1i}$

及与 $\boldsymbol{x}_{1i}$ 对应的种群2中蝙蝠个体 j 的当前位置向量 $\boldsymbol{x}_{2j}$ 分别替代当前最优位置向量 $\boldsymbol{X}_{1\text{best}}$ 和 $\boldsymbol{X}_{2\text{best}}$，并利用式（7.1.5）与式（7.1.6）对 A_{1i} 及 r_{1i} 进行更新。同理，产生一个随机响度 rand4，并与种群2中第 j 只蝙蝠的响度 A_{2j} 进行比较，若 rand $< A_{2j}$ 且 $J_{\text{DBA\_2j}}(\boldsymbol{x}_{2j}(k)) < J_{\text{DBA\_2j}}(\boldsymbol{x}_{2\text{best}})$，则用种群2中蝙蝠个体的当前位置向量 $\boldsymbol{x}_{2j}$ 及与 $\boldsymbol{x}_{2j}$ 对应的种群1中蝙蝠个体 i 的当前位置向量 $\boldsymbol{x}_{1i}$ 分别替代当前最优位置向量 $\boldsymbol{X}_{2\text{best}}$ 和 $\boldsymbol{X}_{1\text{best}}$，并利用式（7.1.5）与式（7.1.6）对 A_{2j} 及 r_{2j} 进行更新。

步骤6：根据式（7.6.17），选取当前全局最佳位置向量 $\boldsymbol{X}_{1\text{best}}$ 和 $\boldsymbol{X}_{2\text{best}}$。

步骤7：当达到最大迭代次数或搜索精度时，则分别输出两个种群的全局最佳位置向量；否则，转至步骤3。

步骤8：将全局最佳位置 $\boldsymbol{X}_{1\text{best}}$ 和 $\boldsymbol{X}_{2\text{best}}$ 分别作为盲均衡器的最优初始权向量的实部和虚部，即 $\boldsymbol{w}_{\text{Re}}(0) = \boldsymbol{X}_{1\text{best}}$，$\boldsymbol{w}_{\text{Im}}(0) = \boldsymbol{X}_{2\text{best}}$，再利用式（7.6.13）与式（7.6.14）分别对 $\boldsymbol{w}_{\text{Re}}(n)$ 与 $\boldsymbol{w}_{\text{Im}}(n)$ 进行更新，就可对 $\boldsymbol{y}(n)$ 进行有效均衡。

以基于两蝙蝠群体独立优化获得各自全局最优位置向量，并作为多模盲均衡算法的初始优化权向量，这就得到了基于双蝙蝠群智能优化的多模盲均衡算法（DBA-MMA）。

7.6.4 仿真实验与结果分析

为了验证双蝙蝠群多模盲均衡算法（DBA-MMA）的性能，以常数模盲均衡算法（CMA）、多模盲均衡算法（MMA）、粒子群多模盲均衡算法（PSO-MMA）、蝙蝠多模盲均衡算法（BA-MMA）为比较对象进行仿真实验。

每个蝙蝠种群数中蝙蝠个体的数量 $N=20$，频率范围[0,100]，种群1最大响度 $A_1(0)=1.5$，种群2最大响度 $A_2(0)=1.5$，种群1最大频度 $r_1(0)=0.25$，种群2最大频度 $r_2(0)=0.25$，搜索精度 tol $=10^{-5}$，维数 $D=11$，响度衰减系数 $\alpha=0.9$，频度增加系数 $\gamma=0.9$，最大迭代次数 $T_{\max}=2000$，运行次数 runs $=2000$，信道 $\boldsymbol{h}=[0.9556 \quad -0.0906 \quad 0.0578 \quad 0.2368]$，信噪比 SNR $=25$，均衡器抽头个数 $L=11$。

【实验7.5.4】 采用16QAM为发射信号，步长 $\mu_{\text{CMA}}=\mu_{\text{MMA}}=0.025$，$\mu_{\text{PSO-MMA}}=\mu_{\text{BA-MMA}}=\mu_{\text{DBA-MMA}}=0.005$。仿真结果如图7.6.3所示。

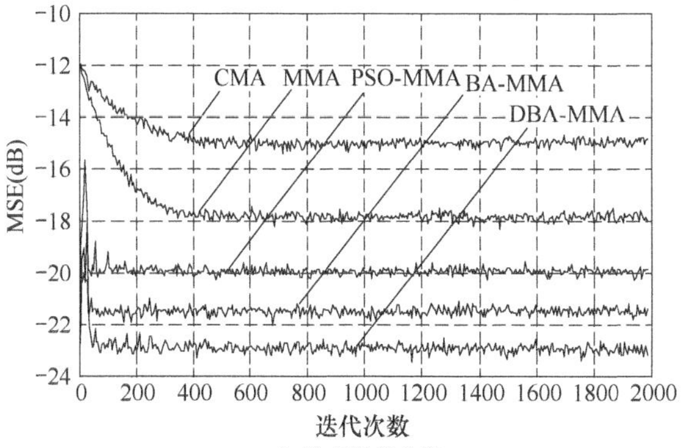

a) 均方误差曲线

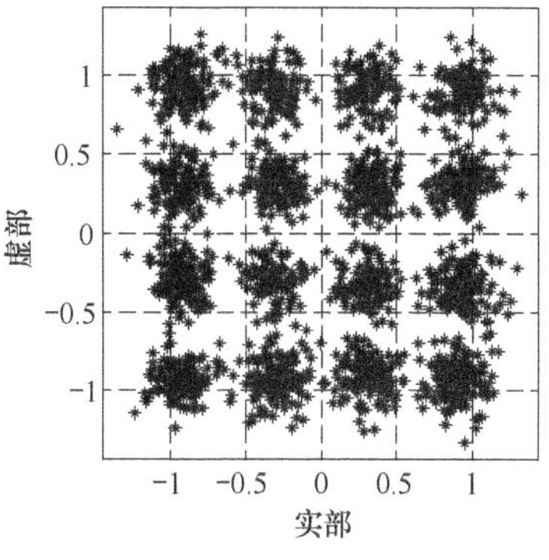

b) CMA输出星座图

图7.6.3 16QAM仿真结果

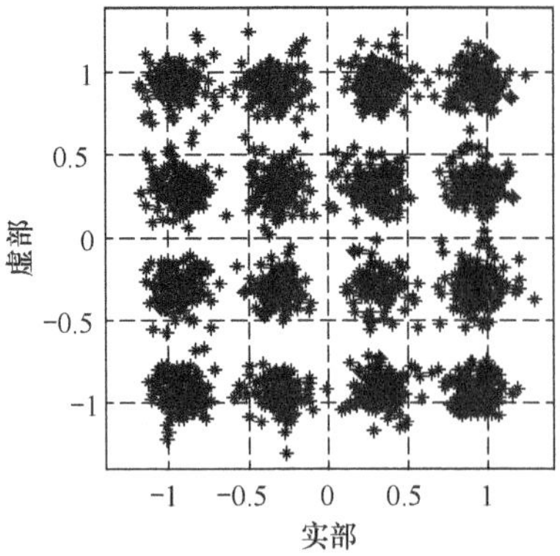

c）MMA输出星座图

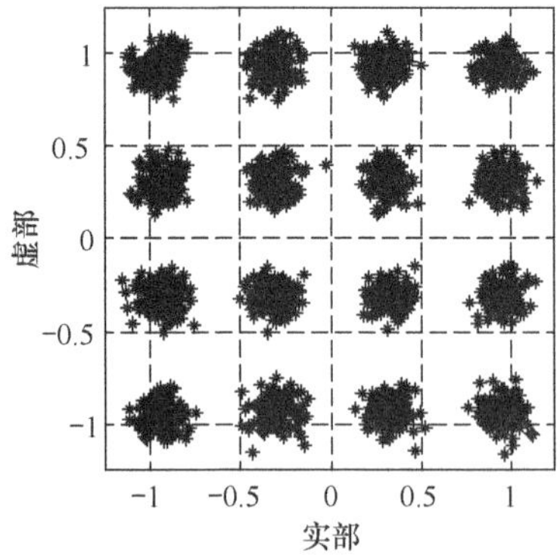

d）PSO-MMA输出星座图

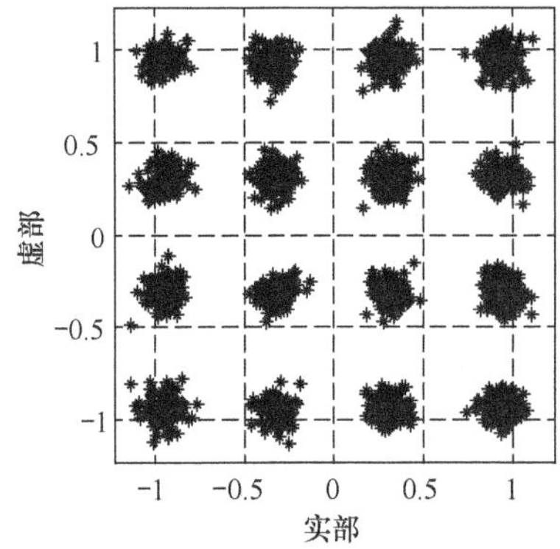

e）BA-MMA输出星座图

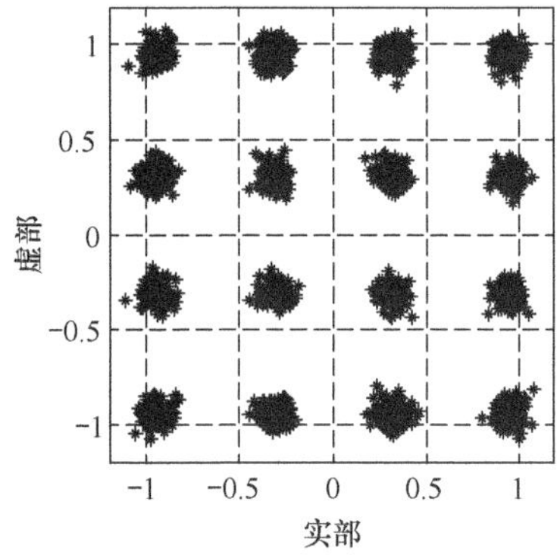

f）DBA-MMA输出星座图

图 7. 6. 3　16QAM 仿真结果（续）

图 7. 6. 3 表明，与 CMA 和 MMA 需迭代 600 次才达到收敛状态相比，PSO-MMA、BA-MMA 和 DBA-MMA 迭代 30 次左右即达到收敛状态，收敛速度极大提高；DBA-MMA 的稳态误差达到 −23dB，比 CMA 降低了 8dB，比 MMA 降低了 5dB，比 PSO-MMA 降低了 3dB，比 BA-MMA 降低了 1. 5dB；且对 16QAM 信号，DBA-MMA 具有最好的均衡效果，星座点最清晰、最紧凑。

【实验 7. 5. 5】 以 64QAM 为发射信号，分别以 $\mu_{CMA} = \mu_{MMA} = 0.012$，$\mu_{PSO\text{-}MMA} = \mu_{BA\text{-}MMA} = \mu_{DBA\text{-}MMA} = 0.0038$ 为步长。仿真结果如图 7. 6. 4 所示。

图 7. 6. 4 表明，与 CMA 和 MMA 需迭代 1000 次左右才达到收敛状态相比，PSO-MMA、BA-MMA 和 DBA-MMA 迭代 80 次左右即达到收敛状态，收敛速度极大提高；DBA-MMA 的稳态误差达到 −22. 5dB，比 CMA 降低了 4. 5dB，比 MMA 降低了 3dB，比 PSO-MMA 降低了 2dB，比 BA-MMA 降低了 1. 5dB；且对于 64QAM 信号，DBA-MMA 具有最好的均衡效果，星座点最清晰、最紧凑。

综上所述，将 BA 与 MMA 有机结合，提出的基于双蝙蝠群智能优化的多模盲均衡算法（DBA-MMA），经理论分析与仿真结果表明，弥补了 CMA、MMA 难以均衡高阶 QAM 信号的缺陷，加快了收敛速度，减小了均方误差，纠正了相位旋转。因此，本节提出的基于双蝙蝠群智能优化的多模盲均衡算法（DBA-MMA）是切实可行的。

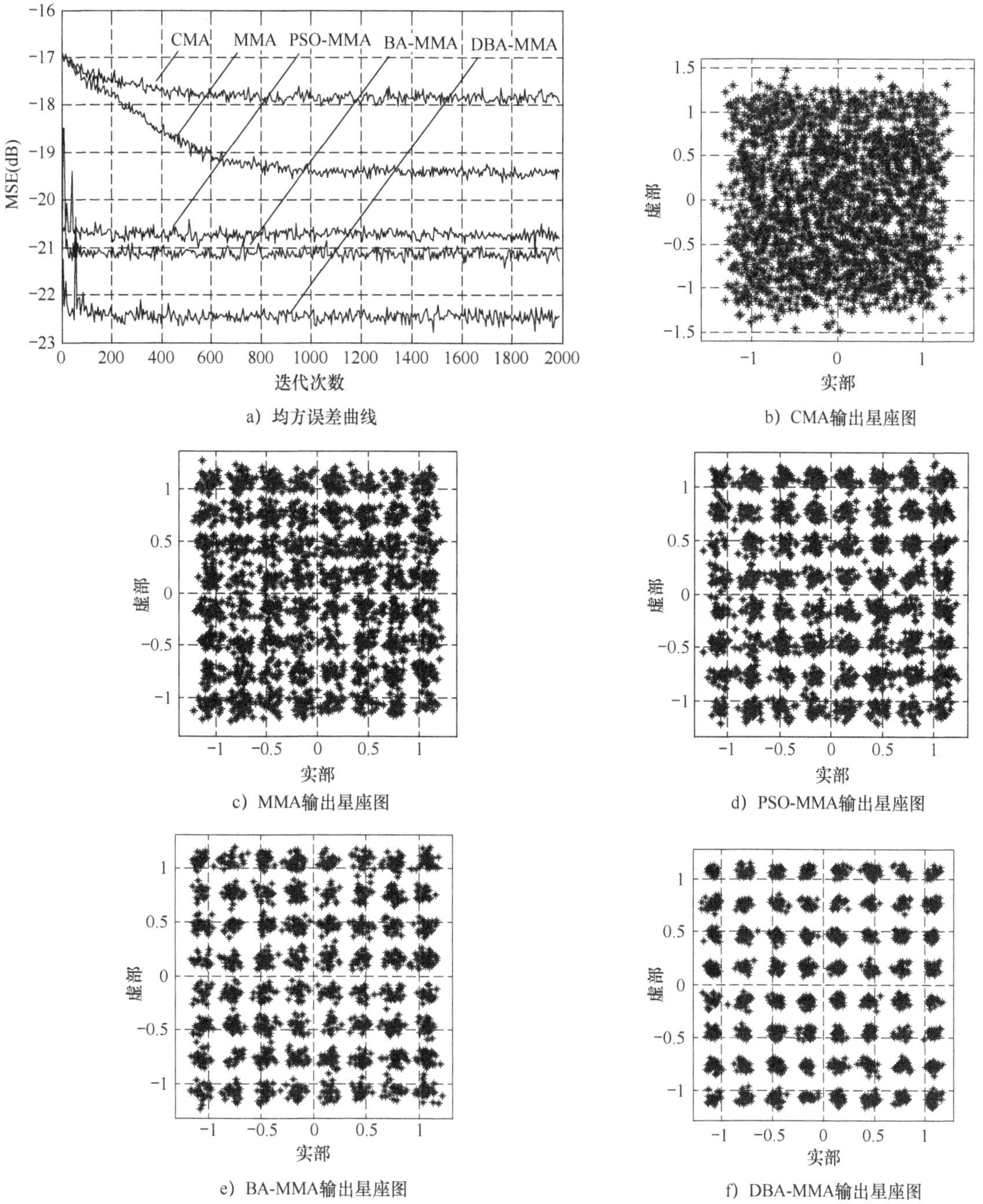

a）均方误差曲线

b）CMA输出星座图

c）MMA输出星座图

d）PSO-MMA输出星座图

e）BA-MMA输出星座图

f）DBA-MMA输出星座图

图 7.6.4　64QAM 仿真结果

第8章 混合蛙跳算法

· 内容导读 ·

本章从蛙跳的仿生模型出发，分析了混合蛙跳算法理论基础、模型与实现流程、性能影响参数与特点，讨论了混合蛙跳算法搜索策略（全局搜索和局部搜索），研究了遗传混合蛙跳算法（具有变异操作的混合蛙跳算法局部搜索和具有交叉和自然选择操作的混合蛙跳算法全局搜索过程）、基于DNA编码的多种群循环遗传混合蛙跳算法、基于DNA遗传混合蛙跳算法。以新型DNA遗传蛙跳算法优化的MIMO多模盲均衡算法及基于混合蛙跳算法的光伏阵列参数辨识方法为例，给出了用蛙跳算法提高通信质量和参数辨识精度的方法。

混合蛙跳算法（Shuffled Frog Leaping Algorithm，SFLA）于2003年由Lansey和Eusuff首次提出，是一种新兴的群智能算法，通过模拟青蛙种群觅食的过程而建立。动物在生存觅食时一般会遵守对准规则、内聚规则和分割规则。对准规则指的是群体中的个体都会向一个方向靠拢，内聚规则指的是个体会向附近的中心靠拢，这两个规则是个体之间的信息交流；分割规则指的是个体运动时与别的个体之间不会太拥挤，分割规则是个体自己在总结经验。青蛙群在湿地觅食的行为过程中，按族群分类进行思想传递；将局部搜索和全局的信息交换相结合，用基于群体行为的粒子群算法作为局部搜索策略，使得信息能够在局部个体间传递；用以遗传行为为基础的模因进化算法作为全局优化策略，使得局部间的信息得以交换。因此，混合蛙跳算法结合了模因进化算法和粒子群算法两者的优点，具有概念简单、易于理解、参数少和全局搜索能力强等特点。混合蛙跳算法最初被用于水资源网络分配问题，并取得了较好的效果。

在混合蛙跳算法中，种群由一群具有相同结构的青蛙构成，每只青蛙代表问题的一个解。整个群体被分成多个包含一定青蛙数量的子群，不同的子群被认为是具有不同思想的青蛙集合。每个子群中的青蛙都有自己的想法，为了达到自己的目标努力，同时还会受到其他青蛙的影响，随着子群的进化而进化。子群按照一定策略执行解空间中的局部深度搜索。当子群进化达到设定的局部搜索迭代次数以后，各个子群之间再进行混合运算，以实现不同子群间青蛙的思想交流。局部搜索和混合过程一直交替进行，直至达到所设置的收敛条件为止。全局交换和局部深度搜索的平衡策略使算法能够跳出局部极值点，向着全局最优的方向进行，这是混合蛙跳算法的主要特点。

混合蛙跳算法建立之后，得到了很多的关注并进行了深入研究，目前已被应用到很多领域中。在生活中，混合蛙跳算法可以处理很多优化问题，如水资源调度问题、短期燃气负荷预测问题、车辆路径问题、旅行商问题、复杂函数优化问题等。可见，蛙跳算法已展现出很大的潜力，具有较大的发展空间。其具体表现如下。

1）适用范围有待拓展。目前，在函数优化、聚类、组合优化、多目标优化方面应用较少，且大多数还和具体问题相关，仅停留在研究阶段，其他的很多应用还尚未开始。显然，如果将其引入机器学习、自动控制等领域，将大大促进算法的研究和发展。

2）理论分析有待加强。在一些实例和数值实验中，算法性能得到验证，但没有系统给出收敛性、收敛速度估计、分布性、多样性等方面的数学证明。

3）参数选择有待探索。参数选择依赖于具体问题，设计合适的参数需要经过多次试验。研究如何选择和设计参数，减少其对具体问题的依赖，将大大促进其发展和应用。

4）性能提升有待深化。应该致力于补充和扩展与其他算法或技术的结合，克服算法现有的缺点。

8.1　混合蛙跳算法的理论基础

混合蛙跳算法是一类受自然生物启发而产生的启发式算法，它作为广度搜索的执行框架，结合了以基因进化、遗传行为为基础的模因进化算法和以群体行为为基础的粒子群优化算法两者的优点。

8.1.1　模因算法基本原理

模因算法（Memetic Algorithm，MA）是于1989年由Moscato首次提出并使用的。它是一类基于群体搜索的智能优化算法，但与以往智能优化算法利用交叉因子产生后代不同，其局部策略采用竞争和协作机制产生新的后代。最初的模因算法源于Dawkin提出的模因（Meme）概念。模因是寄存于人或动物的大脑中、能指导他们的行为并能通过思想复制进行传播的信息。模因实际上是位于模因型（Memotype）上，类似于携带遗传信息的基因位于染色体上。一个信息只有被复制或传播后才会成为一个模因，如一首歌曲、一个创意都可以被称为模因。模因算法与遗传算法有一些相似的特点，例如建立可行解，通过某种策略选择可行解，与其他的解相结合产生后代等。不同的是，模因算法通过选择模因增强种群间的交流能力，而遗传算法则通过选择基因来繁殖后代。模因与基因的最根本区别是在群体中采用不同的传播机制：模因能在种群中任意个体之间传播策略，而基因只能在具有亲缘关系的个体之间进行信息传递，因而模因的进化更灵活；模因的传播方式是分级速度传播，而基因需要更多的时间在多代中传递，因而模因的进化速度比基因更快；模因的传递依靠神经网络系统，容易产生变异，而基因位于以双螺旋稳定结构为基础的染色体上，变异率较低，因此模因的变异率更大。所以，以模因为传播单元比以基因为传播单元的传播速度快。

另外，模因算法的特征是模因型及后代可以在进化之前通过局部搜索获得一些经验，所以模因算法通常被描述为增加了局部搜索能力的遗传算法。

8.1.2　粒子群算法

粒子群算法（Particle Swarm Optimization，PSO）是由Eberhart和Kennedy于1995年提出的一类基于群体智能的进化算法，其基本概念源于对鸟群觅食行为的研究，通过搜索空间中的粒子来得到优化问题的解。在PSO中，对于D维优化问题，每个潜在解都可以想象成D维搜索空间上的一个点，称为“粒子”。所有的粒子都有一个由目标函数决定的适应度值，用来评价其优劣。每个粒子都有一个速度决定它们飞翔的方向和距离，粒子根据其相应的速度和位置来更新自己，并追随当前的最优粒子在解空间中搜索。在每次迭代中，粒子都通过粒子本身的最优解和整个粒子群的当前最优解进行自我更新，粒子速度和位量的更新公式为

$$\boldsymbol{v}_{id}(n+1)=w(n)\boldsymbol{v}_{id}(n)+c_1r_1(\boldsymbol{x}_{\text{pbest}}-\boldsymbol{x}_{id}(n))+c_2r_2(\boldsymbol{x}_{\text{gbest}}-\boldsymbol{x}_{id}(n)) \quad (8.1.1)$$

$$\boldsymbol{x}_{id}(n+1)=\boldsymbol{x}_{id}(n)+\boldsymbol{v}_{id}(n+1) \quad (8.1.2)$$

式中，r_1 和 r_2 为均匀分布在 (0,1) 的随机数；c_1 和 c_2 为学习因子，通常取 $c_1=c_2=2$；$\boldsymbol{x}_{\text{pbest}}$ 与 $\boldsymbol{x}_{\text{gbest}}$ 分别为局部和全局最优解；惯性权重 w 是影响算法性能的一个重要因素，当 w 值较大时，算法的空间搜索能力较好，也就是广度搜索能力较强；当 w 值较小时，则算法的开发能力较强，也就是深度搜索能力较强。通常将 w 初始设为 0.9，随着迭代次数的增加，线性减至 0.4，这样，初期会增加算法的广度搜索能力，后期能加强算法的局部深度搜索能力。

8.1.3 混合进化算法

混合进化算法（Shuffled Complex Evolution Algorithm，SCE）将随机搜索算法、竞争进化和混洗的思想相结合，具有以下几个显著特点。

1）混合进化算法的思想是将全局搜索作为自然进化的过程来对待。整个种群被分为若干个族群，每个族群独立进化。进化一定代数后，族群之间进行混洗形成新的种群。这个特点，可以使从各个子群独立得到的信息得以共享，从而提高解的质量。

2）族群中的所有个体都有可能参与产生下一代。但在进化时，仅仅考虑用族群的一个子集来繁殖。通常，更优秀的个体以较大的概率被选作双亲，提供遗传信息。

3）为防止进化过程陷入局部最优解，该算法在搜索空间中随机产生新的子代，用新产生的子代取代子群中的最差解，而非整个种群的最差解，这样可以保证族群中的每个个体在被淘汰前都参与进化。

8.2 混合蛙跳算法的原理

混合蛙跳算法是通过模拟青蛙种群觅食行为而得到的智能优化算法。在一片池塘中有很多只青蛙，每只青蛙都有一个位置向量，通过每个位置向量可得到相应青蛙的适应度值；将池塘中的青蛙看成许多个种群，每个种群中有若干只青蛙；每个种群中的青蛙在觅食过程中可以相互交换信息，种群中离食物最远的青蛙通过与种群中离食物最近的青蛙进行交流而进一步向食物靠近；种群间的青蛙也可以相互交流，青蛙通过种群内和种群间的相互交流去寻找食物。将最靠近食物位置的青蛙作为最优青蛙位置，即最优解。

8.2.1 混合蛙跳算法模型

SFLA 是通过对青蛙种群觅食行为进行建模而得到的。初始的青蛙种群是由随机生成的 N 只青蛙组成，$\boldsymbol{X}_i=[x_{i1},x_{i2},\cdots,x_{iD}]$ 表示第 $i(1\leqslant i\leqslant N)$ 只青蛙的位置向量，其中 D 表示位置向量的维数。首先，计算青蛙个体的适应度值，并将其按适应度值从大到小进行排序；再将青蛙种群分成 M 个小种群，从适应度值最优的青蛙开始依次往后分到这 M 个小种群中，如第一只被分到第一个小种群中，第二只被分到第二个小种群中，依此类推，第 $M+1$ 只青蛙被分到第一个小种群中，第 $M+2$ 只青蛙被分到第二个小种群中；最后，将所有的青蛙都

分到对应的小种群中。

$\boldsymbol{X}_{\mathrm{a}}$ 是小种群中的最差个体、$\boldsymbol{X}_{\mathrm{b}}$ 是小种群中最优个体、$\boldsymbol{X}_{\mathrm{gbest}}$ 是全局最优个体。更新操作是对小种群中 $\boldsymbol{X}_{\mathrm{a}}$ 进行的，更新操作公式如下。

青蛙个体的蛙跳步长公式为

$$\boldsymbol{\Omega}_i = \mathrm{rand}(\boldsymbol{X}_{\mathrm{b}} - \boldsymbol{X}_{\mathrm{a}}),\ \|\boldsymbol{\Omega}_{\min}\| \leqslant \|\boldsymbol{\Omega}_i\| \leqslant \|\boldsymbol{\Omega}_{\max}\| \tag{8.2.1}$$

青蛙个体的位置更新公式为

$$\boldsymbol{X}_{\mathrm{a,new}} = \boldsymbol{X}_{\mathrm{a}} + \boldsymbol{\Omega}_i \tag{8.2.2}$$

式中，$\boldsymbol{\Omega}_i$ 表示青蛙的更新步长，$i = 1,2,\cdots,N$，rand 为均匀分布在 [0，1] 之间的随机数，$\|\boldsymbol{\Omega}_{\max}\|$ 表示所允许更新的最大蛙跳步长，$\|\boldsymbol{\Omega}_{\min}\|$ 表示所允许更新的最小蛙跳步长。执行更新策略式（8.2.1）与式（8.2.2）。若 $\boldsymbol{X}_{\mathrm{a,new}}$ 的适应度值比原来 $\boldsymbol{X}_{\mathrm{a}}$ 的适应度值大，则用更新后的青蛙位置代替原来群体中的当前最差个体的位置。如果没有改进，就进行如下更新。

青蛙个体的蛙跳步长公式为

$$\boldsymbol{\Omega}_i = \mathrm{rand}(\boldsymbol{X}_{\mathrm{gbest}} - \boldsymbol{X}_{\mathrm{a}}),\ \|\boldsymbol{\Omega}_{\min}\| \leqslant \|\boldsymbol{\Omega}_i\| \leqslant \|\boldsymbol{\Omega}_{\max}\| \tag{8.2.3}$$

青蛙个体的位置更新公式为

$$\boldsymbol{X}_{\mathrm{a,new}} = \boldsymbol{X}_{\mathrm{a}} + \boldsymbol{\Omega}_i \tag{8.2.4}$$

执行更新策略式（8.2.3）与式（8.2.4）。若 $\boldsymbol{X}_{\mathrm{a,new}}$ 的适应度值还是比 $\boldsymbol{X}_{\mathrm{a}}$ 差，就随机生成一个新的青蛙个体代替 $\boldsymbol{X}_{\mathrm{a}}$。

将所有的小种群执行上述搜索过程，然后重新计算所有青蛙个体的适应度值，再次按照适应度值从大到小进行排序，并重新分到小种群中，每个小种群再进行局部搜索，重复执行这些操作直到达到迭代次数为止。

8.2.2　混合蛙跳算法流程

混合蛙跳算法思想简单、寻优能力强、实验参数少、计算速度快，但后期存在计算精度低、易于陷入局部极值等缺点。

混合蛙跳算法的实现流程如下。

步骤 1：青蛙种群初始化及各参数设置。初始的青蛙种群是由随机生成的 N 只青蛙组成，$\boldsymbol{X}_i = [x_{i1}\ x_{i2}\ \cdots\ x_{iD}]$ 表示第 $i(1 \leqslant i \leqslant N)$ 只青蛙的位置向量，D 表示维数。

步骤 2：计算所有青蛙的适应度值。根据适应度函数计算每只青蛙的适应度值，并按照适应度值降序排列，排在第一位的青蛙作为全局最优的青蛙。

步骤 3：分组。将种群中所有的青蛙进行分组，得到 M 个子种群，每个种群中包含 L 只青蛙。

步骤 4：子种群进化。在每个子种群中进行子种群内进化，进化代数为 T_M。首先确定子种群中最优青蛙个体和最差青蛙个体，利用式（8.2.1）中步长更新公式对最差青蛙个体进行位置更新，如果通过这种更新方法不能产生更好的青蛙（即更新后的青蛙适应度值比更新前的要好），用全局最优青蛙个体代替这个最差青蛙个体，如果还是达不到要求，就随机生成一个新青蛙个体来替代原来的最差青蛙个体。

步骤 5：混合所有青蛙。所有子种群经过步骤 4 子种群内的迭代后，将所有的青蛙进行适应度值计算并将青蛙个体按适应度值升序排序，排在第一位的青蛙个体为最优青蛙个体，取代原来的最优青蛙个体。

步骤 6：终止判断。若总迭代次数达到最大迭代次数 T_{max}，则终止程序，输出最优青蛙个体。否则重复执行步骤 3 ~ 步骤 5，直到满足最大迭代次数。

混合蛙跳算法流程如图 8.2.1 所示。

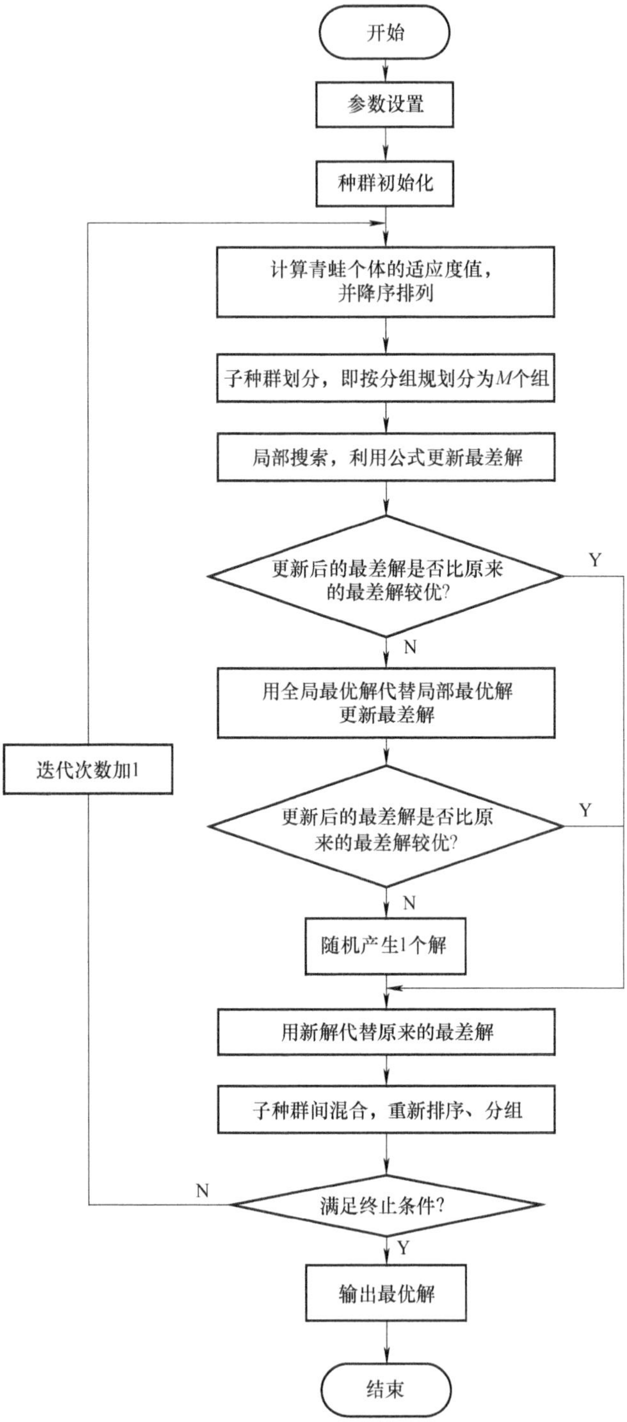

图 8.2.1　混合蛙跳算法流程

8.2.3　混合蛙跳算法参数

通过现有的理论及实验分析可知，种群中青蛙的数量、子种群中青蛙的数量、子种群进化代数、允许青蛙移动的最大距离等参数的设置会影响算法的寻优能力。种群中青蛙的数量 N 是最重要的参数，它对寻优结果影响最大，N 的设置与算法寻找出全局最优解的概率相关，N 越大，算法找到或接近全局最优解的概率就越大。子种群中青蛙的数量会影响局部搜索的能力，子种群中青蛙数量不能过小，否则局部搜索的优点就不能体现出来。子种群进化代数的选择会影响青蛙间的信息交流，如果进化代数太小，会使子种群种青蛙频繁地跳跃，减少了信息之间的交流；如果进化代数太大，又会使每个子种群更容易陷入局部最优。允许青蛙移动的最大距离与算法进行全局搜索的能力相关，如果这个参数设置得太小，会使算法进行全局搜索的能力减弱并容易陷入局部最优，从而得不到全局最优解；反之，又很可能使算法错过真正的最优解。目前，这些参数的设置大部分都是通过仿真实验测试出来的。

8.2.4　混合蛙跳算法的特点

混合蛙跳算法具有简单和容易操作的特点，但目前还处于初期探索阶段，需要更加深入的研究。

混合蛙跳算法具有全局寻优和局部深度搜索的特点，与其他群智能算法相比，其全局搜索能力强，并且通用性和鲁棒性也强。

混合蛙跳算法兼具粒子群和遗传算法的特点，但同时也存在易陷入局部最优值，以及算法的收敛速度和精度不高的缺点。

8.3　混合蛙跳算法的搜索策略

混合蛙跳算法搜索包含以混合进化算法为框架的全局搜索和以模因算法及粒子群算法为基础的局部搜索。

8.3.1　混合蛙跳算法的全局搜索策略

1. 初始化种群

首先，将青蛙种群划分为 M 个子群，每个子群中有 L 只青蛙，然后在可行解空间内，随机产生一个数量为 $N(N=ML)$ 的初始虚拟青蛙种群 $\boldsymbol{X}=\{\boldsymbol{x}_1,\boldsymbol{x}_2,\cdots,\boldsymbol{x}_N\}$。第 i 只青蛙（或者说第 i 只青蛙所处的位置，下文交替使用，不再做区分）皆可以表示成 $\boldsymbol{x}_i=[x_{i1}\ x_{i2}\ \cdots\ x_{iD}]$，代表解空间的一个候选解，$D$ 是候选解的维数。为了评估青蛙所处位置的优劣（或者说青蛙自身的性能优劣），对于最大化问题，用适应度函数来描述。适应度函数定义为

$$\mathrm{fit}(\boldsymbol{x})=J(\boldsymbol{x})+C \tag{8.3.1}$$

对于最小化问题，适应度函数定义为

$$\mathrm{fit}(\boldsymbol{x})=\frac{1}{J(\boldsymbol{x})+C} \tag{8.3.2}$$

式中，$J(\boldsymbol{x})$ 是待优化的价值函数；C 是常数用来确保适应度值为正数。

2. 将青蛙按适应度值排序

在计算整个种群的适应度值之后，将种群中的所有青蛙按适应度值升序排序。因此，排序越靠前的青蛙，其所处位置（自身性能）越优。将整个种群中适应度值最大的青蛙记作 $\boldsymbol{x}_{\text{gmax}}(\boldsymbol{x}_{\text{gmax}}=\boldsymbol{x}(1))$。

3. 将青蛙种群进行分组

将整个种群划分成 M 个子群，即 $Y_1,Y_2,\cdots,Y_M$，每个子群包含 L 只青蛙。分配第 1 只青蛙进入第 1 个子群 Y_1，第 2 只青蛙进入第 2 个子群 Y_2，依此类推，第 M 只青蛙进入第 M 个子群 Y_M，然后第 $M+1$ 只青蛙再进入第 1 个子群 Y_1，第 $M+2$ 只青蛙进入第 2 个子群 Y_2，第 $2M$ 只青蛙进入第 M 个子群 Y_M。如此继续下去，直到所有青蛙都被分到各自的子群中。第 m 个子群可以写为

$$Y_m = X(m+M(j-1)),j=1,2,\cdots,L;m=1,2,\cdots,M \tag{8.3.3}$$

图 8.3.1 是将种群划分成 M 个子群的示意图。

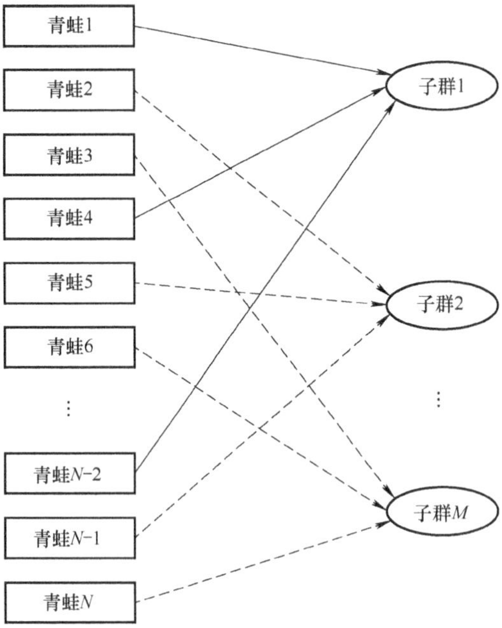

图 8.3.1 种群划分示意图

4. 在每个子群中独立进行模因进化

每个子群都根据混合蛙跳算法局部搜索策略，独立进行模因进化。在这个过程中，子群内的每只青蛙都受到其他青蛙的影响，向着目标位置靠近。

5. 将青蛙混洗，子群间进行信息交流

在每个子群都执行了预设次数的模因进化之后，所有的子群重新合并为 $\boldsymbol{x}'$，这样有 $\boldsymbol{x}'=\{Y_m,m=1,2,\cdots,M\}$，在这个过程中，青蛙得以在各个子群间跳跃，互相交换信息，因此称为青蛙子群的混洗。然后，再次将整个种群 $\boldsymbol{x}$ 按适应度值降序排序，并更新种群中性能最优的青蛙 $\boldsymbol{x}_{\text{gworst}}$。

6. 判断算法是否达到终止条件

如果未达到终止条件，则重新进行子群划分、局部搜索、子群混洗的过程；如果达到终

止条件，则算法停止迭代。迭代终止条件定义如下。

1）达到设定的算法精度。

2）达到定义的最大迭代次数。

最终得到的具有最优性能的青蛙 $\boldsymbol{x}_g$，就是算法的最优解。

混合蛙跳算法的全局混洗进化流程如图 8.3.2 所示。

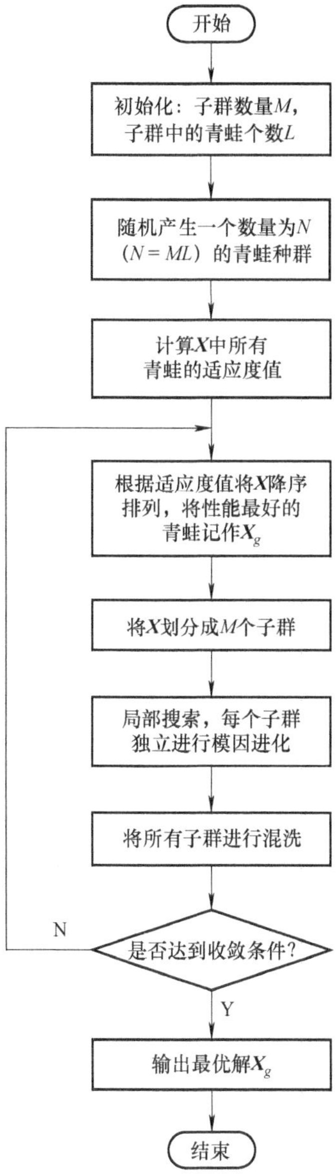

图 8.3.2　混合蛙跳算法的全局混洗进化流程

8.3.2　混合蛙跳算法的局部搜索策略

在混合蛙跳全局搜索的第 4 步中，算法进入局部搜索，每个子群独立执行模因进化算法。局部搜索后，回到全局搜索进行子群的混洗。局部搜索的具体过程如下。

子群中的青蛙都有向某一只具有最优位置的青蛙收敛的倾向，然而与遗传算法类似，这些青蛙可能收敛到一个局部最优解。为了防止这种情况发生，在模因进化算法的每次迭代中，只选择子群的部分青蛙个体，形成一个部分子群。图 8.3.3 是部分子群的示意图。

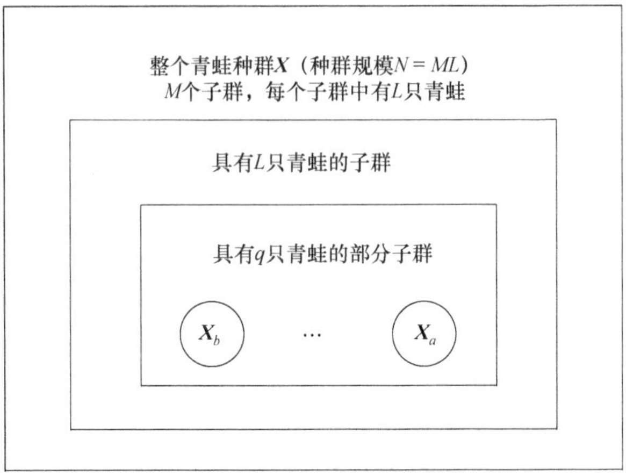

图 8.3.3　部分子群示意图

部分子群的选择策略：采用三角概率分布为子群中的每只青蛙指定一个权重，即 $W(j)=2(L+1-j)/L(L+1), j=1,2,\cdots,L$。可见，青蛙的适应度值越大，其权重越大，从而被选入部分子群的概率也越大。这样，每个子群从 L 只青蛙中随机选择 q 只，组成部分子群 Z。在子群 Z 中，具有适应度值最大和最小的青蛙分别被记作 $\boldsymbol{X}_b$ 和 $\boldsymbol{X}_a$。根据模因进化原理，处在最差位置的青蛙 $\boldsymbol{X}_a$ 要向最优位置 $\boldsymbol{X}_b$ 跳跃，跳跃方式遵循蛙跳准则，所用到的策略借鉴粒子群算法。青蛙的跳跃步长 Ω 和跳跃后的新位置 $X_{a,\text{new}}$ 为

$$\Omega = \text{rand} \cdot (\boldsymbol{X}_b - \boldsymbol{X}_a) \tag{8.3.4}$$

$$\boldsymbol{X}_{a,\text{new}} = \boldsymbol{X}_a + \Omega, (\|\Omega\| < \Omega_{\max}) \tag{8.3.5}$$

式中，rand 是位于区间 (0,1) 的随机数，表示学习程度；$\Omega_{\max}$ 是最大跳跃步长，通常被设定成变量的取值区间长度。计算得到的新位置 $\boldsymbol{X}_{a,\text{new}}$ 应该位于搜索空间内，否则，需要重新计算 Ω 和 $\boldsymbol{X}_{a,\text{new}}$。图 8.3.4 是蛙跳准则的示意图。

计算 $\boldsymbol{X}_{a,\text{new}}$ 的适应度值，如果此时适应度值大于跳跃前的适应度值，则说明青蛙 $\boldsymbol{X}_a$ 跳到了一个更优的位置，将 $\boldsymbol{X}_a$ 替换成 $\boldsymbol{X}_{a,\text{new}}$；否则，将式（8.3.4）和式（8.3.5）中的局部最优青蛙替换 $\boldsymbol{X}_b$ 为全局最优青蛙 $\boldsymbol{X}_{\text{gbest}}$，重新计算 Ω 和 $\boldsymbol{X}_{a,\text{new}}$。如果这一次 $\boldsymbol{X}_a$ 的适应度值还没有提高，则在搜索空间内随机产生一只新的青蛙替代 $\boldsymbol{X}_a$，以阻止 $\boldsymbol{X}_a$ 所携带的欺骗性模因（思想）继续传播。

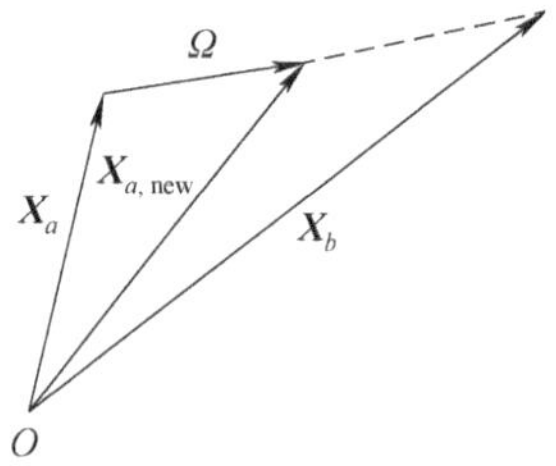

图 8.3.4　蛙跳准则示意图

以上描述是模因算法的一次迭代过程。当局部搜索完成后，返回到混合蛙跳的全局混洗搜索中。混合蛙跳算法的局部搜索流程如图 8.3.5 所示。

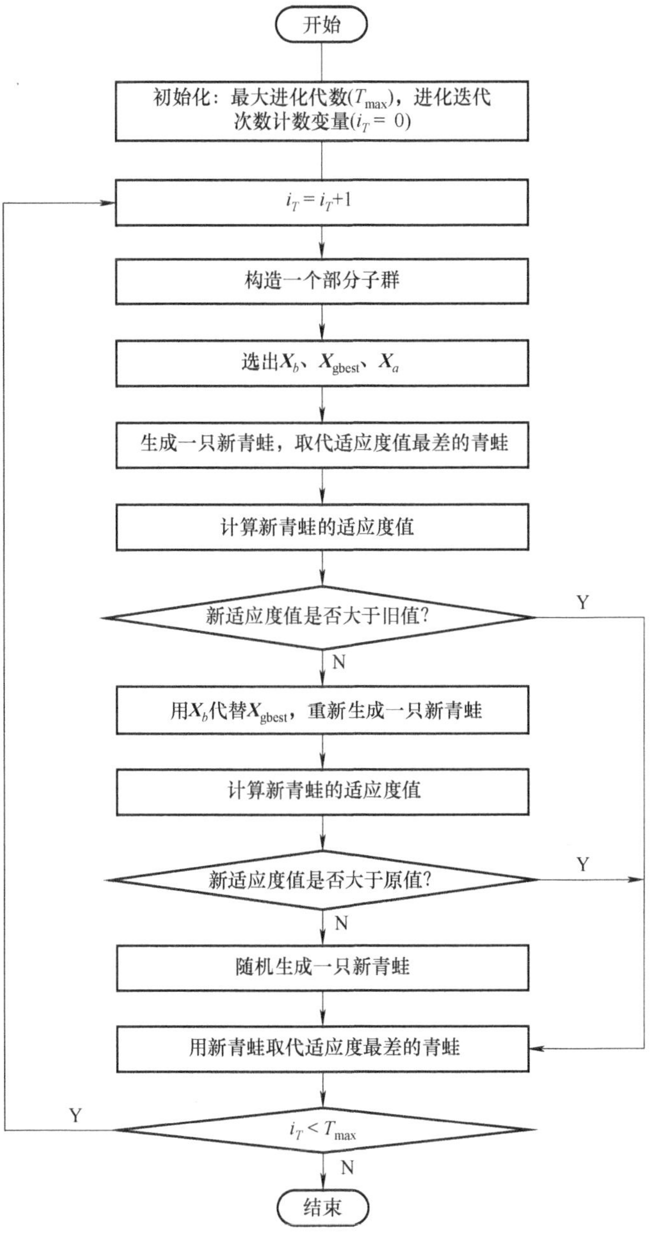

图 8.3.5　混合蛙跳算法的局部搜索流程

8.4　遗传混合蛙跳算法

虽然混合蛙跳算法具有较强的全局搜索能力，但青蛙种群的更新方式比较单一、个体之间的信息并未达到充分共享，因此混合蛙跳算法对于复杂优化问题仍存在早熟收敛、易陷入局部最优等不足。模因算法作为混合蛙跳算法的重要组成部分，与遗传算法具有诸多相似性，而遗传算法本身的操作算子又具有很强的引入新性状的能力。因此，利用遗传算法的自然选择、交叉和变异操作，分别对混合蛙跳算法的全局混洗搜索和局部搜索进行改进，形成具有遗传算子的混合蛙跳算法（Genetic Shuffled Frog Leaping Algorithm，GSFLA）。

8.4.1 具有变异操作的混合蛙跳算法的局部搜索策略

在混合蛙跳算法中，青蛙只通过全局最优解或局部最优解来更新信息，信息共享机制中信息是单向流动的，而且群体智能行为的信息共享机制没有得到充分体现。鉴于此，在混合蛙跳算法的局部搜索中，①引入变异操作增加对局部最优解的扰动，以加强 $\boldsymbol{X}_b$ 的局部探测能力；②引入遗传算法的变异算子，增加子种群的多样性，避免陷入局部最优。

1）在模因进化算法中，子群的最优青蛙 $\boldsymbol{X}_b$ 对整个子群的进化有很大影响，若 $\boldsymbol{X}_b$ 是局部最优解，那么子群里的青蛙将很难跳出局部最优解，进而将此信息在所有子群混合过程中传播至整个种群，导致种群最终以较大概率陷入局部最优。因此，在每次迭代中，对 $\boldsymbol{X}_b$ 进行一次变异操作，以对 $\boldsymbol{X}_b$ 增加随机扰动。如果新产生的青蛙 $\boldsymbol{X}_{b,\mathrm{mut}}$ 位于搜索空间内且性能优于子群的最优解，则用它来更新 $\boldsymbol{X}_b$；否则，将其丢弃。

$$\boldsymbol{X}_{b,\mathrm{mut}} = \boldsymbol{X}_{\mathrm{rand}} + r_1(\boldsymbol{X}_b - \boldsymbol{X}_{\mathrm{rand}}) + r_2(\boldsymbol{X}_{\mathrm{gbest}} - \boldsymbol{X}_{\mathrm{rand}}) \tag{8.4.1}$$

式中，$X_{b,\mathrm{mut}}$ 是在搜索范围内随机产生的青蛙，r_1 和 r_2 是位于区间 $(0,1)$ 的随机数，$\boldsymbol{X}_{\mathrm{rand}}$ 表示随机产生的青蛙。

2）混合蛙跳算法在局部搜索时，模因进化每次迭代只更新性能最差的那只青蛙 $\boldsymbol{X}_{\mathrm{w}}$，因而子群所携带信息的多样性变化很小，这样使算法很容易陷入局部最优。遗传算法中的变异操作能够引入原青蛙子群所不具备的新性状，从而增加子种群的多样性，提高算法在解空间的探索能力和效率，是避免算法陷入局部极值和早熟收敛的有效手段。

一般在二进制遗传算法中，当某位发生变异时，该位取相反值，即0变为1、1变为0。而这里混合蛙跳算法采用实数编码方式，即每个候选解 $\boldsymbol{x}_i = [x_{i1}\ x_{i2}\ \cdots\ x_{iD}]$，其中 $\boldsymbol{x}_i$ 是该候选解的第 i 个向量。因此，进行变异操作时，只需要在变量取值范围内随机选取一个实数值来取代当前变异位。例如，某变异位上的变量 $\boldsymbol{x}_i$ 的取值范围为 $[\boldsymbol{x}_{i\min},\boldsymbol{x}_{i\max}]$，则变异操作为

$$\boldsymbol{x}_i' = \boldsymbol{x}_i,\boldsymbol{x}_i' \in [\boldsymbol{x}_{i\min},\boldsymbol{x}_{i\max}] \tag{8.4.2}$$

每次迭代得到的适应度值最大的个体被称为精英解。为了保持其优良性状，采用精英策略，即每代中适应度值最大的青蛙个体不进行变异操作。因此，当确定变异概率 p_m、子群中青蛙个数 N_{mpop}、候选解维数 D 后，基因变异个数为

$$N_{\mathrm{mut}} = p_m(N_{\mathrm{mpop}} - 1)D \tag{8.4.3}$$

基因变异位的选择是随机的，基因变异的数量受变异概率 p_m 控制，p_m 越大，变异的基因越多，算法的搜索空间越大，同时收敛速度变慢。因此，p_m 的取值对算法性能有较大影响，如果 p_m 取值不当，会造成算法过早收敛或收敛速度慢的问题。为此，采用变异概率的自适应调整策略，即在算法运行初期，为了保证子群的多样性，产生优秀新个体，采用较大的变异率值，算法运行后期，为了防止破坏优良个体的性状，采用较小的变异率值。因此，变异概率在子群的迭代进化中应根据进化代数进行非线性调整。

在神经网络中，常用 sigmoid 函数作为神经元传输函数，即

$$\varphi(x) = \frac{1}{1 + \exp(-ax)} \tag{8.4.4}$$

该函数具有平滑的顶部和底部。在 x 取值较小时，$\varphi(x)$ 接近1；当 x 取值较大时，$\varphi(x)$

接近0。

借鉴 sigmoid 函数设计的变异概率自适应调整公式为

$$p_m(n) = p_{m\min} + \frac{p_{m\max} - p_{m\min}}{1 + \exp[k_m(n - T_{M\max}/2)]} \tag{8.4.5}$$

式中，$p_{m\min}$ 和 $p_{m\max}$ 分别表示变异概率取值的下限和上限；$T_{M\max}$ 表示子群设定的最大进化代数；k_m 是变异概率变化最大时的斜率。当 $p_{m\min} = 0.02$，$p_{m\max} = 0.2$，$T_{M\max} = 1000$，$a = 20/T_{M\max}$ 时，变异概率曲线如图8.4.1所示。

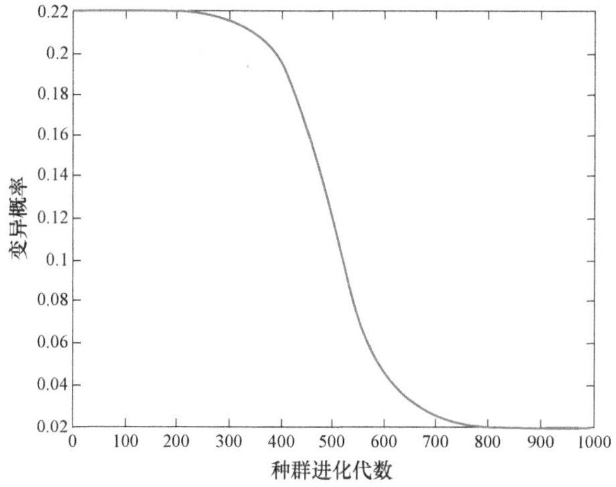

图8.4.1 自适应变异概率变化曲线

图8.4.1表明，在算法运行前期，群体的变异能力较强，有利于新性状的产生，使种群中拥有更多的优秀解，避免算法陷入局部最优；在算法运行后期，变异概率取较小值，有利于保留优秀个体的性状，加快收敛速度，保证算法的稳定性。

8.4.2 具有交叉和自然选择操作的混合蛙跳算法的全局搜索策略

在基本混合蛙跳算法中，当各个子群分别独立进行模因进化结束后，所有青蛙子群重新混洗，青蛙个体之间进行信息交流，并且在此过程中更新种群中性能最优的青蛙 $\boldsymbol{X}_{\text{gbest}}$。然而，子群混洗并不产生新的青蛙，这使得 $\boldsymbol{X}_{\text{gbest}}$ 很可能长时间徘徊在原状态上，陷入局部最优。

现将交叉操作引入混合蛙跳算法的全局搜索中，即在混洗策略的基础上，在青蛙之间进行两两交配产生子代，加强混合过程的信息交流。利用 $\boldsymbol{X}_{\text{gbest}}$ 对算法的影响，通过交叉操作提升 $\boldsymbol{X}_{\text{gbest}}$ 的性能，使种群更快地向全局最优解移动。

如果交叉操作时仅仅是构成父代青蛙个体的变量互换，便不会有新性状产生。因而，这里采用交叉操作方式为单点混合交叉。首先，随机选择一个交叉点，即

$$\alpha = \text{roundup}\{\text{random} \cdot D\} \tag{8.4.6}$$

父代青蛙个体为

$$\begin{aligned}\boldsymbol{X}_1 &= [x_{11}\ x_{12}\ \cdots\ x_{1d}\ \cdots\ x_{1D}] \\ \boldsymbol{X}_2 &= [x_{21}\ x_{22}\ \cdots\ x_{2d}\ \cdots\ x_{2D}]\end{aligned} \tag{8.4.7}$$

交叉点左边的基因遗传给子代，交叉点右边的基因根据式（8.4.8）进行混合，产生出新的基因性状。

$$x'_{1d} = x_{1d} - \beta[x_{1d} - x_{2d}]$$
$$x'_{2d} = x_{2d} + \beta[x_{1d} - x_{2d}] \tag{8.4.8}$$

式中，β 是介于 0 到 1 之间的随机数。注意：如果产生的新基因位于变量取值范围以外，则要将其抛弃，重新尝试另外的 β 值。

所以，最终产生的子代青蛙为

$$\text{offspring}_1 = [x_{11}\ x_{12}\ \cdots\ x'_{2d}\ \cdots\ x'_{1D}]$$
$$\text{offspring}_2 = [x_{21}\ x_{22}\ \cdots\ x'_{2d}\ \cdots\ x'_{2D}] \tag{8.4.9}$$

交叉操作使得种群规模扩大了一倍，因此需要利用遗传算法中的自然选择操作计算整个种群的适应度值并排序，淘汰适应度值低的个体，保留具有优良性状的个体，以保持整个青蛙种群规模恒定。

8.4.3 遗传混合蛙跳算法实现流程

遗传混合蛙跳算法的实现流程如下。

步骤 1：初始化种群。对算法参数进行设置，包括要划分的子群数目 M，每个子群中的青蛙数目 L，全局搜索的最大进化代数 $T_{\max}$，局部搜索的最大进化代数 $T_{L\max}$，局部搜索的变异概率 p_m，局部搜索中组成部分子群的青蛙个数 q，算法精度设定值 err。

步骤 2：生成一个种群规模为 $N(N = ML)$ 的虚拟青蛙种群。当前进化代数记为 1。

步骤 3：计算青蛙种群的适应度值并排序。选择排序最为靠前的青蛙，即性能最优的个体，将其记作全局最优解 $\boldsymbol{X}_{\text{gbest}}$。

步骤 4：按照子群划分策略，将青蛙种群划分成 M 个子群，每个子群中包含 L 只青蛙。

步骤 5：每个子群分别单独执行模因进化，进行局部搜索。

1）按照部分子群选择策略，从子群中选择 q 只青蛙，构造一个部分子群。

2）从部分子群中选择出性能最优的青蛙 $\boldsymbol{X}_b$ 和性能最差的青蛙 $\boldsymbol{X}_a$。

3）对 $\boldsymbol{X}_b$ 进行变异操作，如果变异后的青蛙 $\boldsymbol{X}_{b,\text{mut}}$ 性能有所提升，则用 $\boldsymbol{X}_{b,\text{mut}}$ 代替 $\boldsymbol{X}_b$，否则将其丢弃。

4）更新性能最差的青蛙 $\boldsymbol{X}_a$。$\boldsymbol{X}_a$ 向局部最优解 $\boldsymbol{X}_b$ 学习，跳跃到新的位置 $\boldsymbol{X}_{a,\text{new}}$。如果跳跃后的青蛙 $\boldsymbol{X}_{a,\text{new}}$ 比 $\boldsymbol{X}_a$ 性能提升，则用 $\boldsymbol{X}_{a,\text{new}}$ 代替 $\boldsymbol{X}_a$；否则，用全局最优解 $\boldsymbol{X}_{\text{gbest}}$ 代替 $\boldsymbol{X}_a$，$\boldsymbol{X}_a$ 向 $\boldsymbol{X}_{\text{gbest}}$ 学习，重新跳跃至另外的新位置 $\boldsymbol{X}_{a,\text{new}}$。再一次比较跳跃前后的青蛙性能，如果 $\boldsymbol{X}_{a,\text{new}}$ 优于 $\boldsymbol{X}_a$，则用 $\boldsymbol{X}_{a,\text{new}}$ 取代 $\boldsymbol{X}_a$；否则，随机生成一只新青蛙 $\boldsymbol{X}_{a,\text{new}}$ 取代 $\boldsymbol{X}_a$。

5）青蛙子群执行基于精英选择策略的变异操作。

6）判断子群模因进化是否达到设定的子群迭代次数，若是，则返回全局流程，继续全局搜索，否则返回 1）重新循环。

步骤 6：将所有青蛙子群进行混洗，在整个种群内部执行交叉操作和自然选择操作。然后，再次将青蛙种群按适应度值排序，更新种群中性能最优的青蛙 $\boldsymbol{X}_{\text{gbest}}$。

步骤 7：判断算法是否达到迭代终止条件。达到全局最大迭代次数 $T_{\max}$ 或达到算法设定精度值，即当前最优青蛙个体与理论最优解的距离 err，则算法停止迭代；如果未达到终止条件，则回到步骤 3。输出最终得到的具有最优性能的青蛙 $\boldsymbol{X}_{\text{gbest}}$，即算法得到的最优解。

遗传混合蛙跳算法流程如图 8.4.2 所示。

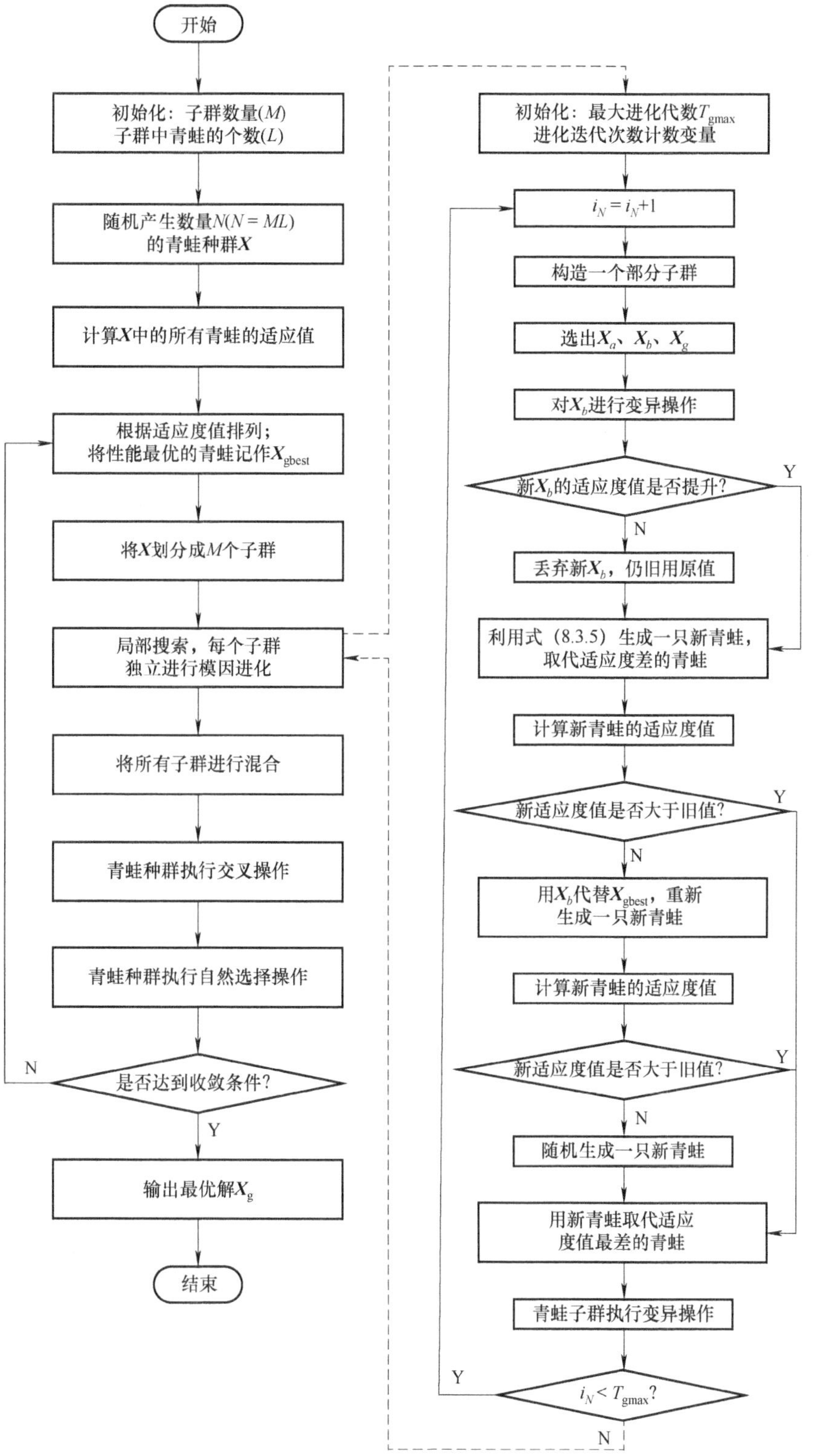

图 8.4.2 遗传混合蛙跳算法流程

文献［162］表明，无论用二维测试函数还是用高维测试函数，遗传混合蛙跳算法获得的最优解的精度更高，并且所用的迭代次数最少。这说明，将遗传算法引入混合蛙跳算法中，能更好地提高搜索精度和收敛速度。

8.5 基于 DNA 编码的多种群循环遗传混合蛙跳算法

文献［162］将 DNA 编码用于遗传算法的染色体编码中，设计了移位重构交叉算子和颈环变异算子，提出了多种群循环策略，构成一种多种群循环遗传算法（Multi-populations Cycling Genetic Algorithm，MCGA）；然后，将 MCGA 用于生成混合蛙跳算法的全局或局部最优解，提出了一种基于多种群循环的混合蛙跳算法。

下面按逐步引申的思路，从多种循环策略出发，简要概述基于 DNA 编码的多种群循环遗传混合蛙跳算法的形成与发展。

8.5.1 多种群循环遗传混合蛙跳算法

自然界的生物物种繁多，各物种受自然环境和其他物种的共同影响，不断进化。受此启发，文献［162］提出了多种群循环策略，将该策略与遗传算法相结合，构成一种多种群循环遗传算法（Multi-populations Cycling Genetic Algorithm，MCGA），再将 MCGA 与混合蛙跳算法结合，就形成了多种群循环遗传混合蛙跳算法（MCGA-SFLA）。该算法设计了新的交叉和变异算子，并采用多种群循环进化策略，不仅保证了各个子种群在进化过程中不受其他种群的干扰，能够维持种群的多样性，而且能使优良个体得以保留。在具体操作时，以整个种群为搜索空间，根据个体适应度值的大小将所有个体进行排序，将种群个体平均分成若干等份，分别对应主种群、辅助种群 1、辅助种群 2……。在每个子种群中，将子种群个体分为优质种群和劣质种群，并且将每个子种群中个体适应度值最大的个体作为精英个体保留。对于每个子种群执行新的交叉和变异操作。首先，在优质种群中随机选择两个个体作为父体用于执行交叉操作，对种群中的个体执行禁忌交叉操作。对于每个子种群，分别确定相应种群的交叉操作概率，然后按置换交叉、转位交叉和重构交叉操作的顺序执行。如果置换交叉操作和转位交叉操作均未被执行，则以一定的概率执行重构交叉操作，每次交叉操作产生个体的不放回原种群。重复以上交叉操作直到产生所需数量的新个体，并放入到原子种群中，得到新子种群。对主种群和辅助种群分别执行变异操作，主种群和辅助种群以不同的变异概率进行变异，用变异后的个体取代原个体。变异操作完成后，对每个子种群执行联赛选择操作，挑选出一定量的个体，与精英个体一起组成种群规模为不变的新种群，计算每个子种群中个体的适应度值，选择适应度值最大的个体作为子种群的最优个体。对所有子种群分别执行优质个体循环替换操作，将辅助种群 1 的最优个体替换主种群中的最差个体，将辅助种群 2 中的最优个体替换辅助种群 1 中的最优个体，将辅助种群 3 中的最优个体替换辅助种群 2 中的最差个体，依此类推，直至将主种群的最优个体替换辅助种群 1 的最优个体，至此完成了一次种群优质个体循环替换操作。直至满足子种群合并的条件，则将各子种群合并成一个种群。

将新型交叉和变异算子、多种群循环策略引入混合蛙跳算法中，避免了混合蛙跳算法过早陷入局部最优，并能更有效地更新青蛙个体。

8.5.2　基于 DNA 编码的多种群循环遗传算法

对于遗传算法，遗传操作算子在全局搜索中具有核心作用，对算法的搜索能力有至关重要的影响。然而，传统遗传算子相对单一，而且大多数遗传算子是基于二进制编码或实数编码操作的，大大限制了遗传算法性能的发挥。因此，受 DNA 分子操作的启发，文献［162］采用 DNA 编码方式，并且根据遗传信息的表达过程，设计了基于 DNA 编码的新型操作算子——移位重构交叉算子和颈环变异算子。此外，还借鉴了自然界物种种群的进化模式，提出了多种群循环的策略，进一步扩大了解空间的搜索范围。

1. DNA 编码与解码

利用遗传算法求解问题并非直接作用在问题的解空间，而是需要首先确定问题的变量，对这些变量进行编码。问题的每个可能解都被编码成一个染色体，用字符串来表示。遗传操作算子直接对这些染色体进行操作。编码方式可以分为二进制编码、十进制编码、格雷码编码、树形编码、碱基编码、矩阵编码、加权实数编码等。不同的优化问题采用不同的编码方式，不同的编码方式在很大程度上决定了如何进行群体的遗传操作以及遗传运算的效率。这里采用第 4.4.2 小节所介绍的第二种编码方式进行编码并进行解码。

DNA 编码过程完成了从问题空间到 DNA 空间的映射，使得个体能够在基因层面进行丰富多样的分子操作，从而增加了种群的多样性，提高了算法的性能。

2. 自然选择操作

根据达尔文的自然选择学说，对生存环境适应能力强的个体更容易生存下来，并将其基因遗传给下一代。因此，计算出种群中所有个体的适应度值，按照从大到小的顺序将这些个体进行排序，只有适应度值大的个体才有机会被选中进入交叉、变异环节，适应度值小的个体则被淘汰。用自然选择概率 p_s 控制得以存活的染色体数目，则每一代中存活下来并进行交叉操作的染色体个数为

$$N_{\mathrm{keep}} = p_s N_{\mathrm{pop}} \tag{8.5.1}$$

式中，N_{keep} 是存活的染色体数；p_s 是自然选择概率；N_{pop} 是种群的个体总数。适应度值较小的后 $N_{\mathrm{pop}} - N_{\mathrm{keep}}$ 个染色体被丢弃，为后续产生的新染色体让出空间。

自然选择概率需设定在合理范围内，若 p_s 太大，可能使差的基因片段传递至下一代，降低收敛速度；反之，若 p_s 太小，则只有少部分染色体能够存活，这会限制下一代染色体的基因多样性。

3. 遗传操作

遗传算法包括三个基本的操作：选择、交叉、变异。

（1）选择操作

在进行交叉操作之前，要先从存活下来的染色体中随机选择父代染色体，用于交叉生成子代染色体。此过程不断进行，直到产生 $N_{\mathrm{pop}} - N_{\mathrm{keep}}$ 个子染色体来替代被淘汰的染色体，使新一代种群的染色体数量重新达到 N 个为止。一般说来，适应度值越大的染色体被选中进行交叉操作的概率越大。一般的选择方法有随机选择法、轮盘赌法、竞争法等。采用轮盘赌法的选择概率为

$$p_n = \frac{\mathrm{fit}_i}{\sum_{i=1}^{N_{\mathrm{keep}}} \mathrm{fit}_i} \tag{8.5.2}$$

式中，N_{keep} 是存活的染色体总数；fit_i 是染色体个体的适应度值；p_n 是第 n 个染色体的概率，$\sum_{i=1}^{n} p_i$ 是第 n 个染色体的累积概率。这样，适应度值越大的染色体被选作父代染色体的概率就越大。

（2）交叉操作

交叉操作模拟自然界中有性繁殖的基因重组过程，对父代染色体配对进行基因交换重组，产生出大量新的个体，从而使更优个体的出现成为可能。

细胞在减数分裂的四分体时期，配对的同源染色体的两条非姐妹染色单体之间会部分交叉互换，导致基因重组，从而形成新的染色体。图 8.5.1 显示了这一生物过程。

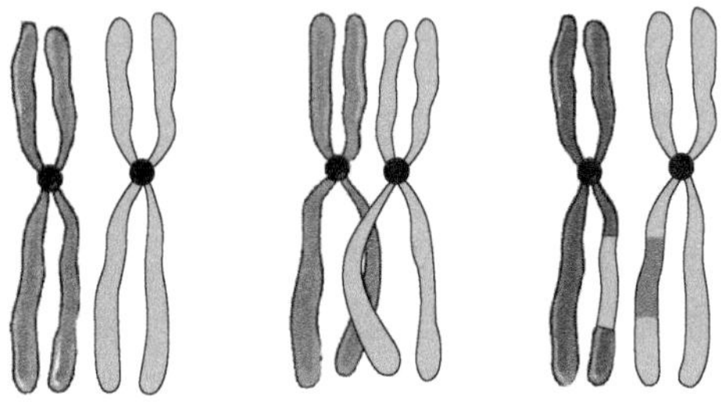

图 8.5.1　染色体的交叉互换示意图

遗传算法中常用的两点交叉操作就是受染色体这一行为所启发设计得到的。在执行选择操作后，得到两个用于交配的父代染色体。模拟染色体基因重组过程，在父代染色体上任意选取两个交叉点，在相对应的位置产生等长的基因片段，然后父代染色体相互置换选中的这两段基因片段，从而产生两个新的子染色体。其具体过程如图 8.5.2 所示。

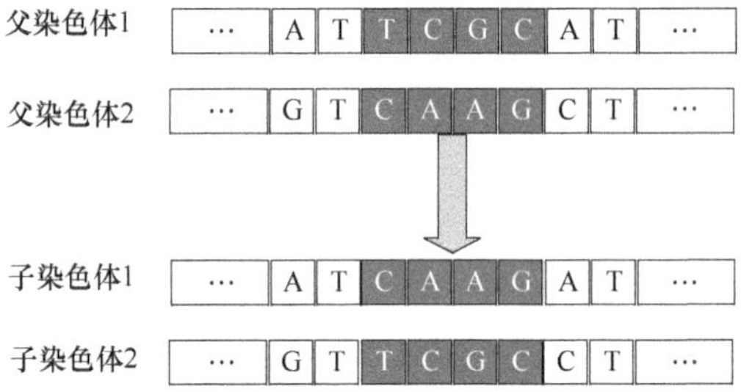

图 8.5.2　遗传算法两点交叉示意图

两点交叉算子需要两个父代染色体在相对应的位置进行交叉操作，然而这会限制产生子代染色体的多样性，特别是在交叉过程中出现个别优秀的个体时，会导致整个种群的多样性急速下降，降低算法的搜索效率和搜索成功率。针对这种情况，在两点交叉的基础上进行了改进，设计了一种移位重构交叉算子，以增大交叉过程引入新性状的概率。其具体过程如图 8.5.3所示。

（3）变异操作

虽然 DNA 分子的双螺旋结构使 DNA 分子在复制时具有较高的稳定性，但受环境或者人为影响，某些基因位会发生不可预料的可遗传变异，产生具有新性状的生物个体。基因变异操作在遗传算法中发挥着重要作用，它能够引入原种群不存在的新性状，从而增加种群的多样性，防止算法过早收敛，并帮助算法跳出局部最优以得到更好的结果。在遗传算法中，最为常见的变异方法是单点变异，即将变异位取反，0 变为1、1 变为0。当对染色体进行DNA编码时，当某位发生变异，则用一个随机产生的不同的碱基来代替当前位，其具体过程如图 8.5.4 所示。

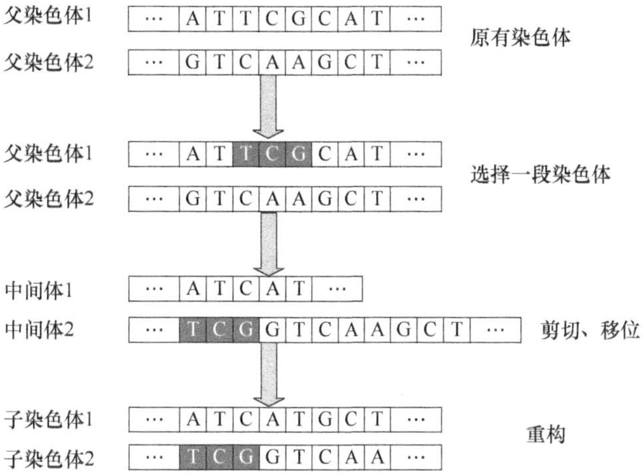

图 8.5.3　遗传算法移位重构交叉示意图

单点变异只对单个染色体的某一编码位进行变异，由于变异概率取值通常不会太大，所以产生的新个体难以保证种群的多样性。生物学中有颈环的概念，即当 DNA 序列的两端互补时，这两端会连接在一起，DNA 序列形成颈环。然而，DNA 的颈环结构不稳定，只要环境发生很小的变化，就会导致它断裂。颈环会从一个随机点发生断裂，然后形成一个新的序列，在此过程中，序列的长度保持不变。根据这一生物学概念，采用文献［164］中的颈环操作作为变异算子——颈环变异算子。具体过程如图 8.5.5 所示。

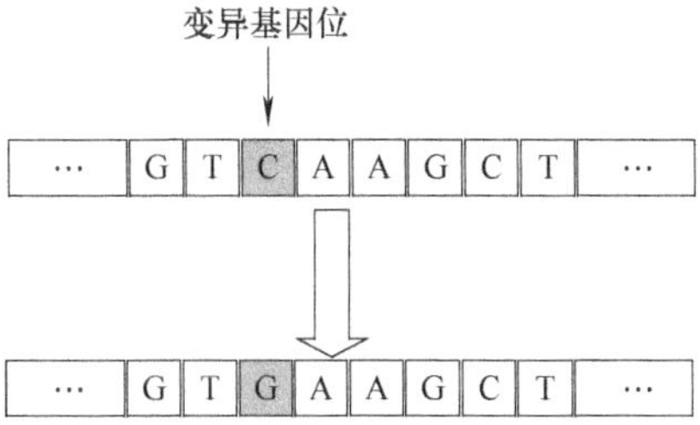

图 8.5.4　遗传算法单点变异示意图

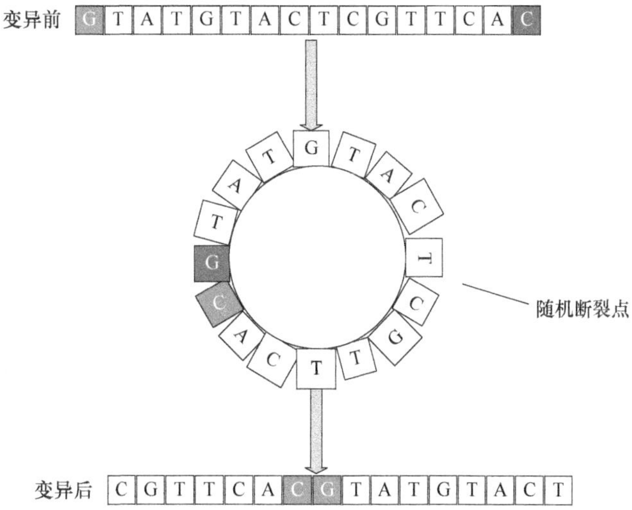

图 8.5.5　遗传算法颈环变异算子示意图

为保持种群中的优良性状，采用精英策略，不对每代中适应度值最大的染色体进行变异

操作。因此，用预先设定的变异概率乘以种群中的基因总数就可得到需要进行的变异基因个数，即

$$N_{\mathrm{mut}} = p_m(N_{\mathrm{pop}} - 1)L \tag{8.5.3}$$

式中，N_{mut} 是基因变异个数；p_m 是变异概率；N_{pop} 是种群的个体总数；L 是一个染色体所含有的基因位数，$L = N_{\mathrm{var}}l$，其中，N_{var}是变量个数，L 是变量编码长度。

4. 多种群循环策略

自然界的生物物种多种多样，各物种受自然环境和其他物种的共同影响，不断进化。受此启发，文献［162］提出了多种群循环策略，构成多种群循环遗传算法（Multi-populations Cycling Genetic Algorithm，MCGA）。在基本遗传算法中，只是在初始化时随机生成一个种群，算法容易收敛到局部最优解。为了扩大对算法解空间的搜索范围，MCGA 在每一个种群进化末期，判断所得到的最优个体是否符合全局解精度要求。如果符合，则进入下一步；如果不符合，则随机生成另一个种群，重新进化。考虑到自然界食物链中的物种数量呈金字塔状分布，因而算法生成新种群的数量应该与新种群在食物链金字塔所处的位置有关，即越晚生成的种群，所包含的个体数量越少。为了增加寻优概率，MCGA 初始化时生成一个规模较大的种群。

另外，为了充分利用进化信息，在种群与种群之间也采用精英保留策略，将上一个种群所获得的适应度值最大的染色体保留，加入到下一个种群中。

5. MCGA 算法流程

基于 DNA 编码的多种群循环遗传算法流程如下。

步骤 1：定义适应度函数，设定变量的 DNA 编码方式（采用四进制编码）、自然选择概率、交叉概率和变异概率，设置种群的最大进化代数、全局解的精度要求和可产生的种群最大数目。

步骤 2：随机生成一个种群。

步骤 3：根据适应度函数，计算每个染色体对应的适应度值并排序。

步骤 4：根据设定好的自然选择概率，选择适应度值大的优秀染色体进入交配环节，淘汰适应度值小的染色体。

步骤 5：对存活的染色体进行选择、移位重构交叉操作，产生子染色体。

步骤 6：将存活的父代染色体和新产生的子染色体混合形成新种群（种群数量仍为 N_{pop}），进行颈环变异操作。

步骤 7：计算新种群的适应度值，检查适应度值最大的染色体是否达到种群进化结束条件（达到全局解的精度要求或达到进化代数设定值），未达到则返回到步骤 4；达到则继续判断适应度值最大的染色体是否达到算法结束条件（达到全局解的精度要求或者种群个数达到设定值），未达到实施精英保留策略并调整新生种群的个体数量，则返回到步骤 2，达到则应用局部搜索算法进行局部优化。

步骤 8：如果局部优化算法得到的最终解优于步骤 7 所得的染色体，则最终得到符合条件的全局最优解；否则，步骤 7 所得的染色体为最终的全局最优解。

多种群遗传算法流程如图 8.5.6 所示。

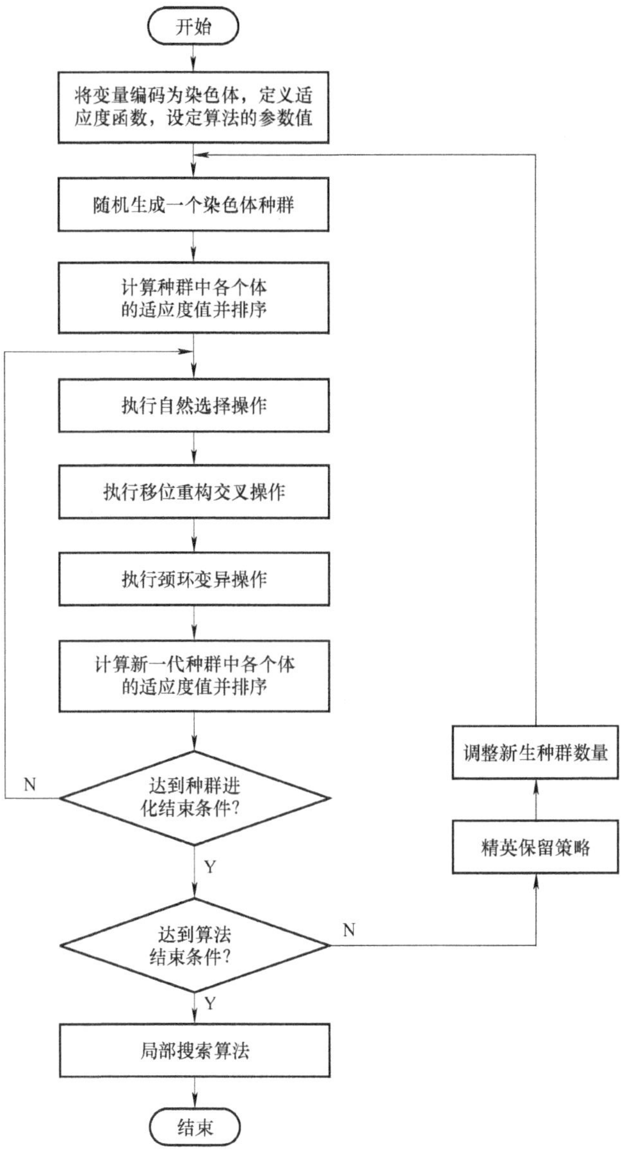

图 8.5.6　多种群遗传算法流程图

8.5.3　基于 DNA 编码的多种群遗传混合蛙跳算法原理

1. 用 MCGA 改进 SFLA

经前面分析可知，青蛙位置 $\boldsymbol{X}_a$ 更新的本质，实际上是青蛙所代表的解向量在连续解空间跟踪局部极值和全局极值的向量运算。在混合蛙跳算法流程中，每个子群分别执行模因进化算法进行局部搜索，然后在全局范围内重排、分组，从而实现各个子群之间青蛙的信息流动与共享。

在每个子群的搜索过程中，局部极值 $\boldsymbol{X}_b$ 和全局极值 $\boldsymbol{X}_{\text{gbest}}$ 对 $\boldsymbol{X}_a$ 的更新乃至整个算法的进化会产生很大影响。SFLA 进行局部搜索时仅改善 $\boldsymbol{X}_w$，这很可能导致 $\boldsymbol{X}_b$ 长时间徘徊在原位置上，继而使子群的搜索方向无法得到改善而陷入局部寻优，甚至最终导致整个种群陷入局部最优。在 SFLA 的全局搜索中，$\boldsymbol{X}_{\text{gbest}}$ 的选择来源于各个子群的最优解 $\boldsymbol{X}_b$，其更新行为受到局限，因为一旦 $\boldsymbol{X}_b$ 为局部最优解，青蛙种群将难摆脱局部极值，进而将此信息传播至整个青蛙种群，导致种群以较大概率陷入局部收敛。

正是由于 $\boldsymbol{X}_b$ 和 $\boldsymbol{X}_{\text{gbest}}$ 对种群进化有很大影响，为避免使算法搜索陷入局部最优，使种群能够更快地向着全局最优解进化，需要加强 $\boldsymbol{X}_b$ 和 $\boldsymbol{X}_{\text{gbest}}$ 跳出局部最优的能力。在前面提出的多种群遗传算法包含了新的操作算子——移位重构交叉算子和颈环变异算子，另外还采用了多种群循环策略，因此能够增加种群的多样性，有效避免早熟收敛，以较大概率找到种群的全局最优解。为了扩展 $\boldsymbol{X}_b$、$\boldsymbol{X}_{\text{gbest}}$ 的生成和更新途径，使 $\boldsymbol{X}_a$ 在自我更新过程中从 $\boldsymbol{X}_b$ 和 $\boldsymbol{X}_{\text{gbest}}$ 中获得更多信息，这里在基本混合蛙跳算法的基础上，将多种群循环遗传算法引入混合蛙跳算法的全局最优解和局部最优解的求解中，以避免 $\boldsymbol{X}_b$ 和 $\boldsymbol{X}_{\text{gbest}}$ 陷入局部最优，从而加快算法收敛速度，并优化搜索方向，最终使种群向着全局最优解收敛。图 8.5.7 是这个局部操作过程的流程图。其具体的操作描述如下。

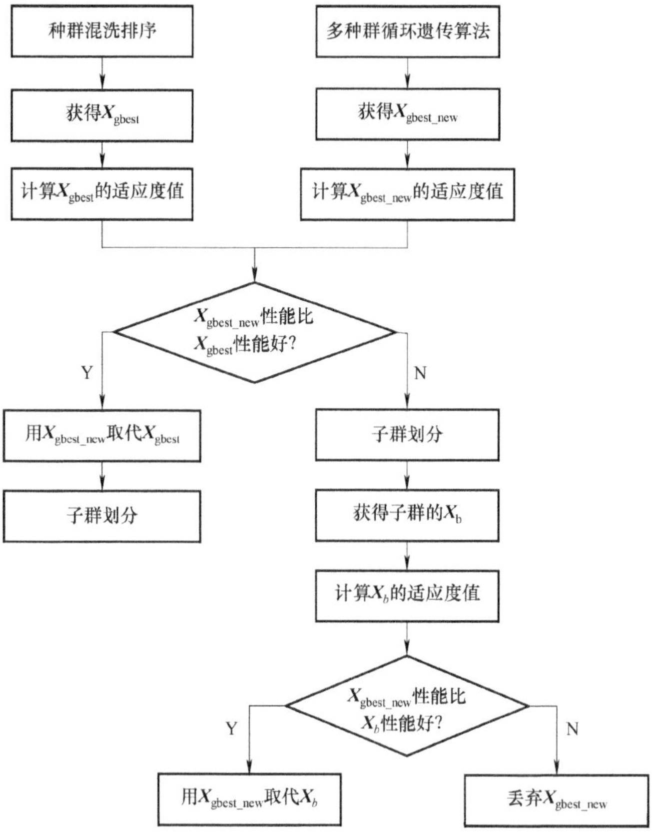

图 8.5.7　混合蛙跳算法改进流程图

在基本混合蛙跳算法的每一次全局迭代中，种群混洗并排序，从而选择出整个种群中性能最优的青蛙 $\boldsymbol{X}_{\text{gbest}}$，然后重新将种群划分为多个子群，各个子群重新进行局部模因进化。由此可见，在更新 $\boldsymbol{X}_{\text{gbest}}$ 的过程中，所有信息都是直接从子群的最优解 $\boldsymbol{X}_b$ 获得，其更新途径较为单一。因此，在每次全局迭代中，通过混合排序选择出全局最优解 $\boldsymbol{X}_{\text{gbest}}$ 后，不是直接在此基础上进行子群划分，而是转而执行多种群循环遗传算法，得到一个新的解。由于多种群循环遗传算法向全局收敛的特性，得到的这个新解在很大程度上为搜索空间中的最优解，因而将其视作混合蛙跳算法的全局最优解 $\boldsymbol{X}_{\text{gbest}}$ 的有力竞争者，在此将其记作 $\boldsymbol{X}_{\text{gbest\_new}}$。分别计算 $\boldsymbol{X}_{\text{gbest}}$ 与 $\boldsymbol{X}_{\text{gbest\_new}}$ 的适应度值，比较其大小，如果 $\boldsymbol{X}_{\text{gbest\_new}}$ 的适应度值比 $\boldsymbol{X}_{\text{gbest}}$ 大，这说明全局最优解经过遗传进化后性能得到提升，那么就用 $\boldsymbol{X}_{\text{gbest\_new}}$ 取代 $\boldsymbol{X}_{\text{gbest}}$，作为混合更新后的具有全局最优性能的青蛙，然后再进行子群的划分。如果 $\boldsymbol{X}_{\text{gbest\_new}}$ 的适应度值比 $\boldsymbol{X}_{\text{gbest}}$ 小，那么仍用原来的 $\boldsymbol{X}_{\text{gbest}}$ 作为全局最优解，接着进行子群分组。为了充分利用信息，不是将 $\boldsymbol{X}_{\text{gbest\_new}}$ 直接丢弃，而是在每个子群进行局部模因进化时，将 $\boldsymbol{X}_{\text{gbest\_new}}$ 与部分种群的局部最优解 $\boldsymbol{X}_{\text{gbest}}$ 进行比较，如果 $\boldsymbol{X}_{\text{gbest\_new}}$ 的性能优于 $\boldsymbol{X}_{\text{gbest}}$，则用 $\boldsymbol{X}_{\text{gbest\_new}}$ 取代 $\boldsymbol{X}_{\text{gbest}}$ 来计算 $\boldsymbol{X}_a$ 的移动步长，否则将其丢弃。

这种用多种群循环遗传算法来产生新的全局最优解和局部最优解的新混合蛙跳算法，称为基于 DNA 编码的多种群循环遗传混合蛙跳算法（MCGA-SFLA）。

2. MCGA-SFLA 流程

综上所述，MCGA-SFLA 实现流程如下（如图 8.5.8 所示）。

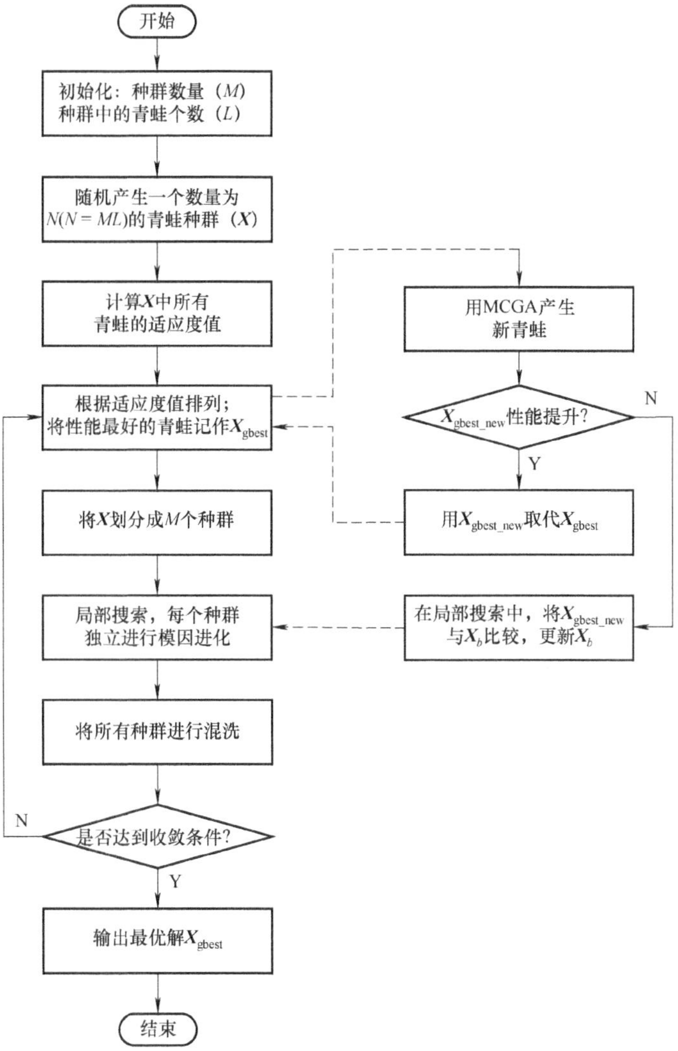

图 8.5.8 MCGA-SFLA 流程图

步骤1：初始化种群。对算法参数进行设置，包括要划分的种群数目 M，每个种群中的青蛙数目 L，全局搜索的最大进化代数 T_{gmax}，局部搜索的最大进化代数 T_{pmax}，局部搜索中组成部分种群的青蛙个数 q，算法精度设定值 err。

步骤2：生成一个种群规模为 $N(N = ML)$ 的虚拟青蛙种群。当前进化代数记为1。

步骤3：计算青蛙种群个体的适应度值并排序。选择排序最为靠前的青蛙，即性能最优的个体，将其记作全局最优解 $\boldsymbol{X}_{gbest}$。

步骤4：用 MCGA 进化得到一个新的全局最优解 $\boldsymbol{X}_{gbest\_new}$。

步骤5：比较 $\boldsymbol{X}_{gbest\_new}$ 与 $\boldsymbol{X}_{gbest}$ 的适应度值。如果 $\boldsymbol{X}_{gbest\_new}$ 的性能比 $\boldsymbol{X}_{gbest}$ 好，则用 $\boldsymbol{X}_{gbest\_new}$ 取代 $\boldsymbol{X}_{gbest}$，继续步骤6；否则，将 $\boldsymbol{X}_{gbest}$ 的值应用到局部模因进化算法中。

步骤6：按照种群划分策略，将青蛙种群划分成 M 个种群，每个种群中包含 N 只青蛙。

步骤7：每个种群分别单独执行模因进化，进行局部搜索。

步骤8：将所有青蛙种群进行混洗，再次将青蛙种群按适应度值排序，更新种群中性能最优的青蛙 $\boldsymbol{X}_{gbest}$。

步骤9：判断算法是否达到迭代终止条件，即判断是否达到最大迭代次数，或当前最优青蛙个体与理论最优解的距离小于设定的精度值 err。如果未达到终止条件，则回到步骤4；如果达到终止条件，则算法停止迭代。输出最终得到的具有最优性能的青蛙 $\boldsymbol{X}_{gbest}$，即是算法的最优解。

8.6 实例8-1：新型 DNA 遗传蛙跳算法优化的 MIMO 多模盲均衡算法

多天线发射和多天线接收的多输入多输出（Multiple Input and Multiple Output，MIMO）系统具有容量大、速率快和频谱利用率高等优点，已成为通信领域中的热门研究课题。在 MIMO 系统中，需要对信道进行适当均衡以降低码间干扰（Inter Symbol Interference，ISI）带来的影响，从而得到有效传输信号。多模盲均衡算法（Multi Modulue Blind Equalization Algorithm，MMA）不仅可以恢复信号幅度，也可以恢复载波相位，但仍存在模型误差，其收敛速度及均衡后的码间干扰仍不甚理想。为了提高 MMA 的性能，研究了一种新型 DNA 遗传蛙跳算法优化的 MIMO 多模盲均衡算法（Constant Modulus Blind Equalization Based on the Optimization of New DNA Genetic Shuffled Frog Leaping Algorithm，N-DNA-SFLA-CMA）。

8.6.1 MIMO 系统模型

M 路输入 D 路输出的 MIMO 系统模型如图8.6.1所示。

第 d 路接收信号为

$$\boldsymbol{y}_d(n) = \sum_{i=1}^{M} \boldsymbol{a}_i(n) \otimes \boldsymbol{h}_{di}(n) + \boldsymbol{v}_d(n), \quad j = 1,2,\cdots,D \tag{8.6.1}$$

式中，$\otimes$ 表示卷积；$\boldsymbol{y}_d(n)$ 为第 d 路的接收信号；$\boldsymbol{a}_i(n)$ 为第 i 路的发射信号，且相互之间独立、均值为零；$\boldsymbol{h}_{di}(n)$ 为第 i 路发射天线到第 d 路接收天线的信道冲激响应；向量 $\boldsymbol{v}_d(n)$ 是叠加在第 d 路接收信号上的高斯白噪声。对图8.6.1所示的 MIMO 系统，原有的 M 路信号相互之间叠加和干扰后，变成了 D 路信号。

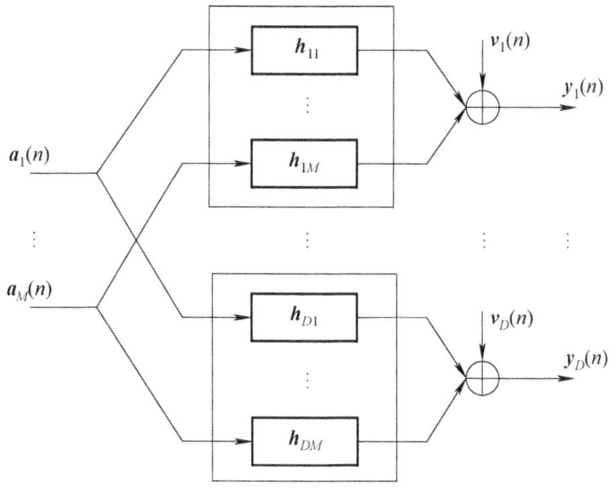

图 8.6.1　MIMO 系统模型

8.6.2　MIMO 系统多模盲均衡算法

M 路输入 D 路输出的 MIMO 系统模型如图 8.6.2 中模块一所示。

模块一中，第 d 路接收信号为式（8.6.1）所示。

在图 8.6.2 所示的 MIMO 系统中，原有的 M 路信号相互之间叠加和干扰后，变成了 D 路信号。

在 MIMO 系统的接收端加入均衡器组可以恢复接收到的信号，其原理如图 8.6.2 中模块二所示。

首先将均衡器接收到的信号分为实部和虚部分别处理，可以写为

$$\boldsymbol{y}_d(n) = \boldsymbol{y}_{d,\mathrm{Re}}(n) + \mathrm{j}\boldsymbol{y}_{d,\mathrm{Im}}(n) \tag{8.6.2}$$

每个子均衡器的输出信号可以写为

$$z_{i,\mathrm{Re}}(n) = \boldsymbol{y}_{Re}(n)\,\boldsymbol{w}_{i,Re}^{\mathrm{H}}(n) \tag{8.6.3}$$

$$z_{i,\mathrm{Im}}(n) = \boldsymbol{y}_{Im}(n)\,\boldsymbol{w}_{i,\mathrm{Im}}^{\mathrm{H}}(n) \tag{8.6.4}$$

输出信号可以写为

$$z_i(n) = z_{i,\mathrm{Re}}(n) + jz_{i,\mathrm{Im}}(n) \tag{8.6.5}$$

式中，实部信号的均衡器为 $\boldsymbol{w}_{i,\mathrm{Re}}(n) = [w_{i1,\mathrm{Re}}(0) \ \cdots \ w_{i1,\mathrm{Re}}(L) \ \cdots \ w_{iD,\mathrm{Re}}(0) \ \cdots \ w_{iD,\mathrm{Re}}(L)]^{\mathrm{T}}$；虚部信号的均衡器为 $\boldsymbol{w}_{i,\mathrm{Im}}(n) = [w_{i1,\mathrm{Im}}(0) \ \cdots \ w_{i1,\mathrm{Im}}(L) \ \cdots \ w_{iD,\mathrm{Im}}(0) \ \cdots \ w_{iD,\mathrm{Im}}(L)]^{\mathrm{T}}$；$L$ 为信道阶数。

代价函数定义为

$$J_1(\boldsymbol{w}) = \mathrm{E}\left\{\sum_{i=1}^{M}[z_{i,\mathrm{Re}}^2(n) - R_{\mathrm{Re}}^2]^2\right\} + \mathrm{E}\left\{\sum_{i=1}^{M}[z_{i,\mathrm{Im}}^2(n) - R_{\mathrm{Im}}^2]^2\right\} \tag{8.6.6}$$

式中，$R_{\mathrm{Re}}^2 = \dfrac{E\{|\mathrm{Re}(a_1(n))|^4\}}{E\{|\mathrm{Re}(a_1(n))|^2\}} = \cdots = \dfrac{E\{|\mathrm{Re}(a_M(n))|^4\}}{E\{|\mathrm{Re}(a_M(n))|^2\}}$ 表示实部的模值；$R_{\mathrm{Im}}^2 = \dfrac{E\{|\mathrm{Im}(a_1(n))|^4\}}{E\{|\mathrm{Im}(a_1(n))|^2\}} = \cdots = \dfrac{E\{|\mathrm{Im}(a_M(n))|^4\}}{E\{|\mathrm{Im}(a_M(n))|^2\}}$ 表示虚部的模值。

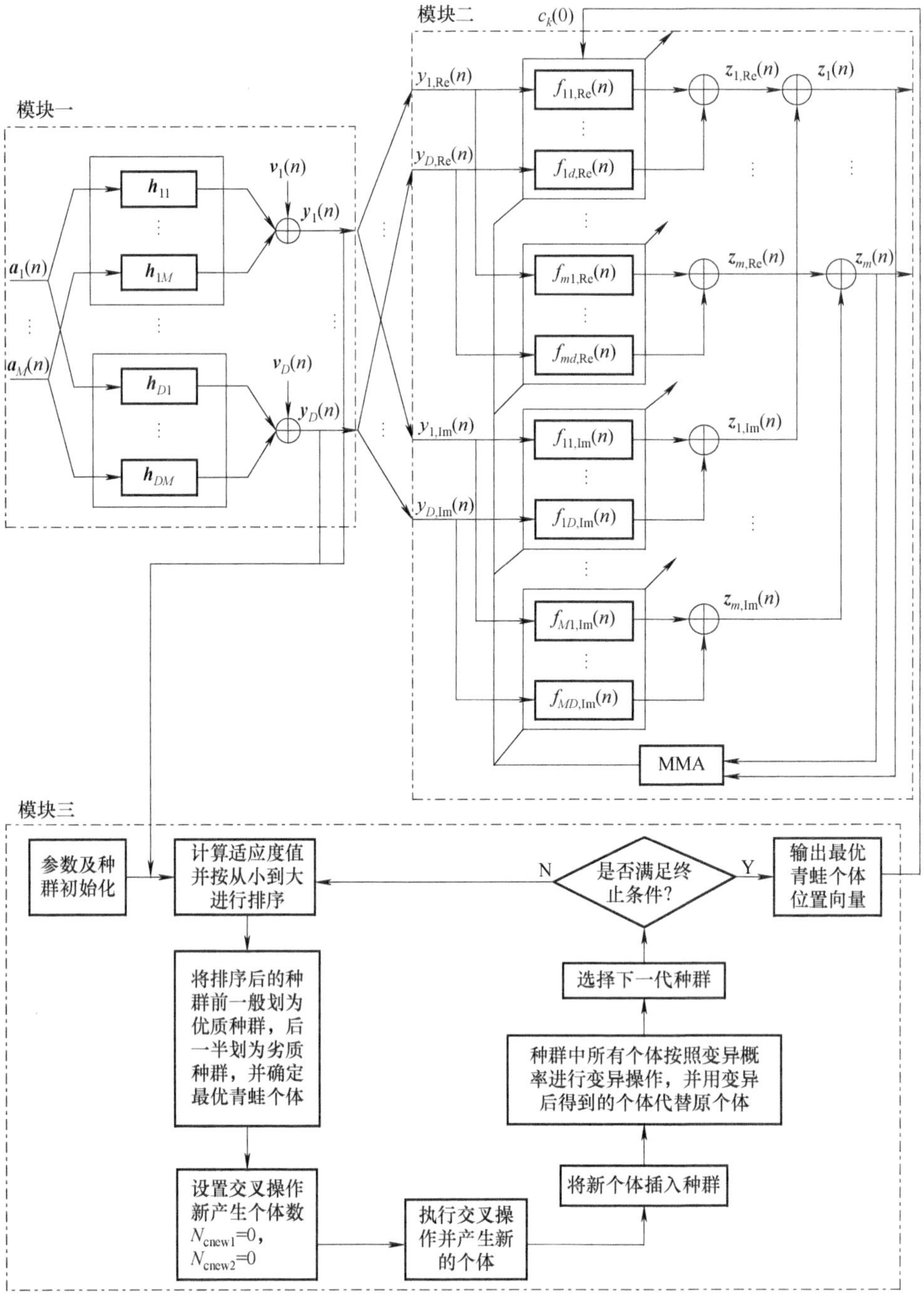

图 8.6.2　N-DNA-SFLA-MIMO-MMA 实现流程

利用随机梯度下降法最小化代价函数 $J_1(\boldsymbol{w})$，则各子均衡器权向量的迭代公式为

$$\boldsymbol{w}_{i,\mathrm{Re}}(n+1)=\boldsymbol{w}_{i,\mathrm{Re}}(n)-\mu z_{i,\mathrm{Re}}(n)e_{i,\mathrm{Re}}(n)\boldsymbol{y}_{i,\mathrm{Re}}^{*}(n) \tag{8.6.7}$$

$$\boldsymbol{w}_{i,\mathrm{Im}}(n+1)=\boldsymbol{w}_{i,\mathrm{Im}}(n)-\mu z_{i,\mathrm{Im}}(n)e_{i,\mathrm{Im}}(n)\boldsymbol{y}_{i,\mathrm{Im}}^{*}(n) \tag{8.6.8}$$

式中，$e_{i,\mathrm{Re}}(n)=(|z_{i,\mathrm{Re}}(n)|^2-R_{\mathrm{Re}}^2)$ 为误差函数的实部；$e_{i,\mathrm{Im}}(n)=(|z_{i,\mathrm{Im}}(n)|^2-R_{\mathrm{Im}}^2)$ 为误差函数的虚部；μ 为迭代步长。

8.6.3　基于新型 DNA 遗传蛙跳算法优化的 MIMO 多模盲均衡算法

1. DNA 遗传算法的新型交叉操作和新型变异操作

(1) 新型交叉操作

将青蛙按照适应度值从大到小进行排序，前一半青蛙作为优质种群，后一半青蛙作为劣质种群。对于优质种群，先从其中随机选取两只青蛙个体的 DNA 序列位置向量（对青蛙个体位置向量进行 DNA 编码后得到的）作为父体，然后根据置换交叉概率 p_P 进行置换交叉操作，根据转位交叉概率 p_t 进行转位交叉操作，得到两个新的青蛙个体；对于劣质种群，先从优质种群和劣质种群中各随机选取一只青蛙个体的 DNA 序列位置向量作为父体，然后按置换交叉概率 p_P 进行置换交叉操作，按照转位交叉概率 p_t 进行转位交叉操作，保留从劣质种群中选择的青蛙个体通过交叉操作产生的新的青蛙个体。新型交叉操作流程如图 8.6.3 所示。

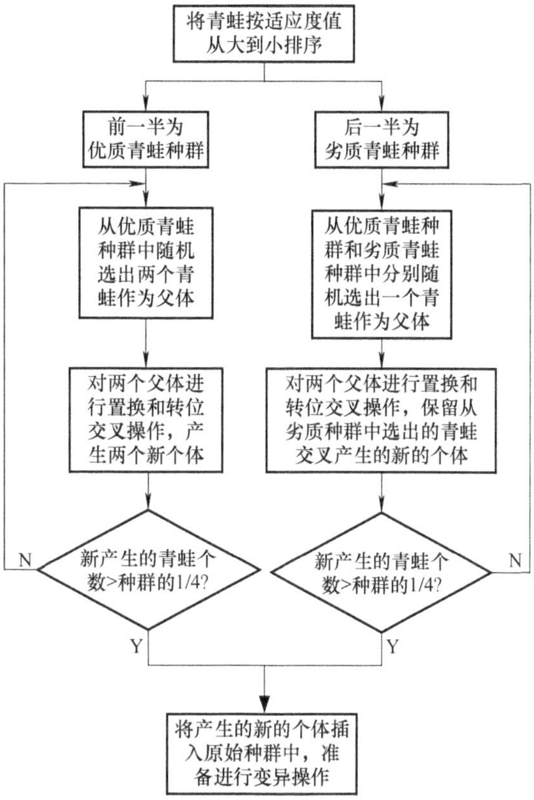

图 8.6.3　新型交叉操作流程

置换交叉操作过程如图 8.6.4 所示。在两个父体中，各随机取出一段碱基数相同的转座子，然后将这两个转座子互换，这样就得到了两个新的序列并取代父体。

转位交叉操作过程如图 8.6.5 所示。在父体中随机选取一个位置并取出随机长度的一段碱基，然后再将这段碱基随机插入到父体中的其他位置，这样就产生了一个新个体并取代父体。

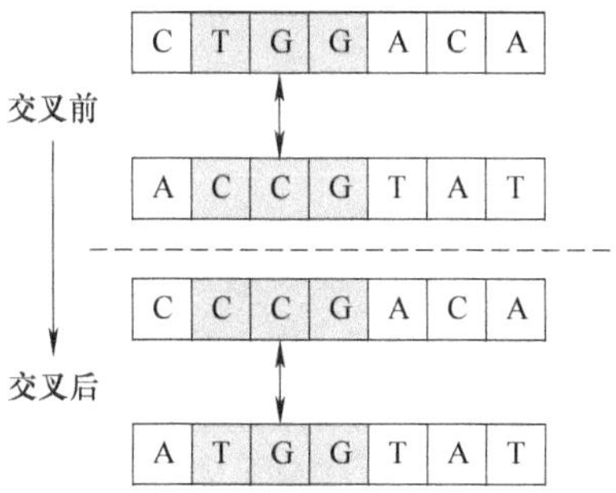

图 8.6.4　置换交叉操作

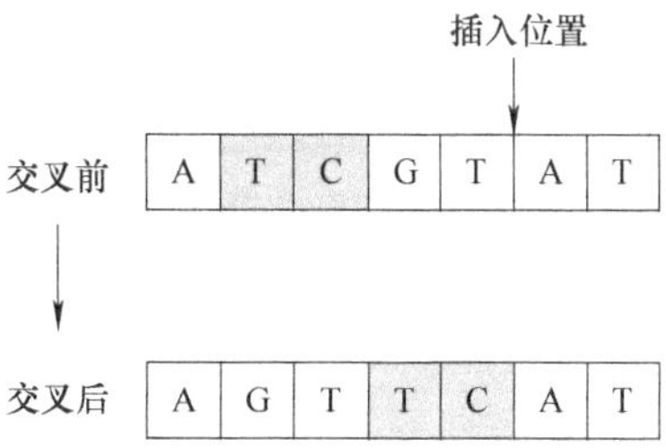

图 8.6.5　转位交叉操作

(2) 新型变异操作

将优质种群中的青蛙和通过交叉操作产生的新的青蛙按照普通变异概率 p_m 进行普通变

异操作；对将劣质种群中的所有青蛙个体按照反密码子变异概率 p_I 进行反密码子变异操作，再按最大最小变异概率 p_V 进行最大最小变异操作。这里的普通变异操作是：产生一组与青蛙个体DNA序列位置向量维数一样的0～1的随机数，这组随机数中的元素与青蛙个体DNA序列位置向量中的元素一一对应，将所有随机数分别与普通变异概率 p_m 相比，如果随机数比 p_m 小，就进行普通变异操作。新型变异操作流程如图8.6.6所示。

反密码子变异操作如图8.6.7所示。从青蛙个体的DNA位置序列向量中随机选取一段序列作为密码子，通过碱基互补性原则，产生一段与密码子中碱基互补的序列，称之为反密码子，再将反密码子中的碱基序列进行倒位，用倒转的反密码子代替密码子的位置，从而形成一个新的个体。

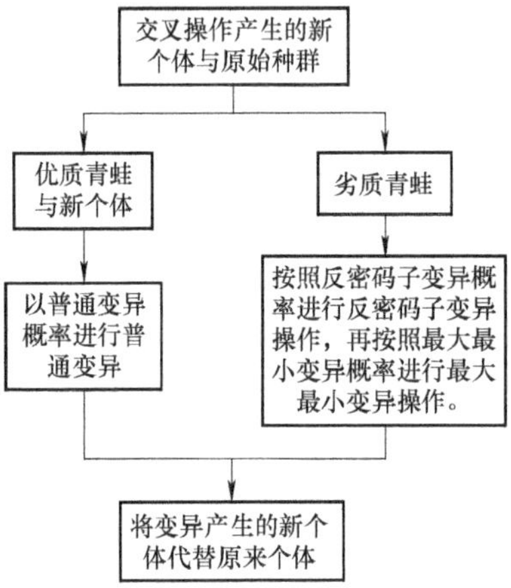

图8.6.6 新型变异操作

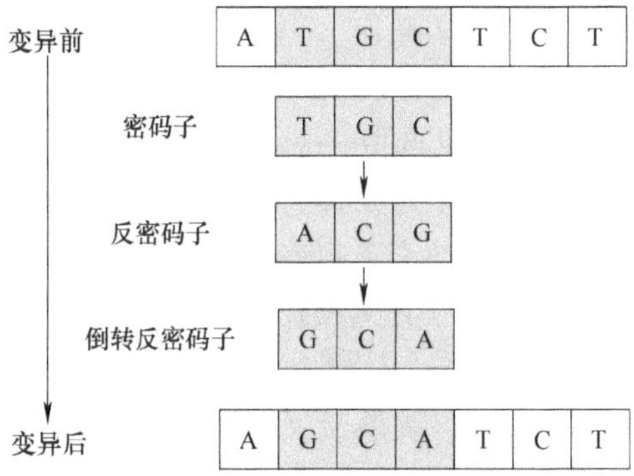

图8.6.7 反密码子变异操作

最大最小变异操作如图8.6.8所示。从青蛙个体的DNA位置序列向量中找出出现次数最多和最少的碱基并用出现次数最少的碱基取代出现次数最多的碱基，这样就产生一个新的个体，然后用其取代父体。

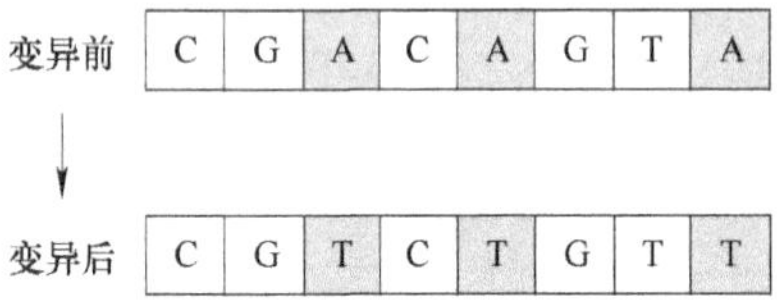

图8.6.8 最大最小变异操作

2. 新型DNA遗传蛙跳算法优化MIMO多模盲均衡算法

为了提高MIMO-MMA的性能，需进一步降低码间干扰并加快收敛速度，将具有新型交叉和变异算子的DNA遗传蛙跳算法（New DNA Genetic Shuffled Frog Leaping Algorithm，N-DNA-SFLA）与MIMO-MMA相结合，即将N-DNA-SFLA得到的最优青蛙位置向量作为MIMO-MMA每个均衡器的初始权向量，这就是N-DNA-SFLA-MIMO-MMA。此算法的具体实现流程（如图8.6.2所示）如下。

步骤1：初始化参数。确定青蛙种群中的青蛙个数 N、青蛙的维数 D，进化代数 T_{max}，蒙特卡罗迭代次数 T，信噪比SNR，信道矩阵 $\boldsymbol{h}$，均衡器的长度与青蛙个体维数 D 相同。

步骤2：计算适应度值。将MMA的代价函数的倒数作为N-DNA-SFLA的适应度函数，即

$\mathrm{fit}(\boldsymbol{X})=\dfrac{1}{J_{\mathrm{MMA}}(\boldsymbol{X})}$；利用适应度函数计算种群中所有青蛙的适应度值，并将编码前青蛙个体的十进制位置向量按照适应度值从小到大进行排序，前一半青蛙为优质种群，后一半为劣质种群，适应度值最小的青蛙作为最优个体，令 N_{cnew1} 为优质种群执行交叉操作生成的新的青蛙个体数，N_{cnew2} 为劣质种群执行交叉操作生成的新的青蛙个体数，并将其初值都设为零。

步骤 3：交叉操作。首先，从优质种群中随机选择两个父体，并产生一个 0 ~ 1 的随机数，如果该数比置换交叉概率 p_{p} 小，则执行置换交叉操作，然后继续产生一个 0 ~ 1 的随机数，如果该数比转位交叉概率 p_{t} 小，执行转位交叉操作，由此生成 2 个新的青蛙个体，即 $N_{\mathrm{cnew1}}=N_{\mathrm{cnew1}}+2$，重复操作，直到 $N_{\mathrm{cnew1}}>1/4N$；然后，从优质种群和劣质种群中分别选取一只青蛙，按照上述操作进行交叉操作，保留从劣质种群中选择的青蛙个体通过交叉操作产生的新的青蛙个体，即 $N_{\mathrm{cnew2}}=N_{\mathrm{cnew2}}+1$，重复操作，直到 $N_{\mathrm{cnew2}}>1/4N$。

步骤 4：变异操作。对新生成的青蛙和优质种群中的青蛙分别产生一组 0 ~ 1 的随机数，该随机数的数量与青蛙个体 DNA 序列位置向量维数相同，若随机数小于普通变异概率 p_{m}，则执行普通变异操作，并用新产生的个体代替原来青蛙个体；对于劣质种群中的青蛙，首先随机产生一组与劣质种群中青蛙对应的 0 ~ 1 的随机数，如果随机数比反密码子变异操作概率 p_{I} 小，此随机数对应的青蛙就执行反密码子变异操作，否则将这个随机数与最大最小变异操作概率 p_{V} 相比，若小于最大最小变异操作概率，则继续执行最大最小变异操作，用变异得到的新个体取代原来的个体。

步骤 5：联赛选择。当所有青蛙个体变异操作完成后，重复执行 $N-1$ 次联赛选择，从而挑选出 $N-1$ 个青蛙个体组成下一代青蛙种群；同时，将步骤 2 中的最优个体保留到下一代种群中，再对下一代种群进行 DNA 解码得到解码后的种群；最后，将当前进化代数加 1。

步骤 6：终止操作。若当前进化代数达到 $T_{\max}$ 时，则输出最优青蛙个体的位置向量并作为 MIMO-MMA 中每个均衡器的初始权向量，进行盲均衡运算，最终得到均衡后的各路信号；否则，继续执行步骤 2 ~ 步骤 5。

8.6.4　仿真实验与结果分析

为了验证所提出算法的有效性，以 MIMO-MMA 作为对比对象。MIMO 系统的发射端为 2 根天线，接收端为 3 根天线，实验 8.6.1 和实验 8.6.2 的信道矩阵 $\boldsymbol{h}$ 通过高斯信道产生。

$$\boldsymbol{h}=\begin{bmatrix}0.8771+0.3144\mathrm{i} & 0.3913+0.0633\mathrm{i}\\ 0.1677+0.3395\mathrm{i} & 0.6033+0.2305\mathrm{i}\\ 0.1921+0.2628\mathrm{i} & 0.3304+0.3365\mathrm{i}\end{bmatrix}$$

实验 8.6.3 和实验 8.6.4 的信道矩阵 $\boldsymbol{h}$ 通过莱斯信道产生。

$$\boldsymbol{h}=\begin{bmatrix}-0.1935-0.4163\mathrm{i} & 0.7064-0.0670\mathrm{i}\\ 0.9898-0.2623\mathrm{i} & 0.8248-0.3652\mathrm{i}\\ 0.4526+0.0956\mathrm{i} & 0.7381-0.4364\mathrm{i}\\ 0.4690-0.0327\mathrm{i} & 0.7311-0.6027\mathrm{i}\end{bmatrix}$$

均衡器权长为 11，信噪比为 20dB，训练样本个数 $N=20000$，MIMO-MMA 的两路信号的实部和虚部的第 12 个中心抽头为 1，青蛙总数为 500，最大进化代数为 100，置换交叉概率为 0.8，转位交叉概率为 0.3，普通变异概率为 0.1，反密码子变异概率为 0.5，最大最小变异概率为 0.1，进行 100 次蒙特卡罗仿真。本节用均衡后得到的码间干扰收敛曲线和星座图来衡量算法性能。

【实验 8.6.1】 信源采用 16QAM 信号，$\mu_{\text{MIMO-MMA}}=0.001$，$\mu_{\text{DNA-SFLA-MIMO-MMA}}=0.000093$。仿真结果如图 8.6.9 所示。

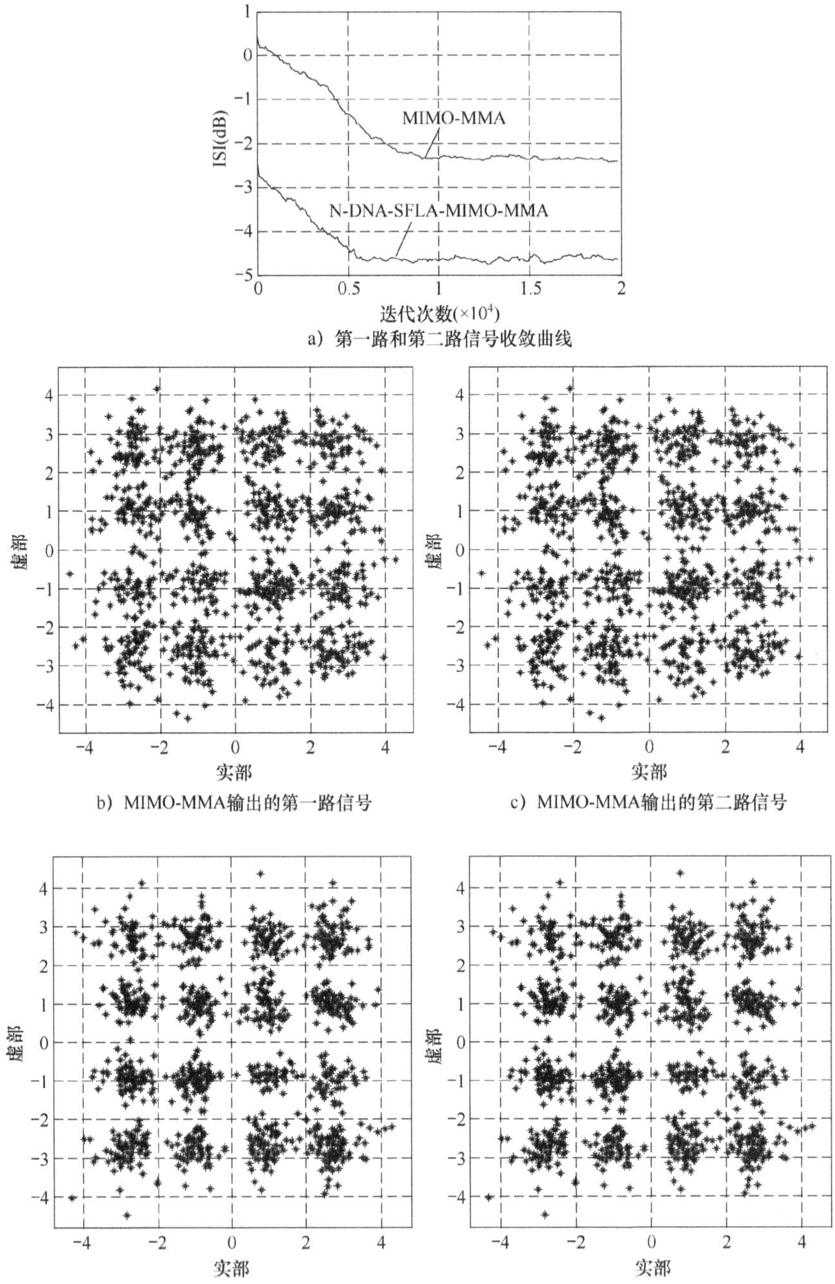

a）第一路和第二路信号收敛曲线

b）MIMO-MMA输出的第一路信号

c）MIMO-MMA输出的第二路信号

d）N-DNA-SFLA–MIMO-MMA 输出的第一路信号

e）N-DNA-SFLA–MIMO-MMA 输出的第二路信号

图 8.6.9　16QAM 信号仿真结果图

图 8.6.9 表明，N-DNA-SFLA-MIMO-MMA 与 MIMO-MMA 相比，N-DNA-SFLA-MIMO-MMA

的收敛速度和码间干扰都比较好。从收敛速度方面，对第一路信号和第二路信号，用 N-DNA-SFLA-MIMO-MMA 比 MIMO-MMA 快了约 3000 步；从码间干扰方面，对两路信号，N-DNA-SFLA-MIMO-MMA 比 MIMO-MMA 的码间干扰都小约 2.5dB。从星座图上看，对两路信号，N-DNA-SFLA-MIMO-MMA 输出的星座图比 MIMO-MMA 的星座图更清晰、更集中。

【实验 8.6.2】 信源采用 16APSK 信号，$\mu_{\text{MIMO-MMA}}=0.000001$，$\mu_{\text{DNA-SFLA-MIMO-MMA}}=0.000079$。仿真结果如图 8.6.10 所示。

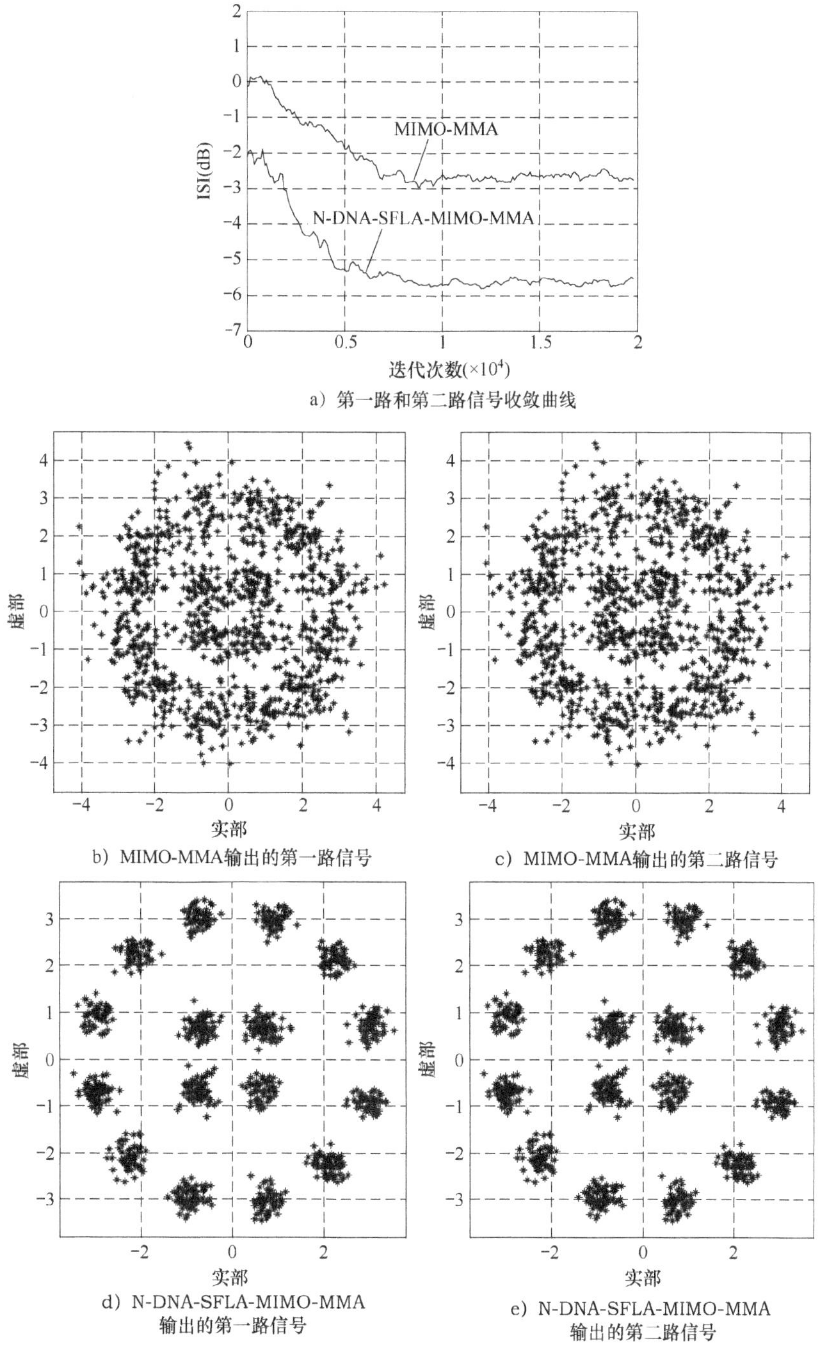

图 8.6.10　16APSk 信号仿真结果

图 8.6.10 表明，N-DNA-SFLA-MIMO-MMA 与 MIMO-MMA 相比，N-DNA-SFLA-MIMO-MMA 的收敛速度和码间干扰都比较好。在收敛速度方面，对第一路信号和第二路信号，N-DNA-SFLA-MIMO-MMA 比 MIMO-MMA 快了约 2000 步；在码间干扰方面，对两路信号，用 N-DNA-SFLA-MIMO-MMA 比 MIMO-MMA 的码间干扰都小约 3dB。从星座图上看，对两路信号，N-DNA-SFLA-MIMO-MMA 输出的星座图比 MIMO-MMA 的星座图更清晰、更集中。

【实验 8.6.3】 信源采用 16QAM 信号，$\mu_{\text{MIMO-MMA}} = 0.00001$，$\mu_{\text{DNA-SFLA-MIMO-MMA}} = 0.000083$。仿真结果如图 8.6.11 所示。

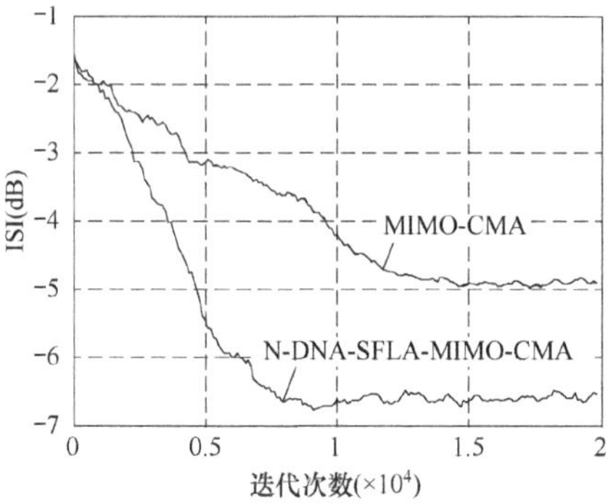

a）第一路和第二路信号收敛曲线

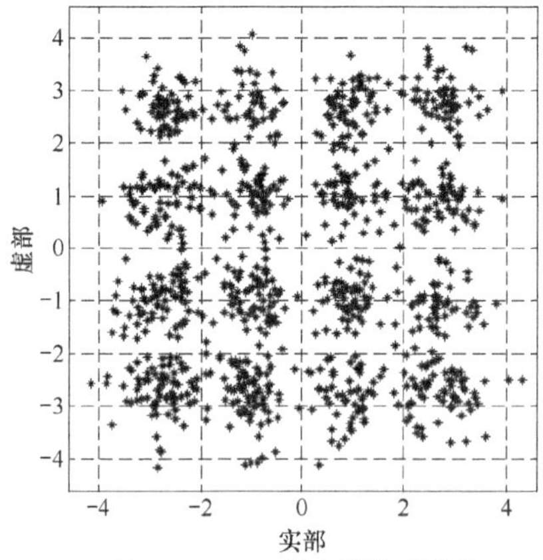

b）MIMO-MMA输出的第一路信号

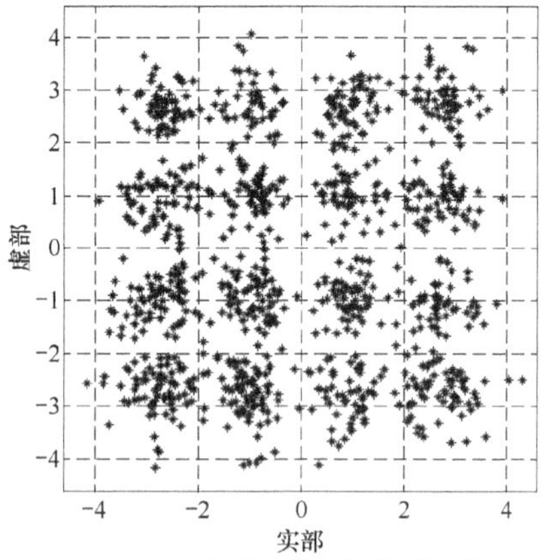

c）MIMO-MMA输出的第二路信号

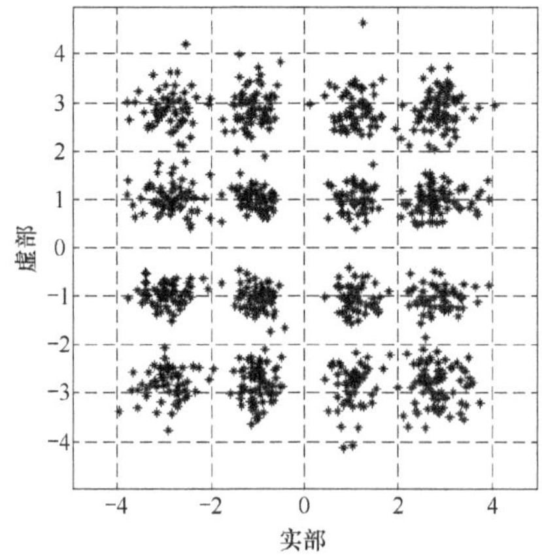

d）N-DNA-SFLA-MIMO-MMA输出的第一路信号

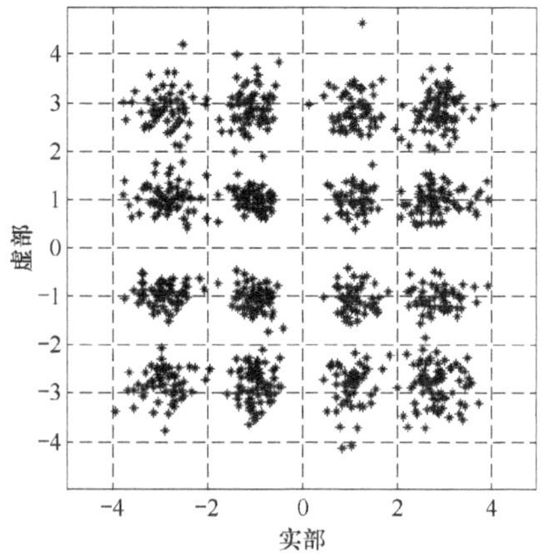

e）N-DNA-SFLA-MIMO-MMA输出的第二路信号

图 8.6.11　16QAM 信号仿真结果

图 8.6.11 表明，N-DNA-SFLA-MIMO-MMA 与 MIMO-MMA 相比，N-DNA-SFLA-MIMO-MMA 的收敛速度和码间干扰都比较好。在收敛速度方面，对第一路信号和第二路信号，N-DNA-SFLA-MIMO-MMA 比 MIMO-MMA 快了约 4000 步；在码间干扰方面，对两路信号，N-DNA-SFLA-MIMO-MMA 比 MIMO-MMA 的码间干扰都小约 2dB。从星座图上看，对两路信号，N-DNA-SFLA-MIMO-MMA 输出的星座图比 MIMO-MMA 的星座图更清晰、更集中。

【实验 8.6.4】 信源采用 16APSK 信号，$\mu_{\text{MIMO-MMA}} = 0.000019$，$\mu_{\text{DNA-SFLA-MIMO-MMA}} = 0.000067$。仿真结果如图 8.6.12 所示。

图 8.6.12 表明，N-DNA-SFLA-MIMO-MMA 与 MIMO-MMA 相比，N-DNA-SFLA-MIMO-MMA 的收敛速度和码间干扰都比较好。在收敛速度方面，对第一路信号和第二路信号，N-DNA- SFLA-MIMO-MMA 比 MIMO-MMA 快了约 2000 步；在码间干扰方面，对两路信号，N-DNA-SFLA-MIMO-MMA 比 MIMO-MMA 的码间干扰都小约 1.2dB。从星座图上看，对两路信号，N-DNA-SFLA-MIMO-MMA 输出的星座图比 MIMO-MMA 的星座图更清晰、更集中。

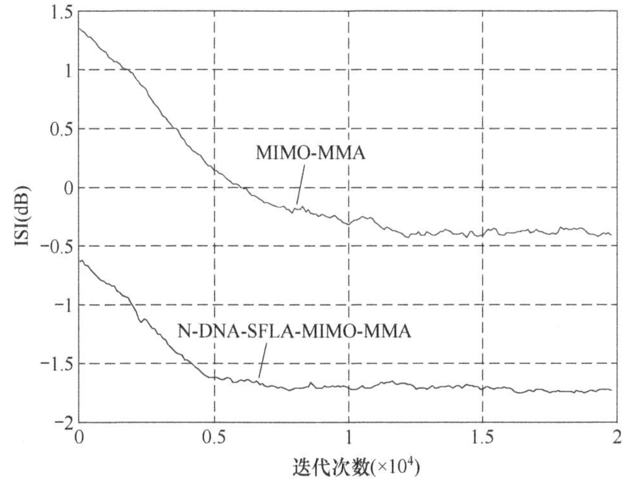

a）第一路和第二路信号收敛曲线

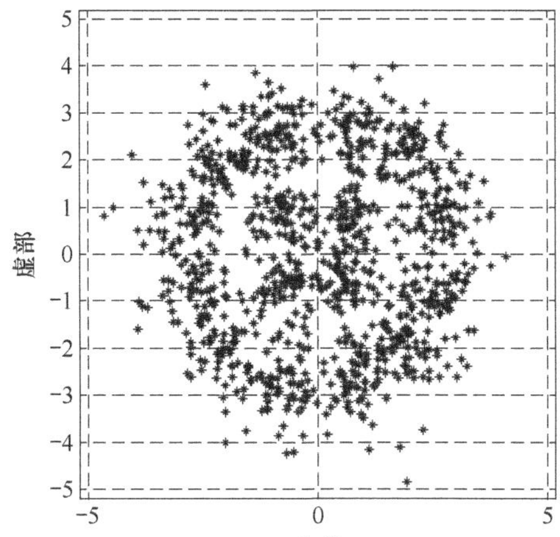

b）MIMO-MMA输出的第一路信号

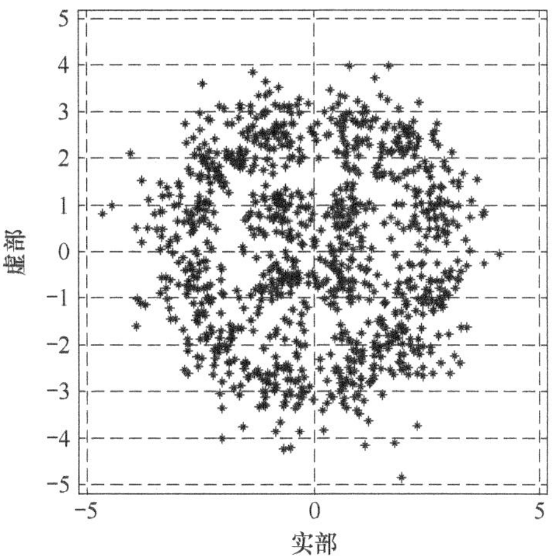

c）MIMO-MMA输出的第二路信号

图 8.6.12　16APSK 信号仿真结果图

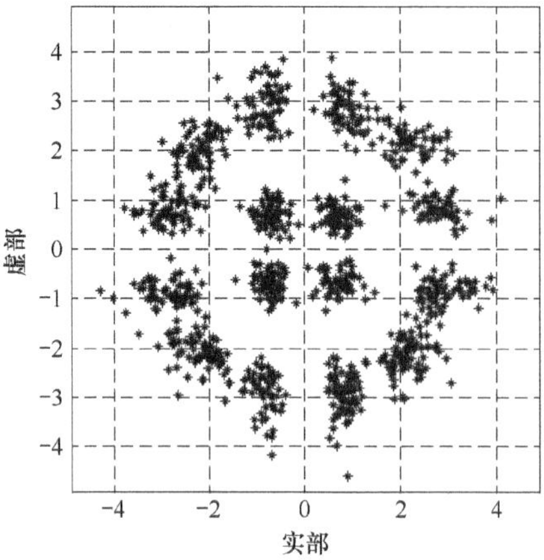

d）N-DNA-SFLA-MIMO-MMA
输出的第一路信号

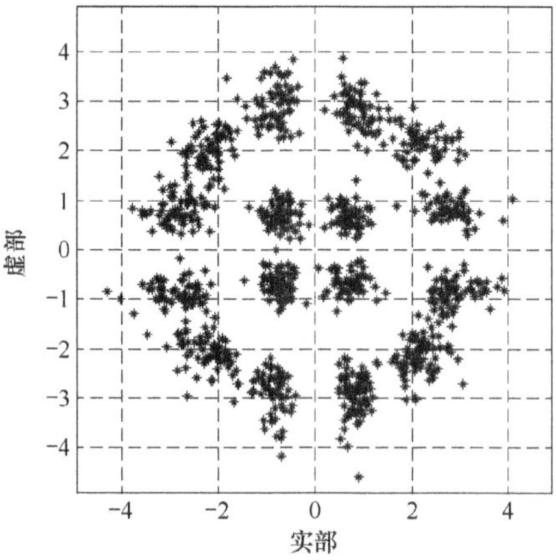

e）N-DNA-SFLA-MIMO-MMA
输出的第二路信号

图 8.6.12 16APSK 信号仿真结果图（续）

8.7 基于混合蛙跳算法的光伏阵列参数辨识方法

光伏阵列是光伏发电系统的重要组成部分，其输出特性对合理安排机组出力、大规模光伏发电系统的并网运行与调度至关重要。目前，太阳电池数学模型方面的研究主要有三种：机理模型、工程用简化模型以及考虑部分阴影遮挡的太阳电池模型。其中，工程用简化模型中的输出特性表达式可根据厂家提供的标准测试条件下的参数得到，该模型所用参数较少、表达式简单、实用性强，在实际工程及仿真研究中应用广泛。

光伏阵列在运行过程中各电池工作状态并不一致，且简化模型忽略串联电阻 R_s，同时做并联电阻 R_{sh} 无穷大的假设，这与实际中串/并联电阻的阻值不完全相同。这使得简化模型的输出特性曲线与光伏电站实际测量曲线并不一致，因此需对模型表达式中的参数进行辨识，以弥补各电池工作状态不一致和忽略 R_s 与 R_{sh} 对输出特性的影响。目前，光伏阵列参数辨识方法主要分为参数近似求解法和基于优化算法的参数估计法。文献［171］在光伏阵列最大功率点处构造封闭方程组，通过实测数据可求出所需辨识的参数，但该方法无法得到一组较准确的结果；文献［172］通过文献［171］中的方法确定待求解参数的可行解范围，采用遗传算法对参数进行辨识，但该算法计算量大、易陷入局部最优；文献［169］提出一种基于人工鱼群算法的参数辨识方法，算法前期收敛速度快，但后期仍无法避免陷入局部最优；文献［173］提出的混沌粒子群算法提高了粒子群算法的全局搜索能力，能有效避免局部最优，但算法优化时间较长。

针对以上问题，文献［174］利用某光伏电站实测数据，研究了一种基于混合蛙跳算法的光伏阵列参数辨识方法。该算法迭代次数少，算法误差小，更新策略具有更强的方向性，具有较强的局部搜索寻找到最优解的能力，可有效解决现有智能算法易早熟的问题，且利用电站实测数据辨识，使该辨识方法更具有实用性和针对性。

8.7.1 光伏阵列数学模型

1. 太阳电池数学模型

目前，太阳电池数学模型的建立主要基于太阳电池等效电路。常用的等效电路有双二极管等效电路和单二极管等效电路。在实际应用中，单二极管等效模型简单，兼顾计算精度和复杂程度两者的平衡，因此应用更为广泛。文献［174］采用单二极管等效电路，太阳电池模型等效电路图如图 8.7.1 所示。

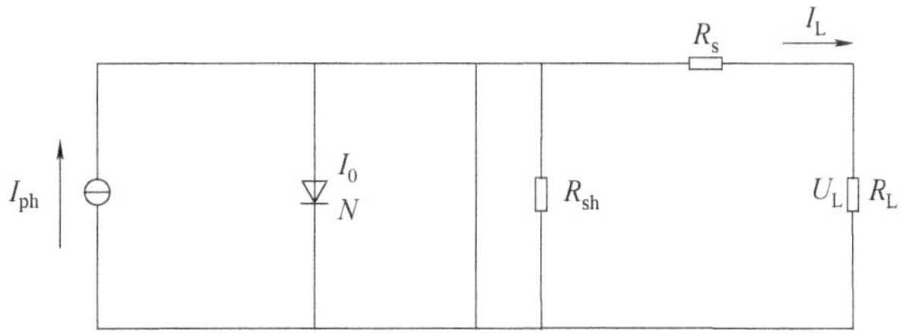

图 8.7.1 太阳电池模型等效电路

图中，太阳电池的 $I-U$ 输出特性方程为

$$I_L = I_{ph} - I_0\exp\left\{\left[\frac{q(U_L + I_L R_s)}{NKT}\right] - 1\right\} - \frac{(U_L + I_L R_s)}{R_{sh}} \tag{8.7.1}$$

式中，I_L、U_L 为太阳电池输出电流、电压；I_{ph} 为光生电流；I_0 为二极管反向饱和电流；q 为电子电荷；K 为玻尔兹曼常数，$K = 1.38\times10^{-23}$ J/K；$q = 1.6\times10^{-19} C$；N 为二极管品质因子；R_s 为串联电阻；R_{sh} 为并联电阻；T 为光伏阵列某种工况下的绝对温度。

式（8.7.1）为太阳电池机理模型，方程较复杂、求解较困难，且生产厂家的数据手册并不提供方程中 I_{ph}、I_0、N、R_s、R_{sh} 这五个参数的值，因此不便于工程应用。在式（8.7.1）的基础上，文献［41-43］对光伏机理模型进行简化处理，推导出工程用简化模型，仅需厂家提供的开路电压 U_{oc}、短路电流 I_{sc}、最大功率点电压 U_m、最大功率点电流 I_m 就能在一定的精度下复现太阳电池的特性。太阳电池简化模型为

$$I_L = I_{sc}\left[1 - C_1\left(e^{\frac{U_L}{C_2 U_{oc}}} - 1\right)\right] \tag{8.7.2}$$

式中

$$C_1 = \left(1 - \frac{I_m}{I_{sc}}\right)e^{\frac{-U_m}{C_2 U_{oc}}} \tag{8.7.3}$$

$$C_2 = \left(\frac{U_m}{U_{oc}} - 1\right)\left[\ln\left(1 - \frac{I_m}{I_{sc}}\right)\right]^{-1} \tag{8.7.4}$$

生产厂家的数据手册一般只提供标准测试条件下的开路电压 U_{oc_ref}、短路电流 I_{sc_ref}、最大功率点电压 U_{m_ref}、最大功率点电流 I_{m_ref}，当辐照度和参考温度发生变化时，便不能根据厂家提供的数据来描述输出特性曲线，需加以修改来描述新的特性曲线。首先，计算出一般工况与标准工况的温度差 ΔT 和相对辐照度差 ΔS：

$$\Delta T = T - T_{ref} \tag{8.7.5}$$

$$\Delta S = \frac{S}{S_{ref}} - 1 \tag{8.7.6}$$

式中，T_{ref}、S_{ref} 为标准测试条件下的温度和辐照度，$T_{ref} = 25℃$，$S_{ref} = 1000\text{W/m}^2$；$T$、$S$ 为一般工况下的温度和辐照度。

一般工况下的 I_{sc}、U_{oc}、I_m、U_m 可分别为

$$I_{sc} = I_{sc\_ref}\frac{S}{S_{ref}}(1 + \alpha\Delta T) \tag{8.7.7}$$

$$U_{oc} = U_{oc\_ref}(1 - \gamma\Delta T)\ln(e + \beta\Delta S) \tag{8.7.8}$$

$$I_m = I_{m\_ref}\frac{S}{S_{ref}}(1 + \alpha\Delta T) \tag{8.7.9}$$

$$U_{m} = U_{m\_ref}(1 - \gamma\Delta T)\ln(e + \beta\Delta S) \tag{8.7.10}$$

式中，在输出特性曲线基本形状不变的前提下，α、β、γ 的典型值为 $\alpha = 0.0025/℃$，$\beta = 0.5$，$\gamma = 0.00288℃$。

2. 光伏阵列模型

在光伏发电系统实际运行中，光伏阵列由太阳电池通过串、并联的方式组成，文献［174］组成光伏阵列的太阳电池串、并联数分别为 N_s、N_p。式（8.7.2）中所有的电压乘以串联数 N_s，所有的电流乘以并联数 N_p，即可得到光伏阵列的数学模型。实际光伏电站测量量通常为光伏阵列的输出电压与输出电流。因此，在研究太阳电池模型的基础上，通过太阳电池的串、并联数就可得到光伏阵列的数学模型。图 8.7.2 所示为光伏阵列模型示意图。

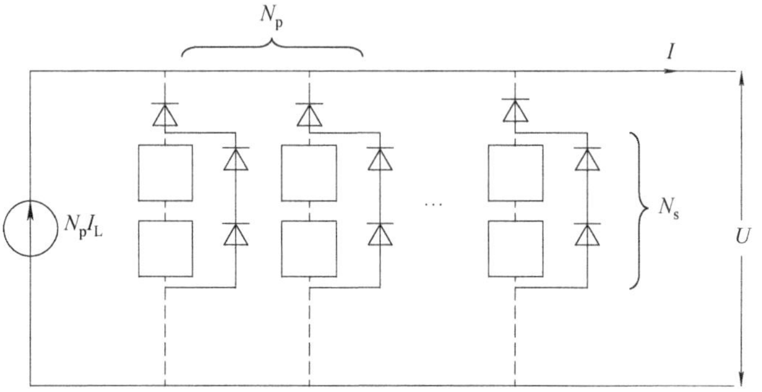

图 8.7.2　光伏阵列模型示意图

3. 待辨识参数的选取

将太阳电池串、并联为光伏阵列后，阵列中各电池的工作状态并不一致，仅仅利用厂家提供的太阳电池数据乘以串、并联数形成的光伏阵列参数无法准确表示光伏阵列输出特性；且随着光伏阵列运行时间越来越长，太阳电池会出现老化、故障等现象，R_s、R_{sh} 等参数值会随之发生变化，使得光伏阵列 $I-U$ 输出特性曲线的基本形状发生改变。因此，不仅模型建立过程中给出的系数 α、β、γ 的典型值不再适用，厂家提供的标准测试条件下的参数也需进行调整，重新确定其参数值，以弥补各电池工作状态不一致以及忽略 R_s、R_{sh} 对输出特性的影响。

基于以上分析，文献［174］确定需要辨识的参数有标准测试条件下的开路电压 U_{oc_ref}、短路电流 I_{sc_ref}、最大功率点电压 U_{m_ref}、最大功率点电流 I_{m_ref} 以及修正系数 α,β,γ。

4. 目标函数的建立

在对光伏阵列进行参数辨识之前，需建立恰当的目标函数。将式（8.7.2）改写为

$$f(U_L, I_L, \boldsymbol{x}) = I_L - I_{sc}\left[1 - C_1\left(e^{\frac{U_L}{C_2 U_{oc}}} - 1\right)\right] \tag{8.7.11}$$

式中，U_L、I_L 为光伏阵列实测输出电压、电流采样值；$\boldsymbol{x} = [U_{oc\_ref}\ I_{sc\_ref}\ U_{m\_ref}\ I_{m\_ref}\ \alpha\ \beta\ \gamma]$，一般工况下的参数值可由式（8.7.7）~ 式（8.7.10）得到。

文献［39］选取均方根误差（R_{MSE}）为目标函数，即

$$R_{MSE} = \sqrt{\frac{1}{N}\sum_{i=1}^{N}\left[f_i(U_L, I_L, \boldsymbol{x})\right]^2} \tag{8.7.12}$$

式中，N 为测量数据样本点数量；$f(U_L, I_L, \boldsymbol{x})$ 为第 i 组实测值和仿真模型输出之间的差值。

8.7.2　基于 SFLA 的光伏阵列参数辨识

混合蛙跳算法（SFLA）结合了以遗传为基础的 Memetic 算法和以社会行为为基础的粒子群优化算法的优点，其参数的更新策略具有更强的方向性，在一个区域内具有较强的局部搜索寻找最优解的能力。

文献［174］将混合蛙跳算法应用于解决光伏阵列参数辨识的问题中，即采用混合蛙跳算法的更新策略对待辨识参数进行迭代更新，从而使由辨识参数计算所得的输出电流曲线与实际光伏电站测量电流曲线能更好地吻合。参数辨识原理如图 8.7.3 所示。其中，I_{L1}、U_{oc_ref1}、I_{sc_ref1}、U_{m_ref1}、I_{m_ref1}、α_1、β_1、γ_1 均代表辨识过程中的参数。

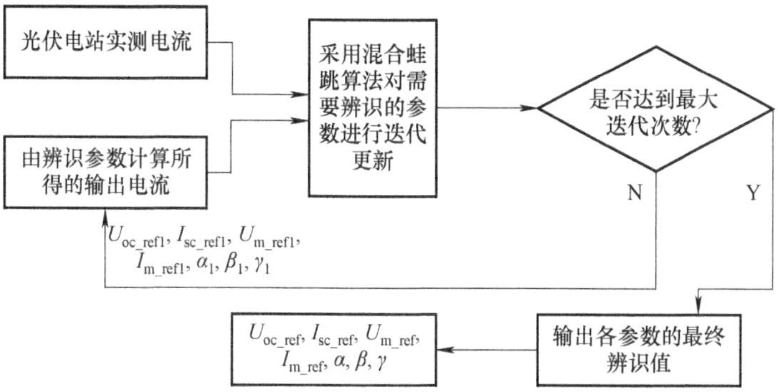

图 8.7.3　基于混合蛙跳算法的参数辨识原理框图

将该算法的适应度值作为目标函数值 R_{MSE}，设定任意一只青蛙所在的位置为 $\boldsymbol{X}$，由光伏阵列中需要辨识的参数组成的向量来表示，即

$$\boldsymbol{X} = [U_{oc\_ref}\ I_{sc\_ref}\ U_{m\_ref}\ I_{m\_ref}\ \alpha\ \beta\ \gamma]$$

多只青蛙组成一个种群，将种群分为多个子群，分别执行局部搜索，直至满足收敛标准为止。混合蛙跳算法流程如下。

步骤1：算法初始化。设定青蛙总数为 N，种群数量为 M，子群数量为 L，三者满足关系 $N = M \times L$，设定全局迭代次数 T_{max} 及局部搜索迭代次数 T_{pmax}。

步骤2：初始生成 N 只青蛙，第 i 只青蛙的位置 $\boldsymbol{x}_i = [U_{oc\_ref}\ I_{sc\_ref}\ U_{m\_ref}\ I_{m\_ref}\ \alpha\ \beta\ \gamma]$。将所有青蛙位置参数代入目标函数，得到各青蛙位置的目标函数值，即适应度值后，将适应度值由大至小排列，将 N 只青蛙分成 L 个子群，分配规则为第 1 只青蛙进入第 1 个子群，第 L 只进入第 L 个子群，第 $L+1$ 只进入第 1 个子群，依此类推，然后进行局部搜索。

步骤3：每个子群中，目标函数值最小和最大的青蛙分别被称为最优青蛙 $\boldsymbol{X}_b$ 和最差青蛙 $\boldsymbol{X}_w$，整个蛙群中的最优青蛙标记为 $\boldsymbol{X}_{gbest}$。最差青蛙首先朝本子群中最优青蛙跳跃，更新规则为

$$\boldsymbol{X}_{wnew} = \boldsymbol{X}_w + \mathrm{rand}(0,1)(\boldsymbol{X}_b - \boldsymbol{X}_w) \tag{8.7.13}$$

式中，$\boldsymbol{X}_{wnew}$ 为最差青蛙更新后位置。

步骤 4：如果 $\boldsymbol{X}_{wnew}$ 位置优于 $\boldsymbol{X}_w$，则完成一次位置更新；否则，用 $\boldsymbol{X}_{gbest}$ 替换式（8.7.13）中的 $\boldsymbol{X}_b$ 进行计算，若新位置仍未得到改善，则随机向空间中移动一个位置。

步骤4：将各子群中的青蛙混洗在一起，重新排序分组，重复以上步骤，直至达到预设迭代次数。混合蛙跳算法流程如图 8.7.4 所示。

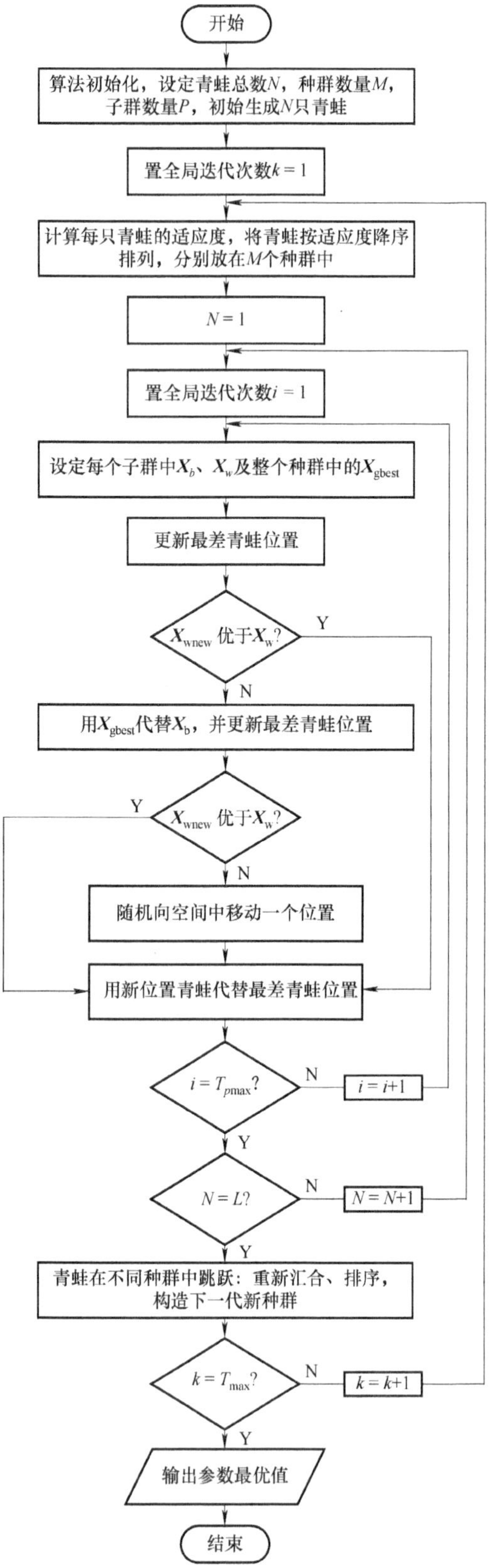

图 8.7.4　混合蛙跳算法流程

8.7.3　仿真实验与结果分析

1. 基于 SFLA 的参数辨识结果分析

为了验证混合蛙跳算法在光伏阵列参数辨识领域的有效性及正确性，文献［174］采用某光伏电站的实测数据来进行参数辨识。光伏电站所使用的太阳电池通过串、并联形成光伏阵列，假设各电池工作状态均一致，根据厂家提供一块电池标准测试条件下的参数值，将电流乘以并联数，电压乘以串联数可得到一组设定值，见表 8.7.1。

表 8.7.1　基于 SFLA 的光伏阵列参数辨识结果

参数	设定值	辨识值			
		晴天	阴天	多云	阴雨
U_{oc}/N	321.00	314.99	302.24	310.19	305.67
I_{sc}/A	394.02	396.11	393.75	397.69	377.62
U_m/N	273.50	273.50	273.87	271.55	270.99
I_m/A	368.28	363.52	379.18	365.09	370.62
α	0.0025	0.0022	0.0026	0.0026	0.0021
β	0.5000	0.5200	0.5041	0.5015	0.5074
γ	0.00288	0.00310	0.00270	0.00300	0.00310
误差/%	—	1.3102	1.3234	1.3687	1.4052

为使基于参数辨识结果的输出曲线与实际电站中任意一天的实测数据曲线均能基本吻合，文献［174］考虑了实际电站运行中不同天气类型对参数的影响，在不同天气类型状况下辨识出各自的结果，在实际应用中根据天气选择合适的参数。

根据经验可知，晴天时辐照度曲线是一条较为光滑的曲线，峰值可达到实测辐照度数据中的最大值；多云天气下的辐照度曲线波动较大，但峰值仍可达到最大辐照度值；阴天时辐照度曲线较多云时平滑，峰值只能达到最大值的约 3/4；阴雨天气的辐照度曲线有较小的波动，但峰值还不到最大值的 1/2。根据以上特征，可将光伏电站提供的每天辐照度数据按照相对应的天气类型划分为晴天、阴天、多云及阴雨四种天气类型。在每个天气类型中挑选出有代表性的一天来辨识其指定天气状况下的参数。四种天气类型的辐照度曲线如图 8.7.5 所示。从这四种天气 06∶30～21∶00 的实测数据中每半小时取一个测试电流数据形成实测曲线，如图 8.7.6 所示。可见，实测曲线与基于设定值的输出曲线之间吻合程度较差，尤其在阴雨、多云这样输出电流较小或辐照度波动较大的天气，曲线间的差异比较明显。

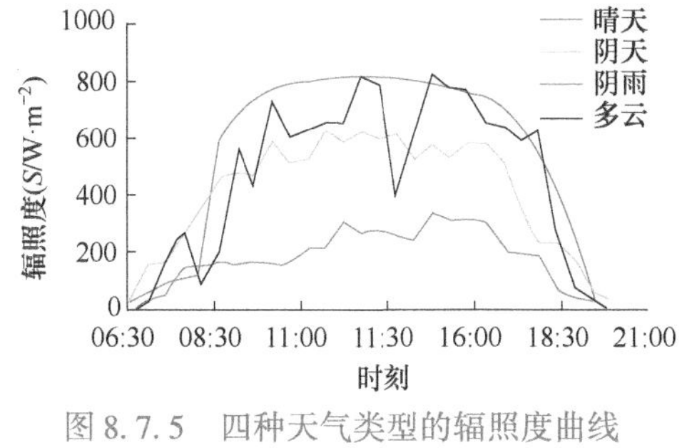

图 8.7.5　四种天气类型的辐照度曲线

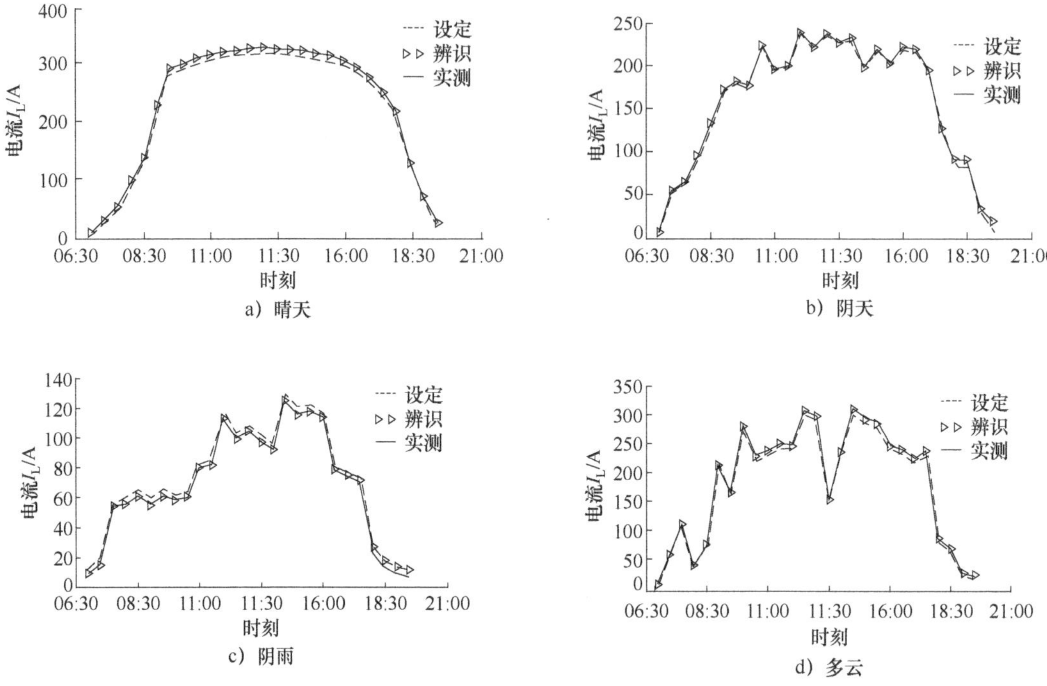

图 8.7.6　各天气类型下基于辨识结果的电流对比曲线

图 8.7.7 所示为各种天气类型下采用混合蛙跳算法进行参数辨识的迭代曲线。可见，除晴天外，其他天气类型下的迭代曲线均在迭代 10 次后趋于平稳，晴天状况下也在迭代 24 次后曲线趋于平稳，即采用混合蛙跳算法迭代 10 次后基本上可得到最优解，收敛速度较快，避免局部最优，可较快得到最优解，且各天气类型下，误差值基本保持在 1.3% ~1.4% 之间，误差较小，从而验证了该算法的优越性。

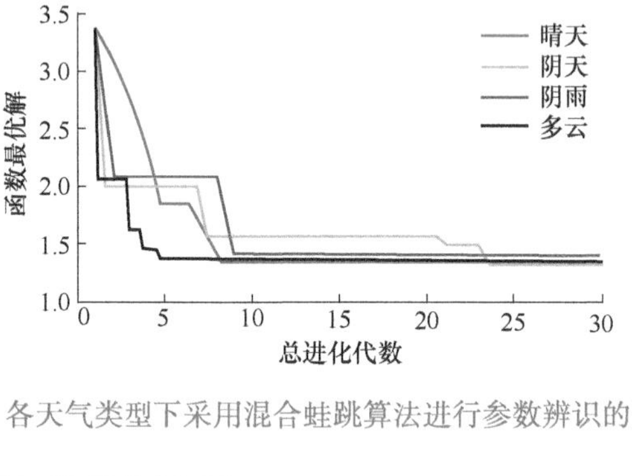

图 8.7.7　各天气类型下采用混合蛙跳算法进行参数辨识的迭代曲线

2. 基于实测数据的辨识结果算例验证

采用 SFLA 分别辨识出晴天、阴天、多云及阴雨天气时各参数值，为验证辨识结果的准确性及对于实际光伏电站的实用性，在光伏电站实测数据中，任意选取三天的输出曲线运用辨识结果进行拟合的结果如图 8.7.8 所示。

图 8.7.8 中实线为实测曲线，根据曲线形状可将其分别归为上述四种天气类型中的一种，三角标记的曲线为基于相应天气类型辨识结果的仿真曲线。图 8.7.8a 中实测曲线形状

与阴天时的输出曲线形状相似，因此代入阴天时辨识出的参数结果得到仿真曲线；图8.7.8b中可从14:00时刻区分开来，可知当天天气为先晴天后阴天，因此在不同时段分别代入晴天和阴天时的辨识数据，仿真曲线如图8.7.8b中三角标记的曲线所示；图8.7.8c与图8.7.8b类似，可从14:30时刻区分开来，归纳为先多云后阴雨，分别代入阴天和阴雨时的辨识数据，仿真曲线如图8.7.8c中三角标记的曲线所示。

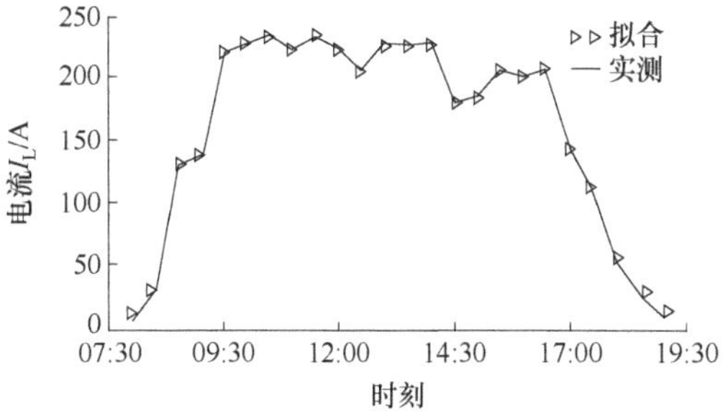

a）阴天

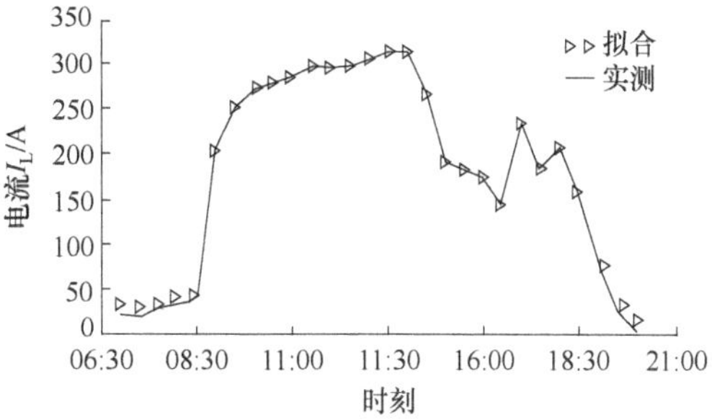

b）先晴天后阴天

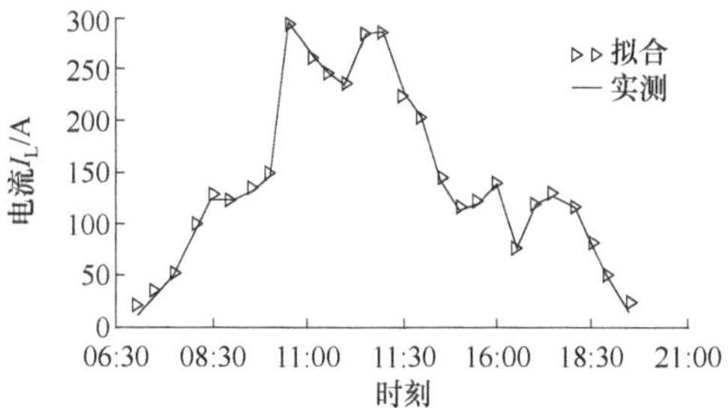

c）先多云后阴雨

图8.7.8 辨识结果验证算例

图8.7.8表明，采用辨识结果的仿真曲线与实测曲线拟合度很高，能较为准确地反映光伏电站的实际输出曲线。在实际光伏电站中，则可根据天气状况选用不同的运行参数，由此得到输出与实测输出曲线拟合程度更好的光伏阵列模型，辨识结果的准确性及对于实际光伏电站应用的意义也进一步说明混合蛙跳算法在光伏阵列参数辨识领域应用的有效性。

3. SFLA与粒子群算法（PSO）对比验证

由于混合蛙跳算法结合以遗传为基础的Memetic算法和以社会行为为基础的粒子群优化算法的优点，因此，文献［174］以粒子群算法为例，将其应用到光伏阵列参数辨识中，将辨识结果与混合蛙跳算法辨识结果进行对比，进一步验证混合蛙跳算法的优越性。

采用粒子群算法辨识时，仍设定均方误差为目标函数，辨识过程仍采用光伏电站各天气类型中具有代表性的实测数据，各参数的取值范围及搜索步长与采用混合蛙跳算法辨识时取相同的值。具体算法步骤实现见文献［162］。

基于粒子群（PSO）算法的光伏阵列参数辨识结果如图8.7.2所示，图8.7.9为晴天、阴天、多云及阴雨天气时基于粒子群算法及混合蛙跳算法参数辨识结果的辨识曲线与实测曲线的对比图。可见，在任何天气类型下，SFLA辨识曲线较PSO的与实测曲线能更好地吻合。

表 8.7.2 基于粒子群算法的光伏阵列参数辨识结果

参数	辨识值			
	晴天	阴天	多云	阴雨
U_{oc}/N	310.75	300.00	301.12	300.00
I_{sc}/A	395.33	396.12	392.86	380.72
U_m/N	273.50	273.50	273.50	273.50
I_m/A	371.41	368.12	372.50	362.94
α	0.0022	0.0022	0.0027	0.0025
β	0.5282	0.4852	0.4898	0.5013
γ	0.0029	0.0044	0.0029	0.0039
误差/%	3.6134	3.7881	4.1532	5.3768

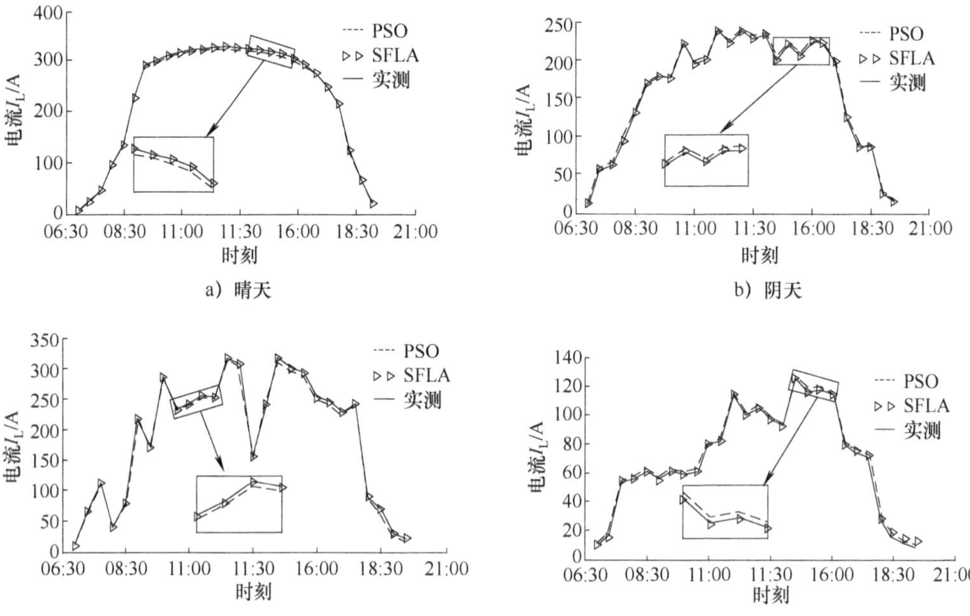

a) 晴天　b) 阴天　c) 阴雨　d) 多云

图 8.7.9 各天气类型下基于粒子群算法的电流对比曲线

各天气类型下，粒子群算法迭代曲线如图 8.7.10所示。可见，粒子群算法基本在迭代 800 次后才能完全趋于平稳，收敛速度较混合蛙跳算法慢，且粒子群算法误差较大，晴天时误差是四种天气类型中最小的，却仍比混合蛙跳算法的误差大，难以迭代出最优解，易陷入局部最优。通过与粒子群算法的对比表明，混合蛙跳算法更新策略更好，不易陷入局部最优，具有更高的辨识精度，进一步验证了混合

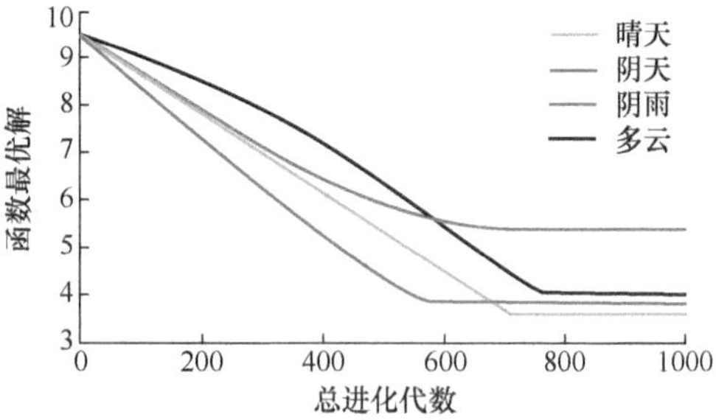

图 8.7.10 各天气类型下粒子群算法迭代曲线

蛙跳算法的优越性。

综上所述，文献［174］提出的基于 SFLA 的光伏阵列工程用简化模型参数辨识方法具有以下主要结论。

1）各天气类型下对简化模型中的参数辨识结果表明，辨识曲线与实测曲线拟合程度较高，算法误差小，迭代次数少，能有效避免局部最优。

2）对辨识结果的算例验证结果表明，采用辨识结果的仿真曲线能较准确地反映光伏电站的实际输出曲线，验证该算法在光伏电站中实际应用中的有效性。

3）通过与 PSO 算法的对比进一步验证了 SFLA 可有效解决现有智能算法易早熟的问题。

SFLA 可根据光伏电站任意天气状况下的输出曲线准确辨识出对应的参数，使得光伏阵列工程用简化模型的输出与实际光伏电站输出更为接近。下一步研究将考虑除天气类型以外的其他因素，对辨识结果进行进一步完善。

第9章 鱼群算法

· 内容导读 ·

本章从人工鱼群算法、鲸鱼群优化算法与鲶鱼粒子群优化算法寻优机理出发，研究了基本人工鱼群算法、人工鱼群优化DNA序列算法、DNA遗传人工鱼群算法的原理与实现流程；分析了基本鲸鱼群优化算法、改进鲸鱼群优化算法（包括混沌权重和精英引导的先进鲸鱼群优化算法、离散鲸鱼群优化算法、混合策略改进的鲸鱼群优化算法）和鲶鱼粒子群优化算法（包括鲶鱼粒子群优化算法及其收敛性分析、混沌鲶鱼粒子群优化算法），研究了遗传混沌人工鱼群优化DNA序列的频域加权多模盲均衡算法以及基于鲶鱼群优化的双曲正切误差函数盲均衡算法，并作为完整的应用实例。同时，以最新文献成果“基于鲸鱼群优化算法的柔性作业车间调度方法”为例，详细说明了如何将鲸鱼群优化算法应用于解决柔性作业车间调度问题的思路、架构、方法，并给出了应用效果分析。

鱼群算法属于群体智能算法，是一类模拟鱼群行为而形成的智能算法。目前，关于鱼群算法的研究主要有人工鱼群算法、鲸鱼群优化算法和鲶鱼群优化算法。其中，人工鱼群算法是模拟鱼类觅食、聚群、追尾等行为进行寻优的；鲸鱼群优化算法是模拟座头鲸的捕食行为进行寻优的；鲶鱼群优化算法是将鲶鱼与沙丁鱼竞争机制引入标准粒子群算法中而形成的智能优化算法。

9.1 人工鱼群算法

2002年，文献［178］首次提出了人工鱼群算法（AFSA），该算法通过模拟鱼类简单的行为操作得到待求解问题的最优解。文献［179］在人工鱼群算法基本行为操作的基础上，加入协调行为，并应用于实际维数高、约束条件多的系统中。针对人工鱼群算法在收敛后期存在易陷入局部极值等缺点，文献［3］引入混沌搜索机制，提出混沌人工鱼群算法。

人工鱼群算法的主要特点如下。

1）并行性：算法利用多条人工鱼并行进行搜索。

2）简单性：算法仅使用了待求解问题的目标函数值。

3）全局性：算法具有很强的跳出局部极值的能力。

4）快速性：算法具有一定的随机因素，但总体在步步向最优解搜索。

9.1.1 基本人工鱼群算法

1. 基本思想

从生物学角度出发，动物在优胜劣汰中进化，每个群体在进化中产生了最有利的生存方式，人类从中获得了很多解决实际问题的启示，虽然动物都只具有简单的行为能力，但个体之间的行为相互影响，从而进一步实现生物进化。

动物虽然不具有复杂的逻辑推理能力，但其行为特性如下。

1）适应性：随着环境的变化，动物会通过自身调节来适应不同的环境，再进一步对环境产生影响。

2）自治性：不管处于什么状态下，动物都能通过自己的感官选择某种行为。

3）突现性：群体运动是由个体的运动组合完成的，因此，个体的运动过程能够突现出群体的总目标。

4）盲目性：个体都是单独存在的，因此个体行为无法与总目标产生直接联系。

5）并行性：单个个体的行为是并行进行的。

人工鱼群算法的灵感来源于鱼类的一些行为。在一片水域中，鱼类通过觅食、聚群、追尾等行为而生存。人工鱼群算法就是模拟鱼类的简单行为，从而达到寻优的目的。这就是人工鱼群算法的基本思想。

2. 人工鱼的行为

人工鱼群采用自下而上的设计方法，该方法首先假设个体的行为，再将多个个体放入环境中，通过优胜劣汰的生存竞争解决问题。

在人工鱼群算法中，向量 $\boldsymbol{X}=[\boldsymbol{x}_1\boldsymbol{x}_2\cdots\boldsymbol{x}_N]$ 用来表示人工鱼群的位置向量，其中 $\boldsymbol{x}_i(i=1,2,\cdots,N)$ 为第 i 条人工鱼的位置向量；n 时刻第 i 条人工鱼位置向量的食物浓度函数或适应度函数为 $J_i(n)=\text{fit}(\boldsymbol{x}_i(n))$，人工鱼个体之间的距离为 $d_{i,j}=\|\boldsymbol{x}_i-\boldsymbol{x}_j\|$，$\boldsymbol{x}_i$ 为第 i 条人工鱼的位置向量，$\boldsymbol{x}_j$ 为第 j 条人工鱼的位置向量，J_i 为第 i 条人工鱼的目标函数值，J_j 表示第 j 条人工鱼的目标函数值，Y_c 为中心位置的目标函数值，Visual、Step、δ、try_numbe 分别表示人工鱼的视野范围、步长、拥挤度因子和尝试次数。

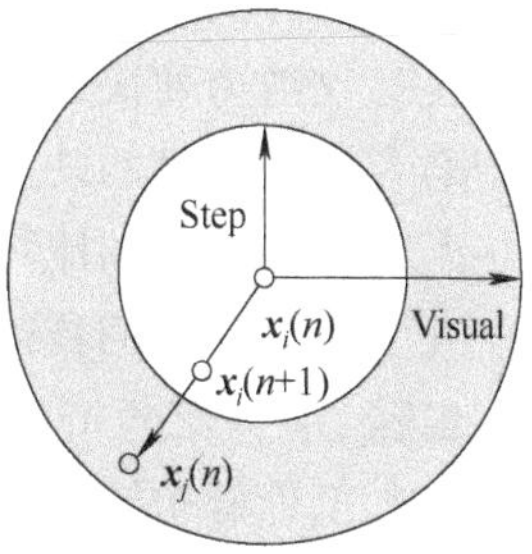

图 9.1.1　人工鱼概念

人工鱼概念示意图如图 9.1.1 所示。

（1）觅食行为

n 时刻人工鱼 i 的位置向量为 $\boldsymbol{x}_i(n)$，在 Visual 范围内随机选择一个位置，该位置对应的位置向量为 $\boldsymbol{x}_j(n)$，如果目标函数值 $J(\boldsymbol{x}_i(n))>J(\boldsymbol{x}_j(n))$，则人工鱼按式（9.1.1）向位置向量 $\boldsymbol{x}_j$ 处移动一步；反之，在视野 Visual 范围内重新随机选择位置向量 $\boldsymbol{x}_j(n)$。若多次尝试之后，仍无法达到觅食条件，则按式（9.1.2）随机移动一步。

$$\boldsymbol{x}_i(n+1)=\boldsymbol{x}_i(n)+\frac{\boldsymbol{x}_j(n)-\boldsymbol{x}_i(n)}{\|\boldsymbol{x}_j(n)-\boldsymbol{x}_i(n)\|}\text{steprand}(0,1) \tag{9.1.1}$$

$$\boldsymbol{x}_i(n+1)=\boldsymbol{x}_i(n)+\text{Visualrand}(0,1) \tag{9.1.2}$$

（2）聚群行为

n 时刻人工鱼 i 的位置向量为 $\boldsymbol{x}_i(n)$，探索当前 Visual 范围内（$d_{i,j}<\text{Visual}$）伙伴数目 N_f 及视野中心位置向量 $\boldsymbol{x}_c(n)$，且

$$\boldsymbol{x}_c(n)=\sum_{j=1}^{N_f}\boldsymbol{x}_j(n)/N_f \tag{9.1.3}$$

如果 $J_c(n)/N<\delta J_i(n)$，则表明视野中心有较多食物且不太拥挤，于是按式（9.1.4）向中心位置移动一步；若不满足聚群条件，则进行觅食行为。

$$\boldsymbol{x}_i(n+1) = \boldsymbol{x}_i(n) + \frac{\boldsymbol{x}_c(n) - \boldsymbol{x}_i(n)}{\| \boldsymbol{x}_c(n) - \boldsymbol{x}_i(n) \|} \text{steprand}(0,1) \tag{9.1.4}$$

(3) 追尾行为

n 时刻人工鱼 i 的位置向量为 $\boldsymbol{x}_i(k)$，探索当前 Visual 范围内的伙伴中目标函数最大值对应的位置向量 $\boldsymbol{x}_{\max}$，如果 $\text{fit}_{\max}(n)/N > \delta \text{fit}_i(n)$，则人工鱼向 $\boldsymbol{x}_{\max}$ 移动一步；若不满足条件，则人工鱼进行聚群行为。

$$\boldsymbol{x}_i(n+1) = \boldsymbol{x}_i(n) + \frac{\boldsymbol{x}_{\max}(n) - \boldsymbol{x}_i(n)}{\| \boldsymbol{x}_{\max}(n) - \boldsymbol{x}_i(n) \|} \text{steprand}(0,1) \tag{9.1.5}$$

3. 人工鱼群算法流程

人工鱼群算法是一种搜索最优解的人工智能算法，虽然该算法在搜索前期收敛速度较快，但在后期存在计算精度低、易陷入局部极值等缺点。影响其搜索能力的主要因素有：①尝试次数；②拥挤度因子；③步长；④视野。人工鱼群寻优速度大部分取决于这四个参数的设置。

综上所述，人工鱼群中的个体根据自身需求执行某一种行为，因此，人工鱼群算法具有一定的随机性，在迭代结束后，部分鱼有可能都聚集在局部极值附近，从而寻找到局部最优值。所以，人工鱼群算法虽然具有收敛速度快、计算精度高等优点，但也具有易于陷入局部极值的缺点。

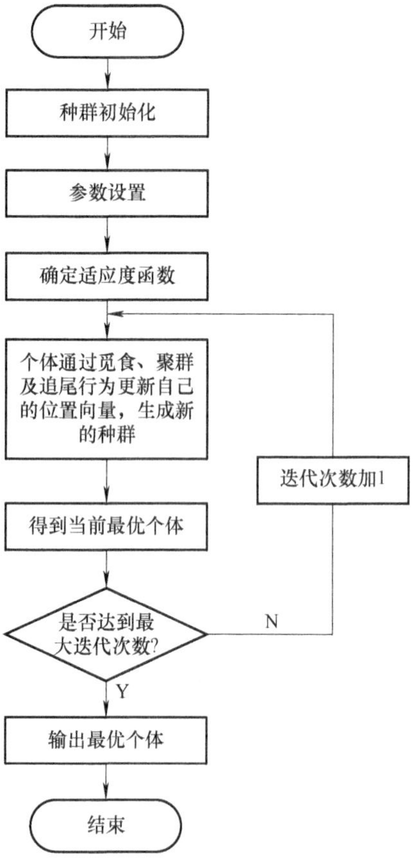

图 9.1.2　人工鱼群算法流程

人工鱼群算法的流程如图 9.1.2 所示。

人工鱼群算法的具体实现流程如下。

步骤 1：人工鱼群种群初始化及参数设置。

设人工鱼群初始种群 $\boldsymbol{X} = \{\boldsymbol{x}_1, \boldsymbol{x}_2, \cdots, \boldsymbol{x}_N\}$，其中 $\boldsymbol{x}_i(i = 1,2,\cdots,N)$ 为第 i 条人工鱼的初始位置向量，N 为人工鱼群中个体数量。

步骤 2：计算适应度函数，也称计算食物浓度函数。

计算每条人工鱼的适应度函数，将适应度函数最大值及其对应的位置向量分别记录在公告牌中。

步骤 3：人工鱼群的行为选择。

人工鱼群中每条人工鱼发生追尾行为操作，若追尾不成功，则进行聚群行为操作，若聚群行为不成功，则进行觅食行为操作，人工鱼的当前位置向量发生改变。

步骤 4：更新公告牌。

每次迭代之后，每条人工鱼的位置向量发生改变，计算每条人工鱼新的位置向量对应的适应度函数值，将适应度函数最大值与公告牌中保存的适应度函数最大值进行比较，如果现在的适应度函数值大，则用当前适应度函数最大值及其对应的人工鱼位置向量更新公告牌中的内容。

步骤5：终止条件判断。

判断人工鱼群算法的迭代次数是否达到最大迭代次数。若满足条件，则输出公告牌中的位置向量，终止算法；若没有达到条件，则跳转到步骤3。

【实验9.1.1】 目标函数：

$$\max J(x,\ y)\ =\frac{\sin x}{x}\times\frac{\sin y}{y},\ x,\ y\in[-10,10]$$

该函数的三维视图、平面图和收敛曲线如图9.1.3所示。函数的极值点位于(0,0)处，极值为1。设人工鱼群算法参数 $N=100$，step = 0.3，Visual = 1，$\delta=0.618$。

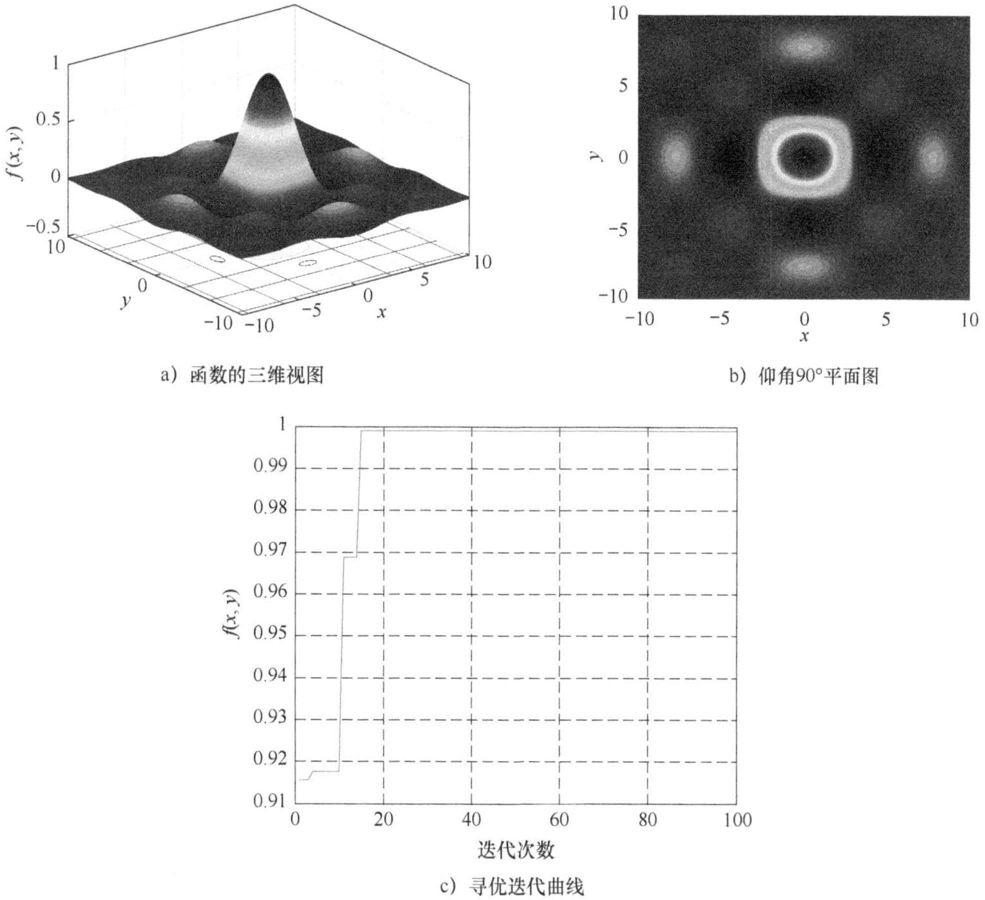

a）函数的三维视图

b）仰角90°平面图

c）寻优迭代曲线

图9.1.3 仿真实验

【实验9.1.2】 目标函数：

$$\min J(x,y)\ =-a\exp(-b\ \sqrt{1/2}x^2)\ +x^2-\ \sqrt{1/2}(\cos(cy)\ +a+\exp(1),\ x,\ y\in[-10,\ 10]$$

该函数的三维视图、平面图和收敛曲线如图9.1.4所示。函数的极值点位于(0,0)处，极值为0。其他参数与实验9.1.1相同。

可见，非线性函数存在多个局部最优，实验9.1.1与实验9.1.2利用人工鱼群算法分别寻找到函数的全局最大和最小值。图9.1.3c与图9.1.4 c表明，人工鱼群算法在迭代25次以内即可跳出局部极值，较快地搜索到全局最优值并存在一定的稳定性。

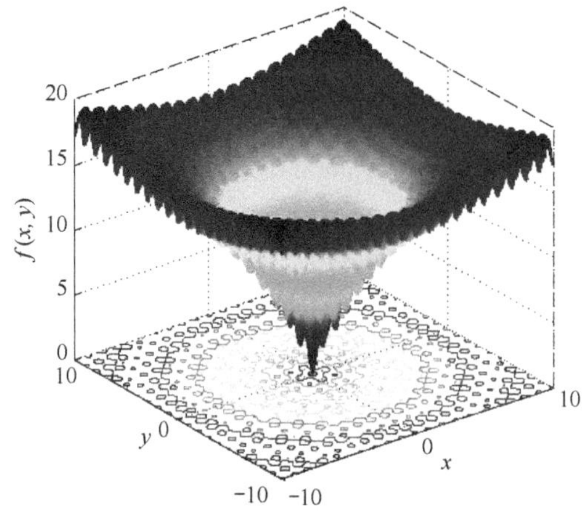

a）函数的三维视图

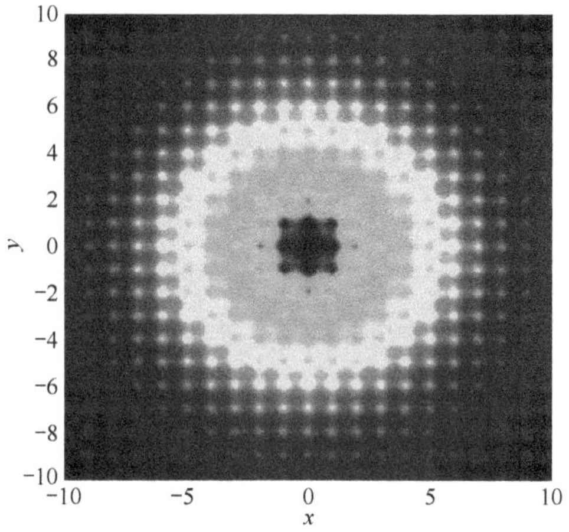

b）仰角90°平面图

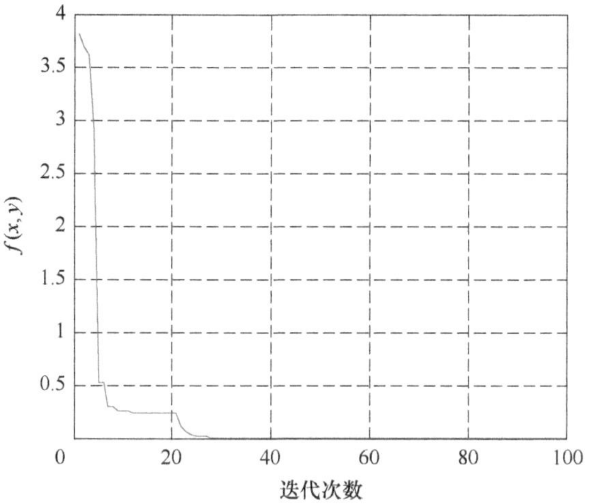

c）寻优迭代曲线

图 9.1.4　仿真实验

9.1.2　基于人工鱼群优化的 DNA 序列算法

人工鱼群算法具有快速寻优的特点，但其收敛后期易陷入局部最优。而 DNA 编码序列通过汉明约束条件保持种群的多样性，使其不易陷入局部极值。因此，本节通过汉明约束条件约束人工鱼群算法，提高算法的全局搜索能力。

1. DNA 编码与解码

（1）DNA 编码与解码方式

将优化问题中的可能解用 DNA 分子四种碱基表示，并将其编码成四进制数，编码方式的对应映射关系为 0123/CAGT。通过这种映射关系，可以使碱基在转换成由数字组成的整数串时，能够继承碱基互补配对关系，即 0 与 1 互补，2 与 3 互补。

上述的编码方式可以表示为 N 维最小优化问题：

$$\begin{cases}\min J(x_1,x_2,\cdots,x_N) \\ x_{i\min} \leqslant x_i \leqslant x_{i\max},\ i=1,2,\cdots,N\end{cases} \tag{9.1.6}$$

式中，$x_i(i=1,2,\cdots,N)$ 代表控制变量，表示长度为 l 的四进制数字串。$J(x_1,x_2,\cdots,x_N)$ 是目标函数。$x_{i\min}$ 和 $x_{i\max}$ 分别为每个变量对应的最小值与最大值，每个变量的编码精度为 $(x_{i\max}-x_{i\min})/4^l$。

解码方式：首先，将四进制数解码成十进制数，即

$$\mathrm{dec}x_i=\sum_{j=1}^{l}\mathrm{bit}(j)\times 4^{l-j} \tag{9.1.7}$$

式中，$\mathrm{bit}(j)$ 是四进制数据的位数字。

其次，根据变量的不同取值范围转换为对应问题的解，即

$$x_i=\frac{\mathrm{dec}x_i}{4^{l-1}}(x_{i\max}-x_{i\min})+x_{i\min} \tag{9.1.8}$$

这种 DNA 碱基编码方式可以保持种群的多样性，提高 DNA 算法的全局搜索能力和快速寻优能力。

（2）DNA 编码约束条件

DNA 计算是通过 DNA 序列的切割、删除等操作实现的，但在其操作过程中，需要严格的编码约束条件来制约 DNA 编码序列，从而保持序列的多样性，提高编码质量。下面介绍两个编码约束条件。

1）汉明距离约束。

两个 DNA 序列的汉明距离是所有对应位置字符不同的总数。设 DNA 序列 $\boldsymbol{X}$ 和 $\boldsymbol{Y}$ 分别为 $\boldsymbol{X}=5'-x_1x_2\cdots x_N-3'$ 和 $\boldsymbol{Y}=5'-y_1y_2\cdots y_n-3'$，其汉明距离为

$$H(\boldsymbol{X},\boldsymbol{Y})=\sum_{i=1}^{n}h(x_i,y_i),h(x_i,y_i)=\begin{cases}0,x_i=y_i\\1,x_i\neq y_i\end{cases} \tag{9.1.9}$$

在 DNA 遗传算法中，若两个 DNA 序列太过相似，则有可能导致算法陷入局部极值的问题，因此，汉明距离越大，说明两个 DNA 序列 $\boldsymbol{X}$ 和 $\boldsymbol{Y}$ 之间不同的碱基个数就越多，发生特异性杂交的可能性就越小。

汉明补距离 $H_1(\boldsymbol{X},\boldsymbol{X})$：从生物学角度看，DNA 分子处于三维空间中，容易与自身发生杂交。利用汉明补距离避免这种杂交的发生。

$$H_1(\boldsymbol{X},\boldsymbol{X})=\min_{-N<k<N}H(\boldsymbol{X},\sigma^k(\boldsymbol{X}^R)) \tag{9.1.10}$$

式中，当 $k>0$ 时，σ^k 表示 $\boldsymbol{X}^R$ 序列右移；当 $k<0$ 时，σ^k 表示 $\boldsymbol{X}^R$ 序列左移，k 表示移动的位数。$\boldsymbol{X}^R$ 表示 DNA 序列 $\boldsymbol{X}$ 的反链。当 H_1 的值较小时，$\boldsymbol{X}$ 容易和自身的反链相互杂交；当 H_1 的值很大时，$\boldsymbol{X}$ 和 $\boldsymbol{X}^R$ 几乎不存在互补的 DNA 碱基，因此不会与自身产生杂交。

2）相似度约束。

相似度约束是指 DNA 序列 $\boldsymbol{X}$ 和 $\boldsymbol{Y}$ 中碱基的相似度，而相似度可以通过序列 $\boldsymbol{X}$ 和 $\boldsymbol{Y}$ 之间移动后取最小汉明距离得到，其计算公式为

$$H_2(\boldsymbol{X},\boldsymbol{Y})=\min_{-N<k<N}H(\boldsymbol{X},\sigma^k(\boldsymbol{Y})) \tag{9.1.11}$$

式中，当 $k>0$ 时，σ^k 表示 $\boldsymbol{Y}$ 序列右移；当 $k<0$ 时，σ^k 表示 $\boldsymbol{Y}$ 序列左移，k 表示移动的位数。当 H_2 的值较小时，序列 $\boldsymbol{X}$ 和 $\boldsymbol{Y}$ 非常相似，容易出现非特异性杂交；当 H_2 的值很大时，$\boldsymbol{X}$ 和

$\boldsymbol{Y}$ 相同碱基很少，很难出现非特异性杂交现象。

2. 人工鱼群优化 DNA 序列算法

现利用基于 DNA 序列的编码方式表示问题的可能解、利用人工鱼群算法的收敛速度快和搜索能力强等特点建立人工鱼群算法的两个适应度函数，寻找 DNA 编码序列中的最优序列，这种算法称为人工鱼群优化 DNA 序列算法（Artificial Fish Swarm Intelligent Optimization Of DNA Sequences，AFS-DNA）。其流程如图 9.1.5 所示。

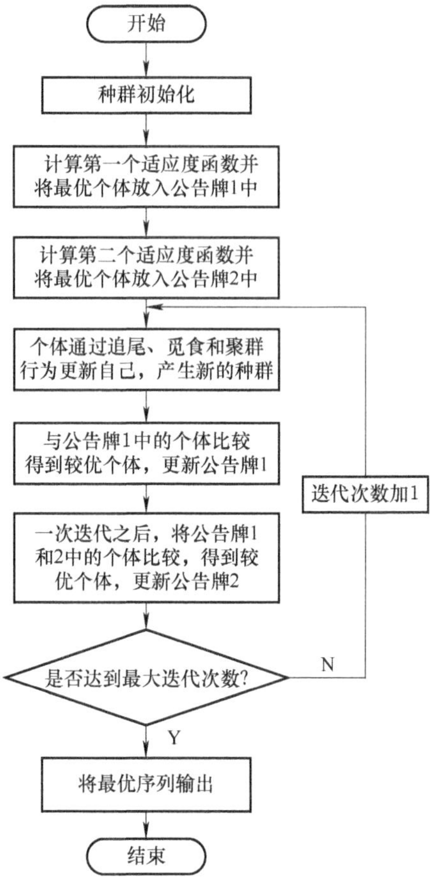

图 9.1.5　人工鱼群优化 DNA 序列算法的流程

步骤 1：种群初始化并解码。设 DNA 编码序列的初始种群 $\boldsymbol{S}=\{\boldsymbol{S}_1,\boldsymbol{S}_2,\cdots,\boldsymbol{S}_N\}$，其中 $\boldsymbol{S}_n$ 对应 DNA 编码序列中的第 n 个 DNA 编码序列，$1<n<N$，N 是 DNA 编码序列的个数；再将 DNA 编码序列按式（9.1.7）与式（9.1.8）进行解码，得到十进制位置向量种群。

步骤 2：确定两个适应度函数。人工鱼群算法的目的是寻找食物浓度最大值所对应的人工鱼个体的位置向量。

第一个适应度函数为 $\mathrm{fit}_1(\boldsymbol{x}_i)$，$i=1,2,\cdots,N$，$\boldsymbol{x}_i$ 为人工鱼群算法优化的第 i 条人工鱼的位置向量。

$$\mathrm{fit}_1(\boldsymbol{x}_i)=\frac{1}{J(\boldsymbol{x}_i)} \tag{9.1.12}$$

第二个适应度函数采用加权平均值法来处理汉明距离约束项的函数，即

$$\mathrm{fit}_2(\boldsymbol{S}_i)=w_1H_1(\boldsymbol{S}_i,\boldsymbol{S}_i) \tag{9.1.13}$$

式中，$\boldsymbol{S}_i$ 对应 DNA 编码序列中的第 i 个 DNA 序列，为计算方便，设置 $w_1=1$。

步骤 3：适应度函数计算。按式（9.1.12）计算人工鱼群算法的位置向量的第一个适应度函数值，并将第一个适应度函数最大值及其对应的十进制位置向量记录在公告牌 1 中；再按式（9.1.13）计算 DNA 编码序列位置向量的第二个适应度函数值，并将第二个适应度函数最大值及其对应的 DNA 编码序列的位置向量记录在公告牌 2 中。

步骤 4：执行人工鱼群算法并更新公告牌 2。对十进制位置向量进行人工鱼群算法中的觅食、聚群、追尾等行为，将十进制位置向量进行反解码，得到四进制 DNA 编码序列，并按式（9.1.13）计算第二个适应度函数值，与公告牌 2 中保存的原第二个适应度最大值进行比较，如果第二个适应度值大，则用第二个适应度函数值及其对应的四进制 DNA 编码序列更新公告牌 2 原先保存的内容。

步骤 5：更新公告牌 1。在一次迭代之后，将公告牌 2 中的 DNA 序列进行解码，再利用第一个适应度函数式（9.1.12），计算其第一个适应度值，与公告牌 1 中保存的原第一个适应度最大值进行比较，如果第一个适应度值大，则用第一个适应度函数值及其对应的十进制位置向量更新公告牌 1 原先保存的内容。

步骤6：判断是否满足终止条件。如果当前迭代次数已经达到设定值，则将公告牌1中十进制位置向量作为最优位置向量输出；若不满足结束条件，则返回步骤4。

9.1.3 DNA遗传人工鱼群算法

DNA遗传算法采用DNA编码方式，利用交叉、变异和倒位操作优化DNA序列，具有强大的全局搜索能力，因此，将DNA遗传算法和人工鱼群算法有机融合，提出一种DNA遗传人工鱼群算法（DNA Genetic Artificial Fish Swarm Algorithm，DNA-G-AFSA），以弥补人工鱼群寻优精度不高、计算复杂度高、易陷入局部搜索等不足。

DNA遗传人工鱼群优化算法流程如图9.1.6所示。

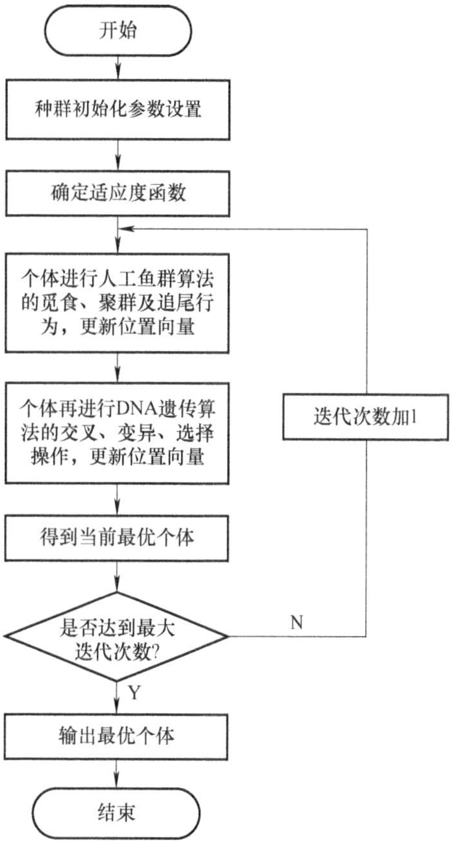

图9.1.6 DNA遗传人工鱼群算法流程

步骤1：人工鱼群种群初始化。

设人工鱼群初始种群 $\boldsymbol{X}=\{\boldsymbol{x}_1,\boldsymbol{x}_2,\cdots,\boldsymbol{x}_N\}$，其中 $\boldsymbol{x}_i(i=1,2,\cdots,N)$ 为第 i 条人工鱼的初始位置向量，N 为人工鱼群中的个体数量。

步骤2：计算适应度函数。

计算每条人工鱼的适应度函数，将最优的适应度函数值及其对应的位置向量分别记录在公告牌中。

步骤3：人工鱼群的行为选择。

人工鱼群中每条人工鱼发生追尾行为操作，若追尾不成功，则进行聚群行为操作，若聚群行为不成功，则进行觅食行为操作，人工鱼的当前位置向量发生改变。

步骤4：反解码操作。

将人工鱼群新的位置向量按式（9.1.7）和式（9.1.8）进行反解码，将十进制位置向量转换成四进制DNA编码序列，产生DNA编码序列种群。

步骤5：交叉操作。

从DNA编码序列种群中随机选择两个DNA编码序列作为父体，进行交叉操作，得到两个新DNA编码序列，并代替父体，得到新的DNA编码序列种群。

步骤6：变异操作。

再从DNA编码序列种群中随机选择一个DNA编码序列作为父体，随机产生一个(0,1)之间的随机数，进行变异操作，得到一个新DNA编码序列，并代替父体，得到新的DNA编码序列种群。

步骤7：倒位操作。

随机产生一个(0,1)之间的随机数 p_i 作为概率，以概率 p_i 从DNA编码序列种群中随机选择DNA编码序列作为父体，进行倒位操作，得到新DNA编码序列，并代替父体，得到新的 DNA 编码序列种群。

步骤 8：更新公告牌。

将 DNA 编码序列种群进行解码，得到十进制位置向量，即人工鱼群的新位置向量；计算每条人工鱼的新位置向量对应的适应度函数值，将适应度函数最大值与公告牌中保存的适应度函数最大值进行比较；如果当前适应度函数值大，则用当前的适应度函数最大值及其对应的人工鱼位置向量更新公告牌中的内容。

步骤 9：判断是否满足终止条件。

判断 DNA 遗传人工鱼群算法的迭代次数是否达到最大迭代次数。若满足条件，则输出公告牌中的位置向量，终止算法；若没有达到条件，则跳转到步骤 3。

9.1.4 基于 DNA 遗传优化的混沌人工鱼群算法

1. 混沌人工鱼群算法

(1) 算法原理

人工鱼群算法具有收敛速度快、寻优精度高等优点，但其种群初始化的随机性增加了陷入局部搜索的概率，而混沌序列具有遍历性和规律性等特点。混沌人工鱼群算法（Chaos Artificial Fish Swarm Algorithm，CAFSA）利用这一特性，将人工鱼的初始位置向量映射到混沌变量中，通过迭代产生混沌序列，并做逆映射得到人工鱼群的新位置向量，将新位置向量作为人工鱼的初始位置。同时，人工鱼群算法在其收敛后期易陷入局部搜索，因此，可利用混沌扰动摆脱局部搜索，提高了全局搜索能力。

(2) 算法流程

步骤 1：人工鱼群种群初始化。设人工鱼群初始种群 $\boldsymbol{X} = \{\boldsymbol{x}_1, \boldsymbol{x}_2, \cdots, \boldsymbol{x}_N\}$，其中 $\boldsymbol{x}_i (i = 1,2,\cdots,N)$ 为第 i 条人工鱼的初始位置向量，N 为人工鱼群中的个体数量。

步骤 2：鱼群混沌初始化并进行逆映射得到新的位置向量。通过逻辑斯谛映射，得到人工鱼群混沌位置向量。

$$\boldsymbol{x}_i(i) = \frac{\boldsymbol{x}_i(i) - \boldsymbol{x}_{i\min}}{\boldsymbol{x}_{i\max} - \boldsymbol{x}_{i\min}} \tag{9.1.14}$$

式中，$\boldsymbol{x}_{i\min} < \boldsymbol{x}_i(n) < \boldsymbol{x}_{i\max}$。

混沌位置向量第 n 与 $n+1$ 次的迭代关系为

$$\boldsymbol{x}_i(n+1) = \rho \boldsymbol{x}_i(n)[1 - \boldsymbol{x}_i(n)] \tag{9.1.15}$$

式中，$\rho \in (2,4]$ 为 Logistic 参数。

对当前的混沌变量进行逆映射，得到人工鱼群新的位置向量，并作为人工鱼群的初始位置。

步骤 3：计算适应度函数并进行行为选择。计算每条人工鱼的适应度函数值，将适应度函数最大值及其对应的位置向量分别记录在公告牌中。人工鱼群进行行为操作，人工鱼的当前位置向量发生改变。

步骤 4：计算适应度方差 σ^2。如果 $\sigma^2 < \varepsilon$，说明算法陷入局部搜索，转到步骤 5 进行混沌扰动；否则，转到步骤 6。适应度方差定义为

$$\sigma^2 = \sum_{i=1}^{D} \left(\frac{\text{fit}(\boldsymbol{x}_i) - \text{fit}_{\text{avg}}}{F}\right)^2 \tag{9.1.16}$$

式中，D 为人工鱼位置向量的维数；$\text{fit}(\boldsymbol{x}_i)$ 为第 i 条人工鱼的适应度函数值；fit_{avg} 为当前人工鱼群的平均适应度函数值；F 为归一化因子，其计算公式为

$$F=\begin{cases}\max\limits_{1\leqslant i\leqslant D}\left|\text{fit}(\boldsymbol{x}_i)-\text{fit}_{\text{arg}}\right|, & \max\left|\text{fit}(\boldsymbol{x}_i)-\text{fit}_{\text{arg}}\right|>1\\ 1, & \text{其他}\end{cases}\tag{9.1.17}$$

步骤5：混沌扰动。在视野范围内，将人工鱼的位置向量进行混沌搜索，得到新的位置向量

$$\boldsymbol{x}_{i\text{next}}=\boldsymbol{x}_i+\boldsymbol{\Delta}_i\tag{9.1.18}$$

$$\boldsymbol{\Delta}_i=-\text{Visual}+\rho\text{Visua}q_i\tag{9.1.19}$$

式中，q_i 为经过混沌迭代后的混沌变量。

步骤6：更新公告牌。计算每条人工鱼的新位置向量对应的适应度函数值，将适应度函数最大值与公告牌中保存的适应度函数最大值进行比较。如果当前适应度函数值大，则用当前适应度函数最大值及其对应的人工鱼位置向量更新公告牌中的内容。

步骤7：判断迭代次数是否满足终止条件。若满足条件，则输出公告牌中的位置向量；若没有达到条件，则跳转到步骤3。

2. DNA 遗传混沌人工鱼群算法

（1）算法原理

DNA 遗传算法是一种随机搜索算法，在进化过程中，由于交叉、变异等操作的随机性，有可能出现种群多样性下降的情况，从而出现早熟收敛陷入局部最优。为了提高 DNA 遗传算法的搜索性能，将 DNA 遗传算法和混沌人工鱼群算法相结合，提出一种 DNA 遗传混沌人工鱼群算法（DNA Genetic Chaos Artificial Fish Swarm Algorithm With Novel Crossover And Mutation，cmDNA-G-CAFSA），以弥补人工鱼群寻优精度不高、计算复杂度高、易陷入局部搜索等不足。

（2）算法流程

步骤1：人工鱼群种群初始化。设人工鱼群初始种群 $\boldsymbol{X}=\{\boldsymbol{x}_1,\boldsymbol{x}_2,\cdots,\boldsymbol{x}_N\}$，其中 $\boldsymbol{x}_i(i=1,2,\cdots,\text{N})$ 为第 i 条人工鱼的初始位置向量，N 为人工鱼群中的个体数量。

步骤2：混沌人工鱼群算法。通过混沌人工鱼群算法得到新种群的位置向量。

步骤3：反解码操作。将人工鱼群新的位置向量按式（9.1.7）和式（9.1.8）进行反解码，将十进制位置向量转换成四进制 DNA 编码序列，产生 DNA 编码序列种群。

步骤4：对种群分组。计算 DNA 编码序列种群的适应度函数值，并按适应度函数的优劣分为优质种群和劣质种群。

步骤5：交叉操作。在优质种群和劣质种群中各选择出两个 DNA 编码序列作为父体进行置换交叉操作，产生新的 DNA 编码序列，并代替父体；再各选择出一个 DNA 编码序列作为父体进行转位交叉操作，产生新的 DNA 编码序列，并代替父体，形成新的 DNA 编码序列种群。

步骤6：变异操作。在种群中随机选择一个 DNA 编码序列作为父体进行变异操作，产生新的 DNA 编码序列，并代替父体，形成新的种群。

步骤7：更新公告牌。将 DNA 编码序列种群进行解码，得到十进制位置向量，即人工鱼群的新位置向量。计算每条人工鱼的新位置向量对应的适应度函数值，将适应度函数最大

值与公告牌中保存的适应度函数值进行比较。如果现在的适应度函数值大，则用当前适应度函数最大值及其对应的人工鱼位置向量更新公告牌中内容。

步骤 8：终止条件判断。判断 DNA 遗传人工鱼群算法的迭代次数是否达到最大迭代次数。若满足条件，则输出公告牌中的位置向量，终止算法；若没有达到条件，跳转到步骤 2。

上述步骤 1 ~7 构成混沌人工鱼群算法。其中，人工鱼群算法解决了宏观全局寻优问题，而混沌算法处理微观局部加速问题。将两者融合使用，可以充分发挥各自的优势，获得更好的优化效果。

9.2 鲸鱼群优化算法

鲸鱼群优化算法（Whale Optimization Algorithm，WOA）是一种新型的、基于种群的元启发式优化算法，于 2016 年由澳大利亚研究学者 Seyedali Mirjalili 提出。与一般的受自然启发的群智能算法一样，鲸鱼群优化算法是通过模拟座头鲸的捕食行为搜索最优解。

该算法主要包括三种搜索机制，利用收缩环绕机制和螺旋上升机制实现算法的局部搜索，利用随机学习策略实现算法的全局搜索，具有过程简单、收敛速度快、原理简单、参数较少、易于实现等优点，目前已在众多应用领域取得了满意的结果。与其他基于种群式启发算法相似，WOA 同样存在探索和研发能力难以协调、收敛精度低和容易陷入局部最优的问题。近几年，国内外已有不少研究者对鲸鱼算法进行了相应的改进。

A. Kaveh 等人采取一种随迭代次数变化的更新概率，并在算法后期的位置更新中引入随机量，提出一种增强的 WOA（Enhanced WOA，EWOA）。D. Oliva 等人用混沌算子对更新概率进行混沌映射，提出一种混沌 WOA。M. Majdi 等人将模拟退火算法和 WOA 进行融合，提出一种混合鲸鱼群优化算法。文献［201］在鲸鱼群优化算法的前期引入灰狼算法中的信息交流强化机制，帮助鲸鱼快速定位到食物的位置，提高了算法的收敛速度。文献［202］通过柯西逆累积分布函数对鲸鱼位置进行变异，提高了算法的全局搜索能力。文献［203］提出混合交叉变异策略与双种群协同机制解决基本 WOA 易陷入局部最优解、算法后期收敛速度慢的问题。文献［204］针对传统 WOA 的缺点，提出了一种基于混沌权重和精英引导的先进 WOA（Advanced Whale Optimization Algorithm，AWOA）。为了使种群在算法前期快速找到全局最优值，该算法采用基于精英个体引导的搜索机制，引导个体趋向全局最优值附近搜索；在该算法后期的局部搜索阶段，引入动态混沌权重因子，使种群在最优值附近进行精细搜索，提高算法的寻优精度与速度。

9.2.1 基本鲸鱼群优化算法

WOA 是受鲸鱼独特的泡泡网觅食行为启发而提出的，在自然界中，鲸鱼通过随机游走寻找猎物，当定位到猎物后，通过收缩螺旋包围形成泡泡网攻击猎物。通过模拟这种行为，基本 WOA 包括三个阶段：游走搜索猎物、收缩包围机制、螺旋轨迹捕食。为了简便描述鲸鱼群优化算法，有以下四个理想化规则：①所有鲸鱼在搜索区域中通过超声波进行交流；②每条鲸鱼能够计算出自身与其他鲸鱼的距离；③每条鲸鱼发现的食物的优劣程度通过适应度值表示；④鲸鱼的移动由比它好（由适应度值判断）的鲸鱼中离它最近的鲸鱼进行引导，这种引导鲸鱼被称为“较优且最近”的鲸鱼。

1. 鲸鱼在搜索区域中通过超声波交流原理

无线电波和光波都是电磁波，它们可以在没有任何介质的情况下传播。如果在水中传播，由于水具有强大的导电性，它们的强度会快速衰减。声波是一种需要通过介质传播的机械波，介质可以是水、空气、木材和金属等。超声波属于声波，其传输速度和距离在很大程度上取决于介质的属性。例如，超声波在水中的传播速度约为1450m/s，这比在空气中的传播速度（约340m/s）更快。另外，一些具有预先指定强度的超声波在空气中只能传播2m/s，但在水下可以传播约100m/s，这是因为机械波的强度会通过介质分子连续衰减，并且超声波在空气中传播的强度比在水中衰减得更快。距离波源 d 的超声波强度 ρ 为

$$\rho = \rho_0 e^{-\eta d} \tag{9.2.1}$$

式中，ρ_0指超声波源的强度；e为自然对数；η 为衰减系数，它取决于介质的物理化学性质和超声波本身的属性（例如超声波频率）。当 η 恒定时，ρ 随着 d 的增加呈指数减小，这意味着当超声波的传播距离变得相当远时，鲸鱼传送的超声波所携带的消息很有可能失真。所以，当一条鲸鱼接收到来自相当远的鲸鱼的信息时，它不确定自己理解是否正确，这时，需假设鲸鱼将消极地朝着离自己相当远的“较优且最近”的鲸鱼随机移动。

由此可知，在捕食时，如果距离“较优且最近”的鲸鱼较近，鲸鱼将积极地向它随机移动；如果距离较远，鲸鱼会消极地向其随机移动。因此，经过一段时间，就会形成一些独立的种群。受这种基于超声波衰减的随机移动规则启发，获得了一种新的位置迭代公式，该公式使算法不会过早陷入局部最优，并且能够增强种群的多样性和全局搜索能力，也有助于求解多个全局最优解。鲸鱼 $\boldsymbol{X}$ 在它的“较优且最近”的鲸鱼 $\boldsymbol{Y}$ 引导下的随机移动公式为

$$\boldsymbol{x}_i(n+1) = \boldsymbol{x}_i(n) + \mathrm{rand}(0, \rho_0 e^{-\eta d_{X,Y}})(\boldsymbol{y}_i(n) - \boldsymbol{x}_i(n)) \tag{9.2.2}$$

式中，$\boldsymbol{x}_i(n)$ 和 $\boldsymbol{x}_i(n+1)$ 分别指 $\boldsymbol{X}$ 的第 i 个元素在 n 步与 $n+1$ 步迭代的位置；$\boldsymbol{y}_i(n)$ 指 $\boldsymbol{Y}$ 的第 i 个元素在 n 步迭代的位置；$d_{X,Y}$ 指 $\boldsymbol{X}$ 与 $\boldsymbol{Y}$ 之间的距离；$\mathrm{rand}(0, \rho_0 e^{-\eta d_{X,Y}})$ 表示 $0 \sim \rho_0 e^{-\eta d_{X,Y}}$ 的随机数，根据大量实验的结果，对于几乎所有的实例，ρ_0都可以设置为2。

衰减系数 η 取决于介质的物理化学性质和超声波本身的属性。对于函数优化问题，影响 η 的因素与目标函数的特征相关，包括函数的维数、定义域和峰值分布。因此，需要针对不同的目标函数设置适当的 η 值。根据大量的实验结果，为了方便工程师应用鲸鱼群优化算法，η 的初始近似值设置方法为：首先，令 $\rho_0 e^{-\eta(d_{\max}/20)} = 0.5$，即 $2e^{-\eta(d_{\max}/20)} = 0.5$，$d_{\max}$ 指在搜索区域内两只鲸鱼之间可能的最大距离，可由 $d_{\max} = \sqrt{\sum_{i=1}^{N} (x_{i\max} - x_{i\min})^2}$ 计算得到，其中 N 为目标函数的维数，$x_{i\min}$ 与 $x_{i\max}$ 分别表示第 i 个变量的下限与上限。该式表明，如果鲸鱼 $\boldsymbol{X}$ 与其“较优且最近”的鲸鱼 $\boldsymbol{Y}$ 之间的距离是 $d_{\max}/20$ 时，$\rho_0 e^{-\eta d_{X,Y}}$ 应设置为0.5，它影响着鲸鱼 $\boldsymbol{X}$ 的移动范围。因此 $\eta = -20\ln(0.25)/d_{\max}$。基于该近似初始值，很容易将 η 调整为最优值或近似最优值。

如图9.2.1所示，目标函数维数为2，五角星表示全局最优解，圆圈表示鲸鱼，用虚线标记的矩形区域是当前迭代中鲸鱼的可达区域。

2. 游走搜索猎物

在WOA初期，在搜索空间中随机产生 N 条鲸鱼个体组成初始种群，假设搜索空间为 D 维，则第 i 条鲸鱼个体的空间位置 $\boldsymbol{x}_i = [x_{i1}\ x_{i2} \cdots\ x_{iD}], i = 1, 2, \cdots, N$。在游走搜索猎物阶段，

每条鲸鱼个体选取随机个体位置来引导更新，其位置更新公式为

$$\boldsymbol{X}(n+1)=x_{\text{rand}}(n)-\boldsymbol{A}L_d \tag{9.2.3}$$

式中，$\boldsymbol{X}$ 为鲸鱼个体所在位置，鲸鱼个体距离随机个体 $\boldsymbol{x}_{\text{rand}}$ 的长度为

$$L_d=|\boldsymbol{C}\boldsymbol{x}_{\text{rand}}(n)-\boldsymbol{X}(n)| \tag{9.2.4}$$

式中，$\boldsymbol{A}$ 和 $\boldsymbol{C}$ 为系数，可以定义为

$$\boldsymbol{A}=2a\boldsymbol{r}_1-a,\boldsymbol{C}=2\boldsymbol{r}_2 \tag{9.2.5}$$

式中，$\boldsymbol{r}_1,\boldsymbol{r}_2$ 为[0,1]随机数组成的向量，a 为控制参数，其值随迭代次数 n 的增加而从 2 线性减少到 0，即

$$a=2-2n/T_{\max} \tag{9.2.6}$$

式中，$T_{\max}$ 为最大迭代次数。

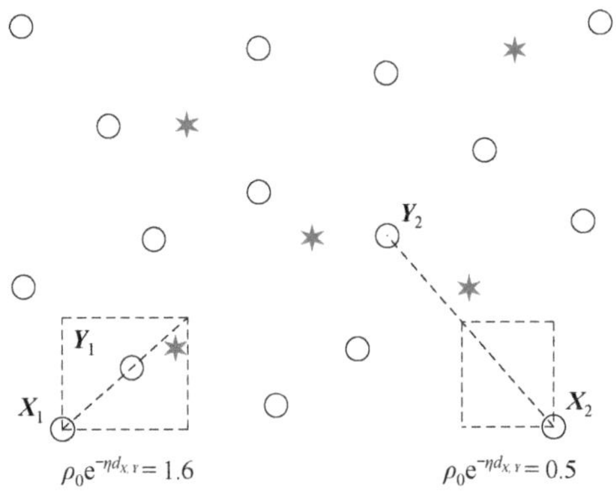

图 9.2.1　由“较优且最近”的鲸鱼引导的随机移动示意图

结合式（9.2.5）及式（9.2.6）可知，向量 $\boldsymbol{A}$ 中元素的范围属于［-2，2］，其值随控制参数 a 的减小而减小，当 $|\boldsymbol{A}|\leqslant 1$ 时，认为鲸鱼已寻找到猎物，算法由游走搜索猎物阶段进入气泡网攻击阶段。

3. 收缩包围机制

在气泡网攻击阶段，鲸鱼个体不再选取随机个体作为猎物位置进行更新，而是选取全局最优个体作为猎物，以加快对最优值的搜索。其中，收缩包围的位置更新公式为

$$\boldsymbol{X}(n+1)=\boldsymbol{X}_{\text{best}}-\boldsymbol{A}|\boldsymbol{C}\boldsymbol{X}_{\text{best}}-\boldsymbol{X}(n)| \tag{9.2.7}$$

式中，$\boldsymbol{X}_{\text{best}}$ 为迄今为止找到的最优鲸鱼个体的位置，在收缩包围阶段，目前种群最优解位置在个体位置更新中起关键作用。个体鲸鱼向最优个体包围，模拟座头鲸对猎物的包围收缩捕食行为。

4. 螺旋轨迹捕食

鲸鱼个体对猎物进行收缩包围的同时会沿着螺旋形路径游走，以形成气泡网攻击，螺旋游走的数学模型为

$$\boldsymbol{X}(n+1)=L_{\text{best}}(n)e^{bl}\cos(2\pi l)+\boldsymbol{X}(n) \tag{9.2.8}$$

式中，$L_{\text{best}}=|\boldsymbol{X}_{\text{best}}-\boldsymbol{X}(n)|$ 为鲸鱼个体到迄今为止找到的最优鲸鱼个体的距离；b 为常量系数；$l\in[0,1]$ 为随机变量。为了模拟鲸鱼收缩包围和螺旋游走同时进行，引入了概率 p，其数学模型为

$$X(n+1)=\begin{cases}L_{\text{best}}(n)\mathrm{e}^{bl}\cos(2\pi l)+X(n), & p<0.5\\ X_{\text{best}}(n)-AL_d, & p\geqslant 0.5\end{cases} \tag{9.2.9}$$

9.2.2 混沌权重和精英引导的鲸鱼群优化算法

1. 精英个体引导机制

在基本 WOA 中，鲸鱼游走阶段的个体位置是通过选取随机个体来引导更新，虽然能增加种群的搜索范围，但完全依靠随机性，增加了种群无效搜索的次数，影响收敛速度。为了加快对猎物搜索的速度，提出一种精英个体引导机制。选取当前种群最优个体作为精英个体引导种群位置更新，位置更新公式为

$$X(n+1)=X_p(n)-\mathbf{dir}AL_d \tag{9.2.10}$$

式中，$X_p(n)$ 为第 n 次迭代时种群适应度值最大的个体位置；**dir** 为种群搜索方向因子。比较当前种群最优个体的适应度值 $\text{fit}(X_p(n))$ 与上一代种群最优个体适应度 $\text{fit}(X_p(n-1))$，若 $\text{fit}(X_p(n))>\text{fit}(X_p(n-1))$，则 **dir** 为单位向量，否则 **dir** 向量的每一维为

$$\mathbf{dir}_j=\begin{cases}-1, & A_j[X_{\text{jp}}(n)-X_{\text{jp}}(n-1)]>0\\ 1, & \text{其他}\end{cases} \tag{9.2.11}$$

式（9.2.10）及式（9.2.11）表明，精英个体使种群朝靠近最优解位置进行搜索，搜索方向因子则利用最优个体的进化反馈信息对种群的搜索方向进行调整，两者的加入使种群搜索更具有目的性，避免了因随机个体与搜索向量 A 的随机性而导致收敛速度较慢的问题。值得注意的是，精英个体的引入使最优鲸鱼个体在鲸鱼种群搜索中扮演着领导者的角色，所以，其位置的好坏决定了种群的搜索效率，为了提高领导者的质量，在每次迭代中，对精英个体进行一次随机扰动与反向搜索操作，得到两个新的个体 $X_{1\text{p}}$ 与 $X_{2\text{p}}$，且

$$X_{1\text{p}}=X_{\min}+r(X_{\max}-X_{\min}),\ X_{2\text{p}}=X_{\max}+X_{\min}-X_{1\text{p}} \tag{9.2.12}$$

式中，$X_{\min}$ 和 $X_{\max}$ 分别为搜索空间的上界和下界；r 为［0，1］区间的随机变量。将得到的 $X_{1\text{p}}$ 和 $X_{2\text{p}}$ 替换种群中适应度值最小的两个个体，并更新当前种群最优个体 X_{p}。

2. 混沌动态权重因子

鲸鱼算法在进入气泡网攻击阶段后，为了加快对全局最优值的搜索采取收缩包围机制，然而这种机制未充分利用全局最优解的位置信息，只能使鲸鱼个体缓慢靠近局部最优解，无法在猎物附近进行快速精细搜索，导致算法收敛速度较慢、收敛精度较低。文献［199］和［206］提出非线性自适应权重策略，提高了 WOA 的局部寻优能力与寻优速度，但同时也增加了算法的计算复杂度。这里引入一种计算简单的动态混沌权重因子，即

$$w_c(n+1)=4w_c(n)(1-w_c(n)),n=1,2,\cdots,T_{\max} \tag{9.2.13}$$

式中，$w_c(n)$ 取［0,1］区间的随机数，将式（9.2.13）代入式（9.2.9），并引入一个随迭代次数变化的收敛因子 λ，改进后的位置更新公式为

$$X(n+1)=X_{\text{best}}-A(CX_{\text{best}}-X(n))$$

$$X(n+1)=w_c(n)\lambda X_{\text{best}}-AL_d\lambda=(T_{\max}-n)/T_{\max} \tag{9.2.14}$$

式（9.2.13）表明，本节选取逻辑斯谛混沌映射，利用其随机性、遍历性等优点动态调整惯性权重，使鲸鱼个体能在猎物周围进行更加精细、彻底的搜索，在加快算法的收敛速度的同时降低了算法陷入局部最优的概率。其次，参数 λ 随着迭代次数的增加而自适应地减小，

能有效控制权重因子混沌变化的范围，缩小鲸鱼种群的寻优区域，使算法迅速收敛于全局最优解，保证了算法的收敛性。

3. 算法伪代码

文献［43］给出的算法伪代码如下。

1）初始化参数。设置种群规模大小为 N，解空间维度为 D，最大迭代次数为 $T_{\max}$，产生初始化鲸鱼种群 $\{\boldsymbol{x}_i, i=1, 2, \cdots, N\}$；

2）while（$n<T_{max}$）do

3）计算每一个鲸鱼个体的适应度值 $\{\mathrm{fit}(\boldsymbol{x}_i), i=1, 2, \cdots, N\}$，根据式（9.2.12）得到 $\boldsymbol{X}_{1\mathrm{p}}$ 和 $\boldsymbol{X}_{2\mathrm{p}}$，并替换当前种群最差与次差的两个个体，选出当前种群最优个体 $\boldsymbol{X}_p$，更新迄今为止找到的最优个体 $\boldsymbol{X}_{best}$；

4）for $i=1$ to N do

5）　按式（9.2.6）更新 a 的值，更新其他参数 A，C，l 和 p；

6）　if（$|A|\geqslant 1$）do

7）　　根据式（9.2.10）和式（9.2.11）更新当前个体位置；

8）　else if（$|A|<1$）do

9）　　if（$p\geqslant 0.5$）do

10）　　　根据式（9.2.14）更新当前个体位置；

11）　　else if（$p<0.5$）do

12）　　　根据式（9.2.7）更新当前个体位置；

13）　　end if

14）　end if

15）end for

16）$n=n+1$；

17）$w_c(n+1)=4w_c(n)(1-w_c(n))$；

18）end while

为了验证该算法的性能，文献［204］从文献［191］中选出 7 个基准测试函数进行测试。其中，f_1 ~ f_3 为高维单峰函数，各函数的最优值均为 0，用来测试算法的寻优精度；f_4 ~ f_7 为多峰函数，其定义域内有大量局部极值点，用来测试算法的全局搜索能力和算法寻优的稳定性。表 9.2.1 列出了各个函数的详细信息。

表 9.2.1　7 个标准测试函数

测试函数	维度	范围	最小值
$f_1(x)=\sum_{i=1}^{n}x_i^2$	100	[−100, 100]	0
$f_2(x)=\sum_{i=1}^{n}\lvert x_i\rvert+\prod_{i=1}^{n}\lvert x_i\rvert$	100	[−10, 10]	0
$f_3(x)=\sum_{i=1}^{n}ix_i^4+\mathrm{random}[0,1)$	100	[−1.28, 1.28]	0
$f_4(x)=0.1\{\sin(3\pi x_i)+\sum_{i=1}^{n}(x_i-1)^2[1+\sin^2(3\pi x_i+1)]+(x_n-1)^2\}+[1+\sin^2(2\pi x_n)]\sum_{i=1}^{n}u(x_i,5,100,4)$	100	[−50, 50]	0

（续）

测试函数	维度	范围	最小值
$f_5(x)=\{[\sum_{i=1}^{n}\sin^2(x_i)]-\mathrm{e}^{-\sum_{i=1}^{n}x_i^2}\}\mathrm{e}^{-\sum_{i=1}^{n}\sin^2(\sqrt{\lvert x_i\rvert})}$	100	[－20, 20]	－1
$f_6(x)=-\sum_{i=1}^{4}c_i\exp[-\sum_{j=1}^{6}a_{ij}(x_j-p_{ij})^2]$	60	[0, 1]	－3.32
$f_7(x)=-\sum_{i=1}^{10}[(x-a_i)(x-a_i)^{\mathrm{T}}+c_i]^{-1}$	4	[0, 10]	－10.53

文献［204］以文献［198］中的基于自适应权重和柯西变异的鲸鱼群优化算法（WOAWC）、传统 WOA 以及 PSO 算法为比较对象进行实验。将种群规模设置为 30，最大迭代次数为 500，连续独立运行 30 次，记录 30 次实验各测试函数最优适应度值的平均值和标准差，得到的结论如下。

1）在收敛精度与稳定性上，AWOA 明显优于 WOA 和 PSO 算法；而与 WOAWC 在函数 $f_1\sim f_6$的测试结果相近，在多峰函数f_7的测试中，由于 AWOA 加入了精英个体引导机制，及时引导鲸鱼朝猎物位置搜索，增强了算法的全局搜索能力、提高了算法的稳定性；AWOA 最优适应度值的平均值明显高于 WOAWC，且接近理想最优值。

2）在收敛速度上，与 WOA、WOAWC 和 PSO 算法相比，在 7 个测试函数中，AWOA 均具有更高的收敛速度，体现了 AWOA 中加入精英个体引导机制和动态混沌权重因子后提升了算法的搜索效率。

综上所述，针对传统 WOA 收敛速度慢、收敛精度低等缺点，AWOA 通过精英个体引导机制，利用精英个体的进化信息自适应地引导鲸鱼种群朝正确的方向进行搜索，提高了算法的效率；在算法后期加入混沌动态权重因子提高算法的局部搜索能力，从而加快了算法的收敛速度。

9.2.3 离散鲸鱼群优化算法

鲸鱼群优化算法（WOA）在水资源分配、最优路径、发电机组调度、垃圾邮件发送者识别、优化电力系统、最优无功率调度等问题的应用方面，均取得了一定的效果。然而，在求解高维多目标复杂工程问题时，WOA 也存在收敛精度不高、易陷入局部最优解等问题。

为了改善 WOA 的优化性能，文献［209］提出了一种离散鲸鱼群优化算法（DWOA），在 DWOA 中引入收敛因子调节个体距离最优鲸鱼位置的远近程度，在最优位置附近进行更加精细的局部搜索，提高了算法的局部寻优能力；此外，在鲸鱼个体位置更新公式中引入了自适应惯性权值来协调算法的全局探索和局部开发能力，进一步改善算法的优化性能；最后，利用改进的 Sigmoid 函数对 WOA 进行离散化处理保证了个体的多样性。

1. 进化方式改进原理

标准 WOA 在进行全局搜索时，鲸鱼的位置是随机更新的，不能有效平衡全局搜索和局部搜索。为了提高鲸鱼群优化算法的寻优能力，文献［210］引入了自适应惯性权值 w 来调节算法的全局搜索能力，有助于算法跳出局部最优，平衡 WOA 在优化过程中的全局探索和局部搜索能力。在迭代初期，应给予较大的惯性权值，以保证算法的全局搜索能力；在迭代后期，为了保证算法的局部搜索能力，应给予较小的惯性权值。利用 w 的动态线性变化来控

制鲸鱼原位置对鲸鱼新位置的影响，改进后的更新公式为

$$w(n)=w_{\min}+w_{\min}\cos(n/T_{\max}) \tag{9.2.15}$$

$$\boldsymbol{X}(n+1)=w(n)(\boldsymbol{X}_{\mathrm{rand}}(n)-\boldsymbol{A}\boldsymbol{L}_d) \tag{9.2.16}$$

式中，w 是惯性权值；$w_{\min}$ 是惯性权值的最小值；$T_{\max}$ 为最大迭代次数。

进化理论研究表明，优秀的解周围很大程度上存在更多潜在优秀解。标准 WOA 在迭代中进行局部搜索时，所有鲸鱼会逐渐向最优鲸鱼的位置移动，因此很大可能使所有鲸鱼位于局部最优位置附近，算法只能在局部最优解附近搜索，不能寻找到更优的解。为了提高 WOA 的局部搜索能力，文献［210］通过一种非线性收敛因子调控最优解位置与其他个体之间的距离，发掘更多的潜在优秀解，使算法在进行局部搜索时，可以在最优值附近更加全面精细地搜索优秀解。改进之后的位置向量为

$$V=\mathrm{rand}(v_{\min}-v_{\max})+v_{\min} \tag{9.2.17}$$

$$\boldsymbol{D}(n)=|\boldsymbol{C}\boldsymbol{X}_{\mathrm{best}}(n)-V\boldsymbol{X}(n)| \tag{9.2.18}$$

$$\boldsymbol{X}(n+1)=\begin{cases}\boldsymbol{X}_{\mathrm{best}}(n)-\boldsymbol{A}\boldsymbol{D} & ,p<0.5\\ \boldsymbol{D}(n)\mathrm{e}^{bl}\cos(2\pi l)+\boldsymbol{X}_{\mathrm{best}}(n) & ,p\geqslant 0.5\end{cases} \tag{9.2.19}$$

式中，$v_{\min}$ 表示收敛因子的最小值；$v_{\max}$ 表示收敛因子的最大值；rand 表示 0 ~ 1 之间的随机数；向量 $\boldsymbol{D}$ 表示个体距离最优解位置之间的远近程度。

2. 离散鲸鱼群优化算法原理

鲸鱼群优化算法优化空间的值都是连续变量，但在实际工程应用中所计算的变量都是离散的，因此要对连续变量进行离散化处理。文献［210］提出一种离散二进制鲸鱼群优化算法编码方式，利用映射函数完成对鲸鱼算法的离散化。在迭代过程中，为了保证个体的位置只能为 0 或 1，通常使用 Sigmoid 函数将位置压缩到［0，1］区间来表示个体取 1 的概率，即

$$s(\boldsymbol{x})=1/(1+\exp(-\boldsymbol{x})) \tag{9.2.20}$$

$$\boldsymbol{x}=\begin{cases}1,\mathrm{rand}<s(x)\\0,\text{其他}\end{cases} \tag{9.2.21}$$

Sigmoid 函数的核心是将连续搜索空间映射到离散搜索空间，利用标准 Sigmoid 函数对鲸鱼个体位置映射的结果如图 9.2.2 所示。图 9.2.2 表明，映射结果大都集中在 0.5 ~ 0.76，若用式（9.2.20）对映射结果离散化处理，个体容易产生“靠拢”现象，会使算法过早收敛，陷入局部最优。

为了提高算法的搜索能力，文献［210］通过对最优位置和个体位置的差值进行映射，改进 Sigmoid 函数的映射公式，映射结果如图 9.2.3 所示。该图表明，映射结果值分布在0 ~ 0.9，更好地保证了离散化后个体的多样性，为算法的优化过程奠定了多样性基础。改进后的 Sigmoid 函数为

$$\boldsymbol{x}=2\mathrm{rand}(\mathrm{VarSize})(\boldsymbol{x}_{\mathrm{best}}-\boldsymbol{x}) \tag{9.2.22}$$

$$s(\boldsymbol{x})=1/(1+\exp(-\boldsymbol{x})) \tag{9.2.23}$$

$$\boldsymbol{x}=\begin{cases}1,\ \mathrm{rand}<s(\boldsymbol{x})\\0,\ \text{其他}\end{cases} \tag{9.2.24}$$

式中，$\boldsymbol{x}_{\mathrm{best}}$ 为当前最优个体；$\boldsymbol{x}$ 为位置向量；VarSize 是维数大小。

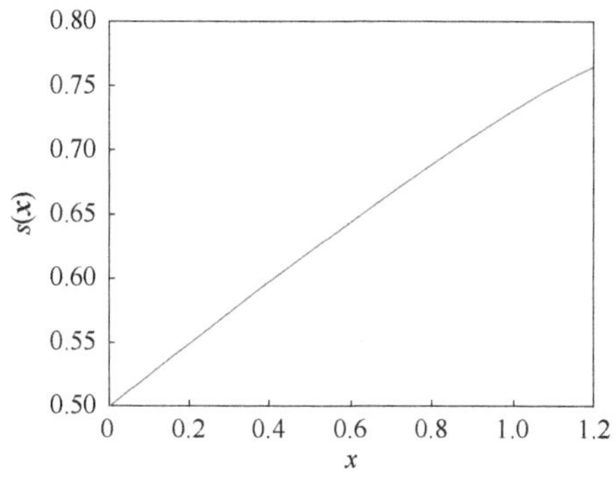

图 9.2.2　标准 Sigmoid 函数

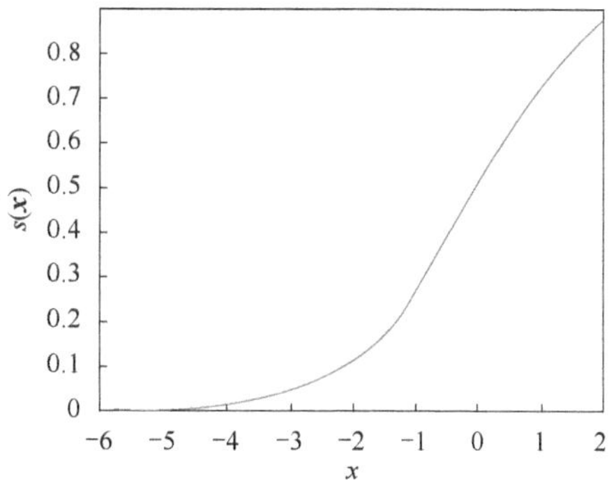

图 9.2.3　改进 Sigmoid 函数

3. 算法伪代码

文献［210］给出了本算法的伪代码如下。

(1) 初始化鲸鱼种群 x_i（$i=1, 2, \cdots, N$），计算每个个体 x_i 的适应度值 fit，得到初始最优位置 x_{best}、最优解 fit_{best}，当前迭代次数 $n=0$，最大迭代次数为 T_{max}；
(2) while $n<T_{max}$
(3) 　for $i=1:N$
(4) 　应用式（9.2.5）更新参数 α，$\boldsymbol{A}$，$\boldsymbol{C}$，l，p；
(5) 　　if $p<0.5$
(6) 　　　if $|A|<1$
(7) 　　　应用式（9.2.17）~式（9.2.19）更新策略得到新个体 $x_{i,new}$；
(8) 　　　else if $|A|\geqslant 1$
(9) 　　　　应用式（9.2.2）、式（9.2.15）和式（9.2.16）更新策略得到新个体 $x_{i,new}$；
(10) 　　　end if
(11) 　　else if $p\geqslant 0.5$
(12) 　　　　应用式（9.2.17）~式（9.2.19）更新策略得到新个体 $x_{i,new}$；
(13) 　　end if
(14) 　　应用式（9.2.22）和式（9.2.23）对更新后的个体 $x_{i,new}$ 进行离散化处理，将其值映射到［0，1］区间；
(15) 　　if rand $<s(x_{i,new})$
(16) 　　　$x_{i,new}=1$；
(17) 　　else
(18) 　　　$x_{i,new}=0$；
(19) 　　end if
(20) 　end for
(21) 　计算每个新鲸鱼个体 $x_{i,new}$ 的适应度值 fit_{new}；
(22) 　if $fit_{new}>fit_{best}$
(23) 　　$x_{best}=x_{i,new}$；
(24) 　　$fit_{best}=fit_{new}$；
(25) 　end if
(26) end while

为了验证离散鲸鱼群优化算法（DWOA）的性能，以标准鲸鱼群优化算法（WOA）、灰狼算法（GWO）、飞蛾扑火算法（MFO）、布谷鸟算法（CSA）、蝙蝠算法（BAT）、多元宇宙优化算法（MVO）、乌贼算法（CFA）、粒子群算法（PSO）为比较对象进行实验，参数设置见表 9.2.2，选用了 9 个（F1 ~ F9）常用的基准测试函数，见表 9.2.3。对于每种测试函数，最大迭代次数为 100，种群数为 40，重复计算 10 次，采用平均值（Mean）、标准差值（Std）以及迭代中的最优值（Best）来评价算法的性能。

表 9.2.2　参数设置

算法	参数设置
DWOA	$v_{\min}=0, v_{\max}=1.5, b=1, w_{\min}=0.1$
WOA	定义螺旋形状的常数 $b=1$
GWO	惯性因子 $w=0.5$，惯性递减率 $w_{\text{damp}}=0.99$，加速因子 $c_1=1, c_2=2$
MFO	定义螺旋形状的常数 $b=1$
CSA	布谷鸟蛋发现概率 $p_a=0.25$，步长控制量 $\alpha=1$
BAT	响度 $A=0.5$，脉冲发射率 $r=0.5$，最小频率 $Q_{\min}=0$，最大频率 $Q_{\max}=2$
MVO	虫洞存在率最大值 $\text{WEP}_{\max}=1$ 和最小值 $\text{WEP}_{\min}=0.2$，开发准确率 $p=0.6$
PSO	惯性因子 $w=0.5$，惯性递减率 $w_{\text{damp}}=0.99$，加速因子 $c_1=1, c_2=2$
CFA	伸展度常数 $r_1=2, r_2=-1$，可见度常数 $v_1=-1.5, v_2=1.5$

表 9.2.3　基准测试函数

名称	测试函数	公式	初始范围	维数	最优值
F1	Sphere	$\min \sum_{i=1}^{D} x_i^2$	[-100, 100]	100	0
F2	Penalized	$\min 0.1\left\{\sin^2(3\pi x_1)+\sum_{i=1}^{D-1}\begin{matrix}(x_i-1)^2[1+\sin^2(3\pi x_{i+1})]+\\(x_D-1)^2[1+\sin^2(2\pi x_D)]\end{matrix}\right\} + \sum_{i=1}^{D} u(x_i,5,100,4)$	[-50, 50]	100	0
F3	Quartic	$\min \sum_{i=1}^{D} i x_i^4 + \text{random}[0,1)$	[-1.28, 1.28]	100	0
F4	Rosenbrock	$\min \sum_{i=1}^{D}[100(x_i^2-x_{i+1})^2+(x_i-1)^2]$	[-30, 30]	100	0
F5	Rastrigrin	$\min \sum_{i=1}^{D}[x_i^2-10\cos(2\pi x_i)+10]$	[-5.12, 5.12]	100	0
F6	Griewank	$\min \sum_{i=1}^{D}\frac{x_i^2}{4000}-\prod_{i=1}^{D}\left(\frac{x_i}{\sqrt{i}}\right)+1$	[-600, 600]	100	0
F7	Step	$\min \sum_{i=1}^{D}(\vert x_i+0.5\vert)^2$	[-100, 100]	100	0
F8	Ackley	$\min -20\exp\left(-0.2\sqrt{\frac{1}{D}\sum_{i=1}^{D}x_i^2}\right)-\exp\left(\frac{1}{D}\sum_{i=1}^{D}\cos(2\pi x_i)\right) + 20+\exp(1)$	[-32, 32]	100	0
F9	Schwefel 2.21	$\min\{\vert x_i\vert, 1\leqslant i\leqslant D\}$	[-10, 10]	100	0

得出的结论如下。

1）以最优值和平均值为评判标准。在每个测试函数都是100维的条件下，DWOA寻优结果最好、收敛速度最快。主要原因是：在进化中引入自适应惯性权值可以更好地平衡算法的全局搜索和局部搜索能力，克服了算法在求解某些高维复杂函数问题时收敛速度慢、容易陷入局部最优的缺点。

2）以方差为评判标准。DWOA的收敛精度和方差都优于其他八种算法，分析主要原因是：在迭代过程中其他改进算法的个体会逐渐集中在最优个体的位置附近，无法跳出局部最优，而收敛因子可以调节个体距离最优位置的远近程度，增加了算法局部搜索的精度，有利于进行局部精细挖掘。DWOA寻优结果更好，证明其跳出局部最优能力得到了提升。

综上所述，改进的策略提高了DWOA寻优性能，其优化性能比其他算法更加有效，能够有效解决高维复杂数值优化问题。

9.2.4 混合策略改进的鲸鱼群优化算法

针对标准鲸鱼群优化算法收敛速度慢、收敛精度低、易陷入局部最优等问题，文献[215]、[216]引入三种改进策略，提出一种混合策略改进的鲸鱼群优化算法（Mixed Strategy Based Improved Whale Optimization Algorithm，MSWOA）。

1. 混沌映射初始化种群

群智能优化算法的全局收敛速度和解的质量受初始种群质量影响，若初始种群多样性程度较高，有利于提高算法的寻优性能。标准鲸鱼群优化算法采用随机方式初始化种群，无法做到种群在整个搜索空间中均匀分布，导致算法在搜索过程中效率降低。混沌映射具有遍历性和随机性的特点，能在一定范围内更全面地探索搜索空间，可利用这一特性进行鲸鱼群优化算法种群初始化。将混沌理论与鲸鱼群优化算法相结合，使用多种混沌映射优化鲸鱼群算法，结果表明，在所有混沌映射中，帐篷映射（Tent Map）大大提高了WOA的性能。因此，采用Tent混沌映射初始化鲸鱼种群，即

$$x(n+1)=\begin{cases}\mu x(n), & x(n)<0.5\\ \mu(1-x(n)), & x(n)\geqslant 0.5\end{cases} \tag{9.2.25}$$

式中，$x(n)$的取值范围是[0，1]；系统参数$\mu=1.99$时Tent映射均匀分布。

2. 非线性收敛因子和惯性权重

标准WOA中参数$\boldsymbol{A}$用于调节算法全局探索和局部开发能力，其中收敛因子a在迭代过程中呈线性递减，易使算法收敛速度过慢而无法适应实际情况。由WOA迭代原理可知，较大的收敛因子能够提供较强的全局探索能力，避免陷入局部最优，而较小的收敛因子使算法具有较强的局部开发能力，能够加快算法的收敛速度。如果算法处于迭代早期，采用较大的a将会使算法跳出局部极值的能力更强；算法中期为保证具有较快的收敛速度，在设计收敛因子时应考虑随着迭代次数增加a快速递减到一个较小的值；而后期基本确定最优解的搜索范围，则选择较小的a值且递减速度慢，以提高算法最终收敛精度。因此，文献[216]提出一种分段的收敛因子更新公式

$$a(t)=\begin{cases}2-\left(\dfrac{n}{T_{\max}}\right)^{\mu}, & n\leqslant\dfrac{T_{\max}}{2}\\[2ex] 1-\dfrac{2\left(n-\dfrac{T_{\max}}{2}\right)}{\dfrac{T_{\max}}{2}}+\left(\dfrac{n-\dfrac{T_{\max}}{2}}{\dfrac{T_{\max}}{2}}\right), & n>\dfrac{T_{\max}}{2}\end{cases} \tag{9.2.26}$$

式中，非线性调节系数μ，用于平衡算法探索与开发能力，实现快速收敛、提高收敛精度。经实验测定，其取值为2。

标准WOA依靠式（9.2.3）、式（9.2.4）和式（9.2.9）更新鲸鱼的位置，但在迭代过程中没有考虑猎物引导鲸鱼进行位置更新的引导力可能存在差异。因此，结合PSO算法中惯性权重引导种群寻优思想，WOA在位置更新公式中引入自适应参数作为惯性权值，以便最优解能被更充分地利用，从而提高算法的寻优精度。具体改进公式为

$$w(n)=\frac{2}{\pi}\arcsin\left(\frac{n}{T_{\max}}\right) \tag{9.2.27}$$

$$\boldsymbol{X}(n)=w\boldsymbol{X}_{\mathrm{best}}(n)-\boldsymbol{A}\boldsymbol{L}_d, p<0.5, |\boldsymbol{A}|\leqslant 1 \tag{9.2.28}$$

$$\boldsymbol{X}(n)=L_d\mathrm{e}^{bl}\cos(2\pi l)+(1-w)\boldsymbol{X}_{\mathrm{best}}(n), p\geqslant 0.5 \tag{9.2.29}$$

$$\boldsymbol{X}(n)=w\boldsymbol{X}_{\mathrm{rand}}-\boldsymbol{A}\boldsymbol{L}_d, p<0.5, |\boldsymbol{A}|>1 \tag{9.2.30}$$

式中，非线性惯性权值w随着迭代次数的增加而增大。这表明经过每次迭代所选择的猎物越接近理论最优值，即当前种群的最优解对种群中的鲸鱼产生的吸引力越来越强，使得鲸鱼能够更准确地找到猎物，从而提高算法的收敛速度和寻优精度。根据式（9.2.29），当种群中的鲸鱼以一定概率进行螺旋位置更新时，鲸鱼将向猎物靠近，此时应采用较小的惯性权值，使得鲸鱼位置更新的同时能够更好地寻找猎物周围是否存在更优解，以此提高算法的局部搜索能力。

3. 多样性变异操作

WOA运行过程中，种群多样性会逐渐降低，种群个体将聚集在搜索空间的一个或几个特定位置上，使得算法可能出现早熟收敛现象。因此，当种群聚集到一定程度时，执行变异操作能够提高种群的多样性，使算法跳出局部最优值，进入解空间的其他区域继续进行搜索，如此往复，直至最终找到全局最优解。

设种群中个体数为N，fit_i为第i个个体的适应度值，$\mathrm{fit}_{\max}$和$\mathrm{fit}_{\min}$分别为当前种群的适应度最大值和适应度最小值，$\mathrm{fit}_{\mathrm{avg}}$为当前种群的平均适应度值，则种群适应度方差为

$$\sigma^2=\frac{1}{n}\sum_{i=1}^{n}\left(\frac{\mathrm{fit}_i-\mathrm{fit}_{\mathrm{avg}}}{\mathrm{fit}_{\max}-\mathrm{fit}_{\min}}\right)^2 \tag{9.2.31}$$

式中，σ^2反映了种群个体的聚集程度。其值越小，群体越聚集趋于收敛；反之，群体处于随机搜索阶段。

当种群的适应度方差小于某个给定的值，或者猎物在设定迭代次数内无明显变化时，对种群中部分个体按一定概率执行变异操作

$$\boldsymbol{X}(n+1)=\boldsymbol{X}(n)(1+0.5\eta) \tag{9.2.32}$$

式中，η是服从高斯分布的随机变量。

综上所述，MSWOA算法的实现流程如下。

步骤1：设置算法参数，包括种群数目 N、对数螺旋形状常数 b、最大迭代次数 T_{max}。

步骤2：利用混沌映射对种群位置进行初始化。

步骤3：计算个体适应度和种群适应度方差 σ^2。若 σ^2 小于设定阈值，则进行变异操作；否则，返回步骤2。

步骤4：将个体 i 当前位置适应度值与该个体迄今搜索到的适应度最大值作比较，若个体适应度最大值，则更新位置 $\boldsymbol{X}_i$；否则，保持 $\boldsymbol{X}_i$ 不变。

步骤5：记录种群适应度最大值和对应的位置向量，如果 $\boldsymbol{X}_{best}$ 较长时间无明显变化，则执行变异操作；否则，继续步骤6。

步骤6：更新每个搜索代理的参数 a、$\boldsymbol{A}$、$\boldsymbol{C}$、$\boldsymbol{p}$ 和 $\boldsymbol{w}$。

步骤7：当 $p<0.5$ 时，若 $|\boldsymbol{A}|\leqslant 1$，根据式（9.2.28）更新个体位置；若 $|\boldsymbol{A}|>1$，则通过式（9.2.30）更新个体位置。当 $\boldsymbol{p}\geqslant 0.5$ 时，根据式（9.2.29）更新个体位置。

步骤8：如果算法迭代结束则终止循环，输出最优个体位置信息；否则，返回步骤3继续执行。

9.3 鲶鱼粒子群优化算法

对于标准粒子群（PSO）算法，研究表明：①早期收敛速度较快，但后期在接近或进入最优点区域时的收敛速度比较缓慢，容易陷入局部最优，出现早熟收敛。对于复杂问题的局部搜索能力较弱，在后期迭代中很难获得更加精确的解。②克服早熟收敛的措施主要是设法保持种群的多样性，或引入跳出局部最优点的有效机制。

因此，研究收敛率高、收敛速度快、稳定性好、参数易于设置和调整的优化算法是必要的。

文献［217］在分析标准粒子群算法早熟收敛原因的基础上，研究了一种能避免陷入局部最优的粒子群算法。这种算法通过调节偏差阈值和冲撞力度来避免粒子早熟收敛，并通过试验仿真研究了偏差阈值和冲撞力度对算法的影响。该算法将自然界的鲶鱼效应（Catfish Effect，CE）引进到粒子群算法，其基本思想是引入鲶鱼与沙丁鱼竞争机制，进而淘汰没有活力的沙丁鱼。沙丁鱼，生性喜欢安静，追求平稳；鲶鱼，一种生性好动的鱼类，在装满沙丁鱼的鱼槽里放入鲶鱼。鲶鱼进入鱼槽后，由于环境陌生，便四处游动。沙丁鱼见了鲶鱼十分紧张，左冲右突，四处躲避，加速游动。这就是著名的“鲶鱼效应”。此效应的特点就是让充满竞争力的个别鲶鱼个体加入到群体中，打破群体内部原来的平静，使原有群体的惰性发生改变，最终促使整个群体保持一定的活力。在算法迭代过程中，如果全局最优解在一定代数内没有进化，则把个体解最差的90%的粒子（没有活力的沙丁鱼）初始化，恢复群体活力。由于这种鲶鱼效应的改良方法是针对整个种群的，提高了算法的广度搜索能力。

9.3.1 鲶鱼粒子群优化算法的原理

基于鲶鱼效应的粒子群优化算法（Catfish Effect Particle Swarm Optimization，CEPSO）简称为鲶鱼粒子群优化算法，是一种通过个体行为促使整体粒子群保持全局最优的一种算法，如图9.3.1所示。

CEPSO算法与标准PSO算法相比，不同点主要表现在：①对种群的多样性进行监视，当多样性较差时引入鲶鱼粒子；②利用鲶鱼粒子的驱赶作用使粒子种群跳出稳定状态激发种群活力，保持种群多样性；③依据鲶鱼粒子的收敛情况动态调节沙丁鱼粒子的飞行模式，提高算法的搜索性能。

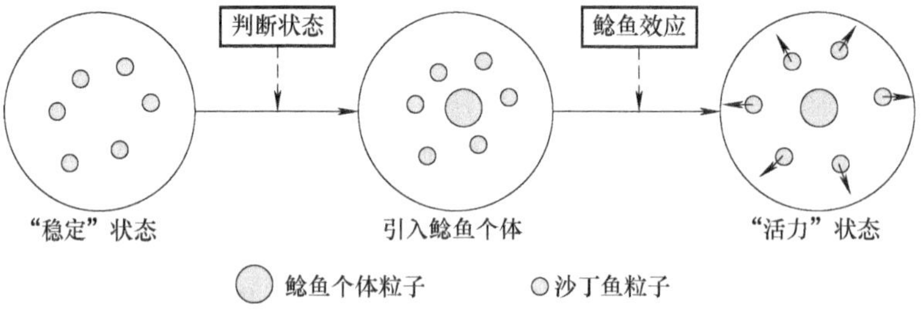

图 9.3.1　鲶鱼效应机制示意图

粒子群（PSO）算法是一种模拟自然界鸟群觅食过程的随机搜索算法，模拟的生物个体称为粒子，代表问题空间的一个可行解。粒子在搜索过程中受当前最优粒子位置的指引，并经逐代搜索，最后得到最优解。粒子具有速度，设定一个群体共有 N 个粒子在 D 维的搜索空间里，受当前最优粒子的位置牵引，粒子 i 在 n 时刻的位置 $x_i(n) \in [x_{i\min}, x_{i\max}]$，$x_{i\min}$、$x_{i\max}$ 分别是搜索空间的最小值和最大值；速度 $v_i(n) = \{v_{i1}(n), v_{i2}(n), \cdots, v_{id}(n)\}$，$v_{id}(n) \in [v_{id\min}, v_{id\max}]$，$v_{id\min}$、$v_{id\max}$ 分别为速度的最小值和最大值；个体最优位置 $x_i(n) = \{x_{i1}(n), x_{i2}(n), \cdots, x_{iD}(n)\}$，全局最优位置 $x_{gbest}(n) = \{x_{g1}(n), x_{g2}(n), \cdots, x_{gD}(n)\}$。其中，$1 \leqslant d \leqslant D$，$1 \leqslant i \leqslant N$。

引入了惯性权重 w，会根据迭代的次数动态调整速度，粒子在时刻 $n+1$ 时的位置更新公式为

$$v_{id}(n+1) = wv_{id}(n) + c_1 r_1 (x_{pi,d}(n) - x_{id}(n)) + c_2 r_2 (x_{gd}(n) - x_{id}(n)) \quad (9.3.1)$$

$$x_{id}(n+1) = x_{id}(n) + v_{id}(n+1) \quad (9.3.2)$$

式中，r_1，r_2 为均匀分布在 (0,1) 的随机数；c_1，c_2 为学习因子，通常取 $c_1 = c_2 = 2$。

惯性权重 w 是影响算法性能的一个重要因素。通常将 w 初始设为 0.9，随着迭代数增加，线性减至 0.4，这样，初期增加算法的广度搜索能力，后期加强算法的局深度搜索能力。w 的变化公式为

$$w = w_{\max} - \frac{w_{\max} - w_{\min}}{T_{\max}} \times n \quad (9.3.3)$$

式中，$w_{\max}$、$w_{\min}$、$T_{\max}$、n 分别是最大惯性权重、最小惯性权重、最大迭代数、当前迭代数。

9.3.2　鲶鱼效应粒子群优化算法的流程

该算法流程如图 9.3.2 所示。研究表明，该算法有利于提高种群活力，对算法的广度搜索性能有改良作用，但缺点是当整个种群在一定代数内没有进化的时候，就要重新初始化 90% 的个体，基本是整个种群被再次初始化，重新进行搜索，这方法虽然有利于提高广度搜索能力，但对算法的深度搜索有很大影响。

在每一个个体在迭代进化过程中，如果有若干代没有进化，则重新初始化该个体，恢复该个体的活力，该算法的“细度”更小，面对每个个体，既能增加广度搜索能力，又不影响深度搜索，这种策略称为“个体鲶鱼效应粒子群算法”。算法流程如图 9.3.3 所示。

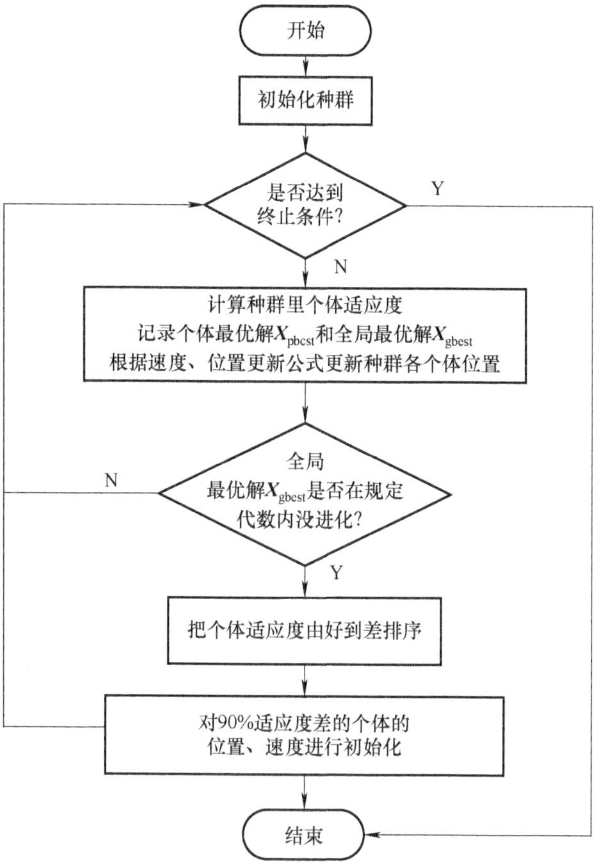

图 9.3.2　鲶鱼效应粒子群算法流程

CEPSO 的实现流程如下：

步骤 1：确定算法输入参数并进行初始化。先初始化粒子群中个体数 N、惯性权重 w、加速系数 c_1 和 c_2、(0,1) 之间均匀分布的随机数 rand( ) 、最大迭代次数 $T_{\max}$、搜索最大维数 D 等。将这些初始化参数作为算法的输入。

步骤 2：更新粒子群中个体的速度和位置。粒子群中第 i 个个体的速度和位置分别为 $\boldsymbol{v}_{i,d}(n)$ 和 $\boldsymbol{x}_{i,d}(n)$ ，其更新方法为

$$\begin{aligned}\boldsymbol{v}_{i,d}(n+1) = w\boldsymbol{v}_{i,d}(n) + c_1\mathrm{rand1}(\,)(\boldsymbol{x}_{\mathrm{p}i,d}(n) - \boldsymbol{x}_{i,d}(n)) \\ + c_2\mathrm{rand2}(\,)(\boldsymbol{x}_{\mathrm{g}i,d}(n) - \boldsymbol{x}_{i,d}(n))\end{aligned} \tag{9.3.4}$$

$$\boldsymbol{x}_{i,d}(n+1) = \boldsymbol{x}_{i,d}(n) + \boldsymbol{v}_{i,d}(n+1) \tag{9.3.5}$$

式中，$\boldsymbol{x}_{\mathrm{p}i,d}(n)$ 为第 i 个个体的最优位置；$\boldsymbol{x}_{\mathrm{g}i,d}(n)$ 是粒子群体全局最优位置。按式（9.3.5）能找到第 n 次迭代个体最优和当前粒子群全局最优。

步骤 3：引入鲶鱼效应的粒子群中个体的速度和位置更新。当粒子群种群搜索陷入局部极优时，此时所得到的最优解是次优的。为了克服这一问题，现引入鲶鱼个体重新激活陷入局部极优的个体，使之再次进行搜索，更新速度和位置，重新寻找个体最优。周而复始，粒子群即可寻找到全局最优。引入鲶鱼效应后式（9.3.4）改写为

$$\boldsymbol{v}_{i,d}(n+1) = w\boldsymbol{v}_{i,d}(n) + c_1\text{rand1}()(c_3\text{rand3}()(\boldsymbol{x}_{pi,d}(n) - \boldsymbol{x}_{i,d}(n))) + c_2\text{rand2}()(c_4\text{rand4}()(\boldsymbol{x}_{gi,d}(n) - \boldsymbol{x}_{i,d}(n))) \tag{9.3.6}$$

$$\boldsymbol{x}_{i,d}(n+1) = \boldsymbol{x}_{i,d}(n) + \boldsymbol{v}_{i,d}(n+1) \tag{9.3.7}$$

式中，rand1()、rand2()、rand3() 和 rand4() 为（0，1）间随机数。$c_3$rand3() 和 $c_4$rand4() 为鲶鱼算子，其表达式为

$$c_3\text{rand3}() = \begin{cases} 1, e_\text{p} > e_\text{0p} \\ c_3\text{rand3}(), e_\text{p} < e_\text{0p} \end{cases} \tag{9.3.8}$$

$$c_4\text{rand4}() = \begin{cases} 1, e_\text{g} > e_\text{0g} \\ c_4\text{rand4}(), e_\text{g} < e_\text{0g} \end{cases} \tag{9.3.9}$$

式中，c_3、c_4 分别为鲶鱼个体对粒子群局部极优和全局最优的扰动强度系数；e_p、e_g 分别为当前值与粒子个体最优值、全局最优值的差值，能够反应出粒子群的多样性；e_0p、e_0g 为预设偏差值。若当前偏差值大于预设偏差时，鲶鱼算子为 1，表示粒子个体仍处于飞行状态，继续执行标准粒子群算法；若当前偏差值小于预设偏差时，表明粒子陷入局部最优，引入鲶鱼个体去改变现有粒子个体的搜索状态，促使粒子个体重新进入搜索，寻找最优。

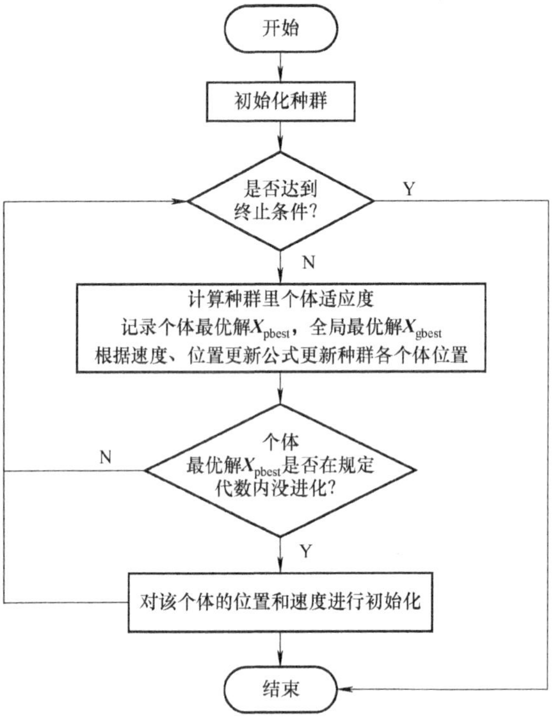

图 9.3.3　个体鲶鱼效应粒子群算法

步骤 4：输出全局最优鲶鱼粒子的位置向量。当引入鲶鱼效应的粒子群中个体速度和位置更新迭代次数达到初始化设定后，终止更新，输出全局最优鲶鱼粒子所对应的位置向量。

9.3.3　鲶鱼效应粒子群优化算法的收敛性分析

假设 c_1 和 c_2、$\boldsymbol{x}_{\text{pi},d}(n)$ 和 $\boldsymbol{x}_{gi,d}(n)$ 为常数，则式（9.3.4）改写为

$$\boldsymbol{v}_{i,d}(n+1) = w\boldsymbol{v}_{i,d}(n) + c_1\text{rand1}()(c_3\text{rand3}()(\boldsymbol{x}_{\text{pi},d}(n+1) - \boldsymbol{x}_{i,d}(n))) + c_2\text{rand2}()(c_4\text{rand4}()(\boldsymbol{x}_{\text{gi},d}(n+1) - \boldsymbol{x}_{i,d}(n))) \tag{9.3.10}$$

$$\boldsymbol{x}_{i,d}(n+1) = \boldsymbol{x}_{i,d}(n) + \boldsymbol{v}_{i,d}(n+1) \tag{9.3.11}$$

由式（9.3.6）~式（9.3.10），得

$$\boldsymbol{v}_{i,d}(n+1) - \boldsymbol{v}_{i,d}(n) = w(\boldsymbol{v}_{i,d}(n) - \boldsymbol{v}_{i,d}(n-1)) + c_1\text{rand1}()c_3\text{rand3}()(\boldsymbol{x}_{i,d}(n-1) - \boldsymbol{x}_{i,d}(n)) + c_2\text{rand2}()c_4\text{rand4}()(\boldsymbol{x}_{i,d}(n-1) - \boldsymbol{x}_{i,d}(n)) \tag{9.3.12}$$

将式（9.3.10）代入式（9.3.11），得

$$\boldsymbol{v}_{i,d}(n+1) = (1 + w - c_1\text{rand1}()c_3\text{rand3}() - c_2\text{rand2}()c_4\text{rand4}())\boldsymbol{v}_{i,d}(n) - w\boldsymbol{v}_{i,d}(n-1) \tag{9.3.13}$$

式（9.3.12）的系数矩阵特征方程为

$$\lambda^2 - (1 + w - \alpha_1 - \alpha_2)\lambda + w = 0 \tag{9.3.14}$$

式中

$$a_1 = c_1\text{rand1}()c_3\text{rand3}() \tag{9.3.15}$$

$$a_2 = c_2\text{rand2}()c_4\text{rand4}() \tag{9.3.16}$$

称式（9.3.15）和式（9.3.16）为鲶鱼和粒子群交合因子。

式（9.3.15）的特征根为

$$\lambda_{1,2} = \frac{1 + w - \alpha_1 - \alpha_2 \pm \sqrt{(1 + w - \alpha_1 - \alpha_2)^2 - 4w}}{2} \tag{9.3.17}$$

由式（9.3.14）根的判别式的三种情况分析，鲶鱼粒子的位置和速度具有相同的收敛性能，并且保证迭代收敛条件为

$$\begin{cases} 0 \leqslant w < 1 \\ 0 < \alpha_1 + \alpha_2 < 1 + 4w \end{cases} \tag{9.3.18}$$

在式（9.3.18）中，若当前偏差值大于预设偏差时

$$a_1 = c_1\text{rand1}() \tag{9.3.19}$$

$$a_2 = c_2\text{rand2}() \tag{9.3.20}$$

此时，表示粒子个体仍处于飞行状态，继续执行标准粒子群算法。

若当前偏差值小于预设偏差时，表明粒子陷入局部极优，引入个别鲶鱼个体去改变现有粒子个体的搜索状态，促使粒子个体重新进入搜索，跳出局部收敛，寻找全局最优。这时，只要满足条件式（9.3.18），就能保证收敛。

9.3.4 混沌鲶鱼粒子群优化算法

1. 基本混沌粒子群优化算法

将混沌引入到粒子群优化算法的方法有多种，其中，利用混沌改善速度更新公式，利用了混沌的遍历性，使速度更新时具有遍历性效果，提高了算法的搜索能力。速度更新公式为

$$\boldsymbol{v}_{id}(n+1) = w\boldsymbol{v}_{id}(n) + c_1 Cr((\boldsymbol{x}_{p,id}(n) - \boldsymbol{x}_{id}(n))) + c_2(1 - Cr)(\boldsymbol{x}_{gd}(n) - \boldsymbol{x}_{id}(n)) \tag{9.3.21}$$

式中，Cr 为混沌映射，且

$$Cr(n+1) = kCr(n)(1 - Cr(n)) \tag{9.3.22}$$

式中，$Cr(0)$ 每次运行时随机产生，$k = 4$。

混沌更新速度的公式为

$$\boldsymbol{v}_{id}(n+1) = w\boldsymbol{v}_{id}(n) + c_1 Cr_1(\boldsymbol{x}_{p,id}(n) - \boldsymbol{x}_{id}(n)) + c_2 Cr_2(\boldsymbol{x}_{gd}(n) - \boldsymbol{x}_{id}(n)) \tag{9.3.23}$$

式中，Cr_1、Cr_2 是根据式（9.3.22）计算得到的混沌映射。

2. 精细搜索的混沌粒子群算法

文献［221］把混沌引入差分进化算法中，在每代最优解附近进行混沌搜索，有效提高了算法的深度搜索能力。同理，也可以把混沌引入粒子群算法中，在每代最优解附近进行精细搜索，经过对文献［217］的改良，设计的精细搜索公式为

$$\boldsymbol{x}(n) = \boldsymbol{x}_{\text{best}} + \alpha \boldsymbol{f}(n) \tag{9.3.24}$$

$$\alpha = \begin{cases} 1, \text{rand} \geqslant 0.5 \\ -1, 其他 \end{cases} \tag{9.3.25}$$

$$\boldsymbol{f}(n) = \frac{Cr(n)(\boldsymbol{X}_{\max} - \boldsymbol{X}_{\min})}{20} \tag{9.3.26}$$

式中，α 是方向因子；Cr 是由式（9.3.22）产生的混沌数；$\boldsymbol{X}_{\max}$、$\boldsymbol{X}_{\min}$ 分别是搜索空间的上、下限。

在每代最优解 $\boldsymbol{x}_{\text{best}}$ 附近进行搜索时，文献［217］用 $\boldsymbol{f}(n) = Cr(n)(\boldsymbol{X}_{\max} - \boldsymbol{X}_{\min})$ 算出偏离幅度后在最优解附近进行混沌搜索。但这种方法跳动的幅度相对比较大，容易错过附近的最优极值。这种混沌搜索策略是为了不要错过每代最优解附近可能存在的更优解，为了更有利达到这个目的，采用式（9.3.26）进行改良，在每代最优解附近跳动的幅度大为缩小，有利于提高局部的精细搜索能力。将这种混沌搜索方法称为“混沌精细搜索策略”。这种策略更有效地提高了算法的深度搜索能力。

3. 差分进化算法

差分进化（Differential Evolution，DE）算法也是一种启发式的随机搜索算法，它保留了遗传算法的基本框架，同样包含选择、交叉和变异三个操作，不同的是，它是由变异到交叉，再到选择的顺序。DE/rand/1 策略是差化进化算法普遍应用的一个方法。DE 种群共有 N 个候选解，初始种群为 $\boldsymbol{x}_i(n)$。变异操作时，任意一随机向量 $\boldsymbol{x}_i(n)$ 按式（9.3.27）进行变异。式中的随机数 $r1, r2, r3 \in \{1, 2, \cdots, N\}$，加权因子 $F \in [0, 2]$。交叉操作中，新种群 $\boldsymbol{x}'_i(n) = [x'_{i1}\ x'_{i2}\ \cdots\ x'_{iD}]$ 由随机向量 $\boldsymbol{v}_i = [v_{i1}\ v_{i2}\ \cdots\ v_{id}]$ 和目标向量 $\boldsymbol{x}_i = [x_{i1}\ x_{i2}\ \cdots\ x_{iD}]$ 共同产生，如式（9.3.28）所示，其中 $j = \{1, 2, \cdots, D\}$，$\text{randb}(j) \in [0, 1]$ 是同一随机数的第 j 个值。$p_m \in [0, 1]$ 为变异概率，$\text{randr}(i) \in \{1, 2, \cdots, D\}$ 为随机选择维数，它确保个体至少一个变异数。

$$\boldsymbol{v}_i(n) = x_{r1}(n) + F(x_{r2}(n) - x_{r3}(n)) \tag{9.3.27}$$

$$x'_{ij} = \begin{cases} v_{ij}, & \text{rand}b(j) \leqslant P_m \text{or} j = \text{rand}r(i) \\ x_{ij}, & \text{rand}b(j) \geqslant P_m \text{and} j \neq \text{rand}r(i) \end{cases} \tag{9.3.28}$$

选择操作采用贪婪策略，即

$$\boldsymbol{x}_i(n+1) = \begin{cases} \boldsymbol{x}_i(n'), & \text{fit}(\boldsymbol{x}_i(n')) < \text{fit}(\boldsymbol{x}_i(n)) \\ \boldsymbol{x}_i(n), & 其他 \end{cases} \tag{9.3.29}$$

式中，fit($\boldsymbol{x}$) 代表适应函数。

4. 混合算法

在解决复杂的组合优化问题时，混合算法往往是最佳的选择。文献［221］把经过混沌改良的差化进化算法，与通过混沌改良速度更新公式的粒子群算法进行了混合，粒子群速度更新公式为式（9.3.23）。该算法流程如图 9.3.4 所示，该算法被命名为 CPSODe 算法。

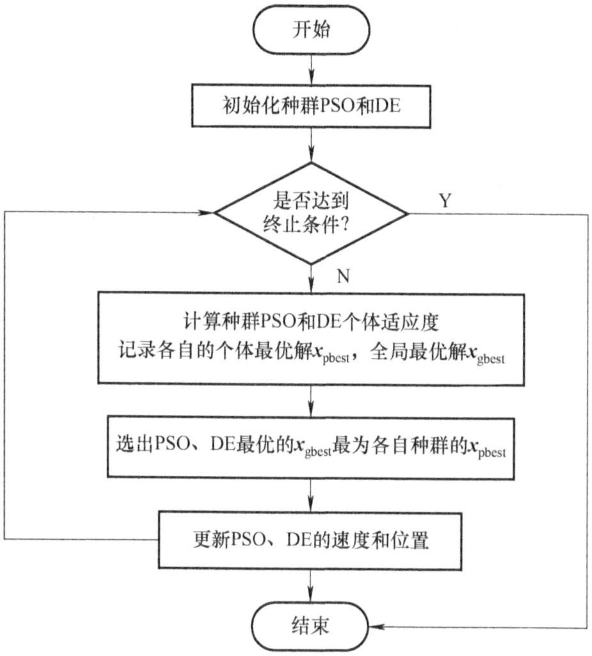

图 9.3.4　CPSODe 混合算法

现将经过“个体鲶鱼效应”和“精细搜索的混沌粒子群算法”结合，得到一种新的改良粒子群算法，再与差化进化算法进行混合，就是将式（9.3.21）~ 式（9.3.26）和图 9.3.2的个体鲶鱼效应模型，组成一种新的改良 PSO 算法后，再与由式（9.3.27）~ 式（9.3.29)组成的差化进化算法相结合，组成一种新算法，称之为混合算法，该算法流程如图 9.3.3 所示。把 PSO 和 DE 算法都分配到搜索空间中各自独立地按照算法自身的参数进行搜索，并将其最优解作为两算法的信息共享变量，在进化的每一代都要比较两者各自搜索到的最优解，选取优者为混合算法的最优解，之后把混合算法最优解作为下一代的 PSO 和 DE 各自的全局最优解，进行下一代搜索。利用这种最优解信息共享机制可以有效协调两算法的运行，达到混合的目的。该算法不但提升了空间搜索能力，还增强了深度搜索开发能力，充分利用了不同算法互补的优势。本节将该算法命名为 Catfish_ CPSODe 算法。

9.4 实例 9-1：遗传混沌人工鱼群优化 DNA 序列的频域加权多模均衡算法

9.4.1　频域加权多模盲均衡算法

与 CMA 相比，多模盲均衡算法（MMA）不仅降低了均方误差，同时还消除了信号的相位偏移问题，但在无噪声的环境下，其均方误差仍不能为零，而加权多模盲均衡算法（WMMA）通过动态调整加权因子 λ 来降低均方误差，实现对算法误差模型的动态调整，因此 WMMA 的均方误差比 MMA 有所下降。

频域加权多模算法（Frequency Domain Weighted Multi-modulus Algorithm，FWMMA），就是将时域盲均衡算法推广到频域中，其误差函数的实部和虚部可定义为

$$\begin{cases} E_{\text{FWMMA,Re}}(n) = (Z_{\text{FWMMA,Re}}^{2}(n) - R_{\text{FFT,Re}}) \\ E_{\text{FWMMA,Im}}(n) = (Z_{\text{FWMMA,Im}}^{2}(n) - R_{\text{FFT,Im}}) \end{cases} \tag{9.4.1}$$

式中，$Z_{\text{FWMMA,Re}}(n)$ 和 $Z_{\text{FWMMA,Im}}(n)$ 分别表示频域均衡器输出信号的实部和虚部；$R_{\text{FFT,Re}}$ 和 $R_{\text{FFT,Im}}$ 表示发射信号统计模值实部和虚部的快速傅里叶变换，即

$$\begin{cases} R_{\text{FFT,Re}} = \text{FFT}\{E[\,|a_{\text{Re}}(n)|^{4}]/E[\,|a_{\text{Re}}(n)|^{2+\lambda}]\} \\ R_{\text{FFT,Im}} = \text{FFT}\{E[\,|a_{\text{Im}}(n)|^{4}]/E[\,|a_{\text{Im}}(n)|^{2+\lambda}]\} \end{cases} \tag{9.4.2}$$

FWMMA 的代价函数为

$$J_{\text{FWMMA}} = E\{[E_{\text{FWMMA,Re}}(n)]^{2} + [E_{\text{FWMMA,Im}}(n)]^{2}\} \tag{9.4.3}$$

因此，FWMMA 的权向量更新公式为

$$\begin{cases} \boldsymbol{w}_{\text{FWMMA,Re}}(n+1) = \boldsymbol{w}_{\text{FWMMA,Re}}(n) - \mu Z_{\text{FWMMA,Re}}(n) E_{\text{FWMMA,Re}}(n) \boldsymbol{y}_{\text{FWMMA,Re}}^{*}(n) \\ \boldsymbol{w}_{\text{FWMMA,Im}}(n+1) = \boldsymbol{w}_{\text{FWMMA,Im}}(n) - \mu Z_{\text{FWMMA,Im}}(n) E_{\text{FWMMA,Im}}(n) \boldsymbol{y}_{\text{FWMMA,Im}}^{*}(n) \end{cases} \tag{9.4.4}$$

式中，$\boldsymbol{w}_{\text{FWMMA,Re}}(n)$ 和 $\boldsymbol{w}_{\text{FWMMA,Im}}(n)$ 分别表示实部频域权向量和虚部频域权向量；$\boldsymbol{y}_{\text{FWMMA,Re}}^{*}(n)$ 和 $\boldsymbol{y}_{\text{FWMMA,Im}}^{*}(n)$ 为频域均衡器输入信号实部和虚部的共轭。

FWMMA 通过傅里叶变换将时域盲均衡算法转换成频域算法，将频域常模算法应用到 WMMA 中，从而减少了计算量。

9.4.2 遗传混沌人工鱼群优化 DNA 序列的频域加权多模盲均衡算法

1. 算法原理

为了提高 FWMMA 的性能，将 DNA 遗传混沌人工鱼群算法引入到频域多模盲均衡算法中，提出了一种交叉变异遗传混沌人工鱼群优化 DNA 序列的频域加权多模盲均衡算法（Frequency Domain Weighted Multi-Modulus Algorithm Based on DNA Sequences Optimized By Genetic Chaos Artificial Fish Swarm With Crossover and Mutation，cmG-CAFS- DNA- FWMMA），其原理如图 9.4.1 所示。

2. 算法流程

cmG-CAFS- DNA- FWMMA 实现流程如下。

步骤 1：种群初始化并解码。设 DNA 编码序列的初始种群 $\boldsymbol{S} = \{\boldsymbol{S}_1, \boldsymbol{S}_2, \cdots, \boldsymbol{S}_N\}$，其中，$\boldsymbol{S}_i$ 对应 DNA 编码序列中的第 i 个 DNA 编码序列，$1 < i < N$，N 是 DNA 编码序列的个数；再随机设置一组 DNA 编码序列 $\boldsymbol{s}_0$ 作为计算相似度的对比序列。将 DNA 编码序列按式（9.1.7）与式（9.1.8）进行解码，得到十进制位置向量种群。

步骤 2：确定两个适应度函数。多模盲均衡算法的目的是得到最优均衡权向量，即代价函数处于最小值状态，而人工鱼群算法的目的是寻找食物浓度最大值所对应的人工鱼个体的位置向量。

因此，第一个适应度函数为盲均衡器代价函数的倒数，即

$$\mathrm{fit}(\boldsymbol{X}_i) = \frac{1}{J(\boldsymbol{w}_i)}, \quad i = 1,2,\cdots,N \tag{9.4.5}$$

式中，$J(\boldsymbol{w}_i) = J_{\mathrm{FWMMA}}$ 为盲均衡器的代价函数，$\boldsymbol{X}_i$ 为交叉变异 DNA 遗传人工鱼群算法优化的第 i 条人工鱼的位置向量。

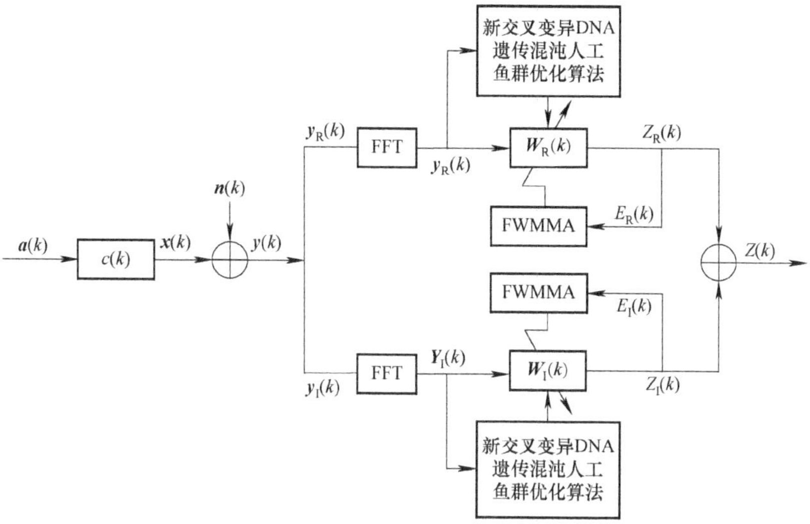

图 9.4.1　遗传混沌人工鱼群优化 DNA 序列的频域加权多模盲均衡算法原理图

第二个适应度函数采用加权平均值法来处理汉明距离约束项的函数，即式（9.1.13）。

步骤 3：计算两个适应度函数。按式（9.4.4）计算交叉变异 DNA 遗传人工鱼群算法的位置向量的第一个适应度函数值，并将第一个适应度函数最大值及其对应的十进制位置向量记录在公告牌 1 中；再按式（9.1.13）计算 DNA 编码序列位置向量的第二个适应度函数值，并将第二个适应度函数最大值及其对应的 DNA 编码序列的位置向量记录在公告牌 2 中。

步骤 4：执行交叉变异 DNA 遗传人工鱼群算法并更新公告牌 2。将第二个适应度函数式（9.1.13）作为交叉变异 DNA 遗传人工鱼群算法的适应度函数，对十进制位置向量进行人工鱼群算法中的觅食、聚群、追尾等操作，将十进制位置向量进行反解码，得到四进制 DNA 编码序列，进行 DNA 遗传算法的交叉、变异操作，并计算其第二个适应度函数值，与公告牌 2 中保存的原第二个适应度函数最大值进行比较，如果第二个适应度函数值大，则用第二个适应度函数及其对应的四进制 DNA 编码序列更新公告牌 2 原先保存的内容。

步骤 5：更新公告牌 1。在一次迭代之后，将公告牌 2 中的 DNA 序列进行解码，再利用第一个适应度函数式（9.4.4），计算其第一个适应度函数值，并与公告牌 1 中保存的原第一个适应度函数最大值进行比较，如果第一个适应度函数值大，则用第一个适应度函数值及其对应的十进制位置向量更新公告牌 1 原先保存的内容。

步骤 6：判断是否达到最大迭代次数。如果当前迭代次数已经达到设定值，则将公告牌 1 中十进制位置向量作为最优位置向量输出，并将其作为多模盲均衡算法初始最优权向量的实部和虚部；反之，则返回步骤 4。

9.4.3　仿真实验与结果分析

为了检验 cmG-AFS-DNA-FWMMA 的性能，将 WMMA 和 FWMMA 作为对比对象进行仿真实验。

WMMA 和 FWMMA 的均衡器权长为 11，信道 $\boldsymbol{h}=[0.3132\quad -0.1040\quad 0.8908\quad 0.3134]$，信噪比 $SNR=20\text{dB}$，样本个数 $N=10000$。cmG-CAFS-DNA-FWMMA 的种群规模取 30，人工鱼群中拥挤度因子取 0.68，人工鱼步长取 0.2，视野取 0.8，人工鱼群迭代次数为 100。采用混合相位水声信道。

【实验 9.4.1】 发射信号为 64QAM，信道噪声为高斯白噪声，步长 $\mu_{\text{WMMA}}=0.00004$、$\mu_{\text{FWMMA}}=0.00003$、$\mu_{\text{cmG-CAFS-DNA-FWMMA}}=0.00003$。600 次蒙特卡罗仿真结果如图 9.4.2 与图 9.4.3 所示。

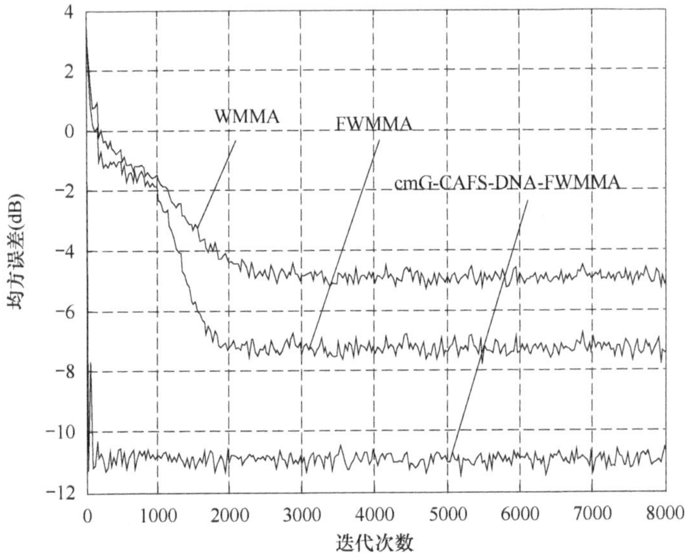

图 9.4.2 均方误差曲线

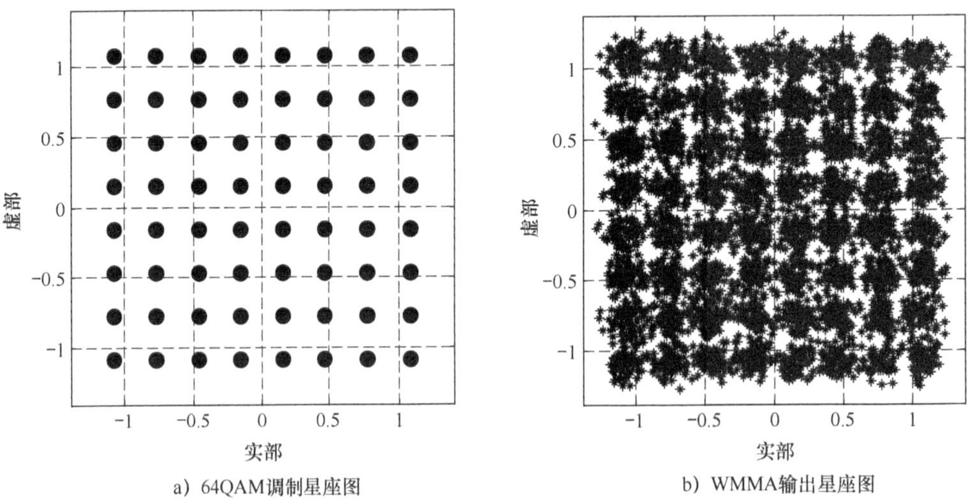

图 9.4.3 输出星座图

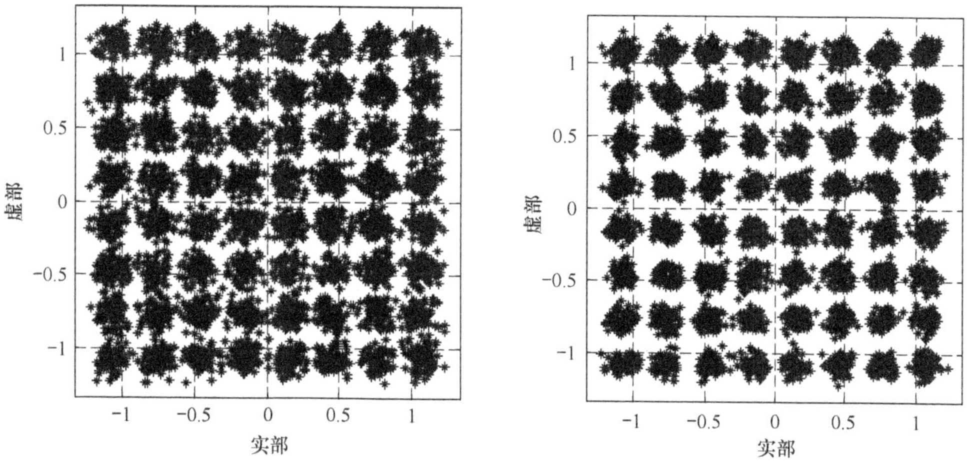

c）FWMMA输出星座图　　d）cmG-CAFS-DNA-FWMMA输出星座图

图9.4.3　输出星座图（续）

图 9.4.2 表明，从收敛速度方面看，与 WMMA、FWMMA 相比，cmG-CAFS-DNA-FWMMA比 WMMA 快大约 1800 步，比 FWMMA 快大约 2800 步，收敛速度有了明显的提高；从均方误差方面看，与 WMMA 相比，cmG-CAFS-DNA-FWMMA 减少了 4dB；与 FWMMA 相比，减少了 2.2dB。

图 9.4.3 表明，cmG-CAFS-DNA-FWMMA 的输出星座图更加紧凑、清晰。

【实验 9.4.2】 发射信号为 128QAM，噪声为高斯白噪声，$\mu_{\text{WMMA}}=0.65\times10^{-6}$、$\mu_{\text{FWMMA}}=0.54\times10^{-6}$、$\mu_{\text{cmG-CAFS-DNA-FWMMA}}=0.4\times10^{-6}$。500 次蒙特卡罗仿真结果如图 9.4.4 与图 9.4.5 所示。

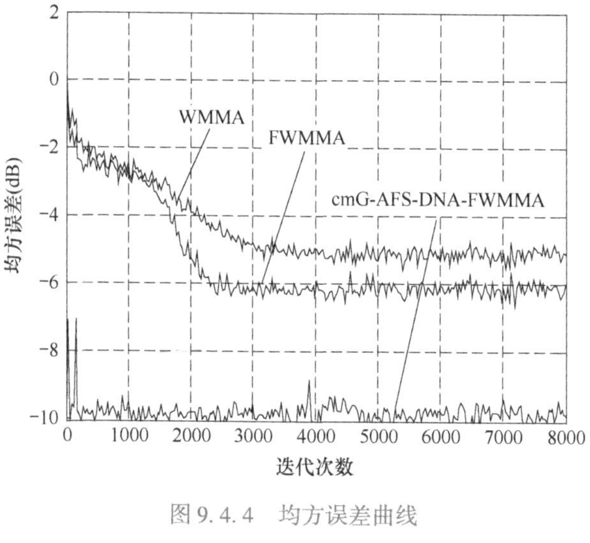

图9.4.4　均方误差曲线

图 9.3.4 表明，从收敛速度方面看，与 WMMA、FWMMA 相比，cmG-CAFS-DNA-FWMMA 比 WMMA 快大约 2600 步，比 FWMMA 快大约 2000 步，收敛速度有了明显的提高；从稳态误差方面看，与 WMMA 相比，cmG-CAFS-DNA-FWMMA 与减少了 3dB，与 FWMMA 相

比，减少了 1.7dB。

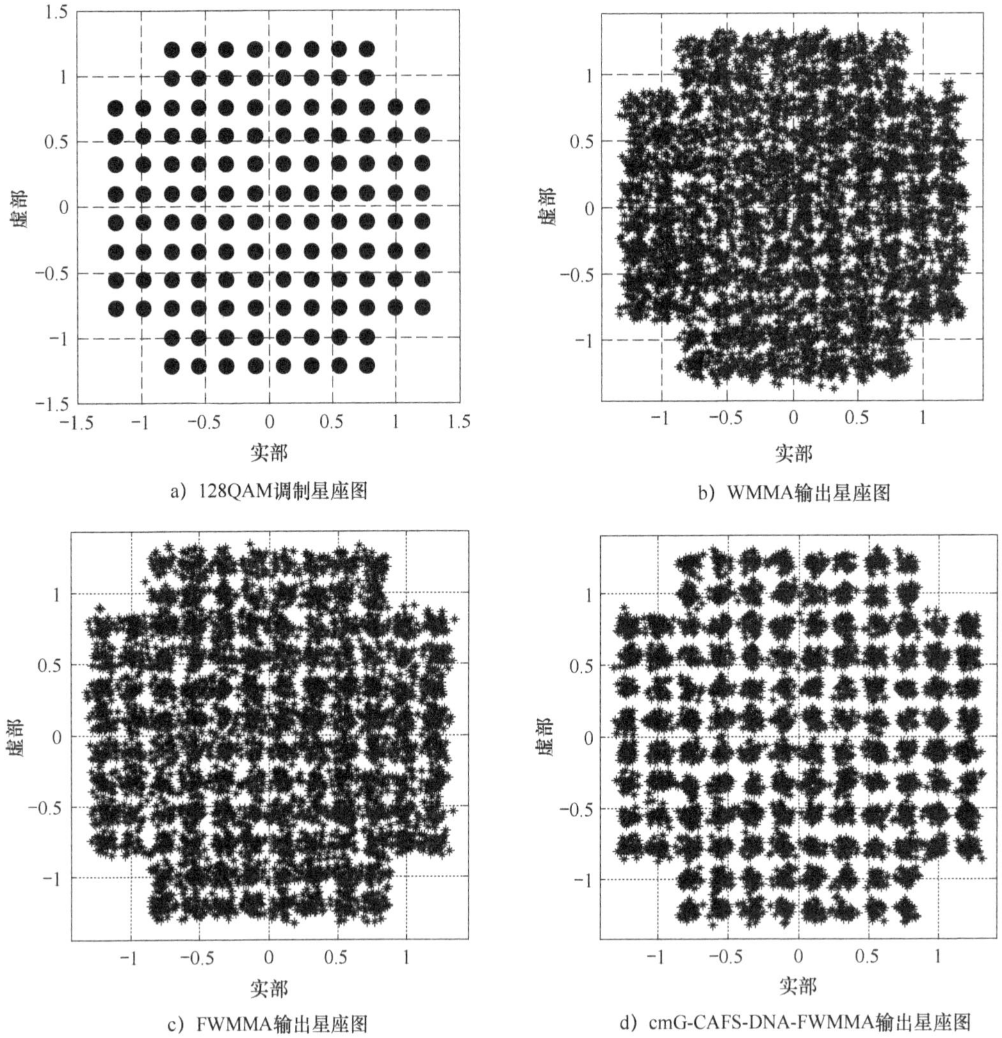

a）128QAM调制星座图　　b）WMMA输出星座图

c）FWMMA输出星座图　　d）cmG-CAFS-DNA-FWMMA输出星座图

图 9.4.5　输出星座图

图 9.4.5 表明，cmG-AFS-DNA-FWMMA 的输出星座图更加紧凑、清晰。

9.5　实例 9-2：基于鲸鱼群优化算法的柔性作业车间调度方法

柔性作业车间调度问题（Flexible Job-shop Scheduling Problem，FJSP）是一种由经典作业车间调度问题（Job Shop Scheduling Problem，JSP）扩展而来的 NP-hard 问题，比 JSP 更加贴近真实生产加工环境。与传统作业车间相比，柔性作业车间调度减少了加工过程中对机器的约束、增加了机器柔性、扩大了可行域搜索范围，是较作业车间调度更复杂的 NP 难题。在过去 30 年中，随着计算机科学技术的不断进步，诸如模拟退火、禁忌搜索、遗传算法、粒子群算法、人工鱼群算法和声搜索算法等元启发式方法广泛应用于求解 FJSP 问题，且取得了良好的效果。

针对 FJSP 问题特点，对鲸鱼群算法进行改进，通过设计鲸鱼个体位置表达方式及距离计算方式，引入协同搜索“较优且最近”鲸鱼策略和变邻域搜索算法，成功将鲸鱼群优化算法用于求解 FJSP 问题，取得了较好的结果。

9.5.1　柔性作业车间调度问题

柔性作业车间调度问题，即 N 个工件 $\{J_1,\cdots,J_N\}$ 在 M 台机器 $\{M_1,\cdots,M_M\}$ 上进行加工。每个工件包含一道或多道工序，每道工序可以在一台或多台机器上进行加工，在不同机器上加工所需的加工时间可以不同，同一工件不同加工工序之间的加工顺序固定。因此，柔性作业车间调度问题包括机器选择和工序排序两个子问题。通过为每个工件的每道工序安排合适的加工机器，确定每台机器上各工序的最佳加工顺序及相应开始加工、结束加工时间，实现诸如最大完工时间等性能指标的优化。

柔性车间调度按可选加工机器集分为完全柔性作业车间调度和部分柔性作业车间调度。完全柔性作业车间调度，指每个工件的每道工序均可在任意一台机器上进行加工；若存在某一个工件的某一道工序不能在某台机器上进行加工，则为部分柔性作业车间调度。

在加工过程中，调度方案还需满足以下几个约束条件。

1）同一台机器上同一时刻只能加工一个工件。

2）同一工件的同一道工序在同一时刻只能被一台机器加工。

3）每个工件的每道工序一旦开始加工不可中断。

4）不同工件之间优先级相同。

5）同一工件的不同工序之间存在加工顺序约束，不同工件的不同工序之间无顺序约束。

6）所有工件在零时刻均可以被加工。

以最大完工时间最小为目标函数，定义为

$$\min C_M = \min(\max(C_m)),1 \leqslant m \leqslant M \tag{9.5.1}$$

式中，M 为机器数；C_m 为机器 m 的加工完成时间。

表 9.5.1 为一个包含 2 个工件共 5 道工序，5 台机器部分柔性作业调度问题的加工时间表。其中，数字为工序在对应机器上所需的加工时间，“—”表示该工序不可在此机器上进行加工。若表 9.5.1 中不含“—”，则为完全柔性作业车间调度问题。

表 9.5.1　部分柔性作业车间调度问题实例

工件	工序	可选择的加工机器				
		M_1	M_2	M_3	M_4	M_5
J_1	O_{11}	3	5	—	2	1
	O_{12}	6	3	1	—	9
J_2	O_{21}	3	—	1	1	2
	O_{22}	—	5	3	2	4
	O_{23}	5	3	5	3	2

9.5.2　鲸鱼群优化算法基本架构

鲸鱼群优化算法框架如图 9.5.1 所示。首先，随机初始化鲸鱼群，鲸鱼群中每条鲸鱼代表解空间中的一个候选解。然后，为种群中的每个个体依次寻找"较优且最近"的鲸鱼，其中个体优劣程度通过优化目标定义的适应度函数评价，两条鲸鱼之间的距离采用欧式距离进行计算。

输入：目标函数，鲸鱼群 Ω

输出：全局最优解

1）开始

2）初始化参数；

3）初始化鲸鱼位置；

4）评价鲸鱼（计算其适应度）；

5）while 终止条件不满足 do

6） for i = 1 to $|\Omega|$ do

7）   寻找 Ω_i 的"较优且最近"的鲸鱼 Y；

8）   if Y 存在 then

9） Ω_i 根据式（9.5.2）移向 Y；

10）   评价 Ω_i；

11）   end if

12） end for

13）end while

14）返回全局最优解；

15）结束

图 9.5.1　鲸鱼群优化算法框架

若"较优且最近"鲸鱼存在，则按照式（9.2.2）以"较优且最近"的鲸鱼为目标移动；否则，鲸鱼个体位置保持不变。

由式（9.2.2）可知，当鲸鱼 X 与"较优且最近"鲸鱼 Y 之间距离很近时，鲸鱼 X 会积极地向鲸鱼 Y 随机移动；否则，鲸鱼 X 会消极地向鲸鱼 Y 随机移动。

9.5.3　改进鲸鱼群优化算法求解 FJSP

1. 改进鲸鱼群优化算法流程

通过设计一种新的距离计算方式，并引入协同式搜索策略改进鲸鱼群优化算法，结合基于关键路径的变邻域搜索算法提出改进鲸鱼群算法。

改进鲸鱼群算法流程如图 9.5.2 所示，具体实现流程如下。

步骤 1：参数设置。确定种群规模和最大迭代次数。

步骤 2：初始化种群并评价种群中个体的适应度值。

步骤 3：判断是否满足终止条件。若满足，则输出当前最优解；否则，继续步骤 4。

步骤 4：依次遍历鲸鱼群，对种群内每一条鲸鱼个体寻找其"较优且最近"的鲸鱼。若"较优且最近"的鲸鱼存在，则继续步骤 5；否则，转到步骤 6。

步骤 5：待移动鲸鱼与"较优且最近"的鲸鱼以 JBX 交叉（Job-based Crossover）方式移动至新位置，评价新个体，并用新个体中的较优个体取代原鲸鱼，转到步骤 7。

步骤 6：随机选择工序排序编码中的两道工序，若属于同一工件，则重新选择对应加工机器；否则，交换两工序的位置，并重新安排对应加工机器。

步骤7：判断是否遍历种群中的所有鲸鱼个体。若满足条件，则转到步骤8；否则，选择未进行遍历操作的鲸鱼个体转到步骤4。

步骤8：对此时种群中的最好个体，利用所述两种邻域结构进行变邻域搜索，求得较优解后更新原来个体，转到步骤2。

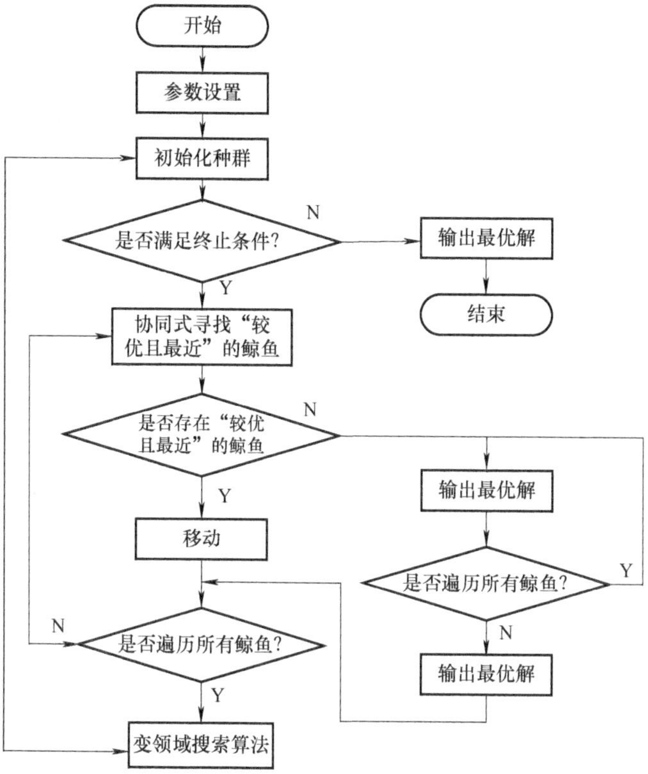

图9.5.2　改进鲸鱼群优化算法流程

2. 个体编码与解码

根据FJSP的特征模型，采用基于机器编码（MS）和基于工序编码（OS）的双层编码方式对鲸鱼个体进行编码。以表9.5.1所示问题为例，编码结果如图9.5.3所示。基于机器的编码是从第一个工件的第一道加工工序开始直到最后一个工件的最后一道加工工序依次分配加工机器，数字N为对应工序可选机器集内的第N台机器；基于工序的编码中数字代表工件号，出现次数为对应工件的加工工序。

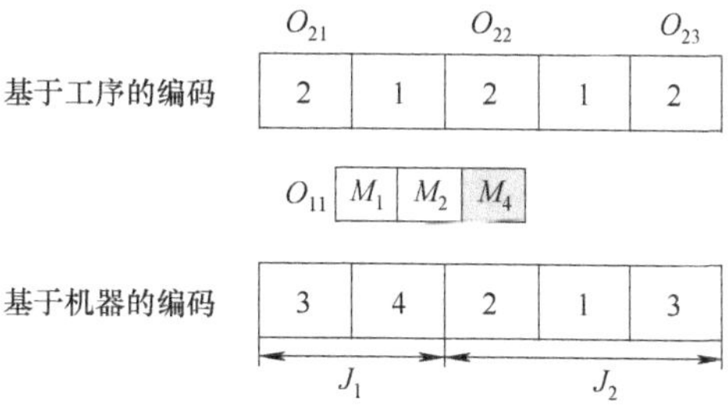

图9.5.3　鲸鱼个体编码

3. 初始化方法

初始解的质量与鲸鱼个体的优劣紧密相关，随机初始化生成的鲸鱼群质量普遍偏低，在求解过程中效率较低。引入文献［228］提出的全局搜索和局部搜索方法，同随机方法按比例生成鲸鱼个体组成初始鲸鱼群。其权值分配为：全局搜索 60%，局部搜索 30%，随机生成 10%。

4. 个体位置及距离计算

由于上述编码方案产生的鲸鱼种群属于离散问题，鲸鱼群算法中提出的距离公式适用于求解连续型问题，不能直接用于离散型问题的求解。因此，提出一种新的距离计算方法：依次比较两条鲸鱼个体对同一工件的同一道工序在机器选择和加工次序上的不同，各差值之和为两者间的距离值。

对鲸鱼 $\boldsymbol{X}$ 进行主动调度解码得到每道工序的加工机器 m_{ij}^X 及其在加工机器上的加工次序 s_{ij}^X，则工序 O_{ij} 的位置信息为（m_{ij}^X,s_{ij}^X），表示第 O_{ij} 道工序是机器 m_{ij}^X 上的第 s_{ij}^X 道加工任务，依此类推，得到所有工序的位置信息，通过式（9.5.3）得到距离值。其中，系数 ρ 用来反应加工机器的选择差异。若鲸鱼 X，Y 为工序 O_{ij} 选择相同的机器加工，则 $\rho = 1$；否则 $\rho = \sqrt{2}$。

$$D = \sum_{i=1}^{N}\sum_{j=1}^{M}\rho\,|\,s_{ij}^Y - s_{ij}^X\,| \tag{9.5.2}$$

式中，D 为两条鲸鱼之间的距离；s_{ij}^Y 和 s_{ij}^X 分别为工序 O_{ij} 在鲸鱼 Y、鲸鱼 X 个体中在各自加工机器上的加工次序；N 为工件数；M 为工件 i 的加工工序数；当 $m_{ij}^Y = m_{ij}^X$ 时，$\rho = 1$，否则 $\rho = \sqrt{2}$。

以表 9.5.1 为例，要得到鲸鱼个体间距离，首先需获取鲸鱼个体的位置信息，鲸鱼个体位置表达方法：图 9.5.4 中鲸鱼 A 和鲸鱼 B 分别代表两条不同的个体，即两个不同的调度方案。分别将每条鲸鱼解码为主动调度，得到鲸鱼 A 和鲸鱼 B 的甘特图，如图 9.5.5 所示。由每台机器的加工任务集，确定每道工序的加工机器和它在加工机器上的加工顺序。如图 9.5.6 所示，对于鲸鱼 A，工序 O_{11} 安排在机器 5 的第 1 个加工任务，记为（5,1）；工序 O_{12} 安排在机器 1 的第 1 个加工任务，记为（1,1）。同理，依次读取剩余各工序的加工信息得到鲸鱼 A 的位置信息（5,1），（1,1），（4,1），（3,1），（3,2）；鲸鱼 B 的位置信息（2,1），（5,1），（1,1），（5,2），（3,1）。由式（9.5.3）计算得鲸鱼 A 和鲸鱼 B 之间的距离为 $2\sqrt{2}$。

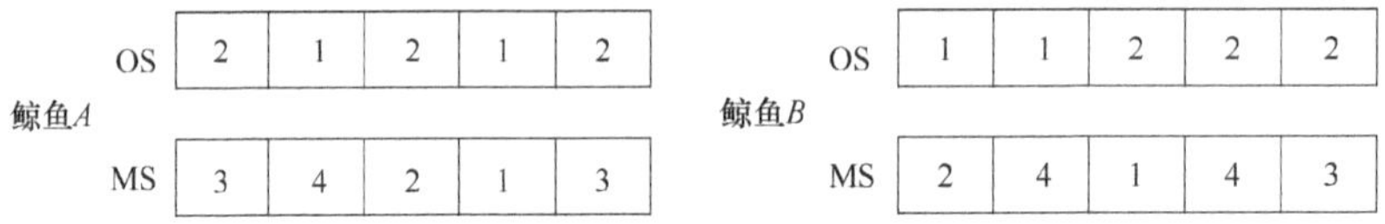

图 9.5.4　鲸鱼个体实例

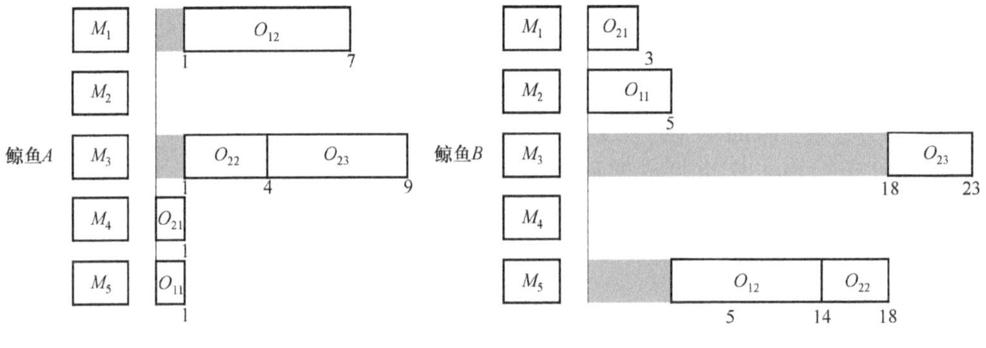

图 9.5.5　鲸鱼 A 和鲸鱼 B 的解码甘特图

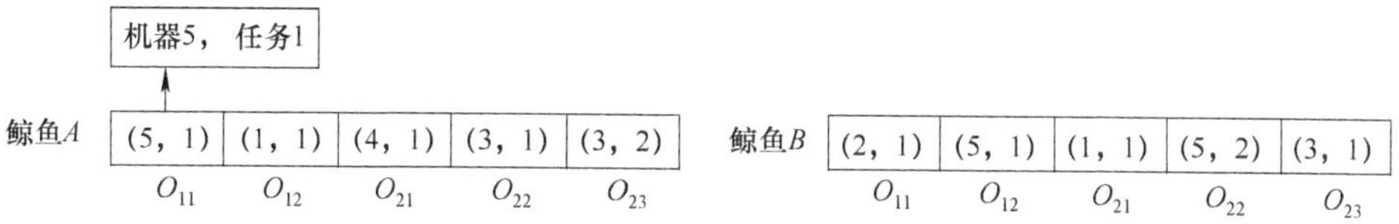

图 9.5.6 鲸鱼 A 和鲸鱼 B 的位置信息

5. 协同式寻找"较优且最近"的鲸鱼

鲸鱼群优化算法的核心步骤为鲸鱼个体通过向其"较优且最近"的鲸鱼进行移动，从而实现种群的进化，寻找到最优解。但对于柔性作业车间调度这类离散型车间调度问题，这种方法不能保证鲸鱼个体在其"较优且最近"的鲸鱼引导下按照移动规则移动形成的新个体优于原个体，因此在原算法中加入协同式搜索，将目标鲸鱼从一条扩大为多条，形成目标鲸鱼群，即搜索距鲸鱼 X "较优且最近"的多条目标鲸鱼。"较近"距离定义方法为：依次计算鲸鱼 X 同种群中其他鲸鱼之间的距离，获取其中的最大距离值（maxdis）和最小距离值（mindis），实验结果显示，当距离取 maxdis 和 mindis 的平均值时，搜索效果较好，故"较近"距离取二者均值，即鲸鱼 X 同种群中其余个体最近距离和最远距离的平均值。之后，生成鲸鱼 X 的副本鲸鱼 X'，鲸鱼 X' 按照移动规则依次向目标鲸鱼移动产生新个体，若新个体的适应度优于鲸鱼 X，则用新个体替代鲸鱼 X，实现鲸鱼个体向更优的方向移动。搜索"较优且最近"的鲸鱼群算法的伪代码如图 9.5.7 所示。

```
输入：鲸鱼群 Ω，鲸鱼 Ω_u
输出：鲸鱼 Ω_u 的"较优且最近"的鲸鱼
1）开始
2）定义浮点型（double）变量 maxdis 并初始化为 0；
3）定义浮点型（double）变量 mindis 并初始化为 +∞；
4）定义动态数组（vector）trg_whl；
5）    for i = 1 to |Ω| do
6）        if dist (Ω_i, Ω_u) < mindis then
7）            mindis = dist (Ω_i, Ω_u);
8）        if dist (Ω_i, Ω_u) < maxdis then
9）            maxdis = dist (Ω_i, Ω_u);
10）        end if
11）    end if
12）end for
13）temp = (mindis + maxdis) /2
14）for i = 1 to |Ω| do
15）    if fit (Ω_i) < fit(Ω_u) then
16）        if dist (Ω_i, Ω_u) < temp then
17）            trg_whl. push_back(i);
18）        end if
19）    end if
20）end for
21）返回 Ω_u;
22）结束
```

图 9.5.7 鲸鱼群算法伪代码

协同式寻找“较优且最近”的鲸鱼策略能够有效地避免种群陷入局部最优，提高算法的全局搜索能力。

6. 个体移动规则

个体移动采用JBX交叉方式。基于工序的编码移动操作：将工件集随机分为两个部分，工件集1和工件集2。从目标鲸鱼群中选取一条目标鲸鱼同待移动鲸鱼共同组成父代个体 P_1 和 P_2，同时生成两条空白个体作为移动后的子鲸鱼 C_1 与 C_2；然后，将 P_1 个体中工件集1所含工序对应保留至子鲸鱼 C_1，其余按照剩余工件在 P_2 个体内的顺序依次填充，将 P_2 个体中工件集2所含工序对应保留至子鲸鱼 C_2 中，其余按照剩余工件在 P_1 个体内的顺序依次填充。

基于机器的编码移动操作：子鲸鱼保留对应父代鲸鱼的机器编码部分，基于概率进行变异，即随机生成 λ，若 $\lambda \leqslant 0.5$，则替换为另一父代机器编码中的对应机器，否则保持不变。其中，C_1 子鲸鱼只对工件集2所含工序的机器进行概率选择，工件集1所含工序的加工机器保持不变；C_2 子鲸鱼只对工件集1所含工序的机器进行概率选择，工件集2所含工序的加工机器保持不变。

9.5.4 变邻域搜索策略

在上述优化算法的基础上融入基于关键路径的变邻域搜索算法，增强鲸鱼群算法的局部搜索能力。其基本思想为：在局部搜索范围内系统化地改变多个邻域结构。从初始解出发，按照不同的邻域结构依次搜索，直到找到更好的解或迭代次数满足终止条件为止。

1. 析取图模型

析取图模型 $G = (N,A,E)$ 由Balas提出。其中，N 是由总工序数构成的节点集，每个节点的权值为此节点在对应加工机器上的加工时间；A 是连接同一工件相邻工序的有向弧集，用于描述工序之间的加工顺序约束；E 是同一台加工机器上相邻工序之间的析取弧集。E 中的析取弧均为双向，且由每台机器上的析取弧子集共同构成。对于机器而言，一个调度方案等于为析取弧集中对应的双向弧选择一个方向。一个环就是从一个工序出发到此工序终止的路径。在完成析取弧集内所有析取弧方向的选择后，若析取图模型中不包含任何有向环，且所有选择均为非循环，则称之为一个可行调度。

为生成和调度方案对应的可行调度，避免析取图中生成有向环，将鲸鱼个体解码所得的甘特图和析取图模型相结合，按照甘特图主动解码所得每台机器上的加工任务顺序选择对应析取弧方向，生成非循环有向图。图9.5.8为图9.5.4中鲸鱼 B 个体的析取图模型，“0”和“*”分别代表开始节点和结束节点。由图9.5.5中鲸鱼 B 的甘特图可知，各加工机器的加工任务集。机器1上的加工任务为 $\{O_{21}\}$，机器2上的加工任务为 $\{O_{11}\}$，机器3上的加工任务为 $\{O_{23}\}$，机器4上的加工任务为空集，机器5上的加工任务为 $\{O_{12}, O_{22}\}$。根据机器5上加工任务的排序，选择由 O_{12} 节点指向 O_{22} 节点的析取弧，得到同甘特图相对应的有向图，如图9.5.9所示。

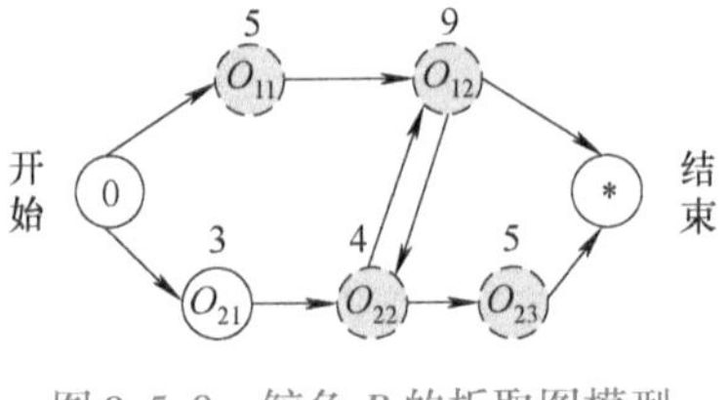

图9.5.8 鲸鱼 B 的析取图模型

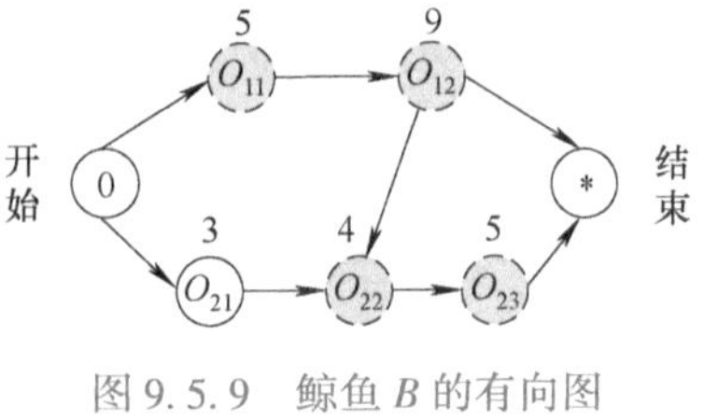

图9.5.9 鲸鱼 B 的有向图

该方法能够有效避免有向环的形成，从而避免析取图模型生成不可行调度，降低了计算复杂度、减少了计算时间。

在非循环有向图中，从开始到结束的最长路径称为关键路径。关键路径上的工序被称为关键工序。同一台机器上相邻关键工序组成关键块。通过移动关键工序，改变最大完工时间。关键工序的确定方法如下：假设 JP(q) 表示工序 q 在同一工件上的前一道工序，JS(q) 表示工序 q 在同一工件上的后一道工序；MP(q) 表示工序 q 在同一机器上加工的前一道工序，MS(q) 表示工序 q 在同一机器上加工的后一道工序；T_q 为工序 q 在机器上完成加工所需的时间；$T_s^E(q)$ 和 $T_c^E(q)$ 分别为 q 的最早开工时间和最早完工时间，且 $T_c^E(q) = T_s^E(q) + T_q$；$T_s^L(q)$ 和 $T_c^L(q)$ 分别为 q 的最晚开工时间和最晚完工时间，且 $T_c^L(q) = T_s^L(q) + T_q$。从节点 0 开始依次计算每道工序的最早开工时间，$T_s^E(q) = \max\{T_c^E(\mathrm{JP}(q)), T_c^E(\mathrm{MP}(q))\}$；之后从节点 * 开始依次寻找每个节点工序的最晚开工时间，$T_c^L(q) = \min\{T_s^L(\mathrm{JS}(q)), T_s^L(\mathrm{MS}(q))\}$。若工序的最早开工时间和最晚开工时间相等，则该工序为关键工序。

若可行调度方案中存在多条关键路径，则需对每一条关键路径进行移动，实现对最大完工时间关键工序进行移动，不对非关键工序做任何改变。

2. 邻域结构

变邻域算法的寻优性能较大程度上取决于邻域结构的设计。这里设计了两种基于关键路径的邻域结构，通过对关键工序产生小的扰动，增加算法的局部搜索能力，尽可能缩短最大完工时间。

(1) 基于工序的邻域结构

基于工序的邻域结构通过改变关键块中工序的排列顺序生成邻域解，不改变关键工序对应机器的分配。邻域解产生的过程如下：依次遍历每个关键块，若关键块只包含一道关键工序则不交换；若包含两个关键工序，则交换此两个工序；若包含两个以上关键工序，则只交换块首两道工序。若待交换的两个工序属于同一工件，按照加工顺序约束不进行交换。

(2) 基于机器的邻域结构

基于机器的邻域结构通过改变关键工序对应的加工机器缩短加工时间，以尽可能减小最大完工时间，获得邻域解。邻域解的产生过程如下：在每条关键路径中随机选择一道工序，然后选择其可加工机器集内加工时间最短的机器，更新鲸鱼个体基于机器的编码。该邻域结构不改变原鲸鱼个体对工序的排序结果，只对加工机器进行重新安排。

9.5.5 仿真实验与结果分析

为了测试算法性能，文献［229］选取了由 Brsndimate 提出的 BRdata 实例。10 个问题由工件数为 10 ~ 20、机器数为 4 ~ 15 进行组合。每组问题的工序数为 5 ~ 15。对每个问题实例连续运行 10 次。在算法运行过程中，种群数量根据问题规模进行多次调整，范围在100 ~ 500 不等。种群最大迭代次数为 200。与 FJSMATSLO + 算法（2013 年）、DPSO 算法（2018 年）、HGWO 算法（2018 年）和 Heuristic 算法（2014 年）进行对比，以验证 WSA 的有效性和可行性。测试结果见表 9.5.2。

表 9.5.2　BRdata 算例计算结果统计与对比

问题	$N\times M$	LB	UB	FJS MATSLO +	DPSO	HGWO	Heuristic	WSA
Mk01	10×6	36	40	**40**	41	**40**	42	**40**
Mk02	10×6	24	26	32	**26**	29	28	28
Mk03	15×8	204	204	207	207	**204**	**204**	**204**
Mk04	15×8	48	60	67	65	65	75	**63**
Mk05	15×4	168	172	188	171	175	179	177
Mk06	10×15	33	57	85	61	79	69	66
Mk07	20×5	133	139	154	173	149	149	**145**
Mk08	20×10	523	523	**523**	**523**	**523**	555	**523**
Mk09	20×10	299	307	437	307	325	342	315
Mk10	20×15	165	197	380	312	253	242	**236**
dev				2.392	1.016	0.674	1.104	**0.581**

表 9.5.2 中，$N\times M$ 代表对应问题的工件数和机器数。LB 和 UB 代表目前已知最优下界和最优上界。计算本案例算法与其他文献中算法的当前最优值的累计偏差，即

$$\mathrm{dev} = \sum_{i=1}^{10} \mathrm{dev}_i \tag{9.5.3}$$

式中，$\mathrm{dev}_i = (\mathrm{UB}_i - C_{i\max})/\mathrm{UB}_i$，$\mathrm{dev}_i$ 为第 i 个问题算法计算结果偏差值，UB_i 为第 i 个问题的目前最优上限，$C_{i\max}$ 为第 i 个问题算法计算所得最大完工时间。

表 9.5.2 表明，文献［229］提出的改进鲸鱼群算法和其他文献所提算法相比，在 5 个问题上优于 PSO，6 个问题优于 HGWO 计算得到的最优值，比 FJSMATSLO + 和 Heuristic 存在较大优势。在最优解的相对偏差值方面，WSA 相较其他算法偏差较低，即表示整体上鲸鱼群优化算法优于 FJSMATSLO + 等其他四个算法。

图 9.5.10 为标准实例 Mk06 求出的最优解调度甘特图。

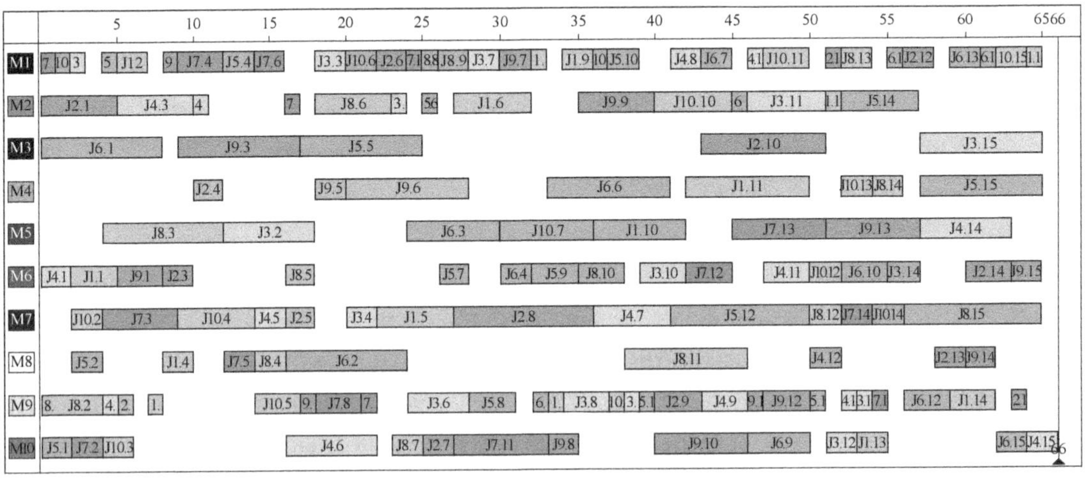

图 9.5.10　Mk06 标准算例甘特图

实验结果表明，将鲸鱼群算法改进并融合变邻域搜索算法，在求解单目标柔性作业车间调度问题方面取得了较好的结果，为连续问题算法求解离散性问题的改进方式提供了一种新思路，同时也为单目标柔性作业车间调度问题的求解提供了一种新方法。

9.6 实例9-3：基于鲶鱼群优化的双曲正切误差函数盲均衡算法

9.6.1 双曲正切误差变步长盲均衡算法

为了克服常数模误差函数不对称所带来的缺陷，现将误差函数定义为双曲正切的形式，即

$$e(n) = \tanh(|z(n)| - \sqrt{R_{CM}}) \tag{9.6.1}$$

式中，tanh( ) 为双曲正切函数。

1. HEVCMA 理论分析

双曲正切误差函数的代价函数为

$$J = E\{\tanh(|z(n)| - \sqrt{R_{CM}})\} \tag{9.6.2}$$

均衡器权向量的迭代公式为

$$\boldsymbol{w}(n+1) = \boldsymbol{w}(n) - 2\mu \frac{1}{\cosh^2(|z(n)| - \sqrt{R_{CM}})} \frac{z^*(n)\boldsymbol{y}(n)}{|z(n)|} \tag{9.6.3}$$

式中，cosh( ) 为双曲余弦函数。式（9.6.3）为基于双曲正切误差的常数模盲均衡算法（Hyperbolic Tangent Error CMA，HECMA）。

为了加快 HECMA 的收敛速度，将式（9.6.3）中的步长 μ 改为变步长 $\mu(n)$，此时均衡器权向量的迭代公式为

$$\boldsymbol{w}(n+1) = \boldsymbol{w}(n) - 2\mu(n) \frac{1}{\cosh^2(|z(n)| - \sqrt{R_{CM}})} \frac{z^*(n)\boldsymbol{y}(n)}{|z(n)|} \tag{9.6.4}$$

式（9.6.4）为基于双曲正切误差的变步长盲均衡算法（Hyperbolic Tangent Error Based Variable Step-size CMA，HEVCMA）。其中，变步长

$$\mu(n) = \beta[1 - \exp(-\alpha|e(n)|)] \tag{9.6.5}$$

2. HEVCMA 特性分析

为了便于区别，用 $e_1(n)$ 和 $e_2(n)$ 分别表示 CMA 中的误差函数和 HEVCMA 中的双曲误差函数。为了简便起见，假设 $\sqrt{R_{CM}}$ 为 1，则

$$e_1(n) = |z(n)|^2 - 1 \tag{9.6.6}$$

$$e_2(n) = \tanh(|z(n)| - 1) \tag{9.6.7}$$

$e_2(n)$ 的特性为：① $e_2(n)$ 的值域为 $(-1, 1)$；② $e_2(n)$ 具有奇对称性，这是因为

$$\tanh(-(z(n)-1)) = \frac{e^{-(|z(n)-1|)} - e^{(|z(n)-1|)}}{e^{-(|z(n)-1|)} + e^{(|z(n)-1|)}} = -\tanh(-(z(n)-1)) \tag{9.6.8}$$

所以，$e_2(-(z(n)-1)) = -e_2((z(n)-1))$。$e_1(n)$、$e_2(n)$ 与 $|z(n)|$ 间的关系曲线如

图 9.6.1所示。

当 $|z(n)|=1$ 时，$e_1(n)=e_2(n)=0$，即 $|z(n)|=1$ 是 $e_1(n)$ 和 $e_2(n)$ 的零值点。$e_1(n)$ 关于点（1，0）是不对称的，而且随 $|z(n)|$ 的增大而增大。这种不对称性使均衡器对于偏离模值相同距离的所有点不能给予相同的补偿，从而影响均衡器对信道均衡的效果。

而 $e_2(n)$ 对点（1，0）是奇对称的，虽然其随 $|z(n)|$ 增大而增大，但被限定在一个对称区间内，这种对称性使得均衡器对于偏离模值相同距离的所有点给予了相同的补偿，从而能获得良好的均衡效果。

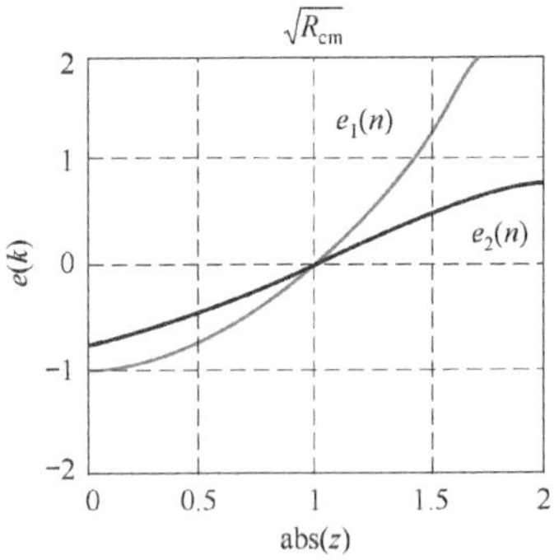

图 9.6.1　两种误差函数曲线

9.6.2　基于鲶鱼群优化的双曲线正切误差函数盲均衡算法流程

随机初始化一组权向量，用这组权向量作为 CEPSO 算法的决策变量，将均衡器输入信号作为 CEPSO 算法的输入信号，并结合 HEVCMA 的代价函数确定 CEPSO 算法的适应度函数，并把此适应度函数作为盲均衡器的代价函数。通过迭代寻找到适应度函数最优时的权向量，作为 HEVCMA 的初始化权向量。CEPSO-HEVCMA 的原理如图 9.6.2 所示。

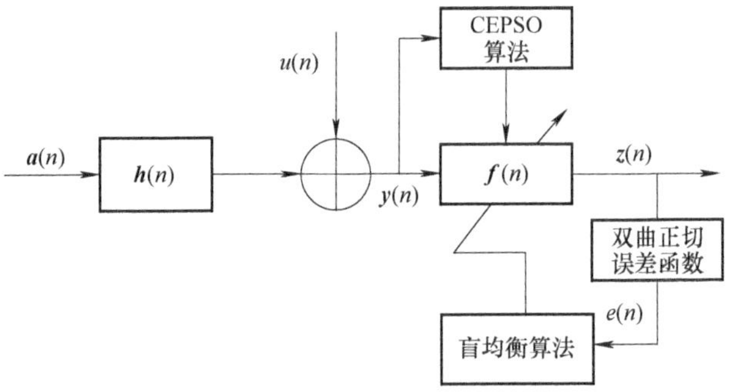

图 9.6.2　CEPSO-HEVCMA 的原理

CEPSO-HEVCMA 的实现流程如下。

步骤 1：粒子群参数初始化。设定粒子个数为 N，w 为惯性权重，c_1 和 c_2 为加速系数，rand( ) 为 (0,1) 之间均匀分布的随机数，$\boldsymbol{v}_{i,d}(n)$ 和 $\boldsymbol{x}_{i,d}(n)$ 分别为速度和位置（其中 i 表示第 i 个粒子个体，d 表示搜索维数，n 表示迭代的次数），$\boldsymbol{x}_{\text{pbest}}(n)$ 表示粒子个体最优的位置，$\boldsymbol{x}_{\text{gbest}}(n)$ 是粒子群体全局极值的位置。

$$\begin{aligned}\boldsymbol{v}_{i,d}(n+1) = \omega\boldsymbol{v}_{i,d}(n) + c_1\text{rand}()(\boldsymbol{x}_{\text{pbest}}(n) - \boldsymbol{x}_{i,d}(n)) + \\ c_2\text{rand}()(\boldsymbol{x}_{\text{gbest}}(n) - \boldsymbol{x}_{i,d}(n))\end{aligned} \tag{9.6.9}$$

步骤 2：通过评价粒子个体的适应度值，确定在第 n 次迭代粒子个体最优和当前粒子群全局最优。这里，用 CMA 代价函数的倒数定义 CEPSO 算法的适应度函数，即

$$\text{fit}_{\text{CEPSO}}(\boldsymbol{x}_i(n)) = \frac{1}{J_{\text{CMA}}(n)} = \frac{1}{E\{|z(n)|^2 - R^2\}} \tag{9.6.10}$$

步骤 3：当粒子群种群搜索陷入局部最优点局面时，全局极值一定是局部最优解，从而引入个别鲶鱼个体重新改变粒子现状，促使粒子个体再次进行更新搜索，就可能发现新的粒子个体最优值。周而复始，粒子群即可寻找到全局最优值。

步骤 4：通过当前值分别与粒子个体最优值、粒子群全局最优值的偏差值与预设偏差值进行比较。更新公式为

$$v_{i,d}(n+1) = wv_{i,d}(n) + c_1\text{rand}()(c_3\text{rand}()\boldsymbol{x}_{\text{pbest}}(n) - \boldsymbol{x}_{i,d}(n)) + c_2\text{rand}()(c_4\text{rand}()\boldsymbol{x}_{\text{gbest}}(n) - \boldsymbol{x}_{i,d}(n)) \tag{9.6.11}$$

式中，$c_3\text{rand}()$ 和 $c_4\text{rand}()$ 为鲶鱼算子，其表达式为

$$c_3\text{rand}() = \begin{cases} 1, & e_{\text{p}} > e_{0\text{p}} \\ c_3\text{rand}(), & e_{\text{p}} < e_{0\text{p}} \end{cases} \tag{9.6.12}$$

$$c_4\text{rand}() = \begin{cases} 1, & e_{\text{g}} > e_{0\text{g}} \\ c_4\text{rand}(), & e_{\text{g}} < e_{0\text{g}} \end{cases} \tag{9.6.13}$$

式中，c_3 、c_4 分别为鲶鱼个体对粒子群局部最优和全局最优的扰动强度系数；e_{p} 、e_{g} 分别为当前值与粒子个体最优值、全局最优值的差值，能够反映出粒子群的多样性；$e_{0\text{p}}$ 、$e_{0\text{g}}$ 为预设偏差值。若当前值大于预设偏差时，鲶鱼算子为1，表示粒子个体仍处于飞行状态，继续执行标准粒子群算法，若当前值小于预设偏差时，表明粒子陷入局部最优，引入个别鲶鱼个体去改变现有粒子个体的搜索状态，促使粒子个体重新进入搜索，寻找最优。

步骤5：利用 CEPSO 促使全局最优权向量 $\boldsymbol{x}_{\text{CEPSO}}$ 产生，克服最优陷入局，按式（9.6.10）计算适应度函数，搜索过程对应步骤1～4。

步骤6：把全局最佳权向量 $\boldsymbol{x}_{\text{CEPSO}}$ 作为 HEVCMA 算法的初始权向量，即 $\boldsymbol{w} = \boldsymbol{x}_{\text{CEPSO}}$ ，再利用式（9.6.3）对 $\boldsymbol{w}(0)$ 进行更新迭代实现均衡。最终，相加得到 CEPSO-HEVCMA 的输出信号 $z(n)$ 。

9.6.3 仿真实验与结果分析

以 CMA、HEVCMA、PSO-HEVCMA 为比较对象，验证 CEPSO-HEVCMA 的有效性。两径水声信道 $\boldsymbol{h} = [0.3132\ -0.1040\ 0.8908\ 0.3134]$ ；发射信号为8PSK，均衡器权长均为15，信噪比为25dB，信号总长度 $N=4000$；步长 $\mu_{\text{CMA}} = 0.0028$，$\mu_{\text{HEVCMA}} = 0.0052$，$\mu_{\text{PSO-HEVCMA}}$ 和 $\mu_{\text{CEPSO-HEVCMA}}$ 的步长为0.00063；设定 PSO 和 CEPSO 的种群规模为10，最大进化迭代次数为100；$\beta=0.16$、$\alpha=0.8$；CMA 和 HEVCMA 中，第8个抽头系数设置为1，其余为0。500次蒙特卡罗仿真结果如图9.6.3所示。

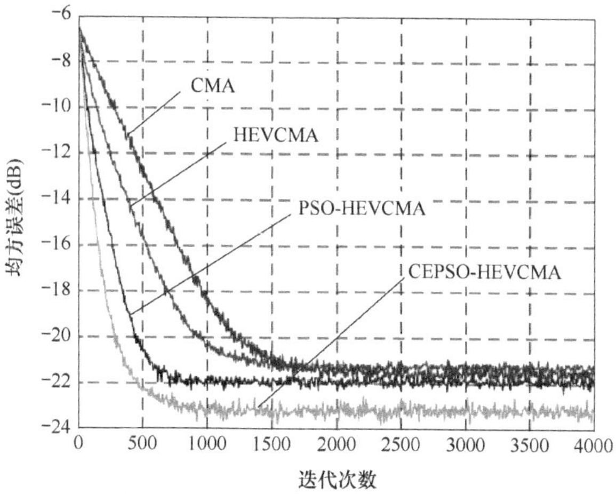

a）均方误差曲线

图9.6.3 仿真结果

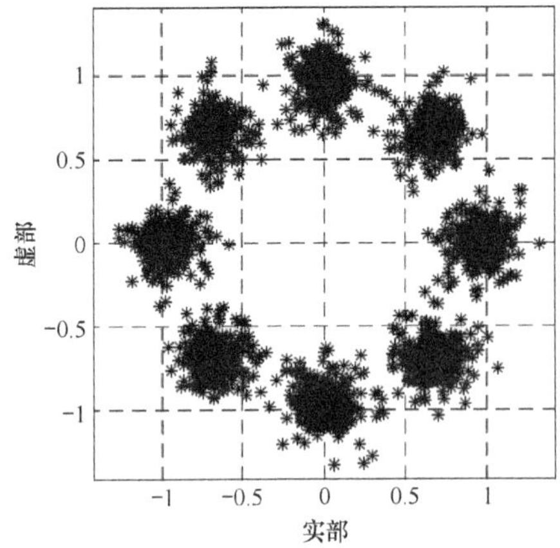

b) CMA输出星座图

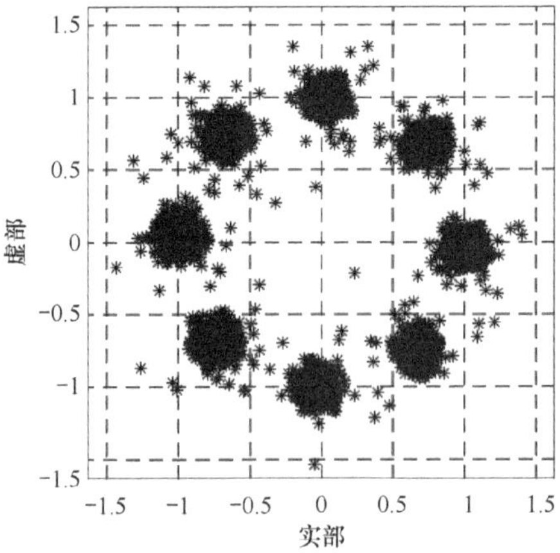

c) HEVCMA输出星座图

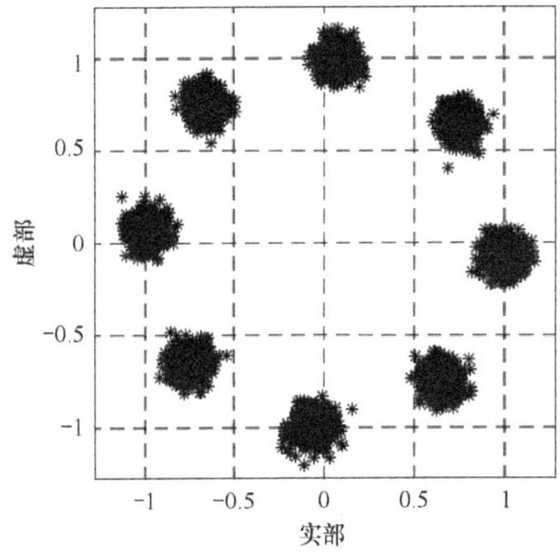

d) PSO-CMA输出星座图

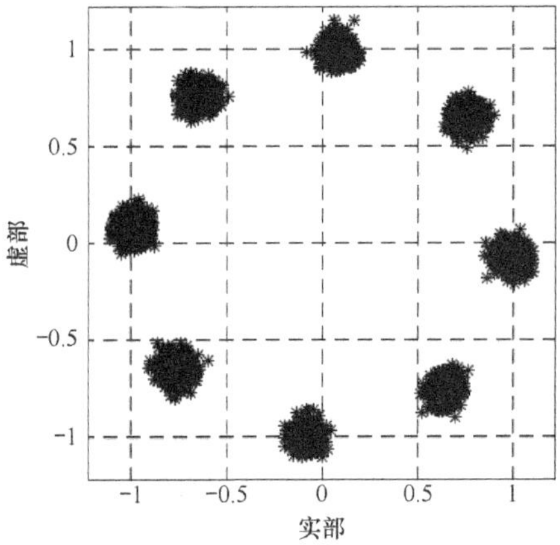

e) CEPSO-HEVCMA输出星座图

图 9.6.3　仿真结果（续）

图 9.6.3a 表明，在收敛速度方面，CEPSO-HEVCMA 比 CMA 快大约 1000 步，比 HEVCMA快约 500 步，与 PSO-HEVCMA 基本相同。在均方误差方面，CEPSO-HEVCMA 比 CMA 和 HEVCMA 降低 2dB，比 PSO-HEVCMA 降低 1dB。图 9.6.3b ~ e 表明，CEPSO-HEVCMA 的星座图更加清晰、紧凑。

参考文献

[1]郭业才，赵俊渭．基于双层符合常数模的多径水声信道盲均衡算法[J]．系统仿真学报，2005，17(1)：192-195.

[2] YANG C，GUO Y C，ZHU J. Super-exponential iterative blind equalization algorithm based on orthogonal wavelet packet transform[C]//ICSP2008 Proceedings. Beijing：ICSP，2008.

[3] GUO Y C，HAN Y G. Orthogonal wavelet transform based sign decision dual-mode blind equalization algorithm [C] //2008 9th International Conference on Signal Processing. New York：The Institute of Electrical and Electronic Engineers Inc，2009.

[4]郭业才．模糊小波神经网络盲均衡理论、算法与实现[M]．北京：科学出版社，2011.

[5] JI J J，GUO Y C，GAO M，et al. Orthogonal wavelet transform based double-error function blind equalization optimization algorithm[C] //2009 International Conference on Intelligent Human-Machine Systems and Cybernetics Proceeding. Hangzhou：2009 International Conference on Intelligent Human-Machine Systems and Cybernetics，2009.

[6] GUO Yecai，HAN Yingge，RAO Wei. Blind equalization algorithms based on different error equations with exponential variable step size[C]// The First International Symposium on Test Automation & Instrumentation (ISTAI). Beijing：World Publishing Corporation，2006.

[7] HAN Y G，LI B K ，GUO Y C. Research on double orthogonal multi-wavelet transform based blind equalizer[J]. Lecture Notes in Electrical Engineering，2011，97(1)：461-468.

[8] 季童莹，郭业才，高敏．引入支持向量机的小波分数间隔盲均衡算法[J]．声学技术，2011，30(2)：178-183.

[9] 李宝鸽．基于支持向量机的正交小波盲均衡算法[D]．南京：南京信息工程大学，2012.

[10] 季童莹．基于支持向量机与正交小波变换的盲均衡算法[D]．淮南：安徽理工大学，2011.

[11] 张志超．支持向量机优化的小波变换盲均衡算法[D]．南京：南京信息工程大学，2011.

[12] 孙静．基于混沌理论的正交小波变换盲均衡算法[D]．淮南：安徽理工大学，2012.

[13] 徐文才．基于混沌技术的水声通信算法研究[D]．南京：南京信息工程大学，2012.

[14] 郭业才，孙静．基于混沌系统的正交小波变换盲均衡算法[J]．控制工程，2012，19(3)：444-447.

[15] 李兵，蒋慰孙．混沌优化方法及其应用[J]．控制理论与应用，1997，8(14)：613-615.

[16] YANG J，WERNER J J，DUMONT G A. The multimodulus blind equalization and its generalized algorithm[J]. IEEE Journal on Sel. Area in Commun. 2002，20(5)：997-1015.

[17] SANTAMARIA I，IBANEZ J，VIELVA L ，et al. Blind equalization of constant modulus signals via support vector regression[C]//Proceeding of International Conference on Acoustics，Speech，and Signal Processing. Hong Kong：ICASSP，2003.

[18] 郭业才，徐文才，许芳．混沌支持向量机优化小波加权多模盲均衡算法[J]．系统仿真学报，2013，25(3)：451-459.

[19] CHAUKWALE R，KAMATH S S. A modified ant colony optimization algorithm with load balancing for job shop scheduling[C]// 2013 15th International Conference on Advanced Computing Technologies Proceeding Rajampet：ICACT，2013.

[20] JANGRA R，KAIT R. Analysis and comparison among Ant System；Ant Colony System and Max-Min Ant Sys-

tem with different parameters setting[C]// 2017 3rd International Conference on Computational Intelligence & Communication Technology Proceeding. Ghaziabad: CICT, 2017.

[21] ALOBAEDY M M, KHALAF A A, MURAINA I D. Analysis of the number of ants in ant colony system algorithm[C]//2017 5th International Conference on Information and Communication Technology. New York: IEEE, 2017.

[22] 段海滨．蚁群算法原理与其应用[M]．北京:科学出版社, 2005

[23] 孙如祥，唐天兵，李炳惠．并行蚁群算法求解加权 MAX-SAT[J]．计算机应用研究，2012，29(1)：49-51.

[24] 郝航，金跃辉，杨谈．基于并行化蚁群算法的网络测量节点选取算法[J]．网络新媒体技术，2018，7(1)：7-15.

[25] 张楠，南敬昌，高明明．基于分组混沌 PSO 算法的模糊神经网络建模研究[J]．计算机工程与应用，2017，53(9):31-37.

[26] Wang Xiufen. Path planning for narrow channel environment based on improved artificial field ant colony alogorithm[J]. Computer Engineering and Applications, 2019, 55(3): 104-107;125.

[27] 胡小兵，黄席樾．基于混合行为蚁群算法的研究[J]．控制与决策，2005，20(1):69-71.

[28] WU H P, GUO Y C. Bat swarms intelligent optimization multi-Modulus algorithm and influence of modulation mode on it[C]// 2015 International Symposium on Computers & Informatics (ISCI 2015), 2015, (Part A): 83-89.

[29] Hui Wang, Yecai Guo. Novel crossover genetic artificial fish swarm DNA encoding sequence based blind equalization algoritnm[C]//2015 International Symposium on Computers & Informatics[ISCI 2015], 2015, (Part A):102-109.

[30] GUO Y C, WU H P, WANG H. Constant modulus blind equalization algorithms based on bat optimization algorithm[C]// Advanced Control, Automation and Robotics Proceeding Xi'an: Advanced Control, Automation and Robotics, 2015.

[31] WU H P, GUO Y C. DNA Genetic Optimization Bat Algorithm Based Fractionally Spaced Multi-modulus Blind Equalization Algorithm[C]// 2015 International Industrial Informatics and Computer Engineering Conference Proceeding Xi'an: IIICEC 2015, 2015.

[32] 黄伟．基于人工鱼群优化的小波盲均衡算法[D]．淮南:安徽理工大学，2013.

[33] PARSA N R, KARIMI B, HUSSEINI S M M. Exact and heuristic algorithms for the just-in-time scheduling problem in a batch processing system[J]. Computers & Operations Research, 2017, 80: 173-183.

[34] CHENG B, WANG Q, YANG S, et al. An improved ant colony optimization for scheduling identical parallel batching machines with arbitrary job sizes[J]. Applied Soft Computing, 2013, 13(2): 765-772.

[35] PARSA N R, KARIMI B, HUSSEINI S M M. Minimizing total flow time on a batch processing machine using a hybrid max - min ant system[J]. Computers & Industrial Engineering, 2016, 99: 372-381.

[36] 李程，江志斌，李友，等．基于规则的批处理设备调度方法在半导体晶圆制造系统中应用[J]．上海交通大学学报，2013，47(02)：230-235.

[37] JIA W, CHEN H, LIU L, et al. Full-batch-oriented scheduling algorithm on batch processing workstation of β1→ β2 type with re-entrant flow[J]. International Journal of Computer Integrated Manufacturing, 2017, 30(10): 1029-1042.

[38] 田云娜，李冬妮，郑丹，等．一种基于时间窗的多阶段混合流水车间调度方法[J]．机械工程学报，2016，52(16)：185-196.

[39] 蒋小康，张朋，吕佑龙，等．基于混合蚁群算法的半导体生产线炉管区调度方法[J]．上海交通大学学报，2020，54(8):792-804.

[40] AKÇALI E, UZSOY R, HISCOCK D G, et al. Alternative loading and dispatching policies for furnace operations in semiconductor manufacturing: a comparison by simulation[C]//2000 Winter Simulation Conference (Cat. No. 00CH37165). Orlando: IEEE, 2000.

[41] LI L, QIAO F, WU Q. ACO-based scheduling of parallel batch processing machines with incompatible job families to minimize total weighted tardiness[C]//International Conference on Ant Colony Optimization and Swarm Intelligence. Berlin: Springer, 2008.

[42] 李小林．平行机环境下批处理机调度问题研究[D]．合肥：中国科学技术大学, 2012.

[43] BALASUBRAMANIAN H, MÖNCH L, FOWLER J, et al. Genetic algorithm based scheduling of parallel batch machines with incompatible job families to minimize total weighted tardiness[J]. International Journal of Production Research, 2004, 42(8): 1621-1638.

[44] 李程．半导体晶圆制造系统(SWFS)炉管区组批派工策略研究[D]．上海：上海交通大学, 2011.

[45] ADLEMAN L M. Molecular computation of solution to combinatorial problems[J]. Science, 1994, 266 (1): 1024-1024

[46] 李士勇,李研,林永茂．智能优化算法与三角现代计算[M]．北京：清华大学出版社,2019.

[47] 张冰龙．基于自适应双链 DNA 遗传优化的盲均衡算法[D]．南京：南京信息工程大学, 2015.

[48] FELDKAMP U, BANZHAF W , RAUHE H. A DNA sequence compiler[C]// Proceedings of 6th DIMACS Workshop on DNA Based Computers. Leiden:The 6th DIMACS Workshop on DNA Based Computers, 2000.

[49] BAUM E B. DNA sequences useful for computation[C]// In DNA sequences useful for computation Proceeding. Princeton: The 2nd DIMACS workshop on DNA-based computing, 1996.

[50] GUO Y C, ZHAMG B L. A new DNA algorithm for solving the minimum set covering problem based on molecular beacon [J]. Advances in Communication Technology and Systems, 2014, 56: 361-369.

[51] 郭稳涛, 何怡刚．基于混合蚁群算法的 DNA 编码序列设计方法[J]．数值计算与计算机应用, 2013, 34 (2):105-116.

[52] TANAKA F, NAKATSUGAWA M, YAMAMOTO M, et al. Developing support system for sequence design in DNA computing [C]// Preliminary Proceeding of Seventh International Meeting on DNA Based computers. Tampa: The 7th International Meeting on DNA Based Computers, 2001.

[53] 陈智华．基于 DNA 计算自组装模型的若干密码问题研究[D]．武汉：华中科技大学, 2009.

[54] OUYANG Q, KAPLAN P D, LIU S, et al. DNA solution of the maximal clique problem[J]. Science, 1997, 278(17): 446-449.

[55] 陈宵．DNA 遗传算法及应用研究[D]．杭州：浙江大学, 2010.

[56] 戴侃．DNA 遗传算法及在化工过程中的应用[D]．杭州：浙江大学, 2010.

[57] TIAN Y K, VU H Q. A multiple population genetic algorithm and its application in fuzzy controller[C]//2010 3rd International Symposium on Intelligent Information Technology and Security Informatics Proceeding. Jinggangshan: IITSI 2010, 2010.

[58] TAN W S, HASSAN M Y, MAJID M S. Multi-population genetic algorithm for allocation and sizing of distributed generation[C]//2012 IEEE International Power Engineering and Optimization Conference Proceeding Melaka: PEDCO, 2012.

[59] LI Y M, LI W, YAN W. Daily generation scheduling for reducing unit regulating frequency using multi-population genetic algorithm [C]//2012 IEEE Power and energy society general meeting Proceeding. San Diego:Power and energy society general meeting, 2012.

[60] 郭业才,张洁茹,张冰龙．基于禁忌搜索的双链 DNA 计算小波盲均衡算法[J]．系统仿真学报, 2017, 29(1): 21-26.

[61] GUO Y C, WANG H, ZHANG B L. DNA genetic artificial fish swarm constant modulus blind equalization al-

gorithm and its application in medical image processing[J]. Genetics and Molecular Research, 2015, 14(4): 11806-11813

[62] GUO Y C, WANG H, WU H P, et al. Multi-modulus algorithm based on global artificial fish swarm intelligent optimization of DNA encoding sequences[J]. Genetics and Molecular Research, December, 2015, 14(4): 17511-17518.

[63] GUO Y C, WANG H, ZHANG B L. Blind equalization algorithm based on DNA genetic optimization of artificial fish swarm[C]//International Conference on Automation, Mechanical and Electrical Engineer(AMEE) Proceeding. Phuket: International Conference on Automation, Mechanical and Electrical Engineer(AMEE), 2015:725-732.

[64]郭姝娟, 靳志宏. 表面组装技术生产线贴片机负荷均衡优化[J]. 计算机集成制造系统, 2009, 15(4): 817-822.

[65] HUA Z S,LIANG L,CHEN X J,et al. Modeling capacity planning based on capacity utilization for SMT machine lines [C]//Proceedings of the 3rd World Congress on Intelligent Control and Automation (Cat. No. 00EX393). Hefei: the 3nd World Congress on Intelligent Control and Automation, 2000.

[66] 李志刚, 吴浩. 基于 DNA 遗传算法的表面贴装生产线负荷优化分配[J]. 中国管理科学,2016,24(10) 171-176.

[67] 陈贞. 多品种印刷电路板表面贴装生产线优化[D]. 大连:大连海事大学, 2009.

[68] 刘颖, 靳志宏. 多品种小批量生产环境下表面贴装生产线的平衡优化[J]. 大连海事大学学报, 2012, 38(2):87-90.

[69] 张友鹏, 颜晨阳. 一种基于 DNA 计算的多模态函数求解模型[J]. 铁道学报, 2005, 27(6):112-116.

[70] 王静, 保文星. 基于克隆选择遗传算法的图像阈值分割[J]. 计算机工程与设计, 2010, 31(5): 1070-1072.

[71] 傅慧. 基于克隆选择原理的免疫识别算法研究[J]. 信息系统工程(系统实践版), 2010, 10: 47-48.

[72] 曹耀彬, 王亚刚. 免疫算法优化的 RBF 在入侵检测中的应用[J]. 计算机技术与发展, 2017, 27(6): 114-119.

[73] JERNE N K. Towards a network theory of the immune system[J]. Annales dïmmunologie, 1974, 125C(1-2): 373-389.

[74] WARRENDER C, FORREST S, PEARLMUTTER B. Delecting intrusions using system calls: Alternative data models[C]// Proceeding of 1999 IEEE Symposium on security and privacy. Oakland: Symposium on security and privacy, 1999.

[75] 张振安. 基于小生境技术改进遗传算法在供电网规划中的应用[D]. 南京: 东南大学, 2005.

[76] 焦李成,杜海峰, 刘芳, 等. 免疫优化计算、学习与识别[M]. 北京:科学山版社, 2006.

[77] 罗文坚, 曹先彬, 王熙法. 免疫网络调节算法及其在固定频率分配问题中的应用[J]. 自然科学进展, 2002, 12(8): 890-893.

[78] 漆安慎, 杜婵英. 免疫的非线性模型[M]. 上海:上海科技教育出版社, 1998.

[79] 郭业才, 孙凤. 基于人工免疫网络的正交小波盲均衡算法[J]. 计算机工程,2012,3 8 (7):158-161.

[80] 孙凤. 基于人工免疫系统的正交小波盲均衡算法[D]. 南京: 南京信息工程大学,2012.

[81] 丁锐,郭业才. 基于免疫克隆的正交小波变换盲均衡算法[J]. 计算机工程与设计,2011, 32(9): 3518-3523.

[82] YANG X S. Nature-inspired metaheuristic algorithms[M]. Beckington: Luniver Press,2008.

[83] ZHOU J F , WU J H, CHEN H. Immune multi-population firefly algorithm and its application in multimodal function optimization[C]//Proceedings of the 9th International Conference on Software Engineering and Service Science (ICSESS), . Beijing:The 9th ICSESS, 2018.

[84] 亢少将. 萤火虫优化算法的研究与改进[D]. 广州: 广东工业大学, 2013.

[85] 王沈娟, 高晓智. 萤火虫算法研究综述[J]. 微型机与应用, 2015, 34(8):8-11.

[86] 程美英, 倪志伟, 朱旭辉. 萤火虫优化算法理论研究综述[J]. 计算机科学, 2015, 42(4):19-24.

[87] 卓宏明, 徐鹏, 毛攀峰. 基于 Petri 网和萤火虫神经网络的柴油机故障诊断[J]. 中国机械工程学报, 2018, 16(2):178-182.

[88] 卓宏明, 陈倩清. 萤火虫算法参数分析与优化[J]. 信息技术与网络安全, 2019, 38(11):60-67.

[89] 周凌云, 丁立新, 何进荣. 精英正交学习萤火虫算法[J]. 计算机科学, 2015, 42(10): 211-216.

[90] 王晓静, 彭虎, 邓长寿, 等. 基于均匀局部搜索和可变步长的萤火虫算法[J]. 计算机应用, 2018, 38(3): 715-721; 727.

[91] 李士勇, 李研, 林永茂. 智能优化算法与涌现计算[M]. 北京: 清华大学出版社, 2019.

[92] FISTER I, YANG X S, BREST J. A comprehensive review of firefly algorithms[J]. Swarm and Evolutionary Computation, 2013, 13:34-46.

[93] WANG B, LI D X, JIANG J P, et al. A modified firefly algorithm based on light intensity difference [J]. Journal of Combinatorial Optimization, 2016, 31(3):1045-1060.

[94] WANG H, WANG W J, ZHOU X Y, et al. Firefly algorithm with neighborhood attraction[J]. Information Sciences, 2017, 382-383:374-387.

[95] AREF Y, CEMAL K S. A modified firefly algorithm for global minimum optimization[J]. Applied Soft Computing, 2018, 62:29-44.

[96] SHINDO T, JIANZE X, KURIHARA T, et al. Analysis of the dynamic characteristics of firefly algorithm [C]//IEEE Congress on Evolutionary Computation. New York: IEEE, 2015.

[97] 何栎,姚青山,李鹏,等. 基于利维飞行和变异算子的萤火虫算法[J]. 计算机工程与设计,2020,41(5):1327-1335.

[98] HÜSEYIN H, HARUN U. A novel particle swarm optimization algorithm with Levy flight[J]. Applied Soft Computing, 2014, 23:333-345.

[99] KUMAR S, SHARMA V, KUMARI R, et al. Opposition based Levy flight search in differential evolution algorithm [C]// International Conference on Signal Propagation and Computer Technology. New York: IEEE, 2014.

[100] 殷红, 董康立, 彭珍瑞, 等. 引入 Lévy flight 和萤火虫行为的鱼群算法[J]. 控制理论与应用,2018, 35(4):497-505.

[101] YANG X S, DEB S. Multiobjective cuckoo search for design optimization[J]. Computers &Operations Research, 2013, 40(6):1616-1624.

[102] GONG Y J, LI J J, ZHOU Y C, et al. Genetic learning particle swarm optimization[J]. IEEE Transactions on Cybernetics, 2016, 46(10):2277-2290.

[103] DUAN H B, LUO Q A, SHI Y H, et al. Hybrid particle swarm optimization and genetic algorithm for Multi-UAV formation reconfiguration[J]. IEEE Computational Intelligence Magazine, 2013, 8(3): 16 -27.

[104] ZHANG Y H, LI M T, GING Y J, et al. Differential evolution with random walk mutation and an external archive for multimodal optimization[C]//IEEE Symposium Series on Computational Intelligence. New York: IEEE, 2015.

[105] LIANG J, QU B, SUGANTHAN P, et al. Problem definitions and evaluation criteria for the CEC 2015competition on learning-based real-parameter single objective optimization[R]. Zhengzhou: Zhengzhou University, 2014.

[106] QI X B, ZHU S H, ZHANG H. A hybrid firefly algorithm[C]//Proceedthgs of the 2nd Advanced Information Technology, Electronic and Automation Control Conference (IAEAC). Chongqing:the 2nd IAEAC, 2017.

[107] SARANGI S K, PANDA R, PRIYADARSHINI S,et al. A new modified firefly algorithm for function optimization[C]//2016 International Conference on Electrical, Electronics, and Optimization Techniques (ICEEOT). New York:IEEE, 2016.

[108] yarpiz. Firefly algorithm(FA) in MATLAB[EB/OL]. [2019-04-19]. http://yarpiz. com/259/ ypea112 -firefly-algorithm.

[109] AFNIZANFAIZAL A, SAFAAI D, MOHDSABERI M, et al. A new hybrid firefly algorithm for complex and nonlinear problem[C]//Distributed Computing and Artificial Intelligence: 9th International Conference. Berlin:Springer, 2012.

[110] 徐浩, 王霜. 云萤火虫算法改进二维 Tsallis 熵的医学图像分割[J]. 电子技术应用, 2020, 46(6): 73-81.

[111] HUANG S. Modified firefly algorithm based multi-level thresholding for color image segmentation[J]. Neurocomputing, 2017, 240:152-174.

[112] 朱莉. 增益映射耦合局部正则化的图像重构算法[J]. 电子技术应用, 2016, 42(3):127- 131.

[113] Sowmya R, Suneetha K R. Data mining with big data[C]//International Conference on Intelligent Systems and Control. NewYork: IEEE, 2017.

[114] 张靖, 段富. 优化初始聚类中心的改进 k-means 算法[J]. 计算机工程与设计, 2013, 34(5): 1691-1694.

[115] 唐东凯, 王红梅, 胡明. 优化初始聚类中心的改进 K-means 算法[J]. 小型微型计算机系统, 2018, 39(8): 1819-1823.

[116] 张姣, 王晓东, 薛红. 基于花粉算法的 K-means 聚类算法[J]. 纺织高校基础科学学报, 2016, 29 (4): 563-569.

[117] 沈艳, 余冬华, 王昊雷. 粒子群 K-means 聚类算法的改进[J]. 计算机工程与应用, 2014, 50(21):125-128.

[118] 喻金平, 郑杰, 梅宏标. 基于改进人工蜂群算法的 K 均值聚类算法[J]. 计算机应用, 2014, 34(4): 1065- 1069.

[119] 刘莉莉, 曹宝香. 基于差分进化算法的 K-Means 算法改进[J]. 计算机技术与发展, 2015, 25(10): 88- 92.

[120] 吕少娟, 张桂珠. 一种融合 K-means 算法和人工鱼群算法的聚类方法[J]. 计算机应用与软件, 2015, 32(9):240-243.

[121] POORANIAN Z, SHOJAFAR M, ABAWAJY J H, et al. An efficient meta-heuristic algorithm for grid computing[J]. Journal of Combinatorial Optimization, 2015, 30(3):413-434.

[122] WANG H, ZHOU X, SUN H, et al. Firefly algorithm with adaptive control parameters[J]. Soft Computing, 2017, 21(17):5091-5102.

[123] 赵杰, 雷秀娟, 吴振强. 基于最优类中心扰动的萤火虫聚类算法[J]. 计算机工程与科学, 2015, 37(2): 342-347.

[124] 谢承旺, 许雷, 赵怀瑞, 等. 应用精英反向学习的多目标烟花爆炸算法[J]. 电子学报, 2016, 44(5): 1180-1188.

[125] HASSANZADEH T, MEYBODI M R. A new hybrid approach for data clustering using firefly algorithm and K-means[C]//CSI International Symposium on Artificial Intelligence and Signal Processing. NewYork IEEE, 2015.

[126] 汤文亮, 张平, 汤树芳. 基于精英反向学习的萤火虫 k-means 改进算法[J]. 计算机工程与设计, 2019, 40(11):3165-3169.

[127] 申铉京, 潘红, 陈海鹏. 基于一维 Otsu 的多阈值医学图像分割算法[J]. 吉林大学学报(理学版),

2016, 54(2):344-348.

[128] MANIKANDAN S, RAMAR K, IRUTHAYARAJAN M W, et al. Multilevel thresholding for segmentation of medical brain images using real coded genetic algorithm[J]. Measurement, 2014, 47(1):558-568.

[129] 陈恺, 陈芳, 戴敏, 等. 基于萤火虫算法的二维熵多阈值快速图像分割[J]. 光学精密工程, 2014, 22(2):517-523.

[130] 林爱英, 李辉, 吴莉莉, 等. 二维 Tsallis 熵阈值法中基于粒子群优化的参数选取[J]. 郑州大学学报(理学版), 2012, 44(1):50-55.

[131] 阿里木·赛买提,杜培军,柳思聪. 基于人工蜂群优化的二维最大熵图像分割[J]. 计算机工程,2012, 38(9):223-225.

[132] 张剑飞, 杜晓昕, 王波. 基于量子萤火虫和增益 Beta 的医学 DR 图像自适应增强[J]. 微电子学与计算机, 2014(5):135-139.

[133] SRIM R N,RAJINIKANTH, V,LATHA K. Otsu based optimal multilevel image thresholding using firefly algorithm[J]. Modelling & Simulation in Engineering, 2014, 4(2):1-17.

[134] 孙云山. 盲均衡技术在医学 CT 图像盲恢复算法中的应用研究[D]. 天津: 天津大学, 2012.

[135] 陆璐. 基于 DNA 遗传萤火虫优化的盲均衡与图像盲恢复算法[D]. 南京: 南京信息工程大学, 2017.

[136] 郭业才, 陆璐, 李晨. 基于新型 DNA 遗传萤火虫优化的二维图像盲恢复算法研究[J]. 电子测量与仪器学报, 2017, 31(7):1796-1802.

[137] YANG X S, HE X. Bat algorithm: literature review and applications[J]. International Journal of Bio-Inspired Computation, 2013, 5(3):141-149.

[138] 黄光球, 赵魏娟, 陆秋琴. 求解大规模优化问题的可全局收敛蝙蝠算法[J]. 计算机应用研究, 2013, 30(5): 1323-1328.

[139] 李枝勇, 马良, 张惠珍. 蝙蝠算法收敛性分析[J]. 数学的实践与认识, 2013, 43(12):182-190.

[140] 蔡星娟. 蝙蝠优化算法[M]. 北京: 电子工业出版社, 2019.

[141] 高尚, 汤可宗, 蒋新姿, 等. 粒子群优化算法收敛性分析[J]. 科学技术与工程, 2006, 6 (12): 1625-1628.

[142] 李阳阳, 焦李成, 张丹, 等. 量子计算智能[M]. 西安: 西安电子科技大学出版社, 2019.

[143] GEEM Z W, KIM J H, LOGANATHAN G V. A new heuristic optimization algorithm: harmony search[J]. Simulation, 2001, 76(2): 60-68.

[144] GUO L. A novel hybrid bat algorithm with harmony search for global numerical optimization [J]. Journal of Applied Mathematics, 2013, 2013:1-21.

[145] 常虹, 焦斌, 顾幸生. 自适应和声搜索算法及在数值优化中的应用[J]. 控制工程, 2012, 19(3): 455-458.

[146] PAN Q K, SUGANTHAN P N, TASGETIREN M F, et al. A self-adaptive global best harmony search algorithm for continuous optimization problems[J]. Applied Mathematics and Computation, 2010, 216(3): 830-848.

[147] GUO Y C,DING X J , FAN K. Fractionally spaced combining with spatial diversity blind equalization algorithm based on orthogonal wavelet transformation[C]// Intelligent Computing and Cognitive Informatics Proceeding. Kuala Lumpur: Intelligent Computing and Cognitive Informatics, 2010.

[148] 郭业才, 吴华鹏. 双蝙蝠群智能优化的多模盲均衡算法[J]. 智能系统学报, 2015, 10 (5):755-762.

[149] 郭业才, 吴华鹏, 王惠, 等. 基于 DNA 遗传蝙蝠算法的分数间隔多模盲均衡算法[J]. 兵工学报, 2015, 36(8):1502-1508.

[150] 李煜, 马良. 新型全局优化蝙蝠算法[J]. 计算机科学, 2013, 40(9): 225-229.

[151] 刘长平, 叶长春, 刘满成. 来自大自然的寻优策略:像蝙蝠一样感知[J]. 计算机应用研究, 2013, 30

(5)：1320- 1322.

[152] PARACHA K N, ZERGUIN A. A newton-Like algorithm for adaptive multi-modulus blind equalization[C]// International Workshop on Systems, Signal Processing and their Applications Proceeding. Tipaza: International Workshop on Systems, Signal Processing and their Applications, 2011.

[153] YUAN J T, CHAO J H, LIN T C. Effect of channel noise on blind equalization and carrier phase recovery of CMA and MMA[J]. IEEE Trans. Communications, 2012, 60(11)：3274 -3285.

[154] YANG Jian, WERNER J, DUMONT G A. The multi-modulus blind equalization and its generalized algorithms[J]. IEEE Journal on Selected Areas in Communications, 2002, 20(5)：997-1014.

[155] NI Y C, DU X, XIAO R L, et al. Multi-modulus blind equalization algorithm based on high-order QAM genetic optimization[C]//Natural Computation(ICNC). New York: IEEE 2012.

[156] Eusuff M M, Lansey K E. Optimization of water distribution network design using the shuffled fog leaping algorithms[J]. Journal of Water Resources Planning and Management, 2003, 129(3): 210-225.

[157] BARLOW E, TANYIMBOH T T. Multiobjective memetic algorithm applied to the optimization of water distribution systems[J]. Water Resources Management, 2014, 6：1-14.

[158] EUSUFF M, LANSEY K, PASHA F. Shuffled fog-leaping algorithm: a memetic meta-heuristic for discrete optimization[J]. Engineering Optimization, 2006, 38(2): 129-154.

[159] 王亚敏. 蛙跳算法的研究与应用[D]. 北京：北京工业大学，2009.

[160] DEB K, PRATAB A, AGARWAL S, et al. A fast and elitist multi-objective genetic algorithm[J]. NSGA-II. IEEE Transactions on Evolutionary Computation. 2002, 6(2): 182-197.

[161] 董琳. 蛙跳算法的研究与应用[D]. 杭州：浙江大学，2014.

[162] 常红伟，马华，屈绍波. 基于加权实数编码遗传算法的超材料优化设计[J]. 物理学报，2014，63(8)：804-807.

[163] WANG K T, WANG N. A novel RNA genetic algorithm fo parameter estimation of dynamic systems[J]. Chemical Engineering Research and Design, 2010, 88(1)：1485-1493.

[164] 姚超然. 基于 DNA 遗传蛙跳算法优化的 MIMO 盲均衡算法研究[D]. 南京：南京信息工程大学，2017.

[165] 孙航，杜海江，季迎旭，等. 适用不同尺度光伏阵列的数值建模方法[J]. 电力系统自动化，2014，38(16)：35-40.

[166] 柴源，郑竞宏，朱凌志，等. 光伏组件机理模型参数灵敏度分析及参数的辨识方[J]. 电气应用，2014，33(5)：38-43.

[167] 焦阳，宋强，刘文华. 光伏电池实用仿真模型及光伏发电系统仿真[J]. 电网技术，2010，34(11)：198-202.

[168] 韩伟，王宏华，陈凌，等. 光伏组件参数拟合及输出特性研究[J]. 电力自动化设备，2015，35(9)：100-107.

[169] 董梦男. 光伏电池模型参数辨识及老化故障的研究[D]. 天津：天津大学，2014.

[170] 周建良，王冰，张一鸣. 基于实测数据的光伏阵列参数辨识与输出功率预测[J]. 可再生能源，2012，30(7)：1-4.

[171] 查晓锐，王冰，黄存荣，等. 一种基于遗传算法的光伏阵列参数辨识方法[J]. 可再生能源，2014，32(8)：1075-1080.

[172] YANG G Y. A modified particle swarm optimizer[C]//The 8th International Conference on Electronic Measurement and Instruments. New York: IEEE, 2007.

[173] 徐岩，高兆，朱晓荣. 基于混合蛙跳算法的光伏阵列参数辨识方法[J]. 太阳能学报，2019，40(7)：1903-1911.

[174] 高金辉，苏军英，李迎迎．太阳电池模型参数求解算法的研究[J]．太阳能学报，2012，33(9)：1458-1462.

[175] 周元贵，陈启卷，何昌炎，等．局部阴影下光伏阵列建模及多峰值 MPPT 控制[J]．太阳能学报，2016，37(10)：2484-2490.

[176] HASANIEN H M. Shuffled frog leaping algorithm for photovoltaic model identifycation [J]. IEEE Transactions on Sustainable Energy, 2015, 6(2):509-515.

[177] 李晓磊．一种新型的智能优化算法-人工鱼群算法[D]．杭州：浙江大学，2003.

[178] 李晓磊，钱积新．基于分解协调的人工鱼群优化算法研究[J]．电路与系统学报，2003，8(1)：1-6.

[179] 黄伟，郭业才．模拟退火与人工鱼群变异优化的小波盲均衡算法[J]．计算机应用研究，2012，29(12)：4124-4126.

[180] 郭业才，吴星，黄伟，等．量子人工鱼群优化的自适应最小熵盲均衡算法[J]．系统仿真学报，2016，28(2)：449-454.

[181] 郭业才，张冰龙，吴彬彬．基于 DNA 遗传优化的正交小波常模盲均衡算法[J]．数据采集与处理，2014，29(3)：366-371.

[182] GUO Y C, WANG H, ZHANG B L. DNA genetic artificial fish swarm constant modulus blind equalization algorithm and its application in medical image processing[J]. Genetics and Molecular Research, 2015, 14(4): 11806-11813.

[183] GUO Y C, WANG H, WU H P, et al. Multi-modulus algorithm based on global artificial fish swarm intelligent optimization of DNA encoding sequences[J]. Genetics and Molecular Research, December, 2015, 14(4): 17511-17518.

[184] 王惠．DNA 人工鱼群优化盲均衡算法及 CCS 软件实现[D]．南京：南京信息工程大学，2016.

[185] GUO Y C, WANG H, ZHANG B L. Blind equalization algorithm based on DNA genetic optimization of artificial fish swarm[C]//Proceeding of International Conference on Automation, Mechanical and Electrical Engineer(AMEE). Phuket: International Conference on AMEE, 2015.

[186] GUO Y C, WANG H, HUANG W, et al. Generalized multi-modulus blind equalization algorithm based on chaotic artificial fish swarm optimization[C]//Proceeding of International Conference on Automation, Mechanical and Electrical Engineer (AMEE). Phuket: International Conference on AMEE, 2015.

[187] WANG H, GUO Y C. A blind equalization algorithm based on global artificial fish swarm and genetic optimization DNA encoding Sequence[C]//International Industrial Informatics and Computer Engineering Conference Proceeding. Xian: IIICEC, 2015.

[188] 郭业才，王惠，吴华鹏．新变异 DNA 遗传人工鱼群优化 DNA 序列的多模算法[J]．科学技术与工程，2016，16(3)：66-72.

[189] MIRJALILI S, LEWIS A. The whale optimization algorithm[J]. Advances in Engineering Software, 2016, 95: 51-67.

[190] OLIVA D, AZIZ M A E, HASSANIEN A E. Parameter estimation of photovoltaic cells using an improved chaotic whale optimization algorithm[J]. Applied Energy, 2017, 200: 141-154.

[191] DING T, CHANG L, LI C S, et al. A mixed-strategy-based whale optimization algorithm for parameter identification of hydraulic turbine governing systems with a delayed water hammer effect[J]. Energy, 2017, 20: 141-154.

[192] ALJARAH I, FARIS H, MIRJALILI S. Optimizing connection weights in neural networks using the whale optimization algorithm[J]. Soft Computing, 2016, 22(1): 1-15.

[193] ZHOU Y, LING Y, LUO Q. Lévy flight trajectory-based whale optimization algorithm for global optimization [J]. IEEE Access, 2017, 5(99): 6168-6186.

[194] 龙文，蔡绍洪，焦建军，等．求解大规模优化问题的改进鲸鱼优化算法[J]．系统工程理论与实践，2017，37（11）:2983-2994.

[195] ELAZIZ M A，OLIVA D. Parameter estimation of solar cells diode models by an improved opposition-based whale optimization algorithm[J]. Energy Conversion & Management,2018，171：1843-1859.

[196] ABDEL-BASSET M，MANOGARAN G，EL-SHAHAT D，et al. A hybrid whale optimization algorithm based on local search strategy for the permutation flow shop scheduling problem[J]. Future Generation Computer Systems，2018，85：129-145.

[197] HUANG Z S,LI W L. Novel multi-strategy enhanced whale optimization algorithm [C]//Eurasia Conference on IOT，Communication and Engineering (ECICE). New York：IEEE，2020.

[198] OLIVA D，AZIZ M A E，Hassanien A E. Parameter estimation of photovoltaic cells using an improved chaotic whale optimization algorithm[J]. Applied Energy，2017，200：141-154.

[199] MAJDI M，SEYEDA M. Hybrid whale optimization algorithm with simulated annealing for feature selection [J]. Neurocomputing，2017，260：302-312.

[200] 姚远远，叶春明．求解作业车间调度问题的改进混合灰狼优化算法[J]．计算机应用研究，2018，35(5)：36-40.

[201] 郭振洲，王平．基于自适应权重和柯西变异的鲸鱼优化算法[J]．微电子学与计算机，2017，34(9)：20-25.

[202] 魏立新，赵默林，范锐，等．基于改进鲨鱼优化算法的自抗扰控制参数整定研究[J]．控制与决策，2017，13(2):1-5.

[203] 黄辉先，张广炎，陈思溢，胡拚．基于混沌权重和精英引导的鲸鱼优化算法[J]．传感器与微系统，2015，35(5):113-117.

[204] NIKNAM T，AZIZIPANAH-ABARGHOOEE R，ZARE M，et al. Reserve constrained dynamic environmental/economic dispatch：a new multiobjective self-adaptive learning bat algorithm[J]. IEEE Systems Journal，2013，7(4):763-777.

[205] 王进成，马梅琴．一种基于混沌动态权重粒子群优化算法[J]．兰州文理学院学报，2018，32(5):7-4.

[206] 赵志刚，林玉娇，尹兆远．基于自适应惯性权重的均值粒子群优化算法[J]．计算机工程与科学，2016，38(3):501-506.

[207] ABDEL-BASSET M，MANOGARAN G，EL-SHAHAT D，et al. A hybrid whale optimization algorithm based on local search strategy for the permutation flow shop scheduling problem[J]. Future Generation Computer Systems，2018，85：129-145.

[208] MEDANI K B O，SAYAH S，BEKRAR A. Whale optimization algorithm based optimal reactive power dispatch：A case study of the Algerian power system[J]. Electric Power Systems Research，2017，163：696-705.

[209] 张强，郭玉洁，王颖，刘馨．一种离散鲸鱼算法及其应用[J]．电子科技大学学报，2020，49(4)：622-630.

[210] MIRJALILI S，LEWIS A. S-shaped versus V-shaped transfer functions for binary particle swarm optimization [J]. Swarm and Evolutionary Computation，2013，9(4)：1-14.

[211] SAREMI S，MIRJALILI S，LEWIS A. How important is a transfer function in discrete heuristic algorithms [M]. Berlin：Springer-Verlag，2014.

[212] MIRJALILI S，LEWIS A. The whale optimization algorithm[J]. Advances in Engineering Software，2016，95：51-67.

[213] MIRJALILI S，MIRJALILI S M，LEWIS A. Grey wolf optimizer[J]. Advances in Engineering Software，2014，69：46-61.

[214] 何庆，魏康园，徐钦帅．基于混合策略改进的鲸鱼优化算法[J]．计算机应用研究，2019，36（12）：3647-3653.

[215] 郝晓弘，宋吉祥，周强，马明．混合策略改进的鲸鱼优化算法[J]．计算机应用研究，2019，37（12）:1-7.

[216] 鞠文哲．粒子群算法在断路器优化中的应用研究[D]．天津：河北工业大学，2018.

[217] 石晓艳，刘淮霞，于水娟．鲶鱼粒子群算法优化支持向量机的短期负荷预测[J]．计算机工程与应用，2013，11:220-223；227.

[218] 郭业才，胡苓苓，丁锐．基于量子粒子群优化的正交小波加权多模盲均衡算法[J]．物理学报，2012，05:281-287.

[219] 郭业才，吴际平．基于鲶鱼效应粒子群优化的变参误差盲均衡算法[J]．系统仿真学报，2018，30(9):3558-3562.

[220] 易文周．混沌鲶鱼粒子群优化和差分进化混合算法[J]．计算机工程与应用，2012，48(15):54-58；87.

[221] STORM R. On the usage of deferential evolution for function optimization[C]// Biennial Conference of the North American Fuzzy Information Processing Society. New York:IEEE, 1996.

[222] 郭军．基于低阶统计量的多模频域盲均衡算法[D]．南京:南京信息工程大学，2013.

[223] NOUIRI M, BEKRAR A, JEMAI A, et al. An effective and distributed particle swarm optimization algorithm for flexible job-shop scheduling problem[J]. Journal of Intelligent Manufacturing, 2018, 29(3): 603-615.

[224] DRISS I, MOUSS K N, LAGGOUN A. A new genetic algorithm for flexible job-shop scheduling problems [J]. Journal of Mechanical Science and Technology, 2015, 29(3): 1273-1281.

[225] ZENG B, GAO L, LI X. Whale swarm algorithm for function optimization[C]//International Conference on Intelligent Computing. Berlin: Springer, 2017.

[226] 王思涵，黎阳，李新宇．基于鲸鱼群算法的柔性作业车间调度方法[J]．重庆大学学报，2020，43(1)：1-11.

[227]张国辉，高亮，李培根，等．改进遗传算法求解柔性作业车间调度问题[J]．机械工程学报，2009，45(7):145-151.

[228] LI X, GAO L. An effective hybrid genetic algorithm and tabu search for flexible job shop scheduling problem [J]. International Journal of Production Economics, 2016, 174: 93-110.

[229] HENCHIRI A, ENNIGROU M. Particle swarm optimization algorithm combined with tabu search in a multi-agent model for flexible job shop problem[J]. International Conference in Swarm Intelligence, 2013, 7939: 385-394.

[230] 姜天华．混合灰狼优化算法求解柔性作业车间调度问题[J]．控制与决策，2018，33(3)：503-508.

[231] MOHSEN Z. A heuristic algorithm for solving flexible job shop scheduling problem[J]. The International Journal of Advanced Manufacturing Technology, 2014, 71(1/2/3/4):519-528.